自动控制中的线性代数

伍清河　编著

科学出版社

北　京

内 容 简 介

本书共 9 章. 第 1~4 章详细论述线性空间、矩阵和线性代数、线性映射和线性空间的分解. 第 5~9 章讨论线性映射和矩阵的分解(包括谱分解、奇异值分解、满秩分解和极分解)、范数、矩阵函数, 特别是解线性定常状态方程所需的矩阵指数函数, 线性映射与矩阵的广义逆, 矩阵方程(包括线性矩阵方程、连续时间和离散时间代数 Riccati 方程), 以及线性代数在自动控制中的应用(包括 Lyapunov 稳定性理论、可控可观测性及可镇定可检测性分析、传递函数矩阵在 $\mathcal{RH}_\infty$ 中的互质分解、Hankel 算子的 Schmidt 分解).

本书可供普通高等学校信息类相关专业高年级本科生和硕士研究生学习, 也可供科研和工程人员参考.

图书在版编目(CIP)数据

自动控制中的线性代数/伍清河编著. —北京：科学出版社, 2024.3
ISBN 978-7-03-078282-3

Ⅰ.①自…　Ⅱ.①伍…　Ⅲ.①控制论-线性代数计算法　Ⅳ.①O241.6

中国国家版本馆 CIP 数据核字(2024) 第 057009 号

责任编辑: 余　江　陈　琪 / 责任校对: 胡小洁
责任印制: 师艳茹 / 封面设计: 马晓敏

科学出版社 出版
北京东黄城根北街 16 号
邮政编码: 100717
http://www.sciencep.com
涿州市般润文化传播有限公司印刷
科学出版社发行　各地新华书店经销
*
2024 年 3 月第　一　版　开本: 787×1092　1/16
2024 年 3 月第一次印刷　印张: 23
字数: 546 000

定价: 128.00 元
(如有印装质量问题, 我社负责调换)

前言

线性代数与矩阵的理论和方法是研究现代控制系统和控制理论的重要数学基础. 作者编写本书旨在为学习线性系统理论、最优与鲁棒控制理论打下坚实的基础. 阅读本书所需的背景知识包括矩阵分析和线性控制系统理论, 特别是状态空间方法.

本书共 9 章, 第 1 ~ 4 章为一个整体, 论述线性代数的基本理论. 第 1 章介绍代数系统, 重点讨论线性空间与线性映射及其矩阵表示. 第 2 章讨论多项式矩阵的 Smith 标准形. 传递函数矩阵的互质多项式矩阵分解对多输入-多输出线性系统的分析和设计也是重要内容. 考虑到传递函数矩阵在 $\mathcal{RH}_\infty$ 中的互质分解具有更为简单易行的状态空间解法, 未对此进行深入讨论, 而是在 9.5.6 节介绍 $\mathcal{RH}_\infty$ 中互质分解的状态空间解法. 第 3 章详细讨论线性变换, 包括线性变换的不变特征以及线性变换矩阵表示的最简形式. 将第 2 章 Smith 标准形和不变因子互质分解的结果应用于线性变换矩阵表示的特征矩阵, 得到第一自然标准形和 Jordan 标准形两种矩阵表示的最简形式, 并给出两种情况下的基底变换过渡矩阵. 在此基础上, 相对于线性空间上的一个线性变换, 将此空间分解为 Jordan 子空间的直和与 l 个循环不变子空间的直和. 借助后者, 在第 9 章揭示线性定常系统可控性和可观测性的本质. 第 4 章在线性空间中引入内积的概念, 在此基础上讨论向量的度量、向量间的正交和距离、酉空间及酉空间上的一类线性映射 (包括酉变换、伴随映射和正规变换等)、Hermitian 二次齐式及其正定性、两个正定矩阵的同时对角化和 Hermitian 矩阵的 Rayleigh 商. 这些结果为第 9 章讨论线性定常系统状态可控性和可观测性的度量, 以及可控可观测系统的平衡实现铺平了道路. 第 5 章讨论线性映射的分解, 包括单纯线性变换的谱分解、酉空间上线性映射的奇异值分解和一般线性映射的满秩分解. 作为推论, 给出矩阵的对应分解. 第 6 章将第 4 章中向量模的概念进行推广, 讨论向量、矩阵和线性映射的范数. 范数这一重要的数字特征, 对分析向量与矩阵序列的收敛性、矩阵函数起着重要作用. 第 7 章讨论一阶线性微分方程组 (状态方程) 的解. 将方程组的解做 Taylor 级数展开并代入方程, 将方程组的解归结为计算方程组系数矩阵的幂级数问题. 该幂级数形式上是指数函数的 Taylor 展开式, 从而记为系数矩阵的指数函数. 由此引入矩阵函数的幂级数定义, 给出基于 Jordan 标准形和最小多项式的两种矩阵函数解析表达式. 由矩阵指数函数, 给出线性定常连续时间系统稳定性的定义. 第 8 章讨论线性映射与矩阵的广义逆、自反广义逆和伪逆, 给出线性方程组的近似解. 这些结果在系统辨识与参数估计、鲁棒控制中起着重要作用. 第 9 章讨论线性矩阵方程的解和代数 Riccati 方程的镇定解. 可控可观测性判据对求代数 Riccati 方程的镇定解起着关键作用. 将线性映射的 Schmidt 分解应用于 Hankel 算子, 得到 Hankel 算子的 Schmidt 分解. 该结果在 Hankel 范数模型降阶和 $\mathcal{H}_\infty$ 控制中起着重要作用.

自 2003 年秋季起, 北京理工大学自动化学院为一年级研究生开设 "自动控制中的线性代数" 课程. 本书是作者在整理 20 年来的教学讲义的基础上, 吸收共同承担此课程的刘世岳、路平立两位老师以及从事教辅工作的博士研究生的建议编写而成的. 受课时限制, 教师可根据实际情况对内容进行取舍, 并适当安排学生自学.

在开设课程的初期, 曾得到北京大学黄琳教授的帮助, 在此表示衷心的感谢. 本书的出版得到北京理工大学双一流核心课程建设项目和 2017 年北京理工大学研究生明星课程建设项目的支持.

限于作者水平，书中难免存在疏漏、不妥之处，敬请读者批评指正.

作　者

2023 年 3 月

目　录

第 1 章　线性空间与线性映射

1.1　线性空间

1.1.1　线性空间的概念

定义 1.1.1　设 $\mathcal{V}$ 是一个非空集合, $\mathcal{F}$ 是一个数域. 在 $\mathcal{V}$ 上定义了加法运算, 即对于 $\mathcal{V}$ 中任意两个元素 $\boldsymbol{\alpha}$ 与 $\boldsymbol{\beta}$, 在 $\mathcal{V}$ 中有唯一的元素 $\boldsymbol{\nu}$ 与它们对应, 称为 $\boldsymbol{\alpha}$ 与 $\boldsymbol{\beta}$ 的和, 记为

$$\boldsymbol{\nu}=\boldsymbol{\alpha}+\boldsymbol{\beta}$$

在这样定义的加法运算下, $\mathcal{V}$ 是一个加法群.

在集合 $\mathcal{V}$ 中的元素与数域 $\mathcal{F}$ 中的数之间还定义了一种称为数乘的运算, 即对于任何 $(k,\boldsymbol{\alpha})\in\mathcal{F}\times\mathcal{V}$, 在 $\mathcal{V}$ 中有唯一的元素 $\boldsymbol{\eta}$ 与它们对应, 称为 k 与 $\boldsymbol{\alpha}$ 的数乘积, 记为 $\boldsymbol{\eta}=k\boldsymbol{\alpha}$, 且数乘满足以下四条法则:

(1) $1\cdot\boldsymbol{\alpha}=\boldsymbol{\alpha}$;

(2) $k(l\boldsymbol{\alpha})=(kl)\boldsymbol{\alpha}$;

(3) $(k+l)\boldsymbol{\alpha}=k\boldsymbol{\alpha}+l\boldsymbol{\alpha}$;

(4) $k(\boldsymbol{\alpha}+\boldsymbol{\beta})=k\boldsymbol{\alpha}+k\boldsymbol{\beta}$.

其中, l, k 为数域 $\mathcal{F}$ 中的任意数, $\boldsymbol{\alpha}$, $\boldsymbol{\beta}$ 是 $\mathcal{V}$ 中的任何元素, 则称这样的 $\mathcal{V}$ 为数域 $\mathcal{F}$ 上的线性空间.

定义 1.1.1是一个抽象的概念. 约定以后用白体小写字母 (如 a, b, c, α, β 等) 表示标量 (数), 用小写黑体字母 (如 $\boldsymbol{\alpha}, \boldsymbol{\beta}, \boldsymbol{\gamma}, \boldsymbol{x}, \boldsymbol{y}$ 等) 表示抽象的向量和列向量. 其他具体的向量如矩阵用白体大写字母 A, B, C，多项式用 $a(\lambda)$, 函数用 $f(t)$ 表示，如以下示例.

【例 1.1.1】　所有 $n\times m$ 实矩阵的集合 $\mathcal{R}^{n\times m}$ 上的加法定义为

$$A+B=\begin{bmatrix} a_{11} & a_{12} & \cdots & a_{1m}\\ a_{21} & a_{22} & \cdots & a_{2m}\\ \vdots & \vdots & \ddots & \vdots\\ a_{n1} & a_{n2} & \cdots & a_{nm}\end{bmatrix}+\begin{bmatrix} b_{11} & b_{12} & \cdots & b_{1m}\\ b_{21} & b_{22} & \cdots & b_{2m}\\ \vdots & \vdots & \ddots & \vdots\\ b_{n1} & b_{n2} & \cdots & b_{nm}\end{bmatrix}$$

$$\triangleq\begin{bmatrix} a_{11}+b_{11} & a_{12}+b_{12} & \cdots & a_{1m}+b_{1m}\\ a_{21}+b_{21} & a_{22}+b_{22} & \cdots & a_{2m}+b_{2m}\\ \vdots & & \ddots & \vdots\\ a_{n1}+b_{n1} & a_{n2}+b_{n2} & \cdots & a_{nm}+b_{nm}\end{bmatrix}$$

在集合 $\mathcal{R}^{n\times m}$ 中的元素 A 与实数域 $\mathcal{R}$ 中的数 α 之间的数乘定义为

$$\alpha \cdot A \triangleq \begin{bmatrix} \alpha a_{11} & \alpha a_{12} & \cdots & \alpha a_{1m} \\ \alpha a_{21} & \alpha a_{22} & \cdots & \alpha a_{2m} \\ \vdots & \vdots & \ddots & \vdots \\ \alpha a_{n1} & \alpha a_{n2} & \cdots & \alpha a_{nm} \end{bmatrix}$$

则 $\mathcal{R}^{n\times m}$ 为实数域 $\mathcal{R}$ 上的线性空间. △

$m=1$ 时得到由 n 个实数堆积而成的列向量:

$$\boldsymbol{\alpha} = \begin{bmatrix} \alpha_1 \\ \alpha_2 \\ \vdots \\ \alpha_n \end{bmatrix}$$

所有 n 维实列向量的线性空间简记为 $\mathcal{R}^n$. 类似地有线性空间 $\mathcal{C}^{n\times m}$ 和 $\mathcal{C}^n$.

【例 1.1.2】 所有次数不超过 $n-1$ 的实系数多项式:

$$f(\lambda) = a_0 + a_1\lambda + a_2\lambda^2 + \cdots + a_{n-1}\lambda^{n-1}$$

的集合 $\mathcal{R}_{n-1}[\lambda]$ 按加法 (定义 A.2.4):

$$\begin{aligned} f(\lambda)+g(\lambda) &= \underbrace{a_0 + a_1\lambda + a_2\lambda^2 + \cdots + a_{n-1}\lambda^{n-1}}_{=f(\lambda)} + \underbrace{b_0 + b_1\lambda + b_2\lambda^2 + \cdots + b_{n-1}\lambda^{n-1}}_{=g(\lambda)} \\ &= (a_0+b_0) + (a_1+b_1)\lambda + (a_2+b_2)\lambda^2 + \cdots + (a_{n-1}+b_{n-1})\lambda^{n-1} \end{aligned}$$

和数乘:

$$\alpha f(\lambda) = \alpha a_0 + \alpha a_1\lambda + \alpha a_2\lambda^2 + \cdots + \alpha a_{n-1}\lambda^{n-1}$$

是一个线性空间. 由于多项式的形式和性质完全由它的系数决定, 可以将多项式 $f(\lambda)$ 等同于 $\mathcal{R}^n$ 中的向量:

$$\boldsymbol{f} = \begin{bmatrix} a_0 \\ a_1 \\ \vdots \\ a_{n-1} \end{bmatrix}$$

△

显然, 次数等于 $n-1$ 的实系数多项式的集合不构成线性空间.

【例 1.1.3】 设$n\in\mathcal{Z}$, 所有定义在区间 $[0,n-1]$ 上, 且斜率只在 $t=1,2,\cdots,n-2$ 处改变的连续折线函数 $f(t)$ 的集合记作 $\mathcal{P}[0,n-1]$. 如图 1.1所示, $f(t)\in\mathcal{P}[0,4]$. 设 $f(t)$ 和 $g(t)$ 均属于 $\mathcal{P}[0,n-1]$, $\alpha\in\mathcal{R}$, 按下式定义加法和数乘:

$$\begin{cases} (f+g)(t) = f(t)+g(t) \\ (\alpha f)(t) = \alpha f(t) \end{cases} \tag{1.1}$$

则 $\mathcal{P}[0,n-1]$ 是一个线性空间.

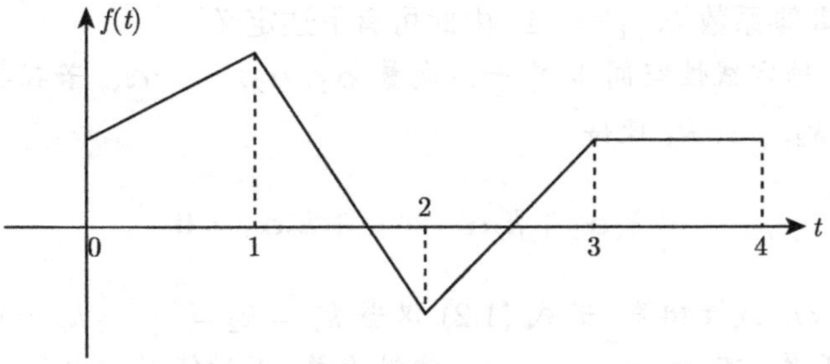

图 1.1 定义在区间 [0,4] 上的一个连续折线函数

△

【例 1.1.4】 时域信号即从 $\mathcal{R}$ 到 $\mathcal{R}^n$ 的一个映射. 在控制中常用的信号都是时间的函数, 于是用 t 表示信号的自变量, 用 $\boldsymbol{f}(t)$ 表示时域信号. 记 $\mathcal{C}^n[t_0,t_f]$ 为所有定义域为 $[t_0,t_f]$ 的函数的集合, 即

$$\mathcal{C}^n[t_0,t_f]=\left\{\boldsymbol{f}(t)=\begin{bmatrix} f_1(t)\\ f_2(t)\\ \vdots\\ f_n(t)\end{bmatrix}\ \middle|\ t\in[t_0,t_f],\ f_i(t)\in\mathcal{R},\ i=1,2,\cdots,n\right\}$$

若按式 (1.1) 定义加法和数乘, 则 $\mathcal{C}^n[t_0,t_f]$ 构成一个线性空间. △

1.1.2 向量的线性相关性

定义 1.1.2 设 $\mathcal{V}$ 为数域 $\mathcal{F}$ 上的线性空间, $\boldsymbol{\alpha}_1,\boldsymbol{\alpha}_2,\cdots,\boldsymbol{\alpha}_r$ $(r\geqslant 1)$ 是 $\mathcal{V}$ 中的一组向量, $k_1,k_2,\cdots,k_r$ 是数域 $\mathcal{F}$ 中的一组数, 若 $\boldsymbol{\alpha}_{r+1}\in\mathcal{V}$ 可以表示为

$$\boldsymbol{\alpha}_{r+1}=k_1\boldsymbol{\alpha}_1+k_2\boldsymbol{\alpha}_2+\cdots+k_r\boldsymbol{\alpha}_r$$

则称 $\boldsymbol{\alpha}_{r+1}$ 可由 $\boldsymbol{\alpha}_1,\boldsymbol{\alpha}_2,\cdots,\boldsymbol{\alpha}_r$ 线性表出, 或称 $\boldsymbol{\alpha}_{r+1}$ 是 $\boldsymbol{\alpha}_1,\boldsymbol{\alpha}_2,\cdots,\boldsymbol{\alpha}_r$ 的线性组合.

【例 1.1.5】 $1,\lambda,\lambda^2,\cdots,\lambda^{n-1}$ 是 $\mathcal{R}_{n-1}[\lambda]$ 中的一组向量, $\mathcal{R}_{n-1}[\lambda]$ 中的任何一个元素 $a(\lambda)$ 都可以表示为这组向量的线性组合:

$$a(\lambda)=a_0\cdot 1+a_1\lambda+a_2\lambda^2+\cdots+a_{n-1}\lambda^{n-1}$$

$a(\lambda)$ 的 n 维系数向量 $\boldsymbol{a}=[a_0\ \ a_1\ \ a_2\ \ \cdots\ \ a_{n-1}]^{\mathrm{T}}$ 即线性组合的系数. △

线性组合:

$$\boldsymbol{\alpha}_{r+1}=k_1\boldsymbol{\alpha}_1+k_2\boldsymbol{\alpha}_2+\cdots+k_r\boldsymbol{\alpha}_r$$

可等价地表示为

$$-\boldsymbol{\alpha}_{r+1}+k_1\boldsymbol{\alpha}_1+k_2\boldsymbol{\alpha}_2+\cdots+k_r\boldsymbol{\alpha}_r=\mathbf{0}$$

$$\Longleftrightarrow k_1\boldsymbol{\alpha}_1+k_2\boldsymbol{\alpha}_2+\cdots+k_r\boldsymbol{\alpha}_r+k_{r+1}\boldsymbol{\alpha}_{r+1}=\mathbf{0}$$

其中, 至少有一个非零系数 $k_{r+1}=-1$. 由此可有下述定义.

定义 1.1.3　给定线性空间 $\mathcal{V}$ 中一组向量 $\boldsymbol{\alpha}_1, \boldsymbol{\alpha}_2, \cdots, \boldsymbol{\alpha}_s$, 若在数域 $\mathcal{F}$ 中存在不全为零的一组数 $k_1, k_2, \cdots, k_s$ 使得

$$k_1\boldsymbol{\alpha}_1+k_2\boldsymbol{\alpha}_2+\cdots+k_s\boldsymbol{\alpha}_s=\mathbf{0} \tag{1.2}$$

则称 $\boldsymbol{\alpha}_1, \boldsymbol{\alpha}_2, \cdots, \boldsymbol{\alpha}_s$ 线性相关. 若式 (1.2) 仅当 $k_1=k_2=\cdots=k_s=0$ 时成立, 则称 $\boldsymbol{\alpha}_1, \boldsymbol{\alpha}_2, \cdots, \boldsymbol{\alpha}_s$ 线性无关. 若 $\boldsymbol{\alpha}_1, \boldsymbol{\alpha}_2, \cdots, \boldsymbol{\alpha}_r$ 线性无关, 而对任何 $\boldsymbol{\beta}\in\{\boldsymbol{\alpha}_1,\boldsymbol{\alpha}_2,\cdots,\boldsymbol{\alpha}_s\}$, 向量组 $\boldsymbol{\alpha}_1, \boldsymbol{\alpha}_2, \cdots, \boldsymbol{\alpha}_r, \boldsymbol{\beta}$ 都线性相关, 则称 $\boldsymbol{\alpha}_1, \boldsymbol{\alpha}_2, \cdots, \boldsymbol{\alpha}_r$ 是 $\{\boldsymbol{\alpha}_1,\boldsymbol{\alpha}_2,\cdots,\boldsymbol{\alpha}_s\}$ 的一个最大线性无关组.

【例 1.1.6】　$\mathcal{R}^{2\times 2}$ 表示所有 2×2 矩阵构成的线性空间, 其零元素为

$$0_{2\times 2}=\begin{bmatrix}0 & 0\\ 0 & 0\end{bmatrix}.$$

则容易证明, $\mathcal{R}^{2\times 2}$ 中的一组向量:

$$E_{11}=\begin{bmatrix}1 & 0\\ 0 & 0\end{bmatrix},\quad E_{12}=\begin{bmatrix}0 & 1\\ 0 & 0\end{bmatrix},\quad E_{21}=\begin{bmatrix}0 & 0\\ 1 & 0\end{bmatrix},\quad E_{22}=\begin{bmatrix}0 & 0\\ 0 & 1\end{bmatrix}$$

是线性无关的. 而另一组向量:

$$A_1=\begin{bmatrix}1 & 1\\ 0 & 0\end{bmatrix},\quad A_2=\begin{bmatrix}1 & 1\\ 0 & 1\end{bmatrix},\quad A_3=\begin{bmatrix}0 & 0\\ 0 & 1\end{bmatrix}$$

由于满足等式 $A_1-A_2+A_3=0_{2\times 2}$, 因此是线性相关的.　△

【例 1.1.7】　显然, $\mathcal{C}^n[t_0,t_f]$ 中的零元为 $\mathbf{0}(t)=\mathbf{0}$, $\forall\, t\in[t_0,t_f]$. $\boldsymbol{f}_1(t), \boldsymbol{f}_2(t), \cdots, \boldsymbol{f}_r(t)$ 线性相关, 当且仅当存在一组不全为零的实常数 $k_1, k_2, \cdots, k_m$ 使得

$$k_1\boldsymbol{f}_1(t)+k_2\boldsymbol{f}_2(t)+\cdots+k_m\boldsymbol{f}_m(t)=\mathbf{0},\quad \forall\, t\in[t_0,t_f] \tag{1.3}$$

若只有在 $k_1=k_2=\cdots=k_m=0$ 时, 式 (1.3) 才成立, 则 $\boldsymbol{f}_1(t), \boldsymbol{f}_2(t), \cdots, \boldsymbol{f}_m(t)$ 线性无关.　△

【例 1.1.8】　记由 m 个 $\mathcal{C}^n[t_0,t_f]$ 中的向量构成的 $n\times m$ 函数矩阵:

$$A(t)=[\boldsymbol{f}_1(t)\ \ \boldsymbol{f}_2(t)\ \ \cdots\ \ \boldsymbol{f}_m(t)]$$

全体为 $\mathcal{C}^{n\times m}[t_0,t_f]$. 则按矩阵的加法和数乘, $\mathcal{C}^{n\times m}[t_0,t_f]$ 是一个线性空间. 在区间 $[t_0,t_f]$ 上, 函数矩阵 $A(t)$ 不恒等于零的子式的最高阶数称为矩阵 $A(t)$ 的秩, 记作 $\text{rank}A(t)$. $\text{rank}A(t)$ 也等于 $A(t)$ 的最大线性无关组中向量的个数. 若 $A(t)$ 为 n 阶方阵且 $\text{rank}A(t)=$

n, 则称 $A(t)$ 为满秩的. 对于常数矩阵 A, 若 A 是可逆的, 则 A 为满秩的; 反之亦然. 但是函数矩阵则不同, 可以定义

$$B(t) = \frac{\mathrm{adj}A(t)}{\det A(t)}$$

其中, $\mathrm{adj}A(t)$ 是 $A(t)$ 的伴随阵, 且有 $A(t)B(t) = B(t)A(t) = I_n$, 但若存在 $t \in [t_0, t_f]$ 使得 $\det A(t) = 0$, 则 $B(t) \notin \mathcal{C}^{n\times n}[t_0, t_f]$. 因此, 如果一个 n 阶函数矩阵 $A(t)$ 在 $\mathcal{C}^{n\times n}[t_0, t_f]$ 中可逆, 则其行列式在 $[t_0, t_f]$ 上处处不为零, 从而 $A(t)$ 是满秩的. 反之, 一个 n 阶满秩函数矩阵却不一定是可逆的, 这是因为当 $A(t)$ 是满秩时, 只保证 $A(t)$ 的行列式不恒等于零, 并不排除 $\det A(t)$ 在 $[t_0, t_f]$ 上有零点, 因此 $A(t)$ 在 $\mathcal{C}^{n\times n}[t_0, t_f]$ 中不一定可逆.

例如, 令

$$A(t) = \begin{bmatrix} t & t \\ 1 & t \end{bmatrix} = [\boldsymbol{f}_1(t) \ \ \boldsymbol{f}_2(t)]$$

$k_1\boldsymbol{f}_1(t) + k_2\boldsymbol{f}_2(t) = \boldsymbol{0}$ 必有 $k_1 = 0$, $k_2 = 0$, 从而在任何区间 $[t_0, t_f]$ 上 $A(t)$ 均为满秩的. 然而, $\det A(t) = t^2 - t$. 只有当区间 $[t_0, t_f]$ 不包含 0 和 1 时, $A(t)$ 才是可逆的. △

【定理 1.1.1】 设 $\mathcal{V}$ 中的向量组 $\boldsymbol{\alpha}_1, \boldsymbol{\alpha}_2, \cdots, \boldsymbol{\alpha}_r$ 线性无关, 而向量组 $\boldsymbol{\alpha}_1, \boldsymbol{\alpha}_2, \cdots, \boldsymbol{\alpha}_r, \boldsymbol{\alpha}_{r+1}$ 线性相关, 则 $\boldsymbol{\alpha}_{r+1}$ 可由 $\boldsymbol{\alpha}_1, \boldsymbol{\alpha}_2, \cdots, \boldsymbol{\alpha}_r$ 线性表出, 且表出是唯一的.

1.2 基与坐标、坐标变换

1.2.1 基与维数、坐标

定义 1.2.1 设在数域 $\mathcal{F}$ 上的线性空间 $\mathcal{V}$ 中有 n 个线性无关的向量 $\boldsymbol{\alpha}_1, \boldsymbol{\alpha}_2, \cdots, \boldsymbol{\alpha}_n$, 且 $\mathcal{V}$ 中任何向量 $\boldsymbol{\alpha}$ 都可由 $\boldsymbol{\alpha}_1, \boldsymbol{\alpha}_2, \cdots, \boldsymbol{\alpha}_n$ 线性表出:

$$\boldsymbol{\alpha} = k_{\alpha,1}\boldsymbol{\alpha}_1 + k_{\alpha,2}\boldsymbol{\alpha}_2 + \cdots + k_{\alpha,n}\boldsymbol{\alpha}_n = [\boldsymbol{\alpha}_1 \ \ \boldsymbol{\alpha}_2 \ \ \cdots \ \ \boldsymbol{\alpha}_n] \begin{bmatrix} k_{\alpha,1} \\ k_{\alpha,2} \\ \vdots \\ k_{\alpha,n} \end{bmatrix} \tag{1.4}$$

则称 $\boldsymbol{\alpha}_1, \boldsymbol{\alpha}_2, \cdots, \boldsymbol{\alpha}_n$ 为 $\mathcal{V}$ 的一组基, n 维列向量 $\boldsymbol{k}_{\boldsymbol{\alpha}} \triangleq [k_{\alpha,1} \ \ k_{\alpha,2} \ \ \cdots \ \ k_{\alpha,n}]^{\mathrm{T}}$ 为 $\boldsymbol{\alpha}$ 在基 $\boldsymbol{\alpha}_1, \boldsymbol{\alpha}_2, \cdots, \boldsymbol{\alpha}_n$ 下的坐标. 称 $\mathcal{V}$ 为 n 维线性空间, 记作 $\dim\mathcal{V} = n$.

显然, $\mathcal{V}$ 的一组基是 $\mathcal{V}$ 的一个最大线性无关组. 因此, $\dim\mathcal{V}$ 是 $\mathcal{V}$ 的任何一个最大线性无关组中向量的个数. 在此意义下, 可以说线性空间 $\mathcal{V}$ 的秩是 n, 记作 $\mathrm{rank}\,\mathcal{V} = n$. 由式 (1.4) 可知, 也可将 $[\boldsymbol{\alpha}_1 \ \ \boldsymbol{\alpha}_2 \ \ \cdots \ \ \boldsymbol{\alpha}_n]$ 记为 n 维空间的一组基. 由定理 1.1.1可知, $\boldsymbol{\alpha}$ 在基 $\boldsymbol{\alpha}_1, \boldsymbol{\alpha}_2, \cdots, \boldsymbol{\alpha}_n$ 下的坐标是唯一的.

【例 1.2.1】 线性空间 $\mathcal{R}_{n-1}[\lambda]$ 是 n 维的.

证明: 显然, 单项式 $1, \lambda, \lambda^2, \cdots, \lambda^{n-1}$ 的次数都不超过 $n-1$, 从而都是 $\mathcal{R}_{n-1}[\lambda]$ 中的元素. 由定义 A.2.2 可知, $\mathcal{R}_{n-1}[\lambda]$ 中的任何元素 $f(\lambda)$ 都可表示为 $f(\lambda) = a_0 + a_1\lambda + \cdots +$

$a_{n-1}\lambda^{n-1}$, 即这些单项式的线性组合. 剩下的只要证明 1, λ, λ^2, $\cdots$, λ^{n-1} 线性无关即可. 设存在实数 $k_1, k_2, \cdots, k_{n-1}$ 使得

$$k_0 \cdot 1 + k_1\lambda + \cdots + k_{n-1}\lambda^{n-1} = 0$$

即上述线性组合为零多项式. 由定义 A.2.3, 比较上式两边的系数可得 $k_i = 0, \forall\ i = 0, 1, 2, \cdots, n$, 即 1, λ, λ^2, $\cdots$, λ^{n-1} 线性无关, 于是 $\dim \mathcal{R}_{n-1}[\lambda] = n$. △

【例 1.2.2】 已知

$$A = \begin{bmatrix} 1 & 0 & 1 & 1 \\ 0 & 1 & 1 & 1 \\ 1 & 1 & 2 & 2 \\ 1 & 1 & 2 & 2 \end{bmatrix}$$

求 A 的核空间的两组基.

解: A 的核空间即 $A\boldsymbol{x} = \boldsymbol{0}$ 的解空间, 所以 $A\boldsymbol{x} = \boldsymbol{0}$ 的基础解系就是核空间的基. 左乘非奇异矩阵:

$$T = \frac{1}{3}\begin{bmatrix} -2 & 1 & 1 & 1 \\ 1 & -2 & 1 & 1 \\ 1 & 1 & -2 & 1 \\ 1 & 1 & 1 & -2 \end{bmatrix}$$

对 A 做初等行变换, 可得

$$TA = \frac{1}{3}\begin{bmatrix} -2 & 1 & 1 & 1 \\ 1 & -2 & 1 & 1 \\ 1 & 1 & -2 & 1 \\ 1 & 1 & 1 & -2 \end{bmatrix}\begin{bmatrix} 1 & 0 & 1 & 1 \\ 0 & 1 & 1 & 1 \\ 1 & 1 & 2 & 2 \\ 1 & 1 & 2 & 2 \end{bmatrix} = \begin{bmatrix} 0 & 1 & 1 & 1 \\ 1 & 0 & 1 & 1 \\ 0 & 0 & 0 & 0 \\ 0 & 0 & 0 & 0 \end{bmatrix}$$

于是, $\text{rank}A = 2$, $A\boldsymbol{x} = \boldsymbol{0}$ 有两个线性无关的基础解系.

$$A\boldsymbol{x} = \boldsymbol{0} \iff TA\boldsymbol{x} = \boldsymbol{0} \iff \begin{bmatrix} 0 & 1 & 1 & 1 \\ 1 & 0 & 1 & 1 \\ 0 & 0 & 0 & 0 \\ 0 & 0 & 0 & 0 \end{bmatrix}\begin{bmatrix} x_1 \\ x_2 \\ x_3 \\ x_4 \end{bmatrix} = \begin{bmatrix} 0 \\ 0 \\ 0 \\ 0 \end{bmatrix}$$

$$\iff \begin{bmatrix} x_1 \\ x_2 \end{bmatrix} = \begin{bmatrix} -1 & -1 \\ -1 & -1 \end{bmatrix}\begin{bmatrix} x_3 \\ x_4 \end{bmatrix} \iff \begin{bmatrix} x_1 \\ x_2 \\ x_3 \\ x_4 \end{bmatrix} = \begin{bmatrix} -1 & -1 \\ -1 & -1 \\ 1 & 0 \\ 0 & 1 \end{bmatrix}\begin{bmatrix} x_3 \\ x_4 \end{bmatrix}$$

其中, x_3, x_4 可以是使得

$$\boldsymbol{\alpha}_1 = \begin{bmatrix} -1 & -1 \\ -1 & -1 \\ 1 & 0 \\ 0 & 1 \end{bmatrix} \begin{bmatrix} x_{3,1} \\ x_{4,1} \end{bmatrix} \quad 和 \quad \boldsymbol{\alpha}_2 = \begin{bmatrix} -1 & -1 \\ -1 & -1 \\ 1 & 0 \\ 0 & 1 \end{bmatrix} \begin{bmatrix} x_{3,2} \\ x_{4,2} \end{bmatrix}$$

线性无关的任何数. 令

$$\begin{bmatrix} x_{3,1} \\ x_{4,1} \end{bmatrix} = \begin{bmatrix} 1 \\ 0 \end{bmatrix}, \quad \begin{bmatrix} x_{3,2} \\ x_{4,2} \end{bmatrix} = \begin{bmatrix} 0 \\ 1 \end{bmatrix}$$

可得 $A\boldsymbol{x} = \mathbf{0}$ 的一个基础解系为

$$\boldsymbol{\alpha}_1 = \begin{bmatrix} -1 \\ -1 \\ 1 \\ 0 \end{bmatrix}, \quad \boldsymbol{\alpha}_2 = \begin{bmatrix} -1 \\ -1 \\ 0 \\ 1 \end{bmatrix}$$

又令

$$\begin{bmatrix} x_{3,1} \\ x_{4,1} \end{bmatrix} = \begin{bmatrix} 1 \\ 0 \end{bmatrix}, \quad \begin{bmatrix} x_{3,2} \\ x_{4,2} \end{bmatrix} = \begin{bmatrix} 1 \\ -1 \end{bmatrix}$$

可得 $A\boldsymbol{x} = \mathbf{0}$ 的另一个基础解系为

$$\boldsymbol{\alpha}_1' = \begin{bmatrix} -1 \\ -1 \\ 1 \\ 0 \end{bmatrix}, \quad \boldsymbol{\alpha}_2' = \begin{bmatrix} 0 \\ 0 \\ 1 \\ -1 \end{bmatrix}$$

△

【例 1.2.3】 在 $\mathcal{R}^{2\times 2}$ 中, 求

$$A = \begin{bmatrix} 1 & 0 \\ 0 & 1 \end{bmatrix}$$

在基

$$A_1 = \begin{bmatrix} 0 & 1 \\ 1 & 1 \end{bmatrix}, \quad A_2 = \begin{bmatrix} 1 & 1 \\ 0 & 1 \end{bmatrix}, \quad A_3 = \begin{bmatrix} 1 & 0 \\ 1 & 1 \end{bmatrix}, \quad A_4 = \begin{bmatrix} 1 & 1 \\ 1 & 0 \end{bmatrix}$$

下的坐标.

解: 设

$$\begin{bmatrix} a_{11} & a_{12} \\ a_{21} & a_{22} \end{bmatrix} = k_1 \begin{bmatrix} 0 & 1 \\ 1 & 1 \end{bmatrix} + k_2 \begin{bmatrix} 1 & 1 \\ 0 & 1 \end{bmatrix} + k_3 \begin{bmatrix} 1 & 0 \\ 1 & 1 \end{bmatrix} + k_4 \begin{bmatrix} 1 & 1 \\ 1 & 0 \end{bmatrix}$$

比较两端的两个列向量, 得

$$\underbrace{\begin{bmatrix} 0 & 1 & 1 & 1 \\ 1 & 0 & 1 & 1 \\ 1 & 1 & 0 & 1 \\ 1 & 1 & 1 & 0 \end{bmatrix}}_{\triangleq \mathrm{cs}(A_1,A_2,A_3,A_4)} \begin{bmatrix} k_1 \\ k_2 \\ k_3 \\ k_4 \end{bmatrix} = \underbrace{\begin{bmatrix} a_{11} \\ a_{21} \\ a_{12} \\ a_{22} \end{bmatrix}}_{\triangleq \mathrm{cs}(A)}$$

显然, 有

$$\mathrm{cs}(A_1,A_2,A_3,A_4) = \begin{bmatrix} 1 & 0 & 0 & 0 \\ 0 & 1 & 0 & 0 \\ 0 & 1 & 1 & 0 \\ 0 & 1 & 0 & 1 \end{bmatrix} \begin{bmatrix} 1 & 0 & 1 & 0 \\ 0 & 1 & 0 & 0 \\ 0 & 0 & 1 & 0 \\ 0 & 0 & 1 & 1 \end{bmatrix} \begin{bmatrix} 0 & 0 & 2 & 1 \\ 1 & 0 & 1 & 1 \\ 0 & 1 & -1 & 0 \\ 0 & 0 & 1 & -1 \end{bmatrix}$$

于是 $\det \mathrm{cs}(A_1,A_2,A_3,A_4) = -3$, 从而 $\mathrm{cs}(A_1,A_2,A_3,A_4)$ 非奇异. 若令 $a_{11} = a_{21} = a_{12} = a_{22} = 0$, 则必有 $k_1 = k_2 = k_3 = k_4 = 0$. 即 A_1, A_2, A_3, A_4 线性无关, 是 $\mathcal{R}^{2\times 2}$ 的一组基向量. 令 $a_{11} = 1$, $a_{21} = 0$, $a_{12} = 0$, $a_{22} = 1$, 可得

$$k_1 = -\frac{1}{3},\quad k_2 = \frac{2}{3},\quad k_3 = \frac{2}{3},\quad k_4 = -\frac{1}{3}$$

所以 A 在给定基下的坐标为 $\frac{1}{3}[-1\ \ 2\ \ 2\ \ -1]^{\mathrm{T}}$. △

1.2.2 基变换与坐标变换

线性空间的基不是唯一的, 向量在不同基下的坐标之间的关系是下面要研究的问题. 设 $[\boldsymbol{\alpha}_1\ \ \boldsymbol{\alpha}_2\ \ \cdots\ \ \boldsymbol{\alpha}_n]$ 与 $[\boldsymbol{\beta}_1\ \ \boldsymbol{\beta}_2\ \ \cdots\ \ \boldsymbol{\beta}_n]$ 是线性空间 $\mathcal{V}$ 中两组基, 它们之间的关系为

$$\boldsymbol{\beta}_i = p_{1i}\boldsymbol{\alpha}_1 + p_{2i}\boldsymbol{\alpha}_2 + \cdots + p_{ni}\boldsymbol{\alpha}_n = [\boldsymbol{\alpha}_1\ \ \boldsymbol{\alpha}_2\ \ \cdots\ \ \boldsymbol{\alpha}_n] \begin{bmatrix} p_{1i} \\ p_{2i} \\ \vdots \\ p_{ni} \end{bmatrix} \tag{1.5}$$

其中, $i = 1, 2, \cdots, n$. 这 n 个关系式可表示为

$$[\boldsymbol{\beta}_1\ \ \boldsymbol{\beta}_2\ \ \cdots\ \ \boldsymbol{\beta}_n] = [\boldsymbol{\alpha}_1\ \ \boldsymbol{\alpha}_2\ \ \cdots\ \ \boldsymbol{\alpha}_n] \underbrace{\begin{bmatrix} p_{11} & p_{12} & \cdots & p_{1n} \\ p_{21} & p_{22} & \cdots & p_{2n} \\ \vdots & \vdots & & \vdots \\ p_{n1} & p_{n2} & \cdots & p_{nn} \end{bmatrix}}_{\triangleq P}$$

称 n 阶方阵 P 是由基 $[\boldsymbol{\alpha}_1\ \ \boldsymbol{\alpha}_2\ \ \cdots\ \ \boldsymbol{\alpha}_n]$ 到基 $[\boldsymbol{\beta}_1\ \ \boldsymbol{\beta}_2\ \ \cdots\ \ \boldsymbol{\beta}_n]$ 的过渡矩阵.

容易证明下述定理

【定理 1.2.1】 过渡矩阵 P 是可逆的.

下面建立 $\mathcal{V}$ 中任一向量在不同基下坐标间的关系. 设 $\boldsymbol{\xi} \in \mathcal{V}$, 若 $\boldsymbol{\xi}$ 在基 $[\boldsymbol{\alpha}_1\ \ \boldsymbol{\alpha}_2 \cdots \boldsymbol{\alpha}_n]$ 和 $[\boldsymbol{\beta}_1\ \ \boldsymbol{\beta}_2\ \ \cdots\ \ \boldsymbol{\beta}_n]$ 下的坐标分别为 $\boldsymbol{x} = [x_1\ \ x_2\ \ \cdots\ \ x_n]^{\mathrm{T}}$ 与 $\boldsymbol{y} = [y_1\ \ y_2\ \ \cdots\ \ y_n]^{\mathrm{T}}$, 即

$$\boldsymbol{\xi} = [\boldsymbol{\alpha}_1\ \ \boldsymbol{\alpha}_2\ \ \cdots\ \ \boldsymbol{\alpha}_n]\,\boldsymbol{x}$$
$$\boldsymbol{\xi} = [\boldsymbol{\beta}_1\ \ \boldsymbol{\beta}_2\ \ \cdots\ \ \boldsymbol{\beta}_n]\,\boldsymbol{y}$$

于是

$$[\boldsymbol{\alpha}_1\ \ \boldsymbol{\alpha}_2\ \ \cdots\ \ \boldsymbol{\alpha}_n]\,\boldsymbol{x} = [\boldsymbol{\beta}_1\ \ \boldsymbol{\beta}_2\ \ \cdots\ \ \boldsymbol{\beta}_n]\,\boldsymbol{y}$$

把式 (1.5) 代入上式右端得

$$\begin{aligned}
&[\boldsymbol{\alpha}_1\ \ \boldsymbol{\alpha}_2\ \ \cdots\ \ \boldsymbol{\alpha}_n]\,\boldsymbol{x} = [\boldsymbol{\alpha}_1\ \ \boldsymbol{\alpha}_2\ \ \cdots\ \ \boldsymbol{\alpha}_n]\,P\boldsymbol{y} \\
\Longleftrightarrow\ &[\boldsymbol{\alpha}_1\ \ \boldsymbol{\alpha}_2\ \ \cdots\ \ \boldsymbol{\alpha}_n]\,(\boldsymbol{x} - P\boldsymbol{y}) = \boldsymbol{0} \\
\Longleftrightarrow\ &\boldsymbol{x} - P\boldsymbol{y} = \boldsymbol{0} \\
\Longleftrightarrow\ &\boldsymbol{x} = P\boldsymbol{y} \qquad (1.6)\\
\Longleftrightarrow\ &\boldsymbol{y} = P^{-1}\boldsymbol{x} \qquad (1.7)
\end{aligned}$$

式 (1.6) 与式 (1.7) 称为坐标变换公式.

【例 1.2.4】 在 $\mathcal{R}_{n-1}[\lambda]$ 中, $1, \lambda, \lambda^2, \cdots, \lambda^{n-1}$ 与 $1, \lambda - a, (\lambda - a)^2, \cdots, (\lambda - a)^{n-1}$ 为两组基. 求前一组基到后一组基的过渡矩阵.

解: 因为

$$\begin{aligned}
\lambda - a &= (-a)\cdot 1 + 1\cdot\lambda \\
(\lambda - a)^2 &= a^2\cdot 1 - (2a)\cdot\lambda + 1\cdot\lambda^2 \\
(\lambda - a)^3 &= (-a)^3\cdot 1 + 3a^2\cdot\lambda - 3a\cdot\lambda^2 + \lambda^3 \\
&\ \ \vdots \\
(\lambda - a)^{n-1} &= (-a)^{n-1}\cdot 1 + (n-1)(-a)^{n-2}\lambda + \cdots \\
&\quad + \frac{(n-1)(n-2)}{2}(-a)^{n-3}\lambda^2 + \cdots + \lambda^{n-1}
\end{aligned}$$

故由 $1, \lambda, \lambda^2, \cdots, \lambda^{n-1}$ 到 $1, \lambda - a, (\lambda - a)^2, \cdots, (\lambda - a)^{n-1}$ 的过渡矩阵为

$$\begin{bmatrix}
1 & -a & (-a)^2 & (-a)^3 & \cdots & (-a)^{n-2} & (-a)^{n-1} \\
0 & 1 & 2(-a) & 3(-a)^2 & \cdots & (n-2)(-a)^{n-3} & (n-1)(-a)^{n-2} \\
0 & 0 & 1 & 3(-a) & \cdots & \dfrac{(n-2)(n-3)}{2}(-a)^{n-4} & \dfrac{(n-1)(n-2)}{2}(-a)^{n-3} \\
\vdots & \vdots & \vdots & \vdots & \ddots & \vdots & \vdots \\
\vdots & \vdots & \vdots & \vdots & \ddots & (n-2)(-a) & \dfrac{(n-1)(n-2)}{2}(-a)^2 \\
0 & \cdots & \cdots & \cdots\ \ 0 & & 1 & (n-1)(-a) \\
0 & \cdots & \cdots & \cdots\ \ 0 & & 0 & 1
\end{bmatrix}$$

△

【例1.2.5】 对于例 1.1.3中的向量 $f(t)\in\mathcal{P}[0,n-1]$, 定义 n 维列向量 $\boldsymbol{f}=[f(0)\quad f(1)\quad\cdots f(n-1)]^{\mathrm{T}}$. 证明向量 $f_i(t)\in\mathcal{P}[0\ ,\ n-1]$ $(i=1,2,\cdots,n)$ 线性无关, 当且仅当列向量 $\boldsymbol{f}_i\in\mathcal{R}^n(\ i=1,2,\cdots,n)$ 线性无关, 从而 $\dim\mathcal{P}[0\ ,\ n-1]=\dim\mathcal{R}^n=n$. 证明与列向量

$$\boldsymbol{f}_1=\begin{bmatrix}1\\0\\0\\0\end{bmatrix},\ \boldsymbol{f}_2=\begin{bmatrix}-1\\1\\0\\0\end{bmatrix},\ \boldsymbol{f}_3=\begin{bmatrix}0\\-1\\1\\0\end{bmatrix},\ \boldsymbol{f}_4=\begin{bmatrix}0\\0\\-1\\1\end{bmatrix}$$

对应的 $f_i(t)\in\mathcal{P}[0\ ,\ 3]$ $(i=1,2,3,4)$ 线性无关, 从而是 $\mathcal{P}[0\ ,\ 3]$ 的一组基. 类似地, 证明与列向量

$$\boldsymbol{g}_1=\begin{bmatrix}1\\0\\0\\0\end{bmatrix},\ \boldsymbol{g}_2=\begin{bmatrix}1\\1\\0\\0\end{bmatrix},\ \boldsymbol{g}_3=\begin{bmatrix}1\\1\\1\\0\end{bmatrix},\ \boldsymbol{g}_4=\begin{bmatrix}1\\1\\1\\1\end{bmatrix}$$

对应的 $g_i(t)\in\mathcal{P}[0\ ,\ 3]$ $(i=1,2,3,4)$ 线性无关, 从而也是 $\mathcal{P}[0\ ,\ 3]$ 的一组基. 确定转移矩阵 T 使得

$$[g_1(t)\quad g_2(t)\quad g_3(t)\quad g_4(t)]=[f_1(t)\quad f_2(t)\quad f_3(t)\quad f_4(t)]T$$

和与列向量 $\boldsymbol{f}=[f(0)\quad f(1)\quad f(2)\quad f(3)]^{\mathrm{T}}$ 对应的 $f(t)$ 在基 $[g_1(t)\quad g_2(t)\quad g_3(t)\quad g_4(t)]$ 下的坐标.

解: 显然, 与 $\mathcal{P}[0\ ,\ n-1]$ 中的零元素对应的列向量是 $\mathbf{0}_n=[\underbrace{0\quad 0\quad\cdots\quad 0}_{n}]^{\mathrm{T}}$. 于是

$$\begin{aligned}
&k_1f_1(t)+k_2f_2(t)+\cdots+k_nf_n(t)=0\\
\Longleftrightarrow&\begin{bmatrix}k_1f_1(0)+k_2f_2(0)+\cdots+k_nf_n(0)\\k_1f_1(1)+k_2f_2(1)+\cdots+k_nf_n(1)\\\vdots\\k_1f_1(n-1)+k_2f_2(n-1)+\cdots+k_nf_n(n-1)\end{bmatrix}=\begin{bmatrix}0\\0\\\vdots\\0\end{bmatrix}\\
\Longleftrightarrow&k_1\boldsymbol{f}_1+k_2\boldsymbol{f}_2+\cdots+k_n\boldsymbol{f}_n=\mathbf{0}_n
\end{aligned}$$

最后一式说明, $f_i(t)\in\mathcal{P}[0\ ,\ n-1]$ $(i=1,2,\cdots,n)$ 线性相关, 当且仅当其对应的列向量 $\boldsymbol{f}_i\in\mathcal{R}^n$ $(i=1,2,\cdots,n)$ 线性相关. 因

$$A=[\boldsymbol{f}_1\quad\boldsymbol{f}_2\quad\boldsymbol{f}_3\quad\boldsymbol{f}_4]=\begin{bmatrix}1&-1&0&0\\0&1&-1&0\\0&0&1&-1\\0&0&0&1\end{bmatrix}$$

和

$$B=[\boldsymbol{g}_1\ \ \boldsymbol{g}_2\ \ \boldsymbol{g}_3\ \ \boldsymbol{g}_4]=\begin{bmatrix}1&1&1&1\\0&1&1&1\\0&0&1&1\\0&0&0&1\end{bmatrix}$$

均为非奇异矩阵, $g_i(t)\in\mathcal{P}[0\ ,\ 3]$ 和 $g_i(t)\in\mathcal{C}_3(t)\ (i=1,2,3,4)$ 都可以是 $\mathcal{R}_{n-1}(t)$ 的基. 显然, 非奇异矩阵 T 将基向量组 $[f_1(t)\ \ f_2(t)\ \ f_3(t)\ \ f_4(t)]$ 转移到基向量组 $[g_1(t)\ \ g_2(t)\ \ g_3(t)\ \ g_4(t)]$, 当且仅当 T 将基向量组 $[f_1\ \ f_2\ \ f_3\ \ f_4]$ 转移到基向量组 $[g_1\ \ g_2\ \ g_3\ \ g_4]$, 即

$$[\boldsymbol{g}_1\ \ \boldsymbol{g}_2\ \ \boldsymbol{g}_3\ \ \boldsymbol{g}_4]=[\boldsymbol{f}_1\ \ \boldsymbol{f}_2\ \ \boldsymbol{f}_3\ \ \boldsymbol{f}_4]T$$

由

$$[\boldsymbol{g}_1\ \ \boldsymbol{g}_2\ \ \boldsymbol{g}_3\ \ \boldsymbol{g}_4]=[\boldsymbol{f}_1\ \ \boldsymbol{f}_2\ \ \boldsymbol{f}_3\ \ \boldsymbol{f}_4]\cdot\underbrace{[\boldsymbol{f}_1\ \ \boldsymbol{f}_2\ \ \boldsymbol{f}_3\ \ \boldsymbol{f}_4]^{-1}[\boldsymbol{g}_1\ \ \boldsymbol{g}_2\ \ \boldsymbol{g}_3\ \ \boldsymbol{g}_4]}$$

和转移矩阵的唯一性可知

$$\begin{aligned}T&=[\boldsymbol{f}_1\ \ \boldsymbol{f}_2\ \ \boldsymbol{f}_3\ \ \boldsymbol{f}_4]^{-1}[\boldsymbol{g}_1\ \ \boldsymbol{g}_2\ \ \boldsymbol{g}_3\ \ \boldsymbol{g}_4]\\&=\begin{bmatrix}1&2&3&4\\0&1&2&3\\0&0&1&2\\0&0&0&1\end{bmatrix}\end{aligned}$$

令 $f(t)$ 在基向量组 $[g_1(t)\ \ g_2(t)\ \ g_3(t)\ \ g_4(t)]$ 下的坐标为 $\boldsymbol{y}=[y_1\ \ y_2\ \ y_3\ \ y_4]^{\mathrm{T}}$, 则

$$\begin{aligned}&\boldsymbol{f}=[\boldsymbol{g}_1\ \ \boldsymbol{g}_2\ \ \boldsymbol{g}_3\ \ \boldsymbol{g}_4]\boldsymbol{y}\\\Longleftrightarrow\ &\boldsymbol{y}=[\boldsymbol{g}_1\ \ \boldsymbol{g}_2\ \ \boldsymbol{g}_3\ \ \boldsymbol{g}_4]^{-1}\boldsymbol{f}\\&=\begin{bmatrix}1&-1&0&0\\0&1&-1&0\\0&0&0&-1\\0&0&0&1\end{bmatrix}\begin{bmatrix}f(0)\\f(1)\\f(2)\\f(3)\end{bmatrix}=\begin{bmatrix}f(0)-f(1)\\f(1)-f(2)\\f(2)-f(3)\\f(3)\end{bmatrix}\end{aligned}$$

把上述结果推广到函数空间 $\mathcal{C}^n[t_0\ ,\ t_f]$ 可得 $\mathcal{C}^n[t_0\ ,\ t_f]$ 是无穷维线性空间. △

1.3 线性子空间

1.3.1 线性子空间的概念

在通常的三维几何空间中, 过原点的共面向量集, 按几何向量的加法与数乘运算也构成一个向量空间. 类似地, 过原点的共线向量集也构成一个向量空间, 这些向量空间都可看成三维空间的子空间. 在 n 维线性空间中, 可以引入子空间的概念.

定义 1.3.1　设 $\mathcal{U}$ 为数域 $\mathcal{F}$ 上线性空间 $\mathcal{V}$ 的子集合. 若 $\mathcal{U}$ 中的元素满足:

(1) $\boldsymbol{\alpha}+\boldsymbol{\beta}\in\mathcal{U}, \forall\ \boldsymbol{\alpha}, \boldsymbol{\beta}\in\mathcal{U}$;

(2) $k\boldsymbol{\alpha}\in\mathcal{U}, \forall\boldsymbol{\alpha}\in\mathcal{U}, k\in\mathcal{F}$.

则 $\mathcal{U}$ 也构成数域 $\mathcal{F}$ 上的线性空间. 称 $\mathcal{U}$ 是线性空间 $\mathcal{V}$ 的一个线性子空间, 简称子空间.

子空间也有维数、基、坐标等概念, 不再一一赘述. 显然, 子空间 $\mathcal{U}$ 中不可能有比 $\mathcal{V}$ 更多的线性无关的向量, 所以 $\mathcal{V}$ 为有限维线性空间时, 其子空间 $\mathcal{U}$ 的维数不能超过 $\mathcal{V}$ 的维数, 即 $\dim\mathcal{U}\leqslant\dim\mathcal{V}$.

【例 1.3.1】　在线性空间 $\mathcal{V}$ 中, 由单个零向量 $\mathbf{0}$ 构成的集合是一个线性子空间, 称为 $\mathcal{V}$ 的零子空间. 线性空间 $\mathcal{V}$ 本身也可看成一个线性子空间. 这两个子空间称为 $\mathcal{V}$ 的平凡子空间. △

一般只讨论非平凡子空间. 在线性子空间中, 一个十分重要的特例是生成子空间. 设 $\boldsymbol{\alpha}_1, \boldsymbol{\alpha}_2, \cdots, \boldsymbol{\alpha}_s$ 是线性空间 $\mathcal{V}$ 中的一组向量, 则集合

$$\operatorname{span}\{\boldsymbol{\alpha}_1, \boldsymbol{\alpha}_2, \cdots, \boldsymbol{\alpha}_s\}\triangleq\{\boldsymbol{\alpha}\mid\boldsymbol{\alpha}=k_1\boldsymbol{\alpha}_1+k_2\boldsymbol{\alpha}_2+\cdots+k_s\boldsymbol{\alpha}_s, k_i\in\mathcal{F}\}$$

非空, 且有下述结论.

【定理 1.3.1】　$\operatorname{span}\{\boldsymbol{\alpha}_1, \boldsymbol{\alpha}_2, \cdots, \boldsymbol{\alpha}_s\}$ 是 $\mathcal{V}$ 的线性子空间.

定义 1.3.2　称非空子集 $\operatorname{span}\{\boldsymbol{\alpha}_1, \boldsymbol{\alpha}_2, \cdots, \boldsymbol{\alpha}_s\}$ 是向量 $\boldsymbol{\alpha}_1, \boldsymbol{\alpha}_2, \cdots, \boldsymbol{\alpha}_s$ 的生成子空间.

根据向量组的线性极大无关组与秩的概念, 显然有下述结论.

【定理 1.3.2】　$\dim\operatorname{span}\{\boldsymbol{\alpha}_1, \boldsymbol{\alpha}_2, \cdots, \boldsymbol{\alpha}_s\}=\operatorname{rank}\{\boldsymbol{\alpha}_1, \boldsymbol{\alpha}_2, \cdots, \boldsymbol{\alpha}_s\}$, 其中

$$\operatorname{rank}\{\boldsymbol{\alpha}_1, \boldsymbol{\alpha}_2, \cdots, \boldsymbol{\alpha}_s\}$$

是向量组 $\{\boldsymbol{\alpha}_1, \boldsymbol{\alpha}_2, \cdots, \boldsymbol{\alpha}_s\}$ 的线性极大无关组中向量的个数. 向量组的任何一个线性极大无关组是 $\operatorname{span}\{\boldsymbol{\alpha}_1, \boldsymbol{\alpha}_2, \cdots, \boldsymbol{\alpha}_s\}$ 的一组基.

下述结果说明了生成空间的重要性.

【定理 1.3.3】　任何有限维子空间 $\mathcal{W}\subset\mathcal{V}$ 都是有限个向量 $\boldsymbol{\alpha}_1, \boldsymbol{\alpha}_2, \cdots, \boldsymbol{\alpha}_s$ 的生成空间.

【例 1.3.2】　设 $f_1(\lambda)=1+2\lambda-\lambda^2$, $f_2(\lambda)=\lambda+2\lambda^2+3\lambda^3$, $f_3(\lambda)=2+3\lambda-4\lambda^2-3\lambda^3$, 求 $\operatorname{span}\{f_1(\lambda), f_2(\lambda), f_3(\lambda)\}$ 的一组基与维数.

解: 由 $k_1f_1(\lambda)+k_2f_2(\lambda)=k_1+(2k_1+k_2)\lambda+(-k_1+2k_2)\lambda^2+3k_2\lambda^3$ 可知, $k_1f_1(\lambda)+k_2f_2(\lambda)=0$ 当且仅当 $k_1=k_2=0$, 于是 $f_1(\lambda)$ 和 $f_2(\lambda)$ 线性无关. 而 $f_3(\lambda)=2f_1(\lambda)-f_2(\lambda)$. 所以 $f_1(\lambda), f_2(\lambda)$ 为 $\operatorname{span}\{f_1(\lambda), f_2(\lambda), f_3(\lambda)\}$ 的一组基, $\dim\operatorname{span}\{f_1(\lambda), f_2(\lambda), f_3(\lambda)\}=2$, 从而 $\operatorname{span}\{f_1(\lambda), f_2(\lambda), f_3(\lambda)\}=\operatorname{span}\{f_1(\lambda), f_2(\lambda)\}$. △

【例 1.3.3】　标量函数的极限、连续性和可导、可积等概念可以很容易地推广到函数向量和函数矩阵. 记 $\mathcal{C}_0^n[t_0,t_f]$ 为所有在区间 $[t_0,t_f]$ 上连续的函数向量 $\boldsymbol{f}(t)$ 的集合, $\mathcal{C}_1^n[t_0,t_f]$ 为所有在区间 $[t_0,t_f]$ 上可导的函数向量 $\boldsymbol{f}(t)$ 的集合. 类似地有 $\mathcal{C}_0^{n\times m}[t_0,t_f]$ 和 $\mathcal{C}_1^{n\times m}[t_0,t_f]$. 记

$$A'(t_1)=\left.\frac{\mathrm{d}\,A(t)}{\mathrm{d}\,t}\right|_{t=t_1}=\lim_{\Delta t\to 0}\frac{A(t_1+\Delta t)-A(t_1)}{\Delta t}$$

$$
= \begin{bmatrix} a'_{11}(t_1) & a'_{12}(t_1) & \cdots & a'_{1n}(t_1) \\ a'_{21}(t_1) & a'_{22}(t_1) & \cdots & a'_{2n}(t_1) \\ \vdots & \vdots & & \vdots \\ a'_{m1}(t_1) & a'_{m2}(t_1) & \cdots & a'_{mn}(t_1) \end{bmatrix}
$$

其中, $t_1 \in [t_0, t_f]$, 则

$$
\int_{t_0}^{t_f} A(t)\,\mathrm{d}t = \begin{bmatrix} \int_{t_0}^{t_f} a_{11}(t)\,\mathrm{d}t & \int_{t_0}^{t_f} a_{12}(t)\,\mathrm{d}t & \cdots & \int_{t_0}^{t_f} a_{1n}(t)\,\mathrm{d}t \\ \int_{t_0}^{t_f} a_{21}(t)\,\mathrm{d}t & \int_{t_0}^{t_f} a_{22}(t)\,\mathrm{d}t & \cdots & \int_{t_0}^{t_f} a_{2n}(t)\,\mathrm{d}t \\ \vdots & \vdots & & \vdots \\ \int_{t_0}^{t_f} a_{m1}(t)\,\mathrm{d}t & \int_{t_0}^{t_f} a_{m2}(t)\,\mathrm{d}t & \cdots & \int_{t_0}^{t_f} a_{mn}(t)\,\mathrm{d}t \end{bmatrix}
$$

标量函数求导和积分的一些性质可以很容易地推广到函数向量和函数矩阵中. 容易证明, $\mathcal{C}_0^{n\times m}[t_0\,,\ t_f]$ 是 $\mathcal{C}^{n\times m}[t_0\,,\ t_f]$ 的一个子空间, $\mathcal{C}_1^{n\times m}[t_0\,,\ t_f]$ 是 $\mathcal{C}_0^{n\times m}[t_0\,,\ t_f]$ 的一个子空间. △

1.3.2 子空间的交与和

定义 1.3.3 设 $\mathcal{U}, \mathcal{V}$ 是线性空间 $\mathcal{W}$ 的两个子空间, 令

$$
\mathcal{U}\cap\mathcal{V} = \{\boldsymbol{\alpha} \mid \boldsymbol{\alpha}\in\mathcal{U}\text{且}\boldsymbol{\alpha}\in\mathcal{V}\}
$$

则可以验证: $\mathcal{U}\cap\mathcal{V}$ 构成 $\mathcal{W}$ 的线性子空间. 称 $\mathcal{U}\cap\mathcal{V}$ 为 $\mathcal{U}$ 与 $\mathcal{V}$ 的交空间. 又令

$$
\mathcal{U}+\mathcal{V} = \{\boldsymbol{\alpha} = \boldsymbol{\alpha}_1+\boldsymbol{\alpha}_2 \mid \boldsymbol{\alpha}_1\in\mathcal{U}\text{且}\boldsymbol{\alpha}_2\in\mathcal{V}\}
$$

则可以验证: $\mathcal{U}+\mathcal{V}$ 构成 $\mathcal{W}$ 的线性子空间. 称 $\mathcal{U}+\mathcal{V}$ 为 $\mathcal{U}$ 与 $\mathcal{V}$ 的和空间.

【例 1.3.4】 设 $A\in\mathcal{C}^{m\times n}$, $B\in\mathcal{C}^{p\times n}$, 则 $\mathcal{N}(A)\cap\mathcal{N}(B)$ 是方程组

$$
\begin{bmatrix} A \\ B \end{bmatrix}\boldsymbol{x} = \mathbf{0}
$$

的解空间. △

【例 1.3.5】 在三维几何空间中, 用 $\mathcal{U}$ 表示过原点与某给定向量共线的向量集合, $\mathcal{V}$ 表示过原点并与 $\mathcal{U}$ 垂直的共面向量集合, 则 $\mathcal{U}+\mathcal{V}$ 是整个空间, 且 $\mathcal{U}\cap\mathcal{V} = \mathbf{0}$. △

关于两个生成子空间的和空间有下面定理.

【定理 1.3.4】 设

$$
\mathcal{U} = \operatorname{span}\{\boldsymbol{\alpha}_1\,,\ \boldsymbol{\alpha}_2\,,\ \cdots\,,\ \boldsymbol{\alpha}_s\}
$$
$$
\mathcal{V} = \operatorname{span}\{\boldsymbol{\beta}_1\,,\ \boldsymbol{\beta}_2\,,\ \cdots\,,\ \boldsymbol{\beta}_t\}
$$

则 $\mathcal{U}+\mathcal{V} = \operatorname{span}\{\boldsymbol{\alpha}_1\,,\ \boldsymbol{\alpha}_2\,,\ \cdots\,,\ \boldsymbol{\alpha}_s\,,\ \boldsymbol{\beta}_1\,,\ \boldsymbol{\beta}_2\,,\ \cdots\,,\ \boldsymbol{\beta}_t\}$.

【例 1.3.6】 令与 $f_1(t), f_2(t) \in \mathcal{P}[0\ ,\ 3]$ 对应的列向量为

$$\boldsymbol{f}_1 = \begin{bmatrix} 1 \\ 0 \\ 0 \\ 1 \end{bmatrix}, \quad \boldsymbol{f}_2 = \begin{bmatrix} 1 \\ 1 \\ 0 \\ 0 \end{bmatrix}$$

$\mathcal{U} = \operatorname{span}\{f_1(t)\ ,\ f_2(t)\}$, 与 $g_1(t), g_2(t) \in \mathcal{P}[0\ ,\ 3]$ 对应的列向量为

$$\boldsymbol{g}_1 = \begin{bmatrix} 0 \\ 1 \\ 1 \\ 0 \end{bmatrix}, \quad \boldsymbol{g}_2 = \begin{bmatrix} 0 \\ 0 \\ 1 \\ 1 \end{bmatrix}$$

$\mathcal{V} = \operatorname{span}\{\, g_1(t)\ ,\ g_2(t)\,\}$.

(1) 求 $\mathcal{U}+\mathcal{V}$ 的一组基和维数;

(2) 求 $\mathcal{U}\cap\mathcal{V}$ 的一组基和维数.

解: (1) 由定理 1.3.4可知

$$\mathcal{U}+\mathcal{V} = \operatorname{span}\{\, f_1(t)\ ,\ f_2(t)\ ,\ g_1(t)\ ,\ g_2(t)\,\}$$

显然, $f_1(t), f_2(t), g_1(t)$ 线性无关, 而 $g_2(t) = f_1(t) - f_2(t) + g_1(t)$, 从而极大线性无关组 $[f_1(t)\ \ f_2(t)\ \ g_1(t)]$ 是 $\mathcal{U}+\mathcal{V}$ 的一组基且 $\dim(\mathcal{U}+\mathcal{V}) = 3$.

(2) 设 $f(t) \in \mathcal{U}\cap\mathcal{V}$. 因 $f(t)\in\mathcal{U}$ 且 $f(t)\in\mathcal{V}$, 故

$$f(t) = k_1 f_1(t) + k_2 f_2(t) = l_1 g_1(t) + l_2 g_2(t)$$

$$\iff \boldsymbol{f} = k_1\boldsymbol{f}_1 + k_2\boldsymbol{f}_2 = l_1\boldsymbol{g}_1 + l_2\boldsymbol{g}_2$$

$$\iff k_1\boldsymbol{f}_1 + k_2\boldsymbol{f}_2 - l_1\boldsymbol{g}_1 - l_2\boldsymbol{g}_2 = \boldsymbol{0}$$

将 $\boldsymbol{f}_1, \boldsymbol{f}_2, \boldsymbol{g}_1, \boldsymbol{g}_2$ 代入上式可得

$$\underbrace{\begin{bmatrix} 1 & 1 & 0 & 0 \\ 0 & 1 & 1 & 0 \\ 0 & 0 & 1 & 1 \\ 1 & 0 & 0 & 1 \end{bmatrix}}_{\triangleq A} \begin{bmatrix} k_1 \\ k_2 \\ -l_1 \\ -l_2 \end{bmatrix} = \boldsymbol{0}$$

因 $\boldsymbol{f}_1, \boldsymbol{f}_2, \boldsymbol{g}_1$ 是最大线性无关组, 故 $\dim\mathcal{N}(A) = 1$. 注意到 $g_2(t) = f_1(t) - f_2(t) + g_1(t)$, $\iff\ l_2 g_2(t) = l_2 f_1(t) - l_2 f_2(t) + l_2 g_1(t)\ \iff$

$$\begin{bmatrix} 1 & 1 & 0 & 0 \\ 0 & 1 & 1 & 0 \\ 0 & 0 & 1 & 1 \\ 1 & 0 & 0 & 1 \end{bmatrix} \begin{bmatrix} -1 \\ 1 \\ -1 \\ 1 \end{bmatrix} l_2 = \mathbf{0}$$

齐次方程的解为

$$[k_1 \ \ k_2 \ \ l_1 \ \ l_2]^{\mathrm{T}} = l_2 [1 \ \ -1 \ \ -1 \ \ 1]^{\mathrm{T}}$$

于是 $f(t) \in \mathcal{U} \cap \mathcal{V} \iff$

$$\begin{aligned} \boldsymbol{f} &= (\boldsymbol{f}_1 - \boldsymbol{f}_2)\, l_2 = (-\boldsymbol{g}_1 + \boldsymbol{g}_2)\, l_2 \\ &= \begin{bmatrix} 1 \\ 0 \\ 0 \\ 1 \end{bmatrix} l_2 - \begin{bmatrix} 1 \\ 1 \\ 0 \\ 0 \end{bmatrix} l_2 = \begin{bmatrix} 0 \\ -1 \\ -1 \\ 0 \end{bmatrix} l_2 + \begin{bmatrix} 0 \\ 0 \\ 1 \\ 1 \end{bmatrix} l_2 \end{aligned}$$

最后一式说明 $\mathcal{U} \cap \mathcal{V} = \mathrm{span}\,\{f(t)\}$, 而与 $f(t)$ 对应的列向量为 $\boldsymbol{f} = [0 \ \ -1 \ \ 0 \ \ 1]^{\mathrm{T}}$, 从而 $\mathcal{U} \cap \mathcal{V}$ 的一组基可以是 $f(t)$ 且 $\dim(\mathcal{U} \cap \mathcal{V}) = 1$. 基向量 $f(t)$ 如图 1.2所示.

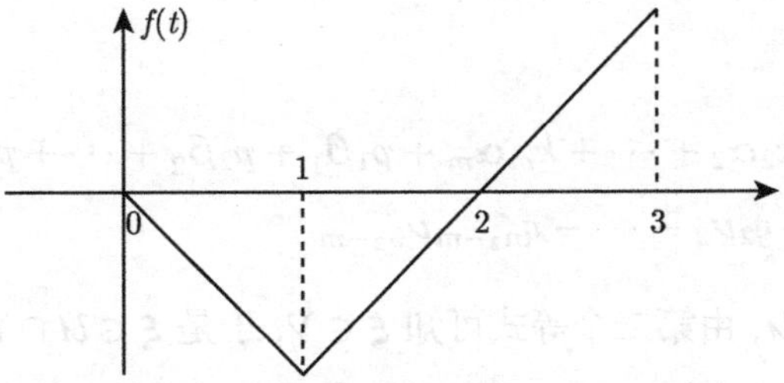

图 1.2 $\mathcal{P}[0, 3]$ 的子空间 $\mathcal{U} \cap \mathcal{V}$ 的基 △

【定理 1.3.5】 (维数公式) 设 $\mathcal{U}$ 与 $\mathcal{V}$ 是线性空间 $\mathcal{W}$ 的两个子空间, 则

$$\dim(\mathcal{U} + \mathcal{V}) = \dim \mathcal{U} + \dim \mathcal{V} - \dim(\mathcal{U} \cap \mathcal{V})$$

证明: 设 $\dim \mathcal{U} = n_1$, $\dim \mathcal{V} = n_2$, $\dim(\mathcal{U} \cap \mathcal{V}) = m$. 取 $\mathcal{U} \cap \mathcal{V}$ 的一组基 $\boldsymbol{\alpha}_1, \boldsymbol{\alpha}_2, \cdots, \boldsymbol{\alpha}_m$, 它可以扩充成 $\mathcal{U}$ 的一组基:

$$\boldsymbol{\alpha}_1, \boldsymbol{\alpha}_2, \cdots, \boldsymbol{\alpha}_m, \boldsymbol{\beta}_1, \boldsymbol{\beta}_2, \cdots, \boldsymbol{\beta}_{n_1-m}$$

也可以扩充成 $\mathcal{V}$ 的一组基:

$$\boldsymbol{\alpha}_1, \boldsymbol{\alpha}_2, \cdots, \boldsymbol{\alpha}_m, \boldsymbol{\nu}_1, \boldsymbol{\nu}_2, \cdots, \boldsymbol{\nu}_{n_2-m}$$

即

$$\mathcal{U} = \mathrm{span}\left\{\boldsymbol{\alpha}_1, \boldsymbol{\alpha}_2, \cdots, \boldsymbol{\alpha}_m, \boldsymbol{\beta}_1, \boldsymbol{\beta}_2, \cdots, \boldsymbol{\beta}_{n_1-m}\right\}$$

$$\mathcal{V}=\operatorname{span}\{\boldsymbol{\alpha}_1, \boldsymbol{\alpha}_2, \cdots, \boldsymbol{\alpha}_m, \boldsymbol{\nu}_1, \boldsymbol{\nu}_2, \cdots, \boldsymbol{\nu}_{n_2-m}\}$$

所以

$$\begin{aligned}\mathcal{U}+\mathcal{V}=\operatorname{span}\{&\boldsymbol{\alpha}_1, \boldsymbol{\alpha}_2, \cdots, \boldsymbol{\alpha}_m, \boldsymbol{\beta}_1, \boldsymbol{\beta}_2, \cdots, \boldsymbol{\beta}_{n_1-m},\\ &\boldsymbol{\nu}_1, \boldsymbol{\nu}_2, \cdots, \boldsymbol{\nu}_{n_2-m}\}\end{aligned}$$

下面证明:

$$\boldsymbol{\alpha}_1, \boldsymbol{\alpha}_2, \cdots, \boldsymbol{\alpha}_m, \boldsymbol{\beta}_1, \boldsymbol{\beta}_2, \cdots, \boldsymbol{\beta}_{n_1-m}, \boldsymbol{\nu}_1, \boldsymbol{\nu}_2, \cdots, \boldsymbol{\nu}_{n_2-m}$$

是线性无关组. 设

$$\begin{aligned}&k_1\boldsymbol{\alpha}_1+k_2\boldsymbol{\alpha}_2+\cdots+k_m\boldsymbol{\alpha}_m+p_1\boldsymbol{\beta}_1+p_2\boldsymbol{\beta}_2+\cdots+p_{n_1-m}\boldsymbol{\beta}_{n_1-m}\\ &+q_1\boldsymbol{\nu}_1+q_2\boldsymbol{\nu}_2+\cdots+q_{n_2-m}\boldsymbol{\nu}_{n_2-m}=\mathbf{0}\end{aligned}$$

即

$$\begin{aligned}&k_1\boldsymbol{\alpha}_1+k_2\boldsymbol{\alpha}_2+\cdots+k_m\boldsymbol{\alpha}_m+p_1\boldsymbol{\beta}_1+p_2\boldsymbol{\beta}_2+\cdots+p_{n_1-m}\boldsymbol{\beta}_{n_1-m}\\ =&-q_1\boldsymbol{\nu}_1-q_2\boldsymbol{\nu}_2-\cdots-q_{n_2-m}\boldsymbol{\nu}_{n_2-m}\end{aligned}$$

令

$$\begin{aligned}\boldsymbol{\xi}&=k_1\boldsymbol{\alpha}_1+k_2\boldsymbol{\alpha}_2+\cdots+k_m\boldsymbol{\alpha}_m+p_1\boldsymbol{\beta}_1+p_2\boldsymbol{\beta}_2+\cdots+p_{n_1-m}\boldsymbol{\beta}_{n_1-m}\\ &=-q_1\boldsymbol{\nu}_1-q_2\boldsymbol{\nu}_2-\cdots-q_{n_2-m}\boldsymbol{\nu}_{n_2-m}\end{aligned}$$

由第一个等式可知 $\boldsymbol{\xi}\in\mathcal{U}$, 由第二个等式可知 $\boldsymbol{\xi}\in\mathcal{V}$, 于是 $\boldsymbol{\xi}\in\mathcal{U}\cap\mathcal{V}$, 故可令

$$\boldsymbol{\xi}=l_1\boldsymbol{\alpha}_1+l_2\boldsymbol{\alpha}_2+\cdots+l_m\boldsymbol{\alpha}_m$$

因此

$$\begin{aligned}&l_1\boldsymbol{\alpha}_1+l_2\boldsymbol{\alpha}_2+\cdots+l_m\boldsymbol{\alpha}_m=-q_1\boldsymbol{\nu}_1-q_2\boldsymbol{\nu}_2-\cdots-q_{n_2-m}\boldsymbol{\nu}_{n_2-m}\\ \Longleftrightarrow\ &l_1\boldsymbol{\alpha}_1+l_2\boldsymbol{\alpha}_2+\cdots+l_m\boldsymbol{\alpha}_m+q_1\boldsymbol{\nu}_1+q_2\boldsymbol{\nu}_2+\cdots+q_{n_2-m}\boldsymbol{\nu}_{n_2-m}=\mathbf{0}\end{aligned}$$

由于 $\boldsymbol{\alpha}_1, \boldsymbol{\alpha}_2, \cdots, \boldsymbol{\alpha}_m, \boldsymbol{\nu}_1, \boldsymbol{\nu}_2, \cdots, \boldsymbol{\nu}_{n_2-m}$ 线性无关, 所以

$$l_1=l_2=\cdots=l_m=q_1=q_2=\cdots=q_{n_2-m}=0$$

因此, $\boldsymbol{\xi}=\mathbf{0}$, 从而有

$$k_1\boldsymbol{\alpha}_1+k_2\boldsymbol{\alpha}_2+\cdots+k_m\boldsymbol{\alpha}_m+p_1\boldsymbol{\beta}_1+p_2\boldsymbol{\beta}_2+\cdots+p_{n_1-m}\boldsymbol{\beta}_{n_1-m}=\mathbf{0}$$

由于 $\boldsymbol{\alpha}_1, \boldsymbol{\alpha}_2, \cdots, \boldsymbol{\alpha}_m, \boldsymbol{\beta}_1, \boldsymbol{\beta}_2, \cdots, \boldsymbol{\beta}_{n_1-m}$ 线性无关, 又得

$$k_1=k_2=\cdots=k_m=p_1=p_2=\cdots=p_{n_1-m}=0$$

这就证明了 $\boldsymbol{\alpha}_1, \boldsymbol{\alpha}_2, \cdots, \boldsymbol{\alpha}_m, \boldsymbol{\beta}_1, \boldsymbol{\beta}_2, \cdots, \boldsymbol{\beta}_{n_1-m}, \boldsymbol{\nu}_1, \boldsymbol{\nu}_2, \cdots, \boldsymbol{\nu}_{n_2-m}$ 线性无关, 因而它是 $\mathcal{U}+\mathcal{V}$ 的一组基, $\mathcal{U}+\mathcal{V}$ 的维数为 n_1+n_2-m, 于是维数公式成立. ■

$\mathcal{V}$ 的子空间 $\mathcal{U}$ 和 $\mathcal{V}$ 均是 $\mathcal{W}$ 的子集. 按集合的定义, 可以定义 $\mathcal{U}$ 和 $\mathcal{V}$ 的并集:

$$\mathcal{U}\cup\mathcal{V}\triangleq\{\boldsymbol{\alpha}\mid\boldsymbol{\alpha}\in\mathcal{U}\text{或}\boldsymbol{\alpha}\in\mathcal{V}\}$$

一般来说, $\mathcal{U}\cup\mathcal{V}$ 不是子空间, 这可由例 1.3.7 看出.

【例 1.3.7】 设 $\mathcal{V}=\mathcal{R}^2, \mathcal{U}=\operatorname{span}\{\boldsymbol{\epsilon}_1\}, \mathcal{V}=\operatorname{span}\{\boldsymbol{\epsilon}_2\}$. 于是

$$\mathcal{U}\cup\mathcal{V}=\left\{\boldsymbol{\alpha}\mid\boldsymbol{\alpha}=\begin{bmatrix}a_1\\0\end{bmatrix}\text{或}\boldsymbol{\alpha}=\begin{bmatrix}0\\a_2\end{bmatrix}\right\}$$

但是

$$\boldsymbol{\epsilon}_1\in\mathcal{U}\subset\mathcal{U}\cup\mathcal{V},\quad\boldsymbol{\epsilon}_2\in\mathcal{V}\subset\mathcal{U}\cup\mathcal{V}$$

则

$$\boldsymbol{\epsilon}_1+\boldsymbol{\epsilon}_2=\begin{bmatrix}1\\1\end{bmatrix}\notin\mathcal{U}\cup\mathcal{V}$$

△

1.3.3 子空间的直和、补子空间

定义 1.3.4 设 $\mathcal{U},\mathcal{V}$ 是线性空间 $\mathcal{W}$ 的两个子空间, 若 $\mathcal{U}\cap\mathcal{V}=\{\mathbf{0}\}$, 则称 $\mathcal{U}$ 与 $\mathcal{V}$ 的和空间 $\mathcal{U}+\mathcal{V}$ 是直和, 并用记号 $\mathcal{U}\dot{+}\mathcal{V}$ 表示.

【定理 1.3.6】 设 $\mathcal{U},\mathcal{V}$ 是线性空间 $\mathcal{V}$ 的两个子空间, 则下列命题是等价的:

(1) $\mathcal{U}+\mathcal{V}$ 是直和;

(2) $\dim(\mathcal{U}+\mathcal{V})=\dim\mathcal{U}+\dim\mathcal{V}$;

(3) 设 $\boldsymbol{\alpha}_1, \boldsymbol{\alpha}_2, \cdots, \boldsymbol{\alpha}_{n_1}$ 是 $\mathcal{U}$ 的一组基, $\boldsymbol{\beta}_1, \boldsymbol{\beta}_2, \cdots, \boldsymbol{\beta}_{n_2}$ 是 $\mathcal{V}$ 的一组基, 则 $\boldsymbol{\alpha}_1, \boldsymbol{\alpha}_2, \cdots, \boldsymbol{\alpha}_{n_1}, \boldsymbol{\beta}_1, \boldsymbol{\beta}_2, \cdots, \boldsymbol{\beta}_{n_2}$ 是 $\mathcal{U}+\mathcal{V}$ 的一组基.

证明: (1) $\Longleftrightarrow$ (2) 为显然的.

(2) $\Longrightarrow$(3), 设 $\dim(\mathcal{U}+\mathcal{V})=\dim\mathcal{U}+\dim\mathcal{V}=n_1+n_2$. 由定理 1.3.4可知

$$\mathcal{U}+\mathcal{V}=\operatorname{span}\{\boldsymbol{\alpha}_1, \boldsymbol{\alpha}_2, \cdots, \boldsymbol{\alpha}_{n_1}, \boldsymbol{\beta}_1, \boldsymbol{\beta}_2, \cdots, \boldsymbol{\beta}_{n_2}\}$$

又由定理 1.3.2可知

$$\operatorname{rank}\{\boldsymbol{\alpha}_1, \boldsymbol{\alpha}_2, \cdots, \boldsymbol{\alpha}_{n_1}, \boldsymbol{\beta}_1, \boldsymbol{\beta}_2, \cdots, \boldsymbol{\beta}_{n_2}\}=\dim(\mathcal{U}+\mathcal{V})=n_1+n_2$$

因此, $\boldsymbol{\alpha}_1, \boldsymbol{\alpha}_2, \cdots, \boldsymbol{\alpha}_{n_1}, \boldsymbol{\beta}_1, \boldsymbol{\beta}_2, \cdots, \boldsymbol{\beta}_{n_2}$ 线性无关, 所以它构成 $\mathcal{U}+\mathcal{V}$ 的一组基.

(3)$\Longrightarrow$(2), 因为 $\boldsymbol{\alpha}_1, \boldsymbol{\alpha}_2, \cdots, \boldsymbol{\alpha}_{n_1}, \boldsymbol{\beta}_1, \boldsymbol{\beta}_2, \cdots, \boldsymbol{\beta}_{n_2}$ 构成 $\mathcal{U}+\mathcal{V}$ 的一组基, 故

$$\operatorname{rank}\{\boldsymbol{\alpha}_1, \boldsymbol{\alpha}_2, \cdots, \boldsymbol{\alpha}_{n_1}, \boldsymbol{\beta}_1, \boldsymbol{\beta}_2, \cdots, \boldsymbol{\beta}_{n_2}\}=n_1+n_2$$

于是

$$\dim(\mathcal{U}+\mathcal{V}) = \dim \mathrm{span}\left\{\boldsymbol{\alpha}_1\ ,\ \boldsymbol{\alpha}_2\ ,\ \cdots\ ,\ \boldsymbol{\alpha}_{n_1}\ ,\ \boldsymbol{\beta}_1\ ,\ \boldsymbol{\beta}_2\ ,\ \cdots\ ,\ \boldsymbol{\beta}_{n_2}\right\} = n_1 + n_2$$

根据维数公式得 $\dim(\mathcal{U}\cap\mathcal{V}) = 0$, 则 $\mathcal{U}+\mathcal{V}$ 是直和. ■

定义 1.3.5　设 $\mathcal{S}, \mathcal{T}, \mathcal{U}$ 是线性空间 $\mathcal{V}$ 的三个子空间. 若 $\mathcal{U} = \mathcal{S}\dot{+}\mathcal{T}$, 则称 $\mathcal{U}$ 有一个直和分解. 特别地, 若

$$\mathcal{U} = \mathcal{V} = \mathcal{S}\dot{+}\mathcal{T}$$

则称 $\mathcal{S}$ 和 $\mathcal{T}$ 是线性空间 $\mathcal{V}$ 的一对互补子空间, 或称 $\mathcal{S}$ 是 $\mathcal{T}$ 的代数补 (也可称 $\mathcal{T}$ 是 $\mathcal{S}$ 的代数补).

【定理 1.3.7】　设 $\mathcal{T}$ 是线性空间 $\mathcal{U}$ 的一个子空间, 则一定存在 $\mathcal{T}$ 的代数补子空间 $\mathcal{S}$, 使得

$$\mathcal{U} = \mathcal{S}\dot{+}\mathcal{T}$$

【例 1.3.8】　子空间 $\mathcal{T}$ 的代数补不是唯一的. 例如, 若

$$\boldsymbol{\alpha}_1 = [1\ \ 0\ \ 0]^{\mathrm{T}},\quad \boldsymbol{\alpha}_2 = [0\ \ 1\ \ 0]^{\mathrm{T}}$$

则显然 $\mathcal{T} = \mathrm{span}\{\boldsymbol{\alpha}_1\ ,\ \boldsymbol{\alpha}_2\}$ 是 $\mathcal{R}^3$ 的一个子空间. 若令 $\boldsymbol{\alpha}_3 = [0\ \ 0\ \ 1]^{\mathrm{T}}$ 或 $\boldsymbol{\alpha}_4 = [0\ \ 1\ \ 1]^{\mathrm{T}}$, 则 $\mathrm{span}\{\boldsymbol{\alpha}_3\}$ 和 $\mathrm{span}\{\boldsymbol{\alpha}_4\}$ 就是 $\mathcal{T}$ 的两个不同代数补. △

1.4 线性映射

1.4.1 线性映射的定义

定义 1.4.1　设 $\mathcal{U}, \mathcal{V}$ 是数域 $\mathcal{F}$ 上的两个线性空间, $\mathscr{A}$ 将 $\boldsymbol{\alpha}\in\mathcal{U}$ 映射为 $\mathscr{A}(\boldsymbol{\alpha})\in\mathcal{V}$, 记作 $\mathscr{A}:\mathcal{U}\to\mathcal{V}$. 称 $\boldsymbol{\alpha}_1$ 为 $\mathscr{A}(\boldsymbol{\alpha}_1)$ 的原像, $\mathscr{A}(\boldsymbol{\alpha}_1)$ 为 $\boldsymbol{\alpha}_1$ 的像. 如果对于 $\mathcal{U}$ 中的任何两个向量 $\boldsymbol{\alpha}_1, \boldsymbol{\alpha}_2$ 和任何数 $k\in\mathcal{F}$ 都有

$$\mathscr{A}(\boldsymbol{\alpha}_1+\boldsymbol{\alpha}_2) = \mathscr{A}(\boldsymbol{\alpha}_1)+\mathscr{A}(\boldsymbol{\alpha}_2)$$
$$\mathscr{A}(k\boldsymbol{\alpha}_1) = k\mathscr{A}(\boldsymbol{\alpha}_1)$$

则称 $\mathscr{A}$ 是由 $\mathcal{U}$ 到 $\mathcal{V}$ 的线性映射.

【例 1.4.1】　设 A 是 $m\times n$ 实矩阵. 若映射 $\mathscr{A}:\mathcal{R}^n\to\mathcal{R}^m$ 由下式确定:

$$\mathscr{A}(\boldsymbol{\alpha}) = A\boldsymbol{\alpha}\in\mathcal{R}^m\ \forall\,\boldsymbol{\alpha}\in\mathcal{R}^n$$

则 $\mathscr{A}$ 是线性映射. △

【例 1.4.2】　设映射 $\mathscr{E}:\mathcal{V}\to\mathcal{V}$ 由下式确定:

$$\mathscr{E}(\boldsymbol{\alpha}) = \boldsymbol{\alpha}\ \ \forall\,\boldsymbol{\alpha}\in\mathcal{V}$$

易证 $\mathscr{E}$ 是线性映射, 称为恒等映射.

设映射 $\mathscr{O}:\mathcal{U}\to\mathcal{V}$ 由下式确定:

$$\mathscr{O}(\boldsymbol{\alpha})=\mathbf{0}\ \forall\ \boldsymbol{\alpha}\in\mathcal{U}$$

易证 $\mathscr{O}$ 是线性映射, 称为零映射. △

【例 1.4.3】 设映射 $\mathscr{D}:\mathcal{C}_{n+1}[\lambda]\to\mathcal{C}_n[\lambda]$ 由下式确定:

$$\mathscr{D}(f(\lambda))=\frac{\mathrm{d}\,f(\lambda)}{\mathrm{d}\,\lambda}=(n+1)a_{n+1}\lambda^n+na_n\lambda^{n-1}+(n-1)a_{n-1}\lambda^{n-2}+\cdots+2a_2\lambda+a_1$$

其中, $f(\lambda)=a_{n+1}\lambda^{n+1}+a_n\lambda^n+a_{n-1}\lambda^{n-1}+\cdots+a_2\lambda^2+a_1\lambda+a_0$. 不难验证, $\mathscr{D}$ 是线性映射. △

【例 1.4.4】 设映射 $\mathscr{S}:\mathcal{C}_n[\lambda]\to\mathcal{C}_{n+1}[\lambda]$ 由下式确定:

$$\mathscr{S}(f(\lambda))=\int_0^\lambda f(\xi)\mathrm{d}\,\xi=\frac{1}{n+1}a_n\lambda^{n+1}+\frac{1}{n}a_{n-1}\lambda^n+\cdots+a_1\lambda^2+a_0\lambda$$

其中, $f(\lambda)=a_n\lambda^n+a_{n-1}\lambda^{n-1}+\cdots+a_2\lambda^2+a_1\lambda+a_0$. 不难验证, $\mathscr{S}$ 是线性映射. △

线性映射具有下述简单性质:

(1) $\mathscr{A}(\mathbf{0})=\mathbf{0}$;

(2) $\mathscr{A}\left(\sum\limits_{i=1}^{s}k_i\boldsymbol{\alpha}_i\right)=\sum\limits_{i=1}^{s}k_i\mathscr{A}(\boldsymbol{\alpha}_i)$;

(3) 设 $\boldsymbol{\alpha}_1, \boldsymbol{\alpha}_2, \cdots, \boldsymbol{\alpha}_s\in\mathcal{V}$ 且线性相关, 则 $\mathscr{A}(\boldsymbol{\alpha}_1), \mathscr{A}(\boldsymbol{\alpha}_2), \cdots, \mathscr{A}(\boldsymbol{\alpha}_s)$ 也线性相关.

前两个性质是显然的, 第三个性质可由前两个性质推出. 特别要注意, 若 $\boldsymbol{\alpha}_1, \boldsymbol{\alpha}_2, \cdots, \boldsymbol{\alpha}_s$ 线性相关, 则 $\mathscr{A}(\boldsymbol{\alpha}_1), \mathscr{A}(\boldsymbol{\alpha}_2), \cdots, \mathscr{A}(\boldsymbol{\alpha}_s)$ 必然线性相关; 然而, 即使 $\boldsymbol{\alpha}_1, \boldsymbol{\alpha}_2, \cdots, \boldsymbol{\alpha}_s$ 线性无关, $\mathscr{A}(\boldsymbol{\alpha}_1), \mathscr{A}(\boldsymbol{\alpha}_2), \cdots, \mathscr{A}(\boldsymbol{\alpha}_s)$ 也可能线性相关.

【例 1.4.5】 设线性映射 $\mathscr{P}:\mathcal{R}^3\to\mathcal{R}^2$ 由下式确定:

$$\boldsymbol{\alpha}=[a_1\ \ a_2\ \ a_3]^{\mathrm{T}}\in\mathcal{R}^3\ \to\ \mathscr{P}(\boldsymbol{\alpha})=[a_1\ \ a_2]^{\mathrm{T}}\in\mathcal{R}^2$$

则 $\mathcal{R}^3$ 中的三个线性无关向量:

$$\boldsymbol{\alpha}_1=[1\ \ 1\ \ 1]^{\mathrm{T}},\ \ \boldsymbol{\alpha}_2=[1\ \ 1\ \ 0]^{\mathrm{T}},\ \ \boldsymbol{\alpha}_3=[1\ \ 0\ \ 0]^{\mathrm{T}}$$

的像是 $\mathcal{R}^2$ 中的三个向量:

$$\mathscr{P}(\boldsymbol{\alpha}_1)=[1\ \ 1]^{\mathrm{T}},\ \ \mathscr{P}(\boldsymbol{\alpha}_2)=[1\ \ 1]^{\mathrm{T}},\ \ \mathscr{P}(\boldsymbol{\alpha}_3)=[1\ \ 0]^{\mathrm{T}}$$

二维线性空间中的任何三个向量都是线性相关的. △

1.4.2 线性映射的矩阵表示

为简便起见, 记 $\mathcal{F}$ 上线性空间 $\mathcal{U}$ 到 $\mathcal{V}$ 的所有线性映射的集合为 $\mathcal{L}(\mathcal{U}\to\mathcal{V})$. 设 $[\boldsymbol{\alpha}_1\ \ \boldsymbol{\alpha}_2\ \ \cdots\ \ \boldsymbol{\alpha}_n]$ 是 $\mathcal{U}$ 的一组基, $[\boldsymbol{\beta}_1\ \ \boldsymbol{\beta}_2\ \ \cdots\ \ \boldsymbol{\beta}_m]$ 是 $\mathcal{V}$ 的一组基, $\mathscr{A}\in\mathcal{L}(\mathcal{U}\to\mathcal{V})$, 则

$$\mathscr{A}(\boldsymbol{\alpha}_j)=\sum_{i=1}^{m}a_{ij}\boldsymbol{\beta}_i$$

令 $j=1,2,\cdots,n$, 则有

$$\mathscr{A}([\boldsymbol{\alpha}_1\ \ \boldsymbol{\alpha}_2\ \ \cdots\ \ \boldsymbol{\alpha}_n])\triangleq[\mathscr{A}(\boldsymbol{\alpha}_1)\ \ \mathscr{A}(\boldsymbol{\alpha}_2)\ \ \cdots\ \ \mathscr{A}(\boldsymbol{\alpha}_n)]$$
$$=\left[\sum_{i=1}^{m}a_{i1}\boldsymbol{\beta}_i\ \ \sum_{i=1}^{m}a_{i2}\boldsymbol{\beta}_i\ \ \cdots\ \ \sum_{i=1}^{m}a_{in}\boldsymbol{\beta}_i\right]$$
$$=[\boldsymbol{\beta}_1\ \ \boldsymbol{\beta}_2\ \ \cdots\ \ \boldsymbol{\beta}_m]\underbrace{\begin{bmatrix}a_{11}&a_{12}&\cdots&a_{1n}\\a_{21}&a_{22}&\cdots&a_{2n}\\\vdots&\vdots&\ddots&\vdots\\a_{m1}&a_{m2}&\cdots&a_{mn}\end{bmatrix}}_{\triangleq A}\tag{1.8}$$

称矩阵 A 为线性映射 $\mathscr{A}$ 在基 $[\boldsymbol{\alpha}_1\ \ \boldsymbol{\alpha}_2\ \ \cdots\ \ \boldsymbol{\alpha}_n]$ 与 $[\boldsymbol{\beta}_1\ \ \boldsymbol{\beta}_2\ \ \cdots\ \ \boldsymbol{\beta}_m]$ 下的矩阵表示.

有了线性映射 (在一对基下) 的矩阵表示, 现在可以解决 $\mathcal{U}$ 中的向量 $\boldsymbol{\alpha}$ 与它在 $\mathcal{V}$ 中的像之间的坐标关系. 设 $\boldsymbol{\alpha}\in\mathcal{U}$, 于是有

$$\boldsymbol{\alpha}=[\boldsymbol{\alpha}_1\ \ \boldsymbol{\alpha}_2\ \ \cdots\ \ \boldsymbol{\alpha}_n]\underbrace{\begin{bmatrix}x_1\\x_2\\\vdots\\x_n\end{bmatrix}}_{=\boldsymbol{x}}$$

它的像 $\mathscr{A}(\boldsymbol{\alpha})\in\mathcal{V}$, 可写为

$$\mathscr{A}(\boldsymbol{\alpha})=[\boldsymbol{\beta}_1\ \ \boldsymbol{\beta}_2\ \ \cdots\ \ \boldsymbol{\beta}_m]\underbrace{\begin{bmatrix}y_1\\y_2\\\vdots\\y_m\end{bmatrix}}_{=\boldsymbol{y}}$$

又因

$$\begin{aligned}\mathscr{A}(\boldsymbol{\alpha})&=\mathscr{A}([\boldsymbol{\alpha}_1\ \ \boldsymbol{\alpha}_2\ \ \cdots\ \ \boldsymbol{\alpha}_n]\boldsymbol{x})\\&=\mathscr{A}(x_1\boldsymbol{\alpha}_1+x_2\boldsymbol{\alpha}_2+\cdots+x_n\boldsymbol{\alpha}_n)\\&=\mathscr{A}(\boldsymbol{\alpha}_1)x_1+\mathscr{A}(\boldsymbol{\alpha}_2)x_2+\cdots+\mathscr{A}(\boldsymbol{\alpha}_n)x_n\\&=[\mathscr{A}(\boldsymbol{\alpha}_1)\ \ \mathscr{A}(\boldsymbol{\alpha}_2)\ \ \cdots\ \ \mathscr{A}(\boldsymbol{\alpha}_n)]\boldsymbol{x}\\&=[\boldsymbol{\beta}_1\ \ \boldsymbol{\beta}_2\ \ \cdots\ \ \boldsymbol{\beta}_m]A\boldsymbol{x}\end{aligned}$$

根据坐标的唯一性, 得

$$\boldsymbol{y}=A\boldsymbol{x}\tag{1.9}$$

式 (1.9) 称为线性映射在给定基 $[\boldsymbol{\alpha}_1\ \ \boldsymbol{\alpha}_2\ \ \cdots\ \ \boldsymbol{\alpha}_n]$ 与 $[\boldsymbol{\beta}_1\ \ \boldsymbol{\beta}_2\ \ \cdots\ \ \boldsymbol{\beta}_m]$ 下向量坐标的映射公式 (原像与像的坐标关系).

线性映射 $\mathscr{A}$ 在给定基下的矩阵表示 A 是唯一的, 其逆结果也是对的, 这就是定理 1.4.1. 这个定理的证明需要线性映射的和的概念.

定义 1.4.2 对 $\mathscr{A}, \mathscr{B} \in \mathcal{L}(\mathcal{U} \to \mathcal{V})$, 定义 $\mathscr{A}$ 与 $\mathscr{B}$ 的和映射 $(\mathscr{A}+\mathscr{B})$ 为

$$(\mathscr{A}+\mathscr{B})(\boldsymbol{\alpha}) = \mathscr{A}(\boldsymbol{\alpha}) + \mathscr{B}(\boldsymbol{\alpha}), \quad \forall\, \boldsymbol{\alpha} \in \mathcal{U}$$

对 $(k, \mathscr{A}) \in \mathcal{F} \times \mathcal{L}(\mathcal{U} \to \mathcal{V})$, 定义数乘映射 $(k\mathscr{A})$ 为

$$(k\mathscr{A})(\boldsymbol{\alpha}) = k\mathscr{A}(\boldsymbol{\alpha}), \quad \forall\, \boldsymbol{\alpha} \in \mathcal{U}$$

在这样定义的加法和数乘的意义下, $\mathcal{L}(\mathcal{U} \to \mathcal{V})$ 是一个线性空间, 其零元为零映射 $\mathscr{O}$, $\mathscr{A}$ 的负元为 $-\mathscr{A}$, 这可以从以下等式中看出:

$$\begin{aligned}(\mathscr{A}+(-\mathscr{A}))(\boldsymbol{\alpha}) &= \mathscr{A}(\boldsymbol{\alpha}) + (-\mathscr{A})(\boldsymbol{\alpha}) \\ &= \mathscr{A}(\boldsymbol{\alpha}) - \mathscr{A}(\boldsymbol{\alpha}) = \mathbf{0}, \quad \forall \boldsymbol{\alpha} \in \mathcal{U}\end{aligned}$$

和映射的定义可以扩展到 $\mathcal{L}(\mathcal{U} \to \mathcal{V})$ 中的有限个映射 $\mathscr{A}, \mathscr{B}, \mathscr{C}, \cdots, \mathscr{T}$. 显然, 和映射的矩阵表示对应于矩阵的和, 数乘映射的矩阵表示为数乘矩阵.

【定理 1.4.1】 设 $\mathcal{U}$ 的基为 $[\boldsymbol{\alpha}_1\ \ \boldsymbol{\alpha}_2\ \ \cdots\ \ \boldsymbol{\alpha}_n]$, $\mathcal{V}$ 的基为 $[\boldsymbol{\beta}_1\ \ \boldsymbol{\beta}_2\ \ \cdots\ \ \boldsymbol{\beta}_m]$. 已给 $m \times n$ 矩阵 $A = (a_{ij})_{m \times n}$, 则存在唯一的线性映射 $\mathscr{A}$, 它在这两个基下的矩阵表示为 A.

证明: $\forall \boldsymbol{\alpha} \in \mathcal{U}$ 都有 $\boldsymbol{\alpha} = [\boldsymbol{\alpha}_1\ \ \boldsymbol{\alpha}_2\ \ \cdots\ \ \boldsymbol{\alpha}_n]\boldsymbol{x}$, 其中 $\boldsymbol{x} = [x_1\ \ x_2\ \ \cdots\ \ x_n]^{\mathrm{T}}$ 是 $\boldsymbol{\alpha}$ 在基 $(\boldsymbol{\alpha}_1\ \ \boldsymbol{\alpha}_2\ \ \cdots\ \ \boldsymbol{\alpha}_n)$ 下的坐标. 取

$$\boldsymbol{\beta} = [\boldsymbol{\beta}_1\ \ \boldsymbol{\beta}_2\ \ \cdots\ \ \boldsymbol{\beta}_m]\,A\boldsymbol{x}$$

则 $\boldsymbol{\beta} \in \mathcal{V}$. 令映射 $\mathscr{A}: \mathcal{U} \to \mathcal{V}, \mathscr{A}(\boldsymbol{\alpha}) = \boldsymbol{\beta}$. 容易验证 $\mathscr{A} \in \mathcal{L}(\mathcal{U} \to \mathcal{V})$. 事实上, 令

$$\begin{aligned}\boldsymbol{\alpha} &= [\boldsymbol{\alpha}_1\ \ \boldsymbol{\alpha}_2\ \ \cdots\ \ \boldsymbol{\alpha}_n]\,\boldsymbol{x} \\ \boldsymbol{\alpha}' &= [\boldsymbol{\alpha}_1\ \ \boldsymbol{\alpha}_2\ \ \cdots\ \ \boldsymbol{\alpha}_n]\,\boldsymbol{x}'\end{aligned}$$

则

$$\boldsymbol{\alpha} + \boldsymbol{\alpha}' = [\boldsymbol{\alpha}_1\ \ \boldsymbol{\alpha}_2\ \ \cdots\ \ \boldsymbol{\alpha}_n]\,(\boldsymbol{x} + \boldsymbol{x}')$$

由定义得

$$\begin{aligned}\mathscr{A}(\boldsymbol{\alpha}+\boldsymbol{\alpha}') &= [\boldsymbol{\beta}_1\ \ \boldsymbol{\beta}_2\ \ \cdots\ \ \boldsymbol{\beta}_m]\,A(\boldsymbol{x}+\boldsymbol{x}') \\ &= [\boldsymbol{\beta}_1\ \ \boldsymbol{\beta}_2\ \ \cdots\ \ \boldsymbol{\beta}_m]\,A(\boldsymbol{x}) + [\boldsymbol{\beta}_1\ \ \boldsymbol{\beta}_2\ \ \cdots\ \ \boldsymbol{\beta}_m]\,A(\boldsymbol{x}') \\ &= \mathscr{A}(\boldsymbol{\alpha}) + \mathscr{A}(\boldsymbol{\alpha}') \\ \mathscr{A}(\lambda\boldsymbol{\alpha}) &= [\boldsymbol{\beta}_1\ \ \boldsymbol{\beta}_2\ \ \cdots\ \ \boldsymbol{\beta}_m]\,A(\lambda\boldsymbol{x}) \\ &= \lambda\,[\boldsymbol{\beta}_1\ \ \boldsymbol{\beta}_2\ \ \cdots\ \ \boldsymbol{\beta}_m]\,A(\boldsymbol{x}) \\ &= \lambda\mathscr{A}(\boldsymbol{\alpha})\end{aligned}$$

于是, $\mathscr{A} \in \mathcal{L}(\mathcal{U} \to \mathcal{V})$.

记 $\boldsymbol{\epsilon}_i$ 是单位矩阵的第 i 个列向量, 则有

$$[\boldsymbol{\alpha}_1\ \ \boldsymbol{\alpha}_2\ \ \cdots\ \ \boldsymbol{\alpha}_n] = [\boldsymbol{\alpha}_1\ \ \boldsymbol{\alpha}_2\ \ \cdots\ \ \boldsymbol{\alpha}_n][\boldsymbol{\epsilon}_1\ \ \boldsymbol{\epsilon}_2\ \ \cdots\ \ \boldsymbol{\epsilon}_n]$$

$$\mathscr{A}(\boldsymbol{\alpha}_i) = [\boldsymbol{\beta}_1\ \ \boldsymbol{\beta}_2\ \ \cdots\ \ \boldsymbol{\beta}_m] A\boldsymbol{\epsilon}_i$$

$$\begin{aligned}\mathscr{A}([\boldsymbol{\alpha}_1\ \ \boldsymbol{\alpha}_2\ \ \cdots\ \ \boldsymbol{\alpha}_n]) &= [\mathscr{A}(\boldsymbol{\alpha}_1)\ \ \mathscr{A}(\boldsymbol{\alpha}_2)\ \ \cdots\ \ \mathscr{A}(\boldsymbol{\alpha}_n)] \\ &= [\boldsymbol{\beta}_1\ \ \boldsymbol{\beta}_2\ \ \cdots\ \ \boldsymbol{\beta}_m] A [\boldsymbol{\epsilon}_1\ \ \boldsymbol{\epsilon}_2\ \ \cdots\ \ \boldsymbol{\epsilon}_n] \\ &= [\boldsymbol{\beta}_1\ \ \boldsymbol{\beta}_2\ \ \cdots\ \ \boldsymbol{\beta}_m] A\end{aligned}$$

最后证明 $\mathscr{A}$ 的唯一性. 若还有 $\mathscr{A}' \in \mathcal{L}(\mathcal{U} \to \mathcal{V})$, 且

$$\mathscr{A}'([\boldsymbol{\alpha}_1\ \ \boldsymbol{\alpha}_2\ \ \cdots\ \ \boldsymbol{\alpha}_n]) = [\boldsymbol{\beta}_1\ \ \boldsymbol{\beta}_2\ \ \cdots\ \ \boldsymbol{\beta}_m] A$$

则有

$$\begin{aligned}&\mathscr{A}([\boldsymbol{\alpha}_1\ \ \boldsymbol{\alpha}_2\ \cdots\ \boldsymbol{\alpha}_n]) - \mathscr{A}'([\boldsymbol{\alpha}_1\ \ \boldsymbol{\alpha}_2\ \ \cdots\ \ \boldsymbol{\alpha}_n]) \\ &= [\boldsymbol{\beta}_1\ \ \boldsymbol{\beta}_2\ \ \cdots\ \ \boldsymbol{\beta}_m](A - A) = 0 \\ \iff\ \ &(\mathscr{A} - \mathscr{A}')([\boldsymbol{\alpha}_1\ \ \boldsymbol{\alpha}_2\ \ \cdots\ \ \boldsymbol{\alpha}_n]) = 0\end{aligned}$$

由于 $\boldsymbol{\alpha}_1, \boldsymbol{\alpha}_2, \cdots, \boldsymbol{\alpha}_n$ 是 $\mathcal{U}$ 的一组基, 有

$$(\mathscr{A} - \mathscr{A}')(\boldsymbol{\alpha}) = \mathbf{0},\ \ \forall \boldsymbol{\alpha} \in \mathcal{U}$$

因此, $(\mathscr{A} - \mathscr{A}')$ 是零映射, $\mathscr{A}' = \mathscr{A}$. 由此可得, 在给定基以后, $\mathscr{A}$ 与矩阵表示 A 是一一对应的. ■

【例 1.4.6】 求例 1.4.3中的线性映射 $\mathscr{D}: \mathcal{R}_n[\lambda] \to \mathcal{R}_{n-1}[\lambda]$ 在基 $1, \lambda, \cdots, \lambda^n$ 与基 $1, \lambda, \cdots, \lambda^{n-1}$ 下的矩阵表示.

解: $\mathscr{D}(1) = 0,\ \ \mathscr{D}(\lambda) = 1,\ \ \mathscr{D}(\lambda^2) = 2\lambda,\ \ \cdots,\ \ \mathscr{D}(\lambda^n) = n\lambda^{n-1}$

即

$$\mathscr{D}\left[1\ \ \lambda\ \ \lambda^2\ \ \cdots\ \ \lambda^n\right] = \left[1\ \ \lambda\ \ \cdots\ \ \lambda^{n-1}\right] \underbrace{\begin{bmatrix} 0 & 1 & 0 & \cdots & 0 \\ 0 & 0 & 2 & \ddots & \vdots \\ \vdots & \ddots & \ddots & \ddots & 0 \\ 0 & \cdots & 0 & 0 & n \end{bmatrix}}_{D}$$

于是, 所求矩阵为 D.

注意, 若将 $\mathscr{D}$ 视为 $\mathcal{R}_n[\lambda]$ 到 $\mathcal{R}_n[\lambda]$ 的线性映射, 则它在基 $1, \lambda, \cdots, \lambda^n$ 与基 $1, \lambda, \cdots, \lambda^n$ 下的矩阵表示为

$$D=\begin{bmatrix}0 & 1 & 0 & \cdots & 0\\ 0 & 0 & 2 & \ddots & \vdots\\ \vdots & \ddots & \ddots & \ddots & 0\\ 0 & \cdots & \cdots & 0 & n\\ 0 & 0 & \cdots & 0 & 0\end{bmatrix}$$

△

【例 1.4.7】 求例 1.4.4中的线性映射在基 1, λ, $\cdots$, λ^n 与基 1, λ, $\cdots$, λ^n, λ^{n+1} 下的矩阵表示.

解: 由

$$\begin{aligned}\mathscr{S}(1)&=\int_0^\lambda \mathrm{d}\xi=\lambda\\ \mathscr{S}(\lambda)&=\int_0^\lambda \xi\,\mathrm{d}\xi=\frac{1}{2}\lambda^2\\ \mathscr{S}\left(\lambda^2\right)&=\int_0^\lambda \xi^2\mathrm{d}\xi=\frac{1}{3}\lambda^3\\ &\vdots\\ \mathscr{S}\left(\lambda^{n-1}\right)&=\int_0^\lambda \xi^{n-1}\mathrm{d}\xi=\frac{1}{n}\lambda^n\\ \mathscr{S}\left(\lambda^n\right)&=\int_0^\lambda \xi^n\mathrm{d}\xi=\frac{1}{n+1}\lambda^{n+1}\end{aligned}$$

可知

$$\mathscr{S}\left(\begin{bmatrix}1 & \lambda & \cdots & \lambda^{n-1} & \lambda^n\end{bmatrix}\right)=\begin{bmatrix}1 & \lambda & \cdots & \lambda^n & \lambda^{n+1}\end{bmatrix}\underbrace{\begin{bmatrix}0 & 0 & \cdots & 0 & 0\\ 1 & 0 & \ddots & \vdots & \vdots\\ 0 & \frac{1}{2} & \ddots & 0 & \vdots\\ \vdots & \ddots & \ddots & 0 & 0\\ 0 & \cdots & 0 & \frac{1}{n} & 0\\ 0 & \cdots & 0 & 0 & \frac{1}{n+1}\end{bmatrix}}_{=S}$$

于是, 所求矩阵为 S. △

【例 1.4.8】　求例 1.4.1中引入的线性映射 $\mathscr{A}$ 在基向量

$$\boldsymbol{\epsilon}_{n,1}=\begin{bmatrix}1\\0\\\vdots\\0\end{bmatrix},\quad \boldsymbol{\epsilon}_{n,2}=\begin{bmatrix}0\\1\\0\\\vdots\\0\end{bmatrix},\quad \cdots,\quad \boldsymbol{\epsilon}_{n,n}=\begin{bmatrix}0\\\vdots\\0\\1\end{bmatrix}$$

和

$$\boldsymbol{\epsilon}_{m,1}=\begin{bmatrix}1\\0\\\vdots\\0\end{bmatrix},\quad \boldsymbol{\epsilon}_{m,2}=\begin{bmatrix}0\\1\\0\\\vdots\\0\end{bmatrix},\quad \cdots,\quad \boldsymbol{\epsilon}_{m,m}=\begin{bmatrix}0\\\vdots\\0\\1\end{bmatrix}$$

下的矩阵表示, 这里 $\boldsymbol{\epsilon}_{m,j}$ 是 $m\times m$ 单位矩阵的第 j 个列向量.

解: 任何 $\boldsymbol{\alpha}\in\mathcal{C}^n$ 均可表示为

$$\boldsymbol{\alpha}=I_n\boldsymbol{\alpha}=[\boldsymbol{\epsilon}_{n,1}\ \ \boldsymbol{\epsilon}_{n,2}\ \ \cdots\ \ \boldsymbol{\epsilon}_{n,n}]\boldsymbol{\alpha}$$

因

$$\begin{aligned}\mathscr{A}(\boldsymbol{\alpha})&=\mathscr{A}([\boldsymbol{\epsilon}_{n,1}\ \ \boldsymbol{\epsilon}_{n,2}\ \ \cdots\ \ \boldsymbol{\epsilon}_{n,n}]\boldsymbol{\alpha})\\&=A[\boldsymbol{\epsilon}_{n,1}\ \ \boldsymbol{\epsilon}_{n,2}\ \ \cdots\ \ \boldsymbol{\epsilon}_{n,n}]\boldsymbol{\alpha}\\&=AI_n\boldsymbol{\alpha}=I_mA\boldsymbol{\alpha}\\&=[\boldsymbol{\epsilon}_{m,1}\ \ \boldsymbol{\epsilon}_{m,2}\ \ \cdots\ \ \boldsymbol{\epsilon}_{m,m}]A\boldsymbol{\alpha}\end{aligned}$$

对所有 $\boldsymbol{\alpha}\in\mathcal{C}^n$ 均成立, 故 $\mathscr{A}$ 的矩阵表示就是其定义中的矩阵 A.　△

【例 1.4.9】　$\mathscr{A}:\mathcal{P}[0\ ,\ n-1]\to\mathcal{P}[0\ ,\ n-1]$ 定义为 $\mathscr{A}[f(t)]=f(n-1-t)$. 证明: $\mathscr{A}\in\mathcal{L}(\mathcal{P}[0\ ,\ n-1]\to\mathcal{P}[0\ ,\ n-1])$ 并确定 $\mathscr{A}$ 的一个矩阵表示.

解: 由

$$\mathscr{A}\left[f\left(\frac{n-1}{2}-t\right)\right]=f\left[n-1-\left(\frac{n-1}{2}-t\right)\right]=f\left(\frac{n-1}{2}+t\right)$$

可知 $\mathscr{A}[f(t)]$ 和 $f(t)$ 关于直线 $t=\dfrac{n-1}{2}$ 对称, 从而 $\mathscr{A}[f(t)]\in\mathcal{P}[0\ ,\ n-1]$. 由 $\mathscr{A}$ 的定义可得

$$\mathscr{A}[k_1f_1(t)+k_2f_2(t)]=k_1f_1(n-1-t)+k_2f_2(n-1-t)=k_1\mathscr{A}[f_1(t)]+k_2\mathscr{A}[f_2(t)]$$

从而 $\mathscr{A}\in\mathcal{L}[\mathcal{P}[0\ ,\ n-1]\to\mathcal{P}[0\ ,\ n-1]]$. 令 $\epsilon_j(t)\in\mathcal{P}[0\ ,\ n-1]$, $j=1,2,\cdots,n$ 为与单位列向量 $\boldsymbol{\epsilon}_j=\boldsymbol{\epsilon}_{n,j}$ 对应的折线函数, 则 $\epsilon_j(t)$, $j=1,2,\cdots,n$, 显然是 $\mathcal{P}[0\ ,\ n-1]$ 的一组

基. 在这组基下, $\mathscr{A}$ 的矩阵表示为 $n\times n$ 置换矩阵:

$$P=\begin{bmatrix}0 & 0 & \cdots & 0 & 1\\ 0 & \cdots & 0 & 1 & 0\\ \vdots & \iddots & \iddots & \iddots & \vdots\\ 0 & 1 & 0 & \cdots & 0\\ 1 & 0 & \cdots & 0 & 0\end{bmatrix}$$

△

在指定了空间 $\mathcal{U}$ 与 $\mathcal{V}$ 的基之后, 便可以求得线性映射在指定一对基下的矩阵表示. 但是空间基不是唯一的, 自然应该考虑下列两个问题:

(1) 线性映射在不同对基下的矩阵表示之间有什么关系?

(2) 对一个线性映射, 能否选择一对基, 使它的矩阵表示最简单?

先来回答第一个问题, 第二个问题将在以后的章节中讨论.

【定理 1.4.2】 设 $\mathscr{A}\in\mathcal{L}(\mathcal{U}\to\mathcal{V})$, $\boldsymbol{\alpha}_1,\boldsymbol{\alpha}_2,\cdots,\boldsymbol{\alpha}_n$ 与 $\boldsymbol{\alpha}_1',\boldsymbol{\alpha}_2',\cdots,\boldsymbol{\alpha}_n'$ 是 $\mathcal{U}$ 的两组基, 由 $\boldsymbol{\alpha}_i$ 到 $\boldsymbol{\alpha}_i'$ 的过渡矩阵为 P. $\boldsymbol{\beta}_1,\boldsymbol{\beta}_2,\cdots,\boldsymbol{\beta}_m$ 与 $\boldsymbol{\beta}_1',\boldsymbol{\beta}_2',\cdots,\boldsymbol{\beta}_m'$ 是 $\mathcal{V}$ 的两组基, 由 $\boldsymbol{\beta}_j$ 到 $\boldsymbol{\beta}_j'$ 的过渡矩阵为 Q. 线性映射 $\mathscr{A}$ 在基 $\boldsymbol{\alpha}_1,\boldsymbol{\alpha}_2,\cdots,\boldsymbol{\alpha}_n$ 与 $\boldsymbol{\beta}_1,\boldsymbol{\beta}_2,\cdots,\boldsymbol{\beta}_m$ 下的矩阵表示为 A, 在基 $\boldsymbol{\alpha}_1',\boldsymbol{\alpha}_2',\cdots,\boldsymbol{\alpha}_n'$ 与 $\boldsymbol{\beta}_1',\boldsymbol{\beta}_2',\cdots,\boldsymbol{\beta}_m'$ 下的矩阵表示为 A'. 则

$$A'=Q^{-1}AP$$

证明: 由假设条件可知

$$\mathscr{A}([\boldsymbol{\alpha}_1\ \ \boldsymbol{\alpha}_2\ \ \cdots\ \ \boldsymbol{\alpha}_n])=[\boldsymbol{\beta}_1\ \ \boldsymbol{\beta}_2\ \ \cdots\ \ \boldsymbol{\beta}_m]A \tag{1.10}$$

$$\mathscr{A}([\boldsymbol{\alpha}_1'\ \ \boldsymbol{\alpha}_2'\ \ \cdots\ \ \boldsymbol{\alpha}_n'])=[\boldsymbol{\beta}_1'\ \ \boldsymbol{\beta}_2'\ \ \cdots\ \ \boldsymbol{\beta}_m']A' \tag{1.11}$$

记 $\boldsymbol{p}_j$ 为 P 的第 j 个列向量, 则有

$$\boldsymbol{\alpha}_j'=[\boldsymbol{\alpha}_1\ \ \boldsymbol{\alpha}_2\ \ \cdots\ \ \boldsymbol{\alpha}_n]\boldsymbol{p}_j=\sum_{i=1}^{n}p_{ij}\boldsymbol{\alpha}_i$$

$$\mathscr{A}(\boldsymbol{\alpha}_j')=[\mathscr{A}(\boldsymbol{\alpha}_1)\ \ \mathscr{A}(\boldsymbol{\alpha}_2)\ \ \cdots\ \ \mathscr{A}(\boldsymbol{\alpha}_n)]\boldsymbol{p}_j$$

以及

$$\begin{aligned}\mathscr{A}([\boldsymbol{\alpha}_1'\ \ \boldsymbol{\alpha}_2'\ \ \cdots\ \ \boldsymbol{\alpha}_n'])&=[\mathscr{A}(\boldsymbol{\alpha}_1')\ \ \mathscr{A}(\boldsymbol{\alpha}_2')\ \ \cdots\ \ \mathscr{A}(\boldsymbol{\alpha}_n')]\\&=[\mathscr{A}(\boldsymbol{\alpha}_1)\ \ \mathscr{A}(\boldsymbol{\alpha}_2)\ \ \cdots\ \ \mathscr{A}(\boldsymbol{\alpha}_n)]\underbrace{[\boldsymbol{p}_1\ \ \boldsymbol{p}_2\ \ \cdots\ \ \boldsymbol{p}_n]}_{=P}\end{aligned}$$

将上式和

$$[\boldsymbol{\beta}_1'\ \ \boldsymbol{\beta}_2'\ \ \cdots\ \ \boldsymbol{\beta}_m']=[\boldsymbol{\beta}_1\ \ \boldsymbol{\beta}_2\ \ \cdots\ \ \boldsymbol{\beta}_m]Q$$

代入式 (1.11), 可得

$$\mathscr{A}([\boldsymbol{\alpha}_1\ \ \boldsymbol{\alpha}_2\ \ \cdots\ \ \boldsymbol{\alpha}_n])P=[\boldsymbol{\beta}_1\ \ \boldsymbol{\beta}_2\ \ \cdots\ \ \boldsymbol{\beta}_m]QA'$$

将式 (1.10) 代入上式, 可得

$$\begin{aligned}&[\boldsymbol{\beta}_1\ \ \boldsymbol{\beta}_2\ \ \cdots\ \ \boldsymbol{\beta}_m]AP=[\boldsymbol{\beta}_1\ \ \boldsymbol{\beta}_2\ \ \cdots\ \ \boldsymbol{\beta}_m]QA'\\ \Longleftrightarrow\ &[\boldsymbol{\beta}_1\ \ \boldsymbol{\beta}_2\ \ \cdots\ \ \boldsymbol{\beta}_m](AP-QA')=0\end{aligned}$$

因为 $\boldsymbol{\beta}_1, \boldsymbol{\beta}_2, \cdots, \boldsymbol{\beta}_m$ 线性无关, 所以 $AP-QA'=0 \iff AP=QA' \iff A'=Q^{-1}AP$. ■

定义 1.4.3 设 $A, B\in\mathcal{F}^{m\times n}$. 称 B 与 A 等价是指存在 $Q\in\mathcal{F}_m^{m\times m}$, $P\in\mathcal{F}_n^{n\times n}$, 使 $B=QAP$, 记为 $A\cong B$.

定义 1.4.4 $\bowtie$ 是集合 $\mathcal{M}$ 中的元素之间的一个等价关系是指其满足:

(1) 自反性, $A\bowtie A$;

(2) 对称性, 若 $A\bowtie B$, 则 $B\bowtie A$;

(3) 传递性, 若 $A\bowtie B$, $B\bowtie C$, 则 $A\bowtie C$.

根据上述定义, $A\cong B$ 是矩阵之间的一种等价关系. 因非奇异矩阵可以分解为一系列初等矩阵之积, 而用一个初等矩阵左乘 A, 等价于对 A 做初等行变换, 用一个初等矩阵右乘 A, 等价于对 A 做初等列变换, B 等价于 A, 即 B 是对 A 进行一系列的初等行、列变换的结果.

若 $\mathcal{U}$ 和 $\mathcal{V}$ 分别为 n 维和 m 维线性空间, 对应于一系列不同的基, $\mathscr{A}\in\mathcal{L}(\mathcal{U}\to\mathcal{V})$ 由一系列的 $m\times n$ 矩阵表示: $A, B, \cdots$. 由定理 1.4.2可知, 它们之间是互相等价的. 反之, 互相等价的 $m\times n$ 矩阵代表同一个线性映射在不同基下的矩阵表示. 原像 $\boldsymbol{\alpha}$ 的坐标 $[x_1\ \ x_2\ \ \cdots\ \ x_n]^{\mathrm{T}}$ 与像 $\mathscr{A}(\boldsymbol{\alpha})$ 的坐标 $[y_1\ \ y_2\ \ \cdots\ \ y_m]^{\mathrm{T}}$ 之间满足式 (1.9).

1.4.3 线性空间的同构

定义 1.4.5 $\mathcal{U}$ 和 $\mathcal{V}$ 分别为数域 $\mathcal{F}$ 上的 n 维和 m 维线性空间, $\mathscr{A}\in\mathcal{L}(\mathcal{U}\to\mathcal{V})$. 若对所有的 $\boldsymbol{x}_1, \boldsymbol{x}_2\in\mathcal{U}$, $\boldsymbol{x}_1\neq\boldsymbol{x}_2$, 都有 $\mathscr{A}(\boldsymbol{x}_1)\neq\mathscr{A}(\boldsymbol{x}_2)$, 则称 $\mathscr{A}$ 是单一同态的 (injective). 若对所有的 $\boldsymbol{y}\in\mathcal{V}$, 都存在 $\boldsymbol{x}\in\mathcal{U}$ 使得 $\boldsymbol{y}=\mathscr{A}(\boldsymbol{x})$, 则称 $\mathscr{A}$ 是满同态的 (surjective). 若 $\mathscr{A}$ 既是单一同态的又是满同态的, 则称 $\mathscr{A}$ 是一对一的 (bijective).

定义 1.4.6 $\mathcal{U}, \mathcal{V}$ 是数域 $\mathcal{F}$ 上的两个线性空间, 若存在一个 $\mathcal{U}$ 到 $\mathcal{V}$ 的一对一的映射 $\mathscr{I}$, 则称 $\mathscr{I}\in\mathcal{L}(\mathcal{U}\to\mathcal{V})$ 为同构 (isomorphic) 映射. 若 $\mathcal{U}$ 和 $\mathcal{V}$ 间存在同构映射, 则称 $\mathcal{U}$ 与 $\mathcal{V}$ 同构, 记为 $\mathcal{U}\cong\mathcal{V}$.

线性映射 $\mathscr{A}$ 可用矩阵 A 代表, 一般的 n 维线性空间 $\mathcal{U}$ 与特殊的向量空间 $\mathcal{F}^n$ 同构, 如 $\mathcal{R}_{n-1}[x]$ 与 $\mathcal{R}^n$ 同构. 显然, 同构关系 "$\mathcal{U}\cong\mathcal{V}$" 满足等价关系的三个条件, 从而是一个等价关系.

同构映射有下述性质.

【定理 1.4.3】 $\mathcal{U}, \mathcal{V}$ 是数域 $\mathcal{F}$ 上的两个线性空间, $\mathscr{I}:\mathcal{U}\to\mathcal{V}$ 是同构映射, 则有

(1) $\mathscr{I}(\boldsymbol{\alpha})=\mathbf{0}$, 当且仅当 $\boldsymbol{\alpha}=\mathbf{0}$;

(2) 若 $\boldsymbol{\alpha}_1, \boldsymbol{\alpha}_2, \cdots, \boldsymbol{\alpha}_m$ 是 $\mathcal{U}$ 的线性无关组, 则 $\mathscr{I}(\boldsymbol{\alpha}_1), \mathscr{I}(\boldsymbol{\alpha}_2), \cdots, \mathscr{I}(\boldsymbol{\alpha}_m)$ 是 $\mathcal{V}$ 的线性无关组;

(3) $\mathscr{I}$ 将 $\mathcal{U}$ 的基映射成 $\mathcal{V}$ 的基, 于是, $\dim\mathcal{U}=\dim\mathcal{V}$;

(4) 若 $\mathcal{U}_1 \subset \mathcal{U}$ 是子空间, 则

$$\mathcal{V}_1 = \mathscr{I}(\mathcal{U}_1) = \{\boldsymbol{\beta} \mid \boldsymbol{\beta} = \mathscr{I}(\boldsymbol{\alpha}),\ \boldsymbol{\alpha} \in \mathcal{U}\} \subset \mathcal{V}$$

是 $\mathcal{V}$ 的子空间, 且有 $\dim \mathcal{U}_1 = \dim \mathcal{V}_1$.

证明: 只证结论 (1), 其余可依次推出. "当" 为显然, 要证明 "仅当", 令 $\mathscr{I}(\boldsymbol{\alpha}) = \mathbf{0}$, 因 $\mathscr{I}$ 是一对一的映射且有 $\mathscr{I}(\mathbf{0}) = \mathbf{0}$, 必定有 $\boldsymbol{\alpha} = \mathbf{0}$. ■

下述定理给出了两个线性空间同构的条件.

【定理 1.4.4】 数域 $\mathcal{F}$ 上的线性空间 $\mathcal{U}$ 与 $\mathcal{V}$ 同构, 当且仅当 $\dim \mathcal{U} = \dim \mathcal{V}$.

证明: 必要性显然, 只证充分性. 设 $\dim \mathcal{U} = n$, $[\boldsymbol{\alpha}_1\ \ \boldsymbol{\alpha}_2\ \ \cdots\ \ \boldsymbol{\alpha}_n]$ 是 $\mathcal{U}$ 的一组基, 则对于任何 $\boldsymbol{\alpha} \in \mathcal{U}$ 有唯一的 $\boldsymbol{a} = [a_1\ \ a_2\ \ \cdots\ \ a_n]^{\mathrm{T}} \in \mathcal{F}^n$ 使

$$\boldsymbol{\alpha} = [\boldsymbol{\alpha}_1\ \ \boldsymbol{\alpha}_2\ \ \cdots\ \ \boldsymbol{\alpha}_n]\,\boldsymbol{a}$$

于是, $\boldsymbol{\alpha} \to \boldsymbol{a}$ 确定了由 $\mathcal{U}$ 到 $\mathcal{F}^n$ 的一个映射, 记为 $\boldsymbol{a} = \mathscr{I}_{\mathcal{UF}}(\boldsymbol{\alpha})$. 容易证明 $\mathscr{I}_{\mathcal{UF}}$ 是同构映射, 因此 $\mathcal{U}$ 与 $\mathcal{F}^n$ 同构. 同理, 存在 $\mathcal{V}$ 到 $\mathcal{F}^n$ 的同构映射 $\mathscr{I}_{\mathcal{VF}}$. 于是, $\mathcal{V}$ 也与 $\mathcal{F}^n$ 同构, 从而 $\mathcal{U}$ 与 $\mathcal{V}$ 同构. ■

【例 1.4.10】 令

$$\mathcal{F}^{\infty} = \left\{\boldsymbol{\xi} \mid \boldsymbol{\xi} = [\xi_0\ \ \xi_1\ \ \cdots\ \ \xi_i\ \ \cdots]^{\mathrm{T}},\ \xi_i \in \mathcal{F},\ i \in \mathcal{Z}_{0,+}\right\}$$

这里 $\mathcal{Z}_{0,+}$ 是所有非负整数的集合, 且

$$\mathcal{F}^{n,\infty} = \left\{\boldsymbol{\xi} \mid \boldsymbol{\xi} = [\xi_0\ \ \xi_1\ \ \cdots\ \ \xi_n\ \ 0\ \ 0\ \ \cdots]^{\mathrm{T}},\ \xi_i \in \mathcal{F},\ n \in \mathcal{Z}_{0,+}\right\}$$

是 $\mathcal{F}^{\infty}$ 的一个子空间. 对于 $a(\lambda) = a_0 + a_1\lambda + \cdots + a_n\lambda^n \in \mathcal{F}_n[\lambda]$, 令

$$\mathscr{I}[a(\lambda)] = [a_0\ \ a_1\ \ \cdots\ \ a_n\ \ 0\ \ 0\ \ \cdots]^{\mathrm{T}}$$

显然, $\mathscr{I}$ 是 $\mathcal{F}[\lambda]$ 到 $\mathcal{F}^{\infty}$ 的一个同构映射. 于是, $\mathcal{F}[\lambda]$ 和 $\mathcal{F}^{\infty}$ 同构, $\mathcal{F}_n[\lambda]$ 和 $\mathcal{F}^{n,\infty}$ 同构. △

1.5 线性映射的值域与核

$\mathcal{U}, \mathcal{V}$ 是 $\mathcal{F}$ 上的线性空间, $\mathscr{A} \in \mathcal{L}(\mathcal{U} \to \mathcal{V})$, $\boldsymbol{\alpha}_1, \boldsymbol{\alpha}_2 \in \mathcal{U}$ 有

$$\mathscr{A}(\boldsymbol{\alpha}_1) = \boldsymbol{\beta}_1,\quad \mathscr{A}(\boldsymbol{\alpha}_2) = \boldsymbol{\beta}_2$$

则对所有的 $k_1, k_2 \in \mathcal{F}$, 都有

$$k_1\boldsymbol{\beta}_1 + k_2\boldsymbol{\beta}_2 = k_1\mathscr{A}(\boldsymbol{\alpha}_1) + k_2\mathscr{A}(\boldsymbol{\alpha}_2) = \mathscr{A}(k_1\boldsymbol{\alpha}_1 + k_2\boldsymbol{\alpha}_2)$$

因 $\mathcal{U}$ 和 $\mathcal{V}$ 是线性空间, 故 $k_1\boldsymbol{\alpha}_1 + k_2\boldsymbol{\alpha}_2 \in \mathcal{U}$, $k_1\boldsymbol{\beta}_1 + k_2\boldsymbol{\beta}_2 \in \mathcal{V}$. 若定义

$$\mathscr{A}(\mathcal{U}) = \{\boldsymbol{\beta} \in \mathcal{V} \mid \exists \boldsymbol{\alpha} \in \mathcal{U}\ 使得 \mathscr{A}(\boldsymbol{\alpha}) = \boldsymbol{\beta}\}$$

则上述分析说明, $\mathscr{A}(\mathcal{U})$ 是 $\mathcal{V}$ 的一个线性子空间. 又设 $\boldsymbol{\alpha}_1, \boldsymbol{\alpha}_2 \in \mathcal{U}$, 有

$$\mathscr{A}(\boldsymbol{\alpha}_1) = \mathbf{0}, \quad \mathscr{A}(\boldsymbol{\alpha}_2) = \mathbf{0}$$

即 $\boldsymbol{\alpha}_1, \boldsymbol{\alpha}_2 \in \mathcal{U}$ 经 $\mathscr{A}$ 都映射成 $\mathcal{V}$ 中的零元, 则对所有的 $k_1, k_2 \in \mathcal{F}$, 都有

$$k_1\mathbf{0} + k_2\mathbf{0} = \mathbf{0} = k_1\mathscr{A}(\boldsymbol{\alpha}_1) + k_2\mathscr{A}(\boldsymbol{\alpha}_2) = \mathscr{A}(k_1\boldsymbol{\alpha}_1 + k_2\boldsymbol{\alpha}_2)$$

因 $\mathcal{U}$ 是线性空间, 故 $k_1\boldsymbol{\alpha}_1 + k_2\boldsymbol{\alpha}_2 \in \mathcal{U}$. 若定义

$$\mathcal{N}(\mathscr{A}) = \{\boldsymbol{\alpha} \in \mathcal{U} \mid \mathscr{A}(\boldsymbol{\alpha}) = \mathbf{0}\}$$

则上述分析说明, $\mathcal{N}(\mathscr{A})$ 是 $\mathcal{U}$ 的一个线性子空间.

定义 1.5.1　*设 $\mathscr{A} \in \mathcal{L}(\mathcal{U} \to \mathcal{V})$. 称 $\mathscr{A}(\mathcal{U})$ 为线性映射的值域, 记为 $\mathcal{R}(\mathscr{A})$. 称 $\dim\mathcal{R}(\mathscr{A})$ 为 $\mathscr{A}$ 的秩, 记为 $\mathrm{rank}\mathscr{A}$. 称 $\mathcal{N}(\mathscr{A})$ 为线性映射的核子空间, $\dim\mathcal{N}(\mathscr{A})$ 为 $\mathscr{A}$ 的零度.*

【定理 1.5.1】　*设 $\mathscr{A} \in \mathcal{L}(\mathcal{U} \to \mathcal{V})$, $\boldsymbol{\alpha}_1, \boldsymbol{\alpha}_2, \cdots, \boldsymbol{\alpha}_n$ 是 $\mathcal{U}$ 的一组基, $\boldsymbol{\beta}_1, \boldsymbol{\beta}_2, \cdots, \boldsymbol{\beta}_m$ 是 $\mathcal{V}$ 的一组基, $\mathscr{A}$ 在该对基下的矩阵表示为 A, 则*

(1) $\mathcal{R}(\mathscr{A}) = \mathrm{span}\{\mathscr{A}(\boldsymbol{\alpha}_1), \mathscr{A}(\boldsymbol{\alpha}_2), \cdots, \mathscr{A}(\boldsymbol{\alpha}_n)\}$;

(2) $\dim\mathcal{N}(\mathscr{A}) + \dim\mathcal{R}(\mathscr{A}) = n(= \dim\mathcal{U})$;

(3) $\mathrm{rank}\mathscr{A} = \mathrm{rank}A$.

证明: (1) 任何 $\boldsymbol{\alpha} \in \mathcal{U}$ 都可以表示为基向量 $\boldsymbol{\alpha}_1, \boldsymbol{\alpha}_2, \cdots, \boldsymbol{\alpha}_n$ 的线性组合:

$$\boldsymbol{\alpha} = x_1\boldsymbol{\alpha}_1 + x_2\boldsymbol{\alpha}_2 + \cdots + x_n\boldsymbol{\alpha}_n$$

且 $\mathscr{A}(\boldsymbol{\alpha}) \in \mathcal{R}(\mathscr{A})$ 可表示为

$$\begin{aligned}\mathscr{A}(\boldsymbol{\alpha}) &= \mathscr{A}(x_1\boldsymbol{\alpha}_1 + x_2\boldsymbol{\alpha}_2 + \cdots + x_n\boldsymbol{\alpha}_n) \\ &= x_1\mathscr{A}(\boldsymbol{\alpha}_1) + x_2\mathscr{A}(\boldsymbol{\alpha}_2) + \cdots + x_n\mathscr{A}(\boldsymbol{\alpha}_n)\end{aligned}$$

故

$$\mathcal{R}(\mathscr{A}) = \mathrm{span}\{\mathscr{A}(\boldsymbol{\alpha}_1), \mathscr{A}(\boldsymbol{\alpha}_2), \cdots, \mathscr{A}(\boldsymbol{\alpha}_n)\}$$

(2) 设 $\dim\mathcal{N}(\mathscr{A}) = r$, $\boldsymbol{\alpha}_1, \boldsymbol{\alpha}_2, \cdots, \boldsymbol{\alpha}_r$ 是 $\mathcal{N}(\mathscr{A})$ 的基, 把它扩充成 $\mathcal{U}$ 的基 $\boldsymbol{\alpha}_1, \boldsymbol{\alpha}_2, \cdots, \boldsymbol{\alpha}_r, \boldsymbol{\alpha}_{r+1}, \boldsymbol{\alpha}_{r+2}, \cdots, \boldsymbol{\alpha}_n$, 则有

$$\begin{aligned}\mathcal{R}(\mathscr{A}) &= \mathrm{span}\{\mathscr{A}(\boldsymbol{\alpha}_1), \mathscr{A}(\boldsymbol{\alpha}_2), \cdots, \mathscr{A}(\boldsymbol{\alpha}_r), \\ &\qquad \mathscr{A}(\boldsymbol{\alpha}_{r+1}), \mathscr{A}(\boldsymbol{\alpha}_{r+2}), \cdots, \mathscr{A}(\boldsymbol{\alpha}_n)\} \\ &= \mathrm{span}\{\mathbf{0}, \mathbf{0}, \cdots, \mathbf{0}, \mathscr{A}(\boldsymbol{\alpha}_{r+1}), \mathscr{A}(\boldsymbol{\alpha}_{r+2}), \cdots, \mathscr{A}(\boldsymbol{\alpha}_n)\} \\ &= \mathrm{span}\{\mathscr{A}(\boldsymbol{\alpha}_{r+1}), \mathscr{A}(\boldsymbol{\alpha}_{r+2}), \cdots, \mathscr{A}(\boldsymbol{\alpha}_n)\}\end{aligned}$$

现在证明 $\mathscr{A}(\boldsymbol{\alpha}_{r+1}), \mathscr{A}(\boldsymbol{\alpha}_{r+2}), \cdots, \mathscr{A}(\boldsymbol{\alpha}_n)$ 线性无关. 设

$$\sum_{i=r+1}^{n} k_i\mathscr{A}(\boldsymbol{\alpha}_i) = \mathbf{0} \quad \Longleftrightarrow \quad \mathscr{A}\left(\sum_{i=r+1}^{n} k_i\boldsymbol{\alpha}_i\right) - \mathbf{0}$$

故 $\sum_{i=r+1}^{n} k_i\boldsymbol{\alpha}_i \in \mathcal{N}(\mathscr{A})$. 因此, 有

$$\sum_{i=r+1}^{n} k_i\boldsymbol{\alpha}_i = \sum_{j=1}^{r} c_j\boldsymbol{\alpha}_i \quad \Longleftrightarrow \quad \sum_{j=1}^{r} c_j\boldsymbol{\alpha}_i - \sum_{i=r+1}^{n} k_i\boldsymbol{\alpha}_i = \mathbf{0}$$

由 $\boldsymbol{\alpha}_1, \boldsymbol{\alpha}_2, \cdots, \boldsymbol{\alpha}_r, \boldsymbol{\alpha}_{r+1}, \boldsymbol{\alpha}_{r+2}, \cdots, \boldsymbol{\alpha}_n$ 线性无关, 得到 $c_j = 0, \forall j = 1, 2, \cdots, r$, $k_i = 0$, $\forall i = r+1, r+2, \cdots, n$. 因此, $\mathscr{A}(\boldsymbol{\alpha}_{r+1}), \mathscr{A}(\boldsymbol{\alpha}_{r+2}), \cdots, \mathscr{A}(\boldsymbol{\alpha}_n)$ 线性无关. 于是有

$$\dim \mathcal{R}(\mathscr{A}) = n - r \quad \Longleftrightarrow \quad \dim \mathcal{R}(\mathscr{A}) + \dim \mathcal{N}(\mathscr{A}) = n$$

(3) 由 A 的定义式 (1.8) 可知

$$\begin{aligned}\mathscr{A}(\boldsymbol{\alpha}) &= \mathscr{A}([\boldsymbol{\alpha}_1 \ \ \boldsymbol{\alpha}_2 \ \ \cdots \ \ \boldsymbol{\alpha}_n]\boldsymbol{x}) \\ &= [\mathscr{A}(\boldsymbol{\alpha}_1) \ \ \mathscr{A}(\boldsymbol{\alpha}_2) \ \ \cdots \ \ \mathscr{A}(\boldsymbol{\alpha}_n)]\boldsymbol{x} \\ &= [\boldsymbol{\beta}_1 \ \ \boldsymbol{\beta}_2 \ \ \cdots \ \ \boldsymbol{\beta}_m] A\boldsymbol{x}\end{aligned}$$

因 $[\boldsymbol{\beta}_1 \ \ \boldsymbol{\beta}_2 \ \ \cdots \ \ \boldsymbol{\beta}_m]$ 是 $\mathcal{V}$ 的一组基, 且

$$\mathscr{A}(\boldsymbol{\alpha}) = \mathbf{0} \quad \Longleftrightarrow \quad A\boldsymbol{x} = \mathbf{0}$$

故 $\dim \mathcal{N}(\mathscr{A}) = n - \text{rank}A$. 由 (2) 有

$$\text{rank}\mathscr{A} = n - \dim \mathcal{N}(\mathscr{A}) = n - (n - \text{rank}A)$$

即 $\text{rank}\mathscr{A} = \dim \mathcal{R}(\mathscr{A}) = \text{rank}A$. ■

可以证明, 若 $\dim \mathcal{N}(\mathscr{A}) = 0$, 则线性无关向量组 $\boldsymbol{\alpha}_1, \boldsymbol{\alpha}_2, \cdots, \boldsymbol{\alpha}_n$ 的像 $\mathscr{A}(\boldsymbol{\alpha}_1), \mathscr{A}(\boldsymbol{\alpha}_2), \cdots, \mathscr{A}(\boldsymbol{\alpha}_n)$ 也线性无关.

【例 1.5.1】 $\mathscr{A} \in \mathcal{L}(\mathcal{P}[0,2] \to \mathcal{P}[0,2])$. 在以对应的列向量为

$$\boldsymbol{f}_1 = \begin{bmatrix} 1 \\ 1 \\ 1 \end{bmatrix}, \quad \boldsymbol{f}_2 = \begin{bmatrix} 1 \\ 1 \\ 0 \end{bmatrix}, \quad \boldsymbol{f}_3 = \begin{bmatrix} 1 \\ 0 \\ 0 \end{bmatrix}$$

的一组基 $f_1(t)$、$f_2(t)$ 和 $f_3(t)$ 下, $\mathscr{A}$ 的矩阵表示为

$$A = \begin{bmatrix} 1 & 1 & -1 \\ 0 & 1 & 2 \\ 1 & 2 & 1 \end{bmatrix}$$

确定 $\mathcal{N}(\mathscr{A})$ 和 $\mathcal{R}(\mathscr{A})$.

解: 首先确定 $\mathcal{N}(\mathscr{A})$. 由式 (1.9) $f(t)\in\mathcal{N}(\mathscr{A}) \iff f(t)=\sum_{i=1}^{3}k_if_i(t)$, 其中 k_1、k_2 和 k_3 满足齐次方程

$$\begin{bmatrix}1&1&-1\\0&1&2\\1&2&1\end{bmatrix}\begin{bmatrix}k_1\\k_2\\k_3\end{bmatrix}=\mathbf{0}$$

对该方程进行初等行变换:

$$\begin{bmatrix}1&0&0\\0&1&0\\-1&-1&1\end{bmatrix}\begin{bmatrix}1&1&-1\\0&1&2\\1&2&1\end{bmatrix}\begin{bmatrix}k_1\\k_2\\k_3\end{bmatrix}=\begin{bmatrix}1&1&-1\\0&1&2\\0&0&0\end{bmatrix}\begin{bmatrix}k_1\\k_2\\k_3\end{bmatrix}=\mathbf{0}$$

可得

$$\begin{bmatrix}1&1\\0&1\end{bmatrix}\begin{bmatrix}k_1\\k_2\end{bmatrix}=-\begin{bmatrix}-1\\2\end{bmatrix}k_3$$

$$\iff\begin{bmatrix}k_1\\k_2\end{bmatrix}=\begin{bmatrix}1&1\\0&1\end{bmatrix}^{-1}\begin{bmatrix}1\\-2\end{bmatrix}k_3=\begin{bmatrix}3\\-2\end{bmatrix}k_3$$

于是, 齐次方程的解为

$$\begin{bmatrix}k_1\\k_2\\k_3\end{bmatrix}=\begin{bmatrix}3k_3\\-2k_3\\k_3\end{bmatrix}=\begin{bmatrix}3\\-2\\1\end{bmatrix}k_3$$

因此, 有

$$\mathcal{N}(\mathscr{A})=\operatorname{span}\{3f_1(t)-2f_2(t)+f_3(t)\}$$

$3f_1(t)-2f_2(t)+f_3(t)$ 是 $\mathcal{N}(\mathscr{A})$ 的生成元, 该折线函数如图 1.3所示.

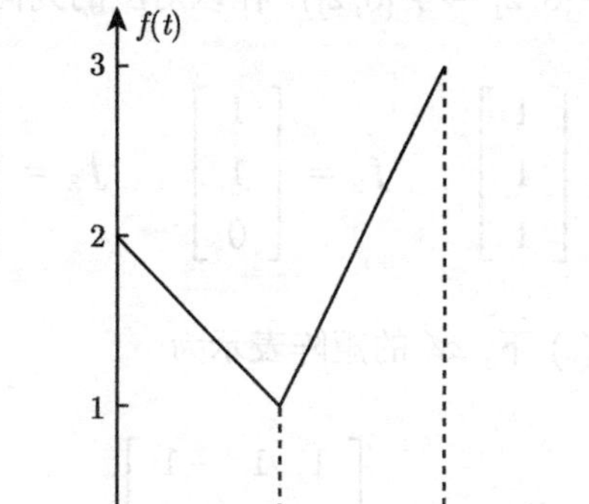

图 1.3 $\mathcal{N}(\mathscr{A})$ 的 组基向量

然后确定 $\mathcal{R}(\mathscr{A})$. 由矩阵表示的定义可知, A 满足

$$\begin{aligned}\mathscr{A}([f_1(t)\ \ f_2(t)\ \ f_3(t)]) &= [f_1(t)\ \ f_2(t)\ \ f_3(t)]\,A \\ &= [f_1(t)+f_3(t)\ \ f_1(t)+f_2(t)+2f_3(t)\ \ -f_1(t)+2f_2(t)+f_3(t)]\end{aligned}$$

于是, 注意到:

$$-f_1(t)+2f_2(t)+f_3(t) = -3\,[f_1(t)+f_3(t)] + 2\,[f_1(t)+f_2(t)+2f_3(t)]$$

可得

$$\begin{aligned}\mathcal{R}(\mathscr{A}) &= \operatorname{span}\{\mathscr{A}[f_1(t)],\, \mathscr{A}[f_2(t)],\, \mathscr{A}[f_3(t)]\} \\ &= \operatorname{span}\{f_1(t)+f_3(t)\ ,\ f_1(t)+f_2(t)+2f_3(t)\ ,\ -f_1(t)+2f_2(t)+f_3(t)\} \\ &= \operatorname{span}\{f_1(t)+f_3(t)\ ,\ f_1(t)+f_2(t)+2f_3(t)\}\end{aligned}$$

感兴趣的读者可绘制 $\mathcal{R}(\mathscr{A})$ 两个基向量的图形. △

1.6 复合映射

$\mathcal{U},\mathcal{V}$ 和 $\mathcal{W}$ 均为数域 $\mathcal{F}$ 上的线性空间, $\mathscr{A}\in\mathcal{L}(\mathcal{V}\to\mathcal{W})$, $\mathscr{B}\in\mathcal{L}(\mathcal{U}\to\mathcal{V})$. $\mathscr{A}$ 和 $\mathscr{B}$ 的复合映射记为 $\mathscr{A}\circ\mathscr{B}$, 是线性空间 $\mathcal{U}$ 到 $\mathcal{W}$ 的映射, 定义为

$$(\mathscr{A}\circ\mathscr{B})\,(\boldsymbol{\alpha}) = \mathscr{A}\,[\mathscr{B}(\boldsymbol{\alpha})]\quad \forall\boldsymbol{\alpha}\in\mathcal{U}$$

复合映射如图 1.4所示.

$$\mathcal{U}\ \xrightarrow{\ \ \mathscr{B}\ \ }\ \mathcal{V}\ \xrightarrow{\ \ \mathscr{A}\ \ }\ \mathcal{W}$$

图 1.4 复合映射 $\mathscr{A}\circ\mathscr{B}$

因为 $\mathscr{B}$ 和 $\mathscr{A}$ 均为线性映射, 对任何 $\boldsymbol{\alpha}_1,\boldsymbol{\alpha}_2\in\mathcal{U}$, $k\in\mathcal{F}$, 都有

$$\begin{aligned}(\mathscr{A}\circ\mathscr{B})\,(\boldsymbol{\alpha}_1+\boldsymbol{\alpha}_2) &= \mathscr{A}\,[\mathscr{B}(\boldsymbol{\alpha}_1+\boldsymbol{\alpha}_2)] = \mathscr{A}\,[\mathscr{B}(\boldsymbol{\alpha}_1)+\mathscr{B}(\boldsymbol{\alpha}_2)] \\ &= \mathscr{A}\,[\mathscr{B}(\boldsymbol{\alpha}_1)] + \mathscr{A}\,[\mathscr{B}(\boldsymbol{\alpha}_2)] = (\mathscr{A}\circ\mathscr{B})\,(\boldsymbol{\alpha}_1) + (\mathscr{A}\circ\mathscr{B})\,(\boldsymbol{\alpha}_2) \\ (\mathscr{A}\circ\mathscr{B})\,(k\boldsymbol{\alpha}) &= \mathscr{A}\,[\mathscr{B}(k\boldsymbol{\alpha})] = \mathscr{A}\,[k\mathscr{B}(\boldsymbol{\alpha})] \\ &= k\mathscr{A}\,[\mathscr{B}(\boldsymbol{\alpha})] = k\,(\mathscr{A}\circ\mathscr{B})\,(\boldsymbol{\alpha})\end{aligned}$$

于是 $\mathscr{A}\circ\mathscr{B}\in\mathcal{L}(\mathcal{U}\to\mathcal{W})$, 可以很容易地确定 $\mathscr{A}\circ\mathscr{B}$ 的矩阵表示.

【定理1.6.1】 $\mathcal{U}$ 的一组基向量为 $[\boldsymbol{\alpha}_1\ \boldsymbol{\alpha}_2\ \cdots\ \boldsymbol{\alpha}_n]$, $\mathcal{V}$ 的一组基向量为 $[\boldsymbol{\gamma}_1\ \boldsymbol{\gamma}_2\ \cdots\ \boldsymbol{\gamma}_p]$, $\mathcal{W}$ 的一组基向量为 $[\boldsymbol{\beta}_1\ \ \boldsymbol{\beta}_2\ \ \cdots\ \ \boldsymbol{\beta}_m]$, $\mathscr{B}\in\mathcal{L}(\mathcal{U}\to\mathcal{V})$, $\mathscr{A}\in\mathcal{L}(\mathcal{V}\to\mathcal{W})$, $B\in\mathcal{F}^{p\times n}$ 和 $A\in\mathcal{F}^{m\times p}$ 分别为 $\mathscr{B}$ 和 $\mathscr{A}$ 在给定基向量下的矩阵表示, 则 $\mathscr{A}\circ\mathscr{B}\in\mathcal{L}(\mathcal{U}\to\mathcal{W})$ 的矩阵表示为 $m\times n$ 矩阵 AB.

证明: 由矩阵表示的定义可得

$$\mathscr{B}([\boldsymbol{\alpha}_1\ \ \boldsymbol{\alpha}_2\ \ \cdots\ \ \boldsymbol{\alpha}_n])=[\boldsymbol{\gamma}_1\ \ \boldsymbol{\gamma}_2\ \ \cdots\ \ \boldsymbol{\gamma}_p]B \tag{1.12}$$

$$\mathscr{A}([\boldsymbol{\gamma}_1\ \ \boldsymbol{\gamma}_2\ \ \cdots\ \ \boldsymbol{\gamma}_p])=[\boldsymbol{\beta}_1\ \ \boldsymbol{\beta}_2\ \ \cdots\ \ \boldsymbol{\beta}_m]A \tag{1.13}$$

将式 (1.12) 代入式 (1.13) 可得

$$\begin{aligned}(\mathscr{A}\circ\mathscr{B})([\boldsymbol{\alpha}_1\ \ \boldsymbol{\alpha}_2\ \ \cdots\ \ \boldsymbol{\alpha}_n]) &= \mathscr{A}[\mathscr{B}([\boldsymbol{\alpha}_1\ \ \boldsymbol{\alpha}_2\ \ \cdots\ \ \boldsymbol{\alpha}_n])]\\ &= \mathscr{A}([\boldsymbol{\gamma}_1\ \ \boldsymbol{\gamma}_2\ \ \cdots\ \ \boldsymbol{\gamma}_p]B)\\ &= [\boldsymbol{\beta}_1\ \ \boldsymbol{\beta}_2\ \ \cdots\ \ \boldsymbol{\beta}_m]AB\end{aligned}$$ ■

1.7 商 空 间

定义 1.7.1 $\mathcal{V}$ 是数域 $\mathcal{F}$ 上的 n 维线性空间, $\mathcal{W}\subset\mathcal{V}$ 是子空间, $\boldsymbol{x}_1, \boldsymbol{x}_2\in\mathcal{V}$. 若 $\boldsymbol{x}_1-\boldsymbol{x}_2\in\mathcal{W}$, 则称 $\boldsymbol{x}_1, \boldsymbol{x}_2$ (mod $\mathcal{W}$) 等效, 记为 $\boldsymbol{x}_1\equiv\boldsymbol{x}_2(\mathrm{mod}\ \mathcal{W})$.

【例 1.7.1】 $A\in\mathcal{C}^{m\times n}$. 若 $\boldsymbol{b}\in\mathcal{R}(A)$, 则方程 $A\boldsymbol{x}=\boldsymbol{b}$ 可解. 设 $\boldsymbol{x}_1, \boldsymbol{x}_2$ 为其任意两个解, 则由

$$A\boldsymbol{x}_1=\boldsymbol{b},\quad A\boldsymbol{x}_2=\boldsymbol{b}\quad\Longrightarrow\quad A(\boldsymbol{x}_1-\boldsymbol{x}_2)=\boldsymbol{0}$$

可知 $\boldsymbol{x}_1-\boldsymbol{x}_2\in\mathcal{N}(A)$. 设 $\boldsymbol{x}_1$ 是该方程的一个解, $\boldsymbol{x}_1-\boldsymbol{x}_2\in\mathcal{N}(A)$, 则由

$$\begin{aligned}A\boldsymbol{x}_2&=A[\boldsymbol{x}_1-(\boldsymbol{x}_1-\boldsymbol{x}_2)]\\ &=A\boldsymbol{x}_1-\underbrace{A(\boldsymbol{x}_1-\boldsymbol{x}_2)}_{=\boldsymbol{0}}=A\boldsymbol{x}_1=\boldsymbol{b}\end{aligned}$$

可知 $\boldsymbol{x}_2$ 也是一个解. 从而, $A\boldsymbol{x}=\boldsymbol{b}$ 的任意两个解 $\boldsymbol{x}_1, \boldsymbol{x}_2$ 满足等效关系:

$$\boldsymbol{x}_1\equiv\boldsymbol{x}_2(\mathrm{mod}\ \mathcal{N}(A))$$ △

容易证明, (mod $\mathcal{W}$) 等效是一种等价关系. 因此, 在 $\mathcal{V}$ 中可按 (mod $\mathcal{W}$) 等效进行分类.

定义 1.7.2 $\mathcal{V}$ 是数域 $\mathcal{F}$ 上的 n 维线性空间, $\boldsymbol{x}\in\mathcal{V}$, $\mathcal{W}\subset\mathcal{V}$ 是一给定子空间, 称集合

$$\boldsymbol{x}(\mathrm{mod}\ \mathcal{W})=\{\boldsymbol{y}\mid\boldsymbol{y}\in\mathcal{V},\ \ \boldsymbol{y}-\boldsymbol{x}\in\mathcal{W}\}$$

为 $\boldsymbol{x}$ 的一个傍集 (coset), 或称为 $\boldsymbol{x}$ 的 (mod $\mathcal{W}$) 等效类.

【例 1.7.2】 设 $\mathcal{F}=\mathcal{R}$, $\mathcal{V}$ 与 $\mathcal{R}^2$ 同构, $\mathcal{W}\subset\mathcal{V}$ 为一维子空间, $\boldsymbol{x}\in\mathcal{V}$. 显然, $\mathcal{W}$ 与 $\mathcal{R}^2$ 的某一一维子空间同构, 而 $\mathcal{R}^2$ 的一维子空间是经原点的直线. 为直观起见, 在 $\mathcal{R}^2$ 中讨论问题并用原来的符号记 $\boldsymbol{x}, \mathcal{V}, \mathcal{W}$ 的同构. 由定义可得

$$\begin{aligned}\boldsymbol{y}\in\boldsymbol{x}(\mathrm{mod}\ \mathcal{W})&\Longleftrightarrow\boldsymbol{y}-\boldsymbol{x}\in\mathcal{W}\\ &\Longleftrightarrow\exists\,\boldsymbol{w}\in\mathcal{W}\ 使\ \boldsymbol{y}=\boldsymbol{x}+\boldsymbol{w}\end{aligned}$$

如图 1.5所示, 使上式成立的 $\boldsymbol{y}$ 的集合 $\boldsymbol{x}(\mathrm{mod}\ \mathcal{W})$ 是经过 $\boldsymbol{x}$ 并与 $\mathcal{W}$ 平行的直线.

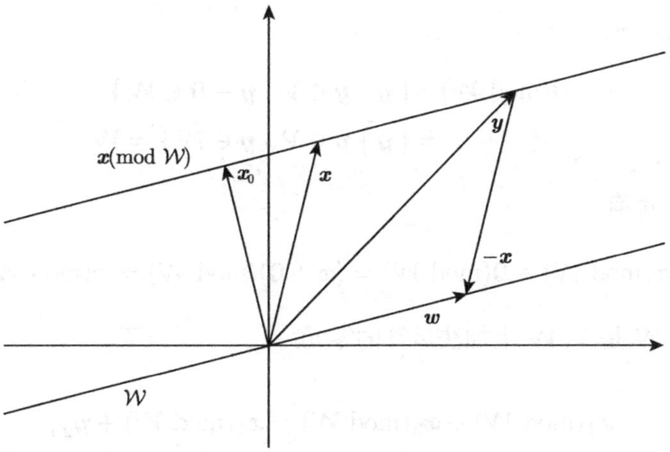

图 1.5 $\mathcal{R}^2$ 中的傍集 $x(\text{mod } \mathcal{W})$ △

根据傍集 $x(\text{mod } \mathcal{W})$ 的定义, 若 $y \equiv x(\text{mod } \mathcal{W})$, 则

$$\begin{aligned} y(\text{mod } \mathcal{W}) &= \{ z \mid z \in \mathcal{V},\ \ z - y \in \mathcal{W} \} \\ &= \{ z \mid z \in \mathcal{V},\ \ z - x + x - y \in \mathcal{W} \} \\ &= \{ z \mid z \in \mathcal{V},\ \ z - x \in \mathcal{W} \} = x(\text{mod } \mathcal{W}) \end{aligned}$$

上式说明, 傍集或等效类由其本身所确定, 而与代表 x 无关. 在例 1.7.2中, 若取 x_0 为与 $\mathcal{W}$ 垂直且终端在 $x(\text{mod } \mathcal{W})$ 上的向量, 则显然有 $x(\text{mod } \mathcal{W}) = x_0(\text{mod } \mathcal{W})$. x_0 的模 $\|x_0\|_2$ 即两直线 $x(\text{mod } \mathcal{W})$ 和 $\mathcal{W}$ 间的距离. 因此, 傍集 $x(\text{mod } \mathcal{W})$ 即在直线 $\mathcal{W}$ 的上方且与 $\mathcal{W}$ 相距 $\|x_0\|_2$ 的平行直线.

为方便起见, 用 $\mathcal{V}/\mathcal{W}$ 记所有 $x \in \mathcal{V}$ 的傍集的集合. 考虑 $\mathcal{V}/\mathcal{W}$ 上的加法运算. 设

$$\begin{aligned} x_1(\text{mod } \mathcal{W}) &= \{ y_1 \mid y_1 \in \mathcal{V},\ y_1 - x_1 \in \mathcal{W} \} \\ x_2(\text{mod } \mathcal{W}) &= \{ y_2 \mid y_2 \in \mathcal{V},\ y_2 - x_2 \in \mathcal{W} \} \end{aligned}$$

定义

$$x_1(\text{mod } \mathcal{W}) + x_2(\text{mod } \mathcal{W}) \triangleq \{ y_1 + y_2 \mid y_1 \in x_1(\text{mod } \mathcal{W}),\ y_2 \in x_2(\text{mod } \mathcal{W}) \}$$

按上述定义可得

$$\begin{aligned} & x_1(\text{mod } \mathcal{W}) + x_2(\text{mod } \mathcal{W}) \\ =& \{ y_1 + y_2 \mid y_1 \in \mathcal{V},\ y_1 - x_1 \in \mathcal{W},\ y_2 \in \mathcal{V},\ y_2 - x_2 \in \mathcal{W} \} \\ =& \{ y_1 + y_2 \mid y_1 + y_2 \in \mathcal{V},\ y_1 - x_1 + y_2 - x_2 \in \mathcal{W} \} \\ =& \{ y_1 + y_2 \mid y_1 + y_2 \in \mathcal{V},\ y_1 + y_2 - (x_1 + x_2) \in \mathcal{W} \} \\ =& \{ z \mid z \in \mathcal{V},\ z - (x_1 + x_2) \in \mathcal{W} \} \\ =& (x_1 + x_2)(\text{mod } \mathcal{W}) \end{aligned}$$

显然, 这样定义的加法满足结合律和交换律.

因

$$\begin{aligned}\mathbf{0}(\text{mod }\mathcal{W})&=\{\,\boldsymbol{y}\mid\boldsymbol{y}\in\mathcal{V},\ \boldsymbol{y}-\mathbf{0}\in\mathcal{W}\,\}\\&=\{\,\boldsymbol{y}\mid\boldsymbol{y}\in\mathcal{V},\ \boldsymbol{y}\in\mathcal{W}\,\}=\mathcal{W}\end{aligned}$$

且对所有 $\boldsymbol{x}\in\mathcal{V}$, 都有

$$\boldsymbol{x}(\text{mod }\mathcal{W})+\mathbf{0}(\text{mod }\mathcal{W})=(\boldsymbol{x}+\mathbf{0})(\text{mod }\mathcal{W})=\boldsymbol{x}(\text{mod }\mathcal{W})$$

故 $\mathbf{0}(\text{mod }\mathcal{W})=\mathcal{W}$ 是 $\mathcal{V}/\mathcal{W}$ 上加法运算的零元.

下面证明:

$$\boldsymbol{x}_1(\text{mod }\mathcal{W})+\boldsymbol{x}_2(\text{mod }\mathcal{W})=\boldsymbol{x}_1(\text{mod }\mathcal{W})+\boldsymbol{y}_{2,r}$$

其中, $\boldsymbol{y}_{2,r}$ 可以是 $\boldsymbol{x}_2(\text{mod }\mathcal{W})$ 中的任何元素. 对任何 $\boldsymbol{y}_2\in\boldsymbol{x}_2(\text{mod }\mathcal{W})$, 存在 $\boldsymbol{w}_2\in\mathcal{W}$ 使 $\boldsymbol{y}_2=\boldsymbol{y}_{2,r}+\boldsymbol{w}_2$, 于是, 对所有 $\boldsymbol{y}_1\in\boldsymbol{x}_1(\text{mod }\mathcal{W})$, 都有

$$\boldsymbol{y}_1+\boldsymbol{y}_2=\boldsymbol{y}_1+\boldsymbol{y}_{2,r}+\boldsymbol{w}_2\equiv(\boldsymbol{y}_1+\boldsymbol{y}_{2,r})(\text{mod }\mathcal{W})$$

从而, 在做两个傍集的加法运算时, 只需从其中一个傍集中任取一个元素, 然后做这个元素和另一个傍集的加法即可. 特别地, 因 $\mathbf{0}\in\mathbf{0}(\text{mod }\mathcal{W})=\mathcal{W}$, 故

$$\boldsymbol{x}(\text{mod }\mathcal{W})+\mathbf{0}(\text{mod }\mathcal{W})=\boldsymbol{x}(\text{mod }\mathcal{W})+\mathbf{0}$$

$\forall\,\boldsymbol{x}\in\mathcal{V}$. 这说明 $\{\mathbf{0}\}$ 也是 $\mathcal{V}/\mathcal{W}$ 上加法运算的零元. 考虑到 $\mathbf{0}$ 是其傍集 $\mathbf{0}(\text{mod }\mathcal{W})=\mathcal{W}$ 的代表, 可知 $\mathcal{V}/\mathcal{W}$ 上加法运算的零元是唯一的. 于是, 任何 $\boldsymbol{x}(\text{mod }\mathcal{W})\in\mathcal{V}/\mathcal{W}$ 都存在其负元素:

$$(-\boldsymbol{x})(\text{mod }\mathcal{W})=\{\,\boldsymbol{y}\mid\boldsymbol{y}\in\mathcal{V},\ \boldsymbol{y}-(-\boldsymbol{x})\in\mathcal{W}\,\}\in\mathcal{V}/\mathcal{W}$$

使

$$\boldsymbol{x}(\text{mod }\mathcal{W})+(-\boldsymbol{x})(\text{mod }\mathcal{W})=\mathbf{0}(\text{mod }\mathcal{W})$$

再考虑 $\mathcal{V}/\mathcal{W}$ 和域 $\mathcal{F}$ 上的元素 k 的数乘:

$$\begin{aligned}k\cdot[\boldsymbol{x}(\text{mod }\mathcal{W})]&=\{\,k\boldsymbol{y}\mid k\boldsymbol{y}\in\mathcal{V},\ k(\boldsymbol{y}-\boldsymbol{x})\in\mathcal{W})\,\}\\&=\{\,\boldsymbol{z}\mid\boldsymbol{z}\in\mathcal{V},\ \boldsymbol{z}-k\boldsymbol{x}\in\mathcal{W})\,\}=(k\cdot\boldsymbol{x})(\text{mod }\mathcal{W})\end{aligned}$$

显然, 有

$$\begin{aligned}1\cdot[\boldsymbol{x}(\text{mod }\mathcal{W})]&=\boldsymbol{x}(\text{mod }\mathcal{W})\\k(l\cdot[\boldsymbol{x}(\text{mod }\mathcal{W})])&=(kl)\cdot[\boldsymbol{x}(\text{mod }\mathcal{W})]\end{aligned}$$

由加法运算的性质, 可得

$$\begin{aligned}(k+l)\cdot[\boldsymbol{x}(\text{mod }\mathcal{W})]&=(k\boldsymbol{x}+l\boldsymbol{x})(\text{mod }\mathcal{W})\\&=(k\boldsymbol{x})(\text{mod }\mathcal{W})+(l\boldsymbol{x})(\text{mod }\mathcal{W})\end{aligned}$$

$$=k\cdot[\boldsymbol{x}(\text{mod }\mathcal{W})]+l\cdot[\boldsymbol{x}(\text{mod }\mathcal{W})]$$

以及

$$\begin{aligned}k\cdot[\boldsymbol{x}_1(\text{mod }\mathcal{W})+\boldsymbol{x}_2(\text{mod }\mathcal{W})]&=k\cdot[(\boldsymbol{x}_1+\boldsymbol{x}_2)(\text{mod }\mathcal{W})]\\&=(k\boldsymbol{x}_1+k\boldsymbol{x}_2)(\text{mod }\mathcal{W})\\&=k\cdot[\boldsymbol{x}_1(\text{mod }\mathcal{W})]+k\cdot[\boldsymbol{x}_2(\text{mod }\mathcal{W})]\end{aligned}$$

由此可引入下述傍集 (mod $\mathcal{W}$) 间的运算.

定义 1.7.3 $\mathcal{V}$ 为数域 $\mathcal{F}$ 上的 n 维线性空间, $\mathcal{W}\subset\mathcal{V}$ 是一给定子空间. 对 $\boldsymbol{x}$, $\boldsymbol{x}_1$, $\boldsymbol{x}_2\in\mathcal{V}$, $\alpha\in\mathcal{F}$, 定义在 $\boldsymbol{x}\in\mathcal{V}$ 的傍集 (mod $\mathcal{W}$) 之间的运算为

$$\boldsymbol{x}_1(\text{mod }\mathcal{W})+\boldsymbol{x}_2(\text{mod }\mathcal{W})=(\boldsymbol{x}_1+\boldsymbol{x}_2)(\text{mod }\mathcal{W}) \tag{1.14}$$

$$\alpha[\boldsymbol{x}(\text{mod }\mathcal{W})]=(\alpha\boldsymbol{x})(\text{mod }\mathcal{W}) \tag{1.15}$$

【定理 1.7.1】 定义 1.7.3确定的运算与所选傍集的代表无关.

证明: 前面已经证明

$$若\ \boldsymbol{x}_i\equiv\boldsymbol{y}_i(\text{mod }\mathcal{W}),\quad 则\ \boldsymbol{x}_i(\text{mod }\mathcal{W})=\boldsymbol{y}_i(\text{mod }\mathcal{W})$$

现证明, 若 $\boldsymbol{x}_i\equiv\boldsymbol{y}_i(\text{mod }\mathcal{W})$, $i=1,2$, 则有

$$\boldsymbol{x}_1(\text{mod }\mathcal{W})+\boldsymbol{x}_2(\text{mod }\mathcal{W})=\boldsymbol{y}_1(\text{mod }\mathcal{W})+\boldsymbol{y}_2(\text{mod }\mathcal{W}) \tag{1.16}$$

设 $\boldsymbol{x}_i\equiv\boldsymbol{y}_i(\text{mod }\mathcal{W})$, $i=1,2$, 则由

$$(\boldsymbol{x}_1+\boldsymbol{x}_2)-(\boldsymbol{y}_1+\boldsymbol{y}_2)=(\boldsymbol{x}_1-\boldsymbol{y}_1)+(\boldsymbol{x}_2-\boldsymbol{y}_2)\in\mathcal{W}$$

有 $(\boldsymbol{x}_1+\boldsymbol{x}_2)\equiv(\boldsymbol{y}_1+\boldsymbol{y}_2)(\text{mod }\mathcal{W})$, 从而就有

$$(\boldsymbol{x}_1+\boldsymbol{x}_2)(\text{mod }\mathcal{W})=(\boldsymbol{y}_1+\boldsymbol{y}_2)(\text{mod }\mathcal{W})$$

由上式和式 (1.14) 可知有式 (1.16), 即傍集加法与所选傍集的代表无关.

又由 $\alpha\in\mathcal{F}$, $\boldsymbol{x}\equiv\boldsymbol{y}(\text{mod }\mathcal{W})$ 有

$$\alpha\boldsymbol{x}-\alpha\boldsymbol{y}=\alpha(\boldsymbol{x}-\boldsymbol{y})\in\mathcal{W}\quad\Longleftrightarrow\quad(\alpha\boldsymbol{x})\equiv(\alpha\boldsymbol{y})(\text{mod }\mathcal{W})$$

则有

$$(\alpha\boldsymbol{x})(\text{mod }\mathcal{W})=(\alpha\boldsymbol{y})(\text{mod }\mathcal{W})$$

由式 (1.15) 可知

$$\alpha[\boldsymbol{x}(\text{mod }\mathcal{W})]=\alpha[\boldsymbol{y}(\text{mod }\mathcal{W})]$$

这就表明 (mod $\mathcal{W}$) 等效类的加法和 (mod $\mathcal{W}$) 等效类与域 $\mathcal{F}$ 上的数的乘法, 其结果均与等效类中具体的代表的选取无关, 而由类本身确定. ■

【定理 1.7.2】 $\mathcal{V}$ 为数域 $\mathcal{F}$ 上的 n 维线性空间, $\mathcal{W} \subset \mathcal{V}$ 是子空间, 则集合

$$\mathcal{V}/\mathcal{W} = \{\, \boldsymbol{x}(\mathrm{mod}\ \mathcal{W}) \mid \boldsymbol{x} \in \mathcal{V} \,\} \tag{1.17}$$

在定义 1.7.3确定的运算下是数域 $\mathcal{F}$ 上的线性空间.

定义 1.7.4　由式 (1.17) 确定的集合 $\mathcal{V}/\mathcal{W}$ 称为 $\mathcal{V}$ 关于 $\mathcal{W}$ 的商空间.

由定义 1.7.4 可知, 商空间 $\mathcal{V}/\mathcal{W}$ 的元是等效类 $\boldsymbol{x}(\mathrm{mod}\ \mathcal{W})$, 而 $\boldsymbol{x}(\mathrm{mod}\ \mathcal{W})$ 是 $\mathcal{V}$ 中元的集合, 即 $\boldsymbol{x}(\mathrm{mod}\ \mathcal{W}) \subset \mathcal{V}$. 然而, $\boldsymbol{x}(\mathrm{mod}\ \mathcal{W})$ 不是 $\mathcal{V}$ 的子空间. 因此, 商空间 $\mathcal{V}/\mathcal{W}$ 虽是数域 $\mathcal{F}$ 上的线性空间并且是 $\mathcal{V}$ 的子集, 但却不是 $\mathcal{V}$ 的子空间, 除非 $\mathcal{W} = \{\boldsymbol{0}\}$.

对于例 1.7.2, $\boldsymbol{x}(\mathrm{mod}\ \mathcal{W})$ 是 $\mathcal{R}^2$ 中所有与直线 $\mathcal{W}$ 平行的直线的集合, 这些直线本身都是 $\mathcal{R}^2$ 的子集, 但却不是子空间.

考虑

$$\mathcal{V}/\{\boldsymbol{0}\} = \{\, \boldsymbol{x}(\mathrm{mod}\ \{\boldsymbol{0}\}) \mid \boldsymbol{x} \in \mathcal{V} \,\}$$

由定义 1.7.2 可得

$$\begin{aligned}\boldsymbol{x}(\mathrm{mod}\ \{\boldsymbol{0}\}) &= \{\, \boldsymbol{y} \mid \boldsymbol{y} - \boldsymbol{x} \in \{\boldsymbol{0}\} \,\} \\ &= \{\, \boldsymbol{y} \mid \boldsymbol{y} - \boldsymbol{x} = \boldsymbol{0} \,\} = \{\boldsymbol{x}\}\end{aligned}$$

于是, 傍集 $\boldsymbol{x}(\mathrm{mod}\ \{\boldsymbol{0}\})$ 只有一个元 $\boldsymbol{x}$ 本身, 即

$$\mathcal{V}/\{\boldsymbol{0}\} = \{\, \boldsymbol{x} \mid \boldsymbol{x} \in \mathcal{V} \,\} = \mathcal{V}$$

再考虑

$$\mathcal{V}/\mathcal{V} = \{\, \boldsymbol{x}(\mathrm{mod}\ \mathcal{V}) \mid \boldsymbol{x} \in \mathcal{V} \,\}$$

由定义可得

$$\begin{aligned}\boldsymbol{x}(\mathrm{mod}\ \mathcal{V}) &= \{\, \boldsymbol{y} \mid \boldsymbol{y} - \boldsymbol{x} \in \mathcal{V} \,\} \\ &= \{\, \boldsymbol{y} \mid \boldsymbol{y} \in \mathcal{V} \,\} = \boldsymbol{0}(\mathrm{mod}\ \mathcal{V}) = \mathcal{V}\end{aligned}$$

于是, 任何 $\boldsymbol{x} \in \mathcal{V}$ 的傍集 $\boldsymbol{x}(\mathrm{mod}\ \mathcal{V})$ 都是 $\mathcal{V}$ 本身, 从而 $\mathcal{V}/\mathcal{V} = \{\mathcal{V}\}$.

【定理 1.7.3】 $\mathcal{V}$ 为数域 $\mathcal{F}$ 上的 n 维线性空间, $\mathcal{W} \subset \mathcal{V}$ 是子空间, 则有

$$\dim(\mathcal{V}/\mathcal{W}) = \dim(\mathcal{V}) - \dim(\mathcal{W}) \tag{1.18}$$

证明: 设 $\boldsymbol{\alpha}_1, \boldsymbol{\alpha}_2, \cdots, \boldsymbol{\alpha}_l$ 为 $\mathcal{W}$ 的基, $\mathcal{U} \subset \mathcal{V}$ 为 $\mathcal{W}$ 的补, 即 $\mathcal{V} = \mathcal{W} \dot{+} \mathcal{U}$, $\boldsymbol{\beta}_1, \boldsymbol{\beta}_2, \cdots, \boldsymbol{\beta}_m$ 为 $\mathcal{U}$ 的基, 则 $l + m = n$, $\boldsymbol{\alpha}_1, \boldsymbol{\alpha}_2, \cdots, \boldsymbol{\alpha}_l, \boldsymbol{\beta}_1, \boldsymbol{\beta}_2, \cdots, \boldsymbol{\beta}_m$ 为 $\mathcal{V}$ 的基. 令 $\bar{\boldsymbol{b}}_j = \boldsymbol{\beta}_j(\mathrm{mod}\ \mathcal{W})$, 则 $\bar{\boldsymbol{b}}_j \in \mathcal{V}/\mathcal{W}$, $i = 1, 2, \cdots, m$. 因 $\boldsymbol{\alpha}_i \in \mathcal{W}$, 故 $\boldsymbol{\alpha}_i(\mathrm{mod}\ \mathcal{W}) = \boldsymbol{0}(\mathrm{mod}\ \mathcal{W})$.

考虑 $\bar{\boldsymbol{x}} \in \mathcal{V}/\mathcal{W}$, 则有 $\boldsymbol{x} = \sum_{i=1}^{l} a_i \boldsymbol{\alpha}_i + \sum_{j=1}^{m} b_j \boldsymbol{\beta}_j \in \mathcal{V}$ 使

$$\begin{aligned}\bar{\boldsymbol{x}} &= \boldsymbol{x}(\mathrm{mod}\ \mathcal{W}) \\ &= \sum_{i=1}^{l} a_i \boldsymbol{\alpha}_i(\mathrm{mod}\ \mathcal{W}) + \sum_{j=1}^{m} b_j \boldsymbol{\beta}_j(\mathrm{mod}\ \mathcal{W})\end{aligned}$$

$$= \sum_{i=1}^{l} a_i \mathbf{0} (\mathrm{mod}\ \mathcal{W}) + \sum_{j=1}^{m} b_j \boldsymbol{\beta}_j (\mathrm{mod}\ \mathcal{W})$$
$$= \sum_{j=1}^{m} b_j \boldsymbol{\beta}_j (\mathrm{mod}\ \mathcal{W}) = \sum_{j=1}^{m} b_j \bar{\boldsymbol{b}}_j$$

上式说明任何 $\bar{\boldsymbol{x}} \in \mathcal{V}/\mathcal{W}$ 均可表示为 $\bar{\boldsymbol{b}}_j$ 的线性组合, 即

$$\mathcal{V}/\mathcal{W} = \mathrm{span}\{\bar{\boldsymbol{b}}_1, \bar{\boldsymbol{b}}_2, \cdots, \bar{\boldsymbol{b}}_m\}$$

下面证明 $\bar{\boldsymbol{b}}_1, \bar{\boldsymbol{b}}_2, \cdots, \bar{\boldsymbol{b}}_m$ 线性无关. 设有 $b_j \in \mathcal{F}, j = 1, 2, \cdots, m$, 使

$$\sum_{j=1}^{m} b_j \bar{\boldsymbol{b}}_j = \sum_{j=1}^{m} b_j \boldsymbol{\beta}_j (\mathrm{mod}\ \mathcal{W}) = \left(\sum_{j=1}^{m} b_j \boldsymbol{\beta}_j\right) (\mathrm{mod}\ \mathcal{W}) = \{\bar{\mathbf{0}}\}$$

于是, $\sum_{j=1}^{m} b_j \boldsymbol{\beta}_j \in \mathcal{W}$. 另一方面, 因 $\beta_1, \beta_2, \cdots, \beta_m$ 为 $\mathcal{U}$ 的基, 又有 $\sum_{j=1}^{m} b_j \boldsymbol{\beta}_j \in \mathcal{U}$, 于是 $\sum_{j=1}^{m} b_j \boldsymbol{\beta}_j \in \mathcal{W} \cap \mathcal{U} = \mathbf{0}$, 从而 $b_j = 0\ \forall j = 1, 2, \cdots, m$. 因此 $\bar{\boldsymbol{b}}_1, \bar{\boldsymbol{b}}_2, \cdots, \bar{\boldsymbol{b}}_m$ 线性无关且是 $\mathcal{V}/\mathcal{W}$ 的基, 于是式 (1.18) 成立. ■

【定理 1.7.4】 $\mathcal{V}, \mathcal{W}$ 分别为数域 $\mathcal{F}$ 上的 n 维和 m 维线性空间, $\mathscr{A} \in (\mathcal{V} \to \mathcal{W})$, 则

$$\mathcal{R}(\mathscr{A}) = \mathscr{A}(\mathcal{V}) \cong \mathcal{V}/\mathcal{N}(\mathscr{A}) \tag{1.19}$$

若 $\mathscr{A}$ 为单一同态映射, 则

$$\mathcal{R}(\mathscr{A}) = \mathscr{A}(\mathcal{V}) \cong \mathcal{V} \tag{1.20}$$

而若 $\mathscr{A}$ 为满同态映射, 则

$$\mathcal{W} \cong \mathcal{V}/\mathcal{N}(\mathscr{A}) \tag{1.21}$$

证明: 由 $\dim \mathcal{V} = \dim \mathcal{R}(\mathscr{A}) + \dim \mathcal{N}(\mathscr{A})$ 和式 (1.18) 可推得式 (1.19).

若 $\mathscr{A}$ 为单一同态, 则由 $\mathscr{A}(\mathbf{0}) = \mathbf{0}$ 可得 $\mathcal{N}(\mathscr{A}) = \{\mathbf{0}\}$, 于是有式 (1.20).

若 $\mathscr{A}$ 为满同态, 则 $\mathcal{R}(\mathscr{A}) = \mathcal{W}$, 于是有式 (1.21). ■

本章关于矩阵的讨论参见文献 [1]~[6].

1.8 习 题

1.1 判断下述集合是否为线性空间:

(1) 在区间 $[t_0, t_f]$ 上定义的实函数 $f(t)$ 的全体 $\mathcal{C}[t_0, t_f]$;

(2) 在区间 $[t_0, t_f]$ 上定义的连续实函数 $f(t)$ 的全体 $\mathcal{C}_0[t_0, t_f]$;

(3) 在区间 $[t_0, t_f]$ 上定义的可微实函数 $f(t)$ 的全体 $\mathcal{C}_1[t_0, t_f]$;

(4) 在区间 $[t_0, t_f]$ 上满足 $|f(t)| \leqslant M$ 的实函数 $f(t)$ 的全体, 其中 $M > 0$ 为常数;

(5) $\mathcal{F}^n = \{\boldsymbol{x} \mid \boldsymbol{x} = [x_1\ \ x_2\ \ \cdots\ \ x_n]^{\mathrm{T}},\ x_i \in \mathcal{F}\}$ 为 n 维列向量空间, $\mathcal{M} = \{\boldsymbol{y} \mid \boldsymbol{y} \in \mathcal{F}^n$ 且$y_1 + y_2 = 0\} \subset \mathcal{F}^n$;

(6) $\mathcal{M} = \{\boldsymbol{x} \mid 2x_1 + 3x_2 = 3\} \subset \mathcal{F}^n$;

(7) $\mathcal{C}_k[\boldsymbol{\lambda}] = \{\, a(\boldsymbol{\lambda}) \,|\, a(\boldsymbol{\lambda}) = \sum_{k_1+k_2+\cdots+k_n=k} \alpha_{k_1k_2\cdots k_n} \lambda_1^{k_1}\lambda_2^{k_2}\cdots,\lambda_n^{k_n},\ k_1,k_2,\cdots k_n \in \mathcal{Z}_{0,+} \,\}$.

1.2　(内插函数) 例 1.1.3、例 1.2.5和例 1.3.6中讨论过的 $f(t)$ 可以看作内插函数的一个特例. 内插问题是给定 $\mathcal{F}$ 中 n 个不同的点 $\lambda_1, \lambda_2, \cdots, \lambda_n$ 和 n 个值 $\gamma_{j,1}, \gamma_{j,2}, \cdots, \gamma_{j,n}$, 寻找连续函数 $f_j(\boldsymbol{\lambda})$ 使得

$$f_j(\boldsymbol{\lambda}) \triangleq \begin{bmatrix} f_j(\lambda_1) \\ f_j(\lambda_2) \\ \vdots \\ f_j(\lambda_n) \end{bmatrix} = \begin{bmatrix} \gamma_{j,1} \\ \gamma_{j,2} \\ \vdots \\ \gamma_{j,n} \end{bmatrix} = \boldsymbol{\gamma}_j \tag{1.22}$$

称满足式 (1.22) 的 $f_j(\boldsymbol{\lambda})$ 为数据对 $\boldsymbol{\lambda} \triangleq [\lambda_1\ \ \lambda_2\ \ \cdots\ \ \lambda_n]^{\mathrm{T}}$ 和 $\boldsymbol{\gamma}_j \triangleq [\gamma_{j,1}\ \ \gamma_{j,2}\ \ \cdots\ \ \gamma_{j,n}]^{\mathrm{T}}$ 的一个内插函数. 记

$$\mathcal{S} = \left\{ f_j(\boldsymbol{\lambda}) \mid f_j(\boldsymbol{\lambda}) = \boldsymbol{\gamma}_j,\ \ \boldsymbol{\gamma}_j \in \mathcal{F}^n \right\}$$

为所有内插函数的集合, 检验 $\mathcal{S}$ 是否为线性空间.

1.3　$\mathcal{U}$ 和 $\mathcal{V}$ 是 $\mathcal{F}$ 数域上的线性空间, $\mathcal{L}(\mathcal{U} \to \mathcal{V}) = \{\mathscr{A}, \mathscr{B}, \mathscr{C}, \mathscr{D}, \cdots\}$ 是 $\mathcal{U}$ 到 $\mathcal{V}$ 上的线性映射全体. 证明:

按加法

$$(\mathscr{A} + \mathscr{B})(\boldsymbol{\alpha}) \overset{\triangle}{=} \mathscr{A}(\boldsymbol{\alpha}) + \mathscr{B}(\boldsymbol{\alpha}), \quad \forall\, \boldsymbol{\alpha} \in \mathcal{V}$$

和数乘

$$(a \cdot \mathscr{A})(\boldsymbol{\alpha}) \overset{\triangle}{=} a \cdot \mathscr{A}(\boldsymbol{\alpha}), \quad \forall\, \boldsymbol{\alpha} \in \mathcal{V}$$

$\mathcal{L}(\mathcal{U} \to \mathcal{V})$ 是 $\mathcal{F}$ 上的线性空间.

1.4　内插函数的一个特例是取 $f_j(\lambda)$ 为多项式. 令 $\mathcal{S}_{\min,p}$ 是满足内插条件 (1.22) 且次数最低的多项式的集合. 检验 $\mathcal{S}_{\min,p}$ 是否为线性空间. 若 $\mathcal{S}_{\min,p}$ 为线性空间, 请确定其一组基向量.

1.5　$\mathcal{S}, \mathcal{T}, \mathcal{U}$ 均为某线性空间的子空间. 举例说明:

(1) $\mathcal{S} \cap [\mathcal{T} + \mathcal{U}] \neq \mathcal{S} \cap \mathcal{T} + \mathcal{S} \cap \mathcal{U}$;

(2) $\mathscr{A}(\mathcal{S} \cap \mathcal{T}) \neq \mathscr{A}(\mathcal{S}) \cap \mathscr{A}(\mathcal{T})$.

1.6　证明下述结论:

(1) $A \in \mathcal{C}^{n\times n}$, 则集合 $\mathcal{S} = \{\, \boldsymbol{x}(t) \mid \dot{\boldsymbol{x}}(t) = A\boldsymbol{x}(t) \,\}$ 是线性空间且与 $\mathcal{C}^n$ 同构, 其中

$$\dot{\boldsymbol{x}}(t) \triangleq \left[\frac{\mathrm{d}\,x_1(t)}{\mathrm{d}\,t}\ \ \frac{\mathrm{d}\,x_2(t)}{\mathrm{d}\,t}\ \ \cdots\ \ \frac{\mathrm{d}\,x_n(t)}{\mathrm{d}\,t} \right]^{\mathrm{T}}$$

(2) $A \in \mathcal{C}^{n\times n}$, $B \in \mathcal{C}^{m\times m}$ 为给定的常矩阵, 映射 $\mathscr{T}: \mathcal{C}^{n\times m} \to \mathcal{C}^{n\times m}$ 定义为 $\mathscr{T}(X) = AX + XB$, 则 $\mathscr{T}$ 为线性映射.

1.7　证明下述结论:

(1) 若 $A(t)$ 与 $A^{-1}(t)$ 都可导, 则

$$\frac{\mathrm{d}\,A^{-1}(t)}{\mathrm{d}\,t} = -A^{-1}(t)\frac{\mathrm{d}\,A(t)}{\mathrm{d}\,t}A^{-1}(t)$$

(2) 设 $A(x)$ 为函数矩阵, $x = f(t)$ 是 t 的标量函数, $A(x)$ 与 $f(t)$ 均可导, 则

$$\frac{\mathrm{d}}{\mathrm{d}\,t}A(x) = \frac{\mathrm{d}\,A(x)}{\mathrm{d}\,x}\cdot\frac{\mathrm{d}\,f(t)}{\mathrm{d}\,t} = \frac{\mathrm{d}\,f(t)}{\mathrm{d}\,t}\cdot\frac{\mathrm{d}\,A(x)}{\mathrm{d}\,x}$$

1.8　分析下述函数向量的线性相关性:

(1) $\boldsymbol{f}_1(t) = \begin{bmatrix} 1 \\ t \end{bmatrix}, \boldsymbol{f}_2(t) = \begin{bmatrix} t \\ t^2 \end{bmatrix}$;

(2) $\boldsymbol{f}_1(t) = \begin{bmatrix} \cos^2 \omega t \\ A\sin^2 \omega t \end{bmatrix}, \boldsymbol{f}_2(t) = \begin{bmatrix} \sin^2 \omega t \\ A\cos^2 \omega t \end{bmatrix}, \boldsymbol{f}_3(t) = \begin{bmatrix} 1 \\ K \end{bmatrix}$;

(3) $\boldsymbol{f}_1(t) = \begin{bmatrix} 1 \\ t \\ t^2 \end{bmatrix}, \boldsymbol{f}_2(t) = \begin{bmatrix} \mathrm{e}^t \\ 1 \\ t \end{bmatrix}$.

1.9　设 $\mathcal{U}, \mathcal{V}$ 和 $\mathcal{W}$ 是维数分别为 l, n 和 m 的线性空间, $\mathscr{A} \in \mathcal{L}(\mathcal{V} \to \mathcal{W})$, $\mathscr{B} \in \mathcal{L}(\mathcal{U} \to \mathcal{V})$. 证明下述结论:

(1) $\mathrm{rank}(\mathscr{A} \circ \mathscr{B}) = \mathrm{rank}\mathscr{B} - \dim[\mathcal{N}(\mathscr{A}) \cap \mathcal{R}(\mathscr{B})]$, 若 $\mathrm{rank}\mathscr{B} = l$, 则 $\mathrm{rank}(\mathscr{A} \circ \mathscr{B}) = \mathrm{rank}\mathscr{A}$;

(2) 若 $m = n$ 且 $\mathscr{A} \circ \mathscr{A} = \mathscr{E}$, 则 $\mathrm{rank}(\mathscr{A} + \mathscr{E}) + \mathrm{rank}(\mathscr{A} - \mathscr{E}) = n$.

1.10　A 和 B 为给定的 $m \times n$ 矩阵. 证明:

(1) $\mathcal{R}(A + B) \subset \mathcal{R}(A) + \mathcal{R}(B)$, 这里 $\mathcal{R}(A)$ 是 A 的列向量的生成空间;

(2) $\mathrm{rank}(A + B) \leqslant \mathrm{rank}A + \mathrm{rank}B$, 举例说明等号可以成立也可以不成立;

(3) 若 $m = n$ 且 $AB = 0$, 则 $\mathrm{rank}A + \mathrm{rank}B \leqslant n$.

1.11　证明下述结论:

(1) $\mathscr{A} \in \mathcal{L}(\mathcal{V})$, $\boldsymbol{\alpha} \in \mathcal{V}$, 若 $\mathscr{A}^{l-1}(\boldsymbol{\alpha}) \neq \boldsymbol{0}$, $\mathscr{A}^{l}(\boldsymbol{\alpha}) = \boldsymbol{0}$, 则 $\boldsymbol{\alpha}, \mathscr{A}(\boldsymbol{\alpha}), \cdots, \mathscr{A}^{l-1}(\boldsymbol{\alpha})$ 线性无关;

(2) 线性空间 $\mathcal{U}$ 和 $\mathcal{V}$ 的基分别为 $[\boldsymbol{\alpha}_1\ \boldsymbol{\alpha}_2\ \cdots\ \boldsymbol{\alpha}_n]$ 和 $[\boldsymbol{\beta}_1\ \boldsymbol{\beta}_2\ \cdots\ \boldsymbol{\beta}_m]$, $m \geqslant n$, $\mathscr{A} \in \mathcal{L}(\mathcal{U} \to \mathcal{V})$ 满足

$$\mathscr{A}(\boldsymbol{\alpha}_j) = \sum_{i=1}^{j} a_{ij}\boldsymbol{\beta}_i$$

则 $\mathcal{R}(\mathscr{A})$ 是单一同态的, 当且仅当 $a_{jj} \neq 0$,　$\forall j = 1, 2, \cdots, n$;

(3) 记 $\mathcal{C}_r^{m\times n}$ 为所有秩为 r 的 $m \times n$ 矩阵的集合, 若 $A \in \mathcal{C}_n^{m\times n}$, 则存在 $X \in \mathcal{C}_n^{n\times m}$ 使

$$AXA = A,\ \ XAX = X,\ \ (XA)^{*} = XA$$

成立;

(4) 若 $A \in \mathcal{C}_r^{m\times n}$, 则存在 $F \in \mathcal{C}_r^{m\times r}$, $G \in \mathcal{C}_r^{r\times n}$ 使 $A = FG$;

(5) 记 $A^* = \bar{A}^{\mathrm{T}}$ 为 A 的共轭转置矩阵. 若 $A = A^* \in \mathcal{C}_r^{n\times n}$, 则存在 $P \in \mathcal{C}_r^{n\times r}$, $D = \mathrm{diag}\{\lambda_1, \lambda_2, \cdots, \lambda_r\} \in \mathcal{R}^{r\times r}$ 使 $A = P^*DP$.

1.12　$\mathcal{U}_i$, $i = 1,2$, 是 n_i 维线性空间, 基向量为 $\boldsymbol{\alpha}_{ik_i}$, $k_i = 1,2,\cdots,n_i$, $\mathcal{V}_j$, $j = 1,2$, 是 m_j 维线性空间, 基向量为 $\boldsymbol{\beta}_{jl_j}$, $l_j = 1,2,\cdots,m_j$, $\mathscr{A}_{ji} \in \mathcal{L}(\mathcal{U}_i \to \mathcal{V}_j)$, 其矩阵表示为 A_{ji}, 即

$$\mathscr{A}_{ji}\left([\boldsymbol{\alpha}_{i1}\ \ \boldsymbol{\alpha}_{i2}\ \ \cdots\ \ \boldsymbol{\alpha}_{in_i}]\right) = \left[\boldsymbol{\beta}_{j1}\ \ \boldsymbol{\beta}_{j2}\ \ \cdots\ \ \boldsymbol{\beta}_{jm_j}\right] A_{ji}$$

对于 $\boldsymbol{\alpha}_1 \in \mathcal{U}_1$, $\boldsymbol{\alpha}_2 \in \mathcal{U}_2$, $\mathcal{U}_1 \times \mathcal{U}_2$ 中的元素记为 $\begin{bmatrix} \boldsymbol{\alpha}_1 \\ \boldsymbol{\alpha}_2 \end{bmatrix}$. 类似地, 记 $\mathcal{V}_1 \times \mathcal{V}_2$ 中的元素为 $(\boldsymbol{\beta}_1, \boldsymbol{\beta}_2)$. 映射 $\mathscr{B}: \mathcal{U}_1 \times \mathcal{U}_2 \to \mathcal{V}_1 \times \mathcal{V}_2$ 定义为

$$\mathscr{B}\left(\begin{bmatrix} \boldsymbol{\alpha}_1 \\ \boldsymbol{\alpha}_2 \end{bmatrix}\right) = \begin{bmatrix} \mathscr{A}_{11}(\boldsymbol{\alpha}_1) + \mathscr{A}_{12}(\boldsymbol{\alpha}_2) \\ \mathscr{A}_{21}(\boldsymbol{\alpha}_1) + \mathscr{A}_{22}(\boldsymbol{\alpha}_2) \end{bmatrix}$$

(1) 证明 $\mathscr{B} \in \mathcal{L}(\mathcal{U}_1 \times \mathcal{U}_2 \to \mathcal{V}_1 \times \mathcal{V}_2)$;

(2) 证明向量

$$\begin{bmatrix} \boldsymbol{\alpha}_{11} \\ \mathbf{0} \end{bmatrix}, \begin{bmatrix} \boldsymbol{\alpha}_{12} \\ \mathbf{0} \end{bmatrix}, \cdots, \begin{bmatrix} \boldsymbol{\alpha}_{1n_1} \\ \mathbf{0} \end{bmatrix}, \begin{bmatrix} \mathbf{0} \\ \boldsymbol{\alpha}_{21} \end{bmatrix}, \begin{bmatrix} \mathbf{0} \\ \boldsymbol{\alpha}_{22} \end{bmatrix}, \cdots, \begin{bmatrix} \mathbf{0} \\ \boldsymbol{\alpha}_{2n_2} \end{bmatrix} \tag{1.23}$$

可以是 $\mathcal{U}_1 \times \mathcal{U}_2$ 的一组基, 向量

$$\begin{bmatrix} \boldsymbol{\beta}_{11} \\ \mathbf{0} \end{bmatrix}, \begin{bmatrix} \boldsymbol{\beta}_{12} \\ \mathbf{0} \end{bmatrix}, \cdots, \begin{bmatrix} \boldsymbol{\beta}_{1m_1} \\ \mathbf{0} \end{bmatrix}, \begin{bmatrix} \mathbf{0} \\ \boldsymbol{\beta}_{21} \end{bmatrix}, \begin{bmatrix} \mathbf{0} \\ \boldsymbol{\beta}_{22} \end{bmatrix}, \cdots, \begin{bmatrix} \mathbf{0} \\ \boldsymbol{\beta}_{2m_2} \end{bmatrix} \tag{1.24}$$

可以是 $\mathcal{V}_1 \times \mathcal{V}_2$ 的一组基, 确定 $\mathscr{B}$ 在基向量 (1.23) 和向量 (1.24) 下的矩阵表示;

(3) 将上述结果推广到一般的情况 $i = 1,2,\cdots,p$ 和 $j = 1,2,\cdots,q$.

1.13　$\alpha \neq 0$, $(\alpha s + \beta)^k = [1\ \ s\ \ s^2\ \ \cdots\ \ s^k\ \ \cdots\ \ s^{n-1}]\boldsymbol{a}_{k+1}$, $k = 0,1,\cdots,n-1$, $S_{\alpha,\beta} = [\boldsymbol{a}_1\ \ \boldsymbol{a}_2\ \ \cdots\ \ \boldsymbol{a}_n]$. 写出 $S_{\alpha,\beta}$ 的显式并求其逆矩阵.

1.14　$\mathcal{V} = \mathcal{C}^4$, 求商空间 $\mathcal{V}/\mathcal{W}$, 其中

(1) $\mathcal{W} = \mathrm{span}\{\boldsymbol{w}\}$, $\boldsymbol{w} = [1\ \ 1+\mathrm{j}\ \ 1+2\mathrm{j}\ \ 2]^{\mathrm{T}}$;

(2) $\mathcal{W} = \mathrm{span}\{\boldsymbol{w}_1, \boldsymbol{w}_2\}$, $\boldsymbol{w}_1 = [1+\mathrm{j}\ \ 1\ \ 2\ \ 2+\mathrm{j}]^{\mathrm{T}}$, $\boldsymbol{w}_2 = [1\ \ 1+\mathrm{j}\ \ 2+\mathrm{j}\ \ 2]^{\mathrm{T}}$;

(3) $\mathcal{W} = \mathrm{span}\{\boldsymbol{w}_1, \boldsymbol{w}_2, \boldsymbol{w}_3\}$, $\boldsymbol{w}_1 = [1+\mathrm{j}\ \ 1\ \ 2\ \ 2+\mathrm{j}]^{\mathrm{T}}$, $\boldsymbol{w}_2 = [1+2\mathrm{j}\ \ 1-\mathrm{j}\ \ 2-\mathrm{j}\ \ 2+2\mathrm{j}]^{\mathrm{T}}$, $\boldsymbol{w}_3 = [1\ \ 1+\mathrm{j}\ \ 2+\mathrm{j}\ \ 2]^{\mathrm{T}}$.

1.15　$\mathcal{V}$ 是数域 $\mathcal{F}$ 上的 n 维线性空间, $\mathcal{Q}, \mathcal{S}, \mathcal{T}, \mathcal{U}$ 均是 $\mathcal{V}$ 的子空间, 证明:

(1) 若 $\mathcal{Q} \subset \mathcal{T} \cap \mathcal{U}$, 则有

$$\begin{aligned} (\mathcal{T} + \mathcal{U})/\mathcal{Q} &= \mathcal{T}/\mathcal{Q} + \mathcal{U}/\mathcal{Q} \\ (\mathcal{T} \cap \mathcal{U})/\mathcal{Q} &= (\mathcal{T}/\mathcal{Q}) \cap (\mathcal{U}/\mathcal{Q}) \end{aligned}$$

(2) 若 $\mathcal{Q} \subset \mathcal{S} \subset \mathcal{V}$, 则有

$$\mathcal{V}/\mathcal{S} \cong (\mathcal{V}/\mathcal{Q})/(\mathcal{S}/\mathcal{Q})$$

(3) $(\mathcal{S}+\mathcal{Q})/\mathcal{Q} \cong \mathcal{S}/(\mathcal{S} \cap \mathcal{Q})$.

第 2 章　多项式矩阵与 Smith 标准形

本章讨论多项式矩阵及其 Smith 标准形. 本章内容对第 3 章矩阵标准形和线性空间的分解起着基础性的作用.

2.1　多项式矩阵

定义 2.1.1　设 $a_{ij}(\lambda), i=1,2,\cdots,n, j=1,2,\cdots,m$ 为数域 $\mathcal{F}$ 上的多项式, 则称以 $a_{ij}(\lambda)$ 为元素的 $m\times n$ 矩阵

$$A(\lambda)=\begin{bmatrix} a_{11}(\lambda) & a_{12}(\lambda) & \cdots & a_{1n}(\lambda) \\ a_{21}(\lambda) & a_{22}(\lambda) & \cdots & a_{2n}(\lambda) \\ \vdots & \vdots & \ddots & \vdots \\ a_{m1}(\lambda) & a_{m2}(\lambda) & \cdots & a_{mn}(\lambda) \end{bmatrix}$$

为多项式矩阵, 记为 $A(\lambda)\in\mathcal{F}^{m\times n}[\lambda]$. 将 $A(\lambda)$ 的元素 $a_{ij}(\lambda)$ 写成:

$$a_{ij}(\lambda)=a_{ij,0}+a_{ij,1}\lambda+\cdots+a_{ij,N}\lambda^N$$

其中, $N=\max\{\deg a_{ij}(\lambda)\mid i=1,2,\cdots,m,\ j=1,2,\cdots,n\}$. 再引入

$$A_k=\begin{bmatrix} a_{11,k} & a_{12,k} & \cdots & a_{1n,k} \\ a_{21,k} & a_{22,k} & \cdots & a_{2n,k} \\ \vdots & \vdots & \ddots & \vdots \\ a_{m1,k} & a_{m2,k} & \cdots & a_{mn,k} \end{bmatrix}$$

其中, $k=0,1,2,\cdots,N$, 则 $A(\lambda)$ 可写成:

$$A(\lambda)=A_0+A_1\lambda+\cdots+A_{N-1}\lambda^{N-1}+A_N\lambda^N \tag{2.1}$$

其中, $A_k\in\mathcal{F}^{m\times n}$. 以上约定, 对任何 $a_{ij}(\lambda)$, 若 $\deg a_{ij}(\lambda)=p<N$, 则 $a_{ij,k}=0$, $k=p+1,p+2,\cdots,N$. 对式 (2.1), 显然 $A_N\neq 0$, 称 N 为 $A(\lambda)$ 的次数, 记为 $\deg A(\lambda)=N$. 若 $A(\lambda)\in\mathcal{F}^{n\times n}[\lambda]$, $\det A_N\neq 0$, 则称多项式矩阵 $A(\lambda)$ 为正则的.

显然, 多项式 $a_{ij}(\lambda)$ $(i=1,2,\cdots,n,\ j=1,2,\cdots,m)$ 中的最高次数为 $A(\lambda)$ 的次数. 若 $A(\lambda)\in\mathcal{F}^{n\times n}[\lambda]$, 且 $\deg A(\lambda)=N$, $\det A_N\neq 0$, 则 $\deg[\det A(\lambda)]=Nn$. 由此可知, 数字矩阵是次数为 0 的多项式矩阵, 特征矩阵 $\lambda I-A$ 是次数为 1 的正则多项式矩阵.

多项式矩阵的加法、数乘和乘法运算与数字矩阵相同, 而且有相同的运算法则. 按这些运算法则可以有以下定理.

【定理 2.1.1】 $\mathcal{F}^{m\times n}[\lambda]$ 是数域 $\mathcal{F}$ 上的线性空间, $\mathcal{F}^{n\times n}[\lambda]$ 是数域 $\mathcal{F}$ 上单位元为 I_n 的不可交换线性代数.

【定理 2.1.2】 若 $A(\lambda), B(\lambda)\in\mathcal{C}^{n\times n}[\lambda]$ 且 $A(\lambda)$ 正则, 则存在唯一的 $Q_r(\lambda), R_r(\lambda)\in\mathcal{C}^{n\times n}[\lambda]$ 使

$$B(\lambda)=Q_r(\lambda)A(\lambda)+R_r(\lambda) \tag{2.2}$$

且 $\deg R_r(\lambda)<\deg A(\lambda)$ 或 $R_r(\lambda)=0$. 同样地, 存在唯一的 $Q_l(\lambda), R_l(\lambda)\in\mathcal{C}^{n\times n}[\lambda]$ 使

$$B(\lambda)=Q_l(\lambda)A(\lambda)+R_l(\lambda) \tag{2.3}$$

且 $\deg R_l(\lambda)<\deg A(\lambda)$ 或 $R_l(\lambda)=0$.

证明: 只证对应于式 (2.2) 的情形. 若 $\deg B(\lambda)<\deg A(\lambda)$, 则取 $Q_r(\lambda)=0$, $R_r(\lambda)=B(\lambda)$, 定理已证. 所以仅考虑 $M=\deg B(\lambda)\geqslant\deg A(\lambda)=N$ 的情形.

令

$$\begin{aligned}B(\lambda)&=B_M\lambda^M+B_{M-1}\lambda^{M-1}+\cdots+B_1\lambda+B_0\\A(\lambda)&=A_N\lambda^N+A_{N-1}\lambda^{N-1}+\cdots+A_1\lambda+A_0\end{aligned}$$

记 $p=M-N$, 并设

$$Q_r(\lambda)=Q_p\lambda^p+Q_{p-1}\lambda^{p-1}+\cdots+Q_1\lambda+Q_0$$

则有

$$\begin{aligned}Q_r(\lambda)A(\lambda)=&Q_pA_N\lambda^M+(Q_{p-1}A_N+Q_pA_{N-1})\lambda^{M-1}\\&+(Q_{p-2}A_N+Q_{p-1}A_{N-1}+Q_pA_{N-2})\lambda^{M-2}+\cdots\\&+(Q_0A_N+Q_1A_{N-1}+\cdots+Q_pA_{N-p})\lambda^N+\cdots\\&+(Q_0A_1+Q_1A_0)\lambda+Q_0A_0\end{aligned}$$

其中, $Q_l=0$; $A_l=0, \forall l<0$. 令 $Q_r(\lambda)A(\lambda)$ 的前 $p+1$ 个系数矩阵与 $B(\lambda)$ 的前 $p+1$ 个系数矩阵相等, 可得

$$\begin{aligned}B_M&=Q_pA_N\\B_{M-1}&=Q_{p-1}A_N+Q_pA_{N-1}\\B_{M-2}&=Q_{p-2}A_N+Q_{p-1}A_{N-1}+Q_pA_{N-2}\\&\vdots\\B_{M-k}&=Q_{p-k}A_N+Q_{p-k+1}A_{N-1}+\cdots+Q_pA_{N-k}\\&\vdots\\B_N&=Q_0A_N+Q_1A_{N-1}+\cdots+Q_pA_{N-p}\end{aligned}$$

解这些方程可得

$$
\begin{aligned}
Q_p &= B_M A_N^{-1} \\
Q_{p-1} &= (B_{M-1} - Q_p A_{N-1}) A_N^{-1} \\
Q_{p-2} &= (B_{M-2} - Q_p A_{N-2} - Q_{p-1} A_{N-1}) A_N^{-1} \\
&\ \vdots
\end{aligned}
$$

设

$$Q_{p-k} = (B_{M-k} - Q_p A_{N-k} - Q_{p-1} A_{N-k+1} + \cdots + Q_{p-k+1} A_{N-1}) A_N^{-1}$$

则由

$$B_{M-(k+1)} = B_{M-k-1} = Q_{p-k-1} A_N + Q_{p-k} A_{N-1} + \cdots + Q_p A_{N-k-1}$$

可得

$$Q_{p-k-1} = (B_{M-k-1} - Q_p A_{N-k-1} - \cdots - Q_{p-k} A_{N-1}) A_N^{-1}$$

于是, 有

$$
\begin{aligned}
Q_p &= B_M A_N^{-1} \\
Q_{p-1} &= (B_{M-1} - Q_p A_{N-1}) A_N^{-1} \\
Q_{p-2} &= (B_{M-2} - Q_p A_{N-2} - Q_{p-1} A_{N-1}) A_N^{-1} \\
&\ \vdots \\
Q_0 &= (B_{M-p} - Q_p A_{N-p} - Q_{p-1} A_{N-p+1} + \cdots + Q_1 A_{N-1}) A_N^{-1}
\end{aligned}
\tag{2.4}
$$

再由式 (2.2) 可以确定:

$$R_r(\lambda) = B(\lambda) - Q_r(\lambda) A(\lambda)$$

容易看出, 由式 (2.4) 确定的 Q_k, $k = 1, 2, \cdots, p$ 与 $R_r(\lambda)$ 满足式 (2.2), 且上述解题过程也表明了 Q_k, $k = 1, 2, \cdots, p$ 与 $R_r(\lambda)$ 的唯一性. 类似地可以证明式 (2.3) 的情形. ■

2.2　初等变换与多项式矩阵的 Smith 标准形

定义 2.2.1　如果多项式矩阵 $A(\lambda)$ 中有一个 r 阶 $(r \geqslant 1)$ 子式不为零, 而所有 $r+1$ 阶子式全为零, 则称 $A(\lambda)$ 的秩为 r, 记为 $\mathrm{rank} A(\lambda) = r$. 零矩阵的秩为 0.

由于 $A(\lambda)$ 的行列式及一切子式应是 λ 的多项式, 定义 2.2.1 中的 $r+1$ 阶子式为零是指 $r+1$ 阶子式为零多项式.

定义 2.2.2 称 $A(\lambda) \in F^{n\times n}[\lambda]$ 为可逆的, 如果存在 $B(\lambda) \in F^{n\times n}[\lambda]$ 使得

$$A(\lambda)B(\lambda) = B(\lambda)A(\lambda) = I_n \tag{2.5}$$

那么称式 (2.5) 中的 $B(\lambda)$ 为 $A(\lambda)$ 的逆矩阵, 记为 $B(\lambda) = A^{-1}(\lambda)$.

多项式环中的可逆元素是所有零次多项式, 而下面的定理说明, 多项式矩阵环 $\mathcal{F}^{n\times n}[\lambda]$ 中的可逆元素可以是任意次数的多项式矩阵.

【定理 2.2.1】 一个 n 阶多项式矩阵 $A(\lambda)$ 可逆的充要条件是 $\det A(\lambda)$ 是一个非零常数.

证明: 先证必要性. 设 $A(\lambda)$ 可逆, 在式 (2.5) 的两边求行列式, 得

$$\det A(\lambda)B(\lambda) = \det A(\lambda) \cdot \det B(\lambda) = \det I = 1 \tag{2.6}$$

因为 $\det A(\lambda)$ 和 $\det B(\lambda)$ 都是 λ 的多项式, 所以根据式 (2.6) 推知, $\det A(\lambda)$ 和 $\det B(\lambda)$ 都是零次多项式, 即 $\det A(\lambda)$ 是非零常数.

再证充分性. 设 $d = \det A(\lambda)$ 是一个非零常数. 矩阵 $\mathrm{adj}A(\lambda)/d$ 是一个 λ-矩阵, 其中 $\mathrm{adj}A(\lambda)$ 是 $A(\lambda)$ 的伴随矩阵, 所以

$$A(\lambda)\frac{1}{d}\mathrm{adj}A(\lambda) = I$$

因此 $A(\lambda)$ 可逆, 且它的逆矩阵是 $\mathrm{adj}A(\lambda)/d$. ■

定义 2.2.3 可逆的多项式矩阵称为单位模矩阵.

类似于数字矩阵, 称下列三种类型的变换为多项式矩阵的初等变换:

(1) 矩阵的第 i 行 (列) 和第 j 行 (列) 互换位置;

(2) 非零常数 γ 乘以矩阵的第 i 行 (列);

(3) 矩阵的第 i 行 (列) 的 $\varphi(\lambda)$ 倍加到第 j 行 (列) 上去, 其中 $\varphi(\lambda) \in \mathcal{F}[\lambda]$.

对应于上述三种类型的初等行变换, 依次定义下述初等矩阵 $P(r_i \leftrightarrow r_j)$, $P(\gamma r_i)$, $P((\varphi)r_i + r_j)$, 即

$$P(r_i \leftrightarrow r_j) = \begin{bmatrix} 1 & & & & & & \\ & I_{i-2} & & & & & \\ & & 0 & & 1 & & \\ & & & I_{j-i-1} & & & \\ & & 1 & & 0 & & \\ & & & & & I_{n-j-1} & \\ & & & & & & 1 \end{bmatrix} \begin{matrix} \longleftarrow 1\text{行} \\ \vdots \\ \longleftarrow i\text{行} \\ \vdots \\ \longleftarrow j\text{行} \\ \vdots \\ \longleftarrow n\text{行} \end{matrix}$$

$$P(\gamma r_i) = \begin{bmatrix} 1 & & & & \\ & I_{i-2} & & & \\ & & \gamma & & \\ & & & I_{n-i-1} & \\ & & & & 1 \end{bmatrix} \begin{matrix} \longleftarrow 1\text{行} \\ \vdots \\ \longleftarrow i\text{行} \\ \vdots \\ \longleftarrow n\text{行} \end{matrix}$$

$$P((\varphi)r_i + r_j) = \begin{bmatrix} 1 & & & & & & \\ & I_{i-2} & & & & & \\ & & 1 & & & & \\ & & & I_{j-i-1} & & & \\ & & \varphi(\lambda) & & 1 & & \\ & & & & & I_{n-j-1} & \\ & & & & & & 1 \end{bmatrix} \begin{matrix} \longleftarrow 1\text{行} \\ \vdots \\ \longleftarrow i\text{行} \\ \vdots \\ \longleftarrow j\text{行} \\ \vdots \\ \longleftarrow n\text{行} \end{matrix}$$

其中, I_k 是 k 阶单位矩阵, 矩阵中未列出的元素全为 0. 类似地, 对应于上述三种类型的初等列变换, 依次定义初等矩阵 $P(c_i \leftrightarrow c_j)$, $P(\gamma c_i)$, $P((\varphi)c_i + c_j)$.

【定理 2.2.2】 *对一个 $m \times n$ 多项式矩阵 $A(\lambda)$ 做初等行变换, 等价于用相应的 m 阶初等矩阵左乘 $A(\lambda)$. 对 $A(\lambda)$ 做初等列变换, 等价于用相应的 n 阶初等矩阵右乘 $A(\lambda)$.*

容易验证, 初等矩阵都是可逆的, 并且

$$\begin{aligned} P^{-1}(r_i \leftrightarrow r_j) &= P(r_i \leftrightarrow r_j) \\ P^{-1}(\gamma r_i) &= P\left(\gamma^{-1} r_i\right) \\ P^{-1}((\varphi)r_i + r_j) &= P((-\varphi)r_i + r_j) \end{aligned}$$

上式表明, 初等矩阵都是单位模矩阵. 对于维数相等的初等矩阵, 显然有

$$P(r_i \leftrightarrow r_j) = P(c_i \leftrightarrow c_j), \quad P(\gamma r_i) = P(\gamma c_i)$$

然而, $P((\varphi)r_i + r_j) = P((\varphi)c_j + c_i)$.

定义 2.2.4　*$A(\lambda)$ 与 $B(\lambda)$ 等价是指 $A(\lambda)$ 经过有限次初等变换后变成 $B(\lambda)$, 记为* $A(\lambda) \cong B(\lambda)$.

下述定理给出了两个多项式矩阵等价的一个充要条件.

【定理 2.2.3】 *$A(\lambda)$ 与 $B(\lambda)$ 等价的充要条件是存在两个可逆矩阵 $P(\lambda)$ 与 $Q(\lambda)$, 使得*

$$B(\lambda) = P(\lambda)A(\lambda)Q(\lambda)$$

容易验证 $A(\lambda) \cong B(\lambda)$ 满足自反性、对称性和传递性, 从而是一个等价关系.

定义 2.2.5　*称形如*

$$\begin{bmatrix} D(\lambda) & 0_{r\times(n-r)} \\ 0_{(m-r)\times r} & 0_{(m-r)\times(n-r)} \end{bmatrix} \tag{2.7}$$

的多项式矩阵为 Smith 标准形, 其中 $D(\lambda)=\mathrm{diag}\{d_1(\lambda), d_2(\lambda), \cdots, d_r(\lambda)\}$, $d_i(\lambda)$ 是首一多项式, 且 $d_i(\lambda)\,|\,d_{i+1}(\lambda)$, $i=1,2,\cdots,r-1$. 称 $d_1(\lambda), d_2(\lambda), \cdots, d_r(\lambda)$ 为不变因子.

导出多项式矩阵的 Smith 标准形并证明其唯一性需要下述两个引理.

引理 2.2.1 设 $A(\lambda)$ 的左上角元素 $a_{11}(\lambda)\neq 0$, 并且 $A(\lambda)$ 中至少有一个元素不能被它整除, 那么一定可以找到一个与 $A(\lambda)$ 等价的多项式矩阵 $B(\lambda)$, 其左上角元素也不为零, 且其次数比 $a_{11}(\lambda)$ 的次数低.

证明见附录 C.1.1. ■

为了证明 Smith 标准形的唯一性, 需要引入行列式因子的概念.

定义 2.2.6 设多项式矩阵 $A(\lambda)$ 的秩为 r. $A(\lambda)$ 的全部 k 阶子式的首一最大公因子 $D_k(\lambda)$ 称为 $A(\lambda)$ 的 k 阶行列式因子.

多项式矩阵 $A(\lambda)$ 的秩为 r, 意味着 $k>r$ 时, 所有 k 阶子式均为 0. 因为 0 可被任何非零多项式整除, 最大公因子不存在, 从而秩为 r 的多项式矩阵 $A(\lambda)$ 有 r 个行列式因子. 显然, $A(\lambda)$ 的全部 k 阶子式均属于 $\mathcal{I}_{D_k}$.

引理 2.2.2 等价的多项式矩阵具有相同的秩与相同的各阶行列式因子.

证明见附录 C.1.2. ■

【定理 2.2.4】 若 $A(\lambda)\in\mathcal{C}^{m\times n}[\lambda]$, $\mathrm{rank}A(\lambda)=r$, 则 $A(\lambda)$ 等价于 Smith 标准形 (2.7).

证明: 为叙述问题简便起见, 若 $a_{ij}(\lambda)\neq 0$ 在 $A(\lambda)$ 的所有非零元素中次数最低, 则称 $a_{ij}(\lambda)$ 次数最低. 不失一般性, 可设 $a_{11}(\lambda)$ 次数最低. 如若不然, 则可以经过行列置换, 使得 $A(\lambda)$ 的左上角元素的次数最低. 若 $a_{11}(\lambda)$ 不能整除 $A(\lambda)$ 的所有元素, 则由引理 2.2.1, 可以找到与 $A(\lambda)$ 等价的 $B_1(\lambda)$, 它的左上角元素 $b_{11,1}(\lambda)\neq 0$, 并且次数比 $a_{11}(\lambda)$ 的次数低. 如果 $b_{11,1}(\lambda)$ 还不能整除 $B_1(\lambda)$ 的所有元素, 由引理 2.2.1又可以找到与 $B_1(\lambda)$ 等价的 $B_2(\lambda)$, 它的左上角元素 $b_{11,2}(\lambda)\neq 0$, 并且次数比 $b_{11,1}(\lambda)$ 的次数低. 如果 $b_{11,2}(\lambda)$ 还不能整除 $B_2(\lambda)$ 的所有元素, 继续上述步骤, 得到一系列彼此等价的多项式矩阵 $B_1(\lambda)$, $B_2(\lambda)$, $\cdots$, 它们的左上角元素皆不为零, 而且次数越来越低. 但是多项式的次数是非负整数, 不可能无止境地降低, 因此在有限步之后, 就会得到一个多项式矩阵 $B_s(\lambda)$, 它的左上角元素 $b_{11,s}(\lambda)\neq 0$, 而且可以整除 $B_s(\lambda)$ 的全部元素 $b_{ij,s}(\lambda)$. 记 $d_1(\lambda)=b_{11,s}(\lambda)$, 即有

$$b_{ij,s}(\lambda)=d_1(\lambda)q_{ij}(\lambda)\in\mathcal{I}_{d_1}$$

接着可对 $B_s(\lambda)$ 做一系列的初等行变换与初等列变换, 使得第一行除最左边的元素 $d_1(\lambda)\neq 0$ 外其余全为零, 第一列除最上边的元素 $d_1(\lambda)\neq 0$ 外其余也全为零, 即经过一轮初等变换,

$$A(\lambda)\cong\underbrace{\begin{bmatrix} d_1(\lambda) & \mathbf{0}^{\mathrm{T}} \\ \mathbf{0} & A_1(\lambda)\end{bmatrix}}_{=B(\lambda)}$$

显然, $A_1(\lambda)$ 的元素均属于 $\mathcal{I}_{d_1}$. 不妨设 $d_1(\lambda)$ 为首一多项式. 如果 $A_1(\lambda)\neq 0$, 则对于 $A_1(\lambda)$

可以重复上述过程, 进而把矩阵化为

$$\begin{bmatrix} d_1(\lambda) & \mathbf{0} & \mathbf{0}^{\mathrm{T}} \\ \mathbf{0} & d_2(\lambda) & \mathbf{0}^{\mathrm{T}} \\ \mathbf{0} & \mathbf{0} & A_2(\lambda) \end{bmatrix}$$

其中, $d_1(\lambda)$ 与 $d_2(\lambda)$ 都是首一多项式, 且有 $d_1(\lambda)\,|\,d_2(\lambda)$, $d_2(\lambda)$ 可以整除 $A_2(\lambda)$ 所有的元素. 重复上述步骤 $r-1$ 次, 根据引理 2.2.2, 最终可把 $A(\lambda)$ 化成式 (2.8) 的形式:

$$\begin{bmatrix} d_1(\lambda) & & & & & & \\ & d_2(\lambda) & & & & & \\ & & \ddots & & & & \\ & & & d_r(\lambda) & & & \\ & & & & 0 & & \\ & & & & & \ddots & \\ & & & & & & 0 \end{bmatrix} \tag{2.8}$$

其中, $d_i(\lambda)$ 是首一多项式, 且 $d_i(\lambda)\,|\,d_{i+1}(\lambda)$, $i=1,2,\cdots,r-1$. 由引理 2.2.2可知, 多项式矩阵 $A(\lambda)$ 与其 Smith 标准形具有相同的秩与相同的各阶行列式因子. 因 $d_1(\lambda)$, $d_2(\lambda)$, $\cdots$, $d_r(\lambda)$ 都是首一多项式, 且 $d_i(\lambda)|d_{i+1}(\lambda)$, $A(\lambda)$ 的 k 阶行列式因子为

$$D_k(\lambda)=d_1(\lambda)d_2(\lambda)\cdots d_k(\lambda) \tag{2.9}$$

于是 $A(\lambda)$ 的不变因子为

$$d_1(\lambda)=D_1(\lambda),\ d_2(\lambda)=\frac{D_2(\lambda)}{D_1(\lambda)},\ \cdots,\ d_r(\lambda)=\frac{D_r(\lambda)}{D_{r-1}(\lambda)} \tag{2.10}$$

这说明 $A(\lambda)$ 的不变因子由 $A(\lambda)$ 的各阶行列式因子唯一确定. 因此, $A(\lambda)$ 的 Smith 标准形是唯一的. ■

【例 2.2.1】 用初等变换把多项式矩阵

$$A(\lambda)=\begin{bmatrix} \lambda^3+\lambda & \lambda^2 \\ \lambda^2-3\lambda & 2\lambda \end{bmatrix}$$

化成 Smith 标准形.

解: $A(\lambda)$ 的元素有公因子 λ, 所以可以用初等变换把左上角的元素变成 λ:

$$\begin{aligned} A(\lambda) &= \begin{bmatrix} \lambda^3+\lambda & \lambda^2 \\ \lambda^2-3\lambda & 2\lambda \end{bmatrix} \overset{P(c_1\leftrightarrow c_2)}{\cong} \begin{bmatrix} \lambda^2 & \lambda^3+\lambda \\ 2\lambda & \lambda^2-3\lambda \end{bmatrix} \\ &\overset{P(r_1\leftrightarrow r_2)}{\cong} \begin{bmatrix} 2\lambda & \lambda^2-3\lambda \\ \lambda^2 & \lambda^3+\lambda \end{bmatrix} \overset{P(\frac{1}{2}c_1)}{\cong} \begin{bmatrix} \lambda & \lambda^2-3\lambda \\ \frac{1}{2}\lambda^2 & \lambda^3+\lambda \end{bmatrix} \end{aligned}$$

然后用初等变换把公因子 λ 所在的行、列的其余元素均化为零, 即

$$A(\lambda) \cong \begin{bmatrix} \lambda & \lambda^2-3\lambda \\ \frac{1}{2}\lambda^2 & \lambda^3+\lambda \end{bmatrix} \overset{P(-\frac{1}{2}\lambda r_1+r_2)}{\cong} \begin{bmatrix} \lambda & \lambda^2-3\lambda \\ 0 & \frac{\lambda}{2}(\lambda^2+3\lambda+2) \end{bmatrix}$$

$$\overset{P(-(\lambda-3)c_1+c_2)}{\cong} \begin{bmatrix} \lambda & 0 \\ 0 & \frac{\lambda}{2}(\lambda+1)(\lambda+2) \end{bmatrix} \overset{P(2c_2)}{\cong} \begin{bmatrix} \lambda & 0 \\ 0 & \lambda(\lambda+1)(\lambda+2) \end{bmatrix}$$

△

【例 2.2.2】 用初等变换把多项式矩阵

$$A(\lambda) = \begin{bmatrix} 1-\lambda & \lambda^2 & \lambda \\ 2\lambda-1 & \lambda(1-\lambda) & -2\lambda \\ 1+\lambda^2 & \lambda^2 & -\lambda^2 \end{bmatrix}$$

化成 Smith 标准形.

解: $a_{11}(\lambda)+a_{13}(\lambda)=1$, 从而 $a_{11}(\lambda)$ 和 $a_{13}(\lambda)$ 互质. $A(\lambda)$ 的元素的最大公因子为 1, 也无常数元素. 用初等变换把矩阵中某一个元素变成常数:

$$A(\lambda) \overset{P(2r_1+r_2)}{\cong} \begin{bmatrix} 1-\lambda & \lambda^2 & \lambda \\ 1 & \lambda(1+\lambda) & 0 \\ 1+\lambda^2 & \lambda^2 & -\lambda^2 \end{bmatrix} \overset{P(c_3+c_1)}{\cong} \begin{bmatrix} 1 & \lambda^2 & \lambda \\ 1 & \lambda(1+\lambda) & 0 \\ 1 & \lambda^2 & -\lambda^2 \end{bmatrix}$$

$$\overset{\substack{P(-r_1+r_2)\\P(-r_1+r_3)}}{\cong} \begin{bmatrix} 1 & \lambda^2 & \lambda \\ 0 & \lambda & -\lambda \\ 0 & 0 & -\lambda^2-\lambda \end{bmatrix} \overset{\substack{P(-\lambda^2c_1+c_2)\\P(-\lambda c_1+c_3)}}{\cong} \begin{bmatrix} 1 & 0 & 0 \\ 0 & \lambda & -\lambda \\ 0 & 0 & -\lambda^2-\lambda \end{bmatrix}$$

$$\overset{P(c_2+c_3)}{\cong} \begin{bmatrix} 1 & 0 & 0 \\ 0 & \lambda & 0 \\ 0 & 0 & -\lambda^2-\lambda \end{bmatrix} \overset{P(-r_3)}{\cong} \begin{bmatrix} 1 & 0 & 0 \\ 0 & \lambda & 0 \\ 0 & 0 & \lambda(\lambda+1) \end{bmatrix}$$

△

【例 2.2.3】 用初等变换把多项式矩阵

$$A(\lambda) = \begin{bmatrix} \lambda(\lambda+1) & 0 & 0 \\ 0 & \lambda(\lambda+2) & 0 \\ 0 & 0 & (\lambda+1)^2 \end{bmatrix}$$

化为 Smith 标准形.

解: $A(\lambda)$ 虽然是对角形, 但不是 Smith 标准形.

$$A(\lambda) \overset{P(c_2+c_3)}{\cong} \begin{bmatrix} \lambda(\lambda+1) & 0 & 0 \\ 0 & \lambda(\lambda+2) & \lambda(\lambda+2) \\ 0 & 0 & (\lambda+1)^2 \end{bmatrix}$$

$$\overset{P(-r_2+r_3)}{\cong}\begin{bmatrix}\lambda(\lambda+1) & 0 & 0\\ 0 & \lambda(\lambda+2) & \lambda(\lambda+2)\\ 0 & -\lambda(\lambda+2) & 1\end{bmatrix}$$

$$\overset{P(-\lambda(\lambda+2)r_3+r_2)}{\cong}\begin{bmatrix}\lambda(\lambda+1) & 0 & 0\\ 0 & \lambda(\lambda+2)+\lambda^2(\lambda+2)^2 & 0\\ 0 & -\lambda(\lambda+2) & 1\end{bmatrix}$$

$$\overset{P(\lambda(\lambda+2)c_3+c_2)}{\cong}\begin{bmatrix}\lambda(\lambda+1) & 0 & 0\\ 0 & \lambda(\lambda+1)^2(\lambda+2) & 0\\ 0 & 0 & 1\end{bmatrix}$$

$$\cong\begin{bmatrix}1 & 0 & 0\\ 0 & \lambda(\lambda+1) & 0\\ 0 & 0 & \lambda(\lambda+1)^2(\lambda+2)\end{bmatrix}$$

△

应用多项式矩阵的 Smith 标准形, 容易证明下述几个定理.

【定理 2.2.5】 多项式矩阵 $A(\lambda)$ 与 $B(\lambda)$ 等价的充要条件是对于任何 k, 它们的 k 阶行列式因子相同.

【定理 2.2.6】 多项式矩阵 $A(\lambda)$ 与 $B(\lambda)$ 等价的充要条件是 $A(\lambda)$ 与 $B(\lambda)$ 有相同的不变因子.

根据定理 2.2.6, 可以应用初等变换求多项式矩阵的 Smith 标准形, 也可以应用行列式因子求 Smith 标准形.

定理 2.2.5和定理 2.2.6都已蕴含了秩相等的条件. 特别地, 当 n 阶多项式矩阵 $A(\lambda)$ 为满秩时, 由初等变换的定义可知, $\det A(\lambda)=cd_1(\lambda)d_2(\lambda)\cdots d_n(\lambda)$, 其中 c 为不等于零的一个常数. 这表明每个不变因子 $d_i(\lambda)$ 是行列式 $\det A(\lambda)$ 的因子, 又因不变因子 $d_i(\lambda)$ 是由矩阵 $A(\lambda)$ 唯一确定的, 故它们是 $A(\lambda)$ 的不变量, 这也正是称 $d_i(\lambda)$ 为不变因子的由来.

推论 2.2.1 多项式矩阵 $A(\lambda)$ 可逆的充要条件是 $A(\lambda)$ 与单位矩阵等价.

证明: 先证必要性. 设 $A(\lambda)$ 为一个 n 阶可逆矩阵, 则由定理 2.2.1可知:

$$\det A(\lambda)=d\neq 0$$

即 $A(\lambda)$ 的 n 阶行列式因子 $D_n(\lambda)=1$. 由式 (2.9) 可知, 有关系:

$$D_k(\lambda)|D_{k+1}(\lambda),\quad k=1,2,\cdots,n-1$$

故得 $D_k(\lambda)=1$, $k=1,2,\cdots,n-1$. 于是, $d_k(\lambda)=1$, $k=1,2,\cdots,n-1$. 这说明 $A(\lambda)$ 的 Smith 标准形为单位矩阵.

再证充分性. 设 $A(\lambda)\sim I_n$, 则 $A(\lambda)$ 的行列式是一个非零常数, 由定理 2.2.1可知 $A(\lambda)$ 可逆. ■

推论 2.2.2 多项式矩阵 $A(\lambda)$ 可逆的充要条件是 $A(\lambda)$ 可以表示成一系列初等矩阵的乘积.

证明: 由推论 2.2.1可知, $A(\lambda)$ 可逆的充要条件是有一系列初等矩阵 P_1, P_2, $\cdots$, P_l, $Q_1, Q_2, \cdots, Q_i$, 使得

$$A(\lambda) = P_1P_2\cdots P_lI_nQ_1Q_2\cdots Q_i = P_1P_2\cdots P_lQ_1Q_2\cdots Q_i$$ ■

一般应用行列式因子求不变因子都较复杂, 但对于例 2.2.3类型的矩阵就较简单. 例 2.2.3中矩阵的各阶行列式因子为

$$D_1(\lambda) = 1, \quad D_2(\lambda) = \lambda(\lambda+1), \quad D_3(\lambda) = \lambda^2(\lambda+1)^3$$

故由式 (2.10) 可得

$$d_1(\lambda) = 1, \quad d_2(\lambda) = \lambda(\lambda+1), \quad d_3(\lambda) = \lambda(\lambda+1)^2$$

2.3 初等因子与等价条件

不变因子 $d_k(\lambda)$ 在复数域内可以分解为一次因式的幂积形式, 即

$$\begin{aligned} d_1(\lambda) &= (\lambda-\lambda_1)^{k_{11}}(\lambda-\lambda_2)^{k_{12}}\cdots(\lambda-\lambda_l)^{k_{1l}} \\ d_2(\lambda) &= (\lambda-\lambda_1)^{k_{21}}(\lambda-\lambda_2)^{k_{22}}\cdots(\lambda-\lambda_l)^{k_{2l}} \\ &\vdots \\ d_r(\lambda) &= (\lambda-\lambda_1)^{k_{r1}}(\lambda-\lambda_2)^{k_{r2}}\cdots(\lambda-\lambda_l)^{k_{rl}} \end{aligned}$$

由 $d_k(\lambda)|d_{k+1}(\lambda)$, $\forall k = 1, 2, \cdots, r$, 有

$$k_{1j} \leqslant k_{2j} \leqslant \cdots \leqslant k_{rj}, \ \forall k = 1, 2, \cdots, r$$

这里的 λ_1, λ_2, $\cdots$, λ_l 是 $d_r(\lambda)$ 的全部相异零点, 所以 k_{r1}, k_{r2}, $\cdots$, k_{rl} 均不为零. 但 k_{1j}, k_{2j}, $\cdots$, $k_{r-1,j}$ 中可能出现零, 而且如果有 $k_{ij} = 0(i = 1, 2, \cdots, r-1; j = 1, 2, \cdots, l)$, 那么也必有 $k_{1j} = 0$, $k_{2j} = 0$, $\cdots$, $k_{i-1,j} = 0$. 称

$$\left\{\begin{array}{llll} (\lambda-\lambda_1)^{k_{11}}, & (\lambda-\lambda_2)^{k_{12}}, & \cdots, & (\lambda-\lambda_l)^{k_{1l}} \\ (\lambda-\lambda_1)^{k_{21}}, & (\lambda-\lambda_2)^{k_{22}}, & \cdots, & (\lambda-\lambda_l)^{k_{2l}} \\ & & \vdots & \\ (\lambda-\lambda_1)^{k_{r1}}, & (\lambda-\lambda_2)^{k_{r2}}, & \cdots, & (\lambda-\lambda_l)^{k_{rl}} \end{array}\right. \tag{2.11}$$

中不是常数的因子全体为 $A(\lambda)$ 的初等因子.

例如, 若多项式矩阵的不变因子为

$$1, \ 1, \ (\lambda-2)^5(\lambda-3)^3, \ (\lambda-2)^5(\lambda-3)^4(\lambda+2)$$

则它的初等因子为

$$(\lambda-2)^5, \ (\lambda-3)^3, \ (\lambda-2)^5, \ (\lambda-3)^4, \ (\lambda+2)$$

若两个多项式矩阵 $A(\lambda)$ 与 $B(\lambda)$ 等价, 则根据定理 2.2.6, 它们有相同的不变因子, 因此它们的初等因子也相同. 但定理 2.2.6的逆定理不成立, 即两个多项式矩阵的初等因子相同, 它们可能不等价, 例如, 多项式矩阵

$$A(\lambda)=\begin{bmatrix}1 & 0 & 0 & 0\\ 0 & \lambda+1 & 0 & 0\\ 0 & 0 & (\lambda+1)^2(\lambda+2) & 0\end{bmatrix}$$

$$B(\lambda)=\begin{bmatrix}\lambda+1 & 0 & 0\\ 0 & (\lambda+1)^2(\lambda+2) & 0\\ 0 & 0 & 0\end{bmatrix}$$

的初等因子都是 $\lambda+1$、$(\lambda+1)^2$ 和 $\lambda+2$, 但它们的秩不相同, 从而 $A(\lambda)$ 与 $B(\lambda)$ 不可能等价.

【定理 2.3.1】 $A(\lambda), B(\lambda)\in\mathcal{F}^{m\times n}[\lambda]$ 等价的充要条件是它们的秩相等和有相同的初等因子.

证明: 必要性显然, 只证充分性. 设 $A(\lambda)$ 与 $B(\lambda)$ 的秩都为 r, 并都有式 (2.11) 的初等因子, 其中 $k_{1j}\leqslant k_{2j}\leqslant\cdots\leqslant k_{rj}$ $(j=1,2,\cdots,l)$. 由初等因子的定义可知, $A(\lambda)$ 与 $B(\lambda)$ 的 r 阶不变因子 $d_r(\lambda)$ 与 $\tilde{d}_r(\lambda)$ 相等, 即

$$d_r(\lambda)=(\lambda-\lambda_1)^{k_{r1}}(\lambda-\lambda_2)^{k_{r2}}\cdots(\lambda-\lambda_l)^{k_{rl}}=\tilde{d}_r(\lambda)$$

同样地, 对于任意的 $k(1\leqslant k\leqslant r)$ 阶不变因子有 $d_k(\lambda)=\tilde{d}_k(\lambda)$. 由定理 2.2.6有 $A(\lambda)\cong B(\lambda)$. ■

对于分块对角矩阵:

$$A(\lambda)=\begin{bmatrix}B(\lambda) & 0\\ 0 & C(\lambda)\end{bmatrix}$$

不能从 $B(\lambda)$ 与 $C(\lambda)$ 的不变因子求得 $A(\lambda)$ 的不变因子, 但是能从 $B(\lambda)$ 与 $C(\lambda)$ 的初等因子立即得到 $A(\lambda)$ 的初等因子.

【定理 2.3.2】 设多项式矩阵 $A(\lambda)$ 为分块对角矩阵:

$$A(\lambda)=\begin{bmatrix}B(\lambda) & 0\\ 0 & C(\lambda)\end{bmatrix}$$

则 $A(\lambda)$ 的各个初等因子的全体是 $B(\lambda)$ 与 $C(\lambda)$ 的全部初等因子.

证明留给读者. ■

【例 2.3.1】 令

$$B(\lambda)=\begin{bmatrix}\lambda^3+\lambda & \lambda^2\\ \lambda^2-3\lambda & 2\lambda\end{bmatrix}$$

$$C(\lambda)=\begin{bmatrix}1-\lambda & \lambda^2 & \lambda\\ 2\lambda-1 & \lambda(1-\lambda) & -2\lambda\\ 1+\lambda^2 & \lambda^2 & -\lambda^2\end{bmatrix}$$

$$A(\lambda)=\begin{bmatrix}B(\lambda) & 0\\ 0 & C(\lambda)\end{bmatrix}$$

由例 2.2.1和例 2.2.2可知:

$$B(\lambda)\cong\text{diag}\{\lambda,\ \lambda(\lambda+1)(\lambda+2)\}$$
$$C(\lambda)\cong\text{diag}\{1,\ \lambda,\ \lambda(\lambda+1)\}$$
$$A(\lambda)\cong\text{diag}\{\lambda,\ \lambda(\lambda+1)(\lambda+2),\ 1,\ \lambda,\ \lambda(\lambda+1)\}$$

$B(\lambda)$ 的不变因子为

$$d_{B,1}(\lambda)=\lambda=\lambda(\lambda+1)^0(\lambda+2)^0,\quad d_{B,2}(\lambda)=\lambda(\lambda+1)(\lambda+2)$$

其初等因子为 $\lambda, \lambda, \lambda+1, \lambda+2$. $C(\lambda)$ 的三个不变因子为

$$d_{C,1}(\lambda)=1=\lambda^0(\lambda+1)^0,\ d_{C,2}(\lambda)=\lambda(\lambda+1)^0,\ d_{C,3}(\lambda)=\lambda(\lambda+1)$$

其初等因子为 $\lambda, \lambda, \lambda+1$.

现在来求 $A(\lambda)$ 的各阶行列式因子、不变因子和初等因子. 按定义有

$$D_{A,1}(\lambda)=\text{g.c.d}\{\lambda,\lambda(\lambda+1)(\lambda+2),1,\lambda,\lambda(\lambda+1)\}=1$$

$$\begin{aligned}D_{A,2}(\lambda)=\text{g.c.d}\{&\underbrace{\lambda^2(\lambda+1)(\lambda+2)}_{1,2},\underbrace{\lambda}_{1,3},\underbrace{\lambda^2}_{1,4},\underbrace{\lambda^2(\lambda+1)}_{1,5},\\ &\underbrace{\lambda(\lambda+1)(\lambda+2)}_{2,3},\underbrace{\lambda^2(\lambda+1)(\lambda+2)}_{2,4},\underbrace{\lambda^2(\lambda+1)^2(\lambda+2)}_{2,5},\\ &\underbrace{\lambda}_{3,4},\underbrace{\lambda(\lambda+1)}_{3,5},\underbrace{\lambda^2(\lambda+1)}_{4,5}\}=\lambda\end{aligned}$$

$$\begin{aligned}D_{A,3}(\lambda)=\text{g.c.d}\{&\underbrace{\lambda^2(\lambda+1)(\lambda+2)}_{1,2,3},\underbrace{\lambda^3(\lambda+1)(\lambda+2)}_{1,2,4},\underbrace{\lambda^3(\lambda+1)^2(\lambda+2)}_{1,2,5},\\ &\underbrace{\lambda^2}_{1,3,4},\underbrace{\lambda^2(\lambda+1)}_{1,3,5},\underbrace{\lambda^3(\lambda+1)}_{1,4,5},\underbrace{\lambda^2(\lambda+1)(\lambda+2)}_{2,3,4},\\ &\underbrace{\lambda^2(\lambda+1)^2(\lambda+2)}_{2,3,5},\underbrace{\lambda^3(\lambda+1)^2(\lambda+2)}_{2,4,5},\underbrace{\lambda^2(\lambda+1)}_{3,4,5}\}=\lambda^2\end{aligned}$$

$$D_{A,4}(\lambda)=\text{g.c.d}\{\underbrace{\lambda^3(\lambda+1)(\lambda+2)}_{1,2,3,4},\underbrace{\lambda^3(\lambda+1)^2(\lambda+2)}_{1,2,3,5},\underbrace{\lambda^4(\lambda+1)^2(\lambda+2)}_{1,2,4,5},$$

$$\underbrace{\lambda^3(\lambda+1)}_{1,3,4,5},\underbrace{\lambda^3(\lambda+1)^2(\lambda+2)}_{2,3,4,5}\}=\lambda^3(\lambda+1)$$

$$D_{A,5}(\lambda)=\lambda^4(\lambda+1)^2(\lambda+2)$$

这里, "$i_1,i_2,\cdots,i_k$" 是与 $A(\lambda)$ 等价的对角矩阵对角线上第 $i_1,i_2,\cdots,i_k$ 个元素的连乘积的缩写. 于是 $A(\lambda)$ 的不变因子为

$$d_{A,1}(\lambda)=1,\quad d_{A,2}(\lambda)=\frac{D_{A,2}(\lambda)}{D_{A,1}(\lambda)}=\lambda,\quad d_{A,3}(\lambda)=\frac{D_{A,3}(\lambda)}{D_{A,2}(\lambda)}=\lambda$$

$$d_{A,4}(\lambda)=\frac{D_{A,4}(\lambda)}{D_{A,3}(\lambda)}=\lambda(\lambda+1),\quad d_{A,5}(\lambda)=\frac{D_{A,5}(\lambda)}{D_{A,4}(\lambda)}=\lambda(\lambda+1)(\lambda+2)$$

$A(\lambda)$ 的初等因子为 λ, λ, λ, $\lambda+1$, λ, $\lambda+1$ 和 $\lambda+2$, 这些正好是 $B(\lambda)$ 和 $C(\lambda)$ 的全部初等因子. △

应用归纳法, 可把定理 2.3.2推广到对角线上有任意有限个子矩阵的情况.

【定理 2.3.3】 若多项式矩阵为

$$A(\lambda)=\begin{bmatrix}A_1(\lambda) & & & \\ & A_2(\lambda) & & \\ & & \ddots & \\ & & & A_t(\lambda)\end{bmatrix}$$

则 $A_1(\lambda)$, $A_2(\lambda)$, $\cdots$, $A_t(\lambda)$ 的各个初等因子的全体构成 $A(\lambda)$ 的全部初等因子.

定理 2.3.3为研究 Jordan 标准形的结构奠定了基础. 由定理 2.3.3可得下述定理.

【定理 2.3.4】 若多项式矩阵为

$$A(\lambda)=\begin{bmatrix}f_1(\lambda) & & & & & & \\ & f_2(\lambda) & & & & & \\ & & \ddots & & & & \\ & & & f_r(\lambda) & & & \\ & & & & 0 & & \\ & & & & & \ddots & \\ & & & & & & 0\end{bmatrix}$$

则 $f_1(\lambda)$, $f_2(\lambda)$, $\cdots$, $f_r(\lambda)$ 的所有一次因式幂的全体构成 $A(\lambda)$ 的全部初等因子.

【例 2.3.2】 求多项式矩阵

$$A(\lambda)=\begin{bmatrix}\lambda-a & b_1 & & & \\ & \lambda-a & b_2 & & \\ & & \ddots & \ddots & \\ & & & \ddots & b_{n-1} \\ & & & & \lambda-a\end{bmatrix}$$

的不变因子和初等因子, 其中 $b_1, b_2, \cdots, b_{n-1}$ 均为非零常数.

解: 方法一 $A(\lambda)$ 的行列式因子易得为

$$D_1(\lambda)=D_2(\lambda)=\cdots=D_{r-1}(\lambda)=1,\quad D_n(\lambda)=(\lambda-a)^n$$

于是 $A(\lambda)$ 的不变因子为

$$d_1(\lambda)=d_2(\lambda)=\cdots=d_{r-1}(\lambda)=1,\quad d_n(\lambda)=(\lambda-a)^n$$

因而初等因子只有一个 $(\lambda-a)^n$.

解: 方法二 对 $A(\lambda)$ 用初等变换, 得

$$A(\lambda)=\begin{bmatrix}\lambda-a & b_1 & & & \\ & \lambda-a & b_2 & & \\ & & \ddots & \ddots & \\ & & & \ddots & b_{n-1} \\ & & & & \lambda-a\end{bmatrix}$$

$$\overset{c_1\leftrightarrow c_2}{\cong}\begin{bmatrix}b_1 & \lambda-a & & & \\ \lambda-a & 0 & b_2 & & \\ & & \ddots & \ddots & \\ & & & \ddots & b_{n-1} \\ & & & & \lambda-a\end{bmatrix}$$

$$\overset{\substack{-\frac{\lambda-a}{b_1}c_1+c_2 \\ -\frac{\lambda-a}{b_1}r_1+r_2}}{\cong}\begin{bmatrix}b_1 & 0 & & & \\ 0 & -\dfrac{\lambda-a}{b_1} & b_2 & & \\ & & \ddots & \ddots & \\ & & & \ddots & b_{n-1} \\ & & & & \lambda-a\end{bmatrix}$$

$$\overset{-b_1r_2}{\cong}\begin{bmatrix}b_1 & 0 & & & \\ 0 & \lambda-a & -b_1b_2 & & \\ & & \ddots & \ddots & \\ & & & \ddots & b_{n-1} \\ & & & & \lambda-a\end{bmatrix}$$

重复上述初等变换, 可求得不变因子为

$$d_1(\lambda)=d_2(\lambda)=\cdots=d_{r-1}(\lambda)=1,\quad d_n(\lambda)=(\lambda-a)^n$$

故初等因子为 $(\lambda-a)^n$. △

显然, $b_1 = b_2 = \cdots = b_{n-1} = -1$ 时, $A(\lambda)$ 是 $n \times n$ Jordan 块

$$J_n(a) = \begin{bmatrix} a & 1 & & & \\ & a & 1 & & \\ & & \ddots & \ddots & \\ & & & \ddots & 1 \\ & & & & a \end{bmatrix} \tag{2.12}$$

的特征矩阵.

【例 2.3.3】 求多项式矩阵

$$A(\lambda) = \begin{bmatrix} \lambda & 0 & \cdots & 0 & a_0 \\ -1 & \lambda & \ddots & \vdots & a_1 \\ 0 & \ddots & \ddots & 0 & \vdots \\ \vdots & \ddots & \ddots & \lambda & a_{n-2} \\ 0 & \cdots & 0 & -1 & \lambda + a_{n-1} \end{bmatrix}$$

的初等因子和 Smith 标准形.

解: 将 $A(\lambda)$ 的第二行、第三行、第 n 行分别乘以 $\lambda, \lambda^2, \cdots, \lambda^{n-1}$ 都加到第一行上去, 得

$$A(\lambda) \cong \begin{bmatrix} 0 & 0 & \cdots & 0 & f(\lambda) \\ -1 & \lambda & \ddots & \vdots & a_1 \\ 0 & \ddots & \ddots & 0 & \vdots \\ \vdots & \ddots & \ddots & \lambda & a_{n-2} \\ 0 & \cdots & 0 & -1 & \lambda + a_{n-1} \end{bmatrix}$$

$$\begin{matrix} r_1 \leftrightarrow r_2 \\ r_2 \leftrightarrow r_3 \\ \vdots \\ r_{n-1} \leftrightarrow r_n \\ \cong \end{matrix} \begin{bmatrix} -1 & \lambda & \mathbf{0}^{\mathrm{T}} & 0 & a_1 \\ 0 & \ddots & \ddots & \mathbf{0} & \vdots \\ \vdots & \ddots & \ddots & \lambda & a_{n-2} \\ 0 & \cdots & 0 & -1 & \lambda + a_{n-1} \\ 0 & 0 & \cdots & 0 & f(\lambda) \end{bmatrix}$$

其中, $f(\lambda) = a_0 + a_1\lambda + \cdots + a_{n-1}\lambda^{n-1} + \lambda^n = \det A(\lambda)$. 故 $D_n(\lambda) = f(\lambda)$. 显然有 $D_{n-1}(\lambda) = 1$. 于是 $D_1(\lambda) = D_2(\lambda) = \cdots = D_{n-1}(\lambda) = 1$, 从而有

$$d_1(\lambda) = d_2(\lambda) = \cdots = d_{n-1}(\lambda) = 1, \quad d_n(\lambda) = f(\lambda)$$

因此 $A(\lambda)$ 的标准形为

$$A(\lambda) \cong \begin{bmatrix} 1 & & & \\ & \ddots & & \\ & & 1 & \\ & & & f(\lambda) \end{bmatrix}$$

△

例 2.3.2和例 2.3.3在矩阵的相似化简中起着重要的作用.

2.4 多项式矩阵的理想与互质

考虑非交换线性代数 $\mathcal{C}^{n\times n}[\lambda]$. $\mathcal{C}[\lambda]$ 与 $\mathcal{C}^{n\times n}[\lambda]$ 的区别在于后者不是一个整环. 类似于多项式代数, 可以引入多项式矩阵理想.

定义 2.4.1 称 $\mathcal{C}^{n\times n}[\lambda]$ 的子空间 $\mathcal{I}_{\mathrm{L}}$ 为 $\mathcal{C}^{n\times n}[\lambda]$ 的一个左理想, 若对所有的 $A(\lambda) \in \mathcal{I}_{\mathrm{L}}$ 和 $B(\lambda) \in \mathcal{C}^{n\times n}[\lambda]$ 都有 $B(\lambda)A(\lambda) \in \mathcal{I}_{\mathrm{L}}$. 称 $\mathcal{C}^{n\times n}[\lambda]$ 的子空间 $\mathcal{I}_{\mathrm{R}}$ 为 $\mathcal{C}^{n\times n}[\lambda]$ 的一个右理想, 若对所有的 $A(\lambda) \in \mathcal{I}_{\mathrm{R}}$ 和 $B(\lambda) \in \mathcal{C}^{n\times n}[\lambda]$ 都有 $A(\lambda)B(\lambda) \in \mathcal{I}_{\mathrm{R}}$.

【例 2.4.1】 容易验证, 对于 $D(\lambda) \in \mathcal{C}^{n\times n}[\lambda]$, 集合

$$\mathcal{I}_{D(\lambda),\mathrm{L}} \triangleq \{ A(\lambda) \mid A(\lambda) = B(\lambda)D(\lambda), \ B(\lambda) \in \mathcal{C}^{n\times n}[\lambda] \}$$

是 $\mathcal{C}^{n\times n}[\lambda]$ 的一个左理想. 称 $\mathcal{I}_{D(\lambda),\mathrm{L}}$ 为 $D(\lambda)$ 的左生成理想, $D(\lambda)$ 为 $\mathcal{I}_{D(\lambda),\mathrm{L}}$ 的生成元. 类似地, 对于 $D(\lambda) \in \mathcal{C}^{n\times n}[\lambda]$, 集合

$$\mathcal{I}_{D(\lambda),\mathrm{R}} \triangleq \{ A(\lambda) \mid A(\lambda) = D(\lambda)B(\lambda), \ B(\lambda) \in \mathcal{C}^{n\times n}[\lambda] \}$$

是 $\mathcal{C}^{n\times n}[\lambda]$ 的一个右理想. 称 $\mathcal{I}_{D(\lambda),\mathrm{R}}$ 为 $D(\lambda)$ 的右生成理想, $D(\lambda)$ 为 $\mathcal{I}_{D(\lambda),\mathrm{R}}$ 的生成元.

△

由式 (2.13) 和式 (2.14) 可知, $\mathcal{I}_{D(\lambda),\mathrm{L}}$ 是 $D(\lambda)$ 的所有左倍式生成的子空间, 而 $\mathcal{I}_{D(\lambda),\mathrm{R}}$ 是 $D(\lambda)$ 的所有右倍式生成的子空间.

下述定理说明, 单位模矩阵在 $\mathcal{C}^{n\times n}[\lambda]$ 中的作用与零次多项式在 $\mathcal{C}[\lambda]$ 中的作用相同.

【定理 2.4.1】 $U(\lambda) \in \mathcal{C}^{n\times n}[\lambda]$ 为单位模矩阵, 当且仅当

$$\mathcal{I}_{U(\lambda),\mathrm{L}} = \mathcal{I}_{U(\lambda),\mathrm{R}} = \mathcal{C}^{n\times n}[\lambda] \tag{2.13}$$

证明: 先证必要性. 设 $\mathcal{I}_{U(\lambda),\mathrm{L}} = \mathcal{C}^{n\times n}[\lambda]$, 则对任何 $A(\lambda) \in \mathcal{C}^{n\times n}[\lambda]$ 存在 $B(\lambda) \in \mathcal{C}^{n\times n}[\lambda]$ 使得 $A(\lambda) = B(\lambda)U(\lambda)$. 特别地, 令 $A(\lambda) = I_n \in \mathcal{C}^{n\times n}[\lambda]$, 存在 $B(\lambda) \in \mathcal{C}^{n\times n}[\lambda]$ 使得 $I_n = B(\lambda)U(\lambda)$. 最后一式说明 $U(\lambda)$ 在 $\mathcal{C}^{n\times n}[\lambda]$ 中可逆, 从而是 $\mathcal{C}^{n\times n}[\lambda]$ 中的单位模矩阵. 同理可证, 若 $\mathcal{I}_{U(\lambda),\mathrm{R}} = \mathcal{C}^{n\times n}[\lambda]$, 则 $U(\lambda)$ 是单位模矩阵. 再证充分性. 令 $U(\lambda)$ 是单位模矩阵, 则 $U^{-1}(\lambda) \in \mathcal{C}^{n\times n}[\lambda]$ 且对任何 $A(\lambda) \in \mathcal{C}^{n\times n}[\lambda]$ 都有

$$A(\lambda) = \underbrace{A(\lambda)U^{-1}(\lambda)}_{\in \mathcal{C}^{n\times n}[\lambda]} U(\lambda) \in \mathcal{I}_{U(\lambda),\mathrm{L}}$$

$$A(\lambda)=U(\lambda)\underbrace{U^{-1}(\lambda)A(\lambda)}_{\in\mathcal{C}^{n\times n}[\lambda]}\in\mathcal{I}_{U(\lambda),\mathrm{R}}$$

于是, $\mathcal{C}^{n\times n}[\lambda]\subset\mathcal{I}_{U(\lambda),\mathrm{L}}$ 以及 $\mathcal{C}^{n\times n}[\lambda]\subset\mathcal{I}_{U(\lambda),\mathrm{R}}$. $\mathcal{I}_{U(\lambda),\mathrm{L}}\subset\mathcal{C}^{n\times n}[\lambda]$ 和 $\mathcal{I}_{U(\lambda),\mathrm{R}}\subset\mathcal{C}^{n\times n}[\lambda]$ 是显然的. 因此, 若 $U(\lambda)$ 是单位模矩阵, 则式 (2.13) 成立. ■

类似于多项式, 可以用多项式矩阵生成的理想的和定义多项式矩阵的互质.

定义 2.4.2　给定多项式矩阵 $D_i(\lambda)\in\mathcal{C}^{n\times n}[\lambda]$, $i=1,2,\cdots,r$. 称子空间

$$\mathcal{I}_{D_{1\sim r}(\lambda),\mathrm{L}}\triangleq\mathcal{I}_{D_1(\lambda),\mathrm{L}}+\mathcal{I}_{D_2(\lambda),\mathrm{L}}+\cdots+\mathcal{I}_{D_r(\lambda),\mathrm{L}}$$

为由 $D_i(\lambda)$ $(i=1,2,\cdots,r)$ 生成的左理想; 称子空间

$$\mathcal{I}_{D_{1\sim r}(\lambda),\mathrm{R}}\triangleq\mathcal{I}_{D_1(\lambda),\mathrm{R}}+\mathcal{I}_{D_2(\lambda),\mathrm{R}}+\cdots+\mathcal{I}_{D_r(\lambda),\mathrm{R}}$$

为由 $D_i(\lambda)$ $(i=1,2,\cdots,r)$ 生成的右理想.

定义 2.4.3　若 $\mathcal{I}_{D_{1\sim r}(\lambda),\mathrm{L}}=\mathcal{C}^{n\times n}[\lambda]$, 称 r 个多项式矩阵 $D_i(\lambda)\in\mathcal{C}^{n\times n}[\lambda]$ $(i=1,2,\cdots,r)$ 为右互质. 若 $\mathcal{I}_{D_{1\sim r}(\lambda),\mathrm{R}}=\mathcal{C}^{n\times n}[\lambda]$, 称它们为左互质.

下述定理给出了多项式矩阵的左互质和右互质.

【定理 2.4.2】　r 个多项式矩阵 $D_i(\lambda)\in\mathcal{C}^{n\times n}[\lambda]$ $(i=1,2,\cdots,r)$ 为右互质, 当且仅当存在 r 个多项式矩阵 $X_i(\lambda)\in\mathcal{C}^{n\times n}[\lambda]$, $i=1,2,\cdots,r$, 使得

$$X_1(\lambda)D_1(\lambda)+X_2(\lambda)D_2(\lambda)+\cdots+X_r(\lambda)D_r(\lambda)=I_n$$

r 个多项式矩阵为左互质, 当且仅当存在 r 个多项式矩阵 $X_i(\lambda)\in\mathcal{C}^{n\times n}[\lambda]$, $i=1,2,\cdots,r$, 使得

$$D_1(\lambda)X_1(\lambda)+D_2(\lambda)X_2(\lambda)+\cdots+D_r(\lambda)X_r(\lambda)=I_n$$

左互质的概念和结果可以推广到 r 个行数相等的多项式矩阵和稳定的传递函数矩阵, 右互质的概念和结果可以推广到 r 个列数相等的多项式矩阵和稳定的传递函数矩阵.

本章关于多项式矩阵及其 Smith 标准形的讨论可参见许多教科书, 例如, 文献 [1]~[5]. 关于一般的理想状态下的讨论见文献 [7].

2.5　习　　题

2.1　验证下述集合是否为线性代数:

(1) $\mathcal{C}^{n\times n}$ 中全体非奇异矩阵;

(2) $\mathcal{C}^{n\times n}$ 中全部第 k 列元素均为零的矩阵组成的集合;

(3) $\mathcal{S}=\{a(\lambda)\mid\ a(\lambda)\in\mathcal{C}[\lambda],\quad\deg[a(\lambda)]\leqslant n\}$;

(4) $\mathcal{T}=\{a(\lambda)\mid\ a(\lambda)=\sum_{k=n_1}^{n_2}\alpha_k\lambda^k,\quad n_1,n_2\in\mathcal{Z}_+\}$.

2.2　证明下述结论.

(1) 在 $\mathcal{C}[\lambda]$ 中给定 $a_0(\lambda)$, $a_1(\lambda)$, $\cdots$, $a_n(\lambda)$, $\cdots$, 若 $\deg[a_i(\lambda)]\neq\deg[a_j(\lambda)]$, $\forall i\neq j$, 则 $a_0(\lambda),a_1(\lambda),\cdots,a_n(\lambda),\cdots$ 线性无关. 又若 $\deg[a_i(\lambda)]=i$, $i=0,1,2,\cdots$, 则 $a_0(\lambda)$, $a_1(\lambda)$, $\cdots$, $a_n(\lambda)$, $\cdots$ 是 $\mathcal{C}[\lambda]$ 的一组基.

(2) $a(\lambda)$, $b(\lambda) \in \mathcal{C}[\lambda]$. $\mathscr{A} \in \mathcal{L}(\mathcal{C}[\lambda])$ 定义为 $\mathscr{A}[a(\lambda)] = a(b(\lambda)), \forall a(\lambda) \in \mathcal{C}[\lambda]$, 则 $\mathscr{A}$ 是同构变换当且仅当 $\deg[b(\lambda)] = 1$.

2.3 整数环 $\mathcal{Z}$ 的一个自然扩展即所有 Gaussian 整数, 即实部和虚部均为整数的复数的集合:

$$\mathcal{C}_{\mathcal{Z}} \triangleq \{\alpha + \beta \mathrm{i} \mid \alpha,\ \beta \in \mathcal{Z}\}$$

其中, $\mathrm{i}^2 = -1$. 证明: 取 Euclidean 函数为 $\nu(a + b\mathrm{i}) = a^2 + b^2$, 在通常的复数加法和乘法的意义下, $\mathcal{C}_{\mathcal{Z}}$ 是一个 Euclidean 整环.

2.4 证明下述结论.

(1) $\mathcal{F}$ 为一数域, $a(\lambda)$, $b(\lambda)$, $d(\lambda) \in \mathcal{F}[\lambda]$. 若 $d(\lambda)|a(\lambda)$, $d(\lambda)|b(\lambda)$, 又存在 $u(\lambda)$, $v(\lambda) \in \mathcal{F}[\lambda]$ 使

$$d(\lambda) = a(\lambda)u(\lambda) + b(\lambda)v(\lambda)$$

则 $d(\lambda) = \text{g.c.d}\{a(\lambda), b(\lambda)\}$.

(2) 若 $a(\lambda)$, $b(\lambda) \in \mathcal{F}[\lambda]$ 不全为零, 又有 $u(\lambda), v(\lambda) \in \mathcal{F}[\lambda]$, 使 $u(\lambda)a(\lambda) + v(\lambda)b(\lambda) = \text{g.c.d}\{a(\lambda), b(\lambda)\}$, 则 $\text{g.c.d}\{u(\lambda), v(\lambda)\} = 1$.

(3) $a(\lambda)$, $b(\lambda) \in \mathcal{F}[\lambda]$, α, β, γ, $\delta \in \mathcal{F}$, 则

①若 $\text{g.c.d}\{a(\lambda), b(\lambda)\} = 1$, 则 $\text{g.c.d}\{a(\lambda) + b(\lambda), a(\lambda) \times b(\lambda)\} = 1$;

②若 $a_1(\lambda) = \alpha a(\lambda) + \beta b(\lambda)$, $b_1(\lambda) = \gamma a(\lambda) + \delta b(\lambda)$ 且 $\alpha\delta - \beta\gamma \neq 0$, 则 $\text{g.c.d}\{a_1(\lambda), b_1(\lambda)\} = \text{g.c.d}\{a(\lambda), b(\lambda)\}$.

2.5 设 $\mathscr{T}$ 与 $\mathscr{D}$ 是 $\mathcal{C}[\lambda] \to \mathcal{C}[\lambda]$ 的映射, 有

$$\mathscr{T}\left(\sum_{i=0}^{n} \alpha_i \lambda^i\right) = \sum_{i=0}^{n} \frac{\alpha_i}{1+i} \lambda^{i+1}$$

$$\mathscr{D}\left(\sum_{i=0}^{n} \alpha_i \lambda^i\right) = \sum_{i=1}^{n} i\alpha_i \lambda^{i-1}$$

证明:

(1) $\mathscr{T}$ 是非奇异的, 即 $\mathscr{T}[a(\lambda)] = 0$ 仅当 $a(\lambda) = 0$;

(2) $\mathscr{T}$ 是不可逆的, 即不存在映射 $\mathscr{T}^{-1} : \mathcal{C}[\lambda] \to \mathcal{C}[\lambda]$ 使 $\mathscr{T}\mathscr{T}^{-1} = \mathscr{T}^{-1}\mathscr{T} = \mathscr{I}$, 这里 $\mathscr{I}$ 是 $\mathcal{C}[\lambda]$ 上的恒等映射;

(3) $\mathscr{D}$ 是 $\mathcal{C}[\lambda]$ 上的线性变换, 并求 $\text{Ker}[\mathscr{D}]$;

(4) 对于任何 $f(\lambda), g(\lambda) \in \mathcal{C}[\lambda]$ 均有

$$\mathscr{T}[(\mathscr{T}f)g] = (\mathscr{T}f)(\mathscr{T}g) - \mathscr{T}[f(\mathscr{T}g)]$$

(5) 若 $\mathcal{V} \subset \mathcal{C}[\lambda]$ 是非零子空间, 且有 $\mathscr{T}[a(\lambda)] \in \mathcal{V}$, $\forall\ a(\lambda) \in \mathcal{V}$, 则 $\mathcal{V}$ 必不是有限维的;

(6) 若 $\mathcal{V}$ 是 $\mathcal{C}[\lambda]$ 的有限维子空间, 则有自然数 m 使 $\mathscr{D}^m[\mathcal{V}] \triangleq \underbrace{\mathscr{D}\{\mathscr{D}[\cdots\mathscr{D}(V)]\}}_{m} = \{0\}$.

2.6　证明下述结论:

(1) g.c.d$\{a(\lambda),b(\lambda)\}=1$ 当且仅当对所有 $\lambda_0\in\mathcal{C}$, $a(\lambda_0)=b(\lambda_0)=0$ 皆不成立, 其中 $a(\lambda),b(\lambda)\in\mathcal{C}[\lambda]$;

(2) $a(\lambda)\in\mathcal{C}[\lambda]$, 则 $a(\lambda)$ 无重根当且仅当 g.c.d$\{a(\lambda),a'(\lambda)\}=1$, 其中 $a'(\lambda)=\mathscr{D}[a(\lambda)]$;

(3) $a(\lambda)$ 具有 n 重根, $n=\deg[a(\lambda)]$ 当且仅当 $a'(\lambda)|a(\lambda)$.

2.7　$\mathcal{F}$ 是一数域, 研究 $\mathcal{F}[\lambda]$ 的下述子集是否是理想的:

(1) $\mathcal{M}=\{a(\lambda)\mid \deg[a(\lambda)]\geqslant M,\ M\in\mathcal{Z}_+\text{为常数}\}$;

(2) $\mathcal{M}=\{a(\lambda)\mid \deg[a(\lambda)]\leqslant M,\ M\in\mathcal{Z}_+\text{为常数}\}$;

(3) $\mathcal{M}=\{a(\lambda)\mid \deg[a(\lambda)]=2k,\ k\in\mathcal{Z}_{+0}\}$;

(4) $\mathcal{M}=\{a(\lambda)\mid \deg[a(\lambda)]=2k+1,\ k\in\mathcal{Z}_{+0}\}$;

(5) $\mathcal{M}=\{a(\lambda)\mid a(\lambda)=\sum_{i=0}^{n}\alpha_i\lambda^{2i}\}$;

(6) $\mathcal{M}=\{a(\lambda)\mid a(\lambda)=\sum_{j=0}^{l}\alpha_j\lambda^{2j+1}\}$;

(7) $\mathcal{M}=\{a(\lambda)\mid a(\alpha_i)=0,\ i=1,2,\cdots,r\}$, 其中 $\alpha_i\in\mathcal{C}$ 为给定常数;

(8) $\mathcal{M}=\{a(\lambda)\mid a(A)=0,\ A\in\mathcal{C}^{n\times n}\}$.

2.8　证明下述结论.

(1) $\mathcal{F}$ 是一数域, $a_i(\lambda)\in\mathcal{F}[\lambda]$, $i=1,2,\cdots,r$, $\mathcal{M}_i$ 是 a_i 生成的主理想, $\mathcal{M}=\mathcal{M}_1+\mathcal{M}_2+\cdots+\mathcal{M}_r$. 若 $\mathcal{N}$ 是 $\mathcal{F}[\lambda]$ 的一个理想又有 $a_i(\lambda)\in\mathcal{N}$, $i=1,2,\cdots,r$, 则 $\mathcal{M}\subset\mathcal{N}$, 从而 $\mathcal{M}$ 是所有同时包含 $a_i(\lambda)(i=1,2,\cdots,r)$ 的 $\mathcal{F}[\lambda]$ 的理想的交, 因此 $\mathcal{M}$ 是一切同时包含 $a_i(\lambda)(i=1,2,\cdots,r)$ 的 $\mathcal{F}[\lambda]$ 的理想中最小的一个理想.

(2) 若 $a_i(\lambda)\in\mathcal{F}[\lambda]$, $i=1,2,\cdots,r$, $\mathcal{M}_i$ 是 a_i 生成的主理想, $\mathcal{N}=\mathcal{M}_1\cap\mathcal{M}_2\cap\cdots\cap\mathcal{M}_r$, 又因 $\mathcal{S}$ 是 $\mathcal{F}[\lambda]$ 的理想, $\mathcal{S}$ 的生成元是 $b(\lambda)$, 若 $a_i(\lambda)|b(\lambda)(i=1,2,\cdots,r)$, 则 $\mathcal{S}\subset\mathcal{N}$, 因而 $\mathcal{N}$ 是所有以含 $a_i(\lambda)(i=1,2,\cdots,r)$ 为因子的多项式作为生成元生成的理想中最大的理想.

2.9　$a(\lambda)$, $b_1(\lambda)$, $b_2(\lambda)$, $\cdots$, $b_m(\lambda)\in\mathcal{F}[\lambda]$, 其中 $a(\lambda)$ 是 $\mathcal{F}[\lambda]$ 中的质多项式, 且 $a(\lambda)|[b_1(\lambda)b_2(\lambda)\cdots b_m(\lambda)]$, 则存在 $k\leqslant m$ 使 $a(\lambda)|b_k(\lambda)$.

2.10　$a_1(\lambda),a_2(\lambda)\in\mathcal{F}[\lambda]$且存在 $b_1(\lambda),b_2(\lambda)\in\mathcal{F}[\lambda]$ 满足$a_1(\lambda)b_1(\lambda)+a_2(\lambda)b_2(\lambda)=1$.

(1) 证明: 对于任何 $f(\lambda)\in\mathcal{F}[\lambda]$, Diophant 方程 $a_1(\lambda)\alpha_1(\lambda)+a_2(\lambda)\alpha_2(\lambda)=f(\lambda)$ 可解;

(2) 给出上述方程的所有解.

2.11　证明定理 2.3.2.

2.12　由整数环和多项式环具有相同的代数性质, 给出整数矩阵的 Smith 标准形. 令 $n\times n$ 整数矩阵 N 的元素是 Fibonacci 数列的前 n^2 个数. 证明: 存在整数矩阵 P 和 Q, 其逆矩阵也为整数矩阵, 使得

$$PNQ=\begin{bmatrix} D & 0_{2\times(n-2)} \\ 0_{(n-2)\times 2} & 0_{(n-2)\times(n-2)} \end{bmatrix}$$

其中, $D = \operatorname{diag}\{1, \alpha\}$. 确定整数矩阵 P 和 Q, 以及整数 α, 并用

$$N = \begin{bmatrix} 1 & 1 & 2 & 3 & 5 \\ 8 & 13 & 21 & 34 & 55 \\ 89 & 144 & 233 & 377 & 610 \\ 987 & 1597 & 2584 & 4181 & 6765 \\ 10946 & 17711 & 28657 & 46368 & 75025 \end{bmatrix}$$

对结果进行验证.

2.13 求

$$A = \begin{bmatrix} 3 & 6 & 9 & 7 & 5 \\ 8 & 4 & 23 & 11 & 13 \\ 17 & 31 & 37 & 53 & 103 \\ 41 & 0 & 19 & 23 & 29 \\ 87 & 83 & 91 & 107 & 43 \end{bmatrix}$$

的 Smith 标准形.

2.14 证明: $a(\lambda) \in \mathcal{F}[\lambda]$ 为首一非常数多项式, 附录 B 中的式 (B.7) 是 $a(\lambda)$ 的首一多项式幂之积的展开式, 若记

$$a_i(\lambda) = a(\lambda)/[b_i(\lambda)]^{n_i}, \quad i = 1, 2, \cdots, t$$

则 $\text{g.c.d}\{a_1(\lambda), a_2(\lambda), \cdots, a_t(\lambda)\} = 1$.

2.15 证明: $a(\lambda) \in \mathcal{F}[\lambda]$ 不含任何非常数多项式的二次幂为因子, 当且仅当 $a(\lambda)$ 与 $\dfrac{\mathrm{d}\,a(\lambda)}{\mathrm{d}\,\lambda}$ 互质.

2.16 证明: $A(\lambda) \in \mathcal{F}^{n\times n}[\lambda]$, $\deg A(\lambda) = N$ 且 $\det A_N \neq 0$, 则 $\deg\det A(\lambda) = Nn$.

2.17 计算下列矩阵的不变因子:

(1) $\begin{bmatrix} \lambda-1 & 2 \\ 0 & \lambda-2 \end{bmatrix}$ 与 $\begin{bmatrix} \lambda-1 & 0 \\ 0 & \lambda-2 \end{bmatrix}$;

(2) $\begin{bmatrix} \lambda-1 & 1 \\ 0 & (\lambda-1)^2 \end{bmatrix}$ 与 $\begin{bmatrix} \lambda-1 & 0 \\ 0 & (\lambda-1)^2 \end{bmatrix}$;

(3) 对角矩阵 $\operatorname{diag}\{\lambda-1, \lambda-2, \cdots, \lambda-10\}$.

2.18 因 $\mathcal{C}_n[\lambda]$ 与任何 $\mathcal{C}$ 上的 $n+1$ 维线性空间 $\mathcal{V}$ 同构, 可以通过研究 $\mathcal{C}_n[\lambda]$ 上的除法来加深对商空间的理解. 设 $a_1(\lambda)$, $a_2(\lambda)$. $d(\lambda) \in \mathcal{C}_n[\lambda]$. $d(\lambda) \neq 0$ 且 $a_1(\lambda)$, $a_2(\lambda)$ 对 $d(\lambda)$ 同余, 即 $d(\lambda) \mid [a_2(\lambda) - a_1(\lambda)]$, 并记为 $a_2(\lambda) \equiv a_1(\lambda)[\mathrm{mod}\ d(\lambda)]$. 以下设 $\deg d(\lambda) = m < n$.

(1) 证明: 给定 $d(\lambda)$, 则 $a_2(\lambda) \equiv a_1(\lambda)[\mathrm{mod}\ d(\lambda)]$ 在 $\mathcal{C}_n[\lambda]$ 中确定了一个等价关系;

(2) 给定 $a(\lambda)$, 定义 $a(\lambda)$ 的傍集 $\overline{a(\lambda)}$ 为

$$\overline{a(\lambda)} = \{\, \alpha(\lambda) \mid \alpha(\lambda) \equiv a(\lambda)[\mathrm{mod}\ d(\lambda)] \,\}$$

证明: 存在唯一的 $r(\lambda) \in \mathcal{C}_{m-1}[\lambda]$ 使得 $\overline{a(\lambda)} = \overline{r(\lambda)}$, 且 $\overline{0} = \mathcal{C}_{n-m}[\lambda]$;

(3) 证明: 若 $a_1(\lambda) \equiv a(\lambda)[\text{mod } d(\lambda)]$, $b_1(\lambda) \equiv b(\lambda)[\text{mod } d(\lambda)]$, 则 $[a_1(\lambda) + b_1(\lambda)] \equiv [a(\lambda) + b(\lambda)][\text{mod } d(\lambda)]$;

(4) 证明: 若 $a_1(\lambda) \equiv a(\lambda)[\text{mod } d(\lambda)]$, 则 $ka_1(\lambda) \equiv ka(\lambda)[\text{mod } d(\lambda)]$, $\forall k \in \mathcal{C}$;

(5) 由 (3) 和 (4) 定义傍集的加法和数乘为

$$\overline{a(\lambda)} + \overline{b(\lambda)} \triangleq \left\{ \alpha(\lambda) + \beta(\lambda) \mid \alpha(\lambda) \in \overline{a(\lambda)},\ \beta(\lambda) \in \overline{b(\lambda)} \right\} = \overline{a(\lambda) + b(\lambda)}$$

$$k\overline{a(\lambda)} \triangleq \left\{ k\alpha(\lambda) \mid \alpha(\lambda) \in \overline{a(\lambda)} \right\} = \overline{ka(\lambda)}$$

按上式定义的加法和数乘, 所有的傍集 $\overline{a(\lambda)}$ 的集合构成一个线性空间 $\mathcal{C}_n[\lambda]/\mathcal{Q}$. 由 (c) 证明 $\mathcal{C}_n[\lambda]/\mathcal{Q}$ 与 $\mathcal{C}_{m-1}[\lambda]$ 同构, 从而 $\dim \mathcal{Q} = n - m + 1$, $\mathcal{Q} = \mathcal{C}_{n-m}[\lambda]$.

第 3 章 线性变换与空间分解

称线性空间 $\mathcal{V}$ 到其自身的线性映射 $\mathscr{A}$ 为线性变换, 记为 $\mathscr{A} \in \mathcal{L}(\mathcal{V})$. 由第 1 章的分析可知, 若在 $\mathcal{V}$ 上给定不同的基, 则 $\mathscr{A} \in \mathcal{L}(\mathcal{V})$ 在不同的基下将对应不同的矩阵表示. 本章研究线性变换的结构与特征, 包括 $\mathscr{A} \in \mathcal{L}(\mathcal{V})$ 的哪些特征与 $\mathcal{V}$ 中基的选取无关, $\mathscr{A}$ 的矩阵表示的最简单形式及其与 $\mathscr{A}$ 的结构和不变量之间的联系. 上述问题的结果对于理解控制理论中的状态空间方法具有基础性意义.

3.1 线性变换的特征值和特征向量

由于 $\mathscr{A}$ 是线性空间 $\mathcal{V}$ 到它自身的映射, 所以只需取 $\mathcal{V}$ 的一组基 $\boldsymbol{\alpha}_1, \boldsymbol{\alpha}_2, \cdots, \boldsymbol{\alpha}_n$ 即可. 于是式 (1.8) 为

$$\mathscr{A}([\boldsymbol{\alpha}_1 \ \ \boldsymbol{\alpha}_2 \ \ \cdots \ \ \boldsymbol{\alpha}_n]) = [\boldsymbol{\alpha}_1 \ \ \boldsymbol{\alpha}_2 \ \ \cdots \ \ \boldsymbol{\alpha}_n] \underbrace{\begin{bmatrix} a_{11} & a_{12} & \cdots & a_{1n} \\ a_{21} & a_{22} & \cdots & a_{2n} \\ \vdots & \vdots & \ddots & \vdots \\ a_{n1} & a_{n2} & \cdots & a_{nn} \end{bmatrix}}_{\triangleq A}$$

即 $\mathscr{A}$ 的矩阵表示是 n 阶方阵. 设

$$\boldsymbol{\alpha} = [\boldsymbol{\alpha}_1 \ \ \boldsymbol{\alpha}_2 \ \ \cdots \ \ \boldsymbol{\alpha}_n] \boldsymbol{x}$$

若

$$\mathscr{A}(\boldsymbol{\alpha}) = [\boldsymbol{\alpha}_1 \ \ \boldsymbol{\alpha}_2 \ \ \cdots \ \ \boldsymbol{\alpha}_n] \boldsymbol{y}$$

则原像 $\boldsymbol{\alpha}$ 与像 $\mathscr{A}(\boldsymbol{\alpha})$ 的坐标变换公式为 $\boldsymbol{y} = A\boldsymbol{x}$. 定理 1.4.2具有下述形式.

【定理 3.1.1】 设 $\mathscr{A}$ 是 $\mathcal{V}$ 到 $\mathcal{V}$ 的线性变换, $\boldsymbol{\alpha}_1, \boldsymbol{\alpha}_2, \cdots, \boldsymbol{\alpha}_n$ 与 $\boldsymbol{\alpha}'_1, \boldsymbol{\alpha}'_2, \cdots, \boldsymbol{\alpha}'_n$ 是 $\mathcal{V}$ 的两组基. 由 $\boldsymbol{\alpha}_i$ 到 $\boldsymbol{\alpha}'_i$ 的过渡矩阵为 P. 线性变换在基 $\boldsymbol{\alpha}_1, \boldsymbol{\alpha}_2, \cdots, \boldsymbol{\alpha}_n$ 下的矩阵表示为 A, 在基 $\boldsymbol{\alpha}'_1, \boldsymbol{\alpha}'_2, \cdots, \boldsymbol{\alpha}'_n$ 下的矩阵表示为 A', 则 $A' = P^{-1}AP$.

定义 3.1.1 设 $A, B \in \mathcal{F}^{n\times n}$, 若存在 $P \in \mathcal{F}^{n\times n}$ 满足 $B = P^{-1}AP$, 则称 B 与 A 相似, 记为 $B \sim A$.

显然, 矩阵相似关系也是一种矩阵之间的等价关系. 由定理 3.1.1可知, 若线性变换在不同基下的矩阵表示为 $A, B, C, \cdots$, 则这一系列矩阵之间是彼此相似的. 如何选择适当的基, 使其矩阵表示具有简单的结构, 是我们感兴趣的问题. 为此需要讨论线性变换的不变子空间. 首先引入下述定义.

定义 3.1.2 设 $\mathscr{A} \in \mathcal{L}(\mathcal{V})$, $\mathcal{W}$ 是 $\mathcal{V}$ 的线性子空间, 若 $\mathscr{A}(\mathcal{W}) \subset \mathcal{W}$, 则称 $\mathcal{W}$ 是 $\mathscr{A}$ 的不变子空间, 其中

$$\mathscr{A}(\mathcal{W}) \triangleq \{\boldsymbol{y} \mid \boldsymbol{y} = \mathscr{A}(\boldsymbol{x}),\ \boldsymbol{x} \in \mathcal{W}\}$$

例如, 线性空间 $\mathcal{V}$ 本身就是任何线性变换的不变子空间. 线性变换 $\mathscr{A}$ 的值域 $\mathcal{R}(\mathscr{A})$ 与核 $\mathcal{N}(\mathscr{A})$ 都是 $\mathscr{A}$ 的不变子空间.

【定理 3.1.2】 设 $\mathcal{W} \subset \mathcal{V}$ 是线性子空间, 其基向量为 $\boldsymbol{\beta}_1, \boldsymbol{\beta}_2, \cdots, \boldsymbol{\beta}_m$, $\mathscr{A} \in \mathcal{L}(\mathcal{V})$, 则 $\mathcal{W}$ 是 $\mathscr{A}$ 的不变子空间, 当且仅当存在 $m \times m$ 矩阵 $A_{\mathcal{W}}$ 使得

$$\mathscr{A}([\boldsymbol{\beta}_1\ \boldsymbol{\beta}_2\ \cdots\ \boldsymbol{\beta}_m]) = [\boldsymbol{\beta}_1\ \boldsymbol{\beta}_2\ \cdots\ \boldsymbol{\beta}_m]A_{\mathcal{W}}$$

对于 $\mathscr{A}$ 的不变子空间 $\mathcal{W}$, 可以将 $\mathscr{A}$ 的作用限制在 $\mathcal{W}$ 上并称其为 $\mathscr{A}$ 在 $\mathcal{W}$ 上的限制, 记为 $\mathscr{A}|\mathcal{W}$. 于是有

$$\begin{aligned}\mathscr{A}([\boldsymbol{\beta}_1\ \boldsymbol{\beta}_2\ \cdots\ \boldsymbol{\beta}_m]) &= \mathscr{A}|\mathcal{W}([\boldsymbol{\beta}_1\ \boldsymbol{\beta}_2\ \cdots\ \boldsymbol{\beta}_m]) \\ &= [\boldsymbol{\beta}_1\ \boldsymbol{\beta}_2\ \cdots\ \boldsymbol{\beta}_m]A_{\mathcal{W}}\end{aligned}$$

若 $\mathcal{W} = \mathcal{W}_1 \dot{+} \mathcal{W}_2$ 且 $\mathscr{A}(\mathcal{W}_i) \subset \mathcal{W}_i$, $i = 1, 2$, 可进而将 $\mathscr{A}|\mathcal{W}$ 限制在 $\mathcal{W}_1$ 和 $\mathcal{W}_2$ 上. 设 $\left[\boldsymbol{\beta}_{1,1}\ \boldsymbol{\beta}_{2,1}\ \cdots\ \boldsymbol{\beta}_{m_1,1}\right]$ 和 $\left[\boldsymbol{\beta}_{1,2}\ \boldsymbol{\beta}_{2,2}\ \cdots\ \boldsymbol{\beta}_{m_2,2}\right]$ 分别是 $\mathcal{W}_1$ 和 $\mathcal{W}_2$ 的基向量, 则由定理 3.1.2 存在 $m_i \times m_i$ 矩阵 $A_{\mathcal{W}_i}$ 使得

$$\mathscr{A}|\mathcal{W}_i\left(\left[\boldsymbol{\beta}_{1,i}\ \boldsymbol{\beta}_{2,i}\ \cdots\ \boldsymbol{\beta}_{m_i,i}\right]\right) = \left[\boldsymbol{\beta}_{1,i}\ \boldsymbol{\beta}_{2,i}\ \cdots\ \boldsymbol{\beta}_{m_i,i}\right]A_{\mathcal{W}_i}$$

此处, $i = 1, 2$. 容易验证, 在基向量

$$\left[\boldsymbol{\beta}_{1,1}\ \boldsymbol{\beta}_{2,1}\ \cdots\ \boldsymbol{\beta}_{m_1,1}\ \boldsymbol{\beta}_{1,2}\ \boldsymbol{\beta}_{2,2}\ \cdots\ \boldsymbol{\beta}_{m_2,2}\right]$$

下, $\mathscr{A}|\mathcal{W}$ 的矩阵表达为分块对角矩阵 $A_{\mathcal{W}} = \mathrm{blockdiag}\{A_{\mathcal{W}_1}, A_{\mathcal{W}_1}\}$. 这个结果可以推广到 $\mathcal{W}$ 可以分解为任意有限个子空间的直和的情况, 即 $\mathcal{W} = \mathcal{W}_1 \dot{+} \mathcal{W}_2 \dot{+} \cdots \dot{+} \mathcal{W}_s$, 此处 $s \in \mathcal{Z}_+$ 为任意有限整数.

因为 $\mathscr{A}(\boldsymbol{\alpha}) \in \mathcal{V}\ \forall \boldsymbol{\alpha} \in \mathcal{V}$, 可以考虑 $\mathscr{A}(\boldsymbol{\alpha}) = \lambda_0\boldsymbol{\alpha}$ 在什么情况下成立. 由此引入线性变换的特征值和特征向量的概念.

定义 3.1.3 设 $\mathscr{A} \in \mathcal{L}(\mathcal{V})$. 若存在 $\lambda_0 \in \mathcal{F}$ 和非零向量 $\boldsymbol{\alpha} \in \mathcal{V}$, 满足

$$\mathscr{A}(\boldsymbol{\alpha}) = \lambda_0\boldsymbol{\alpha} \tag{3.1}$$

则称 λ_0 为 $\mathscr{A}$ 的一个特征值, 称 $\boldsymbol{\alpha}$ 为 $\mathscr{A}$ 的属于 (或相对于)λ_0 的特征向量.

线性变换的特征值、特征向量是重要的概念, 它在物理、力学、工程中有实际的意义.

【例 3.1.1】 $\mathcal{V}$ 是数域 $\mathcal{F}$ 上的 2 维线性空间, $\mathcal{V}$ 与 $\mathcal{F}^2$ 同构, $\mathscr{A} \in \mathcal{L}(\mathcal{V})$, 其在基 $[\boldsymbol{\alpha}_1\ \boldsymbol{\alpha}_2]$ 下的矩阵表示为

$$A = \begin{bmatrix} 3 & 1 \\ 1 & 3 \end{bmatrix}$$

求 $\mathbf{0} \neq \boldsymbol{v} \in \mathcal{V}$ 使

$$\mathscr{A}(\boldsymbol{v}) = \lambda \boldsymbol{v}, \quad \lambda \in \mathcal{F} \tag{3.2}$$

解: $[\boldsymbol{\alpha}_1 \ \ \boldsymbol{\alpha}_2]$ 是 $\mathcal{V}$ 的一组基, $\boldsymbol{v} \in \mathcal{V}$, 则

$$\boldsymbol{v} = [\boldsymbol{\alpha}_1 \ \ \boldsymbol{\alpha}_2]\boldsymbol{x}, \quad \boldsymbol{x} \in \mathcal{F}^2$$

由 A 的定义有

$$\mathscr{A}([\boldsymbol{\alpha}_1 \ \ \boldsymbol{\alpha}_2]) = [\boldsymbol{\alpha}_1 \ \ \boldsymbol{\alpha}_2]A$$

式 (3.2) 的左端为

$$\mathscr{A}(\boldsymbol{v}) = \mathscr{A}([\boldsymbol{\alpha}_1 \ \ \boldsymbol{\alpha}_2]\boldsymbol{x}) = [\boldsymbol{\alpha}_1 \ \ \boldsymbol{\alpha}_2]A\boldsymbol{x}$$

右端为

$$\lambda \boldsymbol{v} = [\boldsymbol{\alpha}_1 \ \ \boldsymbol{\alpha}_2]\boldsymbol{x}\lambda$$

式 (3.2) 为

$$\begin{aligned}[\boldsymbol{\alpha}_1 \ \ \boldsymbol{\alpha}_2]A\boldsymbol{x} = [\boldsymbol{\alpha}_1 \ \ \boldsymbol{\alpha}_2]\boldsymbol{x}\lambda &\iff [\boldsymbol{\alpha}_1 \ \ \boldsymbol{\alpha}_2](A\boldsymbol{x} - \boldsymbol{x}\lambda) = \mathbf{0} \\ &\iff A\boldsymbol{x} - \boldsymbol{x}\lambda = \mathbf{0}\end{aligned}$$

特征值问题 (3.2) 等价于

$$A\boldsymbol{x} = \boldsymbol{x}\lambda, \ \lambda \in \mathcal{F}, \ \mathbf{0} \neq \boldsymbol{x} \in \mathcal{F}^2 \tag{3.3}$$

上式有非零解 $\boldsymbol{x}$, 则 λ 必满足

$$\det(\lambda I_2 - A) = (\lambda - 3)^2 - 1 = 0$$

易知 $\lambda_1 = 2$, $\lambda_2 = 4$ 满足上式, 对应着两个 λ 的值, 式 (3.3) 的非零解是

$$\lambda_1 = 2, \quad \boldsymbol{x}_1 = \mu_1 \begin{bmatrix} 1 \\ -1 \end{bmatrix}$$

$$\lambda_2 = 4, \qquad \boldsymbol{x}_2 = \mu_2 \begin{bmatrix} 1 \\ 1 \end{bmatrix}$$

其中, $\mu_1, \mu_2 \in \mathcal{F}$ 是任意非零常数.

容易验证上述解 $\boldsymbol{x}_1$, $\boldsymbol{x}_2$ 所对应的 $\boldsymbol{v}_1, \boldsymbol{v}_2 \in \mathcal{V}$ 分别有

$$\mathscr{A}(\boldsymbol{v}_1) = 2\boldsymbol{v}_1, \quad \mathscr{A}(\boldsymbol{v}_2) = 4\boldsymbol{v}_2$$

这表明线性变换 $\mathscr{A} \in \mathcal{L}(\mathcal{V})$ 对于这两个向量的作用只是改变其长度, 其像与原向量方向一致且成比例, 比例系数分别是 2 和 4. △

将例 3.1.1的结果一般化, 可得下述特征值和特征向量的求法. 设 $\boldsymbol{\alpha}_1, \boldsymbol{\alpha}_2, \cdots, \boldsymbol{\alpha}_n$ 是 $\mathcal{V}$ 的一组基, $\mathscr{A} \in \mathcal{L}(\mathcal{V})$ 在这组基下的矩阵表示为 A, λ_0 为 $\mathscr{A}$ 的一个特征值, 属于 λ_0 的特征向量为 $\boldsymbol{v}$. 令

$$\boldsymbol{v} = [\boldsymbol{\alpha}_1 \ \ \boldsymbol{\alpha}_2 \ \ \cdots \ \ \boldsymbol{\alpha}_n] \underbrace{\begin{bmatrix} x_1 \\ x_2 \\ \vdots \\ x_n \end{bmatrix}}_{\triangleq \boldsymbol{x}}$$

代入定义式 (3.1), 有

$$\mathscr{A}\left([\boldsymbol{\alpha}_1 \ \ \boldsymbol{\alpha}_2 \ \ \cdots \ \ \boldsymbol{\alpha}_n]\,\boldsymbol{x}\right) = \lambda_0\,[\boldsymbol{\alpha}_1 \ \ \boldsymbol{\alpha}_2 \ \ \cdots \ \ \boldsymbol{\alpha}_n]\,\boldsymbol{x}$$

把

$$\mathscr{A}\left([\boldsymbol{\alpha}_1 \ \ \boldsymbol{\alpha}_2 \ \ \cdots \ \ \boldsymbol{\alpha}_n]\right) = [\boldsymbol{\alpha}_1 \ \ \boldsymbol{\alpha}_2 \ \ \cdots \ \ \boldsymbol{\alpha}_n]\,A$$

代入上式, 得

$$[\boldsymbol{\alpha}_1 \ \ \boldsymbol{\alpha}_2 \ \ \cdots \ \ \boldsymbol{\alpha}_n]\,A\boldsymbol{x} = [\boldsymbol{\alpha}_1 \ \ \boldsymbol{\alpha}_2 \ \ \cdots \ \ \boldsymbol{\alpha}_n]\,\lambda_0\boldsymbol{x}$$

根据 $\boldsymbol{\alpha}_1, \boldsymbol{\alpha}_2, \cdots, \boldsymbol{\alpha}_n$ 的线性无关性, 得

$$\mathscr{A}(\boldsymbol{v}) = \lambda_0\boldsymbol{v} \Longleftrightarrow A\boldsymbol{x} = \lambda_0\boldsymbol{x} \tag{3.4}$$

这是特征向量 $\boldsymbol{v}$ 在基 $\boldsymbol{\alpha}_1, \boldsymbol{\alpha}_2, \cdots, \boldsymbol{\alpha}_n$ 下的坐标 $\boldsymbol{x} = [x_1 \ \ x_2 \ \ \cdots \ \ x_n]^{\mathrm{T}}$ 满足的关系式. 显然, 坐标 $\boldsymbol{x} = [x_1 \ \ x_2 \ \ \cdots \ \ x_n]^{\mathrm{T}}$ 是齐次线性方程组 $(\lambda_0 I - A)(\boldsymbol{x}) = \boldsymbol{0}$, 即

$$\begin{cases} (\lambda_0 - a_{11})x_1 - a_{12}x_2 - \cdots - a_{1n}x_n = 0 \\ -a_{21}x_1 + (\lambda_0 - a_{22})x_2 - \cdots - a_{2n}x_n = 0 \\ \qquad \vdots \\ -a_{n1}x_1 - a_{n2}x_2 - \cdots - (\lambda_0 - a_{nn})x_n = 0 \end{cases} \tag{3.5}$$

的解, 这里 I 是与 A 同阶次的单位矩阵.

由于特征向量是非零向量, 所以它的坐标不全为零, 即特征向量 $\boldsymbol{v}$ 的坐标 $\boldsymbol{x} = [x_1 \ \ x_2 \ \ \cdots \ \ x_n]^{\mathrm{T}}$ 应是齐次方程组 (3.5) 的非零解. 方程组 (3.5) 有非零解的充要条件是它的系数行列式为零, 即

$$\det(\lambda_0 I - A) = \det\begin{bmatrix} \lambda_0 - a_{11} & -a_{12} & \cdots & -a_{1n} \\ -a_{21} & \lambda_0 - a_{22} & \ddots & \vdots \\ \vdots & \ddots & \ddots & -a_{n-1\,n} \\ -a_{n1} & \cdots & -a_{n\,n-1} & \lambda_0 - a_{nn} \end{bmatrix} = 0$$

展开 n 阶行列式得

$$\det(\lambda_0 I - A) = \lambda_0^n + \alpha_{n-1}\lambda_0^{n-1} + \cdots + \alpha_1\lambda_0 + \alpha_0\lambda_0 = 0 \tag{3.6}$$

其中, 多项式的系数 $\alpha_{n-1}, \alpha_{n-2}, \cdots, \alpha_1, \alpha_0$ 分别是 A 的某些 1, 2, $\cdots$, n 阶子行列式之和. 式 (3.6) 是特征值 λ_0 所满足的 n 次代数方程式.

定义 3.1.4 设 A 是数域 $\mathcal{F}$ 上的 n 阶矩阵, 矩阵 $\lambda I - A$ 称为 A 的特征矩阵, 行列式 $\det(\lambda I - A)$ 称为 A 的特征多项式. n 次代数方程 $\det(\lambda I - A) = 0$ 称为 A 的特征方程, 它的根称为 A 的特征值, 以 A 的特征根 λ_0 代入方程 (3.5) 所得的非零解, 称为 A 对应于 λ_0 的特征向量. 矩阵 A 的特征多项式在复数域内有 n 个根, 因此一个 n 阶方阵有 n 个特征值 (重根应计及重数).

上述分析表明, 求 $\mathscr{A} \in \mathcal{L}(\mathcal{V})$ 的特征值和特征向量的问题都可归结为求数域 $\mathcal{F}$ 上的 n 阶矩阵 A 的特征值和特征向量问题, 其中 A 是线性变换 $\mathscr{A}$ 在某一组基下的矩阵表达.

【例 3.1.2】 $\mathscr{A} \in \mathcal{L}(\mathcal{C}_n[\lambda])$ 定义为

$$\mathscr{A}[f(\lambda)] = f(\lambda + a), \quad \forall f(\lambda) \in \mathcal{C}_n[\lambda]$$

其中, $a \in \mathcal{C}$ 为非零常数.

(1) 确定 $\mathscr{A}$ 在基向量 $1, \lambda, \lambda^2, \cdots, \lambda^n$ 下的矩阵表达;

(2) 计算 $\mathscr{A}$ 的特征值和特征向量.

解: (1) 由

$$\begin{aligned}\mathscr{A}[1\ \ \lambda\ \ \lambda^2\ \ \cdots\ \ \lambda^n] &= [1\ \ \lambda+a\ \ (\lambda+a)^2\ \ \cdots\ \ (\lambda+a)^n] \\ &= [1\ \ \lambda\ \ \lambda^2\ \ \cdots\ \ \lambda^n]\underbrace{\begin{bmatrix} 1 & a & a^2 & \cdots & a^n \\ 0 & 1 & 2a & \ddots & \vdots \\ \vdots & \ddots & \ddots & \ddots & \vdots \\ 0 & \cdots & 0 & 1 & na \\ 0 & \cdots & 0 & 0 & 1 \end{bmatrix}}_{=A}\end{aligned}$$

可知 A 是 $\mathscr{A}$ 在基向量 $1, \lambda, \lambda^2, \cdots, \lambda^n$ 下的矩阵表达.

(2) 由 $\mathscr{A}$ 的矩阵表达可知其所有特征值均为 1. 因为 $\operatorname{rank}(I - A) = n$, 非齐次方程 (3.4) 只有一个线性无关的解, 从而 $\mathscr{A}$ 只有一个特征向量. 令 $\alpha_0(\lambda) = a$, 则有

$$\mathscr{A}[\alpha_0(\lambda)] = a = 1 \cdot \alpha_0(\lambda)$$

于是, $\mathscr{A}$ 唯一的特征向量是 $\alpha_0(\lambda) = a$. △

由例 B.1.3 可知, $\mathscr{A} \in \mathcal{L}(\mathcal{V})$, 则复合变换 $\mathscr{A}^k \in \mathcal{L}(\mathcal{V})\ \forall k \in \mathcal{Z}_{0,+}$. 令 $\mathscr{A}$ 在某组基下的矩阵表示为 A, 即

$$\mathscr{A}([\boldsymbol{\alpha}_1\ \ \boldsymbol{\alpha}_2\ \ \cdots\ \ \boldsymbol{\alpha}_n]) = [\boldsymbol{\alpha}_1\ \ \boldsymbol{\alpha}_2\ \ \cdots\ \ \boldsymbol{\alpha}_n]A$$

则有

$$\mathscr{A}[\mathscr{A}([\boldsymbol{\alpha}_1\ \ \boldsymbol{\alpha}_2\ \ \cdots\ \ \boldsymbol{\alpha}_n])] \triangleq \mathscr{A}^2([\boldsymbol{\alpha}_1\ \ \boldsymbol{\alpha}_2\ \ \cdots\ \ \boldsymbol{\alpha}_n])$$

$$
\begin{aligned}
&= \mathscr{A}([\boldsymbol{\alpha}_1 \ \ \boldsymbol{\alpha}_2 \ \ \cdots \ \ \boldsymbol{\alpha}_n]A) \\
&= [\boldsymbol{\alpha}_1 \ \ \boldsymbol{\alpha}_2 \ \ \cdots \ \ \boldsymbol{\alpha}_n]A^2
\end{aligned}
$$

于是, $\mathscr{A}^2 \in \mathcal{L}(\mathcal{V})$ 的矩阵表示为 A^2. 重复上述过程, 可得 $\mathscr{A}^k \in \mathcal{L}(\mathcal{V})$ 的矩阵表示为 A^k, 且若 $A\boldsymbol{x} = \lambda\boldsymbol{x}$, 则 $A^k\boldsymbol{x} = \lambda^k\boldsymbol{x}$, 即若 λ 是 $\mathscr{A}$ 的特征值, 则 λ^k 是 $\mathscr{A}^k$ 的特征值, 且对应同一个特征向量.

注意到 $\mathscr{A}(\boldsymbol{v}) = \lambda_j\boldsymbol{v}$ 等价于 $(\lambda_j\mathscr{E} - \mathscr{A})(\boldsymbol{v}) = \mathbf{0}$, 可以定义集合:

$$
\mathcal{V}_{\text{ev}}(\lambda_j) \triangleq \{\, \boldsymbol{v} \mid (\lambda_j\mathscr{E} - \mathscr{A})(\boldsymbol{v}) = \mathbf{0} \,\}
$$

由上述定义可知, 若 $\boldsymbol{v}_1, \boldsymbol{v}_2 \in \mathcal{V}_{\text{ev}}(\lambda_j)$, 则对任何 $k_1, k_2 \in \mathcal{F}$ 都有

$$
(\lambda_j\mathscr{E} - \mathscr{A})(k_1\boldsymbol{v}_1 + k_2\boldsymbol{v}_2) = k_1(\lambda_j\mathscr{E} - \mathscr{A})(\boldsymbol{v}_1) + k_2(\lambda_j\mathscr{E} - \mathscr{A})(\boldsymbol{v}_2) = \mathbf{0}
$$

上式说明, $\mathcal{V}_{\text{ev}}(\lambda_j)$ 是 $\mathcal{V}$ 的一个子空间.

定义 3.1.5 设 $\mathscr{A} \in \mathcal{L}(\mathcal{V})$ 有 s 个互不相同的特征值 $\lambda_1, \lambda_2, \cdots, \lambda_s$. 称 $\mathcal{V}_{\text{ev}}(\lambda_j)$ 为 λ_j 的特征子空间.

于是, 有 s 个不同特征值的线性变换有 s 个特征子空间. 因 $\mathcal{V}_{\text{ev}}(\lambda_j)$ 是子空间, 可设 $\dim \mathcal{V}_{\text{ev}}(\lambda_j) = q_j$, $\boldsymbol{v}_{1,j}, \boldsymbol{v}_{2,j}, \cdots, \boldsymbol{v}_{q_j,j}$ 满足

$$
\mathscr{A}(\boldsymbol{v}_{i,j}) = \lambda_j\boldsymbol{v}_{i,j}, \quad i = 1, 2, \cdots, q_j
$$

是 $\mathcal{V}_{\text{ev}}(\lambda_j)$ 的一组基. 令 A 是 $\mathscr{A}$ 的任何一个矩阵表示, 由式 (3.4), 称 $\det(\lambda I - A)$ 是 $\mathscr{A}$ 的特征多项式.

定义 3.1.6 设 $\mathcal{V} \cong \mathcal{F}^n$, $\mathscr{A} \in \mathcal{L}(\mathcal{V})$, $\lambda_1, \lambda_2, \cdots, \lambda_s$ 是 $\mathscr{A}$ 的所有不同特征值,

$$
\det(\lambda I - A) = \prod_{j=1}^{s}(\lambda - \lambda_j)^{\hat{n}_j}
$$

是 $\mathscr{A}$ 的特征多项式. 称 $\hat{n}_j$ 为特征值 λ_j 的代数重数, $q_j = \dim \mathcal{V}_{\text{ev}}(\lambda_j)$ 为 λ_j 的几何重数.

下述结果是显而易见的.

【定理 3.1.3】 设 $\mathcal{V} \cong \mathcal{F}^n$, $\mathscr{A} \in \mathcal{L}(\mathcal{V})$, 则

$$
\dim \mathcal{V}_{\text{ev}}(\lambda_j) = \dim \mathcal{N}(\lambda_j\mathscr{E} - \mathscr{A}) = n - \operatorname{rank}(\lambda_j\mathscr{E} - \mathscr{A}) = n - \operatorname{rank}(\lambda_j I - A)
$$

其中, A 是 $\mathscr{A}$ 的任何一个矩阵表示.

【定理 3.1.4】 特征子空间 $\mathcal{V}_{\text{ev}}(\lambda_j)$ 是 $\mathscr{A}$ 的不变子空间, 特别地, $\mathscr{A}$ 的每个特征向量生成 $\mathscr{A}$ 的一个一维不变子空间.

证明: 若要证明 $\mathcal{V}_{\text{ev}}(\lambda_j)$ 是 $\mathscr{A}$ 不变的, 即要证明任何 $\boldsymbol{v} \in \mathcal{V}_{\text{ev}}(\lambda_j)$, 都有 $\mathscr{A}(\boldsymbol{v}) \in \mathcal{V}_{\text{ev}}(\lambda_j)$, 即

$$
(\lambda_j\mathscr{E} - \mathscr{A})(\boldsymbol{v}) = \mathbf{0} \quad \Longrightarrow \quad (\lambda_j\mathscr{E} - \mathscr{A})[\mathscr{A}(\boldsymbol{v})] = \mathbf{0}
$$

这只要注意到:

$$
(\lambda_j\mathscr{E} - \mathscr{A})[\mathscr{A}(\boldsymbol{v})] = (\lambda_j\mathscr{E} - \mathscr{A})(\lambda_j\boldsymbol{v})
$$

$$=\lambda_j\left[(\lambda_j\mathscr{E}-\mathscr{A})(\boldsymbol{v})\right]=\lambda_j\boldsymbol{0}=\boldsymbol{0}$$

即可. ■

关于 $\mathscr{A}$ 的特征向量有以下两个定理.

【定理 3.1.5】 设 $\lambda_1,\lambda_2,\cdots,\lambda_s$ 是 $\mathscr{A}$ 的 s 个互不相同的特征值, $\boldsymbol{v}_j$ 是对应于 λ_j 的特征向量 $(j=1,2,\cdots,s)$, 则 $\boldsymbol{v}_1,\boldsymbol{v}_2,\cdots,\boldsymbol{v}_s$ 线性无关.

证明: 只要证明 $\sum_{j=1}^{s}k_j\boldsymbol{v}_j=\boldsymbol{0}$ 仅当 $k_1=k_2=\cdots=k_s=0$ 时成立即可. 设

$$\begin{aligned}
&k_1\boldsymbol{v}_1+k_2\boldsymbol{v}_2+\cdots+k_s\boldsymbol{v}_s=\boldsymbol{0}\\
\Longrightarrow\ &\mathscr{A}(k_1\boldsymbol{v}_1+k_2\boldsymbol{v}_2+\cdots+k_s\boldsymbol{v}_s)=k_1\lambda_1\boldsymbol{v}_1+k_2\lambda_2\boldsymbol{v}_2+\cdots+k_s\lambda_s\boldsymbol{v}_s=\boldsymbol{0}\\
&\vdots\\
\Longrightarrow\ &\mathscr{A}^{s-1}(k_1\boldsymbol{v}_1+k_2\boldsymbol{v}_2+\cdots+k_s\boldsymbol{v}_s)=k_1\lambda_1^{s-1}\boldsymbol{v}_1+k_2\lambda_2^{s-1}\boldsymbol{v}_2+\cdots+k_s\lambda_s^{s-1}\boldsymbol{v}_s=\boldsymbol{0}
\end{aligned}$$

上述 s 个方程可表示为矩阵形式:

$$[k_1\boldsymbol{v}_1\ \ k_2\boldsymbol{v}_2\ \ \cdots\ \ k_s\boldsymbol{v}_s]\begin{bmatrix}1&\lambda_1&\cdots&\lambda_1^{s-1}\\1&\lambda_2&\cdots&\lambda_2^{s-1}\\\vdots&\vdots&\ddots&\vdots\\1&\lambda_s&\cdots&\lambda_s^{s-1}\end{bmatrix}=0$$

由于 $\lambda_1\neq\lambda_2\neq\cdots\neq\lambda_s$, Vandermonde 矩阵非奇异. 上式等价于

$$[\boldsymbol{v}_1k_1\ \ \boldsymbol{v}_2k_2\ \ \cdots\ \ \boldsymbol{v}_sk_s]=0$$

特征向量 $\boldsymbol{v}_j$ 都是非零向量, 最后一式成立, 仅当 $k_1=k_2=\cdots=k_s=0$. ■

【定理 3.1.6】 设 $\lambda_1,\lambda_2,\cdots,\lambda_s$ 是 $\mathscr{A}$ 的 s 个互不相同的特征值, q_j 是 λ_j 的几何重复度, $\boldsymbol{v}_{1,j},\boldsymbol{v}_{2,j},\cdots,\boldsymbol{v}_{q_j,j}$ 是对应于 λ_j 的 q_j 个线性无关的特征向量, 则 $\mathscr{A}$ 的所有这些特征向量

$$\begin{matrix}\boldsymbol{v}_{1,1}, & \boldsymbol{v}_{2,1}, & \cdots & \boldsymbol{v}_{q_1,1}\\ \boldsymbol{v}_{1,2}, & \boldsymbol{v}_{2,2}, & \cdots & \boldsymbol{v}_{q_2,2}\\ & & \vdots & \\ \boldsymbol{v}_{1,s}, & \boldsymbol{v}_{2,s}, & \cdots & \boldsymbol{v}_{q_s,s}\end{matrix}$$

线性无关.

证明: 只要证明

$$\begin{aligned}
&\boldsymbol{v}_{1,1}k_{1,1}+\boldsymbol{v}_{2,1}k_{2,1}+\cdots+\boldsymbol{v}_{q_1,1}k_{q_1,1}+\\
&\boldsymbol{v}_{1,2}k_{1,2}+\boldsymbol{v}_{2,2}k_{2,2}+\cdots+\boldsymbol{v}_{q_2,2}k_{q_2,2}+\\
&\qquad\vdots\\
&\boldsymbol{v}_{1,s}k_{1,s}+\boldsymbol{v}_{2,s}k_{2,s}+\cdots+\boldsymbol{v}_{q_s,s}k_{q_s,s}=\boldsymbol{0}
\end{aligned}$$

仅当 $\forall j=1,2,\cdots,s$, $i=1,2,\cdots,q_j$, $k_{i,j}=0$ 成立即可. 由前面的分析可知, 上式中第 j 行若有非零 $k_{i,j}$, 则 $\sum_{i=1}^{q_j}\boldsymbol{v}_{i,j}k_{i,j}$ 是 λ_j 的特征向量. 由定理 3.1.5即可得到需要的结果. ■

由定理 3.1.6可知, s 个特征子空间的和是直和.

【例 3.1.3】 设 $\mathscr{A}(\boldsymbol{v}_1)=\lambda_1\boldsymbol{v}_1$, $\mathscr{A}(\boldsymbol{v}_2)=\lambda_2\boldsymbol{v}_2$ 且 $\lambda_1\neq\lambda_2$. 将证明 $\forall k_1\neq 0$, $k_2\neq 0$, $k_1\boldsymbol{v}_1+k_2\boldsymbol{v}_2$ 都不可能是 $\mathscr{A}$ 的特征向量, 或等价地, $k_1\boldsymbol{v}_1+k_2\boldsymbol{v}_2$ 是 $\mathscr{A}$ 的一个特征向量, 当且仅当 $k_2=0$ 或 $k_1=0$.

证明: 令 $k_1\boldsymbol{v}_1+k_2\boldsymbol{v}_2$ 是 $\mathscr{A}$ 的特征值 λ 的特征向量, 则有

$$\begin{aligned}
&\mathscr{A}(k_1\boldsymbol{v}_1+k_2\boldsymbol{v}_2)=\lambda(k_1\boldsymbol{v}_1+k_2\boldsymbol{v}_2)\\
\iff\ & k_1\mathscr{A}(\boldsymbol{v}_1)+k_2\mathscr{A}(\boldsymbol{v}_2)=\lambda(k_1\boldsymbol{v}_1+k_2\boldsymbol{v}_2)\\
\iff\ & k_1\lambda_1\boldsymbol{v}_1+k_2\lambda_2\boldsymbol{v}_2=k_1\lambda\boldsymbol{v}_1+k_2\lambda\boldsymbol{v}_2\\
\iff\ & k_1(\lambda_1-\lambda)\boldsymbol{v}_1+k_2(\lambda_2-\lambda)\boldsymbol{v}_2=\mathbf{0}
\end{aligned}$$

因 $\boldsymbol{v}_1$ 和 $\boldsymbol{v}_2$ 线性无关, 若 $k_1\neq 0$ 且 $k_2\neq 0$, $\boldsymbol{v}_1$ 和 $\boldsymbol{v}_2$ 的这个线性组合为 $\mathbf{0}$, 仅当 $\lambda=\lambda_1$ 且 $\lambda=\lambda_2$, $\Longrightarrow \lambda_1=\lambda_2$, 这与假设 $\lambda_1\neq\lambda_2$ 矛盾. 所以 $k_1\boldsymbol{v}_1+k_2\boldsymbol{v}_2$ 不可能是 $\mathscr{A}$ 的特征向量. ■

令 A 是 $\mathscr{A}\in\mathcal{L}(\mathcal{V})$ 的矩阵表示, λ_j 是 A 的一个特征值,

$$\mathcal{T}_{\text{ev}}(\lambda_j)\triangleq\{\boldsymbol{x}\ :\ (\lambda_jI_n-A)\boldsymbol{x}=\mathbf{0}\}$$

则 $\mathcal{T}_{\text{ev}}(\lambda_j)$ 是 λ_j 的特征子空间并与 $\mathcal{V}_{\text{ev}}(\lambda_j)$ 同构. $\mathcal{T}_{\text{ev}}(\lambda_j)$ 是 $\mathcal{F}^n$ 的一个子空间且 $\dim\mathcal{T}(\lambda_j)=q_j$, 满足

$$A\boldsymbol{x}_{i,j}=\lambda_j\boldsymbol{x}_{i,j},\quad i=1,2,\cdots,q_j$$

的 q_j 个线性无关的列向量 $\boldsymbol{x}_{1,j},\boldsymbol{x}_{2,j},\cdots,\boldsymbol{x}_{q_j,j}$ 是 λ_j 的特征向量且是 $\mathcal{T}_{\text{ev}}(\lambda_j)$ 的一组基.

3.2　相似条件、相似化简与自然标准形

3.2.1　矩阵相似条件

下述定理给出了矩阵相似的一个充要条件.

【定理 3.2.1】 $\mathcal{F}$ 是一域, A、$B\in\mathcal{F}^{n\times n}$, 则 A 与 B 相似, 当且仅当 λI_n-A 与 λI_n-B 等价.

证明: (1) " 仅当". 设 $A\sim B$, 则存在 $P\in\mathcal{F}^{n\times n}$ 满足 $P^{-1}AP=B$, 故

$$\lambda I-B=\lambda I-P^{-1}AP=P^{-1}(\lambda I-A)P$$

(2) " 当". 设 $\lambda I-A$ 与 $\lambda I-B$ 等价, 则存在单位模矩阵 $U(\lambda)$、$V(\lambda)$ 使得

$$\lambda I-A=U(\lambda)(\lambda I-B)V(\lambda)$$

或

$$U^{-1}(\lambda)(\lambda I-A)=(\lambda I-B)V(\lambda)\tag{3.7}$$

由于 $\lambda I-A$ 是一次多项式矩阵, 可设

$$U(\lambda)=(\lambda I-A)Q(\lambda)+U_0 \tag{3.8}$$

$$V(\lambda)=R(\lambda)(\lambda I-A)+V_0 \tag{3.9}$$

其中, U_0、V_0 为数字矩阵. 把式 (3.8) 与式 (3.9) 代入式 (3.7) 得

$$U^{-1}(\lambda)(\lambda I-A)=(\lambda I-B)(R(\lambda)(\lambda I-A)+V_0)$$

$$\Longleftrightarrow \left[U^{-1}(\lambda)-(\lambda I-B)R(\lambda)\right](\lambda I-A)=(\lambda I-B)V_0 \tag{3.10}$$

上式右端是一个 1 次多项式矩阵, 而左端 $(\lambda I-A)$ 也是一个 1 次多项式矩阵, 所以有

$$U^{-1}(\lambda)-(\lambda I-B)R(\lambda)=P \tag{3.11}$$

其中, $P\in\mathcal{F}^{n\times n}$. 因此, 式 (3.10) 可以写成:

$$P(\lambda I-A)=(\lambda I-B)V_0 \tag{3.12}$$

现在证明 P 可逆, 且 $P=U_0^{-1}$. 由式 (3.11) 可得

$$U(\lambda)P=I-U(\lambda)(\lambda I-B)R(\lambda)$$

即

$$I=U(\lambda)P+U(\lambda)(\lambda I-B)R(\lambda)$$

由式 (3.7) 可把上式改为

$$I=U(\lambda)P+(\lambda I-A)V^{-1}(\lambda)R(\lambda)$$

把式 (3.8) 代入上式便得

$$\begin{aligned}I&=[(\lambda I-A)Q(\lambda)+U_0]P+(\lambda I-A)V^{-1}(\lambda)R(\lambda)\\&=U_0P+(\lambda I-A)\left[Q(\lambda)P+V^{-1}(\lambda)R(\lambda)\right]\end{aligned}$$

比较上式两边多项式矩阵的次数可知, 上式右边第二项必为零, 故

$$I=U_0P \quad\Longleftrightarrow\quad P=U_0^{-1}$$

把上式代入式 (3.12) 得

$$U_0^{-1}(\lambda I-A)=(\lambda I-B)V_0$$

或

$$(\lambda I-A)=U_0(\lambda I-B)V_0=\lambda U_0V_0-U_0BV_0$$

比较上式两端得

$$U_0V_0=I,\quad A=U_0BV_0$$

故得

$$U_0=V_0^{-1},\quad A=V_0^{-1}BV_0$$

■

3.2.2 相似化简与自然标准形

今后为了叙述简练, 约定对于一个数字矩阵 A, 称其特征矩阵 $\lambda I - A$ 的不变因子是 A 的不变因子, 称 $\lambda I - A$ 的初等因子是 A 的初等因子.

对于 $A \in \mathcal{F}^{n\times n}$, $\det(\lambda I_n - A)$ 是 A 的特征多项式, $\lambda I_n - A \in \mathcal{F}^{n\times n}[\lambda]$ 显然是正则的. 于是 $\operatorname{rank}(\lambda I_n - A) = n$, $\lambda I_n - A$ 的 Smith 标准形为

$$S(\lambda) = \operatorname{diag}\{\sigma_1(\lambda), \sigma_2(\lambda), \cdots, \sigma_n(\lambda)\}$$

其中, $\sigma_1(\lambda), \sigma_2(\lambda), \cdots, \sigma_n(\lambda) \in \mathcal{F}[\lambda]$, $\sigma_i(\lambda)|\sigma_{i+1}(\lambda)$, $i = 1, 2, \cdots, n-1$, $\sigma_n(\lambda) \neq 0$. 设 $\sigma_i(\lambda)$ 中有 l 个非常数不变因子. 考虑到 $\sigma_i(\lambda)$ 均为首一多项式, 可有

$$\sigma_1(\lambda) = \sigma_2(\lambda) = \cdots = \sigma_{n-l}(\lambda) = 1$$

记非常数不变因子为

$$\sigma_{n-l+1}(\lambda) = \psi_1(\lambda), \quad \sigma_{n-l+2}(\lambda) = \psi_2(\lambda), \quad \cdots, \quad \sigma_{n-l+l}(\lambda) = \psi_l(\lambda)$$

则有 $\psi_i(\lambda)|\psi_{i+1}(\lambda)$, $i = 1, 2, \cdots, l-1$. 于是有

$$\begin{aligned} \lambda I_n - A &\cong \operatorname{diag}\{\underbrace{1, 1, \cdots, 1}_{(n-l)\text{个}}, \sigma_{n-l+1}(\lambda), \sigma_{n-l+2}(\lambda), \cdots, \sigma_n(\lambda)\} \\ &= \operatorname{diag}\{I_{n-l}, \psi_1(\lambda), \psi_2(\lambda), \cdots, \psi_l(\lambda)\} \end{aligned} \tag{3.13}$$

即

$$\lambda I_n - A = P(\lambda)\operatorname{diag}\{I_{n-l}, \psi_1(\lambda), \psi_2(\lambda), \cdots, \psi_l(\lambda)\}Q(\lambda)$$

其中, I_{n-l} 是 $n-l$ 阶单位矩阵; $P(\lambda)$ 和 $Q(\lambda)$ 均为单位模矩阵. 上式两端取行列式并考虑到 $\det P(\lambda) =$ 常数, $\det Q(\lambda) =$ 常数, $\det(\lambda I_n - A)$ 和 $\psi_i(\lambda)$, $i = 1, 2, \cdots, l$, 均为首一多项式, 则有

$$\det(\lambda I_n - A) = \psi_1(\lambda)\psi_2(\lambda)\cdots\psi_l(\lambda)$$

上式的左端是 $n \times n$ 方阵 A 的特征多项式, 因此有 $\deg\det(\lambda I_n - A) = n$. 再令 $n_i = \deg\psi_i(\lambda)$, $i = 1, 2, \cdots, l$, 则有

$$n = n_1 + n_2 + \cdots + n_l \quad \Longleftrightarrow \quad n - l = n_1 - 1 + n_2 - 1 + \cdots + n_l - 1$$

于是可将式 (3.13) 改写为

$$\lambda I_n - A \cong \operatorname{diag}\{I_{n_1-1}, I_{n_2-1}, \cdots, I_{n_l-1}, \psi_1(\lambda), \psi_2(\lambda), \cdots, \psi_l(\lambda)\}$$

显然, 可通过置换某些行和相应的列的位置将上式右端的矩阵变换为

$$\operatorname{diag}\{I_{n_1-1}, \psi_1(\lambda), I_{n_2-1}, \psi_2(\lambda), \cdots, I_{n_l-1}, \psi_l(\lambda)\}$$

若令 $S_i(\lambda) = \operatorname{diag}\{ I_{n_i-1}, \psi_i(\lambda) \} \in \mathcal{F}^{n_i\times n_i}[\lambda]$, 即 $S_i(\lambda)$ 的阶数正好是它唯一的一个非常数不变因子 $\psi_i(\lambda)$ 的次数 n_i, 则有

$$\lambda I_n - A \cong \operatorname{diag}\{ S_1(\lambda), S_2(\lambda), \cdots, S_l(\lambda) \} \tag{3.14}$$

若能在 $\mathcal{F}^{n_i\times n_i}$ 中求一个较简单的矩阵 N_i 使 $S_i(\lambda) \cong (\lambda I_{n_i} - N_i)$, 然后令

$$N = \operatorname{diag}\{ N_1, N_2, \cdots, N_l \}$$

则可以有

$$\lambda I_n - A \cong \operatorname{blockdiag}\{ \lambda I_{n_1} - N_1, \lambda I_{n_2} - N_2, \cdots, \lambda I_{n_l} - N_l \} = \lambda I_n - N$$

由于 N 是分块对角矩阵且其每个对角线块都具有较简单的形式, 这样就求得了与 A 相似的矩阵中的一个简单形式. 下面就来确定 N_i.

定义 3.2.1 称矩阵

$$N_i = \begin{bmatrix} 0 & 0 & \cdots & 0 & -\alpha_{0,i} \\ 1 & 0 & \ddots & \vdots & -\alpha_{1,i} \\ 0 & \ddots & \ddots & \vdots & \vdots \\ \vdots & \ddots & \ddots & 0 & \vdots \\ 0 & \cdots & 0 & 1 & -\alpha_{n_i-1,i} \end{bmatrix} \in \mathcal{F}^{n_i\times n_i} \tag{3.15}$$

为多项式 $\psi_i(\lambda) = \lambda^{n_i} + \alpha_{n_i-1,i}\lambda^{n_i-1} + \cdots + \alpha_{1,i}\lambda + \alpha_{0,i} \in \mathcal{F}[\lambda]$ 的列相伴矩阵, 简称为列相伴矩阵 (column companion form).

将例 2.3.3应用于 $A_i(\lambda) = \lambda I_{n_i} - N_i$, 则可有下述结果.

【定理 3.2.2】 若 N_i 是 $\psi_i(\lambda)$ 的列相伴矩阵, 则

$$(\lambda I_{n_i} - N_i) \cong \operatorname{diag}\{ I_{n_i-1}, \psi_i(\lambda) \}$$

注意到 $S_i(\lambda) = \operatorname{diag}\{ I_{n_i-1}, \psi_i(\lambda) \}$, 将定理 3.2.2应用于对角矩阵:

$$\operatorname{diag}\{ S_1(\lambda), S_2(\lambda), \cdots, S_l(\lambda) \}$$

并考虑式 (3.14) 可得下述结果.

【定理3.2.3】 若 $A \in \mathcal{F}^{n\times n}$ 的非常数不变因子为 $\psi_1(\lambda), \psi_2(\lambda), \cdots, \psi_l(\lambda), \deg \psi_i(\lambda) = n_i$, $\psi_i(\lambda)|\psi_{i+1}(\lambda)$, $i = 1, 2, \cdots, l-1$, 又因 $N_i \in \mathcal{F}^{n_i\times n_i}$ 是由 $\psi_i(\lambda)$ 按式 (3.15) 确定的列相伴矩阵, 则

$$A \sim N = \operatorname{blockdiag}\{ N_1, N_2, \cdots, N_l \} \tag{3.16}$$

称式 (3.16) 定义的 N 为 A 的自然标准形 (natural normal form).

【例 3.2.1】 设

$$N_0=\begin{bmatrix} N_1 & 0 & 0 \\ 0 & N_2 & 0 \\ 0 & 0 & N_3 \end{bmatrix}$$

其中

$$N_1=\begin{bmatrix} 0 & -1 \\ 1 & -1 \end{bmatrix},\quad N_2=\begin{bmatrix} 0 & 0 & 0 & -1 \\ 1 & 0 & 0 & -2 \\ 0 & 1 & 0 & -3 \\ 0 & 0 & 1 & -2 \end{bmatrix},\quad N_3=\begin{bmatrix} 0 & 0 & 0 & 0 & -1 \\ 1 & 0 & 0 & 0 & -3 \\ 0 & 1 & 0 & 0 & -5 \\ 0 & 0 & 1 & 0 & -5 \\ 0 & 0 & 0 & 1 & -3 \end{bmatrix}$$

$$N_0=\operatorname{blockdiag}\{N_1, N_2, N_3\}$$

求 $\lambda I-N_0$ 的 Smith 标准形.

解: 由例 2.3.3可得

$$\lambda I-N_1\cong\begin{bmatrix} 1 & 0 \\ 0 & \psi_1(\lambda) \end{bmatrix},\quad \lambda I-N_2\cong\begin{bmatrix} 1 & 0 & 0 & 0 \\ 0 & 1 & 0 & 0 \\ 0 & 0 & 1 & 0 \\ 0 & 0 & 0 & \psi_2(\lambda) \end{bmatrix}$$

$$\lambda I-N_3\cong\begin{bmatrix} 1 & 0 & 0 & 0 & 0 \\ 0 & 1 & 0 & 0 & 0 \\ 0 & 0 & 1 & 0 & 0 \\ 0 & 0 & 0 & 1 & 0 \\ 0 & 0 & 0 & 0 & \psi_3(\lambda) \end{bmatrix}$$

其中

$$\begin{aligned} \psi_1(\lambda)&=1+\lambda+\lambda^2 \\ \psi_2(\lambda)&=1+2\lambda+3\lambda^2+2\lambda^3+\lambda^4=\psi_1^2(\lambda) \\ \psi_3(\lambda)&=1+3\lambda+5\lambda^2+5\lambda^3+3\lambda^4+\lambda^5=(\lambda+1)(\lambda^2+\lambda+1)^2=\psi_2(\lambda)(\lambda+1) \end{aligned}$$

于是, $\lambda I-N_0\cong\operatorname{diag}\{1,1,1,1,1,1,1,1,\psi_1(\lambda),\psi_2(\lambda),\psi_3(\lambda)\}$. △

3.3 $\mathcal{C}^{n\times n}$ 与 $\mathcal{R}^{n\times n}$ 中的 Jordan 标准形

3.3.1 $\mathcal{C}^{n\times n}$ 中的 Jordan 标准形

因 $\mathcal{C}$ 是代数闭域, A 的非常数不变因子可展成一次因子的幂积:

$$\begin{aligned} \psi_1(\lambda)&=(\lambda-\lambda_1)^{n_{11}}(\lambda-\lambda_2)^{n_{12}}\cdots(\lambda-\lambda_s)^{n_{1s}} \\ \psi_2(\lambda)&=(\lambda-\lambda_1)^{n_{21}}(\lambda-\lambda_2)^{n_{22}}\cdots(\lambda-\lambda_s)^{n_{2s}} \\ &\ \ \vdots \\ \psi_l(\lambda)&=(\lambda-\lambda_1)^{n_{l1}}(\lambda-\lambda_2)^{n_{l2}}\cdots(\lambda-\lambda_s)^{n_{ls}} \end{aligned} \tag{3.17}$$

其中, $\lambda_j \in \mathcal{C}$, $\lambda_j \neq \lambda_k$, $\forall j \neq k$, $n_{ij} \geqslant 0$, $j = 1, 2, \cdots, s$, 满足 $n_i = \sum_{j=1}^{s} n_{ij}$, $\sum_{i=1}^{l} n_i = n$.

由 $\psi_i(\lambda)|\psi_{i+1}(\lambda)$ $(i = 1, 2, \cdots, l-1)$ 可知:

$$0 \leqslant n_{1j} \leqslant n_{2j} \leqslant \cdots \leqslant n_{lj} \quad 且 n_{lj} \geqslant 1 \tag{3.18}$$

记 $\varphi_{ij}(\lambda) = (\lambda - \lambda_j)^{n_{ij}}$, $j = 1, 2, \cdots, s$, 则 $\text{g.c.d}\{\varphi_{ij}(\lambda), \varphi_{ik}(\lambda)\} = 1$ $\forall j \neq k$, 即 $\varphi_{ij}(\lambda)$ 和 $\varphi_{ik}(\lambda)$ 两两互质. 由引理 2.2.2、式 (2.10) 和式 (3.14) 有

$$\begin{aligned}
S_i(\lambda) &= \text{blockdiag}\{I_{n_i-1}, \psi_i(\lambda)\} \\
&\cong \text{blockdiag}\{I_{n_i-s}, \varphi_{i1}(\lambda), \varphi_{i2}(\lambda), \cdots, \varphi_{is}(\lambda)\} \\
&= \text{blockdiag}\{I_{n_{i1}-1}, I_{n_{i2}-1}, \cdots, I_{n_{is}-1}, \varphi_{i1}(\lambda), \varphi_{i2}(\lambda), \cdots, \varphi_{is}(\lambda)\} \\
&\cong \text{blockdiag}\{I_{n_{i1}-1}, \varphi_{i1}(\lambda), I_{n_{i2}-1}, \varphi_{i2}(\lambda), \cdots, I_{n_{is}-1}, \varphi_{is}(\lambda)\} \\
&= \text{blockdiag}\{T_{i1}(\lambda), T_{i2}(\lambda), \cdots, T_{is}(\lambda)\}
\end{aligned}$$

其中, $T_{ij}(\lambda) = \text{blockdiag}\{I_{n_{ij}-1}, \varphi_{ij}(\lambda)\}$. 由例 2.3.2可知 $T_{i1}(\lambda) \cong \lambda I_{n_{ij}} - J_{n_{ij}}(\lambda_j)$, 其中

$$J_{n_{ij}}(\lambda_j) = \lambda_j I_{n_{ij}} + H_{n_{ij}} = \begin{bmatrix} \lambda_j & 1 & 0 & \cdots & 0 \\ 0 & \lambda_j & 1 & \ddots & \vdots \\ \vdots & \ddots & \ddots & \ddots & 0 \\ \vdots & \cdots & 0 & \lambda_j & 1 \\ 0 & \cdots & 0 & 0 & \lambda_j \end{bmatrix} \in \mathcal{C}^{n_{ij}\times n_{ij}} \tag{3.19}$$

由上述分析可得将一般矩阵相似化简为 Jordan 标准形的结果.

【定理 3.3.1】 设 $A \in \mathcal{C}^{n\times n}$, $\lambda I_n - A$ 的非常数不变因子 $\psi_1(\lambda), \psi_2(\lambda), \cdots, \psi_l(\lambda)$ 展成一次因子的幂积为式 (3.17), 则

$$A \sim \text{blockdiag}\{J_1, J_2, \cdots, J_l\} \tag{3.20}$$

其中, $J_i = \text{blockdiag}\{J_{n_{i1}}(\lambda_1), J_{n_{i2}}(\lambda_2), \cdots, J_{n_{is}}(\lambda_s)\}$.

定义 3.3.1 称由式 (3.19) 和式 (3.20) 定义的分块对角矩阵 $J = \text{blockdiag}\{J_1, J_2, \cdots, J_l\}$ 为 Jordan 标准形.

【例 3.3.1】 (续例 3.2.1) 由 $\lambda^2 + \lambda + 1 = \left(\lambda + \frac{1}{2} - \text{j}\frac{\sqrt{3}}{2}\right)\left(\lambda + \frac{1}{2} + \text{j}\frac{\sqrt{3}}{2}\right)$ 可知:

$$\begin{aligned}
\psi_1(\lambda) &= \left(\lambda + \frac{1}{2} - \text{j}\frac{\sqrt{3}}{2}\right)\left(\lambda + \frac{1}{2} + \text{j}\frac{\sqrt{3}}{2}\right) \\
\psi_2(\lambda) &= \left(\lambda + \frac{1}{2} - \text{j}\frac{\sqrt{3}}{2}\right)^2\left(\lambda + \frac{1}{2} + \text{j}\frac{\sqrt{3}}{2}\right)^2 \\
\psi_3(\lambda) &= \left(\lambda + \frac{1}{2} - \text{j}\frac{\sqrt{3}}{2}\right)^2\left(\lambda + \frac{1}{2} + \text{j}\frac{\sqrt{3}}{2}\right)^2(\lambda + 1)
\end{aligned}$$

于是 $s=3, l=3,$

$$\lambda_1=-\frac{1}{2}+\mathrm{j}\frac{\sqrt{3}}{2},\quad \lambda_2=-\frac{1}{2}-\mathrm{j}\frac{\sqrt{3}}{2},\quad \lambda_3=-1$$

$$\begin{aligned} n_{11}=1,\quad n_{12}=1,\quad n_{13}=0\\ n_{21}=2,\quad n_{22}=2,\quad n_{23}=0\\ n_{31}=2,\quad n_{32}=2,\quad n_{33}=1 \end{aligned}$$

$$\lambda I_{11}-N_0\cong \text{blockdiag}\{\, T_1(\lambda)\ ,\ T_2(\lambda)\ ,\ T_3(\lambda)\,\}$$

其中

$$T_1(\lambda)=\text{diag}\left\{\underbrace{\lambda+\frac{1}{2}-\mathrm{j}\frac{\sqrt{3}}{2}}_{=T_{11}(\lambda)}\ ,\ \underbrace{\lambda+\frac{1}{2}+\mathrm{j}\frac{\sqrt{3}}{2}}_{=T_{12}(\lambda)}\right\}$$

$$T_2(\lambda)=\text{diag}\left\{\underbrace{1\ ,\ \left(\lambda+\frac{1}{2}-\mathrm{j}\frac{\sqrt{3}}{2}\right)^2}_{=T_{21}(\lambda)}\ ,\ \underbrace{1\ ,\ \left(\lambda+\frac{1}{2}+\mathrm{j}\frac{\sqrt{3}}{2}\right)^2}_{=T_{22}(\lambda)}\right\}$$

$$T_3(\lambda)=\text{diag}\left\{\underbrace{1\ ,\ \left(\lambda+\frac{1}{2}-\mathrm{j}\frac{\sqrt{3}}{2}\right)^2}_{=T_{31}(\lambda)}\ ,\ \underbrace{1\ ,\ \left(\lambda+\frac{1}{2}+\mathrm{j}\frac{\sqrt{3}}{2}\right)^2}_{=T_{32}(\lambda)}\ ,\ \underbrace{\lambda+1}_{=T_{33}(\lambda)}\right\}$$

最终可得 N_0 的 Jordan 标准形为

$$N_0\sim\left[\begin{array}{cc|cccc|ccccc}
\lambda_1 & 0 & 0 & 0 & 0 & 0 & 0 & 0 & 0 & 0 & 0\\
0 & \lambda_2 & 0 & 0 & 0 & 0 & 0 & 0 & 0 & 0 & 0\\
\hline
0 & 0 & \lambda_1 & 1 & 0 & 0 & 0 & 0 & 0 & 0 & 0\\
0 & 0 & 0 & \lambda_1 & 0 & 0 & 0 & 0 & 0 & 0 & 0\\
0 & 0 & 0 & 0 & \lambda_2 & 1 & 0 & 0 & 0 & 0 & 0\\
0 & 0 & 0 & 0 & 0 & \lambda_2 & 0 & 0 & 0 & 0 & 0\\
\hline
0 & 0 & 0 & 0 & 0 & 0 & \lambda_1 & 1 & 0 & 0 & 0\\
0 & 0 & 0 & 0 & 0 & 0 & 0 & \lambda_1 & 0 & 0 & 0\\
0 & 0 & 0 & 0 & 0 & 0 & 0 & 0 & \lambda_2 & 1 & 0\\
0 & 0 & 0 & 0 & 0 & 0 & 0 & 0 & 0 & \lambda_2 & 0\\
0 & 0 & 0 & 0 & 0 & 0 & 0 & 0 & 0 & 0 & \lambda_3
\end{array}\right]$$

△

3.3.2 $\mathcal{R}^{n\times n}$ 中的 Jordan 标准形

以上为 $\mathcal{C}^{n\times n}$ 中的 Jordan 标准形. 若 A 有复特征值, 则 J 为复矩阵. 对于实际的控制系统, 这种标准形没有意义. 因此讨论 $\mathcal{R}^{n\times n}$ 中的 Jordan 标准形. 对于 $A\in\mathcal{R}^{n\times n}$, 若 $\lambda_j=\sigma_j+\mathrm{i}\omega_j\in\mathcal{C}$ 是 $\psi_i(\lambda)$ 的根, 则 $\bar{\lambda}_j=\sigma_j-\mathrm{i}\omega_j$ 也是 $\psi_i(\lambda)$ 的根. 不失一般性, 设 J_i 中有相邻的两块 $\mathrm{blockdiag}\{J_{ij}(\lambda_j), J_{ij}(\bar{\lambda}_j)\}$. 由 $AX_{ij}=X_{ij}J_{ij}(\lambda_j)$, 可得 $A\bar{X}_{ij}=\bar{X}_{ij}J_{ij}(\bar{\lambda}_j)$. 于是有

$$\begin{aligned}A[X_{ij}\ \ \bar{X}_{ij}]&=[X_{ij}J_{ij}(\lambda_j)\ \ \bar{X}_{ij}J_{ij}(\bar{\lambda}_j)]\\&=[X_{ij}\ \ \bar{X}_{ij}]\mathrm{blockdiag}\{J_{ij}(\lambda_j), J_{ij}(\bar{\lambda}_j)\}\end{aligned}$$

若取 U_{ij} 满足 $U_{ij}U_{ij}^*=I_{2n_{ij}}$, 则上式等价于

$$A[X_{ij}\ \ \bar{X}_{ij}]U_{ij}=[X_{ij}\ \ \bar{X}_{ij}]U_{ij}U_{ij}^*\mathrm{blockdiag}\{J_{ij}(\lambda_j), J_{ij}(\bar{\lambda}_j)\}U_{ij}$$

下面将证明存在 U_{ij} 满足 $U_{ij}U_{ij}^*=I_{2n_{ij}}$, 且 $[X_{ij}\ \ \bar{X}_{ij}]U_{ij}$ 和

$$J_{n_{ij}}(\lambda_j, \bar{\lambda}_j)\triangleq U_{ij}^*\mathrm{blockdiag}\{J_{ij}(\lambda_j), J_{ij}(\bar{\lambda}_j)\}U_{ij}$$

均为实矩阵. 为简便起见, 以下设 $J_{ij}(\lambda_j)\in\mathcal{C}^{3\times3}$, 即

$$J_{ij}(\lambda_j)=\begin{bmatrix}\lambda_j&1&0\\0&\lambda_j&1\\0&0&\lambda_j\end{bmatrix},\quad J_{ij}(\bar{\lambda}_j)=\begin{bmatrix}\bar{\lambda}_j&1&0\\0&\bar{\lambda}_j&1\\0&0&\bar{\lambda}_j\end{bmatrix}$$

其中, $\lambda_j=\sigma_j+\mathrm{i}\omega_j$; $\bar{\lambda}_j=\sigma_j-\mathrm{i}\omega_j$. 若令

$$U_{ij}=\frac{1}{\sqrt{2}}\begin{bmatrix}1&-\mathrm{i}&0&0&0&0\\0&0&1&-\mathrm{i}&0&0\\0&0&0&0&1&-\mathrm{i}\\1&\mathrm{i}&0&0&0&0\\0&0&1&\mathrm{i}&0&0\\0&0&0&0&1&\mathrm{i}\end{bmatrix}$$

则容易验证 $U_{ij}U_{ij}^*=I_6$. 此处矩阵中的元素 i 和 λ_j 中的 i 都是虚数单位 $\mathrm{i}=\sqrt{-1}$.

$$\begin{aligned}[X_{ij}\ \ \bar{X}_{ij}]U_{ij}&=[\boldsymbol{x}_{ij,1}\ \ \boldsymbol{x}_{ij,2}\ \ \boldsymbol{x}_{ij,3}\ \ \bar{\boldsymbol{x}}_{ij,1}\ \ \bar{\boldsymbol{x}}_{ij,2}\ \ \bar{\boldsymbol{x}}_{ij,3}]U_{ij}\\&=\sqrt{2}[\boldsymbol{y}_{ij,1}\ \ \boldsymbol{z}_{ij,1}\ \ \boldsymbol{y}_{ij,2}\ \ \boldsymbol{z}_{ij,2}\ \ \boldsymbol{y}_{ij,3}\ \ \boldsymbol{z}_{ij,3}]\end{aligned}$$

为实向量, 其中 $\boldsymbol{y}_{ij,k}=\mathrm{Re}\boldsymbol{x}_{ij,k}$, $\boldsymbol{z}_{ij,k}=\mathrm{Im}\boldsymbol{x}_{ij,k}$, $k=1,2,3$.

$$J_{n_{ij}}(\lambda_j, \bar{\lambda}_j)=\begin{bmatrix}\sigma_j&\omega_j&1&0&0&0\\-\omega_j&\sigma_j&0&1&0&0\\0&0&\sigma_j&\omega_j&1&0\\0&0&-\omega_j&\sigma_j&0&1\\0&0&0&0&\sigma_j&\omega_j\\0&0&0&0&-\omega_j&\sigma_j\end{bmatrix}$$

$$\triangleq \begin{bmatrix} I(\sigma_j\,,\,\omega_j) & I_2 & 0 \\ 0 & I(\sigma_j\,,\,\omega_j) & I_2 \\ 0 & 0 & I(\sigma_j\,,\,\omega_j) \end{bmatrix}$$

为实矩阵, 其中

$$I(\sigma_j\,,\,\omega_j) = \begin{bmatrix} \sigma_j & \omega_j \\ -\omega_j & \sigma_j \end{bmatrix}$$

以上讨论的结果可以容易地推广到一般的情况. 令

$$J_{ij}(\lambda_j) = \begin{bmatrix} \lambda_j & 1 & 0 & \cdots & 0 \\ 0 & \lambda_j & 1 & \ddots & \vdots \\ \vdots & \ddots & \ddots & \ddots & \mathbf{0} \\ 0 & \cdots & 0 & \lambda_j & 1 \\ 0 & \cdots & 0 & 0 & \lambda_j \end{bmatrix}, \quad J_{ij}(\bar{\lambda}_j) = \begin{bmatrix} \bar{\lambda}_j & 1 & 0 & \cdots & 0 \\ 0 & \bar{\lambda}_j & 1 & \ddots & \vdots \\ \vdots & \ddots & \ddots & \ddots & \mathbf{0} \\ 0 & \cdots & 0 & \bar{\lambda}_j & 1 \\ 0 & \cdots & 0 & 0 & \bar{\lambda}_j \end{bmatrix}$$

为 $n_{ij} \times n_{ij}$ 复矩阵. 定义

$$U_{ij} = \frac{1}{\sqrt{2}} \begin{bmatrix} \boldsymbol{e}_{n_{ij},1} & -\mathrm{i}\boldsymbol{e}_{n_{ij},1} & \boldsymbol{e}_{n_{ij},2} & -\mathrm{i}\boldsymbol{e}_{n_{ij},2} & \cdots & \cdots & \boldsymbol{e}_{n_{ij},n_{ij}} & -\mathrm{i}\boldsymbol{e}_{n_{ij},n_{ij}} \\ \boldsymbol{e}_{n_{ij},1} & \mathrm{i}\boldsymbol{e}_{n_{ij},1} & \boldsymbol{e}_{n_{ij},2} & \mathrm{i}\boldsymbol{e}_{n_{ij},2} & \cdots & \cdots & \boldsymbol{e}_{n_{ij},n_{ij}} & \mathrm{i}\boldsymbol{e}_{n_{ij},n_{ij}} \end{bmatrix}$$

其中, $\boldsymbol{e}_{n_{ij},k}$ 是 $n_{ij} \times n_{ij}$ 阶单位矩阵的第 k 个列向量, $k = 1, 2, \cdots, n_{ij}$, 则有 $U_{ij}U_{ij}^* = I_{2n_{ij}}$,

$$\begin{aligned} J_{n_{ij}}(\lambda_j\,,\,\bar{\lambda}_j) &= U_{ij}^*\mathrm{blockdiag}\left\{ J_{ij}(\lambda_j)\,,\ J_{ij}(\bar{\lambda}_j) \right\} U_{ij} \\ &= \begin{bmatrix} I(\sigma_j\,,\,\omega_j) & I_2 & 0 & \cdots & 0 \\ 0 & I(\sigma_j\,,\,\omega_j) & I_2 & \ddots & \vdots \\ \vdots & & \ddots & \ddots & 0 \\ 0 & \cdots & 0 & I(\sigma_j\,,\,\omega_j) & I_2 \\ 0 & \cdots & 0 & 0 & I(\sigma_j\,,\,\omega_j) \end{bmatrix} \in \mathcal{R}^{(2n_{ij})\times(2n_{ij})} \end{aligned}$$

设 $A \in \mathcal{C}^{n\times n}$, 其不变因子如式 (3.17). 本小节的讨论说明, 存在非奇异阵 $X \in \mathcal{C}_n^{n\times n}$ 使得 $X^{-1}AX = J$, 其中 J 为 Jordan 标准形. X 的计算比较冗长, 请参考附录 C.

3.3.3 线性空间 $\mathcal{V}$ 的广义特征子空间分解

定义 3.3.2 λ_j 是 $A \in \mathcal{C}^{n\times n}$ 的特征值, 则集合

$$\mathcal{T}_g(\lambda_j) = \left\{ \boldsymbol{x} \mid 存在\, k \in \mathcal{Z}_+ 使\, (A - \lambda_j I_n)^k \boldsymbol{x} = \mathbf{0} \right\}$$

称为 A 对应于特征值 λ_j 的广义特征子空间 (或 Jordan 子空间).

【定理 3.3.2】 设 $X\in\mathcal{C}_n^{n\times n}$ 是将 $A\in\mathcal{C}^{n\times n}$ 化为 Jordan 标准形的变换矩阵, 即

$$X^{-1}AX=J=\text{blockdiag}\{J_1, J_2, \cdots, J_l\}$$
$$J_i=\text{blockdiag}\{J_{i1}, J_{i2}, \cdots, J_{is}\}$$
$$J_{ij}=\lambda_j I_{n_{ij}}+H_{n_{ij}}$$

将 X 按 A_i 的维数分块为 $X=[X_1\ \ X_2\ \ \cdots\ \ X_l]$ 并进一步将 X_i 按 J_{ij} 的维数分块为 $X_i=[X_{i1}\ \ X_{i2}\ \ \cdots\ \ X_{is}]$, 其中 l 是 A 的非常数不变因子的个数, s 是 A 的互不相同的特征值的个数, 则

$$\mathcal{T}_g(\lambda_j)=\text{span}\{X_{1j}\}\dot{+}\text{span}\{X_{2j}\}\dot{+}\cdots\dot{+}\text{span}\{X_{lj}\}$$

其中, $\text{span}\{X_{ij}\}$ 是 X_{ij} 的列向量的生成空间.

证明: 先证 $\text{span}\{X_{1j}\}\dot{+}\text{span}\{X_{2j}\}\dot{+}\cdots\dot{+}\text{span}\{X_{lj}\}\subset\mathcal{T}_g(\lambda_j)$. 这只要证明 $\exists k\in\mathcal{Z}_+$ 使得 $(A-\lambda_j I_n)^k X_i=0$ 即可. 由 $AX_{ij}=X_{ij}J_{ij}$, $J_{ij}=\lambda_j I_{n_{ij}}+H_{n_{ij}}$ 可得

$$AX_{ij}=X_{ij}(\lambda_j I_{n_{ij}}+H_{n_{ij}}) \iff (A-\lambda_j I_n)X_{ij}=X_{ij}H_{n_{ij}}$$

反复应用上式可得

$$(A-\lambda_j I_n)^{m_i}X_{ij}=X_{ij}H_{n_{ij}}^{m_i}$$

因 $H_{n_{ij}}^{n_{ij}}=0\ \forall\, n_{1j}\leqslant n_{2j}\leqslant\cdots\leqslant n_{lj}$, 取 $k\geqslant n_{lj}$ 则有

$$(A-\lambda_j I_n)^k X_{ij}=0,\quad \forall i=1,2,\cdots,l$$

于是 $\text{span}\{X_{ij}\}\subset\mathcal{T}_g(\lambda_j)$. 从而有

$$\text{span}\{X_{1j}\}+\text{span}\{X_{2j}\}+\cdots+\text{span}\{X_{lj}\}\subset\mathcal{T}_g(\lambda_j)$$

因 X 的列向量线性无关, 上式是直和, 故有

$$\text{span}\{X_{1j}\}\dot{+}\text{span}\{X_{2j}\}\dot{+}\cdots\dot{+}\text{span}\{X_{lj}\}\subset\mathcal{T}_g(\lambda_j)$$

再证 $\mathcal{T}_g(\lambda_j)\subset\text{span}\{X_{1j}\}\dot{+}\text{span}\{X_{2j}\}\dot{+}\cdots\dot{+}\text{span}\{X_{lj}\}$. 设 $\tilde{\boldsymbol{x}}\in\mathcal{T}_g(\lambda_j)$. 由于 X 的列向量是 $\mathcal{C}^n$ 的一组基, $\tilde{\boldsymbol{x}}$ 可表示为

$$\tilde{\boldsymbol{x}}=\sum_{i=1}^{l}\sum_{k=1}^{s}X_{ik}\boldsymbol{a}_{ik},\quad \boldsymbol{a}_{ik}\in\mathcal{C}^{n_{ik}}$$

只要证明 $\boldsymbol{a}_{ik}=\boldsymbol{0}\ \forall k\neq j$ 即可. 由 $\tilde{\boldsymbol{x}}\in\mathcal{T}_g(\lambda_j)$, 取 p 足够大, 则有

$$(A-\lambda_j I_n)^p\tilde{\boldsymbol{x}}=\boldsymbol{0}$$
$$\iff (A-\lambda_j I_n)^p\left(\sum_{i=1}^{l}X_{ij}\boldsymbol{a}_{ij}+\sum_{i=1}^{l}\sum_{k\neq j}X_{ik}\boldsymbol{a}_{ik}\right)=\boldsymbol{0}$$

前面已证 $\sum_{i=1}^{l} X_{ij}\boldsymbol{a}_{ij} \in \mathcal{T}_g(\lambda_j)$, 只要 $p \geqslant n_{lj} = \max\{n_{ij}, i = 1,2,\cdots,l,\}$, 就有 $(A-\lambda_j I_n)^p \sum_{i=1}^{l} X_{ij}\boldsymbol{a}_{ij} = \mathbf{0}$. 于是有

$$\begin{aligned}&(A-\lambda_j I_n)^p \tilde{\boldsymbol{x}} = \mathbf{0}\\ \Longleftrightarrow\ &(A-\lambda_j I_n)^p \sum_{i=1}^{l}\sum_{k\neq j} X_{ik}\boldsymbol{a}_{ik} = \mathbf{0}\end{aligned} \tag{3.21}$$

由于

$$\begin{aligned}(A-\lambda_j I_n)X_{ik} &= AX_{ik} - \lambda_j X_{ik}\\ &= X_{ik}J_{ik} - \lambda_j X_{ik} = \lambda_k X_{ik} + X_{ik}H_{n_{ik}} - \lambda_j X_{ik}\\ &= (\lambda_k-\lambda_j)X_{ik} + X_{ik}H_{n_{ik}} = X_{ik}[(\lambda_k-\lambda_j)I_{n_{ik}} + H_{n_{ik}}]\end{aligned}$$

而矩阵

$$(\lambda_k-\lambda_j)I_{n_{ik}} + H_{n_{ik}} = \begin{bmatrix} \lambda_k-\lambda_j & 1 & 0 & \cdots & 0\\ 0 & \lambda_k-\lambda_j & 1 & \ddots & \vdots\\ \vdots & \ddots & \ddots & \ddots & \mathbf{0}\\ 0 & \cdots & 0 & \lambda_k-\lambda_j & 1\\ 0 & \cdots & 0 & 0 & \lambda_k-\lambda_j \end{bmatrix} \in \mathcal{C}^{n_{ik}\times n_{ik}}$$

当 $k\neq j$ 时非奇异, 因此

$$\mathrm{span}\{X_{ik}\} = \mathrm{span}\{(A-\lambda_j I_n)X_{ik}\},\quad \forall k\neq j$$

反复应用上式可有

$$\mathrm{span}\{X_{ik}\} = \mathrm{span}\{(A-\lambda_j I_n)^p X_{ik}\},\quad \forall k\neq j\,,\ p\in\mathcal{Z}_+$$

因 X 的列向量是线性无关的, 矩阵 X 中那些不含 $X_{ij}(i=1,2,\cdots,l)$ 的列向量必定是线性无关的. 于是式 (3.21) 左端是线性无关的列向量的线性组合. 式 (3.21) 成立, 当且仅当 $\boldsymbol{a}_{ik} = \mathbf{0}$, $\forall k\neq j$. 从而有

$$\tilde{\boldsymbol{x}} = \sum_{i=1}^{l} X_{ij}\boldsymbol{a}_{ij} \in \mathrm{span}\{X_{1j}\}\dot{+}\mathrm{span}\{X_{2j}\}\dot{+}\cdots\dot{+}\mathrm{span}\{X_{lj}\}$$

即

$$\mathcal{T}_g(\lambda_j) \subset \mathrm{span}\{X_{1j}\}\dot{+}\mathrm{span}\{X_{2j}\}\dot{+}\cdots\dot{+}\mathrm{span}\{X_{lj}\}$$ ■

定理 3.3.2说明, 特征值 λ_j 的广义特征子空间 $\mathcal{T}_g(\lambda_j)$ 是其所有 Jordan 链的生成空间的直和:

$$\mathcal{T}_g(\lambda_j) = \mathrm{span}\{X_{1j}\}\dot{+}\mathrm{span}\{X_{2j}\}\dot{+}\cdots\dot{+}\mathrm{span}\{X_{lj}\} \tag{3.22}$$

显然有 $\mathcal{T}(\lambda_j)\subset\mathcal{T}_g(\lambda_j)$, $\dim\mathcal{T}_g(\lambda_j)$ 等于 λ_j 的代数重复度. 而 λ_j 的几何重复度 q_j 则等于 λ_j 的 Jordan 链的条数. 于是分解式 (3.22) 中实际上只有 q_j 个子空间. 这样, 给定 $A\in\mathcal{C}^{n\times n}$, 可将 $\mathcal{C}^n$ 分解为

$$\mathcal{C}^n=\mathcal{T}_g(\lambda_1)\dot{+}\mathcal{T}_g(\lambda_2)\dot{+}\cdots\dot{+}\mathcal{T}_g(\lambda_s) \tag{3.23}$$

式 (3.22) 和式 (3.23) 给出了 $\mathcal{C}^n$ 按 $A\in\mathcal{C}^{n\times n}$ 的广义特征子空间的分解.

下面给出 $\mathcal{V}$ 的特征子空间分解. 回顾定理 3.1.1. 设 $X\in\mathcal{C}_n^{n\times n}$ 使得 $X^{-1}AX=J$ 为 Jordan 标准形. 定义

$$[\,\hat{\boldsymbol{\alpha}}_1\ \ \hat{\boldsymbol{\alpha}}_2\ \ \cdots\ \ \hat{\boldsymbol{\alpha}}_n\,]=[\,\boldsymbol{\alpha}_1\ \ \boldsymbol{\alpha}_2\ \ \cdots\ \ \boldsymbol{\alpha}_n\,]X$$

则在基 $\hat{\boldsymbol{\alpha}}_1,\hat{\boldsymbol{\alpha}}_2,\cdots,\hat{\boldsymbol{\alpha}}_n$ 下, 线性变换 $\mathscr{A}$ 的矩阵表示为 Jordan 标准形. 若重新对 $\hat{\boldsymbol{\alpha}}_i$ 进行编号, 令

$$\left[\,\hat{\boldsymbol{\alpha}}_{ij,1}\ \ \hat{\boldsymbol{\alpha}}_{ij,2}\ \ \cdots\ \ \hat{\boldsymbol{\alpha}}_{ij,n_{ij}}\,\right]=[\,\boldsymbol{\alpha}_1\ \ \boldsymbol{\alpha}_2\ \ \cdots\ \ \boldsymbol{\alpha}_n\,]X_{ij}$$

其中

$$\begin{aligned}X&=[\,X_1\ \ X_2\ \ \cdots\ \ X_l\,]\\ X_i&=[\,X_{i1}\ \ X_{i2}\ \ \cdots\ \ X_{is}\,],\quad i=1,2,\cdots,l\\ X_{ij}&=[\,\boldsymbol{x}_{ij,1}\ \ \boldsymbol{x}_{ij,2}\ \ \cdots\ \ \boldsymbol{x}_{ij,n_{ij}}\,],\quad j=1,2,\cdots,s\end{aligned}$$

对应于式 (3.22), 线性变换 $\mathscr{A}$ 关于特征值 λ_j 的广义特征子空间为

$$\begin{aligned}\mathcal{V}(\lambda_j)=&\operatorname{span}\left\{\hat{\boldsymbol{\alpha}}_{1j,1}\,,\ \hat{\boldsymbol{\alpha}}_{1j,2}\,,\ \cdots\,,\ \hat{\boldsymbol{\alpha}}_{1j,n_{1j}}\right\}\\ &\dot{+}\operatorname{span}\left\{\hat{\boldsymbol{\alpha}}_{2j,1}\,,\ \hat{\boldsymbol{\alpha}}_{2j,2}\,,\ \cdots\,,\ \hat{\boldsymbol{\alpha}}_{2j,n_{2j}}\right\}\dot{+}\cdots\\ &\dot{+}\operatorname{span}\left\{\hat{\boldsymbol{\alpha}}_{lj,1}\,,\ \hat{\boldsymbol{\alpha}}_{lj,2}\,,\ \cdots\,,\ \hat{\boldsymbol{\alpha}}_{lj,n_{lj}}\right\}\end{aligned} \tag{3.24}$$

对应于式 (3.23), 则可将 $\mathcal{V}$ 分解为

$$\mathcal{V}=\mathcal{V}(\lambda_1)\dot{+}\mathcal{V}(\lambda_2)\dot{+}\cdots\dot{+}\mathcal{V}(\lambda_s) \tag{3.25}$$

显然, $n_{ij}>0$ 时, $\hat{\boldsymbol{\alpha}}_{ij,1}$ $(i=1,2,\cdots,l)$ 是 $\mathscr{A}$ 关于其特征值 λ_j 的特征向量, $\hat{\boldsymbol{\alpha}}_{ij,k_i}$ $(i=1,2,\cdots,l,\ k_i=2,3,\cdots,n_{ij})$ 是 λ_j 的广义特征向量. 基于 Jordan 标准形的另一种空间分解如下. 因 X 非奇异, X 的子矩阵 X_i 的列向量线性无关, 故

$$[\hat{\boldsymbol{\alpha}}_{i1}\ \ \hat{\boldsymbol{\alpha}}_{i2}\ \ \cdots\ \ \hat{\boldsymbol{\alpha}}_{in_i}]\triangleq[\boldsymbol{\alpha}_1\ \ \boldsymbol{\alpha}_2\ \ \cdots\ \ \boldsymbol{\alpha}_n]X_i$$

可生成一个 n_i 维的线性子空间:

$$\mathcal{W}_i=\operatorname{span}\{[\boldsymbol{\alpha}_1\ \ \boldsymbol{\alpha}_2\ \ \cdots\ \ \boldsymbol{\alpha}_n]X_i\}$$

且有

$$\mathscr{A}([\hat{\boldsymbol{\alpha}}_{i1}\ \ \hat{\boldsymbol{\alpha}}_{i2}\ \ \cdots\ \ \hat{\boldsymbol{\alpha}}_{in_i}])=[\boldsymbol{\alpha}_1\ \ \boldsymbol{\alpha}_2\cdots\ \ \boldsymbol{\alpha}_n]AX_i$$

$$
\begin{aligned}
&= [\boldsymbol{\alpha}_1\ \ \boldsymbol{\alpha}_2\ \ \cdots\ \ \boldsymbol{\alpha}_n]X_iJ_i \\
&= [\hat{\boldsymbol{\alpha}}_{i1}\ \ \hat{\boldsymbol{\alpha}}_{i2}\ \ \cdots\ \ \hat{\boldsymbol{\alpha}}_{in_i}]J_i
\end{aligned}
$$

即 $\mathscr{A}(\mathcal{W}_i) \subset \mathcal{W}_i$, 其中 $\mathcal{W}_i$ 是 $\mathscr{A}$ 的不变子空间.

定义 3.3.3　$\mathcal{V}$ 是 $\mathcal{F}$ 上的 n 维线性空间, $\mathscr{A}$ 是 $\mathcal{V}$ 上的线性变换, $\mathcal{W} \subset \mathcal{V}$ 是 $\mathscr{A}$ 的不变子空间, $\boldsymbol{\beta}_1, \boldsymbol{\beta}_2, \cdots, \boldsymbol{\beta}_m$ 是 $\mathcal{W}$ 的一组基. $\mathscr{A}|\mathcal{W}$ 是 $\mathscr{A}$ 限制在 $\mathcal{W}$ 上的作用是指有

$$
\mathscr{A}\left([\boldsymbol{\beta}_1\ \ \boldsymbol{\beta}_2\ \ \cdots\ \ \boldsymbol{\beta}_m]\right) = (\mathscr{A}|\mathcal{W})\left([\boldsymbol{\beta}_1\ \ \boldsymbol{\beta}_2\ \ \cdots\ \ \boldsymbol{\beta}_m]\right)
$$

$\hat{A}$ 是 $\mathscr{A}|\mathcal{W}$ 在 $\boldsymbol{\beta}_1, \boldsymbol{\beta}_2, \cdots, \boldsymbol{\beta}_m$ 下的矩阵表示是指有

$$
(\mathscr{A}|\mathcal{W})\left([\boldsymbol{\beta}_1\ \ \boldsymbol{\beta}_2\ \ \cdots\ \ \boldsymbol{\beta}_m]\right) = [\boldsymbol{\beta}_1\ \ \boldsymbol{\beta}_2\ \ \cdots\ \ \boldsymbol{\beta}_m]\hat{A}
$$

按上述定义, $\mathscr{A}|\mathcal{W}_i$ 在 $\mathcal{W}_i$ 的基向量 $\hat{\boldsymbol{\alpha}}_{i1}, \hat{\boldsymbol{\alpha}}_{i2}, \cdots, \hat{\boldsymbol{\alpha}}_{in_i}$ 下的矩阵表示为 J_i.

由于 $\mathcal{W}_i(i = 1, 2, \cdots, l)$ 的基向量为

$$
[\boldsymbol{\alpha}_1\ \ \boldsymbol{\alpha}_2\ \ \cdots\ \ \boldsymbol{\alpha}_n][X_1\ \ X_2\ \ \cdots\ \ X_l]
$$

所以 $\mathcal{V}$ 可分解为 $\mathcal{W}_i$ 的直和, 即

$$
\mathcal{V} = \mathcal{W}_1 \dot{+} \mathcal{W}_2 \dot{+} \cdots \dot{+} \mathcal{W}_l \tag{3.26}
$$

由 $n_i = n_{i1} + n_{i2} + \cdots + n_{is}$, 可将 X_i 进一步划分为

$$
X_i = [X_{i1}\ \ X_{i2}\ \ \cdots\ \ X_{is}]
$$

并记

$$
\begin{gathered}
X_{ij} = [\boldsymbol{x}_{ij,1}\ \ \boldsymbol{x}_{ij,2}\ \ \cdots\ \ \boldsymbol{x}_{ij,n_{ij}}] \\
[\hat{\boldsymbol{\alpha}}_{ij,1}\ \ \hat{\boldsymbol{\alpha}}_{ij,2}\ \ \cdots\ \ \hat{\boldsymbol{\alpha}}_{ij,n_{ij}}] = [\boldsymbol{\alpha}_1\ \ \boldsymbol{\alpha}_2\ \ \cdots\ \ \boldsymbol{\alpha}_n]X_{ij}
\end{gathered}
$$

以及

$$
\mathcal{W}_{ij} = \operatorname{span}\left\{\hat{\boldsymbol{\alpha}}_{ij,1}, \hat{\boldsymbol{\alpha}}_{ij,2}, \cdots, \hat{\boldsymbol{\alpha}}_{ij,n_{ij}}\right\}
$$

则 $\mathcal{W}_i$ 又可分解为直和:

$$
\mathcal{W}_i = \mathcal{W}_{i1} \dot{+} \mathcal{W}_{i2} \dot{+} \cdots \dot{+} \mathcal{W}_{is} \tag{3.27}
$$

由

$$
\begin{aligned}
\mathscr{A}\left([\hat{\boldsymbol{\alpha}}_{ij,1}\ \ \hat{\boldsymbol{\alpha}}_{ij,2}\ \ \cdots\ \ \hat{\boldsymbol{\alpha}}_{ij,n_{ij}}]\right) &= \mathscr{A}\left([\boldsymbol{\alpha}_1\ \ \boldsymbol{\alpha}_2\ \ \cdots\ \ \boldsymbol{\alpha}_n]X_{ij}\right) \\
&= [\boldsymbol{\alpha}_1\ \ \boldsymbol{\alpha}_2\ \ \cdots\ \ \boldsymbol{\alpha}_n]AX_{ij} \\
&= [\boldsymbol{\alpha}_1\ \ \boldsymbol{\alpha}_2\ \ \cdots\ \ \boldsymbol{\alpha}_n]X_{ij}J_{ij} \\
&= [\hat{\boldsymbol{\alpha}}_{ij,1}\ \ \hat{\boldsymbol{\alpha}}_{ij,2}\ \ \cdots\ \ \hat{\boldsymbol{\alpha}}_{ij,n_{ij}}]J_{ij}
\end{aligned}
$$

可知, $\mathcal{W}_{ij}$ 是 $\mathscr{A}$ 的不变子空间, $\mathscr{A}|\mathcal{W}_{ij}$ 在 $\mathcal{W}_{ij}$ 的基向量 $\hat{\boldsymbol{\alpha}}_{ij,1}, \hat{\boldsymbol{\alpha}}_{ij,2}, \cdots, \hat{\boldsymbol{\alpha}}_{ij,n_{ij}}$ 下的矩阵表示是 J_{ij}. 式 (3.24) 和式 (3.25) 给出的分解与式 (3.26) 和式 (3.27) 给出的分解都

基于 Jordan 标准形. 前者说明, $\mathcal{V}$ 可分解为 $\mathscr{A}$ 的 s 个广义特征子空间 $\mathcal{V}(\lambda_j)$ 的直和 (式 (3.25)), 而每个广义特征子空间 $\mathcal{V}(\lambda_j)$ 又可分解为 q_j 个由 Jordan 链生成的子空间的直和 (式 (3.24)); 后者说明, $\mathcal{V}$ 可分解为 $\mathscr{A}$ 的 l 个不变子空间 $\mathcal{W}_i$ 的直和 (式 (3.26)), 而每个不变子空间 $\mathcal{W}_i$ 又可分解为最多 s 个由 Jordan 链生成的子空间 $\mathcal{W}_{ij}$ 的直和 (式 (3.27)). 3.4 节将引入最小多项式的概念并证明 $\psi_i(\lambda)$ 是 $\mathscr{A}$ 在 $\mathcal{W}_i$ 的最小多项式, 而 $\psi_i(\lambda)$ 的因子 $(\lambda-\lambda_j)^{n_{ij}}$ 是 $\mathscr{A}$ 在 $\mathcal{W}_{ij}$ 的最小多项式, 从而给出基于最小多项式的空间第一分解定理. 在 3.5节将引入线性变换 $\mathscr{A}$ 的循环不变子空间的概念, 并将 $\mathcal{V}$ 分解为 $\mathscr{A}$ 的 l 个循环不变子空间的直和, 从而给出空间第二分解定理.

3.4 最小多项式与空间第一分解定理

3.4.1 化零多项式与最小多项式

设 $\mathcal{V}$ 是域 $\mathcal{F}$ 上的 n 维线性空间. 给定 $\mathcal{V}$ 上的线性变换 $\mathscr{A}$, 则对任何非零向量 $\boldsymbol{\alpha}\in\mathcal{V}$ 可产生序列:

$$\boldsymbol{\alpha},\ \mathscr{A}(\boldsymbol{\alpha}),\ \mathscr{A}^2(\boldsymbol{\alpha}),\ \cdots,\ \mathscr{A}^m(\boldsymbol{\alpha}),\ \cdots \tag{3.28}$$

由例 B.1.3 可知, 该序列中向量的任何线性组合均可写成:

$$a_0\boldsymbol{\alpha}+a_1\mathscr{A}(\boldsymbol{\alpha})+a_2\mathscr{A}^2(\boldsymbol{\alpha})+\cdots+a_m\mathscr{A}^m(\boldsymbol{\alpha})\triangleq\varphi_{\boldsymbol{\alpha}}(\mathscr{A})(\boldsymbol{\alpha})$$

其中

$$\varphi_{\boldsymbol{\alpha}}(\lambda)=a_0+a_1\lambda+a_2\lambda^2+\cdots+a_m\lambda^m\in\mathcal{F}[\lambda]$$

由于式 (3.28) 中的向量均属于 $\mathcal{V}$, 当 m 足够大时, 这些向量便线性相关, 从而存在 $\varphi_{\boldsymbol{\alpha}}(\lambda)\in\mathcal{F}[\lambda]$ 使 $\varphi_{\boldsymbol{\alpha}}(\mathscr{A})(\boldsymbol{\alpha})=\mathbf{0}$. 由此引入下述定义.

定义 3.4.1 设 $\mathcal{V}$ 是域 $\mathcal{F}$ 上的 n 维线性空间, $\mathscr{A}$ 是 $\mathcal{V}$ 上的线性变换. 给定 $\boldsymbol{\alpha}\in\mathcal{V}$, 若 $\varphi_{\boldsymbol{\alpha}}(\lambda)\in\mathcal{F}[\lambda]$ 有

$$\varphi_{\boldsymbol{\alpha}}(\mathscr{A})(\boldsymbol{\alpha})=\mathbf{0} \tag{3.29}$$

则称 $\varphi_{\boldsymbol{\alpha}}(\lambda)$ 为 $\mathscr{A}$ 在 $\boldsymbol{\alpha}$ 的化零多项式, 其中

$$\varphi_{\boldsymbol{\alpha}}(\mathscr{A})=a_0\mathscr{E}+a_1\mathscr{A}+a_2\mathscr{A}^2+\cdots+a_m\mathscr{A}^m$$

若 $\psi_{\boldsymbol{\alpha}}(\lambda)$ 是 $\mathscr{A}$ 在 $\boldsymbol{\alpha}$ 的化零多项式, 而对任何满足式 (3.29) 的 $\varphi_{\boldsymbol{\alpha}}(\lambda)$ 都有

$$\deg\psi_{\boldsymbol{\alpha}}(\lambda)\leqslant\deg\varphi_{\boldsymbol{\alpha}}(\lambda)$$

则称 $\psi_{\boldsymbol{\alpha}}(\lambda)$ 为 $\mathscr{A}$ 在 $\boldsymbol{\alpha}$ 的最小多项式.

由于 $\mathcal{V}$ 的维数是 n, 所以 $n+1$ 个向量 $\boldsymbol{\alpha}$, $\mathscr{A}(\boldsymbol{\alpha})$, $\mathscr{A}^2(\boldsymbol{\alpha})$, $\cdots$, $\mathscr{A}^n(\boldsymbol{\alpha})$ 必定线性相关, 从而存在 n 次多项式 $\varphi_{\boldsymbol{\alpha}}(\lambda)$ 使 $\varphi_{\boldsymbol{\alpha}}(\mathscr{A})(\boldsymbol{\alpha})=\mathbf{0}$. 因此, $\mathscr{A}$ 在 $\boldsymbol{\alpha}$ 的化零多项式一定存在, 而这也保证了 $\mathscr{A}$ 在 $\boldsymbol{\alpha}$ 的最小多项式的存在.

为方便起见, 以后约定化零多项式和最小多项式均为首一多项式.

【定理 3.4.1】 设 $\mathcal{V}$ 是域 $\mathcal{F}$ 上的 n 维线性空间, $\mathscr{A}$ 是 $\mathcal{V}$ 上的线性变换, $\alpha_{\boldsymbol{\alpha}}(\lambda)$ 是 $\mathscr{A}$ 在 $\boldsymbol{\alpha}$ 的最小多项式, 则对任何 $\mathscr{A}$ 在 $\boldsymbol{\alpha}$ 的化零多项式 $\varphi_{\boldsymbol{\alpha}}(\lambda)$ 都有 $\alpha_{\boldsymbol{\alpha}}(\lambda)|\varphi_{\boldsymbol{\alpha}}(\lambda)$. 由此可得最小多项式是唯一的.

证明: (1) 由于在 $\mathcal{F}[\lambda]$ 中有 Euclide 除法, 所以有

$$\varphi_{\boldsymbol{\alpha}}(\lambda)=\alpha_{\boldsymbol{\alpha}}(\lambda)\gamma(\lambda)+\delta(\lambda)$$

其中, 或有 $\delta(\lambda)=0$, 或有 $\deg\delta(\lambda)<\deg\alpha_{\boldsymbol{\alpha}}(\lambda)$. 因 $\varphi_{\boldsymbol{\alpha}}(\lambda)$ 是 $\mathscr{A}$ 在 $\boldsymbol{\alpha}$ 的化零多项式, 故有

$$\mathbf{0}=\varphi_{\boldsymbol{\alpha}}(\mathscr{A})(\boldsymbol{\alpha})=\alpha_{\boldsymbol{\alpha}}(\mathscr{A})\gamma(\mathscr{A})(\boldsymbol{\alpha})+\delta(\mathscr{A})(\boldsymbol{\alpha})$$

因 $\alpha_{\boldsymbol{\alpha}}(\lambda)$ 是 $\mathscr{A}$ 在 $\boldsymbol{\alpha}$ 的最小多项式, 故有

$$\begin{aligned}&\alpha_{\boldsymbol{\alpha}}(\mathscr{A})\gamma(\mathscr{A})(\boldsymbol{\alpha})=\gamma(\mathscr{A})\alpha_{\boldsymbol{\alpha}}(\mathscr{A})(\boldsymbol{\alpha})=\mathbf{0}\\ \Longrightarrow\ &\delta(\mathscr{A})(\boldsymbol{\alpha})=\mathbf{0}\end{aligned}$$

若 $\delta(\lambda)\neq 0$, 则 $\delta(\lambda)$ 是 $\mathscr{A}$ 在 $\boldsymbol{\alpha}$ 的化零多项式, 且 $\deg\delta(\lambda)<\alpha_{\boldsymbol{\alpha}}(\lambda)$. 这与 $\alpha_{\boldsymbol{\alpha}}(\lambda)$ 是 $\mathscr{A}$ 在 $\boldsymbol{\alpha}$ 的最小多项式的假设矛盾. 从而只能有 $\delta(\lambda)=0$, 即 $\alpha_{\boldsymbol{\alpha}}(\lambda)|\varphi_{\boldsymbol{\alpha}}(\lambda)$.

(2) 设 $\beta_{\boldsymbol{\alpha}}(\lambda)$ 是 $\mathscr{A}$ 在 $\boldsymbol{\alpha}$ 的最小多项式, 于是有

$$\alpha_{\boldsymbol{\alpha}}(\lambda)|\beta_{\boldsymbol{\alpha}}(\lambda),\quad \beta_{\boldsymbol{\alpha}}(\lambda)|\alpha_{\boldsymbol{\alpha}}(\lambda)$$

考虑到它们均为首一多项式, 可知 $\beta_{\boldsymbol{\alpha}}(\lambda)=\alpha_{\boldsymbol{\alpha}}(\lambda)$. ■

推论 3.4.1 设 $\mathcal{V}$ 是数域 $\mathcal{F}$ 上的 n 维线性空间, $\alpha_{\boldsymbol{\alpha}}(\lambda)$ 是线性变换 $\mathscr{A}\in\mathcal{L}(\mathcal{V})$ 在 $\boldsymbol{\alpha}$ 的最小多项式. $\beta(\lambda)\in\mathcal{F}[\lambda]$ 有 $\deg\beta(\lambda)<\deg\alpha_{\boldsymbol{\alpha}}(\lambda)$, 则 $\beta(\mathscr{A})(\boldsymbol{\alpha})\neq\mathbf{0}$.

定义 3.4.2 设 $\mathcal{V}$ 是数域 $\mathcal{F}$ 上的 n 维线性空间, $\mathcal{W}\subset\mathcal{V}$ 是子空间, $\mathscr{A}$ 是 $\mathcal{V}$ 上的线性变换. 称 $\psi_{\mathcal{W}}(\lambda)\in\mathcal{F}[\lambda]$ 是线性变换 $\mathscr{A}\in\mathcal{L}(\mathcal{V})$ 在 $\mathcal{W}$ 的化零多项式, 是指有

$$\psi_{\mathcal{W}}(\mathscr{A})(\boldsymbol{\alpha})=\{\mathbf{0}\},\quad \forall\boldsymbol{\alpha}\in\mathcal{W}\tag{3.30}$$

将 $\mathscr{A}$ 在 $\mathcal{W}$ 的化零多项式中次数最低的一个多项式称为 $\mathscr{A}$ 在 $\mathcal{W}$ 的最小多项式. 若令 $\mathcal{W}=\mathcal{V}$, 则可定义 $\mathscr{A}$ 在整个空间 $\mathcal{V}$ 的化零多项式和最小多项式.

为简便起见, 记式 (3.30) 为 $\psi_{\mathcal{W}}(\mathscr{A})\mathcal{W}=\{\mathbf{0}\}$, 略去 $\psi_{\mathcal{V}}(\lambda)$ 的下标 $\mathcal{V}$ 简记为 $\psi(\lambda)$.

设 $\mathcal{V}$ 是域 $\mathcal{F}$ 上的 n 维线性空间, $\mathcal{W}\subset\mathcal{V}$ 是子空间, $\dim\mathcal{W}=m$, $\boldsymbol{z}_1, \boldsymbol{z}_2, \cdots, \boldsymbol{z}_m$ 是 $\mathcal{W}$ 的一组基, $\boldsymbol{z}_1, \boldsymbol{z}_2, \cdots, \boldsymbol{z}_n$ 是 $\mathcal{V}$ 的一组基. 则 $\psi_{\mathcal{W}}(\lambda)\in\mathcal{F}[\lambda]$ 是线性变换 $\mathscr{A}\in\mathcal{L}(\mathcal{V})$ 在 $\mathcal{W}$ 的化零多项式, 当且仅当

$$\psi_{\mathcal{W}}(\mathscr{A})([\boldsymbol{z}_1\ \ \boldsymbol{z}_2\ \ \cdots\ \ \boldsymbol{z}_m])=[\underbrace{\mathbf{0}\ \ \mathbf{0}\ \ \cdots\ \ \mathbf{0}}_{m\text{个}}]$$

即 $\psi_{\mathcal{W}}(\lambda)$ 是所有基向量 $\{\boldsymbol{z}_1, \boldsymbol{z}_2, \cdots, \boldsymbol{z}_m\}$ 的化零多项式. $\varphi(\lambda)\in\mathcal{F}[\lambda]$ 是线性变换 $\mathscr{A}$ 在整个空间 $\mathcal{V}$ 的化零多项式, 当且仅当

$$\varphi(\mathscr{A})([\boldsymbol{z}_1\ \ \boldsymbol{z}_2\ \ \cdots\ \ \boldsymbol{z}_n])=[\underbrace{\mathbf{0}\ \ \mathbf{0}\ \ \cdots\ \ \mathbf{0}}_{n\text{个}}]\tag{3.31}$$

由 $\boldsymbol{z}_1, \boldsymbol{z}_2, \cdots, \boldsymbol{z}_n$ 的线性无关性可知, 式 (3.31) 成立, 当且仅当 $\varphi(\mathscr{A})$ 是零变换, 即 $\varphi(\mathscr{A}) = \mathscr{O}$. 因此, 称 $\mathscr{A}$ 在整个空间 $\mathcal{V}$ 的化零多项式和最小多项式为 $\mathscr{A}$ 的化零多项式和最小多项式.

【定理 3.4.2】 $\mathcal{F}, \mathcal{V}$ 和 $\mathscr{A}$ 如定义 3.4.2所示, $\mathcal{U} \subset \mathcal{W} \subset \mathcal{V}$ 均是 $\mathcal{V}$ 的子空间, $\alpha_{\mathcal{U}}(\lambda)$, $\beta_{\mathcal{W}}(\lambda)$ 和 $\gamma(\lambda)$ 分别是 $\mathscr{A}$ 在 $\mathcal{U}, \mathcal{W}$ 和 $\mathcal{V}$ 的最小多项式. 则有

(1) $\mathscr{A}$ 在 $\mathcal{W}$ 的化零多项式 $\varphi_{\mathcal{W}}(\lambda)$ 与最小多项式 $\beta_{\mathcal{W}}(\lambda)$ 均存在, $\beta_{\mathcal{W}}(\lambda)|\varphi_{\mathcal{W}}(\lambda)$ 且 $\beta_{\mathcal{W}}(\lambda)$ 唯一;

(2) $\alpha_{\mathcal{U}}(\lambda)|\beta_{\mathcal{W}}(\lambda), \beta_{\mathcal{W}}(\lambda)|\gamma(\lambda)$.

下面讨论线性变换 $\mathscr{A}$ 和其矩阵表示 A 的化零多项式之间的关系. 设线性变换 $\mathscr{A} \in \mathcal{L}(\mathcal{V})$ 在基 $\boldsymbol{\alpha}_1, \boldsymbol{\alpha}_2, \cdots, \boldsymbol{\alpha}_n$ 下的矩阵表达为 A, 向量 $\boldsymbol{\alpha} \in \mathcal{V}$ 在这组基下的坐标为 $\boldsymbol{x}$, 则有

$$
\begin{aligned}
\mathscr{E}(\boldsymbol{\alpha}) &= \boldsymbol{\alpha} = [\boldsymbol{\alpha}_1 \ \ \boldsymbol{\alpha}_2 \ \ \cdots \ \ \boldsymbol{\alpha}_n]\boldsymbol{x} \\
\mathscr{A}(\boldsymbol{\alpha}) &= \mathscr{A}\left(\sum_{j=1}^{n} \boldsymbol{\alpha}_j x_j\right) = \sum_{j=1}^{n} \mathscr{A}(\boldsymbol{\alpha}_j) x_j \\
&= [\mathscr{A}(\boldsymbol{\alpha}_1) \ \ \mathscr{A}(\boldsymbol{\alpha}_2) \ \ \cdots \ \ \mathscr{A}(\boldsymbol{\alpha}_n)]\boldsymbol{x} \\
&= [\boldsymbol{\alpha}_1 \ \ \boldsymbol{\alpha}_2 \ \ \cdots \ \ \boldsymbol{\alpha}_n]A\boldsymbol{x}
\end{aligned}
$$

重复上述过程可得

$$
\begin{aligned}
\mathscr{A}^2(\boldsymbol{\alpha}) &= \mathscr{A}[\mathscr{A}(\boldsymbol{\alpha})] = [\boldsymbol{\alpha}_1 \ \ \boldsymbol{\alpha}_2 \ \ \cdots \ \ \boldsymbol{\alpha}_n]A^2\boldsymbol{x} \\
&\ \ \vdots \\
\mathscr{A}^{k-1}(\boldsymbol{\alpha}) &= [\boldsymbol{\alpha}_1 \ \ \boldsymbol{\alpha}_2 \ \ \cdots \ \ \boldsymbol{\alpha}_n]A^{k-1}\boldsymbol{x} \\
\mathscr{A}^{k}(\boldsymbol{\alpha}) &= [\boldsymbol{\alpha}_1 \ \ \boldsymbol{\alpha}_2 \ \ \cdots \ \ \boldsymbol{\alpha}_n]A^{k}\boldsymbol{x}
\end{aligned}
$$

于是有

$$
\begin{gathered}
\alpha_0\mathscr{E}(\boldsymbol{\alpha}) + \alpha_1\mathscr{A}(\boldsymbol{\alpha}) + \alpha_2\mathscr{A}^2(\boldsymbol{\alpha}) + \cdots + \alpha_{k-1}\mathscr{A}^{k-1}(\boldsymbol{\alpha}) + \alpha_k\mathscr{A}^k(\boldsymbol{\alpha}) \\
= [\boldsymbol{\alpha}_1 \ \ \boldsymbol{\alpha}_2 \ \ \cdots \ \ \boldsymbol{\alpha}_n][(\alpha_0A^0 + \alpha_1A + \alpha_2A^2 + \cdots + \alpha_{k-1}A^{k-1} + \alpha_kA^k)\boldsymbol{x}] \\
\varphi_{\boldsymbol{\alpha}}(\mathscr{A})(\boldsymbol{\alpha}) = \boldsymbol{0} \iff \varphi_{\boldsymbol{\alpha}}(A)\boldsymbol{x} = \boldsymbol{0}
\end{gathered}
$$

再考虑 $\mathscr{A}$ 在子空间 $\mathcal{W} \subset \mathcal{V}$ 的化零多项式. 设 $\boldsymbol{\beta}_1, \boldsymbol{\beta}_2, \cdots, \boldsymbol{\beta}_m$ 是 $\mathcal{W}$ 的一组基, 则存在 $n \times m$ 满列秩矩阵 W 使

$$
[\boldsymbol{\beta}_1 \ \ \boldsymbol{\beta}_2 \ \ \cdots \ \ \boldsymbol{\beta}_m] = [\boldsymbol{\alpha}_1 \ \ \boldsymbol{\alpha}_2 \ \ \cdots \ \ \boldsymbol{\alpha}_n]W
$$

不妨称 W 为子空间 $\mathcal{W}$ 的基向量的坐标矩阵. 任何 $\boldsymbol{\beta} \in \mathcal{W}$ 都可表示为

$$
\boldsymbol{\beta} = [\boldsymbol{\beta}_1 \ \ \boldsymbol{\beta}_2 \ \ \cdots \ \ \boldsymbol{\beta}_m]\boldsymbol{y} = [\boldsymbol{\alpha}_1 \ \ \boldsymbol{\alpha}_2 \ \ \cdots \ \ \boldsymbol{\alpha}_n]W\boldsymbol{y}
$$

对任何 $\varphi_{\mathcal{W}}(\lambda) \in \mathcal{F}[\lambda]$ 都有

$$
\varphi_{\mathcal{W}}(\mathscr{A})(\boldsymbol{\beta}) = [\boldsymbol{\alpha}_1 \ \ \boldsymbol{\alpha}_2 \ \ \cdots \ \ \boldsymbol{\alpha}_n]\varphi_{\mathcal{W}}(A)(W\boldsymbol{y})
$$

显然, 有 $W\boldsymbol{y} \in \mathcal{R}(W)$. 于是有

$$\varphi_{\mathcal{W}}(\mathscr{A})(\mathcal{W}) = \mathbf{0} \iff \varphi_{\mathcal{W}}(A)(W) = \mathbf{0}$$

因此 $\mathcal{R}(W) \subset \mathcal{N}[\varphi_{\mathcal{W}}(A)]$. 取 $W = I$, 则 $\mathcal{W} = \mathcal{V}$. $\mathcal{R}(I) \subset \mathcal{N}[\varphi(A)] \iff \varphi(A) = 0$, 即 $\mathscr{A}$ 与其矩阵表示 A 有相同的化零多项式. 综上所述, 可以有以下结果.

【定理 3.4.3】 $\varphi_{\boldsymbol{\alpha}}(\lambda) \in \mathcal{F}[\lambda]$ 是线性变换 $\mathscr{A}$ 在 $\boldsymbol{\alpha}$ 的化零多项式, 当且仅当它是 $\mathscr{A}$ 的矩阵表示 A 在 $\boldsymbol{\alpha}$ 的坐标 $\boldsymbol{x}$ 的化零多项式; $\varphi_{\mathcal{W}}(\lambda)$ 是 $\mathscr{A}$ 在子空间 $\mathcal{W} \subset \mathcal{V}$ 的化零多项式, 当且仅当 $\varphi_{\mathcal{W}}(\lambda)$ 是 $\mathscr{A}$ 的矩阵表示 A 在 $\mathcal{W}$ 的坐标矩阵 W 的化零多项式; $\varphi(\lambda)$ 是 $\mathscr{A}$ 的化零多项式, 当且仅当 $\varphi(\lambda)$ 是 $\mathscr{A}$ 的矩阵表示 A 的化零多项式.

3.4.2 空间第一分解定理

为简便起见, 在已经事先声明的情况下, 将略去化零多项式和最小多项式的下标.

【定理 3.4.4】 $\mathcal{V}$ 是数域 $\mathcal{F}$ 上的线性空间, $\mathscr{A} \in \mathcal{L}(\mathcal{V})$, $\mathcal{W} \subset \mathcal{V}$ 是 $\mathscr{A}$ 的不变子空间, $\psi(\lambda) \in \mathcal{F}[\lambda]$ 是 $\mathscr{A}$ 在 $\mathcal{W}$ 的最小多项式且 $\psi(\lambda) = \varphi_1(\lambda)\varphi_2(\lambda)\cdots\varphi_s(\lambda)$, 其中 $\text{g.c.d}\{\varphi_j(\lambda), \varphi_k(\lambda)\} = 1, \forall j \neq k$. 则 $\mathcal{W}$ 可分解为

$$\mathcal{W} = \mathcal{W}_1 \dotplus \mathcal{W}_2 \dotplus \cdots \dotplus \mathcal{W}_s$$

且 $\mathscr{A}$ 在 $\mathcal{W}_j$ 的最小多项式为 $\varphi_j(\lambda)$, $\mathscr{A}(\mathcal{W}_j) \subset \mathcal{W}_j$, $j = 1, 2, \cdots, s$.

证明: 第 1 步 $\mathcal{W}$ 可分解成 $\mathcal{W}_1 + \mathcal{W}_2 + \cdots + \mathcal{W}_s$, 其中 $\mathcal{W}_1, \mathcal{W}_2, \cdots, \mathcal{W}_s$ 均为子空间. 定义

$$f_j(\lambda) = \psi(\lambda)/\varphi_j(\lambda)$$

因 $\text{g.c.d}\{\varphi_j(\lambda), \varphi_k(\lambda)\} = 1, \forall j \neq k$, 由习题 2.14, $f_1(\lambda), f_2(\lambda), \cdots, f_s(\lambda)$ 互质, 于是存在 $\xi_j(\lambda) \in \mathcal{F}[\lambda]$, $j = 1, 2, \cdots, s$, 满足

$$\xi_1(\lambda)f_1(\lambda) + \xi_2(\lambda)f_2(\lambda) + \cdots + \xi_s(\lambda)f_s(\lambda) = 1$$

由此有

$$\begin{aligned}
&\xi_1(\mathscr{A})f_1(\mathscr{A}) + \xi_2(\mathscr{A})f_2(\mathscr{A}) + \cdots + \xi_s(\mathscr{A})f_s(\mathscr{A}) = \mathscr{E} \\
\Longrightarrow\ &\xi_1(\mathscr{A})f_1(\mathscr{A})(\mathcal{W}) + \xi_2(\mathscr{A})f_2(\mathscr{A})(\mathcal{W}) + \cdots + \xi_s(\mathscr{A})f_s(\mathscr{A})(\mathcal{W}) = \mathcal{W}
\end{aligned}$$

定义

$$\mathcal{W}_1 = \xi_1(\mathscr{A})f_1(\mathscr{A})(\mathcal{W}), \quad \mathcal{W}_2 = \xi_2(\mathscr{A})f_2(\mathscr{A})(\mathcal{W}), \quad \cdots, \quad \mathcal{W}_s = \xi_s(\mathscr{A})f_s(\mathscr{A})(\mathcal{W})$$

则容易验证, $\mathcal{W}_1, \mathcal{W}_2, \cdots, \mathcal{W}_s$ 均为 $\mathcal{W}$ 的子空间且有 $\mathcal{W} = \mathcal{W}_1 + \mathcal{W}_2 + \cdots + \mathcal{W}_s$.

第 2 步 $\mathcal{W} = \mathcal{W}_1 \dotplus \mathcal{W}_2 \dotplus \cdots \dotplus \mathcal{W}_s$. 这只要证明对所有的 $j \neq k$ 都有 $\mathcal{W}_j \cap \mathcal{W}_k = \{\mathbf{0}\}$ 即可, 见习题 3.11. 由 $\varphi_j(\lambda)f_j(\lambda) = \psi(\lambda)$ 和 $\psi(\mathscr{A})(\mathcal{W}) = \{\mathbf{0}\}$ 可得

$$\begin{aligned}
\varphi_j(\mathscr{A})(\mathcal{W}_j) &= \varphi_j(\mathscr{A})\xi_j(\mathscr{A})f_j(\mathscr{A})(\mathcal{W}) = \xi_j(\mathscr{A})\psi(\mathscr{A})(\mathcal{W}) = \{\mathbf{0}\} \\
\varphi_k(\mathscr{A})(\mathcal{W}_k) &= \varphi_k(\mathscr{A})\xi_k(\mathscr{A})f_k(\mathscr{A})(\mathcal{W}) = \xi_k(\mathscr{A})\psi(\mathscr{A})(\mathcal{W}) = \{\mathbf{0}\}
\end{aligned} \tag{3.32}$$

因 g.c.d$\{\varphi_j(\lambda), \varphi_k(\lambda)\} = 1, \forall j \neq k$, 存在多项式 $\zeta_j(\lambda)$ 和 $\zeta_k(\lambda)$ 使得

$$\zeta_j(\lambda)\varphi_j(\lambda) + \zeta_k(\lambda)\varphi_k(\lambda) = 1 \quad \Longrightarrow \quad \zeta_j(\mathscr{A})\varphi_j(\mathscr{A}) + \zeta_k(\mathscr{A})\varphi_k(\mathscr{A}) = \mathscr{E}$$

且

$$\begin{aligned}\mathcal{W}_j \cap \mathcal{W}_k &= \zeta_j(\mathscr{A})\varphi_j(\mathscr{A})(\mathcal{W}_j \cap \mathcal{W}_k) + \zeta_k(\mathscr{A})\varphi_k(\mathscr{A})(\mathcal{W}_j \cap \mathcal{W}_k) \\ &\subset \zeta_j(\mathscr{A})\varphi_j(\mathscr{A})(\mathcal{W}_j) + \zeta_k(\mathscr{A})\varphi_k(\mathscr{A})(\mathcal{W}_k) = \{\mathbf{0}\}\end{aligned}$$

因此, $\mathcal{W} = \mathcal{W}_1 \dot{+} \mathcal{W}_2 \dot{+} \cdots \dot{+} \mathcal{W}_s$.

第 3 步 $\mathscr{A}(\mathcal{W}_j) \subset \mathcal{W}_j, j = 1, 2, \cdots, s$. 这只要注意到对任何 $j = 1, 2, \cdots, s$ 都有

$$\mathscr{A}(\mathcal{W}_j) = \xi_j(\mathscr{A})f_j(\mathscr{A})\underbrace{\mathscr{A}(\mathcal{W})}_{\subset \mathcal{W}} \subset \xi_j(\mathscr{A})f_j(\mathscr{A})(\mathcal{W}) = \mathcal{W}_j$$

即可.

第 4 步 $\mathscr{A}$ 在 $\mathcal{W}_j$ 的最小多项式为 $\varphi_j(\lambda), j = 1, 2, \cdots, j$. 式 (3.32) 显示 $\varphi_j(\lambda)$ 是 $\mathscr{A}$ 在 $\mathcal{W}_j$ 的一个化零多项式, $j = 1, 2, \cdots, s$. 令 $\eta_j(\lambda)$ 是 $\mathscr{A}$ 在 $\mathcal{W}_j$ 的最小多项式, 则有 $\eta_j(\lambda)|\varphi_j(\lambda), j = 1, 2, \cdots, s, \Longrightarrow [\eta_1(\lambda)\eta_2(\lambda)\cdots\eta_s(\lambda)]\,|[\varphi_1(\lambda)\varphi_2(\lambda)\cdots\varphi_s(\lambda)]$. 然而, 由

$$\eta_1(\mathscr{A})\eta_2(\mathscr{A})\cdots\eta_s(\mathscr{A})(\mathcal{W}) = \eta_1(\mathscr{A})\eta_2(\mathscr{A})\cdots\eta_s(\mathscr{A})\left(\sum_{j=1}^{s}\mathcal{W}_j\right) = \{\mathbf{0}\}$$

又因 $\eta_1(\lambda)\eta_2(\lambda)\cdots\eta_s(\lambda)$ 是 $\mathscr{A}$ 在 $\mathcal{W}$ 的一个化零多项式, 故又有

$$[\varphi_1(\lambda)\varphi_2(\lambda)\cdots\varphi_s(\lambda)]\,|\,[\eta_1(\lambda)\eta_2(\lambda)\cdots\eta_s(\lambda)]$$

从而 $\eta_1(\lambda)\eta_2(\lambda)\cdots\eta_s(\lambda) = \varphi_1(\lambda)\varphi_2(\lambda)\cdots\varphi_s(\lambda)$. 由 $\eta_j(\lambda)|\varphi_j(\lambda)$, 可得 $\eta_j(\lambda) = \varphi_j(\lambda)$, $j = 1, 2, \cdots, s$. ■

下面的两个定理对于研究线性空间相对于一个线性变换的结构有重要的作用.

【定理 3.4.5】 *$\mathcal{V}$ 是数域 $\mathcal{F}$ 上的线性空间, $\mathscr{A} \in \mathcal{L}(\mathcal{V})$, $\boldsymbol{\alpha}_j \in \mathcal{V}$, $\varphi_j(\lambda)$ 是 $\mathscr{A}$ 在 $\boldsymbol{\alpha}_j$ 的最小多项式且 g.c.d$\{\varphi_j(\lambda), \varphi_k(\lambda)\} = 1, \forall j \neq k, j = 1, 2, \cdots, s$. 则 $\mathscr{A}$ 在 $\boldsymbol{\alpha}_1 + \boldsymbol{\alpha}_2 + \cdots + \boldsymbol{\alpha}_s$ 的最小多项式为 $\psi(\lambda) = \varphi_1(\lambda)\varphi_2(\lambda)\cdots\varphi_s(\lambda)$.*

证明: 记 $f_j(\lambda) = \psi(\lambda)/\varphi_j(\lambda)$, $\breve{\boldsymbol{\alpha}} = \boldsymbol{\alpha}_1 + \boldsymbol{\alpha}_2 + \cdots + \boldsymbol{\alpha}_s$. 由

$$\psi(\mathscr{A})(\breve{\boldsymbol{\alpha}}) = f_1(\mathscr{A})\varphi_1(\mathscr{A})(\boldsymbol{\alpha}_1) + f_2(\mathscr{A})\varphi_2(\mathscr{A})(\boldsymbol{\alpha}_2) + \cdots + f_s(\mathscr{A})\varphi_s(\mathscr{A})(\boldsymbol{\alpha}_s) = \mathbf{0}$$

可得 $\psi(\lambda)$ 是 $\mathscr{A}$ 在 $\breve{\boldsymbol{\alpha}}$ 的一个化零多项式. 令 $\varphi(\lambda)$ 是 $\mathscr{A}$ 在 $\breve{\boldsymbol{\alpha}}$ 的最小多项式, 则 $\varphi(\lambda)|\psi(\lambda)$. 然而, 因

$$\begin{aligned}\varphi(\mathscr{A})f_j(\mathscr{A})(\boldsymbol{\alpha}_j) &= \varphi(\mathscr{A})f_j(\mathscr{A})(\boldsymbol{\alpha}_j) + \sum_{k\neq j}\underbrace{\varphi(\mathscr{A})f_j(\mathscr{A})(\boldsymbol{\alpha}_k)}_{=0} \\ &= f_j(\mathscr{A})\varphi(\mathscr{A})(\breve{\boldsymbol{\alpha}}) = \mathbf{0}\end{aligned}$$

$\varphi(\lambda)f_j(\lambda)$ 也是 $\mathscr{A}$ 在 $\boldsymbol{\alpha}_j$ 的一个化零多项式, 于是 $\varphi_j(\lambda)|\varphi(\lambda)f_j(\lambda)$, $\forall j=1,2,\cdots,s$. 因 g.c.d $\{\varphi_j(\lambda)\,,\,f_j(\lambda)\}=1$, 必有

$$[\varphi_1(\lambda)\varphi_2(\lambda)\cdots\varphi_s(\lambda)]\,|\varphi(\lambda)$$

因 $\varphi(\lambda)$ 是最小多项式, 又有

$$\varphi(\lambda)|\,[\varphi_1(\lambda)\varphi_2(\lambda)\cdots\varphi_s(\lambda)]$$

于是 $\psi(\lambda)=\varphi_1(\lambda)\varphi_2(\lambda)\cdots\varphi_s(\lambda)=\varphi(\lambda)$, $\mathscr{A}$ 在 $\check{\boldsymbol{\alpha}}$ 的最小多项式是 $\psi(\lambda)=\varphi_1(\lambda)\varphi_2(\lambda)\cdots\varphi_s(\lambda)$. ■

【定理 3.4.6】 $\mathcal{V}$ 是数域 $\mathcal{F}$ 上的线性空间, $\mathscr{A}\in\mathcal{L}(\mathcal{V})$, $\mathcal{W}\subset\mathcal{V}$ 是 $\mathscr{A}$ 的不变子空间, $\psi(\lambda)$ 是 $\mathscr{A}$ 在 $\mathcal{W}$ 的最小多项式. 则存在 $\boldsymbol{x}\in\mathcal{W}$ 使得 $\mathscr{A}$ 在 $\boldsymbol{x}$ 的最小多项式为 $\psi(\lambda)$.

证明: 不失一般性, 设 $\psi(\lambda)$ 可分解为 s 个 $\mathcal{F}$ 上的质因子的幂积的形式:

$$\psi(\lambda)=\prod_{j=1}^{s}[\varphi_j(\lambda)]^{n_j}$$

其中, $\varphi_j(\lambda)$ 是 $\mathcal{F}[\lambda]$ 中的质多项式; $n_j\in\mathcal{Z}_+$, $j=1,2,\cdots,s$, 且 g.c.d$\{\varphi_j(\lambda)\,,\,\varphi_k(\lambda)\}=1$, $\forall j\neq k$.

根据定理 3.4.4, $\mathcal{W}$ 可分解为直和:

$$\mathcal{W}=\mathcal{W}_1\dot{+}\mathcal{W}_2\dot{+}\cdots\dot{+}\mathcal{W}_s$$

其中, $\mathscr{A}$ 在 $\mathcal{W}_j$ 的最小多项式为 $[\varphi_j(\lambda)]^{n_j}$, $j=1,2,\cdots,s$.

令 $\boldsymbol{\alpha}_{j,1},\,\boldsymbol{\alpha}_{j,2},\,\cdots,\,\boldsymbol{\alpha}_{j,m_j}$ 是 $\mathcal{W}_j$ 的一组基, 则对 $k=1,2,\cdots,m_j$,$[\varphi_j(\lambda)]^{n_j}$ 是 $\mathscr{A}$ 在 $\boldsymbol{\alpha}_{j,k}$ 的化零多项式. 于是 $\mathscr{A}$ 在 $\boldsymbol{\alpha}_{j,k}$ 的最小多项式是 $[\varphi_j(\lambda)]^{n_j}$ 的一个因子, 从而具有 $[\varphi_j(\lambda)]^{n_{jk}}$ 的形式且 $n_{jk}\leqslant n_j$, $\forall k=1,2,\cdots,m_j$. 记 $\kappa_j=\max_k\{\,n_{jk}\,,\,k=1,2,\cdots,m_j\,\}$, 则 $\kappa_j\leqslant n_j$. 然而, $[\varphi_j(\lambda)]^{\kappa_j}$ 是 $\mathscr{A}$ 在所有基向量 $\boldsymbol{\alpha}_{j,1},\boldsymbol{\alpha}_{j,2},\cdots,\boldsymbol{\alpha}_{j,n_j}$ 的化零多项式, 从而也是 $\mathscr{A}$ 在 $\mathcal{W}_j$ 的一个化零多项式. 因 $[\varphi_j(\lambda)]^{n_j}$ 是 $\mathscr{A}$ 在 $\mathcal{W}_j$ 的最小多项式, 又有 $n_j\leqslant\kappa_j$, 于是 $n_j=\kappa_j$. 考虑到 $\kappa_j=\max_k\{\,n_{jk}\,,\,k=1,2,\cdots,m_j\,\}$, 存在 $\boldsymbol{\alpha}_{j,t_j}$ $(1\leqslant t_j\leqslant m_j)$ 使得 $\mathscr{A}$ 在 $\boldsymbol{\alpha}_{j,t_j}$ 的最小多项式为 $[\varphi_j(\lambda)]^{n_j}$. 令 $\boldsymbol{\alpha}_j=\boldsymbol{\alpha}_{j,t_j}$, 则 $\mathscr{A}$ 在子空间 $\mathcal{W}_j$ 的最小多项式 $[\varphi_j(\lambda)]^{n_j}$ 也是 $\mathscr{A}$ 在 $\boldsymbol{\alpha}_j\in\mathcal{W}_j$ 的最小多项式, $j=1,2,\cdots,s$.

因 $\varphi_1(\lambda),\varphi_2(\lambda),\cdots,\varphi_s(\lambda)$ 两两互质, 由定理 3.4.5可知, $\mathscr{A}$ 在 $\check{\boldsymbol{\alpha}}=\boldsymbol{\alpha}_1+\boldsymbol{\alpha}_2+\cdots+\boldsymbol{\alpha}_s$ 的最小多项式为 $\prod_{j=1}^{s}\varphi_j(\lambda)$. ■

对于 $\mathscr{A}\in\mathcal{L}(\mathcal{V})$, 应用定理 3.4.6可以得到下述结果.

【定理 3.4.7】 $\mathcal{V}$ 是数域 $\mathcal{F}$ 上的线性空间, $\mathscr{A}\in\mathcal{L}(\mathcal{V})$, $\psi(\lambda)\in\mathcal{F}[\lambda]$ 是 $\mathscr{A}$ 的最小多项式. 则有

(1) $m=\deg\psi(\lambda)\leqslant\dim\mathcal{V}=n$;

(2) $\psi(\mathscr{A})=\mathscr{O}$;

(3) $\mathscr{A}^k$ 是 $\mathscr{E},\mathscr{A},\cdots,\mathscr{A}^{k-1}$ 的线性组合, 当且仅当 $k\geqslant m$.

3.4.3 $\mathcal{C}$ 上 n 维线性空间 $\mathcal{V}$ 的分解

本节将应用定理 3.4.4、定理 3.4.5和定理 3.4.6给出复数域 $\mathcal{C}$ 上的 n 维线性空间 $\mathcal{V}$ 的第一分解. 设

$$[\hat{\boldsymbol{\alpha}}_1\ \ \hat{\boldsymbol{\alpha}}_2\ \ \cdots\ \ \hat{\boldsymbol{\alpha}}_n]=[\boldsymbol{\alpha}_1\ \ \boldsymbol{\alpha}_2\ \ \cdots\ \ \boldsymbol{\alpha}_n]X$$

其中, 过渡矩阵 $X\in\mathcal{C}_n^{n\times n}$ 使得 $X^{-1}AX$ 为 Jordan 标准形, 则可以有式 (3.26) 和式 (3.27) 给出的广义特征子空间的分解.

下面来研究 $\mathscr{A}$ 在 $\mathcal{W}_{ij}$ 的最小多项式. 显然由式 (C.9) 和定理 3.4.3有

$$\begin{aligned}&\lambda-\lambda_j\text{是}A\text{在}\boldsymbol{x}_{ij,1}\text{的最小多项式}\\ \Longleftrightarrow\ &\lambda-\lambda_j\text{是}\mathscr{A}\text{在}\hat{\boldsymbol{\alpha}}_{ij,1}\text{的最小多项式}\\[2ex] &(\lambda-\lambda_j)^2\text{是}A\text{在}\boldsymbol{x}_{ij,2}\text{的最小多项式}\\ \Longleftrightarrow\ &(\lambda-\lambda_j)^2\text{是}\mathscr{A}\text{在}\hat{\boldsymbol{\alpha}}_{ij,2}\text{的最小多项式}\\ &\ \ \vdots\\ &(\lambda-\lambda_j)^{n_{ij}-1}\text{是}A\text{在}\boldsymbol{x}_{ij,n_{ij}-1}\text{的最小多项式}\\ \Longleftrightarrow\ &(\lambda-\lambda_j)^{n_{ij}-1}\text{是}\mathscr{A}\text{在}\hat{\boldsymbol{\alpha}}_{ij,n_{ij}-1}\text{的最小多项式}\\[2ex] &(\lambda-\lambda_j)^{n_{ij}}\text{是}A\text{在}\boldsymbol{x}_{ij,n_{ij}}\text{的最小多项式}\\ \Longleftrightarrow\ &(\lambda-\lambda_j)^{n_{ij}}\text{是}\mathscr{A}\text{在}\hat{\boldsymbol{\alpha}}_{ij,n_{ij}}\text{的最小多项式}\end{aligned}$$

最后一个等式说明存在 $\boldsymbol{\alpha}_{ij}\in\mathcal{W}_{ij}$ 使得 $\mathscr{A}$ 在 $\boldsymbol{\alpha}_{ij}$ 的最小多项式与它在 $\mathcal{W}_{ij}$ 的最小多项式相等, 即定理 3.4.4和定理 3.4.6.

注意到 $\psi_i(\lambda)$ 的质因子分解式 (3.17), 以及 $\text{g.c.d}\{(\lambda-\lambda_j)^{n_{ij}},(\lambda-\lambda_k)^{n_{ik}}\}=1,\forall j\neq k$, 由定理 3.4.4可知 $\psi_i(\lambda)$ 是 $\mathscr{A}$ 在其不变子空间

$$\mathcal{W}_i=\mathcal{W}_{i1}\dot{+}\mathcal{W}_{i2}\dot{+}\cdots\dot{+}\mathcal{W}_{is}\tag{3.33}$$

的最小多项式. 由

$$\mathcal{V}=\mathcal{W}_1\dot{+}\mathcal{W}_2\dot{+}\cdots\dot{+}\mathcal{W}_l\tag{3.34}$$

可知, $\mathscr{A}$ 的最小多项式是其任一矩阵表示的最大不变因子 $\psi_l(\lambda)$.

在本节结束之前, 给出矩阵 A 的化零多项式和最小多项式的几个定理.

【定理 3.4.8】 $\varphi(\lambda)$ 是 A 的一个化零多项式, 当且仅当存在多项式矩阵 $C(\lambda)$ 使得

$$\varphi(\lambda)\cdot I=C(\lambda)(\lambda I-A)$$

证明: " 仅当": 令

$$\varphi(\lambda)=\alpha_0+\alpha_1\lambda+\cdots+\alpha_{\sigma-1}\lambda^{\sigma-1}+\alpha_\sigma\lambda^\sigma$$

是 A 的一个化零多项式, 即

$$\varphi(A)=\alpha_0I+\alpha_1A+\cdots+\alpha_{\sigma-1}A^{\sigma-1}+\alpha_\sigma A^\sigma=0$$

则存在多项式矩阵 $C(\lambda)$ 使得

$$\varphi(\lambda)\cdot I=C(\lambda)(\lambda I-A)$$

要证明这个结果, 只要能构造出多项式矩阵 $C(\lambda)$ 使等式 $\varphi(\lambda)\cdot I=C(\lambda)(\lambda I-A)$ 成立即可. 设

$$C(\lambda)=C_0+C_1\lambda+\cdots+C_{\sigma-2}\lambda^{\sigma-2}+C_{\sigma-1}\lambda^{\sigma-1}$$

则等式成立, 当且仅当

$$\begin{aligned}
\lambda^0 &: -C_0A=\alpha_0 I\\
\lambda^1 &: C_0-C_1A=\alpha_1 I\\
\lambda^2 &: C_1-C_2A=\alpha_2 I\\
&\vdots\\
\lambda^{\sigma-1} &: C_{\sigma-2}-C_{\sigma-1}A=\alpha_{\sigma-1} I\\
\lambda^{\sigma} &: C_{\sigma-1}=\alpha_\sigma I
\end{aligned}$$

比较上式的两端, 可得

$$\begin{aligned}
C_{\sigma-1}&=\alpha_\sigma I\\
C_{\sigma-2}&=\alpha_{\sigma-1}I+AC_{\sigma-1}=\alpha_{\sigma-1}I+\alpha_\sigma A
\end{aligned}$$

若设

$$C_{\sigma-i}=\alpha_{\sigma-i+1}I+\alpha_{\sigma-i+2}A+\cdots+\alpha_\sigma A^{i-1} \tag{3.35}$$

则由 $C_j-C_{j+1}A=\alpha_{j+1}I$ 可得

$$\begin{aligned}
C_{\sigma-i-1}&=C_{\sigma-i}A+\alpha_{\sigma-i}\\
&=\alpha_{\sigma-i}I+\alpha_{\sigma-i+1}A+\alpha_{\sigma-i+2}A^2+\cdots+\alpha_\sigma A^i
\end{aligned} \tag{3.36}$$

于是归纳法假设成立. 令 $i=\sigma$, 得

$$C_0=\alpha_1 I+\alpha_2 A+\cdots+\alpha_\sigma A^{\sigma-1}$$

要证明 $C_0A+\alpha_0 I=0$, 只要注意到

$$C_0A=\alpha_1 A+\alpha_2 A^2+\cdots+\alpha_\sigma A^\sigma$$

即可.

"当": 设存在 $C(\lambda)$ 使

$$\varphi(\lambda)\cdot I=C(\lambda)(\lambda I-A)$$

则 $\varphi(A)=0$. 令

$$C(\lambda)=C_0+C_1\lambda+\cdots+C_{\sigma-2}\lambda^{\sigma-2}+C_{\sigma-1}\lambda^{\sigma-1}$$

则有

$$\begin{aligned}
\lambda^0 &: \ -C_0A = \alpha_0 I \\
\lambda^1 &: \ C_0 - C_1A = \alpha_1 I \\
\lambda^2 &: \ C_1 - C_2A = \alpha_2 I \\
&\ \ \vdots \\
\lambda^{\sigma-1} &: \ C_{\sigma-2} - C_{\sigma-1}A = \alpha_{\sigma-1} I \\
\lambda^{\sigma} &: \ C_{\sigma-1} = \alpha_\sigma I
\end{aligned}$$

将第二行右乘以 A, 第三行右乘以 $A^2, \cdots$, 最后一行右乘以 A^σ, 得

$$\begin{aligned}
\lambda^0 &: \ -C_0A = \alpha_0 I \\
\lambda^1 &: \ C_0A - C_1A^2 = \alpha_1 A \\
\lambda^2 &: \ C_1A^2 - C_2A^3 = \alpha_2 A^2 \\
&\ \ \vdots \\
\lambda^{\sigma-1} &: \ C_{\sigma-2}A^{\sigma-1} - C_{\sigma-1}A^\sigma = \alpha_{\sigma-1} A^{\sigma-1} \\
\lambda^{\sigma} &: \ C_{\sigma-1}A^\sigma = \alpha_\sigma A^\sigma
\end{aligned}$$

将上述所有等式的两端分别相加, 即有

$$0 = \alpha_0 I + \alpha_1 A + \cdots + \alpha_{\sigma-1}A^{\sigma-1} + \alpha_\sigma A^\sigma = \varphi(A)$$

■

下面的定理说明, 任何一个方阵都满足其特征多项式, 从而特征多项式是一个化零多项式.

【定理 3.4.9】 (Cayley-Hamilton 定理) 任何一个方阵 A 都满足其特征多项式, 即

$$f_A(A) = A^n + a_{n-1}A^{n-1} + \cdots + a_1 A + a_0 I = 0$$

其中, $f_A(\lambda) = \det(\lambda I - A) = \lambda^n + a_{n-1}\lambda^{n-1} + \cdots + a_1\lambda + a_0$.

证明: 只要注意到

$$\operatorname{adj}(\lambda I - A)\cdot(\lambda I - A) = \det(\lambda I - A) I$$

和定理 3.4.8 即可, 这里 $\operatorname{adj}(\lambda I - A)$ 是 $\lambda I - A$ 的伴随矩阵. ■

下面的定理给出了 A 的最小多项式 $m_A(\lambda)$ 的计算方法.

【定理 3.4.10】 令 $d(\lambda)$ 是伴随矩阵 $\operatorname{adj}(\lambda I - A)$ 所有元素的最大 (首一) 公因子, $f_A(\lambda)$ 是 A 的特征多项式, 则

$$m_A(\lambda) = \frac{f_A(\lambda)}{d(\lambda)}$$

证明: 先证明 $\mathrm{adj}(\lambda I-A)$ 所有元素的任何一个公因子 $d(\lambda)$ 也是 $\det(\lambda I-A)$ 的一个公因子且 $\det(\lambda I-A)/d(\lambda)$ 是 A 的一个化零多项式. 设 $d(\lambda)$ 是 $\mathrm{adj}(\lambda I-A)$ 所有元素的一个公因子, 则 $\mathrm{adj}(\lambda I-A)$ 可表示为 $\mathrm{adj}(\lambda I-A)=d(\lambda)B(\lambda)$, 其中 $B(\lambda)$ 是某个多项式矩阵. 由

$$\mathrm{adj}(\lambda I-A)\cdot(\lambda I-A)=\det(\lambda I-A)I=d(\lambda)B(\lambda)(\lambda I-A) \tag{3.37}$$

可得

$$\frac{\det(\lambda I-A)}{d(\lambda)}\cdot I=B(\lambda)(\lambda I-A)$$

上式的右端是一个多项式矩阵, 因而 $\dfrac{\det(\lambda I-A)}{d(\lambda)}$ 必须是一个多项式, 即 $d(\lambda)|\det(\lambda I-A)$. 由定理 3.4.8可知, $\det(\lambda I-A)/d(\lambda)$ 是 A 的一个化零多项式.

上述分析表明, $\det(\lambda I-A)$ 可被 $\mathrm{adj}(\lambda I-A)$ 所有元素的任何一个公因子整除. 于是令 $d(\lambda)$ 是 $\mathrm{adj}(\lambda I-A)$ 所有元素的最大公因子, 并令

$$\psi_A(\lambda)\triangleq\det(\lambda I-A)/d(\lambda) \tag{3.38}$$

则 $\psi_A(\lambda)$ 是 A 的一个化零多项式.

再证明 $\psi_A(\lambda)$ 在所有的化零多项式中次数最低, 用反证法. 设 $m_A(\lambda)$ 次数最低, 则 $\deg m_A(\lambda)<\deg\psi_A, \psi_A(\lambda)$ 可表示为

$$\psi_A(\lambda)=g(\lambda)m_A(\lambda)+r(\lambda)$$

其中, 或有 $\deg r(\lambda)<\deg m_A(\lambda)$, 或有 $r(\lambda)=0$. 由于 $\psi_A(A)=0$, $m_A(A)=0$, 必有 $r(A)=0$. 因 $m_A(\lambda)$ 是最小多项式, $r(\lambda)=0$,

$$\psi_A(\lambda)=g(\lambda)m_A(\lambda)$$

将上式代入式 (3.38) 可得

$$\det(\lambda I-A)=d(\lambda)g(\lambda)m_A(\lambda)$$

由式 (3.37) 可得

$$d(\lambda)g(\lambda)m_A(\lambda)\cdot I=d(\lambda)B(\lambda)(\lambda I-A)$$

从而有

$$g(\lambda)m_A(\lambda)\cdot I=B(\lambda)(\lambda I-A)$$

由于 $m_A(\lambda)$ 是 A 的一个化零多项式, 由定理 3.4.8可知, 存在多项式矩阵 $C(\lambda)$ 使得 $m_A(\lambda)\cdot I=C(\lambda)(\lambda I-A)$. 于是有

$$\begin{aligned}&g(\lambda)C(\lambda)(\lambda I-A)=B(\lambda)(\lambda I-A),\quad\forall\lambda\\ \Longleftrightarrow\ &g(\lambda)C(\lambda)=B(\lambda)\end{aligned}$$

最后一式说明 $g(\lambda)$ 是 $B(\lambda)$ 所有元素的一个公因子. 因 $\mathrm{adj}(\lambda I-A)=d(\lambda)B(\lambda)$ 且 $d(\lambda)$ 是 $\mathrm{adj}(\lambda I-A)$ 所有元素的最大公因子, 故 $g(\lambda)=1$. 从而 $m_A(\lambda)=\psi_A(\lambda)$. ■

关于分块对角矩阵的最小多项式有下述定理.

【定理 3.4.11】 设 $A=\mathrm{blockdiag}\{A_1, A_2, \cdots, A_l\}$, $\psi_1(\lambda), \psi_2(\lambda), \cdots, \psi_l(\lambda)$ 分别是 $A_1, A_2, \cdots, A_l$ 的最小多项式, 则 A 的最小多项式是 $\psi_1(\lambda), \psi_2(\lambda), \cdots, \psi_l(\lambda)$ 的最低公倍式.

证明: 设 $m_A(\lambda)$ 是 A 的最小多项式, 则

$$m_A(A)=\mathrm{blockdiag}\{m_A(A_1), m_A(A_2), \cdots, m_A(A_l)\}=0$$

于是有

$$m_A(A_1)=0,\ m_A(A_2)=0,\ \cdots,\ m_A(A_l)=0$$

即 $m_A(\lambda)$ 是 $A_1, A_2, \cdots, A_l$ 的化零多项式. 因此, $m_A(\lambda)$ 是 $\psi_1(\lambda), \psi_2(\lambda), \cdots, \psi_l(\lambda)$ 的一个公倍式.

另外, 若 $m_A(\lambda)$ 是 $\psi_1(\lambda), \psi_2(\lambda), \cdots, \psi_l(\lambda)$ 的最低公倍式, 则 $m_A(A)=0$. 若 $m_A(\lambda)$ 不是 $\psi_1(\lambda), \psi_2(\lambda), \cdots, \psi_l(\lambda)$ 的公倍式, 则 $m_A(A)\neq 0$. ■

容易证明, 相似矩阵具有相同的化零多项式和最小多项式. 根据这个结论与定理 3.4.11, 可得到应用 Jordan 标准形求矩阵最小多项式的方法.

【例 3.4.1】 求矩阵 A 的最小多项式.

$$(1) A=\begin{bmatrix}-4 & 5 & 15\\ -2 & 3 & 6\\ -1 & 1 & 4\end{bmatrix}$$

$$(2) A=\begin{bmatrix}-5 & 27 & -8\\ 1 & -7 & 2\\ 6 & -38 & 11\end{bmatrix}$$

$$(3) A=\begin{bmatrix}2 & 0 & 0\\ 6 & -1 & 0\\ 3 & 0 & -1\end{bmatrix}$$

$$(4) A=\begin{bmatrix}4 & -4 & -4 & 8\\ 1 & 3 & -5 & 2\\ 1 & 3 & -5 & 2\\ -1 & 5 & -3 & -2\end{bmatrix}$$

解: (1) A 的 Jordan 标准形为

$$J=\begin{bmatrix}1 & 0 & 0\\ 0 & 1 & 1\\ 0 & 0 & 1\end{bmatrix}$$

故 A 的最小多项式为 $(\lambda-1)^2$.

(2) A 的 Jordan 标准形为

$$J=\begin{bmatrix}-1 & 0 & 0\\ 0 & 0 & 1\\ 0 & 0 & 0\end{bmatrix}$$

故 A 的最小多项式为 $\lambda^2(\lambda+1)$.

(3) A 的 Jordan 标准形为

$$J=\begin{bmatrix}-1 & 0 & 0\\ 0 & -1 & 0\\ 0 & 0 & 2\end{bmatrix}$$

故 A 的最小多项式为 $(\lambda+1)(\lambda+2)$.

(4) A 的 Jordan 标准形为

$$J=\begin{bmatrix}0 & 1 & 0 & 0\\ 0 & 0 & 0 & 0\\ 0 & 0 & 0 & 1\\ 0 & 0 & 0 & 0\end{bmatrix}$$

故 A 的最小多项式为 λ^2. △

由定理 3.4.8和定理 3.4.9可以得到计算预解矩阵 $(\lambda I-A)^{-1}$ 的 Fadeeva 算法. 记 A 的特征多项式为

$$\phi(\lambda)=f_A(\lambda)=\det(\lambda I-A)=\alpha_n\lambda^n+\alpha_{n-1}\lambda^{n-1}+\cdots+\alpha_1\lambda+\alpha_0$$

$C(\lambda)$ 为伴随矩阵 $\mathrm{adj}(\lambda I-A)$, 则由式 (3.35) 可得 $\sigma=n$, $\mathrm{adj}(\lambda I-A)$ 可表示为

$$\mathrm{adj}(\lambda I-A)=\sum_{j=0}^{n-1}\lambda^j C_j$$

其中, $j=n-2,n-3,\cdots,0$, $C_j=\sum_{i=j+1}^{n}\alpha_i A^{i-j-1}$ 满足递推关系:

$$C_j=\alpha_{j+1}+C_{j+1}A$$

其初始值为 $C_{n-1}=\alpha_n I$, 且

$$(\lambda I-A)^{-1}=\frac{\lambda^{n-1}C_{n-1}+\lambda^{n-2}C_{n-2}+\cdots+\lambda C_1+C_0}{\alpha_n\lambda^n+\alpha_{n-1}\lambda^{n-1}+\cdots+\alpha_1\lambda+\alpha_0}$$

Fadeeva 算法即递推计算特征多项式 $\det(\lambda I-A)$ 的系数 α_i 和伴随矩阵 $\mathrm{adj}(\lambda I-A)$ 的系数矩阵 C_j. 由定理 B.5.1 可得下述结果.

命题 3.4.1 对 $k=1,2,\cdots,n$ 都有

$$\sum_{i=1}^{n}\lambda_i^k+\sum_{q=1}^{k-1}\sum_{i=1}^{n}\alpha_{n-q}\lambda_i^{k-q}=-k\alpha_{n-k} \tag{3.39}$$

证明: $k=1$ 时等式为 $\sum_{i=1}^n\lambda_i=-\alpha_{n-1}$, 显然成立. 记

$$\gamma_{n-q}(\lambda_1,\lambda_2,\cdots,\lambda_n)=(-1)^q\alpha_{n-q}=\sum_{\substack{i_1=1\\ i_1<i_2<\cdots<i_q}}^{n-q+1}\lambda_{i_1}\lambda_{i_2}\cdots\lambda_{i_q},\quad q=1,2,\cdots,k-1$$

显然, $\gamma_{n-q}(\lambda_1,\lambda_2,\cdots,\lambda_n)$ 可以分为两部分之和, 第一部分中的单项式 $\lambda_{i_1}\lambda_{i_2}\cdots\lambda_{i_q}$ 都含有 λ_i, 即 $i_1\leqslant i\leqslant i_q$, 第二部分中的单项式都不含有 λ_i, 即 $\gamma_{n-q}(\lambda_1,\lambda_2,\cdots,\lambda_n)=a_{1,\lambda_i}\lambda_i+a_{0,\lambda_i}$, 其中 a_{1,λ_i} 为 $q-1$ 次齐式, a_{0,λ_i} 为 q 次齐式, 二者均不含有 λ_i. 将例 1.4.3中的映射 $\mathscr{D}$ 应用于 $\gamma_{n-q}(\lambda_1,\lambda_2,\cdots,\lambda_n)$, 因 γ_{n-q} 是 n 元多项式, 将作用于 λ_i 的映射记为 $\mathscr{D}_{\lambda_i}$, 则有 $a_{1,\lambda_i}=\mathscr{D}_{\lambda_i}\left(\gamma_{n-q}(\lambda_1,\lambda_2,\cdots,\lambda_n)\right)$. 考虑到 $\gamma_{n-(q+1)}(\lambda_1,\lambda_2,\cdots,\lambda_n)$ 中的单项式 $\lambda_{i_1}\lambda_{i_2}\cdots\lambda_{i_q}\lambda_{i_{q+1}}$, 显然有

$$\begin{aligned}&\mathscr{D}_{\lambda_i}\left(\lambda_{i_1}\lambda_{i_2}\cdots\lambda_{i_q}\lambda_{i_{q+1}}\right)\\ &=\begin{cases}0, & \text{若}\lambda_i\notin\{\lambda_{i_1},\lambda_{i_2},\cdots,\lambda_{i_q},\lambda_{i_{q+1}}\}\\ \lambda_{j_1}\lambda_{j_2}\cdots\lambda_{j_q},\quad \lambda_i\notin\{\lambda_{j_1}\lambda_{j_2}\cdots\lambda_{j_q}\}, & \text{若}\lambda_i\in\{\lambda_{i_1},\lambda_{i_2},\cdots,\lambda_{i_q},\lambda_{i_{q+1}}\}\end{cases}\end{aligned}$$

于是 a_{0,λ_i} 可表示为 $\mathscr{D}_{\lambda_i}\left(\gamma_{n-(q+1)}(\lambda_1,\lambda_2,\cdots,\lambda_n)\right)$. 从而有

$$\gamma_{n-q}(\lambda_1,\lambda_2,\cdots,\lambda_n)=\lambda_i\mathscr{D}_{\lambda_i}\left(\gamma_{n-q}(\lambda_1,\lambda_2,\cdots,\lambda_n)\right)+\mathscr{D}_{\lambda_i}\left(\gamma_{n-(q+1)}(\lambda_1,\lambda_2,\cdots,\lambda_n)\right)$$

$$\begin{aligned}\gamma_{n-q}(\lambda_1,\lambda_2,\cdots,\lambda_n)\sum_{i=1}^{n}\lambda_i^{k-q}=&\sum_{i=1}^{n}\lambda_i^{k-q+1}\mathscr{D}_{\lambda_i}\left(\gamma_{n-q}(\lambda_1,\lambda_2,\cdots,\lambda_n)\right)\\&+\sum_{i=1}^{n}\lambda_i^{k-q}\mathscr{D}_{\lambda_i}\left(\gamma_{n-(q+1)}(\lambda_1,\lambda_2,\cdots,\lambda_n)\right)\end{aligned} \tag{3.40}$$

将式 (3.40) 代入式 (3.39) 的左端并注意到 $\gamma_{n-1}(\lambda_1,\lambda_2,\cdots,\lambda_n)=\sum_{i=1}^n\lambda_i$, 从而 $\mathscr{D}_{\lambda_i}\left(\gamma_{n-1}(\lambda_1,\lambda_2,\cdots,\lambda_n)\right)=1$, 可得

$$\begin{aligned}&\sum_{i=1}^{n}\lambda_i^k+\sum_{q=1}^{k-1}\sum_{i=1}^{n}(-1)^q\gamma_{n-q}(\lambda_1,\lambda_2,\cdots,\lambda_n)\lambda_i^{k-q}\\ &=\sum_{i=1}^{n}\lambda_i^k-\sum_{i=1}^{n}\lambda_i^k\mathscr{D}_{\lambda_i}(\gamma_{n-1})-\sum_{i=1}^{n}\lambda_i^{k-1}\mathscr{D}_{\lambda_i}(\gamma_{n-2})\\ &\quad+\sum_{i=1}^{n}\lambda_i^{k-1}\mathscr{D}_{\lambda_i}(\gamma_{n-2})+\sum_{i=1}^{n}\lambda_i^{k-2}\mathscr{D}_{\lambda_i}(\gamma_{n-3})-\cdots\end{aligned}$$

$$+(-1)^{k-2}\sum_{i=1}^{n}\lambda_i^{k-(k-2)+1}\mathscr{D}_{\lambda_i}\left(\gamma_{n-(k-2)}\right)+(-1)^{k-2}\sum_{i=1}^{n}\lambda_i^{k-(k-2)}\mathscr{D}_{\lambda_i}\left(\gamma_{n-[(k-2)+1]}\right)$$

$$+(-1)^{k-1}\sum_{i=1}^{n}\lambda_i^{k-(k-1)+1}\mathscr{D}_{\lambda_i}\left(\gamma_{n-(k-1)}\right)+(-1)^{k-1}\sum_{i=1}^{n}\lambda_i^{k-(k-1)}\mathscr{D}_{\lambda_i}\left(\gamma_{n-[(k-1)+1]}\right)$$

$$=(-1)^{k-1}\sum_{i=1}^{n}\lambda_i\mathscr{D}_{\lambda_i}\left(\gamma_{n-k}\right)=(-1)^{k-1}\sum_{i=1}^{n}\lambda_i\mathscr{D}_{\lambda_i}\left(\sum_{\substack{i_1=1\\ i_1<i_2<\cdots<i_k}}^{n-k+1}\lambda_{i_1}\lambda_{i_2}\cdots\lambda_{i_k}\right)$$

考虑单项式 $\lambda_{i_1}\lambda_{i_2}\cdots\lambda_{i_k}$, $i_1<i_2<\cdots<i_k$. 显然, 有

$$\lambda_i\mathscr{D}_{\lambda_i}\left(\lambda_{i_1}\lambda_{i_2}\cdots\lambda_{i_k}\right)=\begin{cases}0, & 若\ i\notin\{i_1,i_2,\cdots,i_k\}\\ \lambda_{i_1}\lambda_{i_2}\cdots\lambda_{i_k}, & 若\ i\in\{i_1,i_2,\cdots,i_k\}\end{cases}$$

于是有

$$\sum_{i=1}^{n}\lambda_i\mathscr{D}_{\lambda_i}\left(\lambda_{i_1}\lambda_{i_2}\cdots\lambda_{i_k}\right)=\sum_{\substack{l=1\\ i_l\in\{i_1,i_2,\cdots,i_k\}}}^{k}\lambda_{i_l}\mathscr{D}_{\lambda_i}\left(\lambda_{i_1}\lambda_{i_2}\cdots\lambda_{i_k}\right)=k\lambda_{i_1}\lambda_{i_2}\cdots\lambda_{i_k}$$

$$(-1)^{k-1}\sum_{i=1}^{n}\lambda_i\mathscr{D}_{\lambda_i}\left(\gamma_{n-k}\right)=(-1)^{k-1}k\sum_{\substack{i_1=1\\ i_1<i_2<\cdots<i_k}}^{n-k+1}\lambda_{i_1}\lambda_{i_2}\cdots\lambda_{i_k}=-k\alpha_{n-k}$$

这就是要证的结果. ■

现在可以给出 Fadeeva 递推算法了.

第 1 步 因 $f_A(s)$ 为首一多项式, 设 $\alpha_n=1$. 因伴随矩阵 $\mathrm{adj}(\lambda I-A)$ 的对角线元素均为首一 $n-1$ 次多项式, 非对角线元素的次数不超过 $n-2$, 可设 $C_{n-1}=I$. 由 Viéte 定理和习题 3.1可得

$$\alpha_{n-1}=-\sum_{i=1}^{n}\lambda_i=-\sum_{i=1}^{n}a_{ii}=-\mathrm{trace}(A) \tag{3.41}$$

于是有 $\alpha_{n-1}=-\mathrm{trace}(AC_{n-1})$.

第 2 步 由 $C_{n-1}=I$, 计算 $C_{n-2}=AC_{n-1}+\alpha_{n-1}I$. 由式 (3.36) 可得 $C_{n-2}=\alpha_{n-1}I+\alpha_nA$, 于是有

$$AC_{n-2}=A^2+\alpha_{n-1}A$$

在命题 3.4.1中令 $k=2$, 可得

$$\mathrm{trace}(AC_{n-2})=\mathrm{trace}(A^2+\alpha_{n-1}A)=\mathrm{trace}(A^2)+\alpha_{n-1}\mathrm{trace}(A)=\sum_{i=1}^{n}\lambda_i^2+\alpha_{n-1}\sum_{i=1}^{n}\lambda_i=-2\alpha_{n-2}$$

于是, $\alpha_{n-2}=-\dfrac{1}{2}\mathrm{trace}(AC_{n-2})$.

第 3 步 由 $C_{n-3}=AC_{n-2}+\alpha_{n-2}I$ 计算 C_{n-3}. 由式 (3.36) 可得

$$C_{n-3}=\alpha_{n-2}I+\alpha_{n-1}A+\alpha_nA^2$$
$$AC_{n-3}=\alpha_{n-2}A+\alpha_{n-1}A^2+\alpha_nA^3$$

在命题 3.4.1中令 $k=3$, 可得

$$\begin{aligned}\operatorname{trace}(AC_{n-3})&=\operatorname{trace}(\alpha_{n-2}A)+\operatorname{trace}(\alpha_{n-1}A^2)+\operatorname{trace}(A^3)\\&=\sum_{i=1}^n\lambda_i^3+\alpha_{n-1}\sum_{i=1}^n\lambda_i^2+\alpha_{n-2}\sum_{i=1}^n\lambda_i=-3\alpha_{n-3},\end{aligned}$$

于是, $\alpha_{n-3}=-\dfrac{1}{3}\operatorname{trace}(AC_{n-3})$.

$\vdots$

第 k 步 由 $C_{n-k}=AC_{n-(k-1)}+\alpha_{n-(k-1)}I$ 计算 C_{n-k}. 由式 (3.36) 可得

$$C_{n-k}=A^{k-1}+\alpha_{n-1}A^{k-2}+\cdots+\alpha_{n-k+2}A+\alpha_{n-k+1}I$$

于是, 有

$$\begin{aligned}AC_{n-k}&=A^k+\alpha_{n-1}A^{k-1}+\cdots+\alpha_{n-k+2}A^2+\alpha_{n-k+1}A\\\operatorname{trace}(AC_{n-k})&=\operatorname{trace}\left(A^k+\alpha_{n-1}A^{k-1}+\cdots+\alpha_{n-k+2}A^2+\alpha_{n-k+1}A\right)\\&=\sum_{i=1}^n\lambda_i^k+\alpha_{n-1}\sum_{i=1}^n\lambda_i^{k-1}+\cdots+\alpha_{n-k+2}\sum_{i=1}^n\lambda_i^2+\alpha_{n-k+1}\sum_{i=1}^n\lambda_i\end{aligned}$$

由命题 3.4.1可得 $\operatorname{trace}(AC_{n-k})=-k\alpha_{n-k}$, 从而 $\alpha_{n-k}=-\dfrac{1}{k}\operatorname{trace}(AC_{n-k})$.

$\vdots$

第 n 步 由 $C_0=C_1A+\alpha_1I$ 计算 C_0. 由式 (3.36) 可得

$$C_{n-n}=C_0=A^{n-1}+\alpha_{n-1}A^{n-2}+\cdots+\alpha_{n-n+2}A+\alpha_{n-n+1}I$$

于是有

$$\begin{aligned}AC_0&=A^n+\alpha_{n-1}A^{n-1}+\cdots+\alpha_{n-n+2}A^2+\alpha_{n-n+1}A\\\operatorname{trace}(AC_{n-n})&=\operatorname{trace}\left(A^n+\alpha_{n-1}A^{n-1}+\cdots+\alpha_{n-n+2}A^2+\alpha_{n-n+1}A\right)\\&=\sum_{i=1}^n\lambda_i^n+\alpha_{n-1}\sum_{i=1}^n\lambda_i^{n-1}+\cdots+\alpha_{n-n+2}\sum_{i=1}^n\lambda_i^2+\alpha_{n-n+1}\sum_{i=1}^n\lambda_i\\&=-n\alpha_{n-n}=-n\alpha_0\end{aligned}$$

从而有

$$\alpha_0=-\frac{1}{n}\operatorname{trace}(AC_0),\qquad AC_0+\alpha_0I=0$$

最后一式可用于校验以上计算结果的正确性.

【例 3.4.2】　计算 $(\lambda I - A)^{-1}$, 其中

$$A = \begin{bmatrix} 0 & 1 & 0 & 0 \\ 0 & 0 & 1 & 0 \\ 0 & 0 & 0 & 1 \\ -12 & -28 & -23 & -8 \end{bmatrix}$$

解: 第 1 步　令 $n = 4, C_3 = I, \alpha_4 = 1$ 并计算

$$\alpha_3 = -\text{trace}(A) = 8$$

第 2 步　计算

$$C_2 = AC_3 + \alpha_3 I = \begin{bmatrix} 8 & 1 & 0 & 0 \\ 0 & 8 & 1 & 0 \\ 0 & 0 & 8 & 1 \\ -12 & -28 & -23 & 0 \end{bmatrix}$$

由

$$AC_2 = \begin{bmatrix} 0 & 8 & 1 & 0 \\ 0 & 0 & 8 & 1 \\ -12 & -28 & -23 & 0 \\ 0 & -12 & -28 & -23 \end{bmatrix}$$

可得 $\alpha_2 = -\dfrac{1}{2}\text{trace}(AC_2) = 23$.

第 3 步　计算

$$C_1 = AC_2 + \alpha_2 I = \begin{bmatrix} 23 & 8 & 1 & 0 \\ 0 & 23 & 8 & 1 \\ -12 & -28 & 0 & 0 \\ 0 & -12 & -28 & 0 \end{bmatrix}$$

由

$$AC_1 = \begin{bmatrix} 0 & 23 & 8 & 1 \\ -12 & -28 & 0 & 0 \\ 0 & -12 & -28 & 0 \\ 0 & 0 & -12 & -28 \end{bmatrix}$$

可得 $\alpha_1 = -\dfrac{1}{3}\text{trace}(AC_1) = 28$.

第 4 步 计算

$$C_0 = AC_1 + \alpha_1 I = \begin{bmatrix} 28 & 23 & 8 & 1 \\ -12 & 0 & 0 & 0 \\ 0 & -12 & 0 & 0 \\ 0 & 0 & -12 & 0 \end{bmatrix}$$

由

$$AC_0 = \begin{bmatrix} -12 & 0 & 0 & 0 \\ 0 & -12 & 0 & 0 \\ 0 & 0 & -12 & 0 \\ 0 & 0 & 0 & -12 \end{bmatrix}$$

可得 $\alpha_0 = -\dfrac{1}{4}\text{trace}(AC_0) = 12$.

第 5 步 检验计算结果的正确性. 显然有 $AC_0 + \alpha_0 I = 0$, 于是计算结果正确.

$$\begin{aligned} \text{adj}(\lambda I - A) &= C_0 + \lambda C_1 + \lambda^2 C_2 + \lambda^3 C_3 \\ &= \begin{bmatrix} 28 & 23 & 8 & 1 \\ -12 & 0 & 0 & 0 \\ 0 & -12 & 0 & 0 \\ 0 & 0 & -12 & 0 \end{bmatrix} + \begin{bmatrix} 23\lambda & 8\lambda & \lambda & 0 \\ 0 & 23\lambda & 8\lambda & \lambda \\ -12\lambda & -28\lambda & 0 & 0 \\ 0 & -12\lambda & -28\lambda & 0 \end{bmatrix} \\ &\quad + \begin{bmatrix} 8\lambda^2 & \lambda^2 & 0 & 0 \\ 0 & 8\lambda^2 & \lambda^2 & 0 \\ 0 & 0 & 8\lambda^2 & \lambda^2 \\ -12\lambda^2 & -28\lambda^2 & -23\lambda^2 & 0 \end{bmatrix} + \begin{bmatrix} \lambda^3 & 0 & 0 & 0 \\ 0 & \lambda^3 & 0 & 0 \\ 0 & 0 & \lambda^3 & 0 \\ 0 & 0 & 0 & \lambda^3 \end{bmatrix} \\ &= \begin{bmatrix} \lambda^3+8\lambda^2+23\lambda+28 & \lambda^2+8\lambda+23 & \lambda+8 & 1 \\ -12 & \lambda^3+8\lambda^2+23\lambda & \lambda^2+8\lambda & \lambda \\ -12\lambda & -28\lambda-12 & \lambda^3+8\lambda^2 & \lambda^2 \\ -12\lambda^2 & -28\lambda^2-12\lambda & -23\lambda^2-28\lambda-12 & \lambda^3 \end{bmatrix} \end{aligned}$$

$$\det(\lambda I - A) = \lambda^4 + 8\lambda^3 + 23\lambda^2 + 28\lambda + 12$$

$$(\lambda I - A)^{-1} = \begin{bmatrix} \dfrac{6}{\lambda+1} - \dfrac{3}{\lambda+2} - \dfrac{6}{(\lambda+2)^2} - \dfrac{2}{\lambda+3} & \dfrac{8}{\lambda+1} - \dfrac{4}{\lambda+2} - \dfrac{11}{(\lambda+2)^2} - \dfrac{4}{\lambda+3} \\ \dfrac{-6}{\lambda+1} + \dfrac{12}{(\lambda+2)^2} + \dfrac{6}{\lambda+3} & \dfrac{-8}{\lambda+1} - \dfrac{3}{\lambda+2} + \dfrac{22}{(\lambda+2)^2} + \dfrac{12}{\lambda+3} \\ \dfrac{6}{\lambda+1} + \dfrac{12}{\lambda+2} - \dfrac{24}{(\lambda+2)^2} - \dfrac{18}{\lambda+3} & \dfrac{8}{\lambda+1} + \dfrac{28}{\lambda+2} - \dfrac{44}{(\lambda+2)^2} - \dfrac{36}{\lambda+3} \\ \dfrac{-6}{\lambda+1} - \dfrac{48}{\lambda+2} + \dfrac{48}{(\lambda+2)^2} + \dfrac{54}{\lambda+3} & \dfrac{-8}{\lambda+1} - \dfrac{100}{\lambda+2} + \dfrac{88}{(\lambda+2)^2} + \dfrac{108}{\lambda+3} \end{bmatrix}$$

$$
\begin{bmatrix}
\dfrac{3.5}{\lambda+1}-\dfrac{1}{\lambda+2}-\dfrac{6}{(\lambda+2)^2}-\dfrac{2.5}{\lambda+3} & \dfrac{0.5}{\lambda+1}-\dfrac{1}{(\lambda+2)^2}-\dfrac{0.5}{\lambda+3} \\
\dfrac{-3.5}{\lambda+1}-\dfrac{4}{\lambda+2}-\dfrac{12}{(\lambda+2)^2}+\dfrac{7.5}{\lambda+3} & \dfrac{-0.5}{\lambda+1}-\dfrac{1}{\lambda+2}+\dfrac{2}{(\lambda+2)^2}+\dfrac{1.5}{\lambda+3} \\
\dfrac{3.5}{\lambda+1}+\dfrac{20}{\lambda+2}-\dfrac{24}{(\lambda+2)^2}-\dfrac{22.5}{\lambda+3} & \dfrac{0.5}{\lambda+1}+\dfrac{4}{\lambda+2}-\dfrac{4}{(\lambda+2)^2}-\dfrac{4.5}{\lambda+3} \\
\dfrac{-3.5}{\lambda+1}-\dfrac{64}{\lambda+2}+\dfrac{48}{(\lambda+2)^2}+\dfrac{67.5}{\lambda+3} & \dfrac{-0.5}{\lambda+1}-\dfrac{12}{\lambda+2}+\dfrac{8}{(\lambda+2)^2}+\dfrac{13.5}{\lambda+3}
\end{bmatrix}
$$

△

3.5 循环不变子空间与空间第二分解定理

3.5.1 循环不变子空间

$\mathcal{V}$ 是域 $\mathcal{F}$ 上的线性空间, $\mathscr{A} \in \mathcal{L}(\mathcal{V})$, 则对任何 $\boldsymbol{\alpha} \in \mathcal{V}$ 可讨论由

$$\boldsymbol{\alpha},\ \mathscr{A}(\boldsymbol{\alpha}),\ \mathscr{A}^2(\boldsymbol{\alpha}),\ \cdots,\ \mathscr{A}^m(\boldsymbol{\alpha}),\ \cdots$$

张成的子空间. 这种空间可以理解为 $\boldsymbol{\alpha}$ 经 $\mathscr{A}$ 循环作用所生成的.

定义 3.5.1 $\mathcal{V}$ 是域 $\mathcal{F}$ 上的 n 维线性空间, $\mathscr{A} \in \mathcal{L}(\mathcal{V})$, $\boldsymbol{\alpha} \in \mathcal{V}$, $m \leqslant n$ 为 $\mathscr{A}$ 在 $\boldsymbol{\alpha}$ 的最小多项式的次数, 称

$$\mathcal{S}_{\mathscr{A}}(\boldsymbol{\alpha}) = \operatorname{span}\{\boldsymbol{\alpha},\ \mathscr{A}(\boldsymbol{\alpha}),\ \mathscr{A}^2(\boldsymbol{\alpha}),\ \cdots,\ \mathscr{A}^{m-1}(\boldsymbol{\alpha})\}$$

为由 $\boldsymbol{\alpha}$ 经 $\mathscr{A}$ 生成的循环子空间, $\boldsymbol{\alpha}$ 为 $\mathcal{S}_{\mathscr{A}}(\boldsymbol{\alpha})$ 的生成元.

【定理 3.5.1】 $\mathcal{F}, \mathcal{V}, \mathscr{A}, \boldsymbol{\alpha}, m$ 如定义 3.5.1所示, 则

(1) $\dim \mathcal{S}_{\mathscr{A}}(\boldsymbol{\alpha}) = m$;

(2) $\mathscr{A}[\mathcal{S}_{\mathscr{A}}(\boldsymbol{\alpha})] \subset \mathcal{S}_{\mathscr{A}}(\boldsymbol{\alpha})$;

(3) 对任何 $k \geqslant 0$, 有 $\mathscr{A}^k(\boldsymbol{\alpha}) \in \mathcal{S}_{\mathscr{A}}(\boldsymbol{\alpha})$.

证明: (1) 若 $\boldsymbol{\alpha}, \mathscr{A}(\boldsymbol{\alpha}), \mathscr{A}^2(\boldsymbol{\alpha}), \cdots, \mathscr{A}^{m-1}(\boldsymbol{\alpha})$ 线性相关, 则有 $\varphi(\lambda) \in \mathcal{F}[\lambda]$, $\deg\varphi(\lambda) \leqslant m-1$ 使 $\varphi(\mathscr{A})(\boldsymbol{\alpha}) = \mathbf{0}$, 这表明 $\mathscr{A}$ 在 $\boldsymbol{\alpha}$ 的最小多项式次数 $\leqslant m-1$. 这与 $\mathscr{A}$ 在 $\boldsymbol{\alpha}$ 的最小多项式次数为 m 的假设矛盾. 于是 $\{\boldsymbol{\alpha}, \mathscr{A}(\boldsymbol{\alpha}), \mathscr{A}^2(\boldsymbol{\alpha}), \cdots, \mathscr{A}^{m-1}(\boldsymbol{\alpha})\}$ 线性无关从而是 $\mathcal{S}_{\mathscr{A}}(\boldsymbol{\alpha})$ 的基, 于是就有 (1).

(2) 设 $\psi(\lambda)$ 是 $\mathscr{A}$ 在 $\boldsymbol{\alpha}$ 的最小多项式, 则由于 $\psi(\mathscr{A})(\boldsymbol{\alpha}) = \mathbf{0}$, 就有

$$
\begin{aligned}
&\mathscr{A}^m(\boldsymbol{\alpha}) + a_{m-1}\mathscr{A}^{m-1}(\boldsymbol{\alpha}) + \cdots + a_1\mathscr{A}(\boldsymbol{\alpha}) + a_0\boldsymbol{\alpha} = \mathbf{0} \\
\Longleftrightarrow\ &\mathscr{A}^m(\boldsymbol{\alpha}) = -a_{m-1}\mathscr{A}^{m-1}(\boldsymbol{\alpha}) - \cdots - a_1\mathscr{A}(\boldsymbol{\alpha}) - a_0\boldsymbol{\alpha} \in \mathcal{S}_{\mathscr{A}}(\boldsymbol{\alpha})
\end{aligned}
$$

而任何 $\boldsymbol{\beta} \in \mathcal{S}_{\mathscr{A}}(\boldsymbol{\alpha})$, 都有

$$\boldsymbol{\beta} = b_{m-1}\mathscr{A}^{m-1}(\boldsymbol{\alpha}) + b_{m-2}\mathscr{A}^{m-2}(\boldsymbol{\alpha}) + \cdots + b_1\mathscr{A}(\boldsymbol{\alpha}) + b_0\boldsymbol{\alpha}$$

即有 $\xi(\lambda) \in \mathcal{F}[\lambda]$, $\deg\xi(\lambda) \leqslant m-1$ 使 $\boldsymbol{\beta} = \xi(\mathscr{A})(\boldsymbol{\alpha})$. 于是有

$$\begin{aligned}\mathscr{A}(\boldsymbol{\beta}) &= b_{m-1}\mathscr{A}^m(\boldsymbol{\alpha}) + b_{m-2}\mathscr{A}^{m-1}(\boldsymbol{\alpha}) + \cdots + b_1\mathscr{A}^2(\boldsymbol{\alpha}) + b_0\mathscr{A}(\boldsymbol{\alpha}) \\ &= -b_{m-1}\left[a_{m-1}\mathscr{A}^{m-1}(\boldsymbol{\alpha}) + \cdots + a_1\mathscr{A}(\boldsymbol{\alpha}) + a_0\boldsymbol{\alpha}\right] \\ &\quad + b_{m-2}\mathscr{A}^{m-1}(\boldsymbol{\alpha}) + \cdots + b_1\mathscr{A}^2(\boldsymbol{\alpha}) + b_0\mathscr{A}(\boldsymbol{\alpha}) \\ \Longrightarrow &\quad \mathscr{A}(\boldsymbol{\beta}) \in \mathcal{S}_{\mathscr{A}}(\boldsymbol{\alpha})\end{aligned}$$

此即 (2). ■

3.5.2 空间第二分解定理

先证明, 分解式 (3.26) 和式 (3.27) 实际上是将 $\mathcal{V}$ 分解为有限个循环不变子空间的直和.

【定理 3.5.2】 $\mathscr{A}$ 的不变子空间 $\mathcal{W}_{ij} = \operatorname{span}\{[\boldsymbol{\alpha}_1\ \boldsymbol{\alpha}_2\ \cdots\ \boldsymbol{\alpha}_n]X_{ij}\}$ 是循环的.

证明: 由 $AX_{ij} = X_{ij}J_{ij} = X_{ij}(\lambda_j I_{n_{ij}} + H_{n_{ij}})$ 可得

$$\begin{aligned}&A[\boldsymbol{x}_{ij,1}\ \boldsymbol{x}_{ij,2}\ \cdots\ \boldsymbol{x}_{ij,n_{ij}}] \\ &= \lambda_j[\boldsymbol{x}_{ij,1}\ \boldsymbol{x}_{ij,2}\ \cdots\ \boldsymbol{x}_{ij,n_{ij}}] + [\boldsymbol{x}_{ij,1}\ \boldsymbol{x}_{ij,2}\ \cdots\ \boldsymbol{x}_{ij,n_{ij}}]H_{n_{ij}} \\ &= \lambda_j[\boldsymbol{x}_{ij,1}\ \boldsymbol{x}_{ij,2}\ \cdots\ \boldsymbol{x}_{ij,n_{ij}}] + [\boldsymbol{0}\ \boldsymbol{x}_{ij,1}\ \cdots\ \boldsymbol{x}_{ij,n_{ij}-1}] \\ &= [\lambda_j\boldsymbol{x}_{ij,1}\ \ \lambda_j\boldsymbol{x}_{ij,2} + \boldsymbol{x}_{ij,1}\ \ \cdots\ \ \lambda_j\boldsymbol{x}_{ij,n_{ij}} + \boldsymbol{x}_{ij,n_{ij}-1}]\end{aligned} \tag{3.42}$$

由此就有

$$\begin{aligned}A^0\boldsymbol{x}_{ij,n_{ij}} &= \boldsymbol{x}_{ij,n_{ij}} \\ A\boldsymbol{x}_{ij,n_{ij}} &= \lambda_j\boldsymbol{x}_{ij,n_{ij}} + \boldsymbol{x}_{ij,n_{ij}-1} \\ A^2\boldsymbol{x}_{ij,n_{ij}} &= \lambda_j^2\boldsymbol{x}_{ij,n_{ij}} + 2\lambda_j\boldsymbol{x}_{ij,n_{ij}-1} + \boldsymbol{x}_{ij,n_{ij}-2}\end{aligned}$$

注意到 $m = 0, 1, 2$ 时 $A^m\boldsymbol{x}_{ij,n_{ij}}$ 右端的展开式的系数恰好是 $(\lambda_j+1)^m$ 的各项, 可设

$$\begin{aligned}A^k\boldsymbol{x}_{ij,n_{ij}} &= \lambda_j^k\boldsymbol{x}_{ij,n_{ij}} + k\lambda_j^{k-1}\boldsymbol{x}_{ij,n_{ij}-1} + \frac{k(k-1)}{2!}\lambda_j^{k-2}\boldsymbol{x}_{ij,n_{ij}-2} + \cdots \\ &\quad + \frac{k(k-1)\cdots(k+l-1)}{l!}\lambda_j^{k-l}\boldsymbol{x}_{ij,n_{ij}-l} \\ &\quad + \cdots + k\lambda_j\boldsymbol{x}_{ij,n_{ij}-k+1} + \boldsymbol{x}_{ij,n_{ij}-k}\end{aligned} \tag{3.43}$$

其中, 规定 $\boldsymbol{x}_{ij,n_{ij}-l} = \boldsymbol{0}$, $\forall l \geqslant n_{ij}$. 则由 $A\boldsymbol{x}_{ij,n_{ij}-l} = \boldsymbol{x}_{ij,n_{ij}-l-1} + \boldsymbol{x}_{ij,n_{ij}-l}\lambda_j$ 可得

$$\begin{aligned}A^{k+1}\boldsymbol{x}_{ij,n_{ij}} &= \lambda_j^k A\boldsymbol{x}_{ij,n_{ij}} + k\lambda_j^{k-1}A\boldsymbol{x}_{ij,n_{ij}-1} + \frac{k(k-1)}{2!}\lambda_j^{k-2}A\boldsymbol{x}_{ij,n_{ij}-2} + \cdots \\ &\quad + \frac{k(k-1)\cdots(k+l-1)}{l!}\lambda_j^{k-l}A\boldsymbol{x}_{ij,n_{ij}-l} + \cdots \\ &\quad + k\lambda_j A\boldsymbol{x}_{ij,n_{ij}-k+1} + A\boldsymbol{x}_{ij,n_{ij}-k} \\ &= (\boldsymbol{x}_{ij,n_{ij}-1} + \boldsymbol{x}_{ij,n_{ij}}\lambda_j)\lambda_j^k + k(\boldsymbol{x}_{ij,n_{ij}-2} + \boldsymbol{x}_{ij,n_{ij}-1}\lambda_j)\lambda_j^{k-1}\end{aligned}$$

$$
\begin{aligned}
&+\frac{k(k-1)}{2!}(\boldsymbol{x}_{ij,n_{ij}-3}+\boldsymbol{x}_{ij,n_{ij}-2}\lambda_j)\lambda_j^{k-2}+\cdots\\
&+\frac{k(k-1)\cdots(k-l+1)}{l!}(\boldsymbol{x}_{ij,n_{ij}-l-1}+\boldsymbol{x}_{ij,n_{ij}-l}\lambda_j)\lambda_j^{k-l}+\cdots\\
&+(\boldsymbol{x}_{ij,n_{ij}-k-1}+\boldsymbol{x}_{ij,n_{ij}-k}\lambda_j)
\end{aligned}
$$

$$
\begin{aligned}
=&\boldsymbol{x}_{ij,n_{ij}}\lambda_j^{k+1}+(k+1)\boldsymbol{x}_{ij,n_{ij}-1}\lambda_j^{k+1-1}+\left[k+\frac{k(k-1)}{2!}\right]\boldsymbol{x}_{ij,n_{ij}-2}\lambda_j^{k+1-2}+\cdots\\
&+\left[\frac{k(k-1)\cdots(k-l+2)}{(l-1)!}+\frac{k(k-1)\cdots(k-l+2)(k-l+1)}{l!}\right]\boldsymbol{x}_{ij,n_{ij}-l}\lambda_j^{k+1-l}+\cdots\\
&+(k+1)\boldsymbol{x}_{ij,n_{ij}-k}\lambda_j+\boldsymbol{x}_{ij,n_{ij}-(k+1)}
\end{aligned}
$$

由

$$
\begin{aligned}
&\frac{k(k-1)\cdots(k-l+2)}{(l-1)!}+\frac{k(k-1)\cdots(k-l+2)(k-l+1)}{l!}\\
=&\frac{k(k-1)\cdots(k-l+2)(l+k-l+1)}{l!}\\
=&\frac{(k+1)(k+1-1)\cdots(k+1-l+1)}{l!}
\end{aligned}
$$

可知归纳法假设当 $m=k+1$ 时也成立. 在式 (3.43) 中取 $m=0,1,2,\cdots,n_{ij}-1$, 则有

$$
\begin{aligned}
[\boldsymbol{x}_{ij,n_{ij}}\ \ A\boldsymbol{x}_{ij,n_{ij}}\ \ \cdots\ \ A^{n_{ij}-1}\boldsymbol{x}_{ij,n_{ij}}]&=[\boldsymbol{x}_{ij,n_{ij}}\ \ \boldsymbol{x}_{ij,n_{ij}-1}\ \ \cdots\ \ \boldsymbol{x}_{ij,2}\ \ \boldsymbol{x}_{ij,1}]V_{ij}\\
&=[\boldsymbol{x}_{ij,1}\ \ \boldsymbol{x}_{ij,2}\ \ \cdots\ \ \boldsymbol{x}_{ij,n_{ij}-1}\boldsymbol{x}_{ij,n_{ij}}]P_{ij}V_{ij} \quad (3.44)
\end{aligned}
$$

其中

$$
V_{ij}=\begin{bmatrix}
1 & \lambda_j & \lambda_j^2 & \cdots & \lambda_j^{n_{ij}-1}\\
0 & 1 & 2\lambda_j & \cdots & (n_{ij}-1)\lambda_j^{n_{ij}-2}\\
0 & 0 & 1 & \ddots & \vdots\\
\vdots & \ddots & \ddots & \ddots & (n_{ij}-1)\lambda_j\\
0 & \cdots & 0 & 0 & 1
\end{bmatrix}\in\mathcal{C}^{n_{ij}\times n_{ij}}
$$

$$
P_{ij}=\begin{bmatrix}
0 & \cdots & 0 & 0 & 1\\
0 & \cdots & 0 & 1 & 0\\
\vdots & \ddots & \ddots & \ddots & \vdots\\
0 & 1 & 0 & \cdots & 0\\
1 & 0 & \cdots & 0 & 0
\end{bmatrix}\in\mathcal{R}^{n_{ij}\times n_{ij}}
$$

由此就有

$$
\begin{aligned}
&\operatorname{span}\left\{\boldsymbol{x}_{ij,n_{ij}},\ A\boldsymbol{x}_{ij,n_{ij}},\ A^2\boldsymbol{x}_{ij,n_{ij}},\ \cdots,\ A^{n_{ij}-1}\boldsymbol{x}_{ij,n_{ij}}\right\}\\
=&\operatorname{span}\left\{\boldsymbol{x}_{ij,n_{ij}},\ \boldsymbol{x}_{ij,n_{ij}-1},\ \cdots,\ \boldsymbol{x}_{ij,1}\right\}
\end{aligned}
$$

考虑到 $\boldsymbol{x}_{ij,k}$ 是基向量 $\hat{\boldsymbol{\alpha}}_{ij,k}$ 在 $\mathcal{V}$ 的一组基 $\boldsymbol{\alpha}_1, \boldsymbol{\alpha}_2, \cdots, \boldsymbol{\alpha}_n$ 下的坐标, 式 (3.44) 等价于

$$[\hat{\boldsymbol{\alpha}}_{ij,n_{ij}} \quad \mathscr{A}(\hat{\boldsymbol{\alpha}}_{ij,n_{ij}}) \quad \cdots \quad \mathscr{A}^{n_{ij}-1}(\hat{\boldsymbol{\alpha}}_{ij,n_{ij}})] = [\hat{\boldsymbol{\alpha}}_{ij,1} \quad \hat{\boldsymbol{\alpha}}_{ij,2} \quad \cdots \quad \hat{\boldsymbol{\alpha}}_{ij,n_{ij}}]P_{ij}V_{ij}$$

于是 $\mathcal{W}_{ij}$ 是由向量 $\hat{\boldsymbol{\alpha}}_{ij,n_{ij}}$ 经 $\mathscr{A}$ 循环产生的子空间 $\mathcal{S}_{\mathscr{A}}(\hat{\boldsymbol{\alpha}}_{ij,n_{ij}})$. 上述分析表明, $\mathscr{A}$ 在 $\mathcal{W}_{ij}$ 的最小多项式是 $(\lambda-\lambda_j)^{n_{ij}}$, $\mathscr{A}$ 在 $\mathcal{W}_{ij}$ 的一个基向量 $\hat{\boldsymbol{\alpha}}_{ij,n_{ij}}$ 的最小多项式也是 $(\lambda-\lambda_j)^{n_{ij}}$, 此处 $j=1,2,\cdots,s$. 于是 $\mathscr{A}$ 在循环不变子空间 $\mathcal{S}_{\mathscr{A}}(\hat{\boldsymbol{\alpha}}_{ij,n_{ij}})$ 的最小多项式也是 $(\lambda-\lambda_j)^{n_{ij}}$.

■

这样, 式 (3.33) 和式 (3.34) 将 $\mathcal{V}$ 分解为有限个循环不变子空间的直和. 应用定理 3.4.5 证明, $\mathcal{V}$ 可以分解为 l 个 $\mathscr{A}$ 的循环不变子空间的直和.

先证明 $\mathcal{W}_i$ 是 $\mathscr{A}$ 的循环不变子空间并确定其生成元. 因 $(\lambda-\lambda_j)^{n_{ij}}$ 和 $(\lambda-\lambda_k)^{n_{ik}}$ 当 $j \neq k$ 时互质, 由定理 3.4.5可知, $\mathscr{A}$ 在 $\mathcal{S}_{\mathscr{A}}(\check{\boldsymbol{\alpha}}_i)$ 的最小多项式为 $\psi_i(\lambda)=\prod_{j=1}^{s}(\lambda-\lambda_j)^{n_{ij}}$, 这里

$$\begin{aligned}
\check{\boldsymbol{\alpha}}_i &= \hat{\boldsymbol{\alpha}}_{i1,n_{i1}} + \hat{\boldsymbol{\alpha}}_{i2,n_{i2}} + \cdots + \hat{\boldsymbol{\alpha}}_{is,n_{is}} \\
\mathcal{S}_{\mathscr{A}}(\check{\boldsymbol{\alpha}}_i) &= \operatorname{span}\{\, \check{\boldsymbol{\alpha}}_i \,,\, \mathscr{A}(\check{\boldsymbol{\alpha}}_i) \,,\, \mathscr{A}^2(\check{\boldsymbol{\alpha}}_i) \,,\, \cdots \,,\, \mathscr{A}^{n_i}(\check{\boldsymbol{\alpha}}_i)\} \\
n_i &= \deg \psi_i(\lambda) = n_{i1} + n_{i2} + \cdots + n_{is}
\end{aligned}$$

考虑到 $\mathcal{S}_{\mathscr{A}}(\check{\boldsymbol{\alpha}}_i) = \operatorname{span}\{\, \check{\boldsymbol{\alpha}}_i \,,\, \mathscr{A}(\check{\boldsymbol{\alpha}}_i) \,,\, \cdots \,,\, \mathscr{A}^{n_i-1}(\check{\boldsymbol{\alpha}}_i)\}$. 在式 (3.43) 中取 $m=0,1,2,\cdots,n_i-1$, 定义

$$V_{ij,e} = \begin{bmatrix}
1 & \lambda_j & \lambda_j^2 & \cdots & & & & & \lambda_j^{n_i-1} \\
0 & 1 & 2\lambda_j & \cdots & & & & & (n_i-1)\lambda_j^{n_i-2} \\
0 & 0 & 1 & 3\lambda_j & & & & & \dfrac{(n_i-1)(n_i-2)}{2}\lambda_j^{n_i-3} \\
\vdots & \ddots & \ddots & \ddots & \ddots & & & & \vdots \\
0 & \cdots & 0 & 0 & 0 & 1 & n_{ij}\lambda_j & \cdots & \dfrac{(n_i-1)(n_i-2)\cdots(n_i-n_{ij}+1)}{(n_{ij}-1)!}\lambda_j^{n_i-n_{ij}}
\end{bmatrix}$$

即 $V_{ij,e}$ 第 2 行是第 1 行对 λ_j 的一阶导数除以 1, 第 3 行是第 2 行对 λ_j 的一阶导数除以 2, 以此类推, 则有

$$\begin{aligned}
[\hat{\boldsymbol{\alpha}}_{ij,n_{ij}} \quad \mathscr{A}(\hat{\boldsymbol{\alpha}}_{ij,n_{ij}}) \quad \cdots \quad \mathscr{A}^{n_i-1}(\hat{\boldsymbol{\alpha}}_{ij,n_{ij}})] &= [\hat{\boldsymbol{\alpha}}_{ij,1} \quad \hat{\boldsymbol{\alpha}}_{ij,2} \quad \cdots \quad \hat{\boldsymbol{\alpha}}_{ij,n_{ij}-1} \quad \hat{\boldsymbol{\alpha}}_{ij,n_{ij}}]P_{ij}V_{ij,e} \\
&= [\boldsymbol{\alpha}_1 \quad \boldsymbol{\alpha}_2 \quad \cdots \quad \boldsymbol{\alpha}_n]X_{ij}P_{ij}V_{ij,e}
\end{aligned}$$

$$\begin{aligned}
[\check{\boldsymbol{\alpha}}_i \quad \mathscr{A}(\check{\boldsymbol{\alpha}}_i) \quad \cdots \quad \mathscr{A}^{n_i-1}(\check{\boldsymbol{\alpha}}_i)] &= [\boldsymbol{\alpha}_1 \quad \boldsymbol{\alpha}_2 \quad \cdots \quad \boldsymbol{\alpha}_n]\sum_{j=1}^{s} X_{ij}P_{ij}V_{ij,e} \\
&= [\boldsymbol{\alpha}_1 \quad \boldsymbol{\alpha}_2 \quad \cdots \quad \boldsymbol{\alpha}_n]
\end{aligned}$$

$$\cdot \underbrace{[X_{i1} \ \ X_{i2} \ \ \cdots \ \ X_{is}]}_{=X_i} \underbrace{\begin{bmatrix} P_{i1}V_{i1,e} \\ P_{i2}V_{i2,e} \\ \vdots \\ P_{is}V_{is,e} \end{bmatrix}}_{\triangleq V_i}$$

这里 $V_i \in \mathcal{C}^{n_i\times n_i}$ 是广义 Vandermonde 矩阵. 因 $\lambda_j \neq \lambda_k, \forall j \neq k$, 故 V_i 非奇异. 进而有

$$V \triangleq \text{blockdiag}\{ V_1 \ , \ V_2 \ , \ \cdots \ , \ V_l\}$$

非奇异. 于是 $\mathcal{V}$ 的一组基可以是

$$\begin{aligned}
&[\check{\boldsymbol{\alpha}}_1 \ \ \mathscr{A}(\check{\boldsymbol{\alpha}}_1) \ \ \cdots \ \ \mathscr{A}^{n_1-1}(\check{\boldsymbol{\alpha}}_1) \ \vdots \ \check{\boldsymbol{\alpha}}_2 \ \ \mathscr{A}(\check{\boldsymbol{\alpha}}_2) \ \ \cdots \ \ \mathscr{A}^{n_2-1}(\check{\boldsymbol{\alpha}}_2) \ \vdots \\
&\quad \cdots \ \vdots \ \check{\boldsymbol{\alpha}}_l \ \ \mathscr{A}(\check{\boldsymbol{\alpha}}_l) \ \ \cdots \ \ \mathscr{A}^{n_l-1}(\check{\boldsymbol{\alpha}}_l)] \\
&=[\boldsymbol{\alpha}_1 \ \ \boldsymbol{\alpha}_2 \ \ \cdots \ \ \boldsymbol{\alpha}_n][X_1 \ \ X_2 \ \ \cdots \ \ X_l]V
\end{aligned}$$

定义 3.5.2　*$\mathcal{V}$ 可分解为 l 个 $\mathscr{A}$ 循环子空间的直和:*

$$\mathcal{V} = \mathcal{S}_{\mathscr{A}}(\check{\boldsymbol{\alpha}}_1)\dot{+}\mathcal{S}_{\mathscr{A}}(\check{\boldsymbol{\alpha}}_2)\dot{+}\cdots\dot{+}\mathcal{S}_{\mathscr{A}}(\check{\boldsymbol{\alpha}}_l) \tag{3.45}$$

$\mathscr{A}$ 在 $\mathcal{S}_{\mathscr{A}}(\check{\boldsymbol{\alpha}}_i)$ 的最小多项式为 $\psi_i(\lambda)$, 且有 $\psi_i(\lambda)\,|\,\psi_{i+1}(\lambda)$, $i = 1,2,\cdots, l-1$. 称 l 为 $\mathscr{A}$ 的循环指数.

在这组基下 $\mathscr{A}$ 限制在 $\mathcal{S}_{\mathscr{A}}(\check{\boldsymbol{\alpha}}_i)$ 上的矩阵表达为

$$\begin{aligned}
&\mathscr{A}([\check{\boldsymbol{\alpha}}_i \ \ \mathscr{A}(\check{\boldsymbol{\alpha}}_i) \ \ \cdots \ \ \mathscr{A}^{n_i-1}(\check{\boldsymbol{\alpha}}_i)]) \\
=&[\mathscr{A}(\check{\boldsymbol{\alpha}}_i) \ \ \cdots \ \ \mathscr{A}^{n_i-1}(\check{\boldsymbol{\alpha}}_i) \ \ \mathscr{A}^{n_i}(\check{\boldsymbol{\alpha}}_i)] \\
=&[\check{\boldsymbol{\alpha}}_i \ \ \mathscr{A}(\check{\boldsymbol{\alpha}}_i) \ \ \cdots \ \ \mathscr{A}^{n_i-1}(\check{\boldsymbol{\alpha}}_i)] \cdot \underbrace{[\boldsymbol{e}_{n_i,2} \ \ \boldsymbol{e}_{n_i,3} \ \ \cdots \ \ \boldsymbol{e}_{n_i,n_i} \ \ -\boldsymbol{\psi}_i]}_{=N_i}
\end{aligned}$$

其中, $\boldsymbol{e}_{n_i,k}$ 是 I_{n_i} 的第 k 个列向量; $\boldsymbol{\psi}_i$ 是 $\psi_i(\lambda)$ 按升幂从上向下排成的系数向量, 即 N_i 是 $\psi_i(\lambda)$ 的列相伴矩阵. 于是, 在这组基下 $\mathscr{A}$ 的矩阵表达为自然标准形:

$$N = \text{blockdiag}\{ N_1 \, , \, N_2 \, , \cdots \, , \, N_l \}$$

即

$$\begin{aligned}
&\mathscr{A}([\boldsymbol{\alpha}_1 \ \ \boldsymbol{\alpha}_2 \ \ \cdots \ \ \boldsymbol{\alpha}_n]XV) = [\boldsymbol{\alpha}_1 \ \ \boldsymbol{\alpha}_2 \ \ \cdots \ \ \boldsymbol{\alpha}_n]AXV \\
=&[\boldsymbol{\alpha}_1 \ \ \boldsymbol{\alpha}_2 \ \ \cdots \ \ \boldsymbol{\alpha}_n]XVN
\end{aligned}$$

于是, 有

$$(XV)^{-1}A(XV) = N$$

上式说明, 非奇异矩阵 XV 将 A 化为自然标准形, 其中 V 是广义 Vandermonde 矩阵.

【例 3.5.1】 续例 3.1.2, 求:

(1) $\mathscr{A}$ 所有的广义特征向量;

(2) 变换矩阵 X 使得 $X^{-1}AX=J$ 为 Jordan 标准形;

(3) 生成元 $\beta_i(s), i=1,2,\cdots,l$, 使

$$\mathcal{C}_n[s]=\mathcal{S}_{\mathscr{A}}[\beta_1(s)]\dot{+}\mathcal{S}_{\mathscr{A}}[\beta_2(s)]\dot{+}\cdots\dot{+}\mathcal{S}_{\mathscr{A}}[\beta_l(s)]$$

解: (1) 为求广义特征向量, 令 $\alpha_1(s)=s$, 则有

$$\mathscr{A}[\alpha_1(s)]=s+a=1\cdot\alpha_1(s)+\alpha_0(s)$$

从而 $\alpha_1(s)=s$ 为一个广义特征向量. 令 $\alpha_2(s)=\dfrac{s(s-a)}{2!a}$, 则有

$$\begin{aligned}
\mathscr{A}[\alpha_2(s)]&=\frac{s(s+a)}{2!a}\\
\frac{s(s+a)}{2!a}-s&=\frac{s(s+a)-2as}{2!a}=\frac{s(s-a)}{2!a}=\alpha_2(s)\\
\mathscr{A}[\alpha_2(s)]&=\alpha_2(s)+\alpha_1(s)
\end{aligned}$$

设

$$\alpha_k(s)=\frac{s(s-a)(s-2a)\cdots[s-(k-1)a]}{k!a^{k-1}}$$

则

$$\alpha_{k+1}(s)=\frac{s(s-a)(s-2a)\cdots[s-(k-1)a](s-ka)}{(k+1)!a^k}$$

且有

$$\begin{aligned}
\mathscr{A}[\alpha_{k+1}(s)]&=\alpha_{k+1}(s+a)\\
&=\frac{(s+a)s(s-a)(s-2a)\cdots[s-(k-1)a]}{(k+1)!a^k}\\
\mathscr{A}[\alpha_{k+1}(s)]-\alpha_k(s)&=\frac{(s+a)s(s-a)(s-2a)\cdots[s-(k-1)a]}{(k+1)!a^k}\\
&\quad-\frac{s(s-a)(s-2a)\cdots[s-(k-1)a]}{k!a^{k-1}}\\
&=\frac{s(s-a)(s-2a)\cdots[s-(k-1)a][(s+a)-(k+1)a]}{(k+1)!a^k}\\
&=\frac{s(s-a)(s-2a)\cdots[s-(k-1)a](s-ka)}{(k+1)!a^k}=\alpha_{k+1}(s)\\
\mathscr{A}[\alpha_{k+1}(s)]&=\alpha_{k+1}(s)+\alpha_k(s)
\end{aligned}$$

于是归纳法假设 $\alpha_k(s)=\dfrac{s(s-a)(s-2a)\cdots[s-(k-1)a]}{k!a^{k-1}}$ 满足 $\mathscr{A}[\alpha_{k+1}(s)]=\alpha_{k+1}(s)+\alpha_k(s)$ 成立. $\alpha_0(s)=a$, $\alpha_k(s)=\dfrac{s(s-a)(s-2a)\cdots[s-(k-1)a]}{k!a^{k-1}}$ $(k=1,2,\cdots,n)$ 是 $\mathscr{A}$ 的 Jordan 链.

(2) 由

$$\begin{aligned}&\left[a\ \ \frac{s}{1!a^0}\ \ \frac{s(s-a)}{2!a}\ \ \cdots\ \ \frac{s(s-a)(s-2a)\cdots[s-(n-1)a]}{n!a^{n-1}}\right]\\ &=\left[1\ \ s\ \ s^2\ \ \cdots\ \ s^n\right]X\end{aligned}$$

此处, $X=[\boldsymbol{x}_0\ \ \boldsymbol{x}_1\ \ \boldsymbol{x}_2\ \ \cdots\ \ \boldsymbol{x}_{n-1}\ \ \boldsymbol{x}_n]$,

$$\boldsymbol{x}_0=[a\ \ 0\ \ 0\ \ \cdots\ \ 0]^{\mathrm{T}}$$

而对 $k=1,2,\cdots,n$, $\boldsymbol{x}_k=[\boldsymbol{\alpha}_k^{\mathrm{T}}\ \ \boldsymbol{0}_{n-k}^{\mathrm{T}}]^{\mathrm{T}}$, 其中 $\boldsymbol{\alpha}_k$ 是 k 次多项式 $\alpha_k(s)$ 的系数按升幂从上向下排列得到的 $k+1$ 维列向量. 由

$$\begin{aligned}\alpha_1(s)&=[1\ \ s]\underbrace{\begin{bmatrix}0\\1\end{bmatrix}}_{=\boldsymbol{\alpha}_1}\\ \alpha_{k+1}(s)&=\frac{s(s-a)(s-2a)\cdots[s-(k-1)a](s-ka)}{(k+1)!a^k}\\ &=\frac{1}{(k+1)a}\cdot\frac{s(s-a)\cdots[s-(k-1)a]s-kas(s-a)\cdots[s-(k-1)a]}{k!a^{k-1}}\\ &=\frac{1}{(k+1)a}\left[s\alpha_k(s)-ka\alpha_k(s)\right]\end{aligned}$$

可得

$$\begin{aligned}\boldsymbol{\alpha}_2&=\begin{bmatrix}0 & -\dfrac{1}{2} & \dfrac{1}{2a}\end{bmatrix}^{\mathrm{T}}\\ &\ \ \vdots\\ \boldsymbol{\alpha}_{k+1}&=\left(\begin{bmatrix}0\\ \boldsymbol{\alpha}_k\end{bmatrix}-\begin{bmatrix}\boldsymbol{\alpha}_k\\ 0\end{bmatrix}ka\right)\bigg/[(k+1)a]\,,\quad k=2,3,\cdots,n-1\end{aligned}$$

显然, X 为上三角矩阵, 对角线元素为 a, $\dfrac{1}{1!a^0}$, $\dfrac{1}{2!a}$, $\cdots$, $\dfrac{1}{n!a^{n-1}}$, 由此可知 X 为非奇异.

于是有

$$X^{-1}AX=\begin{bmatrix}1&1&0&\cdots&0\\0&1&1&\ddots&\vdots\\\vdots&\ddots&\ddots&\ddots&\vdots\\0&\cdots&0&1&1\\0&\cdots&0&0&1\end{bmatrix}$$

(3) 因 A 只有一个非常数不变因子 $\psi(\lambda)=(\lambda-1)^{n+1}$, 生成元只有一个, 即链尾向量 $\alpha_n(s)=\dfrac{\prod_{k=0}^{n-1}(s-ka)}{n!a^{n-1}}$. 由

$$\begin{aligned}
&\alpha_n(s)=\alpha_n(s) &&\Longleftrightarrow(\mathscr{A}-\mathscr{E})^0(\alpha_n(s))=\alpha_n(s)\\
&\mathscr{A}(\alpha_n(s))=\alpha_n(s)+\alpha_{n-1}(s) &&\Longleftrightarrow(\mathscr{A}-\mathscr{E})(\alpha_n(s))=\alpha_{n-1}(s)\\
&\mathscr{A}(\alpha_{n-1}(s))=\alpha_{n-1}(s)+\alpha_{n-2}(s) &&\Longleftrightarrow(\mathscr{A}-\mathscr{E})^2(\alpha_n(s))=\alpha_{n-2}(s)\\
&&&\vdots\\
&\mathscr{A}(\alpha_{n-k}(s))=\alpha_{n-k}(s)+\alpha_{n-k-1}(s) &&\Longleftrightarrow(\mathscr{A}-\mathscr{E})^k(\alpha_n(s))=\alpha_{n-k}(s)\\
&&&\vdots\\
&\mathscr{A}(\alpha_2(s))=\alpha_2(s)+\alpha_1(s) &&\Longleftrightarrow(\mathscr{A}-\mathscr{E})^{n-1}(\alpha_n(s))=\alpha_1(s)\\
&\mathscr{A}(\alpha_1(s))=\alpha_1(s)+\alpha_0(s) &&\Longleftrightarrow(\mathscr{A}-\mathscr{E})^{n}(\alpha_n(s))=\alpha_0(s)\\
&\mathscr{A}(\alpha_0(s))=\alpha_0(s) &&\Longleftrightarrow(\mathscr{A}-\mathscr{E})^{n+1}(\alpha_n(s))=0
\end{aligned}$$

可知 $\mathscr{A}$ 在 $\alpha_n(s)$ 的最小多项式为 $\psi(\lambda)$. 于是有

$$\begin{aligned}
\mathcal{C}_n[s]&=\mathcal{S}_{\mathscr{A}}[\alpha_n(s)]\\
&=\operatorname{span}\left\{\alpha_n(s)\ \mathscr{A}(\alpha_n(s)),\mathscr{A}^2(\alpha_n(s)),\cdots,\mathscr{A}^{n-1}(\alpha_n(s)),\mathscr{A}^n(\alpha_n(s))\right\}
\end{aligned}$$

由

$$\begin{aligned}
&\mathscr{A}([\alpha_n(s)\ \ \mathscr{A}(\alpha_n(s))\ \ \mathscr{A}^2(\alpha_n(s))\ \ \cdots\ \ \mathscr{A}^{n-1}(\alpha_n(s))\ \ \mathscr{A}^n(\alpha_n(s))])\\
=&[\mathscr{A}(\alpha_n(s))\ \ \mathscr{A}^2(\alpha_n(s))\ \ \mathscr{A}^3(\alpha_n(s))\ \ \cdots\ \ \mathscr{A}^n(\alpha_n(s))\ \ \mathscr{A}^{n+1}(\alpha_n(s))]\\
=&[\alpha_n(s)\ \ \mathscr{A}(\alpha_n(s))\ \ \mathscr{A}^2(\alpha_n(s))\ \ \cdots\ \ \mathscr{A}^{n-1}(\alpha_n(s))\ \ \mathscr{A}^n(\alpha_n(s))]N_{n+1}
\end{aligned}$$

其中

$$N_{n+1}=\begin{bmatrix}0&0&0&\cdots&(-1)^n\\1&0&0&\cdots&(-1)^{n-1}(n+1)\\0&1&0&\ddots&\vdots\\\vdots&\ddots&\ddots&\ddots&\vdots\\0&\cdots&0&1&n+1\end{bmatrix}$$

可知, $\mathscr{A}$ 在 $\mathcal{S}_{\mathscr{A}}[\alpha_n(s)]$ 的基下的矩阵表示为自然标准形. △

本章关于化零多项式和最小多项式的讨论参见文献 [1]~[5]. 线性空间的分解及相应的矩阵标准形参见文献 [1]、[3] 和 [4].

3.6　习　　题

3.1　$A\in\mathcal{C}^{n\times n}$. 证明:

(1) $\operatorname{adj}(\lambda I-A)$ 是 $n-1$ 阶多项式矩阵且首项系数矩阵为单位矩阵;

(2) a_{ii} 是 A 的对角线元素, λ_i 是 A 的特征值, $i=1,2,\cdots,n$, 则有 $\sum_{i=1}^n\lambda_i=\sum_{i=1}^n a_{ii}=\operatorname{trace}(A)$.

3.2　证明下述结论.

(1) $\mathcal{U}$ 和 $\mathcal{V}$ 分别是 n 维和 m 维线性空间, $\mathscr{A}\in\mathcal{L}(\mathcal{U}\to\mathcal{V})$, $\mathscr{B}\in\mathcal{L}(\mathcal{V}\to\mathcal{U})$, $\mathscr{E}_{\mathcal{U}}$ 和 $\mathscr{E}_{\mathcal{V}}$ 分别是 $\mathcal{U}$ 和 $\mathcal{V}$ 上的恒等变换. 则 $\mathscr{E}_{\mathcal{V}}-\mathscr{A}\circ\mathscr{B}$ 可逆, 当且仅当 $\mathscr{E}_{\mathcal{U}}-\mathscr{B}\circ\mathscr{A}$ 可逆. 若 $\mathscr{E}_{\mathcal{V}}-\mathscr{A}\circ\mathscr{B}$ 可逆, 则 $(\mathscr{E}_{\mathcal{V}}-\mathscr{A}\circ\mathscr{B})^{-1}=\mathscr{E}_{\mathcal{V}}+\mathscr{B}\circ(\mathscr{E}_{\mathcal{V}}-\mathscr{A}\circ\mathscr{B})^{-1}\circ\mathscr{A}$ (提示: 证明 $\mathscr{B}\circ(\mathscr{E}_{\mathcal{V}}-\mathscr{A}\circ\mathscr{B})^{-1}=(\mathscr{E}_{\mathcal{U}}-\mathscr{B}\circ\mathscr{A})^{-1}\circ\mathscr{B}$, 以及 $\mathscr{A}\circ(\mathscr{E}_{\mathcal{U}}-\mathscr{B}\circ\mathscr{A})^{-1}=(\mathscr{E}_{\mathcal{V}}-\mathscr{A}\circ\mathscr{B})^{-1}\circ\mathscr{A}$).

(2) 令 $A\in\mathcal{C}^{n\times n}$ 是对角矩阵, 其特征多项式为 $\prod_{i=1}^s(\lambda-\alpha_i)^{\nu_i}$. 则集合 $\mathcal{B}=\{B:AB=BA\}$ 是 $\mathcal{C}^{n\times n}$ 的一个子空间且

$$\dim(\mathcal{B})=\nu_1^2+\nu_2^2+\cdots+\nu_s^2$$

(3) 设 $\mathscr{A}\in\mathcal{L}(\mathcal{V})$ 的最小多项式为 $\psi(\lambda)$, $\mathcal{W}\subset\mathcal{V}$ 是 $\mathscr{A}$ 的不变子空间. 将 $\mathscr{A}$ 的作用限制在子空间 $\mathcal{W}$ 上, 则 $\mathscr{A}\in\mathcal{L}(\mathcal{W})$, 称为 $\mathscr{A}$ 在子空间 $\mathcal{W}$ 上的限制并记为 $\mathscr{A}|\mathcal{W}$. 令 $\xi(\lambda)$ 是 $\mathscr{A}|\mathcal{W}$ 的最小多项式, 则 $\xi(\lambda)|\psi(\lambda)$.

3.3　若 $A\in\mathcal{C}^{n\times n}$ 相似于一个对角矩阵 (即 A 有 n 个特征向量), 则称其为单纯矩阵. 类似地, 若线性变换 $\mathscr{A}$ 有 n 个特征向量, 则称其为单纯型线性变换. 令 $A\in\mathcal{C}^{n\times n}$, $\mathscr{M}_A$, $\mathscr{K}_A$ 是 $\mathcal{C}^{n\times n}$ 上的线性变换, 分别定义为 $\mathscr{M}_A(X)=AX$ 和 $\mathscr{K}_A(X)=AX-XA$, $X\in\mathcal{C}^{n\times n}$. 检验下述结论的正确性:

(1) 若 A 为单纯型, 则 $\mathscr{M}_A$ 亦然;

(2) 若 A 为单纯型, 则 $\mathscr{K}_A$ 亦然.

3.4　证明下述结论:

(1) A 是 $\mathscr{A}\in\mathcal{L}(\mathcal{C}^n)$ 的矩阵表示, $\dot{\sum}_{i=1}^s\mathcal{V}_i=\mathcal{C}^n$ 且 $\mathcal{V}_i$ 是 $\mathscr{A}$ 的不变子空间, $i=1,2,\cdots,s$, $\mathscr{A}_i=\mathscr{A}|\mathcal{V}_i$, 其在 $\mathcal{V}_i$ 的一组基下的矩阵表示为 A_i, 则有 $\det(A)=\prod_{i=1}^s\det(A_i)$;

(2) 已知条件同 (1), 则有 $\det[\lambda I_n-A]=\prod_{i=1}^s\det(\lambda I_{n_i}-A_i)$, 其中 $n_i=\dim(\mathcal{V}_i)$;

(3) $\psi(\lambda)$ 和 $\psi_i(\lambda)$ 分别是 (1) 中 $\mathscr{A}$ 和 $\mathscr{A}_i$ 的最小多项式, 则 $\psi(\lambda)=\text{l.c.m}\{\psi_i(\lambda),\ i=1,2,\cdots,s\}$.

3.5　验证下述结论:

(1) $\mathscr{A}\in\mathcal{L}(\mathcal{C}^n)$, 其特征多项式为 $f(\lambda)=\prod_{i=1}^s(\lambda-\lambda_i)^{n_i}$, 最小多项式为 $\psi(\lambda)=\prod_{i=1}^s(\lambda-\lambda_i)^{m_i}$, 则有

① $\operatorname{Ker}\{[\mathscr{A}-\lambda_i\mathscr{E}]^{m_i}\}=\{\boldsymbol{y}:[\mathscr{A}-\lambda_i\mathscr{E}]^m\boldsymbol{y}=\boldsymbol{0},\ \forall m\in\mathcal{Z}_{0,+}\}$;

② $\dim(\operatorname{Ker}[(\mathscr{A}-\lambda_i\mathscr{E})^{m_i}])=n_i$.

(2) $\mathcal{V}$ 是数域 $\mathcal{F}$ 上的 n 维线性空间, $\mathscr{A} \in \mathcal{L}(\mathcal{V})$, 则 $\mathscr{A}$ 为单纯型当且仅当其最小多项式 $\psi(\lambda)$ 可表示为 $\psi(\lambda) = \prod_{i=1}^{m}(\lambda - \lambda_i)$, 其中 $\lambda_1 \neq \lambda_2 \neq \cdots \neq \lambda_m$, $m \leqslant n$.

3.6 验证下述结论.

(1) $\mathcal{V}$ 是 $\mathcal{C}$ 上的 n 维线性空间, $\mathscr{A} \in \mathcal{L}(\mathcal{V})$. 若存在 $\boldsymbol{b}$ 使得 $\mathcal{V} = \mathcal{S}_{\mathscr{A}^2}(\boldsymbol{b})$, 则 $\mathcal{V} = \mathcal{S}_{\mathscr{A}}(\boldsymbol{b})$.

(2) $A,\ B \in \mathcal{C}^{3\times 3}$, 则 $A \sim B$ 当且仅当 A 和 B 具有相同的特征多项式以及最小多项式. 用反例证明此结论中的条件对于 $\mathcal{C}^{4\times 4}$ 中的相似矩阵仅为必要而非充分.

3.7 $\mathcal{V}$ 是数域 $\mathcal{F}$ 上的 n 维线性空间, $\mathscr{A} \in \mathcal{L}(\mathcal{V})$ 且 $\mathscr{A} \circ \mathscr{A} = \alpha^2 \mathscr{E}$, $0 \neq \alpha \in \mathcal{R}$. 证明:

(1) $\mathcal{R}(\mathscr{A} - \alpha\mathscr{E}) \dot{+} \mathcal{R}(\mathscr{A} + \alpha\mathscr{E}) = \mathcal{V}$;

(2) $\mathcal{N}(\mathscr{A} - \alpha\mathscr{E}) \dot{+} \mathcal{N}(\mathscr{A} + \alpha\mathscr{E}) = \mathcal{V}$;

(3) $\mathscr{A}$ 有 n 个特征向量;

(4) $\mathscr{A}$ 的一个化零多项式可以是 $(\lambda^2 - \alpha^2)$;

(5) $\mathscr{A}$ 的循环指数 $k = \max\{\dim[\mathcal{N}(\mathscr{A} - \alpha\mathscr{E})]\,, \dim[\mathcal{N}(\mathscr{A} + \alpha\mathscr{E})]\}$.

3.8 证明: 相似矩阵有相同的特征多项式从而有相同的特征值; 设 $\boldsymbol{x}$ 是矩阵 A 的特征值 λ 所对应的特征向量, 则 $P^{-1}\boldsymbol{x}$ 是矩阵 $B = P^{-1}AP$ 的特征值 λ 所对应的特征向量.

3.9 $A_n \in \mathcal{R}^{n\times n}$ 为 Toeplitz 矩阵:

$$A_n = \begin{bmatrix} 2\cos\theta & 1 & 0 & \cdots & 0 \\ 1 & 2\cos\theta & 1 & \ddots & \vdots \\ 0 & \ddots & \ddots & \ddots & \boldsymbol{0} \\ \vdots & \ddots & 1 & 2\cos\theta & 1 \\ 0 & \cdots & 0 & 1 & 2\cos\theta \end{bmatrix}$$

并令 $\det A_0 = 1$. 显然有 $\det A_1 = 2\cos\theta = \dfrac{\sin 2\theta}{\sin\theta}$.

(1) 证明 $n = 2, 3, \cdots$ 时 $\det A_n$ 满足递推公式 $\det A_n = 2\cos\theta \det A_{n-1} - \det A_{n-2}$, 于是 $\det A_n = \dfrac{\sin(n+1)\theta}{\sin\theta}$ 为第二类 Chebyshev 多项式;

(2) 证明 A_n 的特征值为 $\lambda_k = 2\left(\cos\theta - \cos\dfrac{k\pi}{n+1}\right)$, $k = 1, 2, \cdots, n$.

3.10 已知 $A \in \mathcal{C}^{(2n)\times(2n)}$, 请确定 A 的最小多项式和 Jordan 标准形, 若 $\mathrm{rank}(\alpha I_{2n} - A) = k$, $\mathrm{rank}(\alpha I_{2n} - A)^2 = 0$, 其中 $k = n, n-1, \cdots, 2, 1$.

3.11 证明 $\mathcal{V} = \mathcal{V}_1 \dot{+} \mathcal{V}_2 \dot{+} \cdots \dot{+} \mathcal{V}_s$, 当且仅当 $\mathcal{V}_i \cap \mathcal{V}_j = \{\boldsymbol{0}\}$, $\forall i \neq j$.

3.12 设 $A \in \mathcal{R}^{n\times n}$ 的特征多项式为 $\det(sI - A) = s^n + a_{n-1}s^{n-1} + \cdots + a_1 s + a_0$,

$$Q_{\mathrm{c}} = \begin{bmatrix} \boldsymbol{b} & A\boldsymbol{b} & A^2\boldsymbol{b} & \cdots & A^{n-1}\boldsymbol{b} \end{bmatrix}$$

为满秩矩阵. 定义

$$S\left[f^{(n)}\right]=\begin{bmatrix} a_1 & a_2 & \cdots & a_{n-1} & 1 \\ a_2 & \cdots & a_{n-1} & 1 & 0 \\ \vdots & \iddots & \iddots & \iddots & \vdots \\ a_{n-1} & 1 & 0 & \cdots & 0 \\ 1 & 0 & \cdots & \cdots & 0 \end{bmatrix}$$

$T_{\mathrm{c},2}=Q_{\mathrm{c}}S\left[f^{(n)}\right]$. 证明:

$$T_{\mathrm{c},2}^{-1}AT_{\mathrm{c},2}=\begin{bmatrix} 0 & 1 & 0 & \cdots & 0 \\ 0 & 0 & 1 & \ddots & \vdots \\ \vdots & \ddots & \ddots & \ddots & 0 \\ 0 & \cdots & 0 & 0 & 1 \\ -a_0 & -a_1 & \cdots & -a_{n-2} & -a_{n-1} \end{bmatrix},\quad T_{\mathrm{c},2}^{-1}\boldsymbol{b}=\begin{bmatrix} 0 \\ 0 \\ \vdots \\ 0 \\ 1 \end{bmatrix}$$

3.13　A 为行相伴形是指

$$A=\begin{bmatrix} 0 & 1 & \mathbf{0}^{\mathrm{T}} & \cdots & 0 \\ 0 & 0 & \ddots & \ddots & \vdots \\ \vdots & \ddots & \ddots & \ddots & \mathbf{0} \\ 0 & \cdots & \mathbf{0}^{\mathrm{T}} & 0 & 1 \\ -\alpha_0 & -\alpha_1 & \cdots & -\alpha_{n-2} & -\alpha_{n-1} \end{bmatrix}$$

记 $\alpha_n=1$. 证明:

$$\operatorname{adj}(\lambda I-A)=\begin{bmatrix} \sum\limits_{i=0}^{n-1}\alpha_{n-i}\lambda^{n-1-i} & \sum\limits_{i=0}^{n-2}\alpha_{n-i}\lambda^{n-2-i} & \cdots & \sum\limits_{i=0}^{n-(n-1)}\alpha_{n-i}\lambda^{n-(n-1)-i} & \alpha_n \\ -\alpha_0 & \sum\limits_{i=0}^{n-2}\alpha_{n-i}\lambda^{n-1-i} & \ddots & \ddots & \alpha_n\lambda \\ \vdots & \ddots & \ddots & & \vdots \\ -\alpha_0\lambda^{n-3} & -\alpha_1\lambda^{n-3}-\alpha_0 & \cdots & \alpha_n\lambda^{n-1}+\alpha_{n-1}\lambda^{n-2} & \alpha_n\lambda^{n-2} \\ -\alpha_0\lambda^{n-2} & -\alpha_1\lambda^{n-2}-\alpha_0\lambda^{n-3} & \cdots & -\sum\limits_{i=2}^{n}\alpha_{n-i}\lambda^{n-i} & \alpha_n\lambda^{n-1} \end{bmatrix}$$

3.14　$\mathcal{V}=\mathcal{C}_n[s]$, 线性变换 $\mathscr{D}:\ \mathcal{C}_n[s]\to\mathcal{C}_n[s]$ 定义为

$$\mathscr{D}[f(s)]=na_ns^{n-1}+(n-1)a_{n-1}s^{n-2}+\cdots+2a_2s+a_1$$

其中

$$f(s)=a_ns^n+a_{n-1}s^{n-1}+\cdots+a_2s^2+a_1s+a_0$$

求: (1) 变换 $\mathscr{D}$ 的 Jordan 标准形矩阵表示和对应的空间分解;

(2) 在 $\mathscr{D}$ 下 $\mathcal{C}_n[s]$ 的循环不变子空间.

第 4 章　酉空间及酉空间上的线性变换、二次型

本章分为两大部分. 4.1 ~ 4.5 节介绍内积空间及内积空间中的几个重要线性变换. 4.6 ~ 4.8 节介绍正规矩阵及其特例 Hermitian 矩阵和二次齐式.

4.1　内 积 空 间

迄今为止, 线性空间中向量之间只定义了加法运算. 向量的度量性质如向量长度、向量之间的夹角、正交等概念在线性空间理论中没有反映, 从而限制了线性空间理论的应用. 在本节中, 将对解析几何中三维空间向量的内积概念进行抽象并推广到线性空间, 从而引入向量长度、两个向量之间的夹角等几何概念.

4.1.1　内积和内积空间的定义

$\mathcal{C}^n$ 中的列向量

$$\boldsymbol{\alpha}=\begin{bmatrix}a_1\\a_2\\\vdots\\a_n\end{bmatrix},\quad \boldsymbol{\beta}=\begin{bmatrix}b_1\\b_2\\\vdots\\b_n\end{bmatrix}$$

的内积通常定义为

$$\langle\boldsymbol{\alpha}\,,\boldsymbol{\beta}\rangle=\bar{a}_1b_1+\bar{a}_2b_2+\cdots+\bar{a}_nb_n=\boldsymbol{\alpha}^*\boldsymbol{\beta} \tag{4.1}$$

其中, $\boldsymbol{\alpha}^*=[\bar{a}_1\ \ \bar{a}_2\ \ \cdots\ \ \bar{a}_n]$ 是 $\boldsymbol{\alpha}$ 的共轭转置 (类似地可以定义矩阵 A 的共轭转置 A^*). 容易验证, $\langle\boldsymbol{\alpha}\,,\boldsymbol{\beta}\rangle$ 满足

$$\begin{aligned}&(1)\quad \langle\boldsymbol{\alpha}\,,\boldsymbol{\beta}\rangle=\overline{\langle\boldsymbol{\beta}\,,\boldsymbol{\alpha}\rangle};\\&(2)\quad \langle k\boldsymbol{\alpha}\,,\boldsymbol{\beta}\rangle=\bar{k}\langle\boldsymbol{\alpha}\,,\boldsymbol{\beta}\rangle,\quad \forall k\in\mathcal{C};\\&(3)\quad \langle\boldsymbol{\alpha}+\boldsymbol{\beta}\,,\boldsymbol{\gamma}\rangle=\langle\boldsymbol{\alpha}\,,\boldsymbol{\gamma}\rangle+\langle\boldsymbol{\beta}\,,\boldsymbol{\gamma}\rangle,\quad \forall\boldsymbol{\alpha}\,,\boldsymbol{\beta}\,,\boldsymbol{\gamma}\in\mathcal{C}^n;\\&(4)\quad \langle\boldsymbol{\alpha}\,,\boldsymbol{\alpha}\rangle\geqslant 0,\quad \text{且等号成立, 当且仅当}\boldsymbol{\alpha}=\mathbf{0}.\end{aligned} \tag{4.2}$$

仿照 $\mathcal{C}^n$ 中的内积, 将内积的概念推广至一般的线性空间 $\mathcal{V}$.

定义 4.1.1　$\mathcal{V}$ 是数域 $\mathcal{F}$ 上的 n 维线性空间. 若对任何 $(\boldsymbol{\alpha}\,,\boldsymbol{\beta})\in\mathcal{V}\times\mathcal{V}$, 依一确定法则对应 $\langle\boldsymbol{\alpha}\,,\boldsymbol{\beta}\rangle\in\mathcal{F}$, 且 $\langle\boldsymbol{\alpha}\,,\boldsymbol{\beta}\rangle$ 满足式 (4.2) 中的四个条件, 则称 $\langle\boldsymbol{\alpha}\,,\boldsymbol{\beta}\rangle$ 为 $\mathcal{V}$ 的一个内积. 称 $\mathcal{F}=\mathcal{C}$ 的内积空间为酉空间, $\mathcal{F}=\mathcal{R}$ 的内积空间为 Euclidean 空间.

因为满足条件 (1) ~ (4) 的数 $\langle\boldsymbol{\alpha}\,,\boldsymbol{\beta}\rangle$ 不是唯一的, 对于同一个线性空间, 可以赋予不同的内积, 因而可得到不同结构的内积空间. 例如, 在 $\mathcal{C}^2$ 中若对向量

$$\boldsymbol{\alpha}=\begin{bmatrix}a_1\\a_2\end{bmatrix},\quad \boldsymbol{\beta}=\begin{bmatrix}b_1\\b_2\end{bmatrix}$$

定义

$$\langle \boldsymbol{\alpha}, \boldsymbol{\beta} \rangle = l\bar{a}_1 b_1 + \bar{a}_1 b_2 + \bar{a}_2 b_1 + \bar{a}_2 b_2, \quad l > 1$$

则容易验证 $\langle \boldsymbol{\alpha}, \boldsymbol{\beta} \rangle$ 满足内积的四个条件, 从而可作为 $\mathcal{C}^2$ 中的内积. 今后在讨论 $\mathcal{C}^n$ 时都用式 (4.1) 定义的内积.

【例 4.1.1】 设在 $n \times n$ 维空间 $\mathcal{C}^{n\times n}$ 中对向量 (n 阶方阵)A、B 规定 $\langle A, B \rangle$ 为

$$\langle A, B \rangle = \text{trace}(A^* B)$$

则 $\mathcal{C}^{n\times n}$ 是酉空间.

证明: 设

$$A = \begin{bmatrix} a_{11} & a_{12} & \cdots & a_{1n} \\ a_{21} & a_{22} & \cdots & a_{2n} \\ \vdots & \vdots & \ddots & \vdots \\ a_{n1} & a_{n2} & \cdots & a_{nn} \end{bmatrix}, \quad B = \begin{bmatrix} b_{11} & b_{12} & \cdots & b_{1n} \\ b_{21} & b_{22} & \cdots & b_{2n} \\ \vdots & \vdots & \ddots & \vdots \\ b_{n1} & b_{n2} & \cdots & b_{nn} \end{bmatrix}$$

则有

$$A^* = \begin{bmatrix} \bar{a}_{11} & \bar{a}_{21} & \cdots & \bar{a}_{n1} \\ \bar{a}_{12} & \bar{a}_{22} & \cdots & \bar{a}_{n2} \\ \vdots & \vdots & \ddots & \vdots \\ \bar{a}_{1n} & \bar{a}_{2n} & \cdots & \bar{a}_{nn} \end{bmatrix}, \quad A^* B = \begin{bmatrix} \sum\limits_{j=1}^{n} \bar{a}_{j1} b_{j1} & \sum\limits_{j=1}^{n} \bar{a}_{j1} b_{j2} & \cdots & \sum\limits_{j=1}^{n} \bar{a}_{j1} b_{jn} \\ \sum\limits_{j=1}^{n} \bar{a}_{j2} b_{j1} & \sum\limits_{j=1}^{n} \bar{a}_{j2} b_{j2} & \cdots & \sum\limits_{j=1}^{n} \bar{a}_{j2} b_{jn} \\ \vdots & \vdots & \ddots & \vdots \\ \sum\limits_{j=1}^{n} \bar{a}_{jn} b_{j1} & \sum\limits_{j=1}^{n} \bar{a}_{jn} b_{j2} & \cdots & \sum\limits_{j=1}^{n} \bar{a}_{jn} b_{jn} \end{bmatrix}$$

于是, 有

$$\text{trace}(A^* B) = \sum_{j=1}^{n} \bar{a}_{j1} b_{j1} + \sum_{j=1}^{n} \bar{a}_{j2} b_{j2} + \cdots + \sum_{j=1}^{n} \bar{a}_{jn} b_{jn} = \sum_{i=1}^{n} \sum_{j=1}^{n} \bar{a}_{ji} b_{ji}$$

显然, 有

$$\begin{aligned}
\langle B, A \rangle &= \overline{\langle A, B \rangle} \\
\langle kA, B \rangle &= \text{trace}[(kA)^* B] = \bar{k}\text{trace}A^* B = \bar{k}\langle A, B \rangle \\
\langle A + B, C \rangle &= \text{trace}[(A+B)^* C] = \text{trace}[(A^* + B^*)C] \\
&= \text{trace}[A^* C + B^* C] = \text{trace}(A^* C) + \text{trace}(B^* C) = \langle A, C \rangle + \langle B, C \rangle \\
\langle A, A \rangle &= \text{trace}(A^* A) = \sum_{i=1}^{n} \sum_{j=1}^{n} |a_{ij}|^2 \geqslant 0
\end{aligned}$$

等号成立当且仅当 $a_{ij} = 0, \forall i, j$, 即 $A = 0$. 所以 $\text{trace}(A^* B)$ 是内积, 从而 $\mathcal{C}^{n\times n}$ 是酉空间.

△

显然, $\mathcal{R}^{n\times n}$ 是 Euclidean 空间.

【例 4.1.2】 $\mathcal{C}^n[t_0,t_f]$ 的一个子集记为 $\mathcal{L}_2^n[t_0,t_f]$, 向量 $\boldsymbol{f}(t)\in\mathcal{L}_2^n[t_0,t_f]$, 则有

$$\|\boldsymbol{f}\|_2 \triangleq \left[\int_{t_0}^{t_f}\boldsymbol{f}^*(t)\boldsymbol{f}(t)\mathrm{d}\,t\right]^{1/2}<\infty \tag{4.3}$$

作用于电阻 R 上的电压若为 $u(t)$, 则流过 R 的电流为 $\dfrac{u(t)}{R}$, 电阻 R 消耗的电功率为 $\dfrac{u^2(t)}{R}$. 从 t_0 到 t_f R 消耗的电能为

$$\int_{t_0}^{t_f}\frac{u^2(t)}{R}\mathrm{d}\,t$$

于是 $\|\boldsymbol{f}\|_2^2$ 可理解为信号 $\boldsymbol{f}(t)$ 的总能量, $\mathcal{L}_2^n[t_0,t_f]$ 表示 $\mathcal{C}^n[t_0,t_f]$ 中所有总能量有限的信号的集合. 容易证明, $\mathcal{L}_2^n[t_0,t_f]$ 是 $\mathcal{C}^n[t_0,t_f]$ 的一个子空间, 称为 Lebesgue 空间. 由式 (4.3) 可以定义 $\mathcal{L}_2^n[t_0,t_f]\times\mathcal{L}_2^n[t_0,t_f]$ 到 $\mathcal{R}$ 的一个映射: $(\boldsymbol{f},\boldsymbol{g})\longmapsto$

$$\langle\boldsymbol{f},\boldsymbol{g}\rangle=\int_{t_0}^{t_f}\boldsymbol{f}^*(t)\boldsymbol{g}(t)\mathrm{d}\,t \tag{4.4}$$

则 $\langle\boldsymbol{f},\boldsymbol{g}\rangle$ 具有下述三个性质:

(1) $\langle\boldsymbol{f},\boldsymbol{g}\rangle$ 是对称的, 即 $\langle\boldsymbol{f},\boldsymbol{g}\rangle=\langle\boldsymbol{g},\boldsymbol{f}\rangle$;

(2) $\langle\boldsymbol{f},\boldsymbol{g}\rangle$ 关于第二变量 $\boldsymbol{g}$ 是线性的, 即对任意的 $\alpha_1,\alpha_2\in\mathcal{R},\boldsymbol{g}_1,\boldsymbol{g}_2\in\mathcal{L}_2^n[t_0,t_f]$, 都有

$$\langle\boldsymbol{f},\alpha_1\boldsymbol{g}_1+\alpha_2\boldsymbol{g}_2\rangle=\alpha_1\langle\boldsymbol{f},\boldsymbol{g}_1\rangle+\alpha_2\langle\boldsymbol{f},\boldsymbol{g}_2\rangle$$

(3) $\langle\boldsymbol{f},\boldsymbol{f}\rangle$ 是正定的, 即 $\langle\boldsymbol{f},\boldsymbol{f}\rangle\geqslant 0$ 且 $\langle\boldsymbol{f},\boldsymbol{f}\rangle=0$, 当且仅当 $\boldsymbol{f}=\mathbf{0}$.

从而式 (4.4) 定义了 $\mathcal{L}_2^n[t_0,t_f]$ 上的一个内积. △

若 $\mathcal{C}^n[t_0,t_f]$ 中 $\boldsymbol{f}(t)$ 的定义域是 $(-\infty,\infty)$, 则记为 $\mathcal{C}^n(-\infty\,,\,\infty)$. 此时, 式 (4.4) 中的积分下限为 $-\infty$, 上限为 ∞. 在例 1.1.3 中定义、在例 1.2.5、例 1.3.6 和例 1.4.9 中讨论过的 $\mathcal{P}[0,n-1]$ 是 $\mathcal{C}[0,n-1]$ 的一个特例. 式 (4.4) 定义的内积自然也适用于 $(\alpha(t)\,,\,\beta(t))\in\mathcal{P}[0,n-1]\times\mathcal{P}[0,n-1]$. 感兴趣的读者可以证明, $\mathcal{R}^n$ 中的内积 $\langle\boldsymbol{\alpha}\,,\,\boldsymbol{\beta}\rangle=\boldsymbol{\alpha}^*\boldsymbol{\beta}$ 可以是 $\alpha(t)$ 和 $\beta(t)$ 的一个更易于计算的内积, 这里 $\boldsymbol{\alpha},\boldsymbol{\beta}$ 分别是 $\alpha(t)$ 和 $\beta(t)$ 在 $t=0,\,1,\,2,\,\cdots,\,n-1$ 的取值构成的 n 维列向量, 见例 1.2.5.

4.1.2 内积空间的性质

由于 Euclidean 空间可以作为酉空间的特例, 因此下面着重讨论酉空间. 由定义 4.1.1 可得到内积的性质:

(1) $\langle\boldsymbol{\alpha}\,,\,k\boldsymbol{\beta}\rangle=k\langle\boldsymbol{\beta}\,,\,\boldsymbol{\alpha}\rangle$;

(2) $\langle\boldsymbol{\alpha}\,,\,\boldsymbol{\beta}+\boldsymbol{\gamma}\rangle=\langle\boldsymbol{\alpha}\,,\,\boldsymbol{\beta}\rangle+\langle\boldsymbol{\alpha}\,,\,\boldsymbol{\gamma}\rangle$;

(3) $\langle\sum_{i=1}^s k_i\boldsymbol{\alpha}_i\,,\,\boldsymbol{\beta}\rangle=\sum_{i=1}^s\bar{k}_i\langle\boldsymbol{\alpha}_i\,,\,\boldsymbol{\beta}\rangle$;

(4) $\langle\boldsymbol{\alpha}\,,\,\sum_{i=1}^s k_i\boldsymbol{\beta}_i\rangle=\sum_{i=1}^s k_i\langle\boldsymbol{\alpha}\,,\,\boldsymbol{\beta}_i\rangle$.

【定理 4.1.1】 设 $\mathcal{V}$ 是 n 维酉空间, $\{\boldsymbol{\alpha}_i\}$ $(i=1,2,\cdots,n)$ 为其一组基, 则对于 $\mathcal{V}$ 中任何两个向量

$$\boldsymbol{\alpha}=\sum_{i=1}^{n}\boldsymbol{\alpha}_i x_i=[\boldsymbol{\alpha}_1\ \ \boldsymbol{\alpha}_2\ \ \cdots\ \ \boldsymbol{\alpha}_n]\boldsymbol{x}$$

$$\boldsymbol{\beta}=\sum_{j=1}^{n}\boldsymbol{\alpha}_j y_j=[\boldsymbol{\alpha}_1\ \ \boldsymbol{\alpha}_2\ \ \cdots\ \ \boldsymbol{\alpha}_n]\boldsymbol{y}$$

都有 $\langle\boldsymbol{\alpha},\boldsymbol{\beta}\rangle=\boldsymbol{x}^*G\boldsymbol{y}$, 其中 $\boldsymbol{x}$ 和 $\boldsymbol{y}$ 分别是 $\boldsymbol{\alpha}$ 和 $\boldsymbol{\beta}$ 在基 $\{\boldsymbol{\alpha}_i\}$ $(i=1,2,\cdots,n)$ 下的坐标,

$$G\triangleq\begin{bmatrix}\langle\boldsymbol{\alpha}_1,\boldsymbol{\alpha}_1\rangle & \langle\boldsymbol{\alpha}_1,\boldsymbol{\alpha}_2\rangle & \cdots & \langle\boldsymbol{\alpha}_1,\boldsymbol{\alpha}_n\rangle\\ \langle\boldsymbol{\alpha}_2,\boldsymbol{\alpha}_1\rangle & \langle\boldsymbol{\alpha}_2,\boldsymbol{\alpha}_2\rangle & \cdots & \langle\boldsymbol{\alpha}_2,\boldsymbol{\alpha}_n\rangle\\ \vdots & \vdots & \ddots & \vdots\\ \langle\boldsymbol{\alpha}_n,\boldsymbol{\alpha}_1\rangle & \langle\boldsymbol{\alpha}_n,\boldsymbol{\alpha}_2\rangle & \cdots & \langle\boldsymbol{\alpha}_n,\boldsymbol{\alpha}_n\rangle\end{bmatrix}$$

为基 $\{\boldsymbol{\alpha}_i\}$ $(i=1,2,\cdots,n)$ 的度量矩阵 (Gram matrix).

证明: 显然, 有

$$\begin{aligned}\langle\boldsymbol{\alpha},\boldsymbol{\beta}\rangle&=\left\langle\sum_{i=1}^{n}\boldsymbol{\alpha}_i x_i,\sum_{j=1}^{n}\boldsymbol{\alpha}_i y_j\right\rangle=\sum_{i=1}^{n}\bar{x}_i\left\langle\boldsymbol{\alpha}_i,\sum_{j=1}^{n}\boldsymbol{\alpha}_j y_j\right\rangle\\&=\sum_{i=1}^{n}\bar{x}_i\sum_{j=1}^{n}y_j\langle\boldsymbol{\alpha}_i,\boldsymbol{\alpha}_j\rangle=\sum_{i=1}^{n}\sum_{j=1}^{n}\bar{x}_i y_j\langle\boldsymbol{\alpha}_i,\boldsymbol{\alpha}_j\rangle\\&=\underbrace{[\bar{x}_1\ \bar{x}_2\ \cdots\ \bar{x}_n]}_{=\boldsymbol{x}^*}\underbrace{\begin{bmatrix}\langle\boldsymbol{\alpha}_1,\boldsymbol{\alpha}_1\rangle & \langle\boldsymbol{\alpha}_1,\boldsymbol{\alpha}_2\rangle & \cdots & \langle\boldsymbol{\alpha}_1,\boldsymbol{\alpha}_n\rangle\\ \langle\boldsymbol{\alpha}_2,\boldsymbol{\alpha}_1\rangle & \langle\boldsymbol{\alpha}_2,\boldsymbol{\alpha}_2\rangle & \cdots & \langle\boldsymbol{\alpha}_2,\boldsymbol{\alpha}_n\rangle\\ \vdots & \vdots & \ddots & \vdots\\ \langle\boldsymbol{\alpha}_n,\boldsymbol{\alpha}_1\rangle & \langle\boldsymbol{\alpha}_n,\boldsymbol{\alpha}_2\rangle & \cdots & \langle\boldsymbol{\alpha}_n,\boldsymbol{\alpha}_n\rangle\end{bmatrix}}_{=G}\underbrace{\begin{bmatrix}y_1\\ y_2\\ \vdots\\ y_n\end{bmatrix}}_{=\boldsymbol{y}}\\&=\boldsymbol{x}^*G\boldsymbol{y}\end{aligned}$$

■

为简便起见, 记

$$g_{ij}=\langle\boldsymbol{\alpha}_i,\boldsymbol{\alpha}_j\rangle,\quad i,j=1,2,\cdots,n$$

则

$$G=\begin{bmatrix}g_{11} & g_{12} & \cdots & g_{1n}\\ g_{21} & g_{22} & \cdots & g_{2n}\\ \vdots & \vdots & \ddots & \vdots\\ g_{n1} & g_{n2} & \cdots & g_{nn}\end{bmatrix}$$

由 $g_{ij}=\bar{g}_{ji}$ 可知 $G^*=G$.

定义 4.1.2 若 $A^*=A$, 则称 A 为 Hermitian 矩阵. 若 $A^*=-A$, 则称 A 为反 Hermitian 矩阵.

显然, 实对称矩阵是实 Hermitian 矩阵. 酉空间的度量矩阵是 Hermitian 矩阵, Euclidean 空间的度量矩阵是实对称矩阵. 设 $\boldsymbol{\alpha}\in\mathcal{V}$, 其坐标为 $\boldsymbol{x}$, 即 $\boldsymbol{\alpha}=\sum_{i=1}^{n}x_i\boldsymbol{\alpha}_i$. 由内积的性质可得

$$\begin{bmatrix}\langle\boldsymbol{\alpha}_1\,,\boldsymbol{\alpha}\rangle\\ \langle\boldsymbol{\alpha}_2\,,\boldsymbol{\alpha}\rangle\\ \vdots\\ \langle\boldsymbol{\alpha}_n\,,\boldsymbol{\alpha}\rangle\end{bmatrix}=\underbrace{\begin{bmatrix}\langle\boldsymbol{\alpha}_1\,,\boldsymbol{\alpha}_1\rangle & \langle\boldsymbol{\alpha}_1\,,\boldsymbol{\alpha}_2\rangle & \cdots & \langle\boldsymbol{\alpha}_1\,,\boldsymbol{\alpha}_n\rangle\\ \langle\boldsymbol{\alpha}_2\,,\boldsymbol{\alpha}_1\rangle & \langle\boldsymbol{\alpha}_2\,,\boldsymbol{\alpha}_2\rangle & \cdots & \langle\boldsymbol{\alpha}_2\,,\boldsymbol{\alpha}_n\rangle\\ \vdots & \vdots & \ddots & \vdots\\ \langle\boldsymbol{\alpha}_n\,,\boldsymbol{\alpha}_1\rangle & \langle\boldsymbol{\alpha}_n\,,\boldsymbol{\alpha}_2\rangle & \cdots & \langle\boldsymbol{\alpha}_n\,,\boldsymbol{\alpha}_n\rangle\end{bmatrix}}_{=G}\underbrace{\begin{bmatrix}x_1\\ x_2\\ \vdots\\ x_n\end{bmatrix}}_{=\boldsymbol{x}}\tag{4.5}$$

式 (4.5) 说明, $\mathcal{V}$ 中任何一个向量 $\boldsymbol{\alpha}$ 的坐标 $\boldsymbol{x}$ 可由 n 个内积 $\langle\boldsymbol{\alpha}_i\,,\boldsymbol{\alpha}\rangle$ 唯一确定.

内积空间不同的基的度量矩阵是不同的. 下述定理给出了两组不同的基的度量矩阵之间的关系.

【定理 4.1.2】 设 $\boldsymbol{\alpha}_1,\boldsymbol{\alpha}_2,\cdots,\boldsymbol{\alpha}_n$ 和 $\boldsymbol{\beta}_1,\boldsymbol{\beta}_2,\cdots,\boldsymbol{\beta}_n$ 为线性空间 $\mathcal{V}$ 的两组基, 过渡矩阵为 P, G 和 H 分别为其度量矩阵, 则有 $H=P^*GP$.

证明: 记 P 的列向量为 $\boldsymbol{p}_1,\boldsymbol{p}_2,\cdots,\boldsymbol{p}_n$, 则 $\boldsymbol{\beta}_i=[\boldsymbol{\alpha}_1\ \ \boldsymbol{\alpha}_2\ \ \cdots\ \ \boldsymbol{\alpha}_n]\boldsymbol{p}_i$. 由定理 4.1.1 可得

$$\langle\boldsymbol{\beta}_i\,,\boldsymbol{\beta}_j\rangle=\boldsymbol{p}_i^*G\boldsymbol{p}_j$$

于是, 有

$$\begin{bmatrix}\langle\boldsymbol{\beta}_1\,,\boldsymbol{\beta}_1\rangle & \langle\boldsymbol{\beta}_1\,,\boldsymbol{\beta}_2\rangle & \cdots & \langle\boldsymbol{\beta}_1\,,\boldsymbol{\beta}_n\rangle\\ \langle\boldsymbol{\beta}_2\,,\boldsymbol{\beta}_1\rangle & \langle\boldsymbol{\beta}_2\,,\boldsymbol{\beta}_2\rangle & \cdots & \langle\boldsymbol{\beta}_2\,,\boldsymbol{\beta}_n\rangle\\ \vdots & \vdots & \ddots & \vdots\\ \langle\boldsymbol{\beta}_n\,,\boldsymbol{\beta}_1\rangle & \langle\boldsymbol{\beta}_n\,,\boldsymbol{\beta}_2\rangle & \cdots & \langle\boldsymbol{\beta}_n\,,\boldsymbol{\beta}_n\rangle\end{bmatrix}=\underbrace{\begin{bmatrix}\boldsymbol{p}_1^*\\ \boldsymbol{p}_2^*\\ \vdots\\ \boldsymbol{p}_n^*\end{bmatrix}}_{=P^*}G\underbrace{[\boldsymbol{p}_1\ \ \boldsymbol{p}_2\ \ \cdots\ \ \boldsymbol{p}_n]}_{=P}$$

■

定义 4.1.3 A, B 为 n 阶复矩阵. 若存在 $P\in\mathbb{C}_n^{n\times n}$ 满足 $B=P^*AP$, 则称 A 和 B 是合同的.

容易验证, 矩阵的合同是一种等价关系.

用度量矩阵可以给出 $\boldsymbol{\alpha}_1,\boldsymbol{\alpha}_2,\cdots,\boldsymbol{\alpha}_m$ 是线性无关向量组的充要条件.

【定理 4.1.3】 内积空间 $\mathcal{V}$ 中的向量 $\boldsymbol{\alpha}_1,\boldsymbol{\alpha}_2,\cdots,\boldsymbol{\alpha}_m$ 线性无关的充要条件是其度量矩阵满秩.

证明: 设 $k_1\boldsymbol{\alpha}_1+k_2\boldsymbol{\alpha}_2+\cdots+k_m\boldsymbol{\alpha}_m=\boldsymbol{0}$. 于是有

$$\left\langle\boldsymbol{\alpha}_i\,,\sum_{j=1}^{m}k_j\boldsymbol{\alpha}_j\right\rangle=0\tag{4.6}$$

$\forall i=1,2,\cdots,m$. 式 (4.6) 左边即为

$$\sum_{j=1}^{m}k_j\langle\boldsymbol{\alpha}_i,\boldsymbol{\alpha}_j\rangle=\sum_{j=1}^{m}k_jg_{ij}$$

$\forall i=1,2,\cdots,m$. 记 $\boldsymbol{u}=[k_1\ \ k_2\ \ \cdots\ \ k_m]^{\mathrm{T}}$, 式 (4.6) 可以写为

$$\begin{bmatrix}g_{11}&g_{12}&\cdots&g_{1m}\\g_{21}&g_{22}&\cdots&g_{2m}\\\vdots&\vdots&\ddots&\vdots\\g_{m1}&g_{m2}&\cdots&g_{mm}\end{bmatrix}\begin{bmatrix}k_1\\k_2\\\vdots\\k_m\end{bmatrix}=\begin{bmatrix}0\\0\\\vdots\\0\end{bmatrix}$$
$$\iff \boldsymbol{G}\boldsymbol{u}=\boldsymbol{0} \tag{4.7}$$

若 G 满秩, 则式 (4.7) 只有零解, 这时 $k_1=k_2=\cdots=k_m=0$, 故 $\boldsymbol{\alpha}_1,\boldsymbol{\alpha}_2,\cdots,\boldsymbol{\alpha}_m$ 线性无关. 若 G 不满秩, 则式 (4.7) 有非零解, 这时有一组不全为零的数 $k_1,k_2,\cdots,k_m$ 满足式 (4.6). 以 $\bar{k}_1,\bar{k}_2,\cdots,\bar{k}_m$ 依次乘方程组 (4.6) 的第一个方程, 第二个方程, $\cdots$, 第 m 个方程并相加得

$$\sum_{i=1}^{m}\bar{k}_i\left\langle\boldsymbol{\alpha}_i\,,\ \sum_{j=1}^{m}k_j\boldsymbol{\alpha}_j\right\rangle=\left\langle\sum_{i=1}^{m}k_i\boldsymbol{\alpha}_i\,,\ \sum_{j=1}^{m}k_j\boldsymbol{\alpha}_j\right\rangle=0 \tag{4.8}$$

记 $\boldsymbol{\alpha}=\sum_{j=1}^{m}k_j\boldsymbol{\alpha}_j$ 并代入式 (4.8) 得 $\langle\boldsymbol{\alpha}\,,\ \boldsymbol{\alpha}\rangle=0$. 由内积的非负性可知 $\boldsymbol{\alpha}=\sum_{j=1}^{m}k_j\cdot\boldsymbol{\alpha}_j=\boldsymbol{0}$, 因而 $\boldsymbol{\alpha}_1,\boldsymbol{\alpha}_2,\cdots,\boldsymbol{\alpha}_m$ 线性相关. ■

4.1.3 酉空间的度量

$\mathcal{R}^n$ 或 $\mathcal{C}^n$ 中向量 $\boldsymbol{\alpha}=[a_1\ \ a_2\ \ \cdots\ \ a_n]^{\mathrm{T}}$ 的模 (长度) 可表示为 $\|\boldsymbol{\alpha}\|=\sqrt{\sum_{i=1}^{n}|a_i|^2}=\sqrt{\langle\boldsymbol{\alpha}\,,\boldsymbol{\alpha}\rangle}$. 将列向量模的概念推广到酉空间上可得下述定义.

定义 4.1.4 设 $\mathcal{V}$ 为酉空间, 向量 $\boldsymbol{\alpha}\in\mathcal{V}$ 的模 $\|\boldsymbol{\alpha}\|$ 定义为 $\|\boldsymbol{\alpha}\|\triangleq\sqrt{\langle\boldsymbol{\alpha}\,,\boldsymbol{\alpha}\rangle}$.

【定理 4.1.4】 $\|\boldsymbol{\alpha}\|$ 具有以下性质.

(1) 正定性: $\|\boldsymbol{\alpha}\|\geqslant 0$, 等号成立, 当且仅当 $\boldsymbol{\alpha}=\boldsymbol{0}$.

(2) 齐次性: $\|k\boldsymbol{\alpha}\|=|k|\|\boldsymbol{\alpha}\|$, k 为任意数.

(3) 三角不等式: $\|\boldsymbol{\alpha}+\boldsymbol{\beta}\|\leqslant\|\boldsymbol{\alpha}\|+\|\boldsymbol{\beta}\|$.

(4) Cauchy-Schwarz 不等式: $|\langle\boldsymbol{\alpha}\,,\boldsymbol{\beta}\rangle|\leqslant\|\boldsymbol{\alpha}\|\cdot\|\boldsymbol{\beta}\|$.

证明: 只证性质 (3) 和 (4). 先证 Cauchy-Schwarz 不等式. 若 $\boldsymbol{\beta}=\boldsymbol{0}$, 则不等式显然成立. 于是设 $\boldsymbol{\beta}\neq\boldsymbol{0}$, 则

$$\begin{aligned}0\leqslant\|\boldsymbol{\alpha}-k\boldsymbol{\beta}\|^2&=\langle\boldsymbol{\alpha}-k\boldsymbol{\beta}\,,\boldsymbol{\alpha}-k\boldsymbol{\beta}\rangle\\&=\langle\boldsymbol{\alpha}\,,\boldsymbol{\alpha}\rangle-k\langle\boldsymbol{\alpha}\,,\boldsymbol{\beta}\rangle-\bar{k}\langle\boldsymbol{\beta}\,,\boldsymbol{\alpha}\rangle+|k|^2\langle\boldsymbol{\beta}\,,\boldsymbol{\beta}\rangle\end{aligned}$$

在上式中, 令

$$k=\frac{\langle\boldsymbol{\beta}\,,\boldsymbol{\alpha}\rangle}{\langle\boldsymbol{\beta}\,,\boldsymbol{\beta}\rangle}$$

则

$$0 \leqslant \langle \boldsymbol{\alpha}, \boldsymbol{\alpha}\rangle - \frac{\langle \boldsymbol{\alpha}, \boldsymbol{\beta}\rangle\langle \boldsymbol{\beta}, \boldsymbol{\alpha}\rangle}{\langle \boldsymbol{\beta}, \boldsymbol{\beta}\rangle} = \langle \boldsymbol{\alpha}, \boldsymbol{\alpha}\rangle - \frac{|\langle \boldsymbol{\alpha}, \boldsymbol{\beta}\rangle|^2}{\|\boldsymbol{\beta}\|^2}$$

即

$$|\langle \boldsymbol{\alpha}, \boldsymbol{\beta}\rangle| \leqslant \|\boldsymbol{\alpha}\| \cdot \|\boldsymbol{\beta}\|$$

现证三角不等式.

$$\begin{aligned}
\|\boldsymbol{\alpha}+\boldsymbol{\beta}\|^2 &= \langle \boldsymbol{\alpha}+\boldsymbol{\beta}, \boldsymbol{\alpha}+\boldsymbol{\beta}\rangle \\
&= \langle \boldsymbol{\alpha}, \boldsymbol{\alpha}\rangle + \langle \boldsymbol{\alpha}, \boldsymbol{\beta}\rangle + \langle \boldsymbol{\beta}, \boldsymbol{\alpha}\rangle + \langle \boldsymbol{\beta}, \boldsymbol{\beta}\rangle \\
&= \|\boldsymbol{\alpha}\|^2 + 2\mathrm{Re}\langle \boldsymbol{\alpha}, \boldsymbol{\beta}\rangle + \|\boldsymbol{\beta}\|^2 \\
&\leqslant \|\boldsymbol{\alpha}\|^2 + 2|\langle \boldsymbol{\alpha}, \boldsymbol{\beta}\rangle| + \|\boldsymbol{\beta}\|^2 \\
&\leqslant \|\boldsymbol{\alpha}\|^2 + 2\|\boldsymbol{\alpha}\| \cdot \|\boldsymbol{\beta}\| + \|\boldsymbol{\beta}\|^2 \quad (\text{由 Cauchy-Schwarz 不等式}) \\
&= (\|\boldsymbol{\alpha}\| + \|\boldsymbol{\beta}\|)^2
\end{aligned}$$

其中, Re x 表示 x 的实部. ■

定理 4.1.4 有许多重要的应用. 例如, 在 $\mathcal{R}^n$ 中 Cauchy-Schwarz 不等式为

$$|a_1b_1 + a_2b_2 + \cdots + a_nb_n| \leqslant \sqrt{a_1^2 + a_2^2 + \cdots + a_n^2} \cdot \sqrt{b_1^2 + b_2^2 + \cdots + b_n^2} \tag{4.9}$$

$$\iff -1 \leqslant \frac{\langle \boldsymbol{\alpha}, \boldsymbol{\beta}\rangle}{\|\boldsymbol{\alpha}\| \cdot \|\boldsymbol{\beta}\|} \leqslant 1$$

因此, 可将 $\dfrac{\langle \boldsymbol{\alpha}, \boldsymbol{\beta}\rangle}{\|\boldsymbol{\alpha}\| \cdot \|\boldsymbol{\beta}\|}$ 理解为向量 $\boldsymbol{\alpha}$ 和 $\boldsymbol{\beta}$ 的夹角 $\theta_{(\boldsymbol{\alpha},\boldsymbol{\beta})}$ 的余弦, 即

$$\cos\left(\theta_{(\boldsymbol{\alpha},\boldsymbol{\beta})}\right) \triangleq \frac{\langle \boldsymbol{\alpha}, \boldsymbol{\beta}\rangle}{\|\boldsymbol{\alpha}\| \cdot \|\boldsymbol{\beta}\|}$$

当 $\langle \boldsymbol{\alpha}, \boldsymbol{\beta}\rangle = 0$ 时, $\theta_{(\boldsymbol{\alpha},\boldsymbol{\beta})} = \dfrac{\pi}{2}$, 即列向量 $\boldsymbol{\alpha}$ 和 $\boldsymbol{\beta}$ 相互垂直. 这也与 $\mathcal{R}^2$ 和 $\mathcal{R}^3$ 中两向量正交的几何意义相符. 4.2 节将把向量正交的概念推广到一般的内积空间. 再如, $\mathcal{R}^n$ 中向量 $\boldsymbol{\alpha}$ 的长度为 $\|\boldsymbol{\alpha}\|$. 若 $\|\boldsymbol{\alpha}\| = 1$, 便说 $\boldsymbol{\alpha}$ 是单位向量. 对于任何一个非零向量 $\boldsymbol{\alpha}$, 向量 $\boldsymbol{\alpha}/\|\boldsymbol{\alpha}\|$ 是单位向量. 称由 $\boldsymbol{\alpha}$ 得到 $\boldsymbol{\alpha}/\|\boldsymbol{\alpha}\|$ 的过程为单位化. 由 $\boldsymbol{\alpha} = \boldsymbol{\beta} + (\boldsymbol{\alpha} - \boldsymbol{\beta})$ 可知, $\mathcal{R}^n$ 中向量 $\boldsymbol{\alpha}$ 和 $\boldsymbol{\beta}$ 之间的距离为

$$d(\boldsymbol{\alpha}, \boldsymbol{\beta}) \triangleq \|\boldsymbol{\alpha} - \boldsymbol{\beta}\|$$

应用上式, 可以将距离的概念推广到一般的内积空间.

4.2 标准正交基、Schmidt 正交化方法

在 $\mathcal{R}^n$ 中, 当两个向量垂直时, 它们的内积为零. 推广到内积空间有如下定义.

定义 4.2.1 若向量 $\boldsymbol{\alpha}$ 和 $\boldsymbol{\beta}$ 的内积 $\langle \boldsymbol{\alpha}, \boldsymbol{\beta}\rangle = 0$, 则称 $\boldsymbol{\alpha}$ 与 $\boldsymbol{\beta}$ 正交, 记为 $\boldsymbol{\alpha}\perp\boldsymbol{\beta}$. 若不含零向量的向量组 $\{\boldsymbol{\alpha}_i\}$ 内的向量两两正交, 则称向量组 $\{\boldsymbol{\alpha}_i\}$ 是正交向量组. 若一个正交向量组内的任一个向量是单位向量, 则称向量组是标准正交向量组.

记

$$\delta_{ij}=\begin{cases}1, & i=j\\ 0, & i\neq j\end{cases} \tag{4.10}$$

δ_{ij} 也称为 Kronecker 符号. 由定义 4.2.1 和定理 4.1.4 不难证明:

(1) 向量组 $\{\boldsymbol{\alpha}_i\}$ 是正交向量组当且仅当 $\boldsymbol{\alpha}_i\neq\mathbf{0}$, $\forall i$, 且 $\langle\boldsymbol{\alpha}_i\,,\,\boldsymbol{\alpha}_j\rangle=0$, $\forall i\neq j$;

(2) 向量组 $\{\boldsymbol{\alpha}_i\}$ 是标准正交向量组当且仅当 $\langle\boldsymbol{\alpha}_i\,,\,\boldsymbol{\alpha}_j\rangle=\delta_{ij}$;

(3) 零向量和每个向量都正交; 反之, 与空间中每个向量都正交的向量必是零向量.

【定理 4.2.1】 不含零向量的正交向量组是线性无关向量组.

证明: 设 $\boldsymbol{\alpha}_1, \boldsymbol{\alpha}_2, \cdots, \boldsymbol{\alpha}_s$ 是正交向量组. 若

$$k_1\boldsymbol{\alpha}_1+k_2\boldsymbol{\alpha}_2+\cdots+k_s\boldsymbol{\alpha}_s=\mathbf{0}$$

则 $\forall\boldsymbol{\alpha}_j$, $j=1,2,\cdots,s$, 都有

$$\langle k_1\boldsymbol{\alpha}_1+k_2\boldsymbol{\alpha}_2+\cdots+k_s\boldsymbol{\alpha}_s\,,\,\boldsymbol{\alpha}_j\rangle=\sum_{i=1}^{s}k_i\langle\boldsymbol{\alpha}_i\,,\,\boldsymbol{\alpha}_j\rangle=0$$

由 $\langle\boldsymbol{\alpha}_i\,,\,\boldsymbol{\alpha}_j\rangle=0$, $\forall i\neq j$ 可得 $k_j\langle\boldsymbol{\alpha}_j\,,\,\boldsymbol{\alpha}_j\rangle=0$. 再由 $\langle\boldsymbol{\alpha}_j\,,\,\boldsymbol{\alpha}_j\rangle>0$, 可得 $k_j=0$, $\forall j=1,2,\cdots,s$. 于是 $\boldsymbol{\alpha}_1, \boldsymbol{\alpha}_2, \cdots, \boldsymbol{\alpha}_s$ 线性无关. ■

定义 4.2.2 在 n 维内积空间中, 由 n 个正交向量组成的基称为正交基. 由 n 个标准正交向量组成的基称为标准正交基.

显然, $\boldsymbol{\alpha}_1, \boldsymbol{\alpha}_2, \cdots, \boldsymbol{\alpha}_n$ 是标准正交基的充要条件是 $\langle\boldsymbol{\alpha}_i\,,\,\boldsymbol{\alpha}_j\rangle=\delta_{ij}$, 于是标准正交基的度量矩阵 G 是单位矩阵.

设 $\boldsymbol{\alpha}_1, \boldsymbol{\alpha}_2, \cdots, \boldsymbol{\alpha}_r$ 是 n 维内积空间 $\mathcal{V}$ 中一组线性无关的向量, $\mathcal{U}=\mathrm{span}\{\boldsymbol{\alpha}_1\,,\,\boldsymbol{\alpha}_2\,,\cdots,\,\boldsymbol{\alpha}_r\}$. 下面分两步将其化为 $\mathcal{U}$ 的一组标准正交基.

(1) 正交化; 令

$$\begin{aligned}
\boldsymbol{\beta}_1&=\boldsymbol{\alpha}_1\\
\boldsymbol{\beta}_2&=\boldsymbol{\alpha}_2-\frac{\langle\boldsymbol{\beta}_1\,,\,\boldsymbol{\alpha}_2\rangle}{\langle\boldsymbol{\beta}_1\,,\,\boldsymbol{\beta}_1\rangle}\boldsymbol{\beta}_1\\
\boldsymbol{\beta}_3&=\boldsymbol{\alpha}_3-\frac{\langle\boldsymbol{\beta}_1\,,\,\boldsymbol{\alpha}_3\rangle}{\langle\boldsymbol{\beta}_1\,,\,\boldsymbol{\beta}_1\rangle}\boldsymbol{\beta}_1-\frac{\langle\boldsymbol{\beta}_2\,,\,\boldsymbol{\alpha}_3\rangle}{\langle\boldsymbol{\beta}_2\,,\,\boldsymbol{\beta}_2\rangle}\boldsymbol{\beta}_2\\
&\;\;\vdots\\
\boldsymbol{\beta}_r&=\boldsymbol{\alpha}_r-\frac{\langle\boldsymbol{\beta}_1\,,\,\boldsymbol{\alpha}_r\rangle}{\langle\boldsymbol{\beta}_1\,,\,\boldsymbol{\beta}_1\rangle}\boldsymbol{\beta}_1-\frac{\langle\boldsymbol{\beta}_2\,,\,\boldsymbol{\alpha}_r\rangle}{\langle\boldsymbol{\beta}_2\,,\,\boldsymbol{\beta}_2\rangle}\boldsymbol{\beta}_2-\cdots-\frac{\langle\boldsymbol{\beta}_{r-1}\,,\,\boldsymbol{\alpha}_r\rangle}{\langle\boldsymbol{\beta}_{r-1}\,,\,\boldsymbol{\beta}_{r-1}\rangle}\boldsymbol{\beta}_{r-1}
\end{aligned} \tag{4.11}$$

容易验证 $\boldsymbol{\beta}_1, \boldsymbol{\beta}_2, \cdots, \boldsymbol{\beta}_r$ 是正交向量组.

(2) 单位化: 令

$$\boldsymbol{\gamma}_1=\frac{\boldsymbol{\beta}_1}{\|\boldsymbol{\beta}_1\|},\ \boldsymbol{\gamma}_2=\frac{\boldsymbol{\beta}_2}{\|\boldsymbol{\beta}_2\|},\ \cdots,\ \boldsymbol{\gamma}_r=\frac{\boldsymbol{\beta}_r}{\|\boldsymbol{\beta}_r\|} \tag{4.12}$$

则 $\gamma_1, \gamma_2, \cdots, \gamma_r$ 是 $\mathcal{U}$ 的一组标准正交基.

以上称为 $\alpha_1, \alpha_2, \cdots, \alpha_r$ 的 Gram-Schmidt 标准正交化过程.

【定理 4.2.2】 给定 n 维内积空间的任一组基 $\alpha_1, \alpha_2, \cdots, \alpha_n$, 可通过 Schmidt 正交化方法构造出一组标准正交基.

【例 4.2.1】 列向量空间 $\mathcal{R}^4$ 的一组基可以是

$$\alpha_1 = \begin{bmatrix} 1 \\ 0 \\ 0 \\ 0 \end{bmatrix}, \quad \alpha_2 = \begin{bmatrix} 1 \\ 1 \\ 0 \\ 0 \end{bmatrix}, \quad \alpha_3 = \begin{bmatrix} 1 \\ 1 \\ 1 \\ 0 \end{bmatrix}, \quad \alpha_4 = \begin{bmatrix} 1 \\ 1 \\ 1 \\ 1 \end{bmatrix}$$

求 $\mathcal{R}^4$ 的一组标准正交基.

解: 应用 Schmidt 正交化方法得

$$\begin{aligned}
\beta_1 &= \alpha_1 \\
\beta_2 &= \alpha_2 - \frac{\langle \beta_1, \alpha_2 \rangle}{\langle \beta_1, \beta_1 \rangle}\beta_1 = \alpha_2 - \beta_1 = [0\ \ 1\ \ 0\ \ 0]^{\mathrm{T}} \\
\beta_3 &= \alpha_3 - \frac{\langle \beta_1, \alpha_3 \rangle}{\langle \beta_1, \beta_1 \rangle}\beta_1 - \frac{\langle \beta_2, \alpha_3 \rangle}{\langle \beta_2, \beta_2 \rangle}\beta_2 \\
&= \alpha_3 - \beta_1 - \beta_2 = [0\ \ 0\ \ 1\ \ 0]^{\mathrm{T}} \\
\beta_4 &= \alpha_4 - \frac{\langle \beta_1, \alpha_4 \rangle}{\langle \beta_1, \beta_1 \rangle}\beta_1 - \frac{\langle \beta_2, \alpha_4 \rangle}{\langle \beta_2, \beta_2 \rangle}\beta_2 - \frac{\langle \beta_3, \alpha_4 \rangle}{\langle \beta_3, \beta_3 \rangle}\beta_3 \\
&= \alpha_4 - \alpha_1 - \beta_2 - \beta_3 = [0\ \ 0\ \ 0\ \ 1]^{\mathrm{T}}
\end{aligned}$$

△

【例 4.2.2】 $p(\lambda), q(\lambda) \in \mathcal{R}_n[\lambda]$, 且

$$\langle p(\lambda), q(\lambda) \rangle \triangleq \int_{-1}^{1} p(\lambda)q(\lambda)\,\mathrm{d}\lambda \tag{4.13}$$

(1) 验证: 式 (4.13) 定义了 $\mathcal{R}_n[\lambda]$ 上的一个内积;

证明: 对称性、关于第一变元的齐次性和线性由定义显见. 因此, 只证正定性.

$$\langle f(\lambda), f(\lambda) \rangle = \int_{-1}^{1} f(\lambda)f(\lambda)\,\mathrm{d}\lambda = \int_{-1}^{1} f^2(\lambda)\,\mathrm{d}\lambda \geqslant 0$$

上式中等号成立, 当且仅当 $f^2(\lambda) = 0, \forall \lambda \in [-1, 1]$, 当且仅当 $f(\lambda) = 0$. ■

(2) 计算 $\mathcal{R}_n[\lambda]$ 的一组基 $1, \lambda, \lambda^2, \cdots, \lambda^{n-1}, \lambda^n$ 按式 (4.13) 定义的内积下的度量矩阵:

$$G_1 = \int_{-1}^{1} \begin{bmatrix} 1 \\ \lambda \\ \vdots \\ \lambda^n \end{bmatrix} [1\ \ \lambda\ \ \cdots\ \ \lambda^n]\,\mathrm{d}\lambda$$

解: 由

$$\int_{-1}^{1} \lambda^{i+j}\,\mathrm{d}\lambda = \left.\frac{\lambda^{i+j+1}}{i+j+1}\right|_{-1}^{1} = \begin{cases} \dfrac{2}{i+j+1}, & i+j=\text{偶数} \\ 0, & i+j=\text{奇数} \end{cases}$$

可得

$$G_1 = \begin{bmatrix} 2 & 0 & \dfrac{2}{3} & \cdots & \dfrac{1^n-(-1)^n}{n} & \dfrac{1^{n+1}-(-1)^{n+1}}{n+1} \\ 0 & \dfrac{2}{3} & 0 & \cdots & \dfrac{1^{n+1}-(-1)^{n+1}}{n+1} & \dfrac{1^{n+2}-(-1)^{n+2}}{n+2} \\ \dfrac{2}{3} & 0 & \dfrac{2}{5} & \cdots & \dfrac{1^{n+2}-(-1)^{n+2}}{n+2} & \dfrac{1^{n+3}-(-1)^{n+3}}{n+3} \\ \vdots & \vdots & \vdots & \ddots & \vdots & \vdots \\ \dfrac{1^n-(-1)^n}{n} & \dfrac{1^{n+1}-(-1)^{n+1}}{n+1} & \cdots & \cdots & \dfrac{1^{2n-1}-(-1)^{2n-1}}{2n-1} & \dfrac{1^{2n}-(-1)^{2n}}{2n} \\ \dfrac{1^{n+1}-(-1)^{n+1}}{n+1} & \dfrac{1^{n+2}-(-1)^{n+2}}{n+1} & \cdots & \cdots & \dfrac{1^{2n}-(-1)^{2n}}{2n} & \dfrac{1^{2n+1}-(-1)^{2n+1}}{2n+1} \end{bmatrix}$$

△

(3) 将 Gram-Schmidt 正交化过程应用于 $\mathcal{R}_n[\lambda]$ 的一组基 $1, \lambda, \lambda^2, \cdots, \lambda^{n-1}, \lambda^n$, 得到 $\mathcal{R}_n[\lambda]$ 在内积 (4.13) 意义下的一组正交基为 $\alpha_k L_k(\lambda)$, $k=0,1,2,\cdots,n$. 求 $\mathcal{R}_2[\lambda]$ 的一组标准正交基 $\alpha_0 L_0(\lambda)$, $\alpha_1 L_1(\lambda)$ 和 $\alpha_2 L_2(\lambda)$. 验证:

$$L_k(\lambda) = \frac{1}{2^k k!}\frac{\mathrm{d}^k(\lambda^2-1)^k}{\mathrm{d}\lambda^k}$$

是 Legendre 多项式, $\alpha_k = \sqrt{\dfrac{2k+1}{2}}$ 使得 $\|\alpha_k L_k(\lambda)\|_2 = 1$, 这里 $k=0,1,2$.

解: 由 Gram-Schmidt 正交化过程可得

$$b_0(\lambda) = 1$$

$$b_1(\lambda) = \lambda - \frac{\displaystyle\int_{-1}^{1}\lambda\,\mathrm{d}\lambda}{\displaystyle\int_{-1}^{1}\mathrm{d}\lambda} b_0(\lambda) = \lambda$$

$$b_2(\lambda) = \lambda^2 - \frac{\displaystyle\int_{-1}^{1}\lambda^2\,\mathrm{d}\lambda}{\displaystyle\int_{-1}^{1}\mathrm{d}\lambda} b_0(\lambda) - \frac{\displaystyle\int_{-1}^{1}\lambda^3\,\mathrm{d}\lambda}{\displaystyle\int_{-1}^{1}\lambda^2\,\mathrm{d}\lambda} b_1(\lambda)$$

$$= \lambda^2 - \frac{1}{3}$$

由定义直接计算 $L_0(\lambda)$, $L_1(\lambda)$ 和 $L_2(\lambda)$ 可得

$$L_0(\lambda) = (\lambda^2-1)^0 = 1$$

$$L_1(\lambda)=\frac{1}{2\cdot 1!}\frac{\mathrm{d}\,(\lambda^2-1)}{\mathrm{d}\,\lambda}=\lambda$$

$$L_2(\lambda)=\frac{1}{2^2\cdot 2!}\frac{\mathrm{d}^2\,(\lambda^2-1)^2}{\mathrm{d}\,\lambda^2}=\frac{3}{2}\left(\lambda^2-\frac{1}{3}\right)$$

于是, 有

$$b_0(\lambda)=L_0(\lambda),\quad b_1(\lambda)=L_1(\lambda),\quad b_2(\lambda)=\frac{2}{3}L_2(\lambda)$$

$L_k(\lambda), k=0,1,2,\cdots,n$ 是 $\mathcal{R}_n[\lambda]$ 的一组正交基. 由

$$\|L_0(\lambda)\|_2^2=\int_{-1}^{1}\mathrm{d}\lambda=2$$

$$\|L_1(\lambda)\|_2^2=\int_{-1}^{1}\lambda^2\,\mathrm{d}\lambda=\frac{2}{3}$$

$$\|L_2(\lambda)\|_2^2=\int_{-1}^{1}\frac{9}{4}\left(\lambda^2-\frac{1}{3}\right)^2\mathrm{d}\lambda=\frac{2}{5}$$

将 $L_k(\lambda)$ 做归一化处理, 得到标准正交基 $L_k(\lambda)/\|L_k(\lambda)\|_2=\alpha_k L_k(\lambda), k=0,1,2,\cdots,n,$ 其中

$$\alpha_0=\sqrt{\frac{1}{2}},\quad \alpha_1=\sqrt{\frac{3}{2}},\quad \alpha_2=\sqrt{\frac{5}{2}},\quad \cdots,\quad \alpha_n=\sqrt{\frac{2n+1}{2}} \qquad \triangle$$

(4) 考虑 $\mathcal{R}_2[\lambda]$. 确定过渡矩阵 L 使

$$[\alpha_0L_0(\lambda)\ \ \alpha_1L_1(\lambda)\ \ \alpha_2L_2(\lambda)]=[1\ \ \lambda\ \ \lambda^2]\,L$$

并验证 $L^{\mathrm{T}}G_1L=I_3$.

解:

$$[L_0(\lambda)\ \ L_1(\lambda)\ \ L_2(\lambda)]=[1\ \ \lambda\ \ \lambda^2]\underbrace{\begin{bmatrix}\sqrt{\frac{1}{2}} & 0 & -\frac{1}{2}\sqrt{\frac{5}{2}}\\ 0 & \sqrt{\frac{3}{2}} & 0\\ 0 & 0 & \frac{3}{2}\sqrt{\frac{5}{2}}\end{bmatrix}}_{\triangleq L}$$

对 $n=2$, 有

$$G_1=\int_{-1}^{1}\begin{bmatrix}1\\ \lambda\\ \lambda^2\end{bmatrix}[1\ \ \lambda\ \ \lambda^2]\,\mathrm{d}\lambda=\begin{bmatrix}2 & 0 & \frac{2}{3}\\ 0 & \frac{2}{3} & 0\\ \frac{2}{3} & 0 & \frac{2}{5}\end{bmatrix}$$

直接计算可得

$$L^{\mathrm{T}}G_1L=\begin{bmatrix}\sqrt{\frac{1}{2}} & 0 & 0\\ 0 & \sqrt{\frac{3}{2}} & 0\\ -\frac{1}{2}\sqrt{\frac{5}{2}} & 0 & \frac{3}{2}\sqrt{\frac{5}{2}}\end{bmatrix}\begin{bmatrix}2 & 0 & \frac{2}{3}\\ 0 & \frac{2}{3} & 0\\ \frac{2}{3} & 0 & \frac{2}{5}\end{bmatrix}\begin{bmatrix}\sqrt{\frac{1}{2}} & 0 & -\frac{1}{2}\sqrt{\frac{5}{2}}\\ 0 & \sqrt{\frac{3}{2}} & 0\\ 0 & 0 & \frac{3}{2}\sqrt{\frac{5}{2}}\end{bmatrix}=I_3$$

△

4.3　酉变换与正交变换

定义 4.3.1　设 $\mathcal{V}$ 是 n 维酉空间, $\mathscr{U}$ 是 $\mathcal{V}$ 上的变换. 若 $\forall\boldsymbol{\alpha},\ \boldsymbol{\beta}\in\mathcal{V}$ 都有

$$\langle\mathscr{U}(\boldsymbol{\alpha}),\mathscr{U}(\boldsymbol{\beta})\rangle=\langle\boldsymbol{\alpha},\boldsymbol{\beta}\rangle$$

则称 $\mathscr{U}$ 是 $\mathcal{V}$ 上的酉变换.

称 n 维 Euclidean 空间 $\mathcal{V}$ 上的酉变换为正交变换.

【定理 4.3.1】　酉变换是线性变换.

证明: 由内积的性质 (3) 和性质 (4), 可以证明 $\forall\ \boldsymbol{\alpha},\boldsymbol{\beta}\in\mathcal{V},\ k\in\mathcal{F}$, 都有

$$\langle\mathscr{U}(\boldsymbol{\alpha}+\boldsymbol{\beta})-\mathscr{U}(\boldsymbol{\alpha})-\mathscr{U}(\boldsymbol{\beta}),\mathscr{U}(\boldsymbol{\alpha}+\boldsymbol{\beta})-\mathscr{U}(\boldsymbol{\alpha})-\mathscr{U}(\boldsymbol{\beta})\rangle=0$$

$$\langle\mathscr{U}(k\boldsymbol{\alpha})-k\mathscr{U}(\boldsymbol{\alpha}),\mathscr{U}(k\boldsymbol{\alpha})-k\mathscr{U}(\boldsymbol{\alpha})\rangle=0$$

再由内积的正定性以及线性变换的定义, 可知 $\mathscr{U}$ 是线性变换. ■

定义 4.3.2　若 n 阶复矩阵 A 满足

$$A^*A=AA^*=I$$

则称 A 是酉矩阵, 记为 $A\in\mathcal{U}^{n\times n}$. 若 n 阶实矩阵 A 满足

$$A^{\mathrm{T}}A=AA^{\mathrm{T}}=I$$

则称 A 是正交矩阵, 记为 $A\in\mathcal{E}^{n\times n}$.

【定理 4.3.2】　下列命题等价:

(1) $\mathscr{U}$ 是酉变换 (正交变换);

(2) $\|\mathscr{U}(\boldsymbol{\alpha})\|=\|\boldsymbol{\alpha}\|,\ \forall\boldsymbol{\alpha}\in\mathcal{V}$;

(3) $\mathscr{U}$ 将 $\mathcal{V}$ 的标准正交基变到标准正交基;

(4) $\mathscr{U}$ 在标准正交基下的矩阵表示是酉矩阵 (正交矩阵).

命题 (2) 说明酉变换也可称为等距变换. 这是因为

$$d(\boldsymbol{\alpha},\boldsymbol{\beta})=\|\boldsymbol{\alpha}-\boldsymbol{\beta}\|=\|\mathscr{U}(\boldsymbol{\alpha}-\boldsymbol{\beta})\|$$

$$=\|\mathscr{U}(\boldsymbol{\alpha})-\mathscr{U}(\boldsymbol{\beta})\|=d(\mathscr{U}(\boldsymbol{\alpha}),\mathscr{U}(\boldsymbol{\beta}))$$

即向量 $\boldsymbol{\alpha},\boldsymbol{\beta}$ 之间的距离在变换 $\mathscr{U}$ 下保持不变.

证明: (1)$\Longrightarrow$(2) 显然.

(2)$\Longrightarrow$(3) 设 $\boldsymbol{\alpha}_1,\boldsymbol{\alpha}_2,\cdots,\boldsymbol{\alpha}_n$ 是标准正交基. 证明 $\mathscr{U}(\boldsymbol{\alpha}_1),\mathscr{U}(\boldsymbol{\alpha}_2),\cdots,\mathscr{U}(\boldsymbol{\alpha}_n)$ 是标准正交基. 由 (2) 有

$$\langle\mathscr{U}(\boldsymbol{\alpha}_j+\boldsymbol{\alpha}_k),\mathscr{U}(\boldsymbol{\alpha}_j+\boldsymbol{\alpha}_k)\rangle=\langle\boldsymbol{\alpha}_j+\boldsymbol{\alpha}_k,\boldsymbol{\alpha}_j+\boldsymbol{\alpha}_k\rangle$$

$$\langle\mathscr{U}(\boldsymbol{\alpha}_j+\mathrm{i}\boldsymbol{\alpha}_k),\mathscr{U}(\boldsymbol{\alpha}_j+\mathrm{i}\boldsymbol{\alpha}_k)\rangle=\langle\boldsymbol{\alpha}_j+\mathrm{i}\boldsymbol{\alpha}_k,\boldsymbol{\alpha}_j+\mathrm{i}\boldsymbol{\alpha}_k\rangle$$

其中, $\mathrm{i}=\sqrt{-1}$. 根据 $\mathscr{U}$ 是线性变换与内积性质展开上两式得

$$\begin{aligned}\langle\mathscr{U}(\boldsymbol{\alpha}_j),\mathscr{U}(\boldsymbol{\alpha}_k)\rangle+\langle\mathscr{U}(\boldsymbol{\alpha}_k),\mathscr{U}(\boldsymbol{\alpha}_j)\rangle&=\langle\boldsymbol{\alpha}_j,\boldsymbol{\alpha}_k\rangle+\langle\boldsymbol{\alpha}_k,\boldsymbol{\alpha}_j\rangle\\\langle\mathscr{U}(\boldsymbol{\alpha}_j),\mathscr{U}(\boldsymbol{\alpha}_k)\rangle-\langle\mathscr{U}(\boldsymbol{\alpha}_k),\mathscr{U}(\boldsymbol{\alpha}_j)\rangle&=\langle\boldsymbol{\alpha}_j,\boldsymbol{\alpha}_k\rangle-\langle\boldsymbol{\alpha}_k,\boldsymbol{\alpha}_j\rangle\end{aligned}$$

相加该两式得

$$\langle\mathscr{U}(\boldsymbol{\alpha}_j),\mathscr{U}(\boldsymbol{\alpha}_k)\rangle=\langle\boldsymbol{\alpha}_j,\boldsymbol{\alpha}_k\rangle$$

因 $\boldsymbol{\alpha}_1,\boldsymbol{\alpha}_2,\cdots,\boldsymbol{\alpha}_n$ 是 $\mathcal{V}$ 的标准正交基, 故 $\langle\boldsymbol{\alpha}_j,\boldsymbol{\alpha}_k\rangle=\delta_{jk}$. 于是有

$$\langle\mathscr{U}(\boldsymbol{\alpha}_j),\mathscr{U}(\boldsymbol{\alpha}_k)\rangle=\langle\boldsymbol{\alpha}_j,\boldsymbol{\alpha}_k\rangle=\delta_{jk}$$

故 $\mathscr{U}(\boldsymbol{\alpha}_1),\mathscr{U}(\boldsymbol{\alpha}_2),\cdots,\mathscr{U}(\boldsymbol{\alpha}_n)$ 是 $\mathcal{V}$ 的标准正交基.

(3)$\Longrightarrow$(4) 设 $\boldsymbol{\alpha}_1,\boldsymbol{\alpha}_2,\cdots,\boldsymbol{\alpha}_n$ 与 $\mathscr{U}(\boldsymbol{\alpha}_1),\mathscr{U}(\boldsymbol{\alpha}_2),\cdots,\mathscr{U}(\boldsymbol{\alpha}_n)$ 是 $\mathcal{V}$ 的标准正交基. n 阶矩阵 $A=(a_{ij})$ 是 $\mathscr{U}$ 在基 $\boldsymbol{\alpha}_1,\boldsymbol{\alpha}_2,\cdots,\boldsymbol{\alpha}_n$ 下的矩阵表示, 即

$$[\mathscr{U}(\boldsymbol{\alpha}_1)\ \ \mathscr{U}(\boldsymbol{\alpha}_2)\ \ \cdots\ \ \mathscr{U}(\boldsymbol{\alpha}_n)]=[\boldsymbol{\alpha}_1\ \ \boldsymbol{\alpha}_2\ \ \cdots\ \ \boldsymbol{\alpha}_n]A$$

A 是酉矩阵或 (正交矩阵). 由

$$\begin{aligned}\mathscr{U}(\boldsymbol{\alpha}_i)&=a_{1i}\boldsymbol{\alpha}_1+a_{2i}\boldsymbol{\alpha}_2+\cdots+a_{ni}\boldsymbol{\alpha}_n\\\mathscr{U}(\boldsymbol{\alpha}_j)&=a_{1j}\boldsymbol{\alpha}_1+a_{2j}\boldsymbol{\alpha}_2+\cdots+a_{nj}\boldsymbol{\alpha}_n\end{aligned}$$

可得

$$\begin{aligned}\delta_{ij}&=\langle\mathscr{U}(\boldsymbol{\alpha}_i),\mathscr{U}(\boldsymbol{\alpha}_j)\rangle=\left\langle\sum_{k=1}^{n}a_{ki}\boldsymbol{\alpha}_k,\sum_{h=1}^{n}a_{hj}\boldsymbol{\alpha}_h\right\rangle\\&=\sum_{k=1}^{n}\bar{a}_{ki}\sum_{h=1}^{n}a_{hj}\langle\boldsymbol{\alpha}_k,\boldsymbol{\alpha}_h\rangle=\sum_{k=1}^{n}\bar{a}_{ki}\sum_{h=1}^{n}a_{hj}\delta_{kh}=\sum_{k=1}^{n}\bar{a}_{ki}a_{kj}\end{aligned}$$

即 A 的列向量是标准正交向量组, A 为酉矩阵 (或正交矩阵).

(4)$\Longrightarrow$(1) 即设 $\mathscr{U}$ 在标准正交基 $\boldsymbol{\alpha}_1,\boldsymbol{\alpha}_2,\cdots,\boldsymbol{\alpha}_n$ 下的矩阵表示 A 是酉矩阵 (或正交矩阵), 证明 $\mathscr{U}$ 是酉变换. 因 $\boldsymbol{\alpha}_1,\boldsymbol{\alpha}_2,\cdots,\boldsymbol{\alpha}_n$ 是 $\mathcal{V}$ 的标准正交基, $\forall\boldsymbol{\alpha},\boldsymbol{\beta}\in\mathcal{V}$ 可表示为

$$\boldsymbol{\alpha}=x_1\boldsymbol{\alpha}_1+x_2\boldsymbol{\alpha}_2+\cdots+x_n\boldsymbol{\alpha}_n$$

$$\boldsymbol{\beta}=y_1\boldsymbol{\alpha}_1+y_2\boldsymbol{\alpha}_2+\cdots+y_n\boldsymbol{\alpha}_n$$

且有 $\langle\boldsymbol{\alpha},\boldsymbol{\beta}\rangle=\boldsymbol{x}^*\boldsymbol{y}$. 由

$$[\mathscr{U}(\boldsymbol{\alpha}_1)\ \ \mathscr{U}(\boldsymbol{\alpha}_2)\ \ \cdots\ \ \mathscr{U}(\boldsymbol{\alpha}_n)]=[\boldsymbol{\alpha}_1\ \ \boldsymbol{\alpha}_2\ \ \cdots\ \ \boldsymbol{\alpha}_n]\,A$$

$$\mathscr{U}(\boldsymbol{\alpha})=x_1\mathscr{U}(\boldsymbol{\alpha}_1)+x_2\mathscr{U}(\boldsymbol{\alpha}_2)+\cdots+x_n\mathscr{U}(\boldsymbol{\alpha}_n)$$

$$\mathscr{U}(\boldsymbol{\beta})=y_1\mathscr{U}(\boldsymbol{\alpha}_1)+y_2\mathscr{U}(\boldsymbol{\alpha}_2)+\cdots+y_n\mathscr{U}(\boldsymbol{\alpha}_n)$$

且 A 是酉矩阵 (或正交矩阵), 可得

$$\langle\mathscr{U}(\boldsymbol{\alpha}),\mathscr{U}(\boldsymbol{\beta})\rangle=\boldsymbol{x}^*A^*A\boldsymbol{y}=\boldsymbol{x}^*\boldsymbol{y}=\langle\boldsymbol{\alpha},\boldsymbol{\beta}\rangle$$ ■

推论 4.3.1　若 $A, B\in\mathcal{U}^{n\times n}(\mathcal{E}^{n\times n})$, 则

(1) $A^{-1}=A^*\in\mathcal{U}^{n\times n}\ (A^{-1}=A^{\mathrm{T}}\in\mathcal{E}^{n\times n})$;

(2) $|\det A|=1$;

(3) $A^{\mathrm{T}}\in\mathcal{U}^{n\times n}$;

(4) $AB, BA\in\mathcal{U}^{n\times n}\ (\mathcal{E}^{n\times n})$.

【例 4.3.1】　若 $A\in\mathcal{C}^{n\times m}$, 且有 $A^*A=I_m$, 则 $H=I_n-2AA^*\in\mathcal{C}^{n\times n}$ 是酉矩阵.

△

【例 4.3.2】

$$A=\begin{bmatrix} I_{i-1} & & & & \\ & \cos\theta & & \sin\theta & \\ & & I_{j-i-1} & & \\ & -\sin\theta & & \cos\theta & \\ & & & & I_{n-j}\end{bmatrix}_{n\times n}$$

是正交矩阵, 其中为简便起见, 未标出的元素全为 0. 它所代表的正交变换称为 Givens 变换.

△

4.4　幂等矩阵与正交投影

4.4.1　投影变换与幂等矩阵

在 $\mathcal{R}^2$ 中, 任何两个线性无关的向量 $\boldsymbol{u}$ 和 $\boldsymbol{v}$ 均可为其一组基, 而 $\mathcal{R}^2=\mathcal{U}\dot{+}\mathcal{V}$, 其中

$$\mathcal{U}=\mathrm{span}\{\boldsymbol{u}\},\quad \mathcal{V}=\mathrm{span}\{\boldsymbol{v}\}$$

如图 4.1 所示, 记 $\mathcal{R}^2$ 中任何向量 $\boldsymbol{x}$ 沿子空间 $\mathcal{V}$ 的方向在 $\mathcal{U}$ 上的投影为 $\boldsymbol{u}_x$, 沿子空间 $\mathcal{U}$ 的方向在 $\mathcal{V}$ 上的投影为 $\boldsymbol{v}_x$, 则有

$$\boldsymbol{x}=\boldsymbol{u}_x+\boldsymbol{v}_x$$

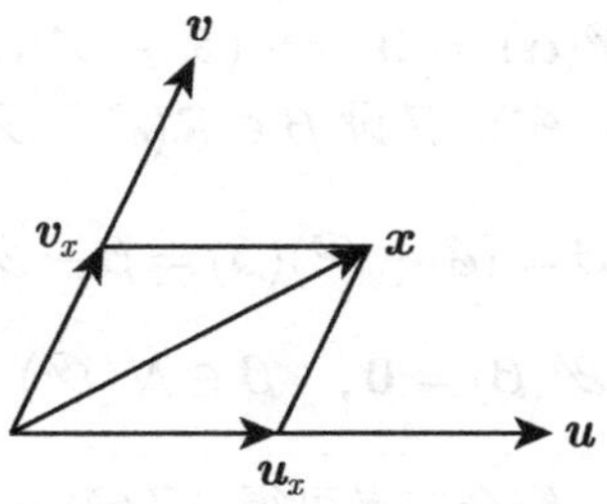

图 4.1 $\mathcal{R}^2$ 中的投影

若令变换 $\mathscr{P}_{\mathcal{U}}$ 为

$$\mathscr{P}_{\mathcal{U}}(\boldsymbol{x})=\mathscr{P}_{\mathcal{U}}(\boldsymbol{u}_x+\boldsymbol{v}_x)=\boldsymbol{u}_x$$

则这样的变换显然是线性变换, 且有 $\mathscr{P}_{\mathcal{U}}^2=\mathscr{P}_{\mathcal{U}}$. 若把 $\mathscr{P}_{\mathcal{U}}$ 限制在 $\mathcal{U}$ 上, 则是恒等变换.

现在把 $\mathcal{R}^2$ 中的投影变换推广到 $\mathcal{F}$ 上的线性空间 $\mathcal{V}$.

定义 4.4.1 设 $\mathcal{S},\mathcal{T}$ 是 $\mathcal{V}$ 的子空间, 且 $\mathcal{V}=\mathcal{S}\dot{+}\mathcal{T}$, 则 $\mathcal{V}$ 中任一向量 $\boldsymbol{\alpha}$ 均可唯一地表示为

$$\boldsymbol{\alpha}=\boldsymbol{\beta}+\boldsymbol{\gamma},\ \ \boldsymbol{\beta}\in\mathcal{S},\ \ \boldsymbol{\gamma}\in\mathcal{T} \tag{4.14}$$

称 $\boldsymbol{\beta}$ 是 $\boldsymbol{\alpha}$ 沿 $\mathcal{T}$ 至 $\mathcal{S}$ 的投影, $\boldsymbol{\gamma}$ 是 $\boldsymbol{\alpha}$ 沿 $\mathcal{S}$ 至 $\mathcal{T}$ 的投影.

称由式 (4.14) 确定的线性变换

$$\mathscr{P}_{\mathcal{S},\mathcal{T}}:\ \mathcal{V}\to\mathcal{S},\quad \mathscr{P}_{\mathcal{S},\mathcal{T}}(\boldsymbol{\alpha})=\boldsymbol{\beta}$$

为 $\mathcal{V}$ 沿 $\mathcal{T}$ 至 $\mathcal{S}$ 的投影变换. 称由式 (4.14) 确定的线性变换

$$\mathscr{P}_{\mathcal{T},\mathcal{S}}:\ \mathcal{V}\to\mathcal{T},\quad \mathscr{P}_{\mathcal{T},\mathcal{S}}(\boldsymbol{\alpha})=\boldsymbol{\gamma}$$

为 $\mathcal{V}$ 沿 $\mathcal{S}$ 至 $\mathcal{T}$ 的投影映射.

显然, $\mathscr{P}_{\mathcal{T},\mathcal{S}}$ 限制在 $\mathcal{S}$ 上是恒等变换.

【定理 4.4.1】 若 $\mathscr{P}$ 是 $\mathcal{V}$ 上的投影变换, 则

(1) $\mathscr{E}-\mathscr{P}$ 是投影变换;

(2) $\mathcal{R}(\mathscr{E}-\mathscr{P})=\mathcal{N}(\mathscr{P})$;

(3) $\mathcal{N}(\mathscr{E}-\mathscr{P})=\mathcal{R}(\mathscr{P})$.

证明: (1) 设 $\mathcal{S}$ 是 $\mathcal{V}$ 的子空间, 投影变换 $\mathscr{P}$: $\mathcal{V}\to\mathcal{S}$, 则按投影变换的定义, 存在 $\mathcal{V}$ 的子空间 $\mathcal{T}$, 使 $\mathcal{V}=\mathcal{S}\dot{+}\mathcal{T}$, 且 $\mathcal{V}$ 中任何向量 $\boldsymbol{\alpha}$ 均可唯一地表示为

$$\boldsymbol{\alpha}=\boldsymbol{\beta}+\boldsymbol{\gamma},\ \ \boldsymbol{\beta}\in\mathcal{S},\ \ \boldsymbol{\gamma}\in\mathcal{T}$$

因 $\mathscr{P}(\boldsymbol{\alpha})=\boldsymbol{\beta}$, 于是有

$$(\mathscr{E}-\mathscr{P})(\boldsymbol{\alpha})=\boldsymbol{\alpha}-\mathscr{P}(\boldsymbol{\alpha})=\boldsymbol{\gamma}\in\mathcal{T}$$

由 $\boldsymbol{\alpha}$ 的任意性可知 $(\mathscr{E}-\mathscr{P})$ 是 $\mathcal{V}\to\mathcal{T}$ 的投影变换.

(2) 设 $\boldsymbol{\alpha} \in \mathcal{N}(\mathscr{P}) \iff \mathscr{P}(\boldsymbol{\alpha}) = \mathbf{0} \Longrightarrow (\mathscr{E} - \mathscr{P})(\boldsymbol{\alpha}) = \boldsymbol{\alpha} - \mathscr{P}(\boldsymbol{\alpha}) = \boldsymbol{\alpha} \Longrightarrow \boldsymbol{\alpha} \in \mathcal{R}(\mathscr{E} - \mathscr{P}) \Longrightarrow \mathcal{N}(\mathscr{P}) \subset \mathcal{R}(\mathscr{E} - \mathscr{P})$. 又设 $\boldsymbol{\beta} \in \mathcal{R}(\mathscr{E} - \mathscr{P})$, 则由定理 4.4.1 (1) 有

$$\boldsymbol{\beta} = (\mathscr{E} - \mathscr{P})(\boldsymbol{\beta}) = \boldsymbol{\beta} - \mathscr{P}(\boldsymbol{\beta})$$

$$\Longrightarrow \mathscr{P}(\boldsymbol{\beta}) = \mathbf{0}, \quad \boldsymbol{\beta} \in \mathcal{N}(\mathscr{P})$$

于是, 又有 $\mathcal{R}(\mathscr{E} - \mathscr{P}) \subset \mathcal{N}(\mathscr{P})$. 综合二者可得 $\mathcal{N}(\mathscr{P}) = \mathcal{R}(\mathscr{E} - \mathscr{P})$.

(3) 与 (2) 类似, 略. ■

【定理 4.4.2】 $\mathscr{P} \in \mathcal{L}(\mathcal{V})$ 是 $\mathcal{V}$ 到其某一子空间的投影变换的充要条件是

$$\mathcal{V} = \mathcal{R}(\mathscr{P}) \dot{+} \mathcal{N}(\mathscr{P})$$

证明: 先证必要性. $\mathcal{V}$ 中任何向量 $\boldsymbol{\alpha}$ 都可分解为

$$\boldsymbol{\alpha} = \mathscr{E}(\boldsymbol{\alpha}) = (\mathscr{E} - \mathscr{P} + \mathscr{P})(\boldsymbol{\alpha})$$

$$= (\mathscr{E} - \mathscr{P})(\boldsymbol{\alpha}) + \mathscr{P}(\boldsymbol{\alpha}) = \boldsymbol{\beta} + \boldsymbol{\gamma}$$

其中

$$\boldsymbol{\beta} = (\mathscr{E} - \mathscr{P})(\boldsymbol{\alpha}) \in \mathcal{N}(\mathscr{P})$$

$$\boldsymbol{\gamma} = \mathscr{P}(\boldsymbol{\alpha}) \in \mathcal{R}(\mathscr{P})$$

于是, $\mathcal{V} = \mathcal{R}(\mathscr{P}) + \mathcal{N}(\mathscr{P})$. 要证明是直和, 只需证明 $\mathcal{R}(\mathscr{P}) \cap \mathcal{N}(\mathscr{P}) = \{\mathbf{0}\}$ 即可. 令 $\boldsymbol{\gamma} \in \mathcal{R}(\mathscr{P}) \cap \mathcal{N}(\mathscr{P})$. 一方面, 因 $\boldsymbol{\gamma} \in \mathcal{N}(\mathscr{P})$, 有 $\mathscr{P}(\boldsymbol{\gamma}) = \mathbf{0}$. 另一方面, 因 $\boldsymbol{\gamma} \in \mathcal{R}(\mathscr{P})$, 由定理 4.4.1又有 $\boldsymbol{\gamma} \in \mathcal{N}(\mathscr{E} - \mathscr{P})$, 即 $(\mathscr{E} - \mathscr{P})(\boldsymbol{\gamma}) = \mathbf{0}$. 于是, 有

$$\mathbf{0} = \boldsymbol{\gamma} - \mathscr{P}(\boldsymbol{\gamma}) = \boldsymbol{\gamma}$$

即 $\mathcal{R}(\mathscr{P}) \cap \mathcal{N}(\mathscr{P}) = \{\mathbf{0}\}$.

再证充分性. 由于 $\mathcal{V} = \mathcal{R}(\mathscr{P}) \dot{+} \mathcal{N}(\mathscr{P})$, 根据投影变换定义可得 $\mathscr{P}$ 是 $\mathcal{V}$ 沿 $\mathcal{N}(\mathscr{P}) = \mathcal{T}$ 到 $\mathcal{S} = \mathcal{R}(\mathscr{P})$ 的投影变换. ■

【定理 4.4.3】 $\mathscr{P} \in \mathcal{L}(\mathcal{V})$ 是 $\mathcal{V}$ 到其某一子空间的投影变换的充要条件是 $\mathscr{P}^2 = \mathscr{P}$.

证明: 先证必要性. 由定理 4.4.1 可知 $\mathcal{V} = \mathcal{R}(\mathscr{P}) \dot{+} \mathcal{N}(\mathscr{P})$. 对于 $\mathcal{V}$ 中任何向量 $\boldsymbol{\alpha}$, 有

$$\boldsymbol{\alpha} = \boldsymbol{\beta} + \boldsymbol{\gamma}, \quad \boldsymbol{\beta} \in \mathcal{R}(\mathscr{P}), \quad \boldsymbol{\gamma} \in \mathcal{N}(\mathscr{P})$$

且

$$\mathscr{P}(\boldsymbol{\alpha}) = \boldsymbol{\beta}, \quad \mathscr{P}(\boldsymbol{\beta}) = \boldsymbol{\beta}$$

故

$$\mathscr{P}^2(\boldsymbol{\alpha}) = \mathscr{P}(\boldsymbol{\beta}) = \boldsymbol{\beta} = \mathscr{P}(\boldsymbol{\alpha})$$

根据 $\boldsymbol{\alpha}$ 的任意性可得 $\mathscr{P}^2 = \mathscr{P}$.

再证充分性. 对于 $\mathcal{V}$ 中任何向量 $\boldsymbol{\alpha}$ 有

$$\boldsymbol{\alpha} = \mathscr{P}(\boldsymbol{\alpha}) + \boldsymbol{\gamma}$$

其中, $\mathscr{P}(\boldsymbol{\alpha}) \in \mathcal{R}(\mathscr{P})$. 则

$$\mathscr{P}(\boldsymbol{\alpha}) = \mathscr{P}^2(\boldsymbol{\alpha}) + \mathscr{P}(\boldsymbol{\gamma})$$

由 $\mathscr{P}^2 = \mathscr{P}$, 可得 $\mathscr{P}(\boldsymbol{\gamma}) = \mathbf{0}$. 所以 $\boldsymbol{\gamma} \in \mathcal{N}(\mathscr{P})$. 因此有

$$\mathcal{V} = \mathcal{R}(\mathscr{P}) + \mathcal{N}(\mathscr{P})$$

若 $\boldsymbol{\gamma} \in \mathcal{R}(\mathscr{P}) \cap \mathcal{N}(\mathscr{P})$, 则 $\boldsymbol{\gamma} \in \mathcal{R}(\mathscr{P})$. 所以存在 $\boldsymbol{\alpha} \in \mathcal{V}$, 使得 $\boldsymbol{\gamma} = \mathscr{P}(\boldsymbol{\alpha})$. 又因 $\boldsymbol{\gamma} \in \mathcal{N}(\mathscr{P})$, 故 $\mathscr{P}(\boldsymbol{\gamma}) = \mathbf{0}$. 因此有

$$\mathbf{0} = \mathscr{P}(\boldsymbol{\gamma}) = \mathscr{P}(\mathscr{P}(\boldsymbol{\alpha})) = \mathscr{P}^2(\boldsymbol{\alpha}) = \mathscr{P}(\boldsymbol{\alpha}) = \boldsymbol{\gamma}$$

这表明 $\mathcal{R}(\mathscr{P}) \cap \mathcal{N}(\mathscr{P}) = \mathbf{0}$, 故 $\mathcal{V} = \mathcal{R}(\mathscr{P}) \dot{+} \mathcal{N}(\mathscr{P})$. 由定理 4.4.1 可知 $\mathscr{P}$ 是投影变换. ■

定义 4.4.2 称 $A \in \mathcal{C}^{n\times n}$ 为幂等 (idempotent) 矩阵是指 $A^k = A, \forall k \in \mathcal{Z}_+$.

例如, 形如

$$A = \begin{bmatrix} I_r & M \\ 0 & 0 \end{bmatrix} \in \mathcal{C}^{n\times n}, \quad M \in \mathcal{C}^{(n-r)\times r}$$

的分块矩阵是幂等矩阵.

【定理 4.4.4】 设 $\mathscr{P}$ 是 $\mathcal{V}$ 上的投影变换, 则 $\mathscr{P}$ 的矩阵表示 P 是幂等矩阵.

证明: 设 $\boldsymbol{\alpha}_1, \boldsymbol{\alpha}_2, \cdots, \boldsymbol{\alpha}_n$ 为 $\mathcal{V}$ 的基, 则

$$\mathscr{P}([\boldsymbol{\alpha}_1 \ \ \boldsymbol{\alpha}_2 \ \ \cdots \ \ \boldsymbol{\alpha}_n]) = [\boldsymbol{\alpha}_1 \ \ \boldsymbol{\alpha}_2 \ \ \cdots \ \ \boldsymbol{\alpha}_n]P$$

故

$$\begin{aligned}\mathscr{P}^2([\boldsymbol{\alpha}_1 \ \ \boldsymbol{\alpha}_2 \ \ \cdots \ \ \boldsymbol{\alpha}_n]) &= \mathscr{P}([\boldsymbol{\alpha}_1 \ \ \boldsymbol{\alpha}_2 \ \ \cdots \ \ \boldsymbol{\alpha}_n])P \\ &= [\boldsymbol{\alpha}_1 \ \ \boldsymbol{\alpha}_2 \ \ \cdots \ \ \boldsymbol{\alpha}_n]P^2\end{aligned} \tag{4.15}$$

因为 $\mathscr{P}^2 = \mathscr{P}$, 又有

$$\mathscr{P}^2([\boldsymbol{\alpha}_1 \ \ \boldsymbol{\alpha}_2 \ \ \cdots \ \ \boldsymbol{\alpha}_n]) = \mathscr{P}([\boldsymbol{\alpha}_1 \ \ \boldsymbol{\alpha}_2 \ \ \cdots \ \ \boldsymbol{\alpha}_n])$$

于是有

$$\begin{aligned}\mathscr{P}^2([\boldsymbol{\alpha}_1 \ \ \boldsymbol{\alpha}_2 \ \ \cdots \ \ \boldsymbol{\alpha}_n]) &= \mathscr{P}([\boldsymbol{\alpha}_1 \ \ \boldsymbol{\alpha}_2 \ \ \cdots \ \ \boldsymbol{\alpha}_n]) \\ &= [\boldsymbol{\alpha}_1 \ \ \boldsymbol{\alpha}_2 \ \ \cdots \ \ \boldsymbol{\alpha}_n]P\end{aligned}$$

将最后一式代入式 (4.15) 的左端得

$$[\boldsymbol{\alpha}_1 \ \ \boldsymbol{\alpha}_2 \ \ \cdots \ \ \boldsymbol{\alpha}_n]P = [\boldsymbol{\alpha}_1 \ \ \boldsymbol{\alpha}_2 \ \ \cdots \ \ \boldsymbol{\alpha}_n]P^2$$

根据 $\boldsymbol{\alpha}_1, \boldsymbol{\alpha}_2, \cdots, \boldsymbol{\alpha}_n$ 的线性无关性得 $P^2 = P$. ■

类似于投影变换, 幂等矩阵有下述结果.

【定理 4.4.5】　若 P 是幂等矩阵, 则

(1) $P^{\mathrm{T}}, P^*, I-P, I-P^{\mathrm{T}}, I-P^*$ 都是幂等矩阵;

(2) $P(I-P)=(I-P)P=0$;

(3) $\mathcal{N}(P)=\mathcal{R}(I-P)$;

(4) $P\boldsymbol{x}=\boldsymbol{x}$ 的充要条件是 $\boldsymbol{x}\in\mathcal{R}(P)$;

(5) $\mathcal{C}^n=\mathcal{R}(P)\dot{+}\mathcal{N}(P)$.

证明: (1) 与 (2) 由定义立即可得.

(3) 设 $\boldsymbol{x}\in\mathcal{N}(P)$, 即 $P\boldsymbol{x}=\boldsymbol{0}$. 于是有

$$(I-P)\boldsymbol{x}=I\boldsymbol{x}-P\boldsymbol{x}=\boldsymbol{x}$$

所以 $\boldsymbol{x}\in\mathcal{R}(I-P)$, 即

$$\mathcal{N}(P)\subseteq\mathcal{R}(I-P)$$

另外, 设 $\boldsymbol{x}\in\mathcal{R}(I-P)$. 则存在 $\boldsymbol{y}\in\mathcal{C}^n$ 使得 $(I-P)\boldsymbol{y}=\boldsymbol{x}$. 于是由 (2) 得

$$P\boldsymbol{x}=P(I-P)\boldsymbol{y}=\boldsymbol{0}$$

所以, $\boldsymbol{x}\in\mathcal{N}(P)$, 即

$$\mathcal{R}(I-P)\subseteq\mathcal{N}(P)$$

综合两式得 $\mathcal{R}(I-P)=\mathcal{N}(P)$.

(4) 设 $\boldsymbol{x}$ 满足 $P\boldsymbol{x}=\boldsymbol{x}$, 则 $\boldsymbol{x}\in\mathcal{R}(P)$. 反之, 若 $\boldsymbol{x}\in\mathcal{R}(P)$, 则必存在 $\boldsymbol{y}\in\mathcal{C}^n$ 使得 $P(\boldsymbol{y})=\boldsymbol{x}$. 于是 $P\boldsymbol{x}=P(P\boldsymbol{y})=P\boldsymbol{y}=\boldsymbol{x}$. 这个结论的几何意义是 P 的特征值为 1 的特征子空间就是 P 的值域.

(5) 先证 $\mathcal{C}^n=\mathcal{R}(P)+\mathcal{N}(P)$. 设 $\boldsymbol{x}\in\mathcal{C}^n$, 则 $P\boldsymbol{x}\in\mathcal{R}(P)$. 令 $\boldsymbol{z}=\boldsymbol{x}-P\boldsymbol{x}$, 即 $\boldsymbol{x}=P\boldsymbol{x}+\boldsymbol{z}$. 由于 $\boldsymbol{z}$ 满足

$$P\boldsymbol{z}=P\boldsymbol{x}-P(P\boldsymbol{x})=P\boldsymbol{x}-P^2\boldsymbol{x}=\boldsymbol{0}$$

故 $\boldsymbol{z}\in\mathcal{N}(P)$. 因此 $\mathcal{C}^n=\mathcal{R}(P)+\mathcal{N}(P)$.

若 $\boldsymbol{x}\in\mathcal{R}(P)\cap\mathcal{N}(P)$, 则 $\boldsymbol{x}\in\mathcal{R}(P)$. 由 (4) 得 $\boldsymbol{x}=P\boldsymbol{x}$. 又因 $\boldsymbol{x}\in\mathcal{N}(P)$, 故 $P\boldsymbol{x}=\boldsymbol{0}$. 因此 $\boldsymbol{x}=\boldsymbol{0}$. 这表明 $\mathcal{R}(P)\cap\mathcal{N}(P)=\{\boldsymbol{0}\}$. ■

【定理 4.4.6】　秩为 r 的 n 阶矩阵 P 是幂等矩阵的充要条件是存在 $C\in\mathcal{C}^{n\times n}$, 使得

$$C^{-1}PC=\begin{bmatrix} I_r & 0 \\ 0 & 0 \end{bmatrix} \tag{4.16}$$

证明: 先证必要性. 设 J 是 P 的 Jordan 标准形, $C\in\mathcal{C}^{n\times n}$ 且

$$C^{-1}PC=J=\begin{bmatrix} J_1 & & & \\ & J_2 & & \\ & & \ddots & \\ & & & J_s \end{bmatrix},\quad J_i=\begin{bmatrix} \lambda_i & 1 & & \\ & \lambda_i & \ddots & \\ & & \ddots & 1 \\ & & & \lambda_i \end{bmatrix}_{n_i\times n_i}$$

是 Jordan 块. 由于 $P^2=P$, 则

$$P^2=CJC^{-1}CJC^{-1}=CJ^2C^{-1}=P=CJC^{-1}$$
$$\iff J^2=J \iff J_i^2=J_i,\ \ i=1,2,\cdots,s$$

欲使上式成立, 必须 $\lambda_i=1$ 或 $\lambda_i=0$, 且 $n_i=1$. 因此 J 是对角矩阵, 且对角线上的元素为 1 或 0, 即

$$J=\begin{bmatrix} I_r & 0\\ 0 & 0\end{bmatrix}$$

再证充分性. 由

$$\begin{bmatrix} I_r & 0\\ 0 & 0\end{bmatrix}^2=\begin{bmatrix} I_r & 0\\ 0 & 0\end{bmatrix}$$

可知 $P^2=P$. ■

推论 4.4.1 $\operatorname{rank}P=\operatorname{trace}P$.

证明: 由式 (4.16) 可知幂等矩阵的特征值非 1 即零, 且 $r=\operatorname{rank}P$. 又由式 (4.16) 可知:

$$\operatorname{trace}P=\lambda_1+\lambda_2+\cdots+\lambda_n=r$$

其中, $\lambda_1,\lambda_2,\cdots,\lambda_n$ 是 P 的 n 个特征值. ■

4.4.2 正交补、正交投影

为了把几何学中垂直投影的概念推广到内积空间 $\mathcal{V}$, 首先要引进子空间的正交与正交补的概念.

定义 4.4.3 设 $\mathcal{S},\mathcal{T}$ 是 $\mathcal{V}$ 的子空间. 若对于任何 $\boldsymbol{\alpha}\in\mathcal{S},\boldsymbol{\beta}\in\mathcal{T}$ 都有 $\langle\boldsymbol{\alpha},\boldsymbol{\beta}\rangle=0$, 则称 $\mathcal{S}$ 与 $\mathcal{T}$ 是正交的, 并记为 $\mathcal{S}\perp\mathcal{T}$.

【例4.4.1】 设 $\boldsymbol{\alpha}_1,\boldsymbol{\alpha}_2,\boldsymbol{\alpha}_3,\boldsymbol{\alpha}_4$ 是 $\mathcal{V}$ 的标准正交基, 则 $\operatorname{span}\{\boldsymbol{\alpha}_1,\boldsymbol{\alpha}_2\}$ 与 $\operatorname{span}\{\boldsymbol{\alpha}_3,\boldsymbol{\alpha}_4\}$ 是正交的. △

【定理 4.4.7】 设 $\mathcal{S},\mathcal{T}$ 是 $\mathcal{V}$ 的两个正交子空间, 则

(1) $\mathcal{S}\cap\mathcal{T}=\mathbf{0}$;

(2) $\dim(\mathcal{S}+\mathcal{T})=\dim\mathcal{S}+\dim\mathcal{T}$.

证明: (1) 设 $\boldsymbol{\alpha}\in\mathcal{S}\cap\mathcal{T}$, 则 $\boldsymbol{\alpha}\in\mathcal{S}$, 故对任何 $\boldsymbol{\beta}\in\mathcal{T}$ 都有 $\langle\boldsymbol{\alpha},\boldsymbol{\beta}\rangle=0$. 又因 $\boldsymbol{\alpha}\in\mathcal{T}$, 因此取 $\boldsymbol{\beta}=\boldsymbol{\alpha}$, 则 $\langle\boldsymbol{\alpha},\boldsymbol{\alpha}\rangle=0$. 于是 $\boldsymbol{\alpha}=\mathbf{0}$. 根据 $\boldsymbol{\alpha}$ 的任意性可得 $\mathcal{S}\cap\mathcal{T}=\mathbf{0}$.

(2) 由 (1) 立即可得. ■

定义 4.4.4 若子空间 $\mathcal{S}$、$\mathcal{T}$ 是正交的, 则称 $\mathcal{S}+\mathcal{T}$ 为 $\mathcal{S}$ 与 $\mathcal{T}$ 的正交和, 记为 $\mathcal{S}\oplus\mathcal{T}$. 若 $\mathcal{V}$ 的子空间 $\mathcal{S}$ 和 $\mathcal{T}$ 满足 $\mathcal{S}\oplus\mathcal{T}=\mathcal{V}$, 则称 $\mathcal{S}$ 为 $\mathcal{T}$ 的正交补, 记为 $\mathcal{S}=\mathcal{T}_\perp$, 或

$$\mathcal{S}=\mathcal{T}_\perp=\{\boldsymbol{\alpha}\mid\boldsymbol{\alpha}\in\mathcal{V},\ \ \langle\boldsymbol{\alpha},\boldsymbol{\beta}\rangle=0,\ \ \forall\boldsymbol{\beta}\in\mathcal{T}\}$$

显然, 若 $\mathcal{S}$ 为 $\mathcal{T}$ 的正交补, 则 $\mathcal{T}$ 也为 $\mathcal{S}$ 的正交补.

【定理 4.4.8】 设 $\mathcal{T}$ 是 $\mathcal{V}$ 的子空间, 则存在唯一的子空间 $\mathcal{S}$, 使得

$$\mathcal{S} \oplus \mathcal{T} = \mathcal{V}$$

定义 4.4.5 设 $\mathcal{S} \oplus \mathcal{T} = \mathcal{V}$, 若对于 $\mathcal{V}$ 中任何向量 $\boldsymbol{\alpha}$ 都有 $\boldsymbol{\alpha} = \boldsymbol{\beta} + \boldsymbol{\gamma}$, 其中 $\boldsymbol{\beta} \in \mathcal{S}$, $\boldsymbol{\gamma} \in \mathcal{T}$, 线性变换 $\mathscr{P}: \mathcal{V} \to \mathcal{V}$ 由下式确定:

$$\mathscr{P}(\boldsymbol{\alpha}) = \boldsymbol{\beta}$$

则称 $\mathscr{P}$ 是由 $\mathcal{V}$ 到 $\mathcal{S}$ 的正交投影.

显然 $\mathscr{P}$ 是 $\mathcal{V}$ 沿 $\mathcal{T}$ 到 $\mathcal{S}$ 的投影, 正交投影是特殊的投影变换. 由于 $\mathcal{S}$ 的正交补是唯一的, 所以 $\mathcal{V}$ 到 $\mathcal{S}$ 的正交投影就不必指出是沿 $\mathcal{T}$ 的正交投影.

【例 4.4.2】 (例 4.1.2 续)　设 $t_1 \in [t_0, t_f]$, 则任何 $\boldsymbol{f}(t) \in \mathcal{L}_2^n[t_0, t_f]$ 都可以分解为 $\boldsymbol{f}(t) = \boldsymbol{f}_1(t) + \boldsymbol{f}_2(t)$, 其中

$$\boldsymbol{f}_1(t) = \begin{cases} \boldsymbol{f}(t), & t \in [t_0\ , t_1) \\ \boldsymbol{0}, & t \in [t_1\ ,\ t_f] \end{cases}, \quad \boldsymbol{f}_2(t) = \begin{cases} \boldsymbol{0}, & t \in [t_0\ , t_1) \\ \boldsymbol{f}(t), & t \in [t_1\ ,\ t_f] \end{cases} \tag{4.17}$$

显然有 $\langle \boldsymbol{f}_1(t)\ ,\ \boldsymbol{f}_2(t) \rangle = 0$. 不妨记 $\boldsymbol{f}_1(t) \in \mathcal{L}_2^n[t_0, t_1)$, $\boldsymbol{f}_2(t) \in \mathcal{L}_2^n[t_1, t_f]$, 则 $\mathcal{L}_2[t_0, t_f] = \mathcal{L}_2^n[t_0, t_1) \oplus \mathcal{L}_2^n[t_1, t_f]$. 若 $t_0 \to -\infty$, $t_1 = 0$, $t_f \to \infty$, 则任何一个 $\boldsymbol{f} \in \mathcal{L}_2^n(-\infty, \infty)$ 都可分解为 $\boldsymbol{f}(t) = \boldsymbol{f}_1(t) \oplus \boldsymbol{f}_2(t)$, 这里 $\boldsymbol{f}_1(t) \in \mathcal{L}_2^n(-\infty\ ,\ 0)$, $\boldsymbol{f}_2 \in \mathcal{L}_2^n[0\ ,\ \infty)$, 从而有 $\mathcal{L}_2^n(-\infty, \infty) = \mathcal{L}_2^n(-\infty\ , 0) \oplus \mathcal{L}_2^n[0\ ,\ \infty)$. $\boldsymbol{f}_{\mathrm{ac}}(t) \triangleq \boldsymbol{f}_1(t)$ 在正时间轴上恒为零, 称为 $\boldsymbol{f}(t)$ 的反因果分量, 称 $\boldsymbol{f}_{\mathrm{c}}(t) \triangleq \boldsymbol{f}_2(t)$ 为 $\boldsymbol{f}(t)$ 的因果分量. △

【定理 4.4.9】 设 $\mathscr{P}$ 是由 $\mathcal{V}$ 到 $\mathcal{S}$ 的正交投影, 若 $\boldsymbol{u}_1, \boldsymbol{u}_2, \cdots, \boldsymbol{u}_r$ 是 $\mathcal{S}$ 的标准正交基, $\boldsymbol{u}_1, \boldsymbol{u}_2, \cdots, \boldsymbol{u}_r, \boldsymbol{u}_{r+1}, \cdots, \boldsymbol{u}_n$ 是 $\mathcal{V}$ 的标准正交基, 则 $\mathscr{P}$ 在 $\boldsymbol{u}_1, \boldsymbol{u}_2, \cdots, \boldsymbol{u}_r, \boldsymbol{u}_{r+1}, \cdots, \boldsymbol{u}_n$ 下的矩阵表示为

$$P_{\mathcal{S}} = \begin{bmatrix} I_r & 0 \\ 0 & 0 \end{bmatrix}$$

证明: 显然有

$$\mathcal{S} = \mathrm{span}\{\boldsymbol{u}_1\ ,\ \boldsymbol{u}_2\ ,\ \cdots\ ,\ \boldsymbol{u}_r\}$$
$$\mathcal{S}_\perp = \mathrm{span}\{\boldsymbol{u}_{r+1}\ ,\ \boldsymbol{u}_{r+2}\ ,\ \cdots\ ,\ \boldsymbol{u}_n\}$$

因 $\boldsymbol{u}_i \in \mathcal{S}$, $i = 1, 2, \cdots, r$, $\mathscr{P}(\boldsymbol{u}_i) = \boldsymbol{u}_i$. 而对于 $\boldsymbol{u}_i$, $i = r+1, r+2, \cdots, n$, $\boldsymbol{u}_i \in \mathcal{S}_\perp$, $\mathscr{P}(\boldsymbol{u}_i) = \boldsymbol{0}$. 于是, 有

$$\begin{aligned} &\mathscr{P}([\boldsymbol{u}_1\ \ \boldsymbol{u}_2\ \ \cdots\ \ \boldsymbol{u}_r\ \ \boldsymbol{u}_{r+1}\ \ \cdots\ \ \boldsymbol{u}_n]) \\ =&[\boldsymbol{u}_1\ \ \boldsymbol{u}_2\ \ \cdots\ \ \boldsymbol{u}_r\ \ \boldsymbol{0}\ \ \cdots\ \ \boldsymbol{0}] \\ =&[\boldsymbol{u}_1\ \ \boldsymbol{u}_2\ \ \cdots\ \ \boldsymbol{u}_r\ \ \boldsymbol{u}_{r+1}\ \ \cdots\ \ \boldsymbol{u}_n]\begin{bmatrix} I_r & 0 \\ 0 & 0 \end{bmatrix} \end{aligned}$$

■

定义 4.4.6 若 $\boldsymbol{\alpha}_1, \boldsymbol{\alpha}_2, \cdots, \boldsymbol{\alpha}_n$ 为 n 维标准正交列向量组, 则称 $n\times r$ 矩阵 $U_1=[\boldsymbol{\alpha}_1\ \ \boldsymbol{\alpha}_2\ \ \cdots\ \ \boldsymbol{\alpha}_r]$ 为列满秩次酉矩阵, 记为 $U_1\in\mathcal{U}^{n\times r}$.

【定理 4.4.10】 $U_1\in\mathcal{U}^{n\times r}$ 的充要条件为 $U_1^*U_1=I_r$.

显然, $U\in\mathcal{U}^{n\times r}$ 则其列向量线性无关. 类似地, 称满足 $UU^*=I$ 的 $U\in C_r^{r\times n}$ 为行满秩次酉矩阵. 以后在不发生混淆的情况下将列满秩次酉矩阵和行满秩次酉矩阵统称为次酉矩阵.

【定理 4.4.11】 设 A 为 n 阶矩阵, 则 $A=A^*=A^2$ 的充要条件是存在 $n\times r$ 矩阵 $U\in\mathcal{U}^{n\times r}$ 满足 $A=UU^*$, 其中 $r=\operatorname{rank}A$.

证明: 先证必要性. 因 $r=\operatorname{rank}A$, 故 A 有 r 个线性无关的列向量, 将这 r 个列向量用 Schmidt 方法处理成 r 个两两正交的单位向量, 以这 r 个向量为列构成一个 $n\times r$ 矩阵 $U\in\mathcal{U}^{n\times r}$. A 的 n 个列向量都可以由 U 的 r 个列向量线性表出. 即若

$$U=[\boldsymbol{e}_1\ \ \boldsymbol{e}_2\ \ \cdots\ \ \boldsymbol{e}_r]\in\mathcal{U}^{n\times r},\quad A=[\boldsymbol{\alpha}_1\ \ \boldsymbol{\alpha}_2\ \ \cdots\ \ \boldsymbol{\alpha}_n]$$

则

$$\begin{aligned}A&=[\boldsymbol{\alpha}_1\ \ \boldsymbol{\alpha}_2\ \ \cdots\ \ \boldsymbol{\alpha}_n]\\&=[\boldsymbol{e}_1\ \ \boldsymbol{e}_2\ \ \cdots\ \ \boldsymbol{e}_r]\begin{bmatrix}c_{11}&c_{21}&\cdots&c_{n1}\\c_{12}&c_{22}&\cdots&c_{n2}\\\vdots&\vdots&\ddots&\vdots\\c_{1r}&c_{2r}&\cdots&c_{nr}\end{bmatrix}=UV^*\end{aligned}$$

其中

$$V=\begin{bmatrix}\bar{c}_{11}&\bar{c}_{12}&\cdots&\bar{c}_{1r}\\\bar{c}_{21}&\bar{c}_{22}&\cdots&\bar{c}_{2r}\\\vdots&\vdots&\ddots&\vdots\\\bar{c}_{n1}&\bar{c}_{n2}&\cdots&\bar{c}_{nr}\end{bmatrix}\in C^{n\times r}$$

由于向量组 $\boldsymbol{\alpha}_1, \boldsymbol{\alpha}_2, \cdots, \boldsymbol{\alpha}_n$ 的秩为 r, 所以 V^* 的秩为 r.

下面证明 $V=U$. 由 $A=A^*=A^2$ 得 $A=A^*A$, 即

$$UV^*=VU^*UV^*$$

注意到 $U^*U=I_r$, 所以 $UV^*=VV^*$, 或

$$(U-V)V^*=0$$

因为 $\operatorname{rank}V^*=r$, 所以 $\operatorname{rank}(U-V)=0$, 即 $U=V$. 于是 $A=UU^*$.

再证充分性. 若 $A=UU^*$, 则 $A=A^*=A^2$. ■

4.5 伴随映射

为理解伴随映射的意义, 先考虑下述问题. 设 $\mathcal{U}$ 和 $\mathcal{V}$ 分别为 n 维和 m 维内积空间, 其内积分别为 $\langle\cdot,\cdot\rangle_{\mathcal{U}}$ 和 $\langle\cdot,\cdot\rangle_{\mathcal{V}}$. $\boldsymbol{\alpha}_1, \boldsymbol{\alpha}_2, \cdots, \boldsymbol{\alpha}_n$ 和 $\boldsymbol{\beta}_1, \boldsymbol{\beta}_2, \cdots, \boldsymbol{\beta}_m$ 分别是 $\mathcal{U}$ 和 $\mathcal{V}$ 的基.

令 $\boldsymbol{\beta} \in \mathcal{V}$, 其在 $\mathcal{V}$ 的这组基下的坐标为 $\boldsymbol{y} = [y_1 \ \ y_2 \ \ \cdots \ \ y_m]^{\mathrm{T}}$, 即 $\boldsymbol{\beta} = \sum_{i=1}^{m} y_i\boldsymbol{\beta}_i$. 记 $G_{\mathcal{V}}$ 为 $\mathcal{V}$ 的这组基的度量矩阵, 则 $G_{\mathcal{V}}$ 非奇异. 由式 (4.5) 可唯一地确定

$$\boldsymbol{y} = G_{\mathcal{V}}^{-1}[\langle\boldsymbol{\beta}_1, \boldsymbol{\beta}\rangle_{\mathcal{V}} \ \ \langle\boldsymbol{\beta}_2, \boldsymbol{\beta}\rangle_{\mathcal{V}} \ \ \cdots \ \ \langle\boldsymbol{\beta}_n, \boldsymbol{\beta}\rangle_{\mathcal{V}}]^{\mathrm{T}}$$

即 $\mathcal{V}$ 中任何一个向量 $\boldsymbol{\beta}$ 都可由其与一组基向量的 m 个内积唯一地确定. 特别地, 若这组基向量是标准正交向量组, 则

$$G_{\mathcal{V}} = I_m$$

$$\boldsymbol{y} = [\langle\boldsymbol{\beta}_1, \boldsymbol{\beta}\rangle_{\mathcal{V}} \ \ \langle\boldsymbol{\beta}_2, \boldsymbol{\beta}\rangle_{\mathcal{V}} \ \ \cdots \ \ \langle\boldsymbol{\beta}_m, \boldsymbol{\beta}\rangle_{\mathcal{V}}]^{\mathrm{T}}$$

现在考虑 $\mathcal{U}$ 到 $\mathcal{V}$ 的线性映射 $\mathscr{A}$. 对任何的 $\boldsymbol{\alpha} \in \mathcal{U}$, $\mathscr{A}(\boldsymbol{\alpha})$ 都可以由 m 个数 $\langle\boldsymbol{\beta}_j, \mathscr{A}(\boldsymbol{\alpha})\rangle_{\mathcal{V}}$ $(j = 1, 2, \cdots, m)$ 唯一地确定. 于是线性映射 $\mathscr{A}$ 的作用可以由

$$\langle\boldsymbol{\beta}_1, \mathscr{A}(\boldsymbol{\alpha})\rangle_{\mathcal{V}}, \ \langle\boldsymbol{\beta}_2, \mathscr{A}(\boldsymbol{\alpha})\rangle_{\mathcal{V}}, \ \cdots, \ \langle\boldsymbol{\beta}_m, \mathscr{A}(\boldsymbol{\alpha})\rangle_{\mathcal{V}}, \ \forall \boldsymbol{\alpha} \in \mathcal{U}$$

完全确定. 因 $\boldsymbol{\beta}_j$ $(j = 1, 2, \cdots, m)$ 是 $\mathcal{V}$ 的一组基, 知道了上述数据,

$$\langle\boldsymbol{\beta}, \mathscr{A}(\boldsymbol{\alpha})\rangle_{\mathcal{V}}, \ \forall \boldsymbol{\alpha} \in \mathcal{U}, \ \boldsymbol{\beta} \in \mathcal{V} \tag{4.18}$$

也就完全确定了. 于是 $\mathscr{A}$ 完全可以由式 (4.18) 确定. 因 $\mathcal{U}$ 也是内积空间, 可以设想, 是否存在线性映射 $\mathscr{B}: \mathcal{V} \to \mathcal{U}$, 满足

$$\langle\mathscr{B}(\boldsymbol{\beta}), \boldsymbol{\alpha}\rangle_{\mathcal{U}} = \langle\boldsymbol{\beta}, \mathscr{A}(\boldsymbol{\alpha})\rangle_{\mathcal{V}}, \ \forall \boldsymbol{\alpha} \in \mathcal{U}, \ \boldsymbol{\beta} \in \mathcal{V}$$

于是引入下述定义.

定义 4.5.1 设 $\mathcal{U}$ 和 $\mathcal{V}$ 分别为 n 维和 m 维内积空间, $\mathscr{A} \in \mathcal{L}(\mathcal{U} \to \mathcal{V})$. 称 $\mathscr{A}^*: \mathcal{V} \to \mathcal{U}$ 是 $\mathscr{A}$ 的伴随映射是指有

$$\langle\mathscr{A}^*(\boldsymbol{\beta}), \boldsymbol{\alpha}\rangle_{\mathcal{U}} = \langle\boldsymbol{\beta}, \mathscr{A}(\boldsymbol{\alpha})\rangle_{\mathcal{V}}, \ \forall \boldsymbol{\alpha} \in \mathcal{U}, \ \boldsymbol{\beta} \in \mathcal{V} \tag{4.19}$$

下面的定理说明伴随映射 $\mathscr{A}^*$ 的存在及其构造.

【定理 4.5.1】 设 $\boldsymbol{\alpha}_i$ $(i = 1, 2, \cdots, n)$ 是 $\mathcal{U}$ 的一组标准正交基. $\mathscr{A}^*: \mathcal{V} \to \mathcal{U}$ 定义为

$$\mathscr{A}^*(\boldsymbol{\beta}) \triangleq \sum_{i=1}^{n} \langle\mathscr{A}(\boldsymbol{\alpha}_i), \boldsymbol{\beta}\rangle_{\mathcal{V}} \boldsymbol{\alpha}_i \tag{4.20}$$

则 $\mathscr{A}^*$ 是 $\mathscr{A}$ 的伴随映射.

证明: 由定义可知, $\mathscr{A}^* \in \mathcal{L}(\mathcal{V} \to \mathcal{U})$ 为显然. 所以只要证明 $\mathscr{A}^*$ 满足式 (4.19) 即可. 显然对任何 $\boldsymbol{\beta} \in \mathcal{V}$ 和 $\boldsymbol{\alpha} \in \mathcal{U}$ 都有

$$\langle\mathscr{A}^*(\boldsymbol{\beta}), \boldsymbol{\alpha}\rangle_{\mathcal{U}} = \left\langle \sum_{i=1}^{n} \langle\mathscr{A}(\boldsymbol{\alpha}_i), \boldsymbol{\beta}\rangle_{\mathcal{V}} \boldsymbol{\alpha}_i, \boldsymbol{\alpha} \right\rangle_{\mathcal{U}}$$

$$
\begin{aligned}
&=\sum_{i=1}^{n}\overline{\langle \mathscr{A}(\boldsymbol{\alpha}_i), \boldsymbol{\beta}\rangle_{\mathcal{V}}}\langle \boldsymbol{\alpha}_i, \boldsymbol{\alpha}\rangle_{\mathcal{U}} \\
&=\sum_{i=1}^{n}\langle \boldsymbol{\beta}, \mathscr{A}(\boldsymbol{\alpha}_i)\rangle_{\mathcal{V}}\langle \boldsymbol{\alpha}_i, \boldsymbol{\alpha}\rangle_{\mathcal{U}} \\
&=\left\langle \boldsymbol{\beta}, \sum_{i=1}^{n}\langle \boldsymbol{\alpha}_i, \boldsymbol{\alpha}\rangle_{\mathcal{U}}\mathscr{A}(\boldsymbol{\alpha}_i)\right\rangle_{\mathcal{V}}
\end{aligned}
$$

设 $\boldsymbol{\alpha}\in\mathcal{U}$ 在这组基下的坐标为 $\boldsymbol{x}=[x_1\ \ x_2\ \ \cdots\ \ x_n]^{\mathrm{T}}$, 则有 $\boldsymbol{\alpha}=\sum_{i=1}^{n}x_i\boldsymbol{\alpha}_i$. 由式 (4.5) 可得

$$
\begin{bmatrix} \langle \boldsymbol{\alpha}_1, \boldsymbol{\alpha}\rangle_{\mathcal{U}} \\ \langle \boldsymbol{\alpha}_2, \boldsymbol{\alpha}\rangle_{\mathcal{U}} \\ \vdots \\ \langle \boldsymbol{\alpha}_m, \boldsymbol{\alpha}\rangle_{\mathcal{U}} \end{bmatrix} = G_{\mathcal{U}} \underbrace{\begin{bmatrix} x_1 \\ x_2 \\ \vdots \\ x_n \end{bmatrix}}_{=\boldsymbol{x}}
$$

其中, $G_{\mathcal{U}}$ 是 $\mathcal{U}$ 的标准正交基 $\boldsymbol{\alpha}_i\ (i=1,2,\cdots,n)$ 的度量矩阵. 于是 $G_{\mathcal{U}}=I_n$, $\langle \boldsymbol{\alpha}_i, \boldsymbol{\alpha}\rangle_{\mathcal{U}}=x_i$,

$$
\begin{aligned}
\langle \mathscr{A}^*(\boldsymbol{\beta}), \boldsymbol{\alpha}\rangle_{\mathcal{U}} &= \left\langle \boldsymbol{\beta}, \sum_{i=1}^{n}\langle \boldsymbol{\alpha}_i, \boldsymbol{\alpha}\rangle_{\mathcal{U}}\mathscr{A}(\boldsymbol{\alpha}_i)\right\rangle_{\mathcal{V}} \\
&= \left\langle \boldsymbol{\beta}, \sum_{i=1}^{n}x_i\mathscr{A}(\boldsymbol{\alpha}_i)\right\rangle_{\mathcal{V}} = \langle \boldsymbol{\beta}, \mathscr{A}(\boldsymbol{\alpha})\rangle_{\mathcal{V}}
\end{aligned}
$$

由 $\boldsymbol{\beta}\in\mathcal{V}$ 和 $\boldsymbol{\alpha}\in\mathcal{U}$ 的任意性可知, 这样定义的 $\mathscr{A}^*$ 满足式 (4.19). 由内积的性质容易证明 $\mathscr{A}^*$ 的唯一性. ■

下面的定理给出了 $\mathscr{A}^*$ 的矩阵表示. 为简便起见, 在不至于引起混淆的情况下略去内积的下标.

【定理 4.5.2】 设 $\boldsymbol{\alpha}_1, \boldsymbol{\alpha}_2, \cdots, \boldsymbol{\alpha}_n$ 和 $\boldsymbol{\beta}_1, \boldsymbol{\beta}_2, \cdots, \boldsymbol{\beta}_m$ 分别是内积空间 $\mathcal{U}$ 和 $\mathcal{V}$ 的标准正交基, $\mathscr{A}\in\mathcal{L}(\mathcal{U}\to\mathcal{V})$ 在这对基下的矩阵表示为 A. 则其伴随映射 $\mathscr{A}^*$ 在这对基下的矩阵表示为 A^*.

证明: 设 $\mathscr{A}^*$ 在这对基下的矩阵表示为 B. 显然有

$$
\begin{aligned}
\mathscr{A}([\boldsymbol{\alpha}_1\ \ \boldsymbol{\alpha}_2\ \ \cdots\ \ \boldsymbol{\alpha}_n]) &= [\boldsymbol{\beta}_1\ \ \boldsymbol{\beta}_2\ \ \cdots\ \ \boldsymbol{\beta}_m]A \\
\mathscr{A}^*([\boldsymbol{\beta}_1\ \ \boldsymbol{\beta}_2\ \ \cdots\ \ \boldsymbol{\beta}_m]) &= [\boldsymbol{\alpha}_1\ \ \boldsymbol{\alpha}_2\ \ \cdots\ \ \boldsymbol{\alpha}_n]B
\end{aligned}
$$

设 $\boldsymbol{\alpha}\in\mathcal{U}$ 的坐标为 $\boldsymbol{x}$, $\boldsymbol{\beta}\in\mathcal{V}$ 的坐标为 $\boldsymbol{y}$. 则 $\mathscr{A}(\boldsymbol{\alpha})\in\mathcal{V}$ 的坐标为 $\boldsymbol{u}=A\boldsymbol{x}$, $\mathscr{A}^*(\boldsymbol{\beta})\in\mathcal{U}$ 的坐标为 $\boldsymbol{v}=B\boldsymbol{y}$. 记 $G_{\mathcal{U}}$ 和 $G_{\mathcal{V}}$ 分别是 $\mathcal{U}$ 和 $\mathcal{V}$ 的标准正交基的度量矩阵, 则由定理 4.1.1 可知:

$$
\begin{aligned}
\langle \boldsymbol{\beta}, \mathscr{A}(\boldsymbol{\alpha})\rangle &= \boldsymbol{y}^*G_{\mathcal{V}}\boldsymbol{u} = \boldsymbol{y}^*G_{\mathcal{V}}A\boldsymbol{x} \\
\langle \mathscr{A}^*(\boldsymbol{\beta}), \boldsymbol{\alpha}\rangle &= \boldsymbol{v}^*G_{\mathcal{U}}\boldsymbol{x} = \boldsymbol{y}^*B^*G_{\mathcal{U}}\boldsymbol{x}
\end{aligned}
$$

因 $G_{\mathcal{U}} = I_n$, $G_{\mathcal{V}} = I_m$ 和 $\boldsymbol{x}$、$\boldsymbol{y}$ 的任意性, $\langle \boldsymbol{\beta}, \mathscr{A}(\boldsymbol{\alpha})\rangle = \langle \mathscr{A}^*(\boldsymbol{\beta}), \boldsymbol{\alpha}\rangle$, 当且仅当 $B^* = A \Longleftrightarrow B = A^*$. ■

为简便起见, 如无特殊说明, 以后在讨论酉空间上线性映射的矩阵表示时均相对于标准正交基. 由定理 4.5.2 可知, 若 $\mathscr{A}$ 为自伴随变换, 则其矩阵表示 A 满足 $A = A^*$, 即 A 为 Hermitian 矩阵.

【定理 4.5.3】 设 $\mathcal{U}$ 和 $\mathcal{V}$ 分别为 n 维和 m 维内积空间, $\mathscr{A} \in \mathcal{L}(\mathcal{U} \to \mathcal{V})$, $\mathscr{A}^* \in \mathcal{L}(\mathcal{V} \to \mathcal{U})$ 是 $\mathscr{A}$ 的伴随映射. 则

(1) $\mathcal{N}(\mathscr{A}) \oplus \mathcal{R}(\mathscr{A}^*) = \mathcal{U}$;

(2) $\mathcal{R}(\mathscr{A}) \oplus \mathcal{N}(\mathscr{A}^*) = \mathcal{V}$.

证明: (1) 设 $\boldsymbol{\alpha} \in \mathcal{N}(\mathscr{A}) \subset \mathcal{U}$, $\boldsymbol{\beta} \in \mathcal{R}(\mathscr{A}^*)$, 则 $\mathscr{A}(\boldsymbol{\alpha}) = \boldsymbol{0}$, $\boldsymbol{\beta} = \mathscr{A}^*(\boldsymbol{\gamma})$, $\boldsymbol{\gamma} \in \mathcal{V}$, 于是有

$$\langle \boldsymbol{\beta}, \boldsymbol{\alpha}\rangle = \langle \mathscr{A}^*(\boldsymbol{\gamma}), \boldsymbol{\alpha}\rangle = \langle \boldsymbol{\gamma}, \mathscr{A}(\boldsymbol{\alpha})\rangle = \langle \boldsymbol{\gamma}, \boldsymbol{0}\rangle = 0$$

由 $\boldsymbol{\alpha} \in \mathcal{N}(\mathscr{A})$ 和 $\boldsymbol{\beta} \in \mathcal{R}(\mathscr{A}^*)$ 的任意性可知:

$$\mathcal{N}(\mathscr{A}) \perp \mathcal{R}(\mathscr{A}^*)$$

又由于

$$\dim \mathcal{N}(\mathscr{A}) + \dim \mathcal{R}(\mathscr{A}^*) = n - \operatorname{rank}\mathscr{A} + \operatorname{rank}\mathscr{A}^* = n$$

因此 $\mathcal{N}(\mathscr{A}) \oplus \mathcal{R}(\mathscr{A}^*) = \mathcal{U}$.

(2) 类似于 (1) 可得. ■

【例 4.5.1】 设 $A \in \mathcal{C}^{m\times n}$, $\mathscr{A} \in \mathcal{L}(\mathcal{C}^n \to \mathcal{C}^m)$ 定义为 $\mathscr{A}(\boldsymbol{x}) = A\boldsymbol{x}$, $\forall \boldsymbol{x} \in \mathcal{C}^n$. 证明: 存在 $\mathcal{C}^n$ 和 $\mathcal{C}^m$ 的一对标准正交基, 使得 $\mathscr{A}$ 在这对基下的矩阵表示为 A, $\mathscr{A}^*$ 在这对基下的矩阵表示为 A^*.

解: 取 n 阶单位矩阵的列向量 $\boldsymbol{e}_{n,i}$ $(i = 1, 2, \cdots, n)$ 和 m 阶单位矩阵的列向量 $\boldsymbol{e}_{m,j}$ $(j = 1, 2, \cdots, m)$ 为 $\mathcal{C}^n$ 和 $\mathcal{C}^m$ 的一对标准正交基, 则有

$$\begin{aligned}\mathscr{A}([\boldsymbol{e}_{n,1}\ \ \boldsymbol{e}_{n,2}\ \ \cdots\ \ \boldsymbol{e}_{n,n}]) &= [A\boldsymbol{e}_{n,1}\ \ A\boldsymbol{e}_{n,2}\ \ \cdots\ \ A\boldsymbol{e}_{n,n}] = AI_n \\ &= I_m A = [\boldsymbol{e}_{m,1}\ \ \boldsymbol{e}_{m,2}\ \ \cdots\ \ \boldsymbol{e}_{m,m}]A\end{aligned}$$

令 $\mathscr{B} \in \mathcal{L}(\mathcal{C}^m \to \mathcal{C}^n)$ 定义为 $\mathscr{B}(\boldsymbol{y}) = B\boldsymbol{y}$, $\forall \boldsymbol{y} \in \mathcal{C}^m$, 则又有

$$\begin{aligned}\mathscr{B}([\boldsymbol{e}_{m,1}\ \ \boldsymbol{e}_{m,2}\ \ \cdots\ \ \boldsymbol{e}_{m,m}]) &= [B\boldsymbol{e}_{m,1}\ \ B\boldsymbol{e}_{m,2}\ \ \cdots\ \ B\boldsymbol{e}_{m,m}] = BI_m \\ &= I_n B = [\boldsymbol{e}_{n,1}\ \ \boldsymbol{e}_{n,2}\ \ \cdots\ \ \boldsymbol{e}_{n,n}]B\end{aligned}$$

$\mathscr{B} = \mathscr{A}^*$, 当且仅当 $\forall \boldsymbol{x} \in \mathcal{C}^n$, $\boldsymbol{y} \in \mathcal{C}^m$ 都有

$$\begin{aligned}&\langle \mathscr{B}(\boldsymbol{y}), \boldsymbol{x}\rangle = \langle \boldsymbol{y}, \mathscr{A}(\boldsymbol{x})\rangle \\ \Longleftrightarrow\ &\boldsymbol{y}^* B^* \boldsymbol{x} = \boldsymbol{y}^* A \boldsymbol{x}\end{aligned}$$

于是 $B^* = A$, 即 $B - A^*$. △

4.6 正规变换与正规矩阵

若 n 维线性空间 $\mathcal{V}$ 上的线性变换 $\mathscr{A}$ 有 n 个特征向量, 以这些特征向量为 $\mathcal{V}$ 的一组基, 则 $\mathscr{A}$ 在这组基下的矩阵表示为对角矩阵. 这种线性变换称为单纯变换, 相应地称其矩阵表示为单纯矩阵, 即线性空间 $\mathcal{V}$ 上的单纯变换是在 $\mathcal{V}$ 上有一组特征基向量的变换. 在酉空间 $\mathcal{V}$ 上可以考虑有一组标准正交特征基向量的变换. 由此引入如下定义.

定义 4.6.1 酉空间 $\mathcal{V}$ 上有一组标准正交特征基向量的线性变换 $\mathscr{A}$ 称为正规变换, 其矩阵表示 A 称为正规矩阵.

【定理 4.6.1】 $\mathscr{A}$ 为正规变换当且仅当 $\mathscr{A}^*\circ\mathscr{A}=\mathscr{A}\circ\mathscr{A}^*$.

证明: 先证必要性. 令 $\boldsymbol{\alpha}_j\ (j=1,2,\cdots,n)$ 是一组标准正交特征基向量, 则任何 $\boldsymbol{\alpha}\in\mathcal{V}$ 均可表示为 $\boldsymbol{\alpha}=\sum_{i=1}^{n}\boldsymbol{\alpha}_i\langle\boldsymbol{\alpha}_i\,,\boldsymbol{\alpha}\rangle$, 且有

$$\mathscr{A}(\boldsymbol{\alpha})=\sum_{i=1}^{n}\mathscr{A}(\boldsymbol{\alpha}_i)\langle\boldsymbol{\alpha}_i\,,\boldsymbol{\alpha}\rangle=\sum_{i=1}^{n}\lambda_i\boldsymbol{\alpha}_i\langle\boldsymbol{\alpha}_i\,,\boldsymbol{\alpha}\rangle$$

由式 (4.20) 可得

$$\begin{aligned}(\mathscr{A}^*\circ\mathscr{A})(\boldsymbol{\alpha})&=\mathscr{A}^*[\mathscr{A}(\boldsymbol{\alpha})]=\sum_{j=1}^{n}\langle\mathscr{A}(\boldsymbol{\alpha}_j)\,,\mathscr{A}(\boldsymbol{\alpha})\rangle\boldsymbol{\alpha}_j\\&=\sum_{j=1}^{n}\left\langle\lambda_j\boldsymbol{\alpha}_j\,,\sum_{i=1}^{n}\lambda_i\boldsymbol{\alpha}_i\langle\boldsymbol{\alpha}_i\,,\boldsymbol{\alpha}\rangle\right\rangle\boldsymbol{\alpha}_j\\&=\sum_{j=1}^{n}\langle\lambda_j\boldsymbol{\alpha}_j\,,\boldsymbol{\alpha}\rangle\lambda_j\boldsymbol{\alpha}_j=\sum_{j=1}^{n}\langle\mathscr{A}(\boldsymbol{\alpha}_j)\,,\boldsymbol{\alpha}\rangle\mathscr{A}(\boldsymbol{\alpha}_j)\\&=\mathscr{A}\left(\sum_{j=1}^{n}\langle\mathscr{A}(\boldsymbol{\alpha}_j)\,,\boldsymbol{\alpha}\rangle\boldsymbol{\alpha}_j\right)=\mathscr{A}[\mathscr{A}^*(\boldsymbol{\alpha})]=(\mathscr{A}\circ\mathscr{A}^*)(\boldsymbol{\alpha})\end{aligned}$$

由 $\boldsymbol{\alpha}$ 的任意性可知 $\mathscr{A}^*\circ\mathscr{A}=\mathscr{A}\circ\mathscr{A}^*$.

再证充分性. 先证明, 若 $\boldsymbol{\alpha}_j$ 是 $\mathscr{A}$ 的特征值 λ_j 的特征向量, 则它也是伴随变换 $\mathscr{A}^*$ 的特征值 $\bar{\lambda}_j$ 的特征向量. 设 $\boldsymbol{\alpha}_j$ 是 $\mathscr{A}^*\circ\mathscr{A}$ 的特征值 ρ_j 的特征向量, 则有

$$\begin{aligned}(\mathscr{A}^*\circ\mathscr{A})(\boldsymbol{\alpha}_j)=\rho_j\boldsymbol{\alpha}_j&\implies[\mathscr{A}\circ(\mathscr{A}^*\circ\mathscr{A})](\boldsymbol{\alpha}_j)=\rho_j\mathscr{A}(\boldsymbol{\alpha}_j)\\&\iff(\mathscr{A}\circ\mathscr{A}^*)[\mathscr{A}(\boldsymbol{\alpha}_j)]=\rho_j[\mathscr{A}(\boldsymbol{\alpha}_j)]\end{aligned}$$

最后一式说明, $\mathscr{A}(\boldsymbol{\alpha}_j)$ 是 $\mathscr{A}\circ\mathscr{A}^*$ 的特征值 ρ_j 的特征向量. 因 $\mathscr{A}\circ\mathscr{A}^*=\mathscr{A}^*\circ\mathscr{A}$, $\mathscr{A}(\boldsymbol{\alpha}_j)$ 也是 $\mathscr{A}^*\circ\mathscr{A}$ 的特征值 ρ_j 的特征向量, 即 $\boldsymbol{\alpha}_j$ 和 $\mathscr{A}(\boldsymbol{\alpha}_j)$ 都是 $\mathscr{A}^*\circ\mathscr{A}$ 的特征值 ρ_j 的特征向量. 于是 $\mathscr{A}(\boldsymbol{\alpha}_j)=\lambda_j\boldsymbol{\alpha}_j$, 即 $\boldsymbol{\alpha}_j$ 是 $\mathscr{A}$ 的特征值 λ_j 的特征向量. 类似地, 由 $\mathscr{A}\circ\mathscr{A}^*=\mathscr{A}^*\circ\mathscr{A}$ 可得

$$(\mathscr{A}^*\circ\mathscr{A})(\boldsymbol{\alpha}_j)=\rho_j\boldsymbol{\alpha}_j\iff(\mathscr{A}\circ\mathscr{A}^*)(\boldsymbol{\alpha}_j)=\rho_j\boldsymbol{\alpha}_j\tag{4.21}$$

$$\Longrightarrow [\mathscr{A}^* \circ (\mathscr{A} \circ \mathscr{A}^*)](\boldsymbol{\alpha}_j) = \rho_j \mathscr{A}^*(\boldsymbol{\alpha}_j)$$
$$\Longleftrightarrow (\mathscr{A}^* \circ \mathscr{A})[\mathscr{A}^*(\boldsymbol{\alpha}_j)] = \rho_j [\mathscr{A}^*(\boldsymbol{\alpha}_j)] \tag{4.22}$$

因 $\mathscr{A} \circ \mathscr{A}^* = \mathscr{A}^* \circ \mathscr{A}$, 式 (4.21) 和式 (4.22) 说明, $\boldsymbol{\alpha}_j$ 和 $\mathscr{A}^*(\boldsymbol{\alpha}_j)$ 都是 $\mathscr{A} \circ \mathscr{A}^*$ 的特征值 ρ_j 的特征向量, 于是又有 $\mathscr{A}^*(\boldsymbol{\alpha}_j) = \zeta_j \boldsymbol{\alpha}_j$. 由

$$(\mathscr{A}^* \circ \mathscr{A})(\boldsymbol{\alpha}_j) = \rho_j \boldsymbol{\alpha}_j = \lambda_j \mathscr{A}^*(\boldsymbol{\alpha}_j) = \lambda_j \zeta_j \boldsymbol{\alpha}_j$$

可得 $\lambda_j \zeta_j = \rho_j$. 因

$$\begin{aligned}\langle \boldsymbol{\alpha}_j, \mathscr{A}(\boldsymbol{\alpha}_j)\rangle &= \langle \boldsymbol{\alpha}_j, \lambda_j \boldsymbol{\alpha}_j\rangle = \lambda_j \|\boldsymbol{\alpha}_j\|^2 \\ &= \langle \mathscr{A}^*(\boldsymbol{\alpha}_j), \boldsymbol{\alpha}_j\rangle \\ &= \langle \zeta_j \boldsymbol{\alpha}_j, \boldsymbol{\alpha}_j\rangle = \bar{\zeta}_j \|\boldsymbol{\alpha}_j\|^2\end{aligned}$$

又有 $\lambda_j = \bar{\zeta}_j \Longleftrightarrow \zeta_j = \bar{\lambda}_j$, 于是 $\rho_j = |\lambda_j|^2 \geqslant 0$.

接下来用反证法证明 $\mathscr{A} \circ \mathscr{A}^*$ 是单纯形. 设 $\mathscr{A} \circ \mathscr{A}^*$ 的特征值 ρ_j 有一个广义特征向量 $\boldsymbol{\alpha}_{j2}$, 则有

$$(\mathscr{A} \circ \mathscr{A}^*)(\boldsymbol{\alpha}_{j2}) = \rho_j \boldsymbol{\alpha}_{j2} + \boldsymbol{\alpha}_j$$

其中, $\boldsymbol{\alpha}_j$ 是特征值 ρ_j 的特征向量. 一方面有

$$\begin{aligned}\langle \boldsymbol{\alpha}_j, (\mathscr{A} \circ \mathscr{A}^*)(\boldsymbol{\alpha}_{j2})\rangle &= \langle \boldsymbol{\alpha}_j, \rho_j \boldsymbol{\alpha}_{j2} + \boldsymbol{\alpha}_j\rangle \\ &= \rho_j \langle \boldsymbol{\alpha}_j, \boldsymbol{\alpha}_{j2}\rangle + \langle \boldsymbol{\alpha}_j, \boldsymbol{\alpha}_j\rangle\end{aligned}$$

而另一方面有

$$\begin{aligned}\langle \boldsymbol{\alpha}_j, (\mathscr{A} \circ \mathscr{A}^*)(\boldsymbol{\alpha}_{j2})\rangle &= \langle (\mathscr{A} \circ \mathscr{A}^*)(\boldsymbol{\alpha}_j), \boldsymbol{\alpha}_{j2}\rangle \\ &= \langle \rho_j \boldsymbol{\alpha}_j, \boldsymbol{\alpha}_{j2}\rangle = \rho_j \langle \boldsymbol{\alpha}_j, \boldsymbol{\alpha}_{j2}\rangle\end{aligned}$$

于是, 有

$$\langle \boldsymbol{\alpha}_j, \boldsymbol{\alpha}_j\rangle = \|\boldsymbol{\alpha}_j\|^2 = 0 \Longleftrightarrow \boldsymbol{\alpha}_j = \mathbf{0}$$

而这是不可能的. 因此 $\mathscr{A} \circ \mathscr{A}^*$ 的任何一个特征值 ρ_j 都不可能有广义特征向量, 从而是单纯形. 前面的分析说明, $\mathscr{A} \circ \mathscr{A}^*$ 的特征向量也是 $\mathscr{A}$ 和 $\mathscr{A}^*$ 的特征向量, 于是 $\mathscr{A}$ 和 $\mathscr{A}^*$ 也都是单纯形.

剩下的就只需证明这些特征向量可以是一组标准正交向量. 由

$$\begin{aligned}\langle \boldsymbol{\alpha}_k, \mathscr{A}(\boldsymbol{\alpha}_j)\rangle &= \langle \boldsymbol{\alpha}_k, \lambda_j \boldsymbol{\alpha}_j\rangle = \lambda_j \langle \boldsymbol{\alpha}_k, \boldsymbol{\alpha}_j\rangle \\ &= \langle \mathscr{A}^*(\boldsymbol{\alpha}_k), \boldsymbol{\alpha}_j\rangle = \langle \bar{\lambda}_k \boldsymbol{\alpha}_k, \boldsymbol{\alpha}_j\rangle = \lambda_k \langle \boldsymbol{\alpha}_k, \boldsymbol{\alpha}_j\rangle\end{aligned}$$

可得 $(\lambda_j - \lambda_k)\langle \boldsymbol{\alpha}_k, \boldsymbol{\alpha}_j\rangle = 0$. 若 $\lambda_j \neq \lambda_k$, 则必有 $\langle \boldsymbol{\alpha}_k, \boldsymbol{\alpha}_j\rangle = 0$, 这意味着属于 $\mathscr{A}$ 的不同特征值的特征向量是相互正交的. 若 $\lambda_j = \lambda_k$, 则 $\mathscr{A}$ 有重特征值. 令 λ_j 的重数为 $\hat{n}_j$, 其特征向量为 $\boldsymbol{\alpha}_{j1}, \boldsymbol{\alpha}_{j2}, \cdots, \boldsymbol{\alpha}_{j\hat{n}_j}$. 则存在对角线元素全为正数的上三角矩阵 R 使得

$$\begin{bmatrix}\hat{\boldsymbol{\alpha}}_{j1} & \hat{\boldsymbol{\alpha}}_{j2} & \cdots & \hat{\boldsymbol{\alpha}}_{j\hat{n}_j}\end{bmatrix} = \begin{bmatrix}\boldsymbol{\alpha}_{j1} & \boldsymbol{\alpha}_{j2} & \cdots & \boldsymbol{\alpha}_{j\hat{n}_j}\end{bmatrix} R$$

是一个标准正交组, 参见 Gram-Schmidt 标准正交化过程. 因为对所有的 $k=1,2,\cdots,\hat{n}_j$, $\hat{\boldsymbol{\alpha}}_{jk}$ 都是 λ_j 的特征向量 $\boldsymbol{\alpha}_{jk}$ 的线性组合, $\hat{\boldsymbol{\alpha}}_{jk}$ 也是 $\mathscr{A}$ 的特征值 λ_j 的特征向量. 于是 $\mathscr{A}$ 在 $\mathcal{V}$ 中有一组标准正交特征基向量, 从而是正规变换. ■

定义 4.6.2 若 $\mathscr{A}^*=\mathscr{A}$, 称 $\mathscr{A}$ 为自伴随变换. 若 $\mathscr{A}^*=-\mathscr{A}$, 称 $\mathscr{A}$ 为反自伴随变换.

由定理 4.6.1 可以很容易得到以下结果.

【定理 4.6.2】 自伴随变换、反自伴随变换和酉变换都是正规变换.

证明: $\mathscr{A}$ 为自伴随变换, 则有 $\mathscr{A}^*\circ\mathscr{A}=\mathscr{A}\circ\mathscr{A}=\mathscr{A}\circ\mathscr{A}^*$. 类似地, $\mathscr{A}$ 为反自伴随变换, 则有 $\mathscr{A}^*\circ\mathscr{A}=-\mathscr{A}\circ\mathscr{A}=\mathscr{A}\circ\mathscr{A}^*$. $\mathscr{U}\in\mathcal{L}(\mathcal{V})$ 是酉变换, 则对所有 $\boldsymbol{\alpha},\boldsymbol{\beta}\in\mathcal{V}$ 都有 $\langle\mathscr{U}(\boldsymbol{\alpha}),\mathscr{U}(\boldsymbol{\beta})\rangle=\langle\boldsymbol{\alpha},\boldsymbol{\beta}\rangle$. 然而, 因为对所有 $\boldsymbol{\alpha},\boldsymbol{\beta}\in\mathcal{V}$ 都有

$$\langle\mathscr{U}(\boldsymbol{\alpha}),\mathscr{U}(\boldsymbol{\beta})\rangle=\langle\boldsymbol{\alpha},(\mathscr{U}^*\circ\mathscr{U})(\boldsymbol{\beta})\rangle=\langle\boldsymbol{\alpha},\boldsymbol{\beta}\rangle$$

所以, 必有 $\mathscr{U}^*\circ\mathscr{U}=\mathscr{E}$. 类似地, 可以证明 $\mathscr{U}\circ\mathscr{U}^*=\mathscr{E}$. 于是 $\mathscr{U}^*\circ\mathscr{U}=\mathscr{U}\circ\mathscr{U}^*$, 从而 $\mathscr{U}$ 为正规变换. ■

由正规矩阵的定义和定理 4.3.2 可得下述结果.

【定理 4.6.3】 $A\in\mathcal{C}^{n\times n}$ 是正规矩阵的充要条件是存在 $U\in\mathcal{U}^{n\times n}$ 使得

$$U^*AU=\operatorname{diag}\{\lambda_1,\ \lambda_2,\ \cdots,\ \lambda_n\}$$

因对于酉矩阵 U 有 $U^*=U^{-1}$, U^*AU 是相似变换, 所以 $\lambda_1,\lambda_2,\cdots,\lambda_n$ 是 A 的特征值, U 的第 i 个列向量是 λ_i 的右特征向量.

定义 4.6.3 设 A、$B\in\mathcal{C}^{n\times n}$. 若存在 $U\in\mathcal{U}^{n\times n}$ 使得 $U^*AU=U^{-1}AU=B$, 则称 A 酉相似于 B.

由定理 4.5.2 和定理 4.6.1 可得下述结果. 在许多教科书上这个结果常被当作正规矩阵的定义.

【定理 4.6.4】 $A\in\mathcal{C}^{n\times n}$ 为正规矩阵, 当且仅当 $AA^*=A^*A$.

若 $A\in\mathcal{R}^{n\times n}$, 则 $A^*=A^{\mathrm{T}}$. 于是 $AA^*=A^*A$ 成为 $AA^{\mathrm{T}}=A^{\mathrm{T}}A$. 此时称 A 为实正规矩阵. 由定理 4.6.4 可知, 对角矩阵、Hermitian 矩阵、反 Hermitian 矩阵与酉矩阵是正规矩阵. 实对称矩阵、实反对称矩阵、正交矩阵是实正规矩阵.

由定义 4.6.1 和定义 4.6.3 可得到以下结论.

引理 4.6.1 若 A 是正规矩阵, 则与 A 酉相似的矩阵都是正规矩阵.

显然, 正规矩阵只是单纯矩阵的一个子集, 而单纯矩阵是 $\mathcal{C}^{n\times n}$ 的一个子集. 于是会提出以下问题: 一个一般的 n 阶复矩阵 A 距离正规矩阵有多远? 对这个问题的解答, 导致了如下的结果.

【定理 4.6.5】(Schur 引理) 任何一个 n 阶复矩阵 A 都酉相似于一个上 (下) 三角矩阵.

证明: 用数学归纳法. A 的阶数为 1 时定理显然成立. 现设 A 的阶数为 $k-1$ 时定理成立, 考虑 A 的阶数为 k 时的情况. 取 k 阶矩阵 A 的一个特征值, 对应的单位特征向量为 $\boldsymbol{\alpha}_1$. 构造以 $\boldsymbol{\alpha}_1$ 为第一列的 k 阶酉矩阵 $U_1=[\boldsymbol{\alpha}_1\ \ \boldsymbol{\alpha}_2\ \ \cdots\ \ \boldsymbol{\alpha}_k]$, 则

$$AU_1=[A\boldsymbol{\alpha}_1\ \ A\boldsymbol{\alpha}_2\ \ \cdots\ \ A\boldsymbol{\alpha}_k]$$

$$= [\lambda_1 \boldsymbol{\alpha}_1 \quad A\boldsymbol{\alpha}_2 \quad \cdots \quad A\boldsymbol{\alpha}_k]$$

因为 $\boldsymbol{\alpha}_1, \boldsymbol{\alpha}_2, \cdots, \boldsymbol{\alpha}_k$ 构成 $\mathcal{C}^k$ 的一组标准正交基, 故

$$A\boldsymbol{\alpha}_i = a_{i1}\boldsymbol{\alpha}_1 + a_{i2}\boldsymbol{\alpha}_2 + \cdots + a_{ik}\boldsymbol{\alpha}_k, \quad i = 2, 3, \cdots, k$$

因此有

$$AU_1 = \underbrace{[\boldsymbol{\alpha}_1 \quad \boldsymbol{\alpha}_2 \quad \cdots \quad \boldsymbol{\alpha}_k]}_{U_1} \begin{bmatrix} \lambda_1 & a_{21} & a_{31} & \cdots & a_{k1} \\ 0 & a_{22} & a_{32} & \cdots & a_{k2} \\ 0 & a_{23} & a_{33} & \cdots & a_{k3} \\ \vdots & \vdots & \vdots & \ddots & \vdots \\ 0 & a_{2k} & a_{3k} & \cdots & a_{kk} \end{bmatrix}$$

由于 U_1 是酉矩阵, $U_1^* U_1 = I_k$, 于是有

$$U_1^* A U_1 = \begin{bmatrix} \lambda_1 & a_{21} & a_{31} & \cdots & a_{k1} \\ 0 & a_{22} & a_{32} & \cdots & a_{k2} \\ 0 & a_{23} & a_{33} & \cdots & a_{k3} \\ \vdots & \vdots & \vdots & \ddots & \vdots \\ 0 & a_{2k} & a_{3k} & \cdots & a_{kk} \end{bmatrix}$$

记

$$A_1 = \begin{bmatrix} a_{22} & a_{32} & \cdots & a_{k2} \\ a_{23} & a_{33} & \cdots & a_{k3} \\ \vdots & \vdots & \ddots & \vdots \\ a_{2k} & a_{3k} & \cdots & a_{kk} \end{bmatrix}$$

显然, A_1 是 $k-1$ 阶矩阵, 根据归纳假设, 存在 $k-1$ 阶酉矩阵 W 满足

$$W^* A_1 W = R_1 = \text{上三角矩阵}$$

令

$$U_2 = \begin{bmatrix} 1 & 0 \\ \mathbf{0} & W \end{bmatrix}$$

则

$$U_2^* U_1^* A U_1 U_2 = \begin{bmatrix} \lambda_1 & a_{21} & \cdots & a_{k1} \\ 0 & & & \\ \vdots & & R_1 & \\ 0 & & & \end{bmatrix}$$

为上三角矩阵. 对 A^{T} 进行上述过程, 又可证明 A 酉相似于一个下三角矩阵. ■

【**例 4.6.1**】 已知

$$A=\begin{bmatrix}1 & 1 & 1\\ -1 & 2 & 1\\ -1 & -1 & 3\end{bmatrix}$$

求酉矩阵 W, 使得 W^*AW 为上三角矩阵.

解: 先将 A 化为分块上三角矩阵, 其右下角为 2×2 矩阵. 由 $\det(\lambda I-A)=(\lambda-2)\left[(\lambda-2)^2+2\right]$ 可得 A 的特征值为 $\lambda_1=2$, $\lambda_{2,3}=2\pm \mathrm{j}\sqrt{2}$. 特征值 $\lambda_1=2$ 的特征向量可以是

$$\boldsymbol{\varepsilon}_1=\begin{bmatrix}\frac{1}{\sqrt{2}} & 0 & \frac{1}{\sqrt{2}}\end{bmatrix}^{\mathrm{T}}$$

寻找 $\boldsymbol{\varepsilon}_2, \boldsymbol{\varepsilon}_3$ 使得 $[\boldsymbol{\varepsilon}_1\ \ \boldsymbol{\varepsilon}_2\ \ \boldsymbol{\varepsilon}_3]$ 为酉矩阵. 与 $\boldsymbol{\varepsilon}_1$ 正交的向量是齐次方程

$$\boldsymbol{\varepsilon}_1^{\mathrm{T}}\boldsymbol{x}=0 \iff x_1+x_3=0$$

的解. 一个解是

$$\boldsymbol{\varepsilon}_2=\begin{bmatrix}\frac{1}{\sqrt{2}} & 0 & -\frac{1}{\sqrt{2}}\end{bmatrix}^{\mathrm{T}}$$

与 $\boldsymbol{\varepsilon}_1$ 和 $\boldsymbol{\varepsilon}_2$ 都正交的向量是齐次方程

$$\begin{bmatrix}\boldsymbol{\varepsilon}_1^{\mathrm{T}}\\ \boldsymbol{\varepsilon}_2^{\mathrm{T}}\end{bmatrix}\boldsymbol{x}=\boldsymbol{0} \iff \begin{cases}x_1+x_3 &= 0\\ x_1-x_3 &= 0\end{cases}$$

的解. 单位长度的解是

$$\boldsymbol{\varepsilon}_3=[0\ \ 1\ \ 0]^{\mathrm{T}}$$

于是, 令

$$U_1=\begin{bmatrix}\frac{1}{\sqrt{2}} & \frac{1}{\sqrt{2}} & 0\\ 0 & 0 & 1\\ \frac{1}{\sqrt{2}} & -\frac{1}{\sqrt{2}} & 0\end{bmatrix}$$

直接计算可得

$$U_1^*AU_1=\begin{bmatrix}2 & -2 & 0\\ 0 & 2 & \sqrt{2}\\ 0 & -\sqrt{2} & 2\end{bmatrix}$$

接下来将右下角的 2×2 子矩阵:

$$A_1=\begin{bmatrix}2 & \sqrt{2}\\ -\sqrt{2} & 2\end{bmatrix}$$

通过正交变换化为上三角形. 显然有 $\det(\lambda I - A_1) = (\lambda - 1)^2 + 2$, 于是 A_1 的特征值为 $\lambda_{2,3} = 2 \pm \mathrm{j}\sqrt{2}$. $\lambda_2 = 2 + \mathrm{j}\sqrt{2}$ 的特征向量可以是

$$\boldsymbol{\eta}_1 = \begin{bmatrix} \frac{1}{\sqrt{2}} & \frac{\mathrm{j}}{\sqrt{2}} \end{bmatrix}^{\mathrm{T}}$$

与 $\boldsymbol{\eta}_1$ 垂直且模为 1 的列向量可以是

$$\boldsymbol{\eta}_2 = \begin{bmatrix} \frac{1}{\sqrt{2}} & -\frac{\mathrm{j}}{\sqrt{2}} \end{bmatrix}^{\mathrm{T}}$$

令

$$V_1 = [\boldsymbol{\eta}_1 \;\; \boldsymbol{\eta}_2] = \begin{bmatrix} \frac{1}{\sqrt{2}} & \frac{1}{\sqrt{2}} \\ \frac{\mathrm{j}}{\sqrt{2}} & -\frac{\mathrm{j}}{\sqrt{2}} \end{bmatrix}$$

则有

$$V_1^* A_1 V_1 = \begin{bmatrix} 2+\mathrm{j}\sqrt{2} & 0 \\ 0 & 2-\mathrm{j}\sqrt{2} \end{bmatrix}$$

最后, 令

$$U_2 = \begin{bmatrix} 1 & \mathbf{0}^{\mathrm{T}} \\ \mathbf{0} & V_1 \end{bmatrix} = \begin{bmatrix} 1 & 0 & 0 \\ 0 & \frac{1}{\sqrt{2}} & \frac{1}{\sqrt{2}} \\ 0 & \frac{\mathrm{j}}{\sqrt{2}} & -\frac{\mathrm{j}}{\sqrt{2}} \end{bmatrix}, \quad P = U_1 U_2 = \begin{bmatrix} \frac{1}{\sqrt{2}} & \frac{1}{2} & \frac{1}{2} \\ 0 & \frac{\mathrm{j}}{\sqrt{2}} & -\frac{\mathrm{j}}{\sqrt{2}} \\ \frac{1}{\sqrt{2}} & -\frac{1}{2} & -\frac{1}{2} \end{bmatrix}$$

则有

$$P^* A P = \begin{bmatrix} 2 & -\sqrt{2} & -\sqrt{2} \\ 0 & 2+\mathrm{j}\sqrt{2} & 0 \\ 0 & 0 & 2-\mathrm{j}\sqrt{2} \end{bmatrix}$$

△

【定理 4.6.6】 (Schur 不等式)　设 $A=(a_{ij}) \in \mathcal{C}^{n\times n}$, $\lambda_1, \lambda_2, \cdots, \lambda_n$ 为 A 的特征值, 则

$$\sum_{i=1}^{n} |\lambda_i|^2 \leqslant \sum_{i,j=1}^{n} |a_{ij}|^2$$

其中, 等号成立的充要条件是 A 酉相似于对角矩阵.

证明: 由 Schur 引理可知, 存在 $U \in \mathcal{U}^{n\times n}$ 使得 $U^*AU = R$ 为上三角矩阵, 或 $U^*A^*U = R^*$ 为下三角矩阵, 其中

$$R = \begin{bmatrix} r_{11} & r_{12} & \cdots & r_{1n} \\ 0 & r_{22} & \ddots & \vdots \\ \vdots & \ddots & \ddots & \vdots \\ 0 & \cdots & 0 & r_{nn} \end{bmatrix}$$

故

$$U^*AUU^*A^*U = U^*AA^*U = RR^*$$

于是, 有

$$\mathrm{trace}(AA^*) = \mathrm{trace}(RR^*)$$

即

$$\sum_{i,j=1}^{n} |a_{ij}|^2 = \sum_{i,j=1}^{n} |r_{ij}|^2$$

而

$$\sum_{i,j=1}^{n} |r_{ij}|^2 = \sum_{i=1}^{n} |r_{ii}|^2 + \sum_{i\neq j} |r_{ij}|^2 \geqslant \sum_{i=1}^{n} |r_{ii}|^2$$

故

$$\sum_{i=1}^{n} |\lambda_i|^2 = \sum_{i=1}^{n} |r_{ii}|^2 \leqslant \sum_{i,j=1}^{n} |r_{ij}|^2$$

等号成立的充要条件是 $r_{ij} = 0, \forall i \neq j$, 即 R 是对角矩阵. ■

式 (4.11) 和式 (4.12) 可等价地写为

$$[\boldsymbol{\alpha}_1 \ \ \boldsymbol{\alpha}_2 \ \ \cdots \ \ \boldsymbol{\alpha}_r] = [\boldsymbol{\gamma}_1 \ \ \boldsymbol{\gamma}_2 \ \ \cdots \ \ \boldsymbol{\gamma}_r] \begin{bmatrix} \dfrac{\langle \boldsymbol{\beta}_1 , \boldsymbol{\beta}_1 \rangle}{\|\boldsymbol{\beta}_1\|} & \dfrac{\langle \boldsymbol{\beta}_1 , \boldsymbol{\alpha}_2 \rangle}{\|\boldsymbol{\beta}_1\|} & \cdots & \dfrac{\langle \boldsymbol{\beta}_1 , \boldsymbol{\alpha}_{r-1} \rangle}{\|\boldsymbol{\beta}_1\|} \\ 0 & \dfrac{\langle \boldsymbol{\beta}_2 , \boldsymbol{\beta}_2 \rangle}{\|\boldsymbol{\beta}_2\|} & \cdots & \dfrac{\langle \boldsymbol{\beta}_2 , \boldsymbol{\alpha}_{r-1} \rangle}{\|\boldsymbol{\beta}_2\|} \\ \vdots & \ddots & \ddots & \vdots \\ 0 & \cdots & 0 & \dfrac{\langle \boldsymbol{\beta}_r , \boldsymbol{\beta}_r \rangle}{\|\boldsymbol{\beta}_r\|} \end{bmatrix} \tag{4.23}$$

其中, $\boldsymbol{\gamma}_i = \dfrac{\boldsymbol{\beta}_i}{\|\boldsymbol{\beta}_i\|}$. 若 $\boldsymbol{\alpha}_i \ (i = 1, 2, \cdots, r)$ 为线性无关的 n 维列向量, 则

$$A \triangleq [\boldsymbol{\alpha}_1 \ \ \boldsymbol{\alpha}_2 \ \ \cdots \ \ \boldsymbol{\alpha}_r] \in \mathcal{C}_r^{n\times r}$$

$$U \triangleq [\boldsymbol{\gamma}_1 \ \ \boldsymbol{\gamma}_2 \ \ \cdots \ \ \boldsymbol{\gamma}_r] \in \mathcal{U}^{n\times r}$$

为次酉矩阵, 式 (4.23) 即为下述结果.

【定理 4.6.7】　$A \in \mathcal{C}_r^{n\times r}$ 可唯一地分解为 $A = UR$, 其中 $U \in \mathcal{U}^{n\times r}$ 为次酉矩阵, R 为 $r\times r$ 正线上三角矩阵.

证明: 显然只需证明分解的唯一性. 设 $A = UR = \hat{U}\hat{R}$, 则有 $\hat{U}^{-1}U = \hat{R}R^{-1}$. 因 $\hat{U}^{-1}U$ 为次酉矩阵且 $\hat{R}R^{-1}$ 为对角线元素全为正数的上三角矩阵, 由习题 4.21 可得 $\hat{U}^{-1}U = I$, $\hat{R}R^{-1} = I$, 于是有 $U = \hat{U}$, $R = \hat{R}$. ■

类似地, 对满行秩矩阵 $A \in \mathcal{C}_r^{r\times m}$, 将定理 4.6.7 应用于 A^*, 可得下述结果.

推论 4.6.1　$A \in \mathcal{C}_r^{r\times m}$ 可唯一地分解为 $A = LU$, 其中 L 是 $r\times r$ 正线下三角矩阵, $U \in \mathcal{U}_r^{r\times m}$ 为次酉矩阵.

若 $A \in \mathcal{C}_r^{n\times m}$ 且 $r < \min\{n, m\}$, 先将 A 分解为 $A = BC$, 其中 B 满列秩, C 满行秩, 再将 UR 分解应用于 B, 将 QR 分解应用于 C, 可得下述结果.

【定理 4.6.8】　$A \in \mathcal{C}_r^{n\times m}$ 且 $r < \min\{n, m\}$ 可分解为

$$A = U_1R_1L_2U_2$$

其中, $U_1 \in \mathcal{U}_r^{n\times r}$ 和 $U_2 \in \mathcal{U}_r^{r\times m}$ 均为次酉矩阵; R_1 为 $r\times r$ 正线上三角矩阵; R_2 为 $r\times r$ 正线下三角矩阵.

因分解 $A = BC$ 不是唯一的, 故上述分解不唯一. UR 分解和 QR 分解统称为正交三角分解.

【例 4.6.2】　UR 分解的一个应用是寻找不相容方程 $A\boldsymbol{x} = \boldsymbol{b}$ 的最优逼近. 不相容方程即 $\operatorname{rank}[A\ \ \boldsymbol{b}] \neq \operatorname{rank}A$. 此时任何 $\boldsymbol{x}$ 都不满足 $A\boldsymbol{x} = \boldsymbol{b}$. 定义 $\boldsymbol{e} = A\boldsymbol{x} - \boldsymbol{b}$. 若 $\boldsymbol{x}_{\text{opt}}$ 使得 $\boldsymbol{e}^*\boldsymbol{e}$ 取最小值, 则称其为 $A\boldsymbol{x} = \boldsymbol{b}$ 的最优逼近. 为简便起见, 记 $\|\boldsymbol{e}\|^2 = \boldsymbol{e}^*\boldsymbol{e}$, 则有

$$\min\|\boldsymbol{e}\|^2 = \min(A\boldsymbol{x} - \boldsymbol{b})^*(A\boldsymbol{x} - \boldsymbol{b}) = (A\boldsymbol{x}_{\text{opt}} - \boldsymbol{b})^*(A\boldsymbol{x}_{\text{opt}} - \boldsymbol{b})$$

不失一般性, 设 A 为满列秩矩阵. 则存在次酉矩阵 U 和正线上三角矩阵 R 使得 $A = UR$. 因 U 为次酉矩阵, 有

$$(A\boldsymbol{x} - \boldsymbol{b})^*(A\boldsymbol{x} - \boldsymbol{b}) = (R\boldsymbol{x} - U^*\boldsymbol{b})^*(R\boldsymbol{x} - U^*\boldsymbol{b}) + \boldsymbol{b}^*U_\perp U_\perp^*\boldsymbol{b}$$

其中, $U_\perp$ 是 U 的正交补, 使得 $[U\ \ U_\perp]$ 为酉矩阵. 因为第二项与 $\boldsymbol{x}$ 无关, 所以

$$\boldsymbol{x}_{\text{opt}} = R^{-1}U^*\boldsymbol{b}, \quad \min\|\boldsymbol{e}\|^2 = \boldsymbol{b}^*U_\perp U_\perp^*\boldsymbol{b}$$

用下述例子对上述结果进行说明. 设

$$A = \begin{bmatrix} -3 & 1 & -2 \\ 1 & 1 & 1 \\ 1 & -1 & 0 \\ 1 & -1 & 1 \end{bmatrix}, \quad \boldsymbol{b} = \begin{bmatrix} 1 \\ 0 \\ 2 \\ 1 \end{bmatrix}$$

将 Gram-Schmidt 标准正交化过程应用于 A 的列向量, 可得

$$\gamma_1 = \begin{bmatrix} -\dfrac{3}{\sqrt{12}} \\ \dfrac{1}{\sqrt{12}} \\ \dfrac{1}{\sqrt{12}} \\ \dfrac{1}{\sqrt{12}} \end{bmatrix}, \quad \gamma_2 = \begin{bmatrix} 0 \\ \dfrac{2}{\sqrt{6}} \\ -\dfrac{1}{\sqrt{6}} \\ -\dfrac{1}{\sqrt{6}} \end{bmatrix}, \quad \gamma_3 = \begin{bmatrix} -\dfrac{1}{\sqrt{6}} \\ -\dfrac{1}{\sqrt{6}} \\ -\dfrac{2}{\sqrt{6}} \\ 0 \end{bmatrix}$$

令 $U = [\gamma_1 \ \ \gamma_2 \ \ \gamma_3]$, 则有

$$R = U^*A = \begin{bmatrix} \sqrt{12} & -\dfrac{\sqrt{12}}{3} & \dfrac{2\sqrt{12}}{3} \\ 0 & \dfrac{2\sqrt{6}}{3} & \dfrac{\sqrt{6}}{6} \\ 0 & 0 & \dfrac{\sqrt{6}}{6} \end{bmatrix}$$

最优解为

$$\boldsymbol{x} = R^{-1}U^*\boldsymbol{b} = \left[2 \ \ 0 \ \ -\frac{1}{2}\right]^{\mathrm{T}}$$

△

4.7 Hermitian 矩阵与二次齐式

Hermitian 矩阵的特征值全为实数. 对于实数, 可以讨论其正负. 本节将把正、负及非负、非正的概念推广到 Hermitian 矩阵.

4.7.1 Hermitian 矩阵、实对称矩阵

【定理 4.7.1】 *若 A 是 n 阶复矩阵, 则*

(1) A 是 Hermitian 矩阵的充要条件是对于任意 $\boldsymbol{x} \in \mathcal{C}^n$, $\boldsymbol{x}^*A\boldsymbol{x}$ 是实数;

(2) A 是 Hermitian 矩阵的充要条件是对于任意 n 阶方阵 S, S^*AS 是 Hermitian 矩阵.

证明: (1) 实际上是定理 4.5.2 的推论. 然而给出下述证明是有用的. 先证必要性. 因为 $\boldsymbol{x}^*A\boldsymbol{x}$ 是数, 故

$$\overline{\boldsymbol{x}^*A\boldsymbol{x}} = (\boldsymbol{x}^*A\boldsymbol{x})^* = \boldsymbol{x}^*A^*\boldsymbol{x} = \boldsymbol{x}^*A\boldsymbol{x}$$

即 $\boldsymbol{x}^*A\boldsymbol{x}$ 是实数.

再证充分性. 因为对于任何 $\boldsymbol{x}, \boldsymbol{y} \in \mathcal{C}^n$, 有实数:

$$\begin{aligned}(\boldsymbol{x}+\boldsymbol{y})^*A(\boldsymbol{x}+\boldsymbol{y}) &= (\boldsymbol{x}^*+\boldsymbol{y}^*)A(\boldsymbol{x}+\boldsymbol{y}) \\ &= \boldsymbol{x}^*A\boldsymbol{x}+\boldsymbol{y}^*A\boldsymbol{x}+\boldsymbol{x}^*A\boldsymbol{y}+\boldsymbol{y}^*A\boldsymbol{y}\end{aligned}$$

而由假设可知 $\boldsymbol{x}^*A\boldsymbol{x}$, $\boldsymbol{y}^*A\boldsymbol{y}$ 是实数, 于是对于任意 $\boldsymbol{x}, \boldsymbol{y} \in \mathcal{C}^n$, $\boldsymbol{y}^*A\boldsymbol{x}+\boldsymbol{x}^*A\boldsymbol{y}$ 是实数. 先令

$$\boldsymbol{x}=\begin{bmatrix}0\\ \vdots\\ 0\\ 1\\ 0\\ \vdots\\ 0\end{bmatrix}\begin{matrix}\longleftarrow\ 1\text{行}\\ \vdots\\ \longleftarrow\ j{-}1\text{行}\\ \longleftarrow\ j\text{行}\\ \longleftarrow\ j{+}1\text{行}\\ \vdots\\ \longleftarrow\ n\text{行}\end{matrix},\quad \boldsymbol{y}=\begin{bmatrix}0\\ \vdots\\ 0\\ 1\\ 0\\ \vdots\\ 0\end{bmatrix}\begin{matrix}\longleftarrow\ 1\text{行}\\ \vdots\\ \longleftarrow\ k{-}1\text{行}\\ \longleftarrow\ k\text{行}\\ \longleftarrow\ k{+}1\text{行}\\ \vdots\\ \longleftarrow\ n\text{行}\end{matrix}$$

则有

$$\boldsymbol{y}^*A\boldsymbol{x}=a_{kj}, \quad \boldsymbol{x}^*A\boldsymbol{y}=a_{jk}$$

于是, $\boldsymbol{y}^*A\boldsymbol{x}+\boldsymbol{x}^*A\boldsymbol{y}=a_{kj}+a_{jk}=$ 实数, 这表明

$$\mathrm{Im}(a_{jk})=-\mathrm{Im}(a_{kj})$$

其中, $\mathrm{Im}(a_{jk})$ 表示 a_{jk} 的虚部. 又令

$$\boldsymbol{x}=\begin{bmatrix}0\\ \vdots\\ 0\\ i\\ 0\\ \vdots\\ 0\end{bmatrix}\begin{matrix}\longleftarrow\ 1\text{行}\\ \vdots\\ \longleftarrow\ j{-}1\text{行}\\ \longleftarrow\ j\text{行}\\ \longleftarrow\ j{+}1\text{行}\\ \vdots\\ \longleftarrow\ n\text{行}\end{matrix},\quad \boldsymbol{y}=\begin{bmatrix}0\\ \vdots\\ 0\\ 1\\ 0\\ \vdots\\ 0\end{bmatrix}\begin{matrix}\longleftarrow\ 1\text{行}\\ \vdots\\ \longleftarrow\ k{-}1\text{行}\\ \longleftarrow\ k\text{行}\\ \longleftarrow\ k{+}1\text{行}\\ \vdots\\ \longleftarrow\ n\text{行}\end{matrix}$$

则有

$$\boldsymbol{y}^*A\boldsymbol{x}=\mathrm{i}a_{kj}, \quad \boldsymbol{x}^*A\boldsymbol{y}=-\mathrm{i}a_{jk}$$

于是, $\boldsymbol{y}^*A\boldsymbol{x}+\boldsymbol{x}^*A\boldsymbol{y}=\mathrm{i}\,(a_{kj}-a_{jk})=$ 实数, 等价于 $a_{jk}-a_{kj}=$ 纯虚数. 这表明

$$\mathrm{Re}(a_{jk})=\mathrm{Re}(a_{kj})$$

其中, $\mathrm{Re}(a_{jk})$ 表示 a_{jk} 的实部. 因此有

$$a_{ij}=\bar{a}_{ji}, \qquad A=A^*$$

(2) 证明留给读者. ■

【例 4.7.1】 已给 n 阶矩阵 A, 根据定义不难证明:

(1) $A+A^*$, AA^*, A^*A 和 $\mathrm{i}(A-A^*)$ 是 Hermitian 矩阵;

(2) $A - A^*$ 是反 Hermitian 矩阵;

(3) A 可以表示为

$$A = \frac{A+A^*}{2} + \frac{A-A^*}{2} = \frac{A+A^*}{2} + \mathrm{i}\frac{(A-A^*)}{2\mathrm{i}} \tag{4.24}$$

$A_{\mathrm{s}} \triangleq \dfrac{A+A^*}{2}$ 和 $A_{\mathrm{ss}} \triangleq \dfrac{A-A^*}{2}$ 分别称为 A 的对称部分和反对称部分. 根据式 (4.24), $\boldsymbol{x}^*A\boldsymbol{x}$ 可表示为

$$\boldsymbol{x}^*A\boldsymbol{x} = \boldsymbol{x}^*\frac{A+A^*}{2}\boldsymbol{x} + \mathrm{i}\boldsymbol{x}^*\frac{A-A^*}{2\mathrm{i}}\boldsymbol{x} \tag{4.25}$$

因

$$\left(\frac{A-A^*}{2\mathrm{i}}\right)^* = \frac{A^*-A}{-2\mathrm{i}} = \frac{A-A^*}{2\mathrm{i}}$$

故 $\dfrac{A-A^*}{2\mathrm{i}}$ 为 Hermitian 矩阵, 根据定理 4.7.1, 式 (4.25) 将复数 $\boldsymbol{x}^*A\boldsymbol{x}$ 分为实部 $\boldsymbol{x}^*\dfrac{A+A^*}{2}\boldsymbol{x}$ 和虚部 $\boldsymbol{x}^*\dfrac{A-A^*}{2\mathrm{i}}\boldsymbol{x}$. 在这个意义下, 也称式 (4.24) 为矩阵 A 的实部和虚部分解. △

Hermitian 矩阵具有以下性质:

(1) 已知 A 是 Hermitian 矩阵, 则 A^k 也是 Hermitian 矩阵 (k 为正整数);

(2) 已知 A 是可逆 Hermitian 矩阵, 则 A^{-1} 也是 Hermitian 矩阵;

(3) 已知 A 是 Hermitian(反 Hermitian) 矩阵, 则 $\mathrm{i}A$ 是反 Hermitian(Hermitian) 矩阵;

(4) 已知 A、B 是 Hermitian 矩阵, 则对任何实数 k、l, $kA+lB$ 是 Hermitian 矩阵;

(5) 已知 A、B 是 Hermitian 矩阵, 则 AB 是 Hermitian 矩阵的充要条件是 $AB = BA$.

4.7.2 Hermitian 二次齐式

Hermitian 二次齐式即 n 个复变量 $x_1, x_2, \cdots, x_n$, 系数为复数的二次齐次函数:

$$f(x_1, x_2, \cdots, x_n) = \sum_{i,j=1}^{n} a_{ij}\bar{x}_i x_j$$

其中, 复系数满足 $a_{ij} = \bar{a}_{ji}$. 若令

$$\boldsymbol{x} = [x_1 \ \ x_2 \ \ \cdots \ \ x_n]^{\mathrm{T}} \in \mathcal{C}^n$$

$$A = \begin{bmatrix} a_{11} & a_{12} & \cdots & a_{1n} \\ \bar{a}_{12} & a_{22} & \ddots & \vdots \\ \vdots & \ddots & \ddots & a_{n-1,n} \\ \bar{a}_{1n} & \cdots & \bar{a}_{n-1,n} & a_{nn} \end{bmatrix}$$

则 $A^* = A$, 于是有

$$f(x_1, x_2, \cdots, x_n) = \boldsymbol{x}^*A\boldsymbol{x} \tag{4.26}$$

为简便起见, 记 $f(x_1, x_2, \cdots, x_n) = f(\boldsymbol{x})$. 参照式 (4.26), 称 $r = \operatorname{rank} A$ 为 Hermitian 二次齐式的秩. 若做可逆线性变换 $\boldsymbol{x} = C\boldsymbol{y}$, 则

$$f(\boldsymbol{x}) = \boldsymbol{y}^* C^* AC\boldsymbol{y} = \boldsymbol{y}^* B\boldsymbol{y}$$

显然, $B = C^*AC$, 且有 $B^* = B$. 根据定理 4.7.1 可得以下定理.

【定理 4.7.2】 对于 Hermitian 二次齐式 $f(\boldsymbol{x}) = \boldsymbol{x}^* A\boldsymbol{x}$ 存在酉变换 $\boldsymbol{x} = C\boldsymbol{y}$ 使得二次齐式成为标准形:

$$f(\boldsymbol{x}) = f(\boldsymbol{y}) = \lambda_1 y_1 \bar{y}_1 + \lambda_2 y_2 \bar{y}_2 + \cdots + \lambda_n y_n \bar{y}_n$$

其中, $\lambda_i \in \mathcal{R}$ 是 A 的特征值. 秩为 r 的 Hermitian 二次齐式 $f(\boldsymbol{x}) = \boldsymbol{x}^* A\boldsymbol{x}$ 存在可逆线性变换 $\boldsymbol{x} = P\boldsymbol{y}$ 使得二次齐式化为标准形:

$$f(\boldsymbol{x}) = f(\boldsymbol{y}) = \lambda_1 y_1 \bar{y}_1 + \lambda_2 y_2 \bar{y}_2 + \cdots + \lambda_r y_r \bar{y}_r$$

4.7.3 正定二次齐式、正定 Hermitian 矩阵

在 Hermitian 二次齐式和实二次齐式中, 正定二次齐式是一类十分重要的二次齐式.

定义 4.7.1 给定 Hermitian 二次齐式:

$$f(\boldsymbol{x}) = f(x_1, x_2, \cdots, x_n) = \sum_{i}^{n} \sum_{j=1}^{n} a_{ij} \bar{x}_i x_j = \boldsymbol{x}^* A\boldsymbol{x}$$

如果对任一组不全为零的复数 $x_1, x_2, \cdots, x_n$ 都有 $f(x_1, x_2, \cdots, x_n) > 0 (\geqslant 0)$, 则称该二次齐式是正定的 (半正定的). 并称相对应的 Hermitian 矩阵 A 是正定的 (半正定的).

例如:

$$f(x_1, x_2, x_3) = 2\bar{x}_1 x_1 + 3\bar{x}_2 x_2 + \bar{x}_3 x_3$$

是正定的, 而

$$f(x_1, x_2, x_3) = 2\bar{x}_1 x_1 + 3\bar{x}_2 x_2$$

是半正定的.

【定理 4.7.3】 对于 Hermitian 二次齐式 $f(\boldsymbol{x}) = \boldsymbol{x}^* A\boldsymbol{x}$, 下列命题等价:

(1) A 是正定的;

(2) 对于任何 n 阶可逆矩阵 P, P^*AP 都为正定矩阵;

(3) A 的 n 个特征值全大于零;

(4) 存在 n 阶可逆矩阵 P, 使得 $P^*AP = I$;

(5) 存在 n 阶可逆矩阵 Q, 使得 $A = Q^*Q$;

(6) 存在对角线元素全为正数的上三角矩阵 R, 使得 $A = R^*R$, 且分解是唯一的.

证明: (1)$\Longrightarrow$(2) 对于任何可逆矩阵 P, 令 $\boldsymbol{x} = P\boldsymbol{y}$, 则 $f(\boldsymbol{x}) = \boldsymbol{x}^* A\boldsymbol{x} = \boldsymbol{y}^* P^* AP\boldsymbol{y} > 0$, 故 P^*AP 为正定 Hermitian 矩阵.

(2)$\Longrightarrow$(3) 对于 Hermitian 矩阵 A, 存在酉矩阵 U 满足

$$U^{-1}AU = U^*AU = \operatorname{diag}\{\lambda_1, \lambda_2, \cdots, \lambda_n\}$$

由于 A 是正定的, 由 (2) 可知 $\mathrm{diag}\{\lambda_1, \lambda_2, \cdots, \lambda_n\}$ 是正定的, 所以 $\lambda_1, \lambda_2, \cdots, \lambda_n$ 全大于零.

(3)$\Longrightarrow$(4) 因为

$$U^{-1}AU = U^*AU = \mathrm{diag}\{\lambda_1, \lambda_2, \cdots, \lambda_n\}$$

令

$$P_1 = \mathrm{diag}\left\{\frac{1}{\sqrt{\lambda_1}}, \frac{1}{\sqrt{\lambda_2}}, \cdots, \frac{1}{\sqrt{\lambda_n}}\right\}$$

则

$$P_1^*U^*AUP_1 = P_1^*\mathrm{diag}\{\lambda_1, \lambda_2, \cdots, \lambda_n\}P_1 = I$$

若令 $P = UP_1$, 则上式为 $P^*AP = I$.

(4)$\Longrightarrow$(5) 由于 $P^*AP = I$, 故

$$A = (P^*)^{-1}P^{-1} = (P^{-1})^*P^{-1}$$

若令 $Q = P^{-1}$, 代入上式得 $A = Q^*Q$.

(5)$\Longrightarrow$(6) 因为 $A = Q^*Q$, 其中 Q 为可逆矩阵, 根据定理 4.6.7 可得 $Q = U_1R$, 其中 U_1 是酉矩阵, R 是对角线元素全为正数的上三角矩阵. 因此, 有

$$A = Q^*Q = R^*U_1^*U_1R = R^*R$$

现证分解的唯一性: 设 A 有两种正线上三角分解, 即

$$A = R^*R = R_1^*R_1$$

则有

$$I = (R^*)^{-1}R_1^*R_1R^{-1} = (R_1R^{-1})^*(R_1R^{-1})$$

容易验证, 正线上三角矩阵的逆矩阵仍是正线上三角矩阵, 两个正线上三角矩阵的乘积仍是正线上三角矩阵, 于是 R_1R^{-1} 是正线上三角矩阵. 由上式又知 R_1R^{-1} 是酉矩阵. 于是 $R_1R^{-1} = I$, 即 $R = R_1$.

(6)$\Longrightarrow$(1) 因为 $A = R^*R$, 所以

$$f(\boldsymbol{x}) = \boldsymbol{x}^*A\boldsymbol{x} = \boldsymbol{x}^*R^*R\boldsymbol{x} = (R\boldsymbol{x})^*(R\boldsymbol{x})$$

由于 R 为非奇异矩阵, 故当 $\boldsymbol{x} \neq \mathbf{0}$ 时, $R\boldsymbol{x} \neq \mathbf{0}$. 于是有

$$f(\boldsymbol{x}) = \boldsymbol{x}^*A\boldsymbol{x} = (R\boldsymbol{x})^*(R\boldsymbol{x}) = \|R\boldsymbol{x}\|^2 > 0$$

即 $f(\boldsymbol{x})$ 是正定的. ■

由内积的非负性、定理 4.1.1 和定理 4.1.3 可知, 内积空间任何一组基向量的度量矩阵都是正定矩阵.

下述定理给出了判断 Hermitian 矩阵正定性的代数判据.

【定理 4.7.4】 (Sylvester 判据)　n 阶 Hermitian 矩阵 A 正定的充要条件是 A 的 n 个顺序主子式全大于零, 即

$$a_{11}>0 \qquad \det\begin{bmatrix} a_{11} & a_{12} \\ a_{21} & a_{22} \end{bmatrix}>0$$

$$\det\begin{bmatrix} a_{11} & a_{12} & a_{13} \\ a_{21} & a_{22} & a_{23} \\ a_{31} & a_{32} & a_{33} \end{bmatrix}>0,\cdots,\det\begin{bmatrix} a_{11} & a_{12} & \cdots & a_{1n} \\ a_{21} & a_{22} & \cdots & a_{2n} \\ \vdots & \vdots & \ddots & \vdots \\ a_{n1} & a_{n2} & \cdots & a_{nn} \end{bmatrix}>0$$

【定理 4.7.5】　对于 Hermitian 矩阵 A, 下列命题等价:

(1) A 是半正定的;

(2) 对于任何 n 阶可逆矩阵 P 都有 P^*AP 是半正定的;

(3) A 的 n 个特征值全是非负的;

(4) 存在 n 阶可逆矩阵 P, 使得

$$P^*AP=\begin{bmatrix} I_r & 0 \\ 0 & 0 \end{bmatrix}$$

(5) 存在秩为 r 的 n 阶矩阵 Q 使得

$$A=Q^*Q$$

证明: (1)$\Longrightarrow$(2)$\Longrightarrow$(3) 作为练习, 请读者自己完成.

(3)$\Longrightarrow$(4) 由 (3) 存在 $U\in\mathcal{U}^{n\times n}$ 满足

$$U^*AU=\operatorname{diag}\{\lambda_1,\lambda_2,\cdots,\lambda_r,0,\cdots,0\}$$

其中, $r=\operatorname{rank}A$, $\lambda_1,\lambda_2,\cdots,\lambda_r$ 均大于 0. 令

$$P_1=\operatorname{diag}\left\{\frac{1}{\sqrt{\lambda_1}},\frac{1}{\sqrt{\lambda_2}},\cdots,\frac{1}{\sqrt{\lambda_r}},1,\cdots,1\right\}$$

则

$$\begin{aligned} P_1^*U^*AUP_1&=P_1^*\operatorname{diag}\{\lambda_1,\lambda_2,\cdots,\lambda_r,0,\cdots,0\}P_1 \\ &=\{1,1,\cdots,1,0,\cdots,0\}=\begin{bmatrix} I_r & 0 \\ 0 & 0 \end{bmatrix} \end{aligned}$$

令 $P=UP_1$, 则

$$P^*AP=\begin{bmatrix} I_r & 0 \\ 0 & 0 \end{bmatrix}$$

(4)$\Longrightarrow$(5) 由 (4) 可得

$$A=(P^*)^{-1}\begin{bmatrix} I_r & 0 \\ 0 & 0 \end{bmatrix}P^{-1}=(P^*)^{-1}\begin{bmatrix} I_r & 0 \\ 0 & 0 \end{bmatrix}\begin{bmatrix} I_r & 0 \\ 0 & 0 \end{bmatrix}P^{-1}$$

$$=\left(\begin{bmatrix} I_r & 0 \\ 0 & 0 \end{bmatrix}P^{-1}\right)^*\left(\begin{bmatrix} I_r & 0 \\ 0 & 0 \end{bmatrix}P^{-1}\right)=Q^*Q$$

其中

$$Q=\begin{bmatrix} I_r & 0 \\ 0 & 0 \end{bmatrix}P^{-1}\in \mathcal{C}_r^{n\times n}$$

(5)$\Longrightarrow$(1) 由于 $A=Q^*Q$, 故

$$f(\boldsymbol{x})=\boldsymbol{x}^*A\boldsymbol{x}=\boldsymbol{x}^*Q^*AQ\boldsymbol{x}=(Q\boldsymbol{x})^*(Q\boldsymbol{x})$$

由于 $Q\in \mathcal{C}_r^{n\times n}$, 所以方程组 $Q\boldsymbol{x}=\mathbf{0}$ 有非零解, 即存在 $\boldsymbol{x}\neq\mathbf{0}$ 满足 $Q\boldsymbol{x}=\mathbf{0}$. 然而

$$(Q\boldsymbol{x})^*(Q\boldsymbol{x})=\|Q\boldsymbol{x}\|^2\geqslant 0$$

从而 A 是半正定的. ■

【定理 4.7.6】 设 A 是 (半) 正定 Hermitian 矩阵, 则存在唯一的 (半) 正定 Hermitian 矩阵 H 满足 $A=H^2$, 且任何一个与 A 可交换的矩阵必和 H 可交换.

证明: 因为 A 是正定 (半正定)Hermitian 矩阵, 故

$$A=U\mathrm{diag}\{\lambda_1\ ,\ \lambda_2\ ,\ \cdots\ ,\ \lambda_n\}U^*$$

其中, U 是酉矩阵, $\lambda_1, \lambda_2, \cdots, \lambda_n$ 全大于零 (非负). 令

$$H=U\mathrm{diag}\left\{\sqrt{\lambda_1}\ ,\ \sqrt{\lambda_2}\ ,\ \cdots\ ,\ \sqrt{\lambda_n}\right\}U^*$$

显然 $H^2=A$.

要证明 H 是唯一的, 设还有一个正定 Hermitian 矩阵 H_1 满足 $H_1^2=A$. 因 H_1(半) 正定, 可令

$$H_1=U_1\mathrm{diag}\{\mu_1\ ,\ \mu_2\ ,\ \cdots\ ,\ \mu_n\}U_1^*$$

由 $H_1^2=A$ 可得 $\mu_1^2=\lambda_1, \mu_2^2=\lambda_2, \cdots, \mu_n^2=\lambda_n$. 于是

$$H_1=U_1\mathrm{diag}\left\{\sqrt{\lambda_1}\ ,\ \sqrt{\lambda_2}\ ,\ \cdots\ ,\ \sqrt{\lambda_n}\right\}U_1^*$$

由 $H_1^2=H^2=A$ 可得

$$U\mathrm{diag}\{\lambda_1\ ,\ \lambda_2\ ,\ \cdots\ ,\ \lambda_n\}U^*=U_1\mathrm{diag}\{\lambda_1\ ,\ \lambda_2\ ,\ \cdots\ ,\ \lambda_n\}U_1^*$$

这等价于

$$\operatorname{diag}\{\lambda_1,\lambda_2,\cdots,\lambda_n\}U^*U_1=U^*U_1\operatorname{diag}\{\lambda_1,\lambda_2,\cdots,\lambda_n\} \tag{4.27}$$

令

$$U^*U_1=\begin{bmatrix} p_{11} & p_{12} & \cdots & p_{1n} \\ p_{21} & p_{22} & \cdots & p_{2n} \\ \vdots & \vdots & \ddots & \vdots \\ p_{n1} & p_{n2} & \cdots & p_{nn} \end{bmatrix}$$

代入式 (4.27) 得

$$\begin{bmatrix} \lambda_1 p_{11} & \lambda_1 p_{12} & \cdots & \lambda_1 p_{1n} \\ \lambda_2 p_{21} & \lambda_2 p_{22} & \cdots & \lambda_2 p_{2n} \\ \vdots & \vdots & \ddots & \vdots \\ \lambda_n p_{n1} & \lambda_n p_{n2} & \cdots & \lambda_n p_{nn} \end{bmatrix}=\begin{bmatrix} \lambda_1 p_{11} & \lambda_2 p_{12} & \cdots & \lambda_n p_{1n} \\ \lambda_1 p_{21} & \lambda_2 p_{22} & \cdots & \lambda_n p_{2n} \\ \vdots & \vdots & \ddots & \vdots \\ \lambda_1 p_{n1} & \lambda_2 p_{n2} & \cdots & \lambda_n p_{nn} \end{bmatrix}$$

比较等式两端, 得

$$\lambda_i p_{ij}=\lambda_j p_{ij},\quad \forall\, i,j=1,2,\cdots,n$$

若 $\lambda_i\neq\lambda_j$, 则 $p_{ij}=0$, 故

$$\sqrt{\lambda_i}p_{ij}=\sqrt{\lambda_j}p_{ij}$$

若 $\lambda_i=\lambda_j$, 也有

$$\sqrt{\lambda_i}p_{ij}=\sqrt{\lambda_j}p_{ij}$$

于是, 有

$$\begin{aligned}&\operatorname{diag}\left\{\sqrt{\lambda_1},\sqrt{\lambda_2},\cdots,\sqrt{\lambda_n}\right\}U^*U_1=U^*U_1\operatorname{diag}\left\{\sqrt{\lambda_1},\sqrt{\lambda_2},\cdots,\sqrt{\lambda_n}\right\}\\ \Longleftrightarrow\ &U\operatorname{diag}\left\{\sqrt{\lambda_1},\sqrt{\lambda_2},\cdots,\sqrt{\lambda_n}\right\}U^*=U_1\operatorname{diag}\left\{\sqrt{\lambda_1},\sqrt{\lambda_2},\cdots,\sqrt{\lambda_n}\right\}U_1^*\end{aligned}$$

即 $H=H_1$.

最后证明若 $AB=BA$, 则有 $HB=BH$. 设 $AB=BA$, $\Longleftrightarrow$

$$\begin{aligned}&U\operatorname{diag}\{\lambda_1,\lambda_2,\cdots,\lambda_n\}U^*B=BU\operatorname{diag}\{\lambda_1,\lambda_2,\cdots,\lambda_n\}U^*\\ \Longleftrightarrow\ &\operatorname{diag}\{\lambda_1,\lambda_2,\cdots,\lambda_n\}U^*BU=U^*BU\operatorname{diag}\{\lambda_1,\lambda_2,\cdots,\lambda_n\}\end{aligned}$$

将

$$U^*BU=\begin{bmatrix} b_{11} & b_{12} & \cdots & b_{1n} \\ b_{21} & b_{22} & \cdots & b_{2n} \\ \vdots & \vdots & \ddots & \vdots \\ b_{n1} & b_{n2} & \cdots & b_{nn} \end{bmatrix}$$

代入最后一式得

$$\begin{bmatrix} \lambda_1 b_{11} & \lambda_1 b_{12} & \cdots & \lambda_1 b_{1n} \\ \lambda_2 b_{21} & \lambda_2 b_{22} & \cdots & \lambda_2 b_{2n} \\ \vdots & \vdots & \ddots & \vdots \\ \lambda_n b_{n1} & \lambda_n b_{n2} & \cdots & \lambda_n b_{nn} \end{bmatrix} = \begin{bmatrix} \lambda_1 b_{11} & \lambda_2 b_{12} & \cdots & \lambda_n b_{1n} \\ \lambda_1 b_{21} & \lambda_2 b_{22} & \cdots & \lambda_n b_{2n} \\ \vdots & \vdots & \ddots & \vdots \\ \lambda_1 b_{n1} & \lambda_2 b_{n2} & \cdots & \lambda_n b_{nn} \end{bmatrix}$$

于是又有

$$\begin{aligned} & \sqrt{\lambda_i} b_{ij} = \sqrt{\lambda_j} b_{ij} \\ \Longleftrightarrow\ & \operatorname{diag}\left\{\sqrt{\lambda_1}\,,\ \sqrt{\lambda_2}\,,\ \cdots\,,\ \sqrt{\lambda_n}\right\} U^* B U = U^* B U \operatorname{diag}\left\{\sqrt{\lambda_1}\,,\ \sqrt{\lambda_2}\,,\ \cdots\,,\ \sqrt{\lambda_n}\right\} \\ \Longleftrightarrow\ & U \operatorname{diag}\left\{\sqrt{\lambda_1}\,,\ \sqrt{\lambda_2}\,,\ \cdots\,,\ \sqrt{\lambda_n}\right\} U^* B = B U \operatorname{diag}\left\{\sqrt{\lambda_1}\,,\ \sqrt{\lambda_2}\,,\ \cdots\,,\ \sqrt{\lambda_n}\right\} U^* \end{aligned}$$

即 $HB = BH$. ■

【例 4.7.2】 给定正定矩阵 A 和 B, 证明多项式 $\det(\lambda B - A)$ 的根均为正数.

证明: 因 B 正定, 存在 $P \in \mathcal{C}_n^{n\times n}$ 使得 $P^*BP = E$, 且 P^*AP 为正定矩阵. 于是特征多项式 $\det(\lambda I - P^*AP)$ 的根均为正数. 而

$$\det(\lambda I - P^*AP) = \det(\lambda P^*BP - P^*AP) = \det P^* \det(\lambda B - A) \det P$$

因 P 非奇异, 故 $\det(\lambda I - P^*AP) = 0 \iff \det(\lambda B - A) = 0$. 从而 $\det(\lambda B - A)$ 的根均为正数. ■

【例 4.7.3】 设 A 和 B 均为 $n \times n$ 正交矩阵且 $\det A = -\det B$, 则 $A + B$ 不可逆.

证明: B 为正交矩阵则非奇异, 于是有

$$\begin{aligned} \det(A+B) &= \det(BB^{-1}A + B) = \det B(B^{-1}A + I) \\ &= \det B \det(B^{-1}A + I) \end{aligned}$$

因 $B^{-1}A$ 为正交矩阵, 故其特征值为 ± 1. 由 $\det A = -\det B$ 可得

$$\det B^{-1}A = \det B^{-1} \det A = (\det B)^{-1} \det A = -1$$

从而 $B^{-1}A$ 至少有一个特征值为 -1. 于是 $\det(B^{-1}A + I) = 0$, $\iff \det(A+B) = 0$, 即 $A + B$ 不可逆. ■

4.7.4 Hermitian 矩阵偶在合同变换下的标准形

两个 Hermitian 矩阵同时与对角矩阵合同的问题是本节研究的内容. 应用于 Hermitian 二次齐式就是将两个 Hermitian 齐式同时化简成标准形. 它是线性系统平衡实现和 Hankel 范数模型逼近理论的基础.

【定理 4.7.7】 *设 A, B 为 n 阶 Hermitian 矩阵, 且 B 是正定的, 则存在 $T \in \mathcal{C}_n^{n\times n}$ 使得*

$$T^*AT = \operatorname{diag}\{\mu_1\,,\ \mu_2\,,\ \cdots\,,\ \mu_n\} = M$$

与 $T^*BT = I$ 同时成立, 其中 $\mu_1, \mu_2, \cdots, \mu_n$ 是与 T 无关的实数.

证明: B 是正定 Hermitian 矩阵, 故存在 $T_1 \in \mathcal{C}_n^{n\times n}$ 使得 $T_1^* B T_1 = I$. 由于 $T_1^* A T_1$ 是 Hermitian 矩阵, 所以存在 $T_2 \in \mathcal{U}_n^{n\times n}$ 使得

$$T_2^* T_1^* A T_1 T_2 = \operatorname{diag}\{\mu_1\ ,\ \mu_2\ ,\ \cdots\ ,\ \mu_n\} = M$$

其中, μ_i 是 Hermitian 矩阵 $T_1^* A T_1$ 的 n 个实特征值. 若令 $T = T_1 T_2$, 则有

$$T^* A T = M\,,\quad T^* B T = T_2^* I T_2 = I$$

余下要证明 $\mu_1, \mu_2, \cdots, \mu_n$ 与 T 无关. 事实上, 令 $S = T_1^* A T_1$, 则 μ_i 是特征方程 $\det(\lambda I - S) = 0$ 的根. 而

$$\det(\lambda I - S) = \det(\lambda T_1^* B T_1 - T_1^* A T_1) = \det(T_1^*)\det(\lambda B - A)\det T_1$$

因此, 有

$$\det(\mu_i I - S) = 0 \iff \det(\mu_i B - A) = 0$$

即 μ_i 是方程 $\det(\mu_i B - A) = 0$ 的根. 它由矩阵 A、B 所确定而与 T 无关. ■

考虑到正定矩阵的逆矩阵也是正定矩阵, 作为定理 4.7.7 的对偶, 有下述结果.

【定理 4.7.8】 设 A, B 为 n 阶 Hermitian 矩阵, 且 B 是正定的, 则存在 $T \in \mathcal{C}_n^{n\times n}$ 使得

$$T^* A T = \operatorname{diag}\{\nu_1\ ,\ \nu_2\ ,\ \cdots\ ,\ \nu_n\} = N$$

与 $T^{-1} B \left(T^{-1}\right)^* = I$ 同时成立, 其中 $\nu_1, \nu_2, \cdots, \nu_n$ 是与 T 无关的实数.

证明: B 是正定 Hermitian 矩阵, 故存在 $T_1 \in \mathcal{C}_n^{n\times n}$ 使得 $T_1^{-1} B \left(T_1^{-1}\right)^* = I$. 由于 $T_1^* A T_1$ 是 Hermitian 矩阵, 所以存在 $T_2 \in \mathcal{U}_n^{n\times n}$ 使得

$$T_2^* T_1^* A T_1 T_2 = \operatorname{diag}\{\nu_1\ ,\ \nu_2\ ,\ \cdots\ ,\ \nu_n\} = N$$

其中, ν_i 是 Hermitian 矩阵 $T_1^* A T_1$ 的 n 个实特征值. 若令 $T = T_1 T_2$, 则有

$$T^* A T = N\,,\quad T^{-1} B \left(T^{-1}\right)^* = I$$

余下要证明 $\nu_1, \nu_2, \cdots, \nu_n$ 与 T 无关. 事实上, 令 $S = T_1^* A T_1$, 则 ν_i 是特征方程 $\det(\lambda I - S) = 0$ 的根. 由 $T_1^{-1} B \left(T_1^{-1}\right)^* = I$ 可得 $T_1^* B^{-1} T_1 = I$. 于是有

$$\det(\lambda I - S) = \det(\lambda T_1^* B^{-1} T_1 - T_1^* A T_1) = \det(T_1^*)\det(\lambda B^{-1} - A)\det T_1$$

因此有

$$\det(\mu_i I - S) = 0 \quad\iff\quad \det(\nu_i B^{-1} - A) = 0$$

即 ν_i 是方程 $\det(\nu_i B^{-1} - A) = 0$ 的根. 它由矩阵 A、B 所确定而与 T 无关. ■

将定理 4.7.7 的结论应用于 Hermitian 二次齐式, 可得下述定理.

【定理 4.7.9】 给定两个 Hermitian 二次齐式:

$$f_1(\boldsymbol{x})=\boldsymbol{x}^*A\boldsymbol{x}=\sum_{i,j=1}^{n}a_{ij}\bar{x}_ix_j$$

$$f_2(\boldsymbol{x})=\boldsymbol{x}^*B\boldsymbol{x}=\sum_{i,j=1}^{n}b_{ij}\bar{x}_ix_j$$

且 $f_2(\boldsymbol{x})$ 是正定的, 则存在满秩线性变换 $\boldsymbol{x}=T\boldsymbol{y}$ 使得 $f_1(\boldsymbol{x})$, $f_2(\boldsymbol{x})$ 是标准形:

$$\hat{f}_1(\boldsymbol{y})=f_1(T\boldsymbol{y})=\boldsymbol{y}^*T^*AT\boldsymbol{y}=\sum_{i=1}^{n}\mu_i\bar{y}_iy_i$$

$$\hat{f}_2(\boldsymbol{y})=f_2(T\boldsymbol{y})=\boldsymbol{y}^*T^*BT\boldsymbol{y}=\sum_{i=1}^{n}\bar{y}_iy_i$$

其中, $\mu_1, \mu_2, \cdots, \mu_n$ 是方程 $\det(\lambda B-A)=0$ 的根 (全是实数).

定义 4.7.2 设 A, B 均为 n 阶 Hermitian 矩阵, 且 B 是正定的. 若 λ_i 和非零向量 $\boldsymbol{x}_i=[x_{1i}\ \ x_{2i}\ \ \cdots\ \ x_{ni}]^{\mathrm{T}}$ 满足方程

$$A\boldsymbol{x}_i=\lambda_iB\boldsymbol{x}_i,\quad i=1,2,\cdots,n \tag{4.28}$$

则称 $\lambda_1, \lambda_2, \cdots, \lambda_n$ 为 A 相对于 B 的广义特征值, 称 $\boldsymbol{x}_i$ 为与 λ_i 相对应的广义特征向量.

显然式 (4.28) 有非零解的充要条件是 λ_i 满足代数方程:

$$\det(\lambda_iB-A)=0 \tag{4.29}$$

则称方程 (4.29) 是 A 相对于 B 的特征方程.

【定理 4.7.10】 形如式 (4.28) 的广义特征值与广义特征向量有如下性质:

(1) 有 n 个实数广义特征值 $\lambda_1, \lambda_2, \cdots, \lambda_n$;

(2) 有 n 个线性无关的广义特征向量 $\boldsymbol{x}_1, \boldsymbol{x}_2, \cdots, \boldsymbol{x}_n$, 即

$$A\boldsymbol{x}_j=\lambda_jB\boldsymbol{x}_j,\quad j=1,2,\cdots,n$$

(3) 这 n 个广义特征向量可以这样选取, 使其满足:

$$\begin{aligned}\boldsymbol{x}_i^*B\boldsymbol{x}_j&=\delta_{ij}\\ \boldsymbol{x}_i^*A\boldsymbol{x}_j&=\lambda_j\delta_{ij}\end{aligned} \tag{4.30}$$

证明: (1) 由定理 4.7.7 的证明过程可知.

(2) 取 T_1 使 $T_1^*BT_1=I$. 设 Hermitian 矩阵 $S=T_1^*AT_1$ 的 n 个特征值为 $\lambda_1, \lambda_2, \cdots, \lambda_n$, 它们所对应的线性无关的特征向量有 n 个, 分别记为 $\boldsymbol{y}_1, \boldsymbol{y}_2, \cdots, \boldsymbol{y}_n$, 则有

$$S\boldsymbol{y}_j=\lambda_k\boldsymbol{y}_j,\quad j=1,2,\cdots,n$$

上式等价于

$$T_1^* A T_1 \boldsymbol{y}_j = \lambda_k \boldsymbol{y}_j, \quad j = 1, 2, \cdots, n \tag{4.31}$$

令

$$\boldsymbol{x}_j = T_1 \boldsymbol{y}_j \tag{4.32}$$

代入式 (4.31) 得

$$T_1^* A \boldsymbol{x}_j = \lambda_j T_1^{-1} \boldsymbol{x}_j$$

或

$$A \boldsymbol{x}_j = \lambda_j (T_1^*)^{-1} T_1^{-1} \boldsymbol{x}_j \tag{4.33}$$

应用 $(T_1^*)^{-1} T_1^{-1} = B$, 便得

$$A \boldsymbol{x}_j = \lambda_j B \boldsymbol{x}_j$$

这表明 $\boldsymbol{x}_j$ 是 n 个广义特征向量. 由

$$[\boldsymbol{x}_1 \ \ \boldsymbol{x}_2 \ \ \cdots \ \ \boldsymbol{x}_n] = T_1 [\boldsymbol{y}_1 \ \ \boldsymbol{y}_2 \ \ \cdots \ \ \boldsymbol{y}_n]$$

而 T_1 是非奇异矩阵, $\boldsymbol{y}_1, \boldsymbol{y}_2, \cdots, \boldsymbol{y}_n$ 是线性无关的列向量, 可知 $\boldsymbol{x}_1, \boldsymbol{x}_2, \cdots, \boldsymbol{x}_n$ 线性无关.

(3) 根据 Hermitian 矩阵与对角矩阵酉相似, 便知可以这样选取 $\boldsymbol{y}_1, \boldsymbol{y}_2, \cdots, \boldsymbol{y}_n$ 使它们满足

$$\boldsymbol{y}_i^* \boldsymbol{y}_j = \delta_{ij}, \quad i, j = 1, 2, \cdots, n$$

由式 (4.32) 得

$$(T_1^{-1} \boldsymbol{x}_i)^* (T_1^{-1} \boldsymbol{x}_j) = \delta_{ij}, \quad i, j = 1, 2, \cdots, n$$

展开得

$$\boldsymbol{x}_i^* (T_1^{-1})^* T_1^{-1} \boldsymbol{x}_j = \delta_{ij}, \quad i, j = 1, 2, \cdots, n$$

由 $T_1^* B T_1 = I$ 得

$$\boldsymbol{x}_i^* B \boldsymbol{x}_j = \delta_{ij}, \quad i, j = 1, 2, \cdots, n$$

又由式 (4.33) 可知

$$\boldsymbol{x}_i^* A \boldsymbol{x}_j = \lambda_j \boldsymbol{x}_i^* B \boldsymbol{x}_j = \lambda_j \delta_{ij}$$ ■

今后在矩阵理论与应用中, 称满足式 (4.30) 的广义特征向量为特征主向量. 以这 n 个主向量为列向量构成的矩阵

$$T = [\boldsymbol{x}_1 \ \ \boldsymbol{x}_2 \ \ \cdots \ \ \boldsymbol{x}_n]$$

是满秩的, 称为 A 相对于 B 的主矩阵. 考虑到 B 正定当且仅当 B^{-1} 正定, 又可以有以下的定义和结论.

定义 4.7.3 设 A、B 均为 n 阶 Hermitian 矩阵, 且 B 是正定的. 若 λ_i 和非零向量 $\boldsymbol{x}_i = [x_{1i} \ \ x_{2i} \ \ \cdots \ \ x_{ni}]^{\mathrm{T}}$ 满足方程:

$$A\boldsymbol{x}_i = \lambda_i B^{-1}\boldsymbol{x}_i \tag{4.34}$$

则称 $\lambda_1, \lambda_2, \cdots, \lambda_n$ 为 A 相对于 B 的广义特征值, 称 $\boldsymbol{x}_i$ 为与 λ_i 相对应的广义特征向量.

显然式 (4.34) 有非零解的充要条件是 λ_i 满足代数方程:

$$\det(\lambda_i B^{-1} - A) = 0$$

则称上式为 A 相对于 B^{-1} 的特征方程.

【定理 4.7.11】 形如式 (4.34) 的广义特征值与广义特征向量有如下性质:

(1) 有 n 个实数广义特征值 $\lambda_1, \lambda_2, \cdots, \lambda_n$;

(2) 有 n 个线性无关的广义特征向量 $\boldsymbol{x}_1, \boldsymbol{x}_2, \cdots, \boldsymbol{x}_n$, 即

$$A\boldsymbol{x}_j = \lambda_j B^{-1}\boldsymbol{x}_j, \quad j = 1, 2, \cdots, n$$

(3) 这 n 个广义特征向量可以这样选取, 使其满足:

$$\boldsymbol{x}_i^* B^{-1}\boldsymbol{x}_j = \delta_{ij}$$
$$\boldsymbol{x}_i^* A\boldsymbol{x}_j = \lambda_j\delta_{ij}$$

证明: (1) 由定理 4.7.8 的证明过程可知.

(2) 取 T_1 使 $T_1^{-1}B\left(T_1^{-1}\right)^* = I$. 设 Hermitian 矩阵 $S = T_1^* A T_1$ 的 n 个特征值为 $\lambda_1, \lambda_2, \cdots, \lambda_n$, 它们所对应的线性无关的特征向量有 n 个, 分别记为 $\boldsymbol{y}_1, \boldsymbol{y}_2, \cdots, \boldsymbol{y}_n$, 则有

$$S\boldsymbol{y}_j = \lambda_k \boldsymbol{y}_j, \quad j = 1, 2, \cdots, n$$

上式等价于

$$T_1^* A T_1 \boldsymbol{y}_j = \lambda_j \boldsymbol{y}_j, \quad j = 1, 2, \cdots, n \tag{4.35}$$

令

$$\boldsymbol{x}_j = T_1 \boldsymbol{y}_j \tag{4.36}$$

代入式 (4.35) 得

$$T_1^* A\boldsymbol{x}_j = \lambda_j T_1^{-1}\boldsymbol{x}_j$$

或

$$A\boldsymbol{x}_j = \lambda_j \left(T_1^*\right)^{-1} T_1^{-1}\boldsymbol{x}_j \tag{4.37}$$

应用 $\left(T_1^*\right)^{-1} T_1^{-1} = B^{-1}$, 便得

$$A\boldsymbol{x}_j = \lambda_j B^{-1}\boldsymbol{x}_j$$

这表明 $\boldsymbol{x}_j$ 是 n 个广义特征向量. 由

$$[\boldsymbol{x}_1 \ \ \boldsymbol{x}_2 \ \ \cdots \ \ \boldsymbol{x}_n] = T_1 [\boldsymbol{y}_1 \ \ \boldsymbol{y}_2 \ \ \cdots \ \ \boldsymbol{y}_n]$$

而 T_1 是非奇异矩阵, $\boldsymbol{y}_1, \boldsymbol{y}_2, \cdots, \boldsymbol{y}_n$ 是线性无关的列向量, 可知 $\boldsymbol{x}_1, \boldsymbol{x}_2, \cdots, \boldsymbol{x}_n$ 线性无关.

(3) 根据 Hermitian 矩阵与对角矩阵酉相似, 可知可以选取 $\boldsymbol{y}_1, \boldsymbol{y}_2, \cdots, \boldsymbol{y}_n$ 使它们满足

$$\boldsymbol{y}_i^*\boldsymbol{y}_j = \delta_{ij}, \quad i,j=1,2,\cdots,n$$

由式 (4.36) 得

$$\left(T_1^{-1}\boldsymbol{x}_i\right)^*\left(T_1^{-1}\boldsymbol{x}_j\right) = \delta_{ij}, \quad i,j=1,2,\cdots,n$$

展开得

$$\boldsymbol{x}_i^*\left(T_1^*\right)^{-1}T_1^{-1}\boldsymbol{x}_j = \delta_{ij}, \quad i,j=1,2,\cdots,n$$

由 $\left(T_1^*\right)^{-1}T_1^{-1} = B^{-1}$ 得

$$\boldsymbol{x}_i^*B^{-1}\boldsymbol{x}_j = \delta_{ij}, \quad i,j=1,2,\cdots,n$$

又由式 (4.37) 可得

$$\boldsymbol{x}_i^*A\boldsymbol{x}_j = \lambda_j\boldsymbol{x}_i^*B^{-1}\boldsymbol{x}_j = \lambda_j\delta_{ij}$$

■

【定理 4.7.12】 设 A、B 为 Hermitian 矩阵, 且 B 为正定的, 则存在行列式等于 1 的矩阵 P, 使得

$$P^*AP = \mathrm{diag}\{a_1, a_2, \cdots, a_n\}$$

与

$$P^*BP = \mathrm{diag}\{b_1, b_2, \cdots, b_n\}$$

同时成立. 其中, $a_1, a_2, \cdots, a_n$ 均为实数, $b_1, b_2, \cdots, b_n$ 均为正实数.

证明: 由定理 4.7.7 可知, 存在满秩矩阵 T 使得

$$T^*AT = \mathrm{diag}\{\mu_1, \mu_2, \cdots, \mu_n\}$$

与 $T^*BT = I$ 同时成立. 令

$$P = \left(\frac{1}{\det T}\right)^{1/n} T$$

则 $\det P = 1$, 且

$$\begin{aligned} P^*AP &= \left(\frac{1}{\det \bar{T}}\right)^{1/n} T^*AT \left(\frac{1}{\det T}\right)^{1/n} \\ &= \mathrm{diag}\{a_1, a_2, \cdots, a_n\} \end{aligned}$$

其中

$$a_i = \left(\frac{1}{\det \bar{T}\det T}\right)^{1/n}\mu_i, \quad i=1,2,\cdots,n$$

$$P^*BP = \left(\frac{1}{\det \bar{T}\det T}\right)^{1/n} I = \mathrm{diag}\{b_1, b_2, \cdots, b_n\}$$

$$b_1 = b_2 = \cdots = b_n = \left(\frac{1}{\det \bar{T} \det T}\right)^{1/n} > 0$$ ■

对于矩阵偶 A, B^{-1} 可以有类似的结果.

【定理 4.7.13】 设 A 和 B 均为 n 阶正定 Hermitian 矩阵, $T = \Sigma^{-1/2}U^*T_1^*$, 其中 T_1, U 和 Σ 满足 $B = T_1T_1^*$, $T_1^*AT_1 = U\Sigma^2U^*$. 则有

(1)

$$TAT^* = \text{diag}\{\sigma_1, \sigma_2, \cdots, \sigma_n\} = \Sigma$$

$$\left(T^{-1}\right)^* BT^{-1} = \text{diag}\{\sigma_1, \sigma_2, \cdots, \sigma_n\} = \Sigma$$

(2) $AT^* = B^{-1}T^*\Sigma^2 \iff A\boldsymbol{x}_i = \sigma_i^2 B^{-1}\boldsymbol{x}_i$, 这里 $\boldsymbol{x}_i = T^*\boldsymbol{e}_i\sqrt{\sigma_i} = T_1^*U\boldsymbol{e}_i$, 且有 $\boldsymbol{x}_j^*A\boldsymbol{x}_i = \sigma_i\sqrt{\sigma_j\sigma_i}\delta_{ji}$, $\boldsymbol{x}_j^*\sigma_i^2B^{-1}\boldsymbol{x}_i = \sigma_i\sqrt{\sigma_j\sigma_i}\delta_{ji}$.

证明: (1) 在定理 4.7.11 (2) 的证明中, 注意到 $S = T_1^*AT_1$ 为正定矩阵, 式 (4.35) 可改写为

$$T_1^*AT_1\boldsymbol{u}_j = \sigma_j^2\boldsymbol{u}_j, \quad j = 1, 2, \cdots, n \tag{4.38}$$

其中, $\boldsymbol{u}_j$ $(j = 1, 2, \cdots, n)$ 是一组标准正交向量. 令

$$U = [\boldsymbol{u}_1 \ \ \boldsymbol{u}_2 \ \ \cdots \ \ \boldsymbol{u}_n], \quad \Sigma^2 = \text{diag}\{\sigma_1^2, \sigma_2^2, \cdots, \sigma_n^2\}$$

则式 (4.38) 等价于

$$T_1^*AT_1U = U\Sigma^2 \iff T_1^*AT_1 = U\Sigma^2U^*$$

上式等价于

$$\Sigma^{-1/2}U^*T_1^*AT_1U\Sigma^{-1/2} = \Sigma$$

令 $T = \Sigma^{-1/2}U^*T_1^*$, 则有 $TAT^* = \Sigma$,

$$\left(T^{-1}\right)^* BT^{-1} = \left[\left(T_1^*\right)^{-1}U\Sigma^{1/2}\right]^* B\left[\left(T_1^*\right)^{-1}U\Sigma^{1/2}\right] = \Sigma^{1/2}U^*T_1^{-1}B\left(T_1^{-1}\right)^*U\Sigma^{1/2}$$

应用

$$T_1^{-1}B\left(T_1^{-1}\right)^* = I \iff B = T_1T_1^*$$

便得

$$T^{-1}B\left(T^{-1}\right)^* = \Sigma \iff T^*B^{-1}T = \Sigma^{-1}$$

(2) $T^{-1}B\left(T^{-1}\right)^* = \Sigma$ 等价于 $T^*B^{-1}T = \Sigma^{-1}$. 于是

$$TAT^* = \Sigma \iff AT^* = T^{-1}\Sigma = T^{-1}\Sigma^{-1}\left(T^*\right)^{-1}T^*\Sigma^2 = B^{-1}T^*\Sigma^2$$

比较上式两端的列向量可得

$$AT^*\boldsymbol{e}_i = B^{-1}T^*\Sigma^2\boldsymbol{e}_i = \sigma_i^2 B^{-1}T^*\boldsymbol{e}_i$$

$$\Longleftrightarrow AT^*\boldsymbol{e}_i\sqrt{\sigma_i} = \sigma_i^2 B^{-1}T^*\boldsymbol{e}_i\sqrt{\sigma_i}$$

$$\Longrightarrow \sqrt{\sigma_j}\boldsymbol{e}_i^*TAT^*\boldsymbol{e}_i\sqrt{\sigma_i} = \sqrt{\sigma_j}\boldsymbol{e}_j^*\Sigma\boldsymbol{e}_i\sqrt{\sigma_i} = \sigma_i\sqrt{\sigma_j\sigma_i}\delta_{ji}$$

$$= \sigma_i^2\sqrt{\sigma_j}\boldsymbol{e}_j^*TB^{-1}T^*\boldsymbol{e}_i\sqrt{\sigma_i} = \sigma_i\sqrt{\sigma_j\sigma_i}\delta_{ji}$$ ■

4.8 Rayleigh 商

对任何正规矩阵 A 可以定义 Rayleigh 商, Hermitian 矩阵的 Rayleigh 商只是一个特例.

定义 4.8.1　设 A 为正规矩阵. 称 Hermitian 形

$$R_A(\boldsymbol{x}) = \frac{\boldsymbol{x}^*A\boldsymbol{x}}{\boldsymbol{x}^*\boldsymbol{x}}, \quad \boldsymbol{x} \in \mathcal{C}^n, \quad \boldsymbol{x} \neq \boldsymbol{0}$$

为 A 的 Rayleigh 商.

【定理 4.8.1】　$n \times n$ 正规矩阵 A 的 Rayleigh 商具有以下性质:

(1) $R_A(\boldsymbol{x}) = R_{UAU^*}(\boldsymbol{x}), \forall U \in \mathcal{U}^{n\times n}$;

(2) $R_A(\boldsymbol{x})$ 是 A 所有特征值的最小凸闭包;

(3) $R_A(\boldsymbol{x})$ 为实区间, 当且仅当 A 是 Hermitian 矩阵.

证明: (1) 由定义

$$R_{U^*AU}(\boldsymbol{x}) = \frac{\boldsymbol{x}^*U^*AU\boldsymbol{x}}{\boldsymbol{x}^*\boldsymbol{x}} = \frac{\boldsymbol{x}^*U^*AU\boldsymbol{x}}{\boldsymbol{x}^*U^*U\boldsymbol{x}}$$

因 $U^*U = I$, 记 $\boldsymbol{y} = U\boldsymbol{x}$, 则 $\boldsymbol{x} \neq \boldsymbol{0}$, 当且仅当 $\boldsymbol{y} \neq \boldsymbol{0}$, 于是有

$$R_{U^*AU}(\boldsymbol{x}) = R_A(\boldsymbol{y})$$

(2) 在 (1) 中令 U 为使得

$$U^*AU = \operatorname{diag}\{\lambda_1, \lambda_2, \cdots, \lambda_n\} \triangleq \Lambda$$

的酉矩阵, 则有

$$R_A(\boldsymbol{x}) = R_{UAU^*}(\boldsymbol{x}) = R_\Lambda(\boldsymbol{y})$$

$$= \frac{\lambda_1 y_1\bar{y}_1 + \lambda_2 y_2\bar{y}_2 + \cdots + \lambda_n y_n\bar{y}_n}{\boldsymbol{y}^*\boldsymbol{y}} = \sum_{j=1}^n \lambda_j \frac{y_j\bar{y}_j}{\boldsymbol{y}^*\boldsymbol{y}}$$

记 $\theta_j = \dfrac{y_j\bar{y}_j}{\boldsymbol{y}^*\boldsymbol{y}}$, 则对所有 $j=1,2,\cdots,n$ 都有 $\theta_j \geqslant 0$ 且 $\sum_{j=1}^n \theta_j = 1$. 显然, $\boldsymbol{y}$ 遍取所有 n 维非零列向量, θ_j 遍取所有可能的 $\theta_j \geqslant 0$ 且满足 $\sum_{j=1}^n \theta_j = 1$. 另外, n 个复数 λ_1, $\lambda_2, \cdots, \lambda_n$ 的最小凸闭包是集合

$$\left\{ \sum_{j=1}^n \lambda_j \eta_j \,\middle|\, \eta_j \geqslant 0 \text{ 且 } \sum_{j=1}^n \eta_j = 1 \right\}$$

这便是需要证明的结果.

(3) $n \times n$ Hermitian 矩阵的所有特征值都是实数. 注意到 (2) 可知, 若 A 是 Hermitian 矩阵, 则 $R_A(\boldsymbol{x})$ 是 n 个实数 $\lambda_1, \lambda_2, \cdots, \lambda_n$ 的最小凸闭包, 从而是实轴上的一个区间. 另外, 设 $R_A(\boldsymbol{x})$ 是实轴上的一个区间, 则注意到 $\boldsymbol{x}^*\boldsymbol{x} = \|\boldsymbol{x}\|_2^2$ 和式 (4.25),

$$R_A(\boldsymbol{x}) = \frac{\boldsymbol{x}^*}{\|\boldsymbol{x}\|_2} \cdot \frac{A+A^*}{2} \cdot \frac{\boldsymbol{x}}{\|\boldsymbol{x}\|_2} + \mathrm{i}\frac{\boldsymbol{x}^*}{\|\boldsymbol{x}\|_2} \cdot \frac{A-A^*}{2\mathrm{i}} \cdot \frac{\boldsymbol{x}}{\|\boldsymbol{x}\|_2}$$

对任何的 $\boldsymbol{x} \neq \boldsymbol{0}$ 都为实数, 当且仅当虚部 $\dfrac{\boldsymbol{x}^*}{\|\boldsymbol{x}\|_2}\dfrac{A-A^*}{2\mathrm{i}}\dfrac{\boldsymbol{x}}{\|\boldsymbol{x}\|_2}$ 对任何 $\boldsymbol{x} \neq \boldsymbol{0}$ 都为零, 当且仅当 A 的反 Hermitian 部分 $A - A^*$ 为零, 当且仅当 $A = A^*$. ■

因为 $n \times n$ Hermitian 均为实数, 不失一般性, 可设 A 的 n 个特征值按不减的顺序做了排列, 即

$$\lambda_1 \leqslant \lambda_2 \leqslant \cdots \leqslant \lambda_n$$

【定理 4.8.2】 Hermitian 矩阵 A 的 Rayleigh 商具有如下性质:

(1) $R_A(k\boldsymbol{x}) = R_A(\boldsymbol{x}), \forall k \in \mathcal{R}$;

(2) $\lambda_1 \leqslant R_A(\boldsymbol{x}) \leqslant \lambda_n$;

(3) $\min\limits_{\boldsymbol{x}\neq\boldsymbol{0}} R_A(\boldsymbol{x}) = \lambda_1$, $\max\limits_{\boldsymbol{x}\neq\boldsymbol{0}} R_A(\boldsymbol{x}) = \lambda_n$.

证明: (1) 由定义可得.

(2) 矩阵 A 可以酉对角化, 即

$$U^*AU = \operatorname{diag}\{\lambda_1, \lambda_2, \cdots, \lambda_n\} = \Lambda$$

令 $\boldsymbol{x} = U\boldsymbol{y}$, 则

$$R_A(\boldsymbol{x}) = \frac{\boldsymbol{y}^*U^*AU\boldsymbol{y}}{\boldsymbol{y}^*\boldsymbol{y}} = \frac{\boldsymbol{y}^*\Lambda\boldsymbol{y}}{\boldsymbol{y}^*\boldsymbol{y}} = \frac{\lambda_1 y_1\bar{y}_1 + \lambda_2 y_2\bar{y}_2 + \cdots + \lambda_n y_n\bar{y}_n}{\boldsymbol{y}^*\boldsymbol{y}}$$

因为

$$\lambda_1(y_1\bar{y}_1 + y_2\bar{y}_2 + \cdots + y_n\bar{y}_n) \leqslant \lambda_1 y_1\bar{y}_1 + \lambda_2 y_2\bar{y}_2 + \cdots + \lambda_n y_n\bar{y}_n \leqslant \lambda_n(y_1\bar{y}_1 + y_2\bar{y}_2 + \cdots + y_n\bar{y}_n)$$

即

$$\lambda_1\boldsymbol{y}^*\boldsymbol{y} \leqslant \boldsymbol{y}^*\Lambda\boldsymbol{y} \leqslant \lambda_n\boldsymbol{y}^*\boldsymbol{y}$$

于是, 有

$$\lambda_1 \leqslant R_A(\boldsymbol{x}) \leqslant \lambda_n$$

(3) 对于 (2) 中的每一个 U, 适当选取 $\boldsymbol{x}$ 使得 $y_2 = y_3 = \cdots = y_n = 0$, 可得 $R_A(\boldsymbol{x}) = \lambda_1$. 类似地, 适当选取 $\boldsymbol{x}$ 使得 $y_1 = y_2 = \cdots = y_{n-1} = 0$, 又可得 $R_A(\boldsymbol{x}) = \lambda_n$. 于是有

$$\min_{\boldsymbol{x}\neq\boldsymbol{0}} R_A(\boldsymbol{x}) = \lambda_1, \quad \max_{\boldsymbol{x}\neq\boldsymbol{0}} R_A(\boldsymbol{x}) = \lambda_n$$

■

【定理 4.8.3】 设 $\boldsymbol{x}_1, \boldsymbol{x}_2, \cdots, \boldsymbol{x}_n$ 是 Hermitian 矩阵 A 分别属于特征值 $\lambda_1, \lambda_2, \cdots, \lambda_n$ 的特征向量, $\mathcal{R}_k$ 是子空间

$$\mathrm{span}\{\boldsymbol{x}_1, \boldsymbol{x}_2, \cdots, \boldsymbol{x}_{k-1}\}$$

的正交补子空间, 则

$$\lambda_k = \min_{\boldsymbol{x}\in\mathcal{R}_k} R_A(\boldsymbol{x})$$

证明: 不妨设 $\boldsymbol{x}_1, \boldsymbol{x}_2, \cdots, \boldsymbol{x}_k, \boldsymbol{x}_{k+1}, \boldsymbol{x}_{k+2}, \cdots, \boldsymbol{x}_n$ 为 A 的 n 个标准正交的特征向量组. 显然

$$\mathcal{R}_k = \mathrm{span}\{\boldsymbol{x}_k, \boldsymbol{x}_{k+1}, \cdots, \boldsymbol{x}_n\}$$

对于任意 n 维向量 $\boldsymbol{x}$, 均有

$$\boldsymbol{x} = c_1\boldsymbol{x}_1 + c_2\boldsymbol{x}_2 + \cdots + c_n\boldsymbol{x}_n$$

于是, 有

$$\begin{aligned} R_A(\boldsymbol{x}) &= \frac{\boldsymbol{x}^*A\boldsymbol{x}}{\boldsymbol{x}^*\boldsymbol{x}} = \frac{(c_1\boldsymbol{x}_1 + c_2\boldsymbol{x}_2 + \cdots + c_n\boldsymbol{x}_n)^*A(c_1\boldsymbol{x}_1 + c_2\boldsymbol{x}_2 + \cdots + c_n\boldsymbol{x}_n)}{(c_1\boldsymbol{x}_1 + c_2\boldsymbol{x}_2 + \cdots + c_n\boldsymbol{x}_n)^*(c_1\boldsymbol{x}_1 + c_2\boldsymbol{x}_2 + \cdots + c_n\boldsymbol{x}_n)} \\ &= \frac{\lambda_1\bar{c}_1c_1 + \lambda_2\bar{c}_2c_2 + \cdots + \lambda_n\bar{c}_nc_n}{\bar{c}_1c_1 + \bar{c}_2c_2 + \cdots + \bar{c}_nc_n} = \lambda_1a_1 + \lambda_2a_2 + \cdots + \lambda_na_n \end{aligned}$$

其中

$$a_i = \frac{\bar{c}_ic_i}{\bar{c}_1c_1 + \bar{c}_2c_2 + \cdots + \bar{c}_nc_n} \geqslant 0$$

显然, 有

$$a_1 + a_2 + \cdots + a_n = 1$$

当 $k = 1$ 时, $\mathcal{R}_1 = \mathcal{C}^n$, 即定理 4.8.2.

当 $k = 2$ 时, $\boldsymbol{x} \in \mathcal{R}_2$, 这时 $c_1 = 0$, 故

$$\boldsymbol{x} = c_2\boldsymbol{x}_2 + c_3\boldsymbol{x}_3 + \cdots + c_n\boldsymbol{x}_n$$

$$R_A(\boldsymbol{x}) = \lambda_2 a_2 + \lambda_3 a_3 + \cdots + \lambda_n a_n$$

于是

$$\lambda_2 = \min_{\boldsymbol{x} \in \mathcal{R}_2} R_A(\boldsymbol{x})$$

其余类推. ■

定理 4.8.2 有下述更为一般的形式.

【定理 4.8.4】 设 $\boldsymbol{x} \in \operatorname{span}\{\boldsymbol{x}_r, \boldsymbol{x}_{r+1}, \cdots, \boldsymbol{x}_s\}$, $1 \leqslant r \leqslant s \leqslant n$. 则

$$\min_{\boldsymbol{x} \neq \boldsymbol{0}} R_A(\boldsymbol{x}) = \lambda_r, \quad \max_{\boldsymbol{x} \neq \boldsymbol{0}} R_A(\boldsymbol{x}) = \lambda_s$$

【定理 4.8.5】 设 $\mathcal{V}_k$ 是 n 维复列向量空间中任意 k 维子空间, 则有极小-极大原理:

$$\lambda_k = \min_{\mathcal{V}_k} \max_{\boldsymbol{x} \in \mathcal{V}_k} R_A(\boldsymbol{x})$$

或极大-极小原理:

$$\lambda_k = \max_{\mathcal{V}_{n-k+1}} \min_{\boldsymbol{x} \in \mathcal{V}_{n-k+1}} R_A(\boldsymbol{x})$$

证明: $k-1$ 维子空间 $\operatorname{span}\{\boldsymbol{x}_1, \boldsymbol{x}_2, \cdots, \boldsymbol{x}_{k-1}\}$ 的正交补子空间 $\mathcal{R}_k$ 是 $n-k+1$ 维, 因此 $\mathcal{V}_k$ 与 $\mathcal{R}_k$ 必有公共的非零向量 $\boldsymbol{y}_k$, 故

$$\min_{\boldsymbol{x} \in \mathcal{R}_k} R_A(\boldsymbol{x}) = \lambda_k \leqslant R_A(\boldsymbol{y}_k)$$

又因为 $\boldsymbol{y}_k \in \mathcal{V}_k$, 故

$$R_A(\boldsymbol{y}_k) \leqslant \max_{\boldsymbol{x} \in \mathcal{V}_k} R_A(\boldsymbol{x})$$

上式对任何 k 维子空间 $\mathcal{V}_k$ 都成立. 因此有

$$\lambda_k \leqslant \min_{\mathcal{V}_k} \max_{\boldsymbol{x} \in \mathcal{V}_k} R_A(\boldsymbol{x})$$

又由前面定理 4.8.4 可知:

$$\min_{\mathcal{V}_k} \max_{\boldsymbol{x} \in \mathcal{V}_k} R_A(\boldsymbol{x}) \leqslant \max_{\boldsymbol{x} \in \operatorname{span}\{\boldsymbol{x}_1, \boldsymbol{x}_2, \cdots, \boldsymbol{x}_k\}} R_A(\boldsymbol{x}) = \lambda_k$$

综合以上两个不等式可得

$$\lambda_k = \min_{\mathcal{V}_k} \max_{\boldsymbol{x} \in \mathcal{V}_k} R_A(\boldsymbol{x}) \tag{4.39}$$

令 $B = -A$, 并将 B 的特征值 μ_i $(i = 1, 2, \cdots, n)$ 也按递增顺序排列:

$$\mu_1 \leqslant \mu_2 \leqslant \cdots \leqslant \mu_n$$

其中, $\mu_k = -\lambda_{n-k+1}$. 代入式 (4.39) 可得

$$\lambda_{n-k+1} = -\mu_k = -\min_{\mathcal{V}_k} \max_{\boldsymbol{x} \in \mathcal{V}_k} \frac{\boldsymbol{x}^* B \boldsymbol{x}}{\boldsymbol{x}^* \boldsymbol{x}} = -\min_{\mathcal{V}_k} \max_{\boldsymbol{x} \in \mathcal{V}_k} \left\{ -\frac{\boldsymbol{x}^* A \boldsymbol{x}}{\boldsymbol{x}^* \boldsymbol{x}} \right\}$$

$$= -\min_{\mathcal{V}_k}\left\{-\min_{\boldsymbol{x}\in\mathcal{V}_k}\frac{\boldsymbol{x}^*A\boldsymbol{x}}{\boldsymbol{x}^*\boldsymbol{x}}\right\} = \max_{\mathcal{V}_k}\min_{\boldsymbol{x}\in\mathcal{V}_k}\frac{\boldsymbol{x}^*A\boldsymbol{x}}{\boldsymbol{x}^*\boldsymbol{x}} = \max_{\mathcal{V}_k}\min_{\boldsymbol{x}\in\mathcal{V}_k} R_A(\boldsymbol{x})$$

在上式中令 $i = n-k+1$, 得

$$\lambda_i = \max_{\mathcal{V}_{n-i+1}}\min_{\boldsymbol{x}\in\mathcal{V}_{n-i+1}} R_A(\boldsymbol{x})$$ ■

可以研究两个 Rayleigh 商的商与乘积.

定义 4.8.2 设 $A^* = A$, $B = B^* > 0$. 称实数

$$R_{A/B}(\boldsymbol{x}) = \frac{\boldsymbol{x}^*A\boldsymbol{x}}{\boldsymbol{x}^*B\boldsymbol{x}},\quad \boldsymbol{x}\in\mathcal{C}^n,\quad \boldsymbol{x}\neq\boldsymbol{0}$$

为 Hermitian 矩阵 A 相对于 B 的 Rayleigh 商, 称

$$R_{AB}(\boldsymbol{x}) = \frac{\boldsymbol{x}^*A\boldsymbol{x}}{\boldsymbol{x}^*B^{-1}\boldsymbol{x}},\quad \boldsymbol{x}\in\mathcal{C}^n,\quad \boldsymbol{x}\neq\boldsymbol{0}$$

为 Hermitian 矩阵 A 相对于 B^{-1} 的 Rayleigh 商.

【定理 4.8.6】 给定 $A^* = A$, $B = B^* > 0$, $B = T^*T$, 则有

$$R_{A/B}(\boldsymbol{x}) = \frac{R_A(\boldsymbol{x})}{R_B(\boldsymbol{x})} = \frac{\boldsymbol{y}^*\left(T^{-1}\right)^*AT^{-1}\boldsymbol{y}}{\boldsymbol{y}^*\boldsymbol{y}}$$

且 $\lambda_i\left[\left(T^{-1}\right)^*AT^{-1}\right] = \lambda_i\left(AB^{-1}\right) = \lambda_i\left(B^{-1}A\right)$;

$$R_{AB}(\boldsymbol{x}) = \frac{\boldsymbol{z}^*TAT^*\boldsymbol{z}}{\boldsymbol{z}^*\boldsymbol{z}}$$

且 $\lambda_i\left(TAT^*\right) = \lambda_i\left(AB\right) = \lambda_i\left(BA\right)$.

应用 Rayleigh 商可以研究 Hermitian 矩阵特征值的摄动定理, 给出矩阵的元素发生微小变化时, 矩阵特征值的变化范围.

【定理 4.8.7】 设 A、B 是 Hermitian 矩阵, $\lambda_i(A)$、$\lambda_i(B)$ 与 $\lambda_i(A+B)$ 分别表示矩阵 A、B 与 $A+B$ 的特征值, 且特征值从小到大按递增顺序排列. 则对于每一个 k, 有

$$\lambda_k(A) + \lambda_1(B) \leqslant \lambda_k(A+B) \leqslant \lambda_k(A) + \lambda_n(B)$$

证明: 因为

$$\begin{aligned}\lambda_k(A+B) &= \max_{\mathcal{V}_{n-k+1}}\min_{\boldsymbol{x}\in\mathcal{V}_{n-k+1}}\frac{\boldsymbol{x}^*(A+B)\boldsymbol{x}}{\boldsymbol{x}^*\boldsymbol{x}}\\ &= \max_{\mathcal{V}_{n-k+1}}\min_{\boldsymbol{x}\in\mathcal{V}_{n-k+1}}\left(\frac{\boldsymbol{x}^*A\boldsymbol{x}}{\boldsymbol{x}^*\boldsymbol{x}} + \frac{\boldsymbol{x}^*B\boldsymbol{x}}{\boldsymbol{x}^*\boldsymbol{x}}\right)\\ &\leqslant \max_{\mathcal{V}_{n-k+1}}\min_{\boldsymbol{x}\in\mathcal{V}_{n-k+1}}\left(\frac{\boldsymbol{x}^*A\boldsymbol{x}}{\boldsymbol{x}^*\boldsymbol{x}} + \lambda_n(B)\right)\end{aligned}$$

$$\begin{aligned}
&= \lambda_k(A) + \lambda_n(B) \\
\lambda_k(A+B) &= \max_{\mathcal{V}_{n-k+1}} \min_{\boldsymbol{x}\in\mathcal{V}_{n-k+1}} \left(\frac{\boldsymbol{x}^*A\boldsymbol{x}}{\boldsymbol{x}^*\boldsymbol{x}} + \frac{\boldsymbol{x}^*B\boldsymbol{x}}{\boldsymbol{x}^*\boldsymbol{x}} \right) \\
&\geqslant \max_{\mathcal{V}_{n-k+1}} \min_{\boldsymbol{x}\in\mathcal{V}_{n-k+1}} \left(\frac{\boldsymbol{x}^*A\boldsymbol{x}}{\boldsymbol{x}^*\boldsymbol{x}} + \lambda_1(B) \right) \\
&= \lambda_k(A) + \lambda_1(B)
\end{aligned}$$

■

4.9 习 题

4.1 证明:

(1) $(A+B)^* = A^* + B^*$;

(2) $(kA)^* = \bar{k}A^*$;

(3) $(AB)^* = B^*A^*$;

(4) $A^* = A$;

(5) 若 A 可逆, 则 $(A^*)^{-1} = (A^{-1})^*$.

4.2 对于行向量 $\boldsymbol{\alpha}^{\mathrm{T}} = [a_1\ a_2\ \cdots\ a_n]$ 和 $\boldsymbol{\beta}^{\mathrm{T}} = [b_1\ b_2\ \cdots\ b_n]$ 修改定义 4.1.1 使得

$$a_1\bar{b}_1 + a_2\bar{b}_2 + \cdots + a_n\bar{b}_n = \boldsymbol{\alpha}^{\mathrm{T}}\bar{\boldsymbol{\beta}}$$

成为内积并分析其性质.

4.3 $\mathscr{U} \in \mathcal{L}(\mathcal{V})$ 为酉变换, $\mathscr{E} \in \mathcal{L}(\mathcal{V})$ 为恒等变换. 证明: 若 $\mathscr{U} + \mathscr{E}$ 可逆, 则 $\mathscr{A} = (\mathscr{U} + \mathscr{E})^{-1} \circ (\mathscr{U} - \mathscr{E})$ 为反自伴随变换.

4.4 设 $\boldsymbol{\alpha}_1, \boldsymbol{\alpha}_2, \cdots, \boldsymbol{\alpha}_r$ 是 n 维内积空间 $\mathcal{V}$ 中一组线性无关的向量. 证明: 在向量序列

$$\begin{aligned}
\boldsymbol{\beta}_1 &= \boldsymbol{\alpha}_1 \\
\boldsymbol{\beta}_2 &= \boldsymbol{\alpha}_2 + k_{2,1}\boldsymbol{\beta}_1 \\
\boldsymbol{\beta}_3 &= \boldsymbol{\alpha}_3 + k_{3,1}\boldsymbol{\beta}_1 + k_{3,2}\boldsymbol{\beta}_2 \\
&\ \vdots \\
\boldsymbol{\beta}_{r-1} &= \boldsymbol{\alpha}_{r-1} + k_{r-1,1}\boldsymbol{\beta}_1 + k_{r-1,2}\boldsymbol{\beta}_2 + k_{r-1,3}\boldsymbol{\beta}_3 + \cdots + k_{r-1,r-2}\boldsymbol{\beta}_{r-2} \\
\boldsymbol{\beta}_r &= \boldsymbol{\alpha}_r + k_{r,1}\boldsymbol{\beta}_1 + k_{r,2}\boldsymbol{\beta}_2 + k_{r,3}\boldsymbol{\beta}_3 + \cdots + k_{r,r-1}\boldsymbol{\beta}_{r-1}
\end{aligned}$$

中选取线性组合的系数 $k_{i,j}$ $(i = 2, 3, \cdots, r;\ j = 1, 2, \cdots, i-1)$ 使得 $\boldsymbol{\beta}_1, \boldsymbol{\beta}_2, \cdots, \boldsymbol{\beta}_r$ 是正交向量组, 则有式 (4.11).

4.5 将矩阵

$$A = \begin{bmatrix} 1 & 1 & 1 & 1 \\ -1 & 1 & 1 & 1 \\ -1 & -1 & 1 & 1 \\ -1 & -1 & -1 & 1 \end{bmatrix}$$

的列向量化为一组标准正交向量.

4.6 $\mathcal{R}_n[\lambda]$ 为所有次数不超过 n 的实系数多项式的全体,

$$\langle p(\lambda), q(\lambda)\rangle \triangleq \int_a^b p(\lambda)q(\lambda)\,\mathrm{d}\lambda, \quad p(\lambda),\ q(\lambda) \in \mathcal{R}_n[\lambda]. \tag{4.40}$$

(1) 验证: 式 (4.40) 定义了 $\mathcal{R}_n[\lambda]$ 上的一个内积;

(2) 计算 $\mathcal{R}_n[\lambda]$ 的一组基 $1, \lambda, \lambda^2, \cdots, \lambda^{n-1}, \lambda^n$ 在式 (4.40) 定义的内积下的度量矩阵:

$$G_1 = \int_a^b \begin{bmatrix} 1 \\ \lambda \\ \vdots \\ \lambda^n \end{bmatrix} [1 \ \ \lambda \ \ \cdots \ \ \lambda^n]\,\mathrm{d}\lambda$$

(3) 将 Gram-Schmidt 正交化过程应用于 $\mathcal{R}_3[\lambda]$ 的一组基 $1, \lambda, \lambda^2, \lambda^3$, 得到 $\mathcal{R}_3[\lambda]$ 在内积 (4.40) 意义下的一组正交基.

4.7 证明: 若 $\mathscr{A} \in \mathcal{L}(\mathcal{V})$ 为正规变换且存在 $k \in \mathcal{Z}_+$ 使得 $\mathscr{A}^k = 0$, 则 $\mathscr{A} = \mathscr{O}$.

4.8 证明: $\mathscr{A}$ 为正规变换, 当且仅当 $\mathscr{A}$ 的特征向量也是 $\mathscr{A}^*$ 的特征向量.

4.9 设 $A, B, C \in \mathcal{C}^{n\times n}$ 均为正定矩阵. 证明:

(1) $g(\lambda) \triangleq \det(\lambda^2 A + \lambda B + C)$ 是 λ 的 $2n$ 次多项式, 其所有的根均在左半开平面;

(2) 多项式 $h(\lambda) \triangleq \det(\lambda^2 A + \lambda B - C)$ 的根均为实数.

4.10 $\mathcal{V}$ 为 Euclidean 空间, $\mathscr{B}, \mathscr{C} \in \mathcal{L}(\mathcal{V})$, $\mathscr{A} = \mathscr{B} + \mathrm{j}\mathscr{C}$, 其中 $\mathrm{j} = \sqrt{-1}$, $\mathscr{R}: \mathcal{V}\times\mathcal{V} \to \mathcal{V}\times\mathcal{V}$ 定义为

$$\mathscr{R}[(\boldsymbol{\alpha}, \boldsymbol{\beta})] = [\mathscr{B}(\boldsymbol{\alpha}) - \mathscr{C}(\boldsymbol{\beta}), \mathscr{C}(\boldsymbol{\alpha}) + \mathscr{B}(\boldsymbol{\beta})], \quad (\boldsymbol{\alpha}, \boldsymbol{\beta}) \in \mathcal{V}\times\mathcal{V}$$

证明:

(1) $\mathscr{R} \in \mathcal{L}(\mathcal{V}\times\mathcal{V})$;

(2) 若 $\mathscr{A}$ 为正规变换, 则 $\mathscr{R}$ 为正规变换;

(3) 若 $\mathscr{A}$ 为 Hermitian 矩阵, 则 $\mathscr{R}$ 为 Hermitian 矩阵;

(4) 若 $\mathscr{A}$ 正定 ($\langle\boldsymbol{\alpha}, \mathscr{H}(\boldsymbol{\alpha})\rangle > 0$, $\forall \boldsymbol{0} \neq \boldsymbol{\alpha} \in \mathcal{V}$), 则 $\mathscr{R}$ 正定;

(5) 若 $\mathscr{A}$ 为酉变换, 则 $\mathscr{R}$ 为酉变换.

4.11 用多项式 $f(\lambda) = c_{n-1}\lambda^{n-1} + c_{n-2}\lambda^{n-2} + \cdots + c_1\lambda + c_0$ 的系数 $n-1$ 定义 $n\times n$ 循环 (circulant) 矩阵:

$$C \triangleq \begin{bmatrix} c_0 & c_1 & \cdots & c_{n-2} & c_{n-1} \\ c_{n-1} & c_0 & c_1 & \cdots & c_{n-2} \\ c_{n-2} & c_{n-1} & c_0 & \cdots & c_{n-3} \\ \vdots & \ddots & \ddots & \ddots & \vdots \\ c_1 & \cdots & c_{n-2} & c_{n-1} & c_0 \end{bmatrix}$$

(1) 证明: $V^{-1}(\boldsymbol{\varepsilon}_n)CV(\boldsymbol{\varepsilon}_n) = \mathrm{diag}\{f(\varepsilon_1), f(\varepsilon_2), \cdots, f(\varepsilon_{n-1}), f(\varepsilon_n)\}$, 其中

$$V(\boldsymbol{\varepsilon}_n) = \begin{bmatrix} 1 & 1 & \cdots & 1 & 1 \\ \varepsilon_1 & \varepsilon_2 & \cdots & \varepsilon_{n-1} & \varepsilon_n \\ \varepsilon_1^2 & \varepsilon_2^2 & \cdots & \varepsilon_{n-1}^2 & \varepsilon_n^2 \\ \vdots & \vdots & \ddots & \vdots & \vdots \\ \varepsilon_1^{n-1} & \varepsilon_2^{n-1} & \cdots & \varepsilon_{n-1}^{n-1} & \varepsilon_n^{n-1} \end{bmatrix} \triangleq [\boldsymbol{v}(\varepsilon_1)\ \ \boldsymbol{v}(\varepsilon_2)\ \ \cdots\ \ \boldsymbol{v}(\varepsilon_{n-1})\ \ \boldsymbol{v}(\varepsilon_n)]$$

为由 $\lambda^n - 1$ 的 n 个根 $\varepsilon_1, \varepsilon_2, \cdots, \varepsilon_n$ 构成的 Vandermonde 矩阵;

(2) 计算 C 的特征值和 $\det C$;

(3) 证明循环矩阵为正规矩阵.

4.12 (Schur 补)

(1) $\varPhi_{11}$ 和 $\varPhi_{22}$ 为 Hermitian 矩阵. 证明:

$$\varPhi = \begin{bmatrix} \varPhi_{11} & \varPhi_{12} \\ \varPhi_{21}^* & \varPhi_{22} \end{bmatrix} > 0$$

$$\Longleftrightarrow \varPhi_{11} > 0 \text{ 且 } \varPhi_{22} - \varPhi_{12}^*\varPhi_{11}^{-1}\varPhi_{12} > 0$$

$$\Longleftrightarrow \varPhi_{22} > 0 \text{ 且 } \varPhi_{11} - \varPhi_{12}\varPhi_{22}^{-1}\varPhi_{12}^* > 0$$

(2) 若 $-A > 0$, 则称 A 负正定并记为 $A < 0$. 证明: $X = X^*$ 满足 Riccati 不等式

$$A^*XA - X + (B^*XA + D^*C)^*(\gamma^2 I - D^*D - BXB^*)^{-1}(B^*XA + D^*C)$$
$$+C^*C < 0$$

且

$$\gamma^2 I - D^*D - BXB^* > 0$$

当且仅当 X 满足线性矩阵不等式 (LMI):

$$\begin{bmatrix} A^*XA + C^*C - X & C^*D + A^*XB \\ D^*C + B^*XA & -(\gamma^2 I - D^*D - BXB^*) \end{bmatrix} < 0$$

4.13 (正定矩阵的 Cholesky 分解) P 为 $n \times n$ 正定矩阵, $\boldsymbol{p}_j = [p_{1j}\ \ p_{2j}\ \ \cdots\ \ p_{nj}]^{\mathrm{T}}$ 为 P 的第 j 个列向量, $j = 1, 2, \cdots, n$. 证明: 存在下三角矩阵:

$$S = \begin{bmatrix} s_{11} & 0 & \cdots & 0 \\ s_{21} & s_{22} & \ddots & \vdots \\ \vdots & \vdots & \ddots & 0 \\ s_{n1} & s_{n2} & \cdots & s_{nn} \end{bmatrix}$$

使得 $P = SS^{\mathrm{T}}$, 其中, 对 $j = 2, 3, \cdots, n$,

$$p_{jj} - \left(\boldsymbol{s}^{(j)}\right)^{\mathrm{T}} \boldsymbol{s}^{(j)} = \frac{\det P_j}{\det P_{j-1}}, \quad \boldsymbol{s}^{(j)} = \begin{bmatrix} s_{j1} & s_{j2} & \cdots & s_{j,j-1} \end{bmatrix}^{\mathrm{T}}$$

$$P_j = \begin{bmatrix} p_{11} & p_{12} & \cdots & p_{1j} \\ p_{21} & p_{22} & \cdots & p_{2j} \\ \vdots & \vdots & \ddots & \vdots \\ p_{j1} & p_{j2} & \cdots & p_{jj} \end{bmatrix}$$

S 的元素由下式确定:

$$s_{11} = \sqrt{p_{11}}$$

$$s_{jj} = \sqrt{p_{jj} - \left(\boldsymbol{s}^{(j)}\right)^{\mathrm{T}} \boldsymbol{s}^{(j)}}, \quad j = 2, 3, \cdots, n$$

$$\boldsymbol{s}_j = \frac{1}{s_{jj}} \left[\boldsymbol{p}_j - \sum_{k=1}^{j-1} \boldsymbol{s}_k s_{jk} \right]$$

4.14　设 $A \geqslant 0$, $B < 0$, C 为任何维数合适的矩阵. 证明: 若 $(A - C^*BC)\boldsymbol{x} = \boldsymbol{0}$, 则 $A\boldsymbol{x} = \boldsymbol{0}$.

4.15　令

$$C_{n-1} = \begin{bmatrix} 0 & 1 & \cdots & 1 \\ 1 & 0 & \ddots & \vdots \\ \vdots & \ddots & \ddots & 1 \\ 1 & \cdots & 1 & 0 \end{bmatrix} \in \mathcal{R}^{n \times n}$$

证明 $\det C_{n-1} = (-1)^{n-1}(n-1)$.

4.16　证明: 若 A 是正规矩阵, 则

(1) A 是 Hermitian 矩阵的充要条件为 A 的特征值是实数;

(2) A 是反 Hermitian 矩阵的充要条件为 A 的特征值的实部为零;

(3) A 是酉矩阵的充要条件为 A 的特征值的绝对值等于 1.

4.17　已知 $U \in \mathcal{U}^{n \times n}$ 且 $U - I$ 可逆, 证明 $A = (U - I)^{-1}(U + I)$ 是反 Hermitian 矩阵.

4.18　证明: 若 A 为正规矩阵, 且存在自然数 k 使得 $A^k = 0$, 则 $A = 0$.

4.19　证明

$$A = \begin{bmatrix} 1 & 1 & \cdots & 1 \\ -1 & 1 & \ddots & \vdots \\ \vdots & \ddots & \ddots & 1 \\ -1 & \cdots & -1 & 1 \end{bmatrix}$$

是正规矩阵.

4.20 证明: A 是正规矩阵当且仅当 $AA^* = A^*A$.

4.21 证明: 上三角正规矩阵是对角矩阵, 上三角且对角线元素全为正数的酉矩阵为单位矩阵.

4.22 证明: 若 A、B 是 Hermitian 矩阵, 且 B 是半正定的, 则 $\lambda_k(A) \leqslant \lambda_k(A+B)$.

第 5 章　线性映射与矩阵的分解

本章介绍单纯线性变换与矩阵的谱分解、酉空间上线性映射与矩阵的奇异值 (Schmidt) 分解以及线性映射与矩阵的满秩分解和极分解.

5.1　单纯线性变换与矩阵的谱分解

本节首先介绍单纯线性变换与矩阵的谱分解, 然后介绍正规线性变换与矩阵的谱分解.

5.1.1　单纯线性变换的谱分解

线性空间 $\mathcal{V}$ 上的单纯线性变换 $\mathscr{A}$ 在 $\mathcal{V}$ 中存在特征基 $\boldsymbol{\alpha}_1, \boldsymbol{\alpha}_2, \cdots, \boldsymbol{\alpha}_n$, 其对应的特征值为 $\lambda_1, \lambda_2, \cdots, \lambda_n$. 设 $\mathscr{A}$ 在 $\mathcal{V}$ 的一组基 $\boldsymbol{\beta}_1, \boldsymbol{\beta}_2, \cdots, \boldsymbol{\beta}_n$ 下的矩阵表示为 A, 则 A 为 n 阶单纯矩阵. 设特征向量 $\boldsymbol{\alpha}_i$ 的坐标为 $\boldsymbol{x}_i$, 若令

$$X = [\boldsymbol{x}_1 \ \ \boldsymbol{x}_2 \ \ \cdots \ \ \boldsymbol{x}_n]$$

为过渡矩阵, 即

$$[\boldsymbol{\alpha}_1 \ \ \boldsymbol{\alpha}_2 \ \ \cdots \ \ \boldsymbol{\alpha}_n] = [\boldsymbol{\beta}_1 \ \ \boldsymbol{\beta}_2 \ \ \cdots \ \ \boldsymbol{\beta}_n]X$$

则有 $X^{-1}AX = \Lambda = \mathrm{diag}\{\lambda_1, \lambda_2, \cdots, \lambda_n\} \Longleftrightarrow X^{-1}A = \Lambda X^{-1}$. 于是对所有的 $\boldsymbol{\alpha} \in \mathcal{V}$ 都有

$$\begin{aligned}\mathscr{A}(\boldsymbol{\alpha}) &= [\boldsymbol{\beta}_1 \ \ \boldsymbol{\beta}_2 \ \ \cdots \ \ \boldsymbol{\beta}_n]A\boldsymbol{x} \\ &= [\boldsymbol{\beta}_1 \ \ \boldsymbol{\beta}_2 \ \ \cdots \ \ \boldsymbol{\beta}_n]XX^{-1}A\boldsymbol{x} \\ &= [\boldsymbol{\alpha}_1 \ \ \boldsymbol{\alpha}_2 \ \ \cdots \ \ \boldsymbol{\alpha}_n]\Lambda X^{-1}\boldsymbol{x}\end{aligned}$$

其中, $\boldsymbol{x}$ 为 $\boldsymbol{\alpha}$ 在基向量组 $\boldsymbol{\beta}_j$ $(j = 1, 2, \cdots, n)$ 下的坐标. 记 $X^{-1} = Y$ 的行向量为 $\boldsymbol{y}_j^*$, 则有

$$\mathscr{A}(\boldsymbol{\alpha}) = \sum_{j=1}^{n} \lambda_j \boldsymbol{\alpha}_j \boldsymbol{y}_j^* \boldsymbol{x} \tag{5.1}$$

式 (5.1) 说明 $\mathscr{A}(\boldsymbol{\alpha})$ 可以表示为 $\mathscr{A}$ 的 n 个特征向量的线性组合. 称式 (5.1) 为 $\mathscr{A}$ 的谱分解.

$\mathscr{A}$ 的谱分解的另一种等价形式是将其表示为 n 个投影变换的线性组合. 若定义 $\mathcal{V}$ 上的变换 $\mathscr{P}_j$ 为 $\mathscr{P}_j(\boldsymbol{\alpha}) = \boldsymbol{\alpha}_j \boldsymbol{y}_j^* \boldsymbol{x}$, 则显然为线性变换, 且有 $\mathscr{P}_j(\boldsymbol{\alpha}_j) = \boldsymbol{\alpha}_j \boldsymbol{y}_j^* \boldsymbol{x}_j = \boldsymbol{\alpha}_j$. 于是有

$$\mathscr{P}_j^2(\boldsymbol{\alpha}) = \mathscr{P}_j(\boldsymbol{\alpha}_j \boldsymbol{y}_j^* \boldsymbol{x}) = \boldsymbol{\alpha}_j \boldsymbol{y}_j^* \boldsymbol{x} = \mathscr{P}_j(\boldsymbol{\alpha})$$

即 $\mathscr{P}_j$ 是 $\mathcal{V}$ 到特征子空间 $\mathrm{span}\{\boldsymbol{\alpha}_j\}$ 的投影变换. 于是, 有

$$\mathscr{A}=\lambda_1\mathscr{P}_1+\lambda_2\mathscr{P}_2+\cdots+\lambda_n\mathscr{P}_n$$

令 $\mathscr{P}=\sum_{j=1}^{n}\mathscr{P}_j$, 则有

$$\begin{aligned}\mathscr{P}(\boldsymbol{\alpha})&=\sum_{i=1}^{n}\boldsymbol{\alpha}_j\boldsymbol{y}_j^*\boldsymbol{x}\\&=[\boldsymbol{\beta}_1\ \ \boldsymbol{\beta}_2\ \ \cdots\ \ \boldsymbol{\beta}_n]XX^{-1}\boldsymbol{x}=\boldsymbol{\alpha},\quad\forall\boldsymbol{\alpha}\in\mathcal{V}\end{aligned}$$

即 $\mathscr{P}=\mathscr{E}$ 为恒等变换.

若 $\mathscr{A}$ 有重特征值, 记 λ_j $(j=1,2,\cdots,s)$ 为 $\mathscr{A}$ 的互不相同的特征值, 其重数为 $\hat{n}_j$, λ_j 的 Jordan 子空间 $\mathcal{V}(\lambda_j)$ 的生成向量为

$$[\boldsymbol{\alpha}_{j1}\ \ \boldsymbol{\alpha}_{j2}\ \ \cdots\ \ \boldsymbol{\alpha}_{j\hat{n}_j}]=[\boldsymbol{\beta}_1\ \ \boldsymbol{\beta}_2\ \ \cdots\ \ \boldsymbol{\beta}_n][\boldsymbol{x}_{j1}\ \ \boldsymbol{x}_{j2}\ \ \cdots\ \ \boldsymbol{x}_{j\hat{n}_j}]$$

则有

$$\begin{aligned}\mathscr{A}(\boldsymbol{\alpha})&=\sum_{j=1}^{n}\lambda_j\boldsymbol{\alpha}_j\boldsymbol{y}_j^*\boldsymbol{x}\\&=\sum_{j=1}^{s}\lambda_j[\boldsymbol{\alpha}_{j1}\ \ \boldsymbol{\alpha}_{j2}\ \ \cdots\ \ \boldsymbol{\alpha}_{j\hat{n}_j}]\begin{bmatrix}\boldsymbol{y}_{j1}^*\\\boldsymbol{y}_{j2}^*\\\vdots\\\boldsymbol{y}_{j\hat{n}_j}^*\end{bmatrix}\boldsymbol{x}\\&=\sum_{j=1}^{s}\lambda_j\mathscr{P}_{\lambda_j}(\boldsymbol{\alpha})\end{aligned}$$

其中

$$\mathscr{P}_{\lambda_j}(\boldsymbol{\alpha})\triangleq[\boldsymbol{\alpha}_{j1}\ \ \boldsymbol{\alpha}_{j2}\ \ \cdots\ \ \boldsymbol{\alpha}_{j\hat{n}_j}]\begin{bmatrix}\boldsymbol{y}_{j1}^*\\\boldsymbol{y}_{j2}^*\\\vdots\\\boldsymbol{y}_{j\hat{n}_j}^*\end{bmatrix}\boldsymbol{x}$$

对 $l=1,2,\cdots,\hat{n}_j$, $\boldsymbol{y}_{jl}^*$ 是矩阵 $Y=X^{-1}$ 中与矩阵 X 中的列向量 $\boldsymbol{x}_{jl}$ 对应的行向量, 即

$$\begin{bmatrix}\boldsymbol{y}_{j1}^*\\\boldsymbol{y}_{j2}^*\\\vdots\\\boldsymbol{y}_{j\hat{n}_j}^*\end{bmatrix}[\boldsymbol{x}_{j1}\ \ \boldsymbol{x}_{j2}\ \ \cdots\ \ \boldsymbol{x}_{j\hat{n}_j}]=I_{\hat{n}_j}$$

因

$$\mathscr{P}_{\lambda_j}([\boldsymbol{\alpha}_{j1} \ \ \boldsymbol{\alpha}_{j2} \ \ \cdots \ \ \boldsymbol{\alpha}_{j\hat{n}_j}]) = [\boldsymbol{\alpha}_{j1} \ \ \boldsymbol{\alpha}_{j2} \ \ \cdots \ \ \boldsymbol{\alpha}_{j\hat{n}_j}] \begin{bmatrix} \boldsymbol{y}_{j1}^* \\ \boldsymbol{y}_{j2}^* \\ \vdots \\ \boldsymbol{y}_{j\hat{n}_j}^* \end{bmatrix} [\boldsymbol{x}_{j1} \ \ \boldsymbol{x}_{j2} \ \ \cdots \ \ \boldsymbol{x}_{j\hat{n}_j}]$$

$$= [\boldsymbol{\alpha}_{j1} \ \ \boldsymbol{\alpha}_{j2} \ \ \cdots \ \ \boldsymbol{\alpha}_{j\hat{n}_j}]$$

故对所有 $\boldsymbol{\alpha} \in \mathcal{V}$ 都有

$$\mathscr{P}_{\lambda_j}^2(\boldsymbol{\alpha}) = \mathscr{P}_{\lambda_j}\left([\boldsymbol{\alpha}_{j1} \ \ \boldsymbol{\alpha}_{j2} \ \ \cdots \ \ \boldsymbol{\alpha}_{j\hat{n}_j}] \begin{bmatrix} \boldsymbol{y}_{j1}^* \\ \boldsymbol{y}_{j2}^* \\ \vdots \\ \boldsymbol{y}_{j\hat{n}_j}^* \end{bmatrix} \boldsymbol{x} \right)$$

$$= \mathscr{P}_{\lambda_j}\left([\boldsymbol{\alpha}_{j1} \ \ \boldsymbol{\alpha}_{j2} \ \ \cdots \ \ \boldsymbol{\alpha}_{j\hat{n}_j}]\right) \begin{bmatrix} \boldsymbol{y}_{j1}^* \\ \boldsymbol{y}_{j2}^* \\ \vdots \\ \boldsymbol{y}_{j\hat{n}_j}^* \end{bmatrix} \boldsymbol{x}$$

$$= [\boldsymbol{\alpha}_{j1} \ \ \boldsymbol{\alpha}_{j2} \ \ \cdots \ \ \boldsymbol{\alpha}_{j\hat{n}_j}] \begin{bmatrix} \boldsymbol{y}_{j1}^* \\ \boldsymbol{y}_{j2}^* \\ \vdots \\ \boldsymbol{y}_{j\hat{n}_j}^* \end{bmatrix} \boldsymbol{x} = \mathscr{P}_{\lambda_j}(\boldsymbol{\alpha})$$

最后一式说明 $\mathscr{P}_{\lambda_j}^2 = \mathscr{P}_{\lambda_j}$ 从而 $\mathscr{P}_{\lambda_j}$ 是从 $\mathcal{V}$ 到 Jordan 子空间 $\mathcal{V}(\lambda_j)$ 的投影, $\mathscr{A}$ 可以分解为 s 个投影变换 $\mathscr{P}_{\lambda_j}$ 的线性组合, 即

$$\mathscr{A} = \lambda_1 \mathscr{P}_{\lambda_1} + \lambda_2 \mathscr{P}_{\lambda_2} + \cdots + \lambda_s \mathscr{P}_{\lambda_s}$$

考虑投影算子 $\mathscr{P}_{\lambda_j}$ 的和. 由定义可得

$$\left(\sum_{j=1}^{s} \mathscr{P}_{\lambda_j}\right)(\boldsymbol{\alpha}) = \sum_{j=1}^{s} [\boldsymbol{\alpha}_{j1} \ \ \boldsymbol{\alpha}_{j2} \ \ \cdots \ \ \boldsymbol{\alpha}_{j\hat{n}_j}] \begin{bmatrix} \boldsymbol{y}_{j1}^* \\ \boldsymbol{y}_{j2}^* \\ \vdots \\ \boldsymbol{y}_{j\hat{n}_j}^* \end{bmatrix} \boldsymbol{x}$$

$$= [\boldsymbol{\beta}_1 \ \ \boldsymbol{\beta}_2 \ \ \cdots \ \ \boldsymbol{\beta}_n] \underbrace{\left(\sum_{j=1}^{s} [\boldsymbol{x}_{j1} \ \ \boldsymbol{x}_{j2} \ \ \cdots \ \ \boldsymbol{x}_{j\hat{n}_j}] \begin{bmatrix} \boldsymbol{y}_{j1}^* \\ \boldsymbol{y}_{j2}^* \\ \vdots \\ \boldsymbol{y}_{j\hat{n}_j}^* \end{bmatrix} \right)}_{=I_n} \boldsymbol{x}$$

$$= [\boldsymbol{\beta}_1 \ \ \boldsymbol{\beta}_2 \ \ \cdots \ \ \boldsymbol{\beta}_n] \boldsymbol{x} = \boldsymbol{\alpha}$$

其中, $\boldsymbol{\alpha}$ 可以是 $\mathcal{V}$ 中的任何元素. 于是有

$$\mathscr{P}_{\lambda_1}+\mathscr{P}_{\lambda_2}+\cdots+\mathscr{P}_{\lambda_s}=\mathscr{E}$$

进而考虑复合变换 $\mathscr{P}_{\lambda_k}\circ\mathscr{P}_{\lambda_j}$, 其中 $k\neq j$. 令 $\boldsymbol{\alpha}$ 为 $\mathcal{V}$ 中的任何向量, 则有

$$\begin{aligned}
\left(\mathscr{P}_{\lambda_k}\circ\mathscr{P}_{\lambda_j}\right)(\boldsymbol{\alpha})&=\mathscr{P}_{\lambda_k}\left[\mathscr{P}_{\lambda_j}(\boldsymbol{\alpha})\right]\\
&=\mathscr{P}_{\lambda_k}\left(\begin{bmatrix}\boldsymbol{\alpha}_{j1} & \boldsymbol{\alpha}_{j2} & \cdots & \boldsymbol{\alpha}_{j\hat{n}_j}\end{bmatrix}\begin{bmatrix}\boldsymbol{y}_{j1}^* \\ \boldsymbol{y}_{j2}^* \\ \vdots \\ \boldsymbol{y}_{j\hat{n}_j}^*\end{bmatrix}\boldsymbol{x}\right)\\
&=\mathscr{P}_{\lambda_k}\left(\begin{bmatrix}\boldsymbol{\alpha}_{j1} & \boldsymbol{\alpha}_{j2} & \cdots & \boldsymbol{\alpha}_{j\hat{n}_j}\end{bmatrix}\right)\begin{bmatrix}\boldsymbol{y}_{j1}^* \\ \boldsymbol{y}_{j2}^* \\ \vdots \\ \boldsymbol{y}_{j\hat{n}_j}^*\end{bmatrix}\boldsymbol{x}\\
&=\begin{bmatrix}\boldsymbol{\alpha}_{k1} & \boldsymbol{\alpha}_{k2} & \cdots & \boldsymbol{\alpha}_{k\hat{n}_k}\end{bmatrix}\underbrace{\begin{bmatrix}\boldsymbol{y}_{k1}^* \\ \boldsymbol{y}_{k2}^* \\ \vdots \\ \boldsymbol{y}_{k\hat{n}_k}^*\end{bmatrix}\begin{bmatrix}\boldsymbol{x}_{j1} & \boldsymbol{x}_{j2} & \cdots & \boldsymbol{x}_{j\hat{n}_j}\end{bmatrix}}_{=0_{\hat{n}_k\times\hat{n}_j}}\begin{bmatrix}\boldsymbol{y}_{j1}^* \\ \boldsymbol{y}_{j2}^* \\ \vdots \\ \boldsymbol{y}_{j\hat{n}_j}^*\end{bmatrix}\boldsymbol{x}=\boldsymbol{0}
\end{aligned}$$

由 $\boldsymbol{\alpha}$ 的任意性可知, 对任何 $k\neq j$ 都有 $\mathscr{P}_{\lambda_k}\circ\mathscr{P}_{\lambda_j}=\mathscr{O}$. 由此可得单纯线性变换的谱分解如下.

【定理 5.1.1】 $\mathscr{A}\in\mathcal{L}(\mathcal{V})$ 为单纯线性变换, λ_j $(j=1,2,\cdots,s)$ 是 $\mathscr{A}$ 的重数为 $\hat{n}_j$ 的不同的特征值, 则存在投影变换 $\mathscr{P}_{\lambda_1}$, $\mathscr{P}_{\lambda_2}$, $\cdots$, $\mathscr{P}_{\lambda_s}$ 将 $\mathscr{A}$ 唯一地分解为 $\mathscr{A}=\sum_{j=1}^{s}\lambda_j\mathscr{P}_{\lambda_j}$ 且有

(1) $\mathscr{P}_{\lambda_j}^2=\mathscr{P}_{\lambda_j}$;

(2) $\mathscr{P}_{\lambda_j}\circ\mathscr{P}_{\lambda_k}=\mathscr{O}$, $\forall j\neq k$;

(3) $\sum_{j=1}^{s}\mathscr{P}_{\lambda_j}=\mathscr{E}$;

(4) $\operatorname{rank}\mathscr{P}_{\lambda_j}=\hat{n}_j$.

非单纯线性变换的谱分解则复杂得多. 设 $\boldsymbol{\alpha}_1$, $\boldsymbol{\alpha}_2$, $\cdots$, $\boldsymbol{\alpha}_n$ 是 $\mathcal{V}$ 的一组基, $\hat{\boldsymbol{\alpha}}_{ij,1}$, $\hat{\boldsymbol{\alpha}}_{ij,2}$, $\cdots$, $\hat{\boldsymbol{\alpha}}_{ij,n_{ij}}$, $i=1,2,\cdots,l$, 是 $\mathscr{A}$ 的特征值 λ_j 的 Jordan 链, $j=1,2,\cdots,s$, $\lambda_1\neq\lambda_2\neq\cdots\neq\lambda_s$, X_{ij} 为转移矩阵, 即

$$\begin{aligned}
\begin{bmatrix}\hat{\boldsymbol{\alpha}}_{ij,1} & \hat{\boldsymbol{\alpha}}_{ij,2} & \cdots & \hat{\boldsymbol{\alpha}}_{ij,n_{ij}}\end{bmatrix}&=\begin{bmatrix}\boldsymbol{\alpha}_1 & \boldsymbol{\alpha}_2 & \cdots & \boldsymbol{\alpha}_n\end{bmatrix}X_{ij}\\
&=\begin{bmatrix}\boldsymbol{\alpha}_1 & \boldsymbol{\alpha}_2 & \cdots & \boldsymbol{\alpha}_n\end{bmatrix}\begin{bmatrix}\boldsymbol{x}_{ij,1} & \boldsymbol{x}_{ij,2} & \cdots & \boldsymbol{x}_{ij,n_{ij}}\end{bmatrix}
\end{aligned}$$

$$Y_{ij}^* = \begin{bmatrix} \boldsymbol{y}_{ij,1}^* \\ \boldsymbol{y}_{ij,2}^* \\ \vdots \\ \boldsymbol{y}_{ij,n_{ij}}^* \end{bmatrix}$$

是 X^{-1} 中与 X_{ij} 对应的行块, 满足

$$Y_{ij}^* X_{pq} = \begin{cases} I_{n_{ij}}, & i=p,\ j=q \\ 0_{n_{ij}\times n_{pq}}, & \text{其他} \end{cases}$$

则对任何 $\boldsymbol{\alpha} \in \mathcal{V}$, 都有

$$\begin{aligned}\boldsymbol{\alpha} &= [\boldsymbol{\alpha}_1\ \ \boldsymbol{\alpha}_2\ \ \cdots\ \ \boldsymbol{\alpha}_n]\boldsymbol{x} = [\boldsymbol{\alpha}_1\ \ \boldsymbol{\alpha}_2\ \ \cdots\ \ \boldsymbol{\alpha}_n]XX^{-1}\boldsymbol{x} \\ &= \sum_{j=1}^{s}\sum_{i=1}^{l}[\hat{\boldsymbol{\alpha}}_{ij,1}\ \ \hat{\boldsymbol{\alpha}}_{ij,2}\ \ \cdots\ \ \hat{\boldsymbol{\alpha}}_{ij,n_{ij}}]Y_{ij}^*\boldsymbol{x}\end{aligned}$$

记

$$\mathscr{P}_{\lambda_j}(\boldsymbol{\alpha}) = \sum_{i=1}^{l}[\hat{\boldsymbol{\alpha}}_{ij,1}\ \ \hat{\boldsymbol{\alpha}}_{ij,2}\ \ \cdots\ \ \hat{\boldsymbol{\alpha}}_{ij,n_{ij}}]Y_{ij}^*\boldsymbol{x}$$

则有

$$\begin{aligned}&\mathscr{P}_{\lambda_q}\left([\hat{\boldsymbol{\alpha}}_{pq,1}\ \ \hat{\boldsymbol{\alpha}}_{pq,2}\ \ \cdots\ \ \hat{\boldsymbol{\alpha}}_{pq,n_{pq}}]\right) \\ =&\sum_{i=1}^{l}[\hat{\boldsymbol{\alpha}}_{iq,1}\ \ \hat{\boldsymbol{\alpha}}_{iq,2}\ \ \cdots\ \ \hat{\boldsymbol{\alpha}}_{iq,n_{ij}}]Y_{iq}^*\underbrace{[\boldsymbol{x}_{pq,1}\ \ \boldsymbol{x}_{pq,2}\ \ \cdots\ \ \boldsymbol{x}_{pq,n_{pq}}]}_{=X_{pq}} \\ =&[\hat{\boldsymbol{\alpha}}_{pq,1}\ \ \hat{\boldsymbol{\alpha}}_{pq,2}\ \ \cdots\ \ \hat{\boldsymbol{\alpha}}_{pq,n_{ij}}]\end{aligned}$$

于是, 有

$$\begin{aligned}\mathscr{P}_{\lambda_q}^2(\boldsymbol{\alpha}) &= \mathscr{P}_{\lambda_q}\left[\mathscr{P}_{\lambda_q}\left(\sum_{j=1}^{s}\sum_{i=1}^{l}[\hat{\boldsymbol{\alpha}}_{ij,1}\ \ \hat{\boldsymbol{\alpha}}_{ij,2}\ \ \cdots\ \ \hat{\boldsymbol{\alpha}}_{ij,n_{ij}}]Y_{ij}^*\boldsymbol{x}\right)\right] \\ &= \mathscr{P}_{\lambda_q}\left(\sum_{i=1}^{l}[\hat{\boldsymbol{\alpha}}_{iq,1}\ \ \hat{\boldsymbol{\alpha}}_{iq,2}\ \ \cdots\ \ \hat{\boldsymbol{\alpha}}_{iq,n_{iq}}]Y_{iq}^*\boldsymbol{x}\right) \\ &= \sum_{p=1}^{l}[\hat{\boldsymbol{\alpha}}_{pq,1}\ \ \hat{\boldsymbol{\alpha}}_{pq,2}\ \ \cdots\ \ \hat{\boldsymbol{\alpha}}_{pq,n_{pq}}]Y_{pq}^*\sum_{i=1}^{l}X_{iq}Y_{iq}^*\boldsymbol{x} \\ &= \sum_{p-1}^{l}[\hat{\boldsymbol{\alpha}}_{pq,1}\ \ \hat{\boldsymbol{\alpha}}_{pq,2}\ \ \cdots\ \ \hat{\boldsymbol{\alpha}}_{pq,n_{pq}}]Y_{pq}^*\boldsymbol{x} = \mathscr{P}_{\lambda_q}(\boldsymbol{\alpha})\end{aligned}$$

而对任何 $r \neq q$, 有

$$\begin{aligned}(\mathscr{P}_{\lambda_r} \circ \mathscr{P}_{\lambda_q})(\boldsymbol{\alpha}) &= \mathscr{P}_{\lambda_r}\left(\sum_{i=1}^{l}[\hat{\boldsymbol{\alpha}}_{iq,1}\ \ \hat{\boldsymbol{\alpha}}_{iq,2}\ \ \cdots\ \ \hat{\boldsymbol{\alpha}}_{iq,n_{iq}}]Y_{iq}^*\boldsymbol{x}\right)\\ &= \sum_{p=1}^{l}[\hat{\boldsymbol{\alpha}}_{pr,1}\ \ \hat{\boldsymbol{\alpha}}_{pr,2}\ \ \cdots\ \ \hat{\boldsymbol{\alpha}}_{pr,n_{pr}}]Y_{pr}^*\sum_{i=1}^{l}X_{iq}Y_{iq}^*\boldsymbol{x}\\ &= \mathbf{0}\end{aligned}$$

即 $\mathscr{P}_{\lambda_j} \circ \mathscr{P}_{\lambda_k} = \mathscr{O}$, $\forall j \neq k$. 于是 $\mathscr{P}_{\lambda_j}$ 是由 $\mathcal{V}$ 到特征值 λ_j 的 Jordan 链张成的子空间 $\mathcal{V}(\lambda_j)$ 的投影变换. 因 $X^{-1}A = JX^{-1} \Longleftrightarrow Y_{ij}^*A = J_{ij}Y_{ij}^*$, $i = 1, 2, \cdots, l$, $j = 1, 2, \cdots, s$, 有

$$\begin{aligned}\mathscr{A}(\boldsymbol{\alpha}) &= [\boldsymbol{\alpha}_1\ \ \boldsymbol{\alpha}_2\ \ \cdots\ \ \boldsymbol{\alpha}_n]A\boldsymbol{x} = [\boldsymbol{\alpha}_1\ \ \boldsymbol{\alpha}_2\ \ \cdots\ \ \boldsymbol{\alpha}_n]XX^{-1}A\boldsymbol{x}\\ &= \sum_{j=1}^{s}\sum_{i=1}^{l}[\hat{\boldsymbol{\alpha}}_{ij,1}\ \ \hat{\boldsymbol{\alpha}}_{ij,2}\ \ \cdots\ \ \hat{\boldsymbol{\alpha}}_{ij,n_{ij}}]J_{ij}Y_{ij}^*\boldsymbol{x}\end{aligned}$$

其中, J_{ij} 是 Jordan 块:

$$J_{ij} = \begin{bmatrix} \lambda_j & 1 & 0 & \cdots & 0 \\ 0 & \lambda_j & 1 & \ddots & \vdots \\ \vdots & \ddots & \ddots & \ddots & \mathbf{0} \\ 0 & \cdots & 0 & \lambda_j & 1 \\ 0 & \cdots & \cdots & 0 & \lambda_j \end{bmatrix}_{n_{ij} \times n_{ij}}$$

$\mathscr{A}$ 可分解为投影算子 $\mathscr{P}_{\lambda_j}$ 的线性组合.

【例 5.1.1】 $\mathcal{V}$ 为 n 维线性空间, $\mathscr{A} \in \mathcal{L}(\mathcal{V})$ 有 s 个不同的特征值 $\lambda_1, \lambda_2, \cdots, \lambda_s$, $\mathscr{P}_{\lambda_1}, \mathscr{P}_{\lambda_2}, \cdots, \mathscr{P}_{\lambda_s}$ 是 $\mathcal{V} \to \mathcal{V}_{\lambda_1}, \mathcal{V}_{\lambda_2} \cdots, \mathcal{V}_{\lambda_s}$ 的投影变换. 证明: 对任何 $f(\lambda) \in \mathcal{C}[\lambda]$, $f(\mathscr{A})$ 可分解为

$$f(\mathscr{A}) = f(\lambda_1)\mathscr{P}_{\lambda_1} + f(\lambda_2)\mathscr{P}_{\lambda_2} + \cdots + f(\lambda_s)\mathscr{P}_{\lambda_s}$$

解: 由

$$\begin{aligned}\mathscr{A} &= \lambda_1\mathscr{P}_{\lambda_1} + \lambda_2\mathscr{P}_{\lambda_2} + \cdots + \lambda_s\mathscr{P}_{\lambda_s}\\ \mathscr{E} &= \mathscr{P}_{\lambda_1} + \mathscr{P}_{\lambda_2} + \cdots + \mathscr{P}_{\lambda_s}\end{aligned}$$

以及 $\mathscr{P}_{\lambda_k} \circ \mathscr{P}_{\lambda_j} = 0$, $\forall k \neq l$,

$$\mathscr{P}_{\lambda_j} \circ \mathscr{P}_{\lambda_j} = \mathscr{P}_{\lambda_j}^2 = \mathscr{P}_{\lambda_j}$$

可得

$$\begin{aligned}\mathscr{A}^2=&(\lambda_1\mathscr{P}_{\lambda_1}+\lambda_2\mathscr{P}_{\lambda_2}+\cdots+\lambda_s\mathscr{P}_{\lambda_s})\circ(\lambda_1\mathscr{P}_{\lambda_1}+\lambda_2\mathscr{P}_{\lambda_2}+\cdots+\lambda_s\mathscr{P}_{\lambda_s})\\=&\lambda_1^2\mathscr{P}_{\lambda_1}\circ\mathscr{P}_{\lambda_1}+\lambda_2\lambda_1\mathscr{P}_{\lambda_2}\circ\mathscr{P}_{\lambda_1}+\cdots+\lambda_s\lambda_1\mathscr{P}_{\lambda_s}\circ\mathscr{P}_{\lambda_1}\\&+\lambda_1\lambda_2\mathscr{P}_{\lambda_1}\circ\mathscr{P}_{\lambda_2}+\lambda_2^2\mathscr{P}_{\lambda_2}\circ\mathscr{P}_{\lambda_2}+\cdots+\lambda_s\lambda_2\mathscr{P}_{\lambda_s}\circ\mathscr{P}_{\lambda_2}+\cdots\\&+\lambda_1\lambda_s\mathscr{P}_{\lambda_1}\circ\mathscr{P}_{\lambda_s}+\lambda_2\lambda_s\mathscr{P}_{\lambda_2}\circ\mathscr{P}_{\lambda_s}+\cdots+\lambda_s\lambda_s\mathscr{P}_{\lambda_s}\circ\mathscr{P}_{\lambda_s}\\=&\lambda_1^2\mathscr{P}_{\lambda_1}+\lambda_2^2\mathscr{P}_{\lambda_2}+\cdots+\lambda_s^2\mathscr{P}_{\lambda_s}\end{aligned}$$

重复上述过程, 对任意 $k\in\mathcal{Z}_{0,+}$, 有

$$\mathscr{A}^k=\lambda_1^k\mathscr{P}_{\lambda_1}+\lambda_2^k\mathscr{P}_{\lambda_2}+\cdots+\lambda_s^k\mathscr{P}_{\lambda_s}$$

设

$$f(\lambda)=a_0+a_1\lambda+a_2\lambda^2+\cdots+a_m\lambda^m$$

则有

$$\begin{aligned}f(\mathscr{A})=&a_0\mathscr{E}+a_1\mathscr{A}+a_2\mathscr{A}^2+\cdots+a_m\mathscr{A}^m\\=&a_0(\mathscr{P}_{\lambda_1}+\mathscr{P}_{\lambda_2}+\cdots+\mathscr{P}_{\lambda_s})+a_1(\lambda_1\mathscr{P}_{\lambda_1}+\lambda_2\mathscr{P}_{\lambda_2}+\cdots+\lambda_s\mathscr{P}_{\lambda_s})\\&+a_2(\lambda_1^2\mathscr{P}_{\lambda_1}+\lambda_2^2\mathscr{P}_{\lambda_2}+\cdots+\lambda_s^2\mathscr{P}_{\lambda_s})+\cdots+a_m(\lambda_1^m\mathscr{P}_{\lambda_1}+\lambda_2^m\mathscr{P}_{\lambda_2}+\cdots+\lambda_s^m\mathscr{P}_{\lambda_s})\\=&(a_0+a_1\lambda_1+a_2\lambda_1^2+\cdots+a_m\lambda_1^m)\mathscr{P}_{\lambda_1}+(a_0+a_1\lambda_2+a_2\lambda_2^2+\cdots+a_m\lambda_2^m)\mathscr{P}_{\lambda_2}\\&+\cdots+(a_0+a_1\lambda_s+a_2\lambda_s^2+\cdots+a_m\lambda_s^m)\mathscr{P}_{\lambda_s}\\=&f(\lambda_1)\mathscr{P}_{\lambda_1}+f(\lambda_2)\mathscr{P}_{\lambda_2}+\cdots+f(\lambda_s)\mathscr{P}_{\lambda_s}\end{aligned}$$

△

例 5.1.1 的结果可以推广到任何函数 $f(\lambda)$.

5.1.2 单纯矩阵的谱分解

由单纯线性变换谱分解的结果可以很容易地得到单纯矩阵的谱分解.

$$\begin{aligned}A=&X\mathrm{diag}\{\lambda_1,\lambda_2,\cdots,\lambda_n\}X^{-1}\\=&[\boldsymbol{x}_1\ \boldsymbol{x}_2\ \cdots\ \boldsymbol{x}_n]\begin{bmatrix}\lambda_1&0&\cdots&0\\0&\lambda_2&\ddots&\vdots\\\vdots&\ddots&\ddots&0\\0&\cdots&0&\lambda_n\end{bmatrix}\underbrace{\begin{bmatrix}\boldsymbol{y}_1^*\\\boldsymbol{y}_2^*\\\vdots\\\boldsymbol{y}_n^*\end{bmatrix}}_{=X^{-1}=Y}\\=&\lambda_1\boldsymbol{x}_1\boldsymbol{y}_1^*+\lambda_2\boldsymbol{x}_2\boldsymbol{y}_2^*+\cdots+\lambda_n\boldsymbol{x}_n\boldsymbol{y}_n^*\end{aligned}\tag{5.2}$$

记 $P_j=\boldsymbol{x}_j\boldsymbol{y}_j^*$. 因 $X^{-1}X=I$, 可得

$$\boldsymbol{y}_i^*\boldsymbol{x}_j=\delta_{ij},\quad i,j=1,2,\cdots,n\tag{5.3}$$

以及

$$P_j^2=\boldsymbol{x}_j\boldsymbol{y}_j^*\boldsymbol{x}_j\boldsymbol{y}_j^*=\boldsymbol{x}_j\boldsymbol{y}_j^*=P_j$$

于是 A 可以分解为 n 个幂等矩阵 P_j 的线性组合:

$$A = \lambda_1 P_1 + \lambda_2 P_2 + \cdots + \lambda_n P_n$$

满足

$$I = XX^{-1} = [\boldsymbol{x}_1 \ \ \boldsymbol{x}_2 \ \ \cdots \ \ \boldsymbol{x}_n] \begin{bmatrix} \boldsymbol{y}_1^* \\ \boldsymbol{y}_2^* \\ \vdots \\ \boldsymbol{y}_n^* \end{bmatrix} = P_1 + P_2 + \cdots + P_n$$

$X^{-1}AX = \operatorname{diag}\{\lambda_1 , \lambda_2 , \cdots , \lambda_n\}$ 以及 $X^{-1} = Y$ 可写为

$$YA = \operatorname{diag}\{\lambda_1 , \lambda_2 , \cdots , \lambda_n\} Y$$

$$\Longleftrightarrow \ \boldsymbol{y}_i^* A = \lambda_i \boldsymbol{y}_i^* , \quad i = 1, 2, \cdots , n$$

最后一式说明 $Y = X^{-1}$ 的行向量是 A 的左特征向量. 因

$$\boldsymbol{y}_i^* A = \lambda_i \boldsymbol{y}_i^* \iff A^* \boldsymbol{y}_i = \bar{\lambda}_i \boldsymbol{y}_i$$

$(X^{-1})^*$ 的列向量是 A^* 的特征值 $\bar{\lambda}_i$ 的右特征向量.

A 有重特征值时, 类似于分析 $\mathscr{A}$, 令 $\lambda_1, \lambda_2, \cdots , \lambda_s$ 是 A 的不同的特征值, $\boldsymbol{x}_{j1}, \boldsymbol{x}_{j2}, \cdots , \boldsymbol{x}_{j\hat{n}_j}$ 和 $\boldsymbol{y}_{j1}^*, \boldsymbol{y}_{j2}^*, \cdots , \boldsymbol{y}_{j\hat{n}_j}^*$ 分别是 λ_j 的右特征向量和左特征向量, 则 A 可分解为

$$\begin{aligned} A = & \lambda_1 \left(\boldsymbol{x}_{11}\boldsymbol{y}_{11}^* + \boldsymbol{x}_{12}\boldsymbol{y}_{12}^* + \cdots + \boldsymbol{x}_{1\hat{n}_1}\boldsymbol{y}_{1\hat{n}_1}^*\right) \\ & + \lambda_2 \left(\boldsymbol{x}_{21}\boldsymbol{y}_{21}^* + \boldsymbol{x}_{22}\boldsymbol{y}_{22}^* + \cdots + \boldsymbol{x}_{2\hat{n}_2}\boldsymbol{y}_{2\hat{n}_2}^*\right) \\ & + \cdots + \lambda_s \left(\boldsymbol{x}_{s1}\boldsymbol{y}_{s1}^* + \boldsymbol{x}_{s2}\boldsymbol{y}_{s2}^* + \cdots + \boldsymbol{x}_{s\hat{n}_s}\boldsymbol{y}_{s\hat{n}_s}^*\right) \\ = & \lambda_1 P_{\lambda_1} + \lambda_2 P_{\lambda_2} + \cdots + \lambda_s P_{\lambda_s} \end{aligned}$$

其中

$$P_{\lambda_j} = [\boldsymbol{x}_{j1} \ \ \boldsymbol{x}_{j2} \ \ \cdots \ \ \boldsymbol{x}_{j\hat{n}_j}] \begin{bmatrix} \boldsymbol{y}_{j1}^* \\ \boldsymbol{y}_{j2}^* \\ \vdots \\ \boldsymbol{y}_{j\hat{n}_j}^* \end{bmatrix}$$

显然, $P_{\lambda_j}^2 = P_{\lambda_j}$ 是幂等矩阵, 而 P_{λ_j} 是投影算子 $\mathscr{P}_{\lambda_j}$ 的矩阵表示. 由此可得单纯矩阵谱分解的结果如下.

【定理 5.1.2】 $A \in \mathcal{C}^{n\times n}$ 为单纯矩阵, λ_j $(j = 1, 2, \cdots , s)$ 是 A 的不同的特征值, 其重数为 $\hat{n}_j$, 则存在 $P_{\lambda_1}, P_{\lambda_2}, \cdots , P_{\lambda_s}$ 将 A 唯一地分解为 $A = \sum_{j=1}^{s} \lambda_j P_{\lambda_j}$ 且有

(1) $P_{\lambda_j}^2 = P_{\lambda_j}$;

(2) $P_{\lambda_j} P_{\lambda_k} = 0, \forall j \neq k$;

(3) $\sum_{j=1}^{s} P_{\lambda_j} = I$;

(4) $\operatorname{rank} P_{\lambda_j} = \hat{n}_j$.

下面的例子说明, 实矩阵尽管可以有复特征值, 但仍可具有实矩阵形式的谱分解.

【例 5.1.2】 对矩阵

$$A=\begin{bmatrix} 1 & 1 & 1 \\ -1 & 1 & 1 \\ -1 & -1 & 1 \end{bmatrix}$$

进行谱分解并将其写成实矩阵的形式. 矩阵

$$P=\begin{bmatrix} \frac{1}{\sqrt{3}} & \frac{1}{2}-\frac{\mathrm{j}}{2\sqrt{3}} & \frac{1}{2}+\frac{\mathrm{j}}{2\sqrt{3}} \\ -\frac{1}{\sqrt{3}} & \frac{1}{2}+\frac{\mathrm{j}}{2\sqrt{3}} & \frac{1}{2}-\frac{\mathrm{j}}{2\sqrt{3}} \\ \frac{1}{\sqrt{3}} & \frac{\mathrm{j}}{\sqrt{3}} & -\frac{\mathrm{j}}{\sqrt{3}} \end{bmatrix}$$

满足 $AP=P\mathrm{diag}\{1,1+\mathrm{j}\sqrt{3},1-\mathrm{j}\sqrt{3}\}$, 于是 P 的列向量 $\boldsymbol{p}_1, \boldsymbol{p}_2$ 和 $\boldsymbol{p}_3$ 是 A 的特征向量. A 的谱分解为 $A=1\cdot G_1+(1+\mathrm{j}\sqrt{3})G_2+(1-\mathrm{j}\sqrt{3})G_3$, 其中

$$G_1=\boldsymbol{p}_1\boldsymbol{p}_1^*=\begin{bmatrix} \frac{1}{\sqrt{3}} \\ -\frac{1}{\sqrt{3}} \\ \frac{1}{\sqrt{3}} \end{bmatrix}\begin{bmatrix} \frac{1}{\sqrt{3}} & -\frac{1}{\sqrt{3}} & \frac{1}{\sqrt{3}} \end{bmatrix}$$

$$G_2=\boldsymbol{p}_2\boldsymbol{p}_2^*=\begin{bmatrix} \frac{1}{2}-\frac{\mathrm{j}}{2\sqrt{3}} \\ \frac{1}{2}+\frac{\mathrm{j}}{2\sqrt{3}} \\ \frac{\mathrm{j}}{\sqrt{3}} \end{bmatrix}\begin{bmatrix} \frac{1}{2}+\frac{\mathrm{j}}{2\sqrt{3}} & \frac{1}{2}-\frac{\mathrm{j}}{2\sqrt{3}} & \frac{-\mathrm{j}}{\sqrt{3}} \end{bmatrix}$$

$$G_3=\boldsymbol{p}_3\boldsymbol{p}_3^*=\begin{bmatrix} \frac{1}{2}+\frac{\mathrm{j}}{2\sqrt{3}} \\ \frac{1}{2}-\frac{\mathrm{j}}{2\sqrt{3}} \\ \frac{-\mathrm{j}}{\sqrt{3}} \end{bmatrix}\begin{bmatrix} \frac{1}{2}-\frac{\mathrm{j}}{2\sqrt{3}} & \frac{1}{2}+\frac{\mathrm{j}}{2\sqrt{3}} & \frac{\mathrm{j}}{\sqrt{3}} \end{bmatrix}$$

注意到 $\boldsymbol{p}_3=\bar{\boldsymbol{p}}_2$, $(1+\mathrm{j}\sqrt{3})G_2+(1-\mathrm{j}\sqrt{3})G_3$ 可等价地写为

$$(1+\mathrm{j}\sqrt{3})G_2+(1-\mathrm{j}\sqrt{3})G_3=[\boldsymbol{p}_2 \ \ \bar{\boldsymbol{p}}_2]\begin{bmatrix} 1+\mathrm{j}\sqrt{3} & 0 \\ 0 & 1 \quad \mathrm{j}\sqrt{3} \end{bmatrix}\begin{bmatrix} \boldsymbol{p}_2^* \\ \boldsymbol{p}_2^{\mathrm{T}} \end{bmatrix}$$

如 3.3.2 节所述,

$$T=\begin{bmatrix}\dfrac{1}{\sqrt{2}} & \dfrac{\mathrm{j}}{\sqrt{2}}\\ \dfrac{1}{\sqrt{2}} & \dfrac{-\mathrm{j}}{\sqrt{2}}\end{bmatrix}$$

满足 $TT^*=I_2$,

$$[\boldsymbol{p}_2\ \ \bar{\boldsymbol{p}}_2]T=\begin{bmatrix}\dfrac{1}{\sqrt{2}} & \dfrac{1}{\sqrt{6}}\\ \dfrac{1}{\sqrt{2}} & -\dfrac{1}{\sqrt{6}}\\ 0 & -\sqrt{\dfrac{2}{\sqrt{3}}}\end{bmatrix}$$

$$T^*\begin{bmatrix}1+\mathrm{j}\sqrt{3} & 0\\ 0 & 1-\mathrm{j}\sqrt{3}\end{bmatrix}T=\begin{bmatrix}1 & -\sqrt{3}\\ \sqrt{3} & 1\end{bmatrix}$$

于是, A 可分解为

$$A=\begin{bmatrix}\dfrac{1}{3} & -\dfrac{1}{3} & \dfrac{1}{3}\\ -\dfrac{1}{3} & \dfrac{1}{3} & -\dfrac{1}{3}\\ \dfrac{1}{3} & -\dfrac{1}{3} & \dfrac{1}{3}\end{bmatrix}+\begin{bmatrix}\dfrac{1}{\sqrt{2}} & \dfrac{1}{\sqrt{6}}\\ \dfrac{1}{\sqrt{2}} & -\dfrac{1}{\sqrt{6}}\\ 0 & -\sqrt{\dfrac{2}{3}}\end{bmatrix}\begin{bmatrix}1 & -\sqrt{3}\\ \sqrt{3} & 1\end{bmatrix}\begin{bmatrix}\dfrac{1}{\sqrt{2}} & \dfrac{1}{\sqrt{2}} & 0\\ \dfrac{1}{\sqrt{6}} & -\dfrac{1}{\sqrt{6}} & -\sqrt{\dfrac{2}{3}}\end{bmatrix}$$

这就是实矩阵形式的谱分解. 容易验证:

$$\begin{bmatrix}\dfrac{1}{\sqrt{2}} & \dfrac{1}{\sqrt{6}}\\ \dfrac{1}{\sqrt{2}} & -\dfrac{1}{\sqrt{6}}\\ 0 & -\sqrt{\dfrac{2}{3}}\end{bmatrix}\begin{bmatrix}\dfrac{1}{\sqrt{2}} & \dfrac{1}{\sqrt{2}} & 0\\ \dfrac{1}{\sqrt{6}} & -\dfrac{1}{\sqrt{6}} & -\sqrt{\dfrac{2}{3}}\end{bmatrix}$$

为幂等矩阵. △

5.1.3 正规变换与正规矩阵的谱分解

作为单纯线性变换的一个特例, 正规变换的谱分解具有更简单也更优美的形式. 设 $\boldsymbol{\alpha}_1$, $\boldsymbol{\alpha}_2, \cdots, \boldsymbol{\alpha}_n$ 是 $\mathcal{V}$ 的一组标准正交基, 正规变换 $\mathscr{A}\in\mathcal{L}(\mathcal{V})$ 在这组基下的矩阵表示为 A. 因 $\mathscr{A}$ 在 $\mathcal{V}$ 中有一组标准正交特征向量, 故存在矩阵 U 满足

$$[\boldsymbol{u}_1\ \ \boldsymbol{u}_2\ \ \cdots\ \ \boldsymbol{u}_n]=[\boldsymbol{\alpha}_1\ \ \boldsymbol{\alpha}_2\ \ \cdots\ \ \boldsymbol{\alpha}_n]U$$

$\langle \boldsymbol{u}_i, \boldsymbol{u}_j \rangle = \delta_{ij}$, 且 $\mathscr{A}(\boldsymbol{u}_i) = \lambda_i \boldsymbol{u}_i$, 即

$$\begin{aligned}\mathscr{A}([\boldsymbol{\alpha}_1 \ \ \boldsymbol{\alpha}_2 \ \ \cdots \ \ \boldsymbol{\alpha}_n]) &= [\boldsymbol{\alpha}_1 \ \ \boldsymbol{\alpha}_2 \ \ \cdots \ \ \boldsymbol{\alpha}_n]A \\ \mathscr{A}([\boldsymbol{u}_1 \ \ \boldsymbol{u}_2 \ \ \cdots \ \ \boldsymbol{u}_n]) &= [\boldsymbol{\alpha}_1 \ \ \boldsymbol{\alpha}_2 \ \ \cdots \ \ \boldsymbol{\alpha}_n]AU \\ &= [\boldsymbol{\alpha}_1 \ \ \boldsymbol{\alpha}_2 \ \ \cdots \ \ \boldsymbol{\alpha}_n]UU^*AU \\ &= [\boldsymbol{u}_1 \ \ \boldsymbol{u}_2 \ \ \cdots \ \ \boldsymbol{u}_n]\Lambda\end{aligned}$$

其中, $\Lambda = U^*AU = \operatorname{diag}\{\lambda_1, \lambda_2, \cdots, \lambda_n\}$. 于是对所有 $\boldsymbol{\alpha} \in \mathcal{V}$,

$$\boldsymbol{\alpha} = [\boldsymbol{\alpha}_1 \ \ \boldsymbol{\alpha}_2 \ \ \cdots \ \ \boldsymbol{\alpha}_n]\boldsymbol{x}$$

都有

$$\begin{aligned}\mathscr{A}(\boldsymbol{\alpha}) &= [\boldsymbol{\alpha}_1 \ \ \boldsymbol{\alpha}_2 \ \ \cdots \ \ \boldsymbol{\alpha}_n]A\boldsymbol{x} \\ &= [\boldsymbol{\alpha}_1 \ \ \boldsymbol{\alpha}_2 \ \ \cdots \ \ \boldsymbol{\alpha}_n]UU^*AUU^*\boldsymbol{x} \\ &= [\boldsymbol{u}_1 \ \ \boldsymbol{u}_2 \ \ \cdots \ \ \boldsymbol{u}_n]\Lambda U^*\boldsymbol{x}\end{aligned} \tag{5.4}$$

记 U 的第 j 个列向量为 $\boldsymbol{x}_j$, 则 U^* 的第 j 个行向量为 $\boldsymbol{x}_j^*$, 式 (5.4) 可写为

$$\mathscr{A}(\boldsymbol{\alpha}) = \sum_{j=1}^{n} \lambda_j \boldsymbol{u}_j \boldsymbol{x}_j^* \boldsymbol{x}$$

最后一式说明 $\mathscr{A}(\boldsymbol{\alpha})$ 可以表示为 $\mathscr{A}$ 的 n 个特征向量的线性组合. 显然 $U^*\boldsymbol{x}$ 是 $\boldsymbol{\alpha}$ 在特征基向量下的坐标. 因为特征基向量为正交向量组, $\boldsymbol{x}_j^*\boldsymbol{x} = \langle \boldsymbol{u}_j, \boldsymbol{\alpha} \rangle$, 又有

$$\mathscr{A}(\boldsymbol{\alpha}) = \sum_{j=1}^{n} \lambda_j \boldsymbol{u}_j \langle \boldsymbol{u}_j, \boldsymbol{\alpha} \rangle \tag{5.5}$$

式 (5.5) 即 $\mathscr{A}$ 的谱分解.

谱分解的另一种形式是将 $\mathscr{A}$ 表示为 n 个投影算子的线性组合. 在式 (5.5) 中记 $\mathscr{P}_j(\boldsymbol{\alpha}) = \boldsymbol{u}_j \langle \boldsymbol{u}_j, \boldsymbol{\alpha} \rangle$, 则 $\mathscr{P}_j$ 是 $\mathcal{V}$ 到 $\operatorname{span}\{\boldsymbol{u}_j\} \subset \mathcal{V}$ 的线性变换. 因 $\mathscr{P}_j(\boldsymbol{u}_j) = \boldsymbol{u}_j \langle \boldsymbol{u}_j, \boldsymbol{u}_j \rangle = \boldsymbol{u}_j$, 且对所有 $\boldsymbol{\alpha} \in \mathcal{V}$, 有

$$\mathscr{P}_j^2(\boldsymbol{\alpha}) = \mathscr{P}_j(\boldsymbol{u}_j \langle \boldsymbol{u}_j, \boldsymbol{\alpha} \rangle) = \boldsymbol{u}_j \langle \boldsymbol{u}_j, \boldsymbol{\alpha} \rangle = \mathscr{P}_j(\boldsymbol{\alpha})$$

$\mathscr{P}_j^2 = \mathscr{P}_j$, 于是 $\mathscr{P}_j$ 从 $\mathcal{V}$ 到特征子空间 $\operatorname{span}\{\boldsymbol{u}_j\}$ 的投影算子 $\mathscr{A}$ 可以表示为 n 个投影算子 $\mathscr{P}_j$ 的线性组合, 即

$$\mathscr{A} = \lambda_1 \mathscr{P}_1 + \lambda_2 \mathscr{P}_2 + \cdots + \lambda_n \mathscr{P}_n$$

令 $\mathscr{P} = \sum_{j=1}^{n} \mathscr{P}_j$, 则有

$$\begin{aligned}\mathscr{P}(\boldsymbol{\alpha}) &= \sum_{i=1}^{n} \boldsymbol{u}_j \langle \boldsymbol{u}_j, \boldsymbol{\alpha} \rangle \\ &= [\boldsymbol{\alpha}_1 \ \ \boldsymbol{\alpha}_2 \cdots \ \boldsymbol{\alpha}_n]UU^*\boldsymbol{x} - \boldsymbol{\alpha}, \quad \forall \boldsymbol{\alpha} \subset \mathcal{V}\end{aligned}$$

于是 $\mathscr{P}=\mathscr{E}$ 是恒等变换.

若 $\mathscr{A}$ 有重特征值, 令 $\lambda_j\ (j=1,2,\cdots,s)$ 是 $\mathscr{A}$ 的互不相同的特征值, 重数为 $\hat{n}_j$, $\mathcal{V}(\lambda_j)$ 是 λ_j 的由特征向量

$$[\boldsymbol{u}_{j1}\ \ \boldsymbol{u}_{j2}\ \ \cdots\ \ \boldsymbol{u}_{j\hat{n}_j}]=[\boldsymbol{\alpha}_1\ \ \boldsymbol{\alpha}_2\ \ \cdots\ \ \boldsymbol{\alpha}_n][\boldsymbol{x}_{j1}\ \ \boldsymbol{x}_{j2}\ \ \cdots\ \ \boldsymbol{x}_{j\hat{n}_j}]$$

张成的 Jordan 子空间, 则有

$$\begin{aligned}\mathscr{A}(\boldsymbol{\alpha})&=\sum_{j=1}^{n}\lambda_j\boldsymbol{u}_j\boldsymbol{x}_j^*\boldsymbol{x}\\&=\sum_{j=1}^{s}\lambda_j[\boldsymbol{u}_{j1}\ \ \boldsymbol{u}_{j2}\ \ \cdots\ \ \boldsymbol{u}_{j\hat{n}_j}]\begin{bmatrix}\boldsymbol{x}_{j1}^*\\\boldsymbol{x}_{j2}^*\\\vdots\\\boldsymbol{x}_{j\hat{n}_j}^*\end{bmatrix}\boldsymbol{x}\\&=\sum_{j=1}^{s}\lambda_j\mathscr{P}_{\lambda_j}(\boldsymbol{\alpha})\end{aligned}$$

其中

$$\mathscr{P}_{\lambda_j}(\boldsymbol{\alpha})\triangleq[\boldsymbol{u}_{j1}\ \ \boldsymbol{u}_{j2}\ \ \cdots\ \ \boldsymbol{u}_{j\hat{n}_j}]\begin{bmatrix}\boldsymbol{x}_{j1}^*\\\boldsymbol{x}_{j2}^*\\\vdots\\\boldsymbol{x}_{j\hat{n}_j}^*\end{bmatrix}\boldsymbol{x}=\sum_{i=1}^{\hat{n}_j}\boldsymbol{u}_{ji}\langle\boldsymbol{u}_{ji}\,,\,\boldsymbol{\alpha}\rangle \tag{5.6}$$

且对 $l=1,2,\cdots,\hat{n}_j$, $\boldsymbol{x}_{jl}^*$ 是 $U^*=U^{-1}$ 中与 U 中的列向量 $\boldsymbol{x}_{jl}$ 对应的行向量, 即

$$\begin{bmatrix}\boldsymbol{x}_{j1}^*\\\boldsymbol{x}_{j2}^*\\\vdots\\\boldsymbol{x}_{j\hat{n}_j}^*\end{bmatrix}[\boldsymbol{x}_{j1}\ \ \boldsymbol{x}_{j2}\ \ \cdots\ \ \boldsymbol{x}_{j\hat{n}_j}]=I_{\hat{n}_j}$$

因

$$\begin{aligned}\mathscr{P}_{\lambda_j}([\boldsymbol{u}_{j1}\ \ \boldsymbol{u}_{j2}\ \ \cdots\ \ \boldsymbol{u}_{j\hat{n}_j}])&=[\boldsymbol{u}_{j1}\ \ \boldsymbol{u}_{j2}\ \ \cdots\ \ \boldsymbol{u}_{j\hat{n}_j}]\begin{bmatrix}\boldsymbol{x}_{j1}^*\\\boldsymbol{x}_{j2}^*\\\vdots\\\boldsymbol{x}_{j\hat{n}_j}^*\end{bmatrix}[\boldsymbol{x}_{j1}\ \ \boldsymbol{x}_{j2}\ \ \cdots\ \ \boldsymbol{x}_{j\hat{n}_j}]\\&=[\boldsymbol{u}_{j1}\ \ \boldsymbol{u}_{j2}\ \ \cdots\ \ \boldsymbol{u}_{j\hat{n}_j}]\end{aligned}$$

故对任何 $\boldsymbol{\alpha} \in \mathcal{V}$ 都有

$$\mathscr{P}_{\lambda_j}^2(\boldsymbol{\alpha}) = \mathscr{P}_{\lambda_j}\left([\boldsymbol{u}_{j1} \ \ \boldsymbol{u}_{j2} \ \ \cdots \ \ \boldsymbol{u}_{j\hat{n}_j}]\begin{bmatrix}\boldsymbol{x}_{j1}^* \\ \boldsymbol{x}_{j2}^* \\ \vdots \\ \boldsymbol{x}_{j\hat{n}_j}^*\end{bmatrix}\boldsymbol{x}\right)$$

$$= \mathscr{P}_{\lambda_j}\left([\boldsymbol{u}_{j1} \ \ \boldsymbol{u}_{j2} \ \ \cdots \ \ \boldsymbol{u}_{j\hat{n}_j}]\right)\begin{bmatrix}\boldsymbol{x}_{j1}^* \\ \boldsymbol{x}_{j2}^* \\ \vdots \\ \boldsymbol{x}_{j\hat{n}_j}^*\end{bmatrix}\boldsymbol{x}$$

$$= [\boldsymbol{u}_{j1} \ \ \boldsymbol{u}_{j2} \ \ \cdots \ \ \boldsymbol{u}_{j\hat{n}_j}]\begin{bmatrix}\boldsymbol{x}_{j1}^* \\ \boldsymbol{x}_{j2}^* \\ \vdots \\ \boldsymbol{x}_{j\hat{n}_j}^*\end{bmatrix}\boldsymbol{x} = \mathscr{P}_{\lambda_j}(\boldsymbol{\alpha})$$

最后一式说明 $\mathscr{P}_{\lambda_j}^2 = \mathscr{P}_{\lambda_j}$, 于是 $\mathscr{P}_{\lambda_j}$ 是从 $\mathcal{V}$ 到 Jordan 子空间 $\mathcal{V}(\lambda_j)$ 的投影算子, 从而 $\mathscr{A}$ 可以分解为 s 个投影算子 $\mathscr{P}_{\lambda_j}$ 的线性组合, 即

$$\mathscr{A} = \lambda_1\mathscr{P}_{\lambda_1} + \lambda_2\mathscr{P}_{\lambda_2} + \cdots + \lambda_s\mathscr{P}_{\lambda_s}$$

考虑投影算子 $\mathscr{P}_{\lambda_j}$ 的和. 由定义可得

$$\left(\sum_{j=1}^{s}\mathscr{P}_{\lambda_j}\right)(\boldsymbol{\alpha}) = \sum_{j=1}^{s}[\boldsymbol{u}_{j1} \ \ \boldsymbol{u}_{j2} \ \ \cdots \ \ \boldsymbol{u}_{j\hat{n}_j}]\begin{bmatrix}\boldsymbol{x}_{j1}^* \\ \boldsymbol{x}_{j2}^* \\ \vdots \\ \boldsymbol{x}_{j\hat{n}_j}^*\end{bmatrix}\boldsymbol{x}$$

$$= [\boldsymbol{\alpha}_1 \ \ \boldsymbol{\alpha}_2 \ \ \cdots \ \ \boldsymbol{\alpha}_n]\underbrace{\left(\sum_{j=1}^{s}[\boldsymbol{x}_{j1} \ \ \boldsymbol{x}_{j2} \ \ \cdots \ \ \boldsymbol{x}_{j\hat{n}_j}]\begin{bmatrix}\boldsymbol{x}_{j1}^* \\ \boldsymbol{x}_{j2}^* \\ \vdots \\ \boldsymbol{x}_{j\hat{n}_j}^*\end{bmatrix}\right)}_{=I_n}\boldsymbol{x}$$

$$= [\boldsymbol{\alpha}_1 \ \ \boldsymbol{\alpha}_2 \ \ \cdots \ \ \boldsymbol{\alpha}_n]\boldsymbol{x} = \boldsymbol{\alpha}$$

对所有 $\boldsymbol{\alpha} \in \mathcal{V}$ 都成立. 于是

$$\mathscr{P}_{\lambda_1} + \mathscr{P}_{\lambda_2} + \cdots + \mathscr{P}_{\lambda_s} = \mathscr{E}$$

是恒等变换.

进而考虑变换 $\mathscr{P}_{\lambda_k}\circ\mathscr{P}_{\lambda_j}$, 其中 $k\neq j$. 令 $\boldsymbol{\alpha}$ 为 $\mathcal{V}$ 中的任何向量, 则有

$$
\begin{aligned}
\left(\mathscr{P}_{\lambda_k}\circ\mathscr{P}_{\lambda_j}\right)(\boldsymbol{\alpha}) &= \mathscr{P}_{\lambda_k}\left[\mathscr{P}_{\lambda_j}(\boldsymbol{\alpha})\right] \\
&= \mathscr{P}_{\lambda_k}\left(\begin{bmatrix}\boldsymbol{u}_{j1} & \boldsymbol{u}_{j2} & \cdots & \boldsymbol{u}_{j\hat{n}_j}\end{bmatrix}\begin{bmatrix}\boldsymbol{x}_{j1}^* \\ \boldsymbol{x}_{j2}^* \\ \vdots \\ \boldsymbol{x}_{j\hat{n}_j}^*\end{bmatrix}\boldsymbol{x}\right) \\
&= \mathscr{P}_{\lambda_k}\left(\begin{bmatrix}\boldsymbol{u}_{j1} & \boldsymbol{u}_{j2} & \cdots & \boldsymbol{u}_{j\hat{n}_j}\end{bmatrix}\right)\begin{bmatrix}\boldsymbol{x}_{j1}^* \\ \boldsymbol{x}_{j2}^* \\ \vdots \\ \boldsymbol{x}_{j\hat{n}_j}^*\end{bmatrix}\boldsymbol{x} \\
&= \begin{bmatrix}\boldsymbol{u}_{k1} & \boldsymbol{u}_{k2} & \cdots & \boldsymbol{u}_{k\hat{n}_k}\end{bmatrix}\underbrace{\begin{bmatrix}\boldsymbol{x}_{k1}^* \\ \boldsymbol{x}_{k2}^* \\ \vdots \\ \boldsymbol{x}_{k\hat{n}_k}^*\end{bmatrix}\begin{bmatrix}\boldsymbol{x}_{j1} & \boldsymbol{x}_{j2} & \cdots & \boldsymbol{x}_{j\hat{n}_j}\end{bmatrix}}_{=0_{\hat{n}_k\times\hat{n}_j}}\begin{bmatrix}\boldsymbol{x}_{j1}^* \\ \boldsymbol{x}_{j2}^* \\ \vdots \\ \boldsymbol{x}_{j\hat{n}_j}^*\end{bmatrix}\boldsymbol{x} = \boldsymbol{0}
\end{aligned}
$$

由 $\boldsymbol{\alpha}$ 的任意性可知, 对任何 $k\neq j$ 都有 $\mathscr{P}_{\lambda_k}\circ\mathscr{P}_{\lambda_j}=\mathscr{O}$.

最后考虑内积 $\langle\boldsymbol{\beta},\,\mathscr{P}_{\lambda_j}(\boldsymbol{\alpha})\rangle$. 由式 (5.6) 可得

$$
\begin{aligned}
\langle\boldsymbol{\beta},\,\mathscr{P}_{\lambda_j}(\boldsymbol{\alpha})\rangle &= \left\langle\boldsymbol{\beta},\sum_{i=1}^{\hat{n}_j}\boldsymbol{u}_{ji}\langle\boldsymbol{u}_{ji},\boldsymbol{\alpha}\rangle\right\rangle = \sum_{i=1}^{\hat{n}_j}\langle\boldsymbol{u}_{ji},\boldsymbol{\alpha}\rangle\langle\boldsymbol{\beta},\boldsymbol{u}_{ji}\rangle \\
&= \sum_{i=1}^{\hat{n}_j}\langle\boldsymbol{u}_{ji},\boldsymbol{\alpha}\rangle\overline{\langle\boldsymbol{u}_{ji},\boldsymbol{\beta}\rangle} = \left\langle\sum_{i=1}^{\hat{n}_j}\boldsymbol{u}_{ji}\langle\boldsymbol{u}_{ji},\boldsymbol{\beta}\rangle,\boldsymbol{\alpha}\right\rangle \\
&= \langle\mathscr{P}_{\lambda_j}(\boldsymbol{\beta}),\boldsymbol{\alpha}\rangle
\end{aligned}
$$

对任何 $\boldsymbol{\alpha},\boldsymbol{\beta}\in\mathcal{V}$ 都成立. 于是 $\mathscr{P}_{\lambda_j}=\mathscr{P}_{\lambda_j}^*$ 是自伴随变换. 总结前述分析的结果, 可得以下结论.

【定理 5.1.3】 设 $\mathscr{A}\in\mathcal{L}(\mathcal{V})$ 为正规变换, λ_j $(j=1,2,\cdots,s)$ 是 $\mathscr{A}$ 的不同的特征值, 重数为 $\hat{n}_j$, 当且仅当存在 s 个投影算子 $\mathscr{P}_{\lambda_1}$, $\mathscr{P}_{\lambda_2}$, $\cdots$, $\mathscr{P}_{\lambda_s}$ 将 $\mathscr{A}$ 唯一地分解为 $\mathscr{A}=\sum_{j=1}^{s}\lambda_j\mathscr{P}_{\lambda_j}$ 且有

(1) $\mathscr{P}_{\lambda_j}^2=\mathscr{P}_{\lambda_j}$;

(2) $\mathscr{P}_{\lambda_j}\circ\mathscr{P}_{\lambda_k}=\mathscr{O}$, $\forall j\neq k$;

(3) $\sum_{j=1}^{s}\mathscr{P}_{\lambda_j}=\mathscr{E}$;

(4) $\mathscr{P}_{\lambda_j}=\mathscr{P}_{\lambda_j}^*$;

(5) $\operatorname{rank}\mathscr{P}_{\lambda_j}=\hat{n}_j$.

证明: 由前面的分析可知, 必要性为显然, 因而只证充分性. 这只要证明 $\mathscr{A}\circ\mathscr{A}^*=\mathscr{A}^*\circ\mathscr{A}$ 即可.

$$\begin{aligned}\mathscr{A}\circ\mathscr{A}^*&=\left(\sum_{j=1}^{s}\lambda_j\mathscr{P}_{\lambda_j}\right)\circ\left(\sum_{j=1}^{s}\bar{\lambda}_j\mathscr{P}_{\lambda_j}^*\right)=\left(\sum_{j=1}^{s}\lambda_j\mathscr{P}_{\lambda_j}\right)\circ\left(\sum_{j=1}^{s}\bar{\lambda}_j\mathscr{P}_{\lambda_j}\right)\\&=\sum_{j=1}^{s}\lambda_j\bar{\lambda}_j\mathscr{P}_{\lambda_j}^2=\sum_{j=1}^{s}\lambda_j\bar{\lambda}_j\mathscr{P}_{\lambda_j}\end{aligned}$$

$$\begin{aligned}\mathscr{A}^*\circ\mathscr{A}&=\left(\sum_{j=1}^{s}\bar{\lambda}_j\mathscr{P}_{\lambda_j}^*\right)\circ\left(\sum_{j=1}^{s}\lambda_j\mathscr{P}_{\lambda_j}\right)=\left(\sum_{j=1}^{s}\bar{\lambda}_j\mathscr{P}_{\lambda_j}\right)\circ\left(\sum_{j=1}^{s}\lambda_j\mathscr{P}_{\lambda_j}\right)\\&=\sum_{j=1}^{s}\bar{\lambda}_j\lambda_j\mathscr{P}_{\lambda_j}^2=\sum_{j=1}^{s}\bar{\lambda}_j\lambda_j\mathscr{P}_{\lambda_j}\end{aligned}$$

于是, $\mathscr{A}\circ\mathscr{A}^*=\mathscr{A}^*\circ\mathscr{A}$.

接下来只要证明分解的唯一性即可. 因 $\lambda_j\ (j=1,2,\cdots,s)$ 由 $\mathscr{A}$ 唯一地确定, 故只要证明投影算子 $\mathscr{P}_{\lambda_j}$ 的唯一性即可. 对 $\mathcal{V}$ 中任何 $\boldsymbol{\alpha}$ 都有

$$\begin{aligned}\left(\mathscr{A}\circ\mathscr{P}_{\lambda_j}\right)(\boldsymbol{\alpha})&=\mathscr{A}\left[\mathscr{P}_{\lambda_j}(\boldsymbol{\alpha})\right]=\mathscr{A}\left(\sum_{i=1}^{\hat{n}_j}\boldsymbol{u}_{ji}\langle\boldsymbol{u}_{ji},\boldsymbol{\alpha}\rangle\right)\\&=\sum_{i=1}^{\hat{n}_j}\mathscr{A}(\boldsymbol{u}_{ji})\langle\boldsymbol{u}_{ji},\boldsymbol{\alpha}\rangle=\sum_{i=1}^{\hat{n}_j}\lambda_j\boldsymbol{u}_{ji}\langle\boldsymbol{u}_{ji},\boldsymbol{\alpha}\rangle=\lambda_j\mathscr{P}_{\lambda_j}(\boldsymbol{\alpha})\end{aligned}$$

$$\left(\mathscr{P}_{\lambda_j}\circ\mathscr{A}\right)(\boldsymbol{\alpha})=\mathscr{P}_{\lambda_j}\left[\sum_{i=1}^{s}\lambda_i\mathscr{P}_{\lambda_i}(\boldsymbol{\alpha})\right]=\lambda_j\mathscr{P}_{\lambda_j}^2(\boldsymbol{\alpha})=\lambda_j\mathscr{P}_{\lambda_j}(\boldsymbol{\alpha})$$

由 $\boldsymbol{\alpha}$ 的任意性可得

$$\mathscr{A}\circ\mathscr{P}_{\lambda_j}=\mathscr{P}_{\lambda_j}\circ\mathscr{A}=\lambda_j\mathscr{P}_{\lambda_j}$$

设存在投影算子 $\tilde{\mathscr{P}}_{\lambda_j}$ 也满足 (1)~(5), 则它也满足

$$\mathscr{A}\circ\tilde{\mathscr{P}}_{\lambda_j}=\tilde{\mathscr{P}}_{\lambda_j}\circ\mathscr{A}=\lambda_j\tilde{\mathscr{P}}_{\lambda_j}$$

于是, 有

$$\begin{aligned}(\lambda_k-\lambda_j)\mathscr{P}_{\lambda_j}\circ\tilde{\mathscr{P}}_{\lambda_k}&=\lambda_k\mathscr{P}_{\lambda_j}\circ\tilde{\mathscr{P}}_{\lambda_k}-\lambda_j\mathscr{P}_{\lambda_j}\circ\tilde{\mathscr{P}}_{\lambda_k}\\&=\mathscr{P}_{\lambda_j}\circ\left(\lambda_k\tilde{\mathscr{P}}_{\lambda_k}\right)-\left(\lambda_j\mathscr{P}_{\lambda_j}\right)\circ\tilde{\mathscr{P}}_{\lambda_k}\\&=\mathscr{P}_{\lambda_j}\circ\mathscr{A}\circ\tilde{\mathscr{P}}_{\lambda_k}-\mathscr{P}_{\lambda_j}\circ\mathscr{A}\circ\tilde{\mathscr{P}}_{\lambda_k}=\mathscr{O}\end{aligned}$$

因对任何 $k\neq j$, $\lambda_k\neq\lambda_j$, 必有 $\mathscr{P}_{\lambda_j}\circ\tilde{\mathscr{P}}_{\lambda_k}=\mathscr{O}$, $\forall k\neq j$, 且

$$\begin{aligned}\mathscr{P}_{\lambda_j} &= \mathscr{P}_{\lambda_j} \circ \mathscr{E} = \mathscr{P}_{\lambda_j} \circ \left(\sum_{i=1}^{s} \tilde{\mathscr{P}}_{\lambda_i}\right) \\ &= \mathscr{P}_{\lambda_j} \tilde{\mathscr{P}}_{\lambda_j} = \left(\sum_{i=1}^{s} \mathscr{P}_{\lambda_i}\right) \circ \tilde{\mathscr{P}}_{\lambda_j} = \mathscr{E} \circ \tilde{\mathscr{P}}_{\lambda_j} = \tilde{\mathscr{P}}_{\lambda_j}\end{aligned}$$

这就是要证明的结果. ■

由正规变换的谱分解可以很容易地得到正规矩阵 A 的谱分解. 对于正规矩阵 A 存在 $U \in \mathcal{U}^{n\times n}$ 使得

$$A = U\mathrm{diag}\{\lambda_1, \lambda_2, \cdots, \lambda_n\} U^*$$

令 $U = [\boldsymbol{x}_1 \ \ \boldsymbol{x}_2 \ \ \cdots \ \ \boldsymbol{x}_n]$, 则有

$$\begin{aligned}A &= [\boldsymbol{x}_1 \ \ \boldsymbol{x}_2 \ \ \cdots \ \ \boldsymbol{x}_n]\,\mathrm{diag}\{\lambda_1, \lambda_2, \cdots, \lambda_n\}\begin{bmatrix}\boldsymbol{x}_1^* \\ \boldsymbol{x}_2^* \\ \vdots \\ \boldsymbol{x}_n^*\end{bmatrix} \\ &= \lambda_1\boldsymbol{x}_1\boldsymbol{x}_1^* + \lambda_2\boldsymbol{x}_2\boldsymbol{x}_2^* + \cdots + \lambda_n\boldsymbol{x}_n\boldsymbol{x}_n^*\end{aligned}$$

其中, $\boldsymbol{x}_j$ 是 A 的特征值 λ_j 的特征向量.

不失一般性, 设 $\lambda_1, \lambda_2, \cdots, \lambda_s$ 是 A 的不同特征值, 重数为 $\hat{n}_j$, $\boldsymbol{x}_{j1}, \boldsymbol{x}_{j2}, \cdots, \boldsymbol{x}_{j\hat{n}_j}$ 是 λ_j 的特征向量, 则 A 可分解为

$$A = \sum_{j=1}^{s} \lambda_j \sum_{i=1}^{\hat{n}_j} \boldsymbol{x}_{ji}\boldsymbol{x}_{ji}^* = \sum_{j=1}^{s} \lambda_j P_j$$

其中

$$\begin{aligned}P_j &= \sum_{i=1}^{\hat{n}_j} \boldsymbol{x}_{ji}\boldsymbol{x}_{ji}^* \\ &= \underbrace{[\boldsymbol{x}_{j1} \ \ \boldsymbol{x}_{j2} \ \ \cdots \ \ \boldsymbol{x}_{j\hat{n}_j}]}_{\triangleq U_j} \underbrace{\begin{bmatrix}\boldsymbol{x}_{j1}^* \\ \boldsymbol{x}_{j2}^* \\ \vdots \\ \boldsymbol{x}_{j\hat{n}_j}^*\end{bmatrix}}_{=U_j^*}\end{aligned}$$

显然, 有 $P_j^* = P_j = P_j^2$, $P_jP_k = 0, \forall j \neq k$. 于是有下述结果.

【定理 5.1.4】 令 λ_j $(j = 1, 2, \cdots, s)$ 是 $n \times n$ 矩阵 A 的不同特征值, 重数为 $\hat{n}_j$, 则 A 为正规矩阵, 当且仅当存在 s 个 $n \times n$ 矩阵 P_{λ_j} $(j = 1, 2, \cdots, s)$ 使得

(1) $A = \sum_{j=1}^{s} \lambda_j P_{\lambda_j}$;

(2) $P_{\lambda_j} = P_{\lambda_j}^2 = P_{\lambda_j}^*$;

(3) $P_{\lambda_j} P_{\lambda_k} = 0$, $j \neq k$;

(4) $\sum_{j=1}^{s} P_{\lambda_j} = I$;

(5) $\mathrm{rank} P_{\lambda_j} = \hat{n}_j$.

且该分解是唯一的.

【例 5.1.3】 对正规矩阵

$$A = \begin{bmatrix} 0 & 1 & 1 & -1 \\ 1 & 0 & -1 & 1 \\ 1 & -1 & 0 & 1 \\ -1 & 1 & 1 & 0 \end{bmatrix}$$

进行谱分解.

解: 第一步 计算 A 的特征值. 由

$$\det(\lambda I - A) = \det \begin{bmatrix} \lambda & -1 & -1 & 1 \\ -1 & \lambda & 1 & -1 \\ -1 & 1 & \lambda & -1 \\ 1 & -1 & -1 & \lambda \end{bmatrix} = (\lambda - 1)^3 (\lambda + 3)$$

可知 A 的特征值为 $\lambda_1 = \lambda_2 = \lambda_3 = 1$, $\lambda_4 = -3$.

第二步 计算 A 的特征向量. 对 $\lambda = 1$, $(\lambda I - A)\boldsymbol{x} = \mathbf{0} \iff$

$$\begin{bmatrix} 1 & -1 & -1 & 1 \\ -1 & 1 & 1 & -1 \\ -1 & 1 & 1 & -1 \\ 1 & -1 & -1 & 1 \end{bmatrix} \begin{bmatrix} x_1 \\ x_2 \\ x_3 \\ x_4 \end{bmatrix} = \mathbf{0}$$

解上述方程可得

$$\boldsymbol{x}_1 = \begin{bmatrix} 1 \\ 1 \\ 0 \\ 0 \end{bmatrix}, \quad \boldsymbol{x}_2 = \begin{bmatrix} 1 \\ 0 \\ 1 \\ 0 \end{bmatrix}, \quad \boldsymbol{x}_3 = \begin{bmatrix} -1 \\ 0 \\ 0 \\ 1 \end{bmatrix}$$

对于 $\lambda = -3$, $(\lambda I - A)\boldsymbol{x} = \mathbf{0} \iff$

$$\begin{bmatrix} -3 & -1 & -1 & 1 \\ -1 & -3 & 1 & -1 \\ -1 & 1 & -3 & -1 \\ 1 & -1 & -1 & -3 \end{bmatrix} \begin{bmatrix} x_1 \\ x_2 \\ x_3 \\ x_4 \end{bmatrix} = \mathbf{0}$$

上述方程的解为

$$\boldsymbol{x}_4=[1\quad -1\quad -1\quad 1]^{\mathrm{T}}$$

第三步 计算 A 的谱分解. 将 $\boldsymbol{x}_1, \boldsymbol{x}_2, \boldsymbol{x}_3$ 标准正交化, 得

$$\gamma_1=\begin{bmatrix}\frac{1}{\sqrt{2}}\\ \frac{1}{\sqrt{2}}\\ 0\\ 0\end{bmatrix},\quad \gamma_2=\begin{bmatrix}\frac{1}{\sqrt{6}}\\ -\frac{1}{\sqrt{6}}\\ \frac{2}{\sqrt{6}}\\ 0\end{bmatrix},\quad \gamma_3=\begin{bmatrix}-\frac{1}{\sqrt{12}}\\ \frac{1}{\sqrt{12}}\\ \frac{1}{\sqrt{12}}\\ \frac{3}{\sqrt{12}}\end{bmatrix}$$

于是, 有

$$G_1=\gamma_1\gamma_1^{\mathrm{T}}+\gamma_2\gamma_2^{\mathrm{T}}+\gamma_3\gamma_3^{\mathrm{T}}=\begin{bmatrix}\frac{3}{4}&\frac{1}{4}&\frac{1}{4}&-\frac{1}{4}\\ \frac{1}{4}&\frac{3}{4}&-\frac{1}{4}&\frac{1}{4}\\ \frac{1}{4}&-\frac{1}{4}&\frac{3}{4}&\frac{1}{4}\\ -\frac{1}{4}&\frac{1}{4}&\frac{1}{4}&\frac{3}{4}\end{bmatrix}$$

将 $\boldsymbol{x}_4$ 标准化, 得

$$\boldsymbol{x}_4=\begin{bmatrix}\frac{1}{2}&-\frac{1}{2}&-\frac{1}{2}&\frac{1}{2}\end{bmatrix}^{\mathrm{T}}$$

于是, 有

$$G_2=\gamma_4\gamma_4^{\mathrm{T}}=\begin{bmatrix}\frac{1}{4}&-\frac{1}{4}&-\frac{1}{4}&\frac{1}{4}\\ -\frac{1}{4}&\frac{1}{4}&\frac{1}{4}&-\frac{1}{4}\\ -\frac{1}{4}&\frac{1}{4}&\frac{1}{4}&-\frac{1}{4}\\ \frac{1}{4}&-\frac{1}{4}&-\frac{1}{4}&\frac{1}{4}\end{bmatrix}$$

谱分解为 $A=G_1-3G_2$. △

5.2 线性映射与矩阵的奇异值分解

本节将引入线性映射的奇异值和奇异向量偶 (Schmidt pair) 的概念, 对 $\mathscr{A}$ 作奇异值 (Schmidt) 分解. 在引入线性映射的奇异值的概念之前, 先介绍一个定理.

【定理 5.2.1】　$\mathscr{A}$ 是 n 维酉空间 $\mathcal{U}$ 到 m 维酉空间 $\mathcal{V}$ 的线性映射. $\mathscr{A}^* \in \mathcal{L}(\mathcal{V} \to \mathcal{U})$ 为 $\mathscr{A}$ 的伴随映射, $\operatorname{rank}\mathscr{A} = r \leqslant \min\{n, m\}$.

(1) $\operatorname{rank}\mathscr{A} = \operatorname{rank}(\mathscr{A}^* \circ \mathscr{A}) = \operatorname{rank}(\mathscr{A} \circ \mathscr{A}^*)$;

(2) 设 $\lambda_i\ (i = 1, 2, \cdots, m)$ 是自伴随变换 $\mathscr{A} \circ \mathscr{A}^* \in \mathcal{L}(\mathcal{V})$ 的特征值, $\mu_i\ (i = 1, 2, \cdots, n)$ 是自伴随变换 $\mathscr{A}^* \circ \mathscr{A} \in \mathcal{L}(\mathcal{U})$ 的特征值. 则有

$$\lambda_1 \geqslant \lambda_2 \geqslant \cdots \geqslant \lambda_r > \lambda_{r+1} = \lambda_{r+2} = \cdots = \lambda_m = 0 \tag{5.7}$$

$$\mu_1 \geqslant \mu_2 \geqslant \cdots \geqslant \mu_r > \mu_{r+1} = \mu_{r+2} = \cdots = \lambda_n = 0 \tag{5.8}$$

$$\lambda_i = \mu_i, \quad i = 1, 2, \cdots, r \tag{5.9}$$

证明: (1) 设 $\boldsymbol{\beta} \in \mathcal{N}(\mathscr{A} \circ \mathscr{A}^*)$. 则由 $0 = \langle \boldsymbol{\beta}, (\mathscr{A} \circ \mathscr{A}^*)(\boldsymbol{\beta}) \rangle_{\mathcal{V}} = \langle \mathscr{A}^*(\boldsymbol{\beta}), \mathscr{A}^*(\boldsymbol{\beta}) \rangle_{\mathcal{U}} = \|\mathscr{A}^*(\boldsymbol{\beta})\|^2$ 可知, 必有 $\mathscr{A}^*(\boldsymbol{\beta}) = \mathbf{0}$, 即 $\boldsymbol{\beta} \in \mathcal{N}(\mathscr{A}^*)$. 于是有 $\mathcal{N}(\mathscr{A} \circ \mathscr{A}^*) \subset \mathcal{N}(\mathscr{A}^*)$. $\mathcal{N}(\mathscr{A}^*) \subset \mathcal{N}(\mathscr{A} \circ \mathscr{A}^*)$ 为显然. 于是 $\mathcal{N}(\mathscr{A} \circ \mathscr{A}^*) = \mathcal{N}(\mathscr{A}^*)$, $\operatorname{rank}\mathscr{A}^* = \operatorname{rank}\mathscr{A} = \operatorname{rank}(\mathscr{A}\mathscr{A}^*)$. 类似地可以证明 $\operatorname{rank}\mathscr{A} = \operatorname{rank}(\mathscr{A}^* \circ \mathscr{A})$.

(2) 记 $\boldsymbol{v}_i\ (i = 1, 2, \cdots, m)$ 为自伴随变换 $\mathscr{A} \circ \mathscr{A}^*$ 在 $\mathcal{V}$ 中的标准正交特征基, 则有 $(\mathscr{A} \circ \mathscr{A}^*)(\boldsymbol{v}_i) = \lambda_i \boldsymbol{v}_i$. 由

$$\begin{aligned}\langle \boldsymbol{v}_i, (\mathscr{A} \circ \mathscr{A}^*)(\boldsymbol{v}_i) \rangle_{\mathcal{V}} &= \lambda_i \langle \boldsymbol{v}_i, \boldsymbol{v}_i \rangle_{\mathcal{V}} = \lambda_i \|\boldsymbol{v}_i\|^2 \\ &= \langle \mathscr{A}^*(\boldsymbol{v}_i), \mathscr{A}^*(\boldsymbol{v}_i) \rangle_{\mathcal{U}} = \|\mathscr{A}^*(\boldsymbol{v}_i)\|^2\end{aligned} \tag{5.10}$$

可知, $\lambda_i = \|\mathscr{A}^*(\boldsymbol{v}_i)\|^2 \geqslant 0$. 因 $\operatorname{rank}(\mathscr{A} \circ \mathscr{A}^*) = r$, 对特征值进行排列可以有式 (5.7). 类似地可以证明式 (5.8). 设 $(\mathscr{A} \circ \mathscr{A}^*)(\boldsymbol{v}_i) = \lambda_i \boldsymbol{v}_i$, 则有

$$(\mathscr{A}^* \circ \mathscr{A})[\mathscr{A}^*(\boldsymbol{v}_i)] = \lambda_i \mathscr{A}^*(\boldsymbol{v}_i) \tag{5.11}$$

式 (5.11) 说明, $\mathscr{A} \circ \mathscr{A}^*$ 的特征值 λ_i 在数值上也是 $\mathscr{A}^* \circ \mathscr{A}$ 的特征值, 即式 (5.9). ■

定义 5.2.1　$\mathcal{U}$ 和 $\mathcal{V}$, $\mathscr{A}$ 和 $\mathscr{A}^*$, λ_i 和 μ_i 的定义同前. 称

$$\sigma_i = \sqrt{\lambda_i} = \sqrt{\mu_i}, \quad , i = 1, 2, \cdots, r$$

是 $\mathscr{A}$ 和 $\mathscr{A}^*$ 的奇异值.

显然, σ_1 是 $\mathscr{A}$ 和 $\mathscr{A}^*$ 的最大奇异值, 记为 $\bar{\sigma}(\mathscr{A})$.

【定理 5.2.2】　$\mathcal{U}$ 和 $\mathcal{V}$, $\mathscr{A}$ 和 $\mathscr{A}^*$, σ_i 的定义同前, $\boldsymbol{v}_i$ 和 $\boldsymbol{u}_i$ 分别是 $\mathscr{A} \circ \mathscr{A}^*$ 和 $\mathscr{A}^* \circ \mathscr{A}$ 的非零特征值的特征向量, 则有

$$\mathscr{A}(\boldsymbol{u}_i) = \sigma_i \boldsymbol{v}_i, \quad \mathscr{A}^*(\boldsymbol{v}_i) = \sigma_i \boldsymbol{u}_i, \quad \forall\, i = 1, 2, \cdots, r \tag{5.12}$$

证明: 由式 (5.11) 可知, $\mathscr{A}^*(\boldsymbol{v}_i)$ 是 $\mathscr{A}^* \circ \mathscr{A}$ 的属于特征值 λ_i 的特征向量. 而由定义可知, $\boldsymbol{u}_i$ 也是 $\mathscr{A}^* \circ \mathscr{A}$ 的属于特征值 λ_i 的特征向量. 于是有 $\mathscr{A}^*(\boldsymbol{v}_i) = \rho_i \boldsymbol{u}_i$. 代入式 (5.10) 可得 $\rho_i^2 \|\boldsymbol{u}_i\|^2 = \lambda_i \|\boldsymbol{v}_i\|^2$. 从而 $\rho_i = \sqrt{\lambda_i} = \sigma_i$, $\mathscr{A}^*(\boldsymbol{v}_i) = \sigma_i \boldsymbol{u}_i$. 类似地, 可以证明 $\mathscr{A}(\boldsymbol{u}_i) = \sigma_i \boldsymbol{v}_i$. ■

定义 5.2.2 满足式 (5.12) 的标准正交向量 $\boldsymbol{u}_i$ 和 $\boldsymbol{v}_i$ 称为 $\mathscr{A}$ 和 $\mathscr{A}^*$ 属于奇异值 σ_i 的一个 Schmidt 偶, $i=1,2,\cdots,r$.

【定理 5.2.3】 $\mathscr{A}\in\mathcal{L}(\mathcal{U}\to\mathcal{V})$, $\boldsymbol{u}_i$ 和 $\boldsymbol{v}_i$ 是 $\mathscr{A}$ 和 $\mathscr{A}^*$ 的属于奇异值 σ_i 的 Schmidt 偶. 则对所有的 $\boldsymbol{\alpha}\in\mathcal{U}$, $\boldsymbol{\beta}\in\mathcal{V}$ 都有奇异值分解如下:

$$\mathscr{A}(\boldsymbol{\alpha})=\sum_{i=1}^{r}\sigma_i\boldsymbol{v}_i\langle\boldsymbol{u}_i\,,\,\boldsymbol{\alpha}\rangle\,,\quad \mathscr{A}^*(\boldsymbol{\beta})=\sum_{i=1}^{r}\sigma_i\boldsymbol{u}_i\langle\boldsymbol{v}_i\,,\,\boldsymbol{\beta}\rangle$$

证明: 简便起见, 只证第一式. 由定理 5.2.2 可知 $\mathscr{A}(\boldsymbol{u}_i)=\sigma_i\boldsymbol{v}_i$, $i=1,2,\cdots,r$. 而对 $i=r+1,r+2,\cdots,n$, 有 $(\mathscr{A}^*\circ\mathscr{A})(\boldsymbol{u}_i)=\mathbf{0}$. 由定理 5.2.1可知, 这等价于 $\mathscr{A}(\boldsymbol{u}_i)=\mathbf{0}$. 因自伴随变换 $\mathscr{A}^*\circ\mathscr{A}$ 的标准正交特征基 $\boldsymbol{u}_i$ $(i=1,2,\cdots,n)$ 是 $\mathcal{U}$ 的一组标准正交基, $\mathcal{U}$ 中任何向量 $\boldsymbol{\alpha}$ 都可表示为

$$\boldsymbol{\alpha}=\sum_{i=1}^{n}\boldsymbol{u}_i\langle\boldsymbol{u}_i\,,\,\boldsymbol{\alpha}\rangle$$

于是, 有

$$\mathscr{A}(\boldsymbol{\alpha})=\sum_{i=1}^{n}\langle\boldsymbol{u}_i\,,\,\boldsymbol{\alpha}\rangle\mathscr{A}(\boldsymbol{u}_i)=\sum_{i=1}^{r}\sigma_i\boldsymbol{v}_i\langle\boldsymbol{u}_i\,,\,\boldsymbol{\alpha}\rangle$$ ■

由线性映射 $\mathscr{A}$ 的奇异值分解很容易地得到矩阵 $A\in\mathcal{C}_r^{m\times n}$ 的奇异值. 由例 4.5.1 可知, $\mathcal{U}$ 中的标准正交基 $[\boldsymbol{\alpha}_1\ \ \boldsymbol{\alpha}_2\ \ \cdots\ \ \boldsymbol{\alpha}_n]$ 对应于 $\mathcal{C}^n$ 中的标准正交基 $[\boldsymbol{e}_{n,1}\ \ \boldsymbol{e}_{n,2}\ \ \cdots\ \ \boldsymbol{e}_{n,n}]$, 而 $\mathcal{V}$ 中的标准正交基 $[\boldsymbol{\beta}_1\ \ \boldsymbol{\beta}_2\ \ \cdots\ \ \boldsymbol{\beta}_m]$ 对应于 $\mathcal{C}^m$ 中的标准正交基 $[\boldsymbol{e}_{m,1}\ \ \boldsymbol{e}_{m,2}\ \ \cdots\ \ \boldsymbol{e}_{m,m}]$. 如果 $\mathscr{A}$ 在 $\mathcal{U}$ 和 $\mathcal{V}$ 的这对标准正交基下的矩阵表示是 A, 对任何 $\boldsymbol{\alpha}\in\mathcal{U}$, 令其坐标为 $\boldsymbol{x}$, 即

$$\boldsymbol{\alpha}=[\boldsymbol{\alpha}_1\ \ \boldsymbol{\alpha}_2\ \ \cdots\ \ \boldsymbol{\alpha}_n]\boldsymbol{x}$$

则有

$$\boldsymbol{\beta}=\mathscr{A}(\boldsymbol{\alpha})=[\boldsymbol{\beta}_1\ \ \boldsymbol{\beta}_2\ \ \cdots\ \ \boldsymbol{\beta}_m]A\boldsymbol{x}$$

显然, $\boldsymbol{y}=A\boldsymbol{x}$ 是 $\mathcal{C}^n$ 到 $\mathcal{C}^m$ 的线性映射且与 $\mathscr{A}$ 同构. 伴随变换 $\mathscr{A}^*$ 对应于 $\boldsymbol{x}=A^*\boldsymbol{y}$. 进而还有

$$(\mathscr{A}\circ\mathscr{A}^*)([\boldsymbol{v}_1\ \ \boldsymbol{v}_2\ \ \cdots\ \ \boldsymbol{v}_m])=[\boldsymbol{v}_1\ \ \boldsymbol{v}_2\ \ \cdots\ \ \boldsymbol{v}_m]D_{\mathcal{V}}\iff AA^*V=VD_{\mathcal{V}}$$

$$(\mathscr{A}^*\circ\mathscr{A})([\boldsymbol{u}_1\ \ \boldsymbol{u}_2\ \ \cdots\ \ \boldsymbol{u}_n])=[\boldsymbol{u}_1\ \ \boldsymbol{u}_2\ \ \cdots\ \ \boldsymbol{u}_n]D_{\mathcal{U}}\iff A^*AU=UD_{\mathcal{U}}$$

其中

$$[\boldsymbol{v}_1\ \ \boldsymbol{v}_2\ \ \cdots\ \ \boldsymbol{v}_m]=[\boldsymbol{\beta}_1\ \ \boldsymbol{\beta}_2\ \ \cdots\ \ \boldsymbol{\beta}_m]V$$

$$[\boldsymbol{u}_1\ \ \boldsymbol{u}_2\ \ \cdots\ \ \boldsymbol{u}_n]=[\boldsymbol{\alpha}_1\ \ \boldsymbol{\alpha}_2\ \ \cdots\ \ \boldsymbol{\alpha}_n]U$$

即 V 和 U 分别是 $\mathscr{A}\circ\mathscr{A}^*$ 和 $\mathscr{A}^*\circ\mathscr{A}$ 的标准正交特征基在 $\mathcal{V}$ 和 $\mathcal{U}$ 的标准正交基下的坐标矩阵, 于是 V 和 U 均为酉矩阵, 且有

$$AA^*V = VD_{\mathcal{V}} \Longleftrightarrow V^*AA^*V = D_{\mathcal{V}} \tag{5.13}$$

$$A^*AU = UD_{\mathcal{U}} \Longleftrightarrow U^*A^*AU = D_{\mathcal{U}}$$

由此可得 A 的奇异值分解.

【定理 5.2.4】 令 $A \in \mathcal{C}_r^{m\times n}$, $\sigma_1, \sigma_2, \cdots, \sigma_r$ 是 A 的奇异值. 则存在 $V \in \mathcal{U}^{m\times m}$ 和 $U \in \mathcal{U}^{n\times n}$ 使得

$$A = VDU^* = V\begin{bmatrix} \Sigma & 0_{r\times(n-r)} \\ 0_{(m-r)\times r} & 0_{(m-r)\times(n-r)} \end{bmatrix} U^*$$

其中, $\Sigma = \mathrm{diag}\{\sigma_1, \sigma_2, \cdots, \sigma_r\}$ 且有 $\sigma_1 \geqslant \sigma_2 \geqslant \cdots \geqslant \sigma_r > 0$. 进而令 $V = [V_1\ \ V_2]$, 其中 $V_1 \in \mathcal{C}^{m\times r}$, 则 $U = [A^*V_1\Sigma^{-1}\ \ U_2]$, 其中 $U_2 \in \mathcal{C}^{n\times(n-r)}$ 满足条件 $U_2^*A^*V_1\Sigma^{-1} = 0$ 且 $U_2^*U_2 = I_{n-r}$.

证明: A 的奇异值分解 $A = VDU^*$ 可直接由

$$\mathscr{A}([\boldsymbol{u}_1\ \ \boldsymbol{u}_2\ \ \cdots\ \ \boldsymbol{u}_n]) = [\boldsymbol{v}_1\ \ \boldsymbol{v}_2\ \ \cdots\ \ \boldsymbol{v}_m]D \Longleftrightarrow AU = VD$$

得到. 要证明 U 具有给定的结构, 需注意:

$$\mathscr{A}^*[\boldsymbol{v}_1\ \ \boldsymbol{v}_2\ \ \cdots\ \ \boldsymbol{v}_m] = [\boldsymbol{u}_1\ \ \boldsymbol{u}_2\ \ \cdots\ \ \boldsymbol{u}_n]D^* \Longleftrightarrow A^*V = UD^*$$

最后一式的前 r 列为

$$A^*V_1 = U_1\Sigma \Longleftrightarrow U_1 = A^*V_1\Sigma^{-1}$$

令 U_2 满足 $U_2^*A^*V_1\Sigma^{-1} = 0$ 且 $U_2^*U_2 = I_{n-r}$, 则

$$\begin{bmatrix} V_1^* \\ V_2^* \end{bmatrix} A\left[A^*V_1\Sigma^{-1}\ \ U_2\right] = \begin{bmatrix} V_1^*AA^*V_1\Sigma^{-1} & V_1^*AU_2 \\ V_2^*AA^*V_1\Sigma^{-1} & V_2^*AU_2 \end{bmatrix}$$

式 (5.13) 的 (1,1) 块为

$$V_1^*AA^*V_1 = \Sigma^2 \Longleftrightarrow V_1^*AA^*V_1\Sigma^{-1} = \Sigma$$

由

$$0 = \left(A^*V_1\Sigma^{-1}\right)^* U_2 = \Sigma^{-1}V_1^*AU_2$$

可得 $V_1^*AU_2 = 0$. 式 (5.13) 的 (2,1) 块为

$$V_2^*AA^*V_1 = 0 \Longleftrightarrow V_2^*AA^*V_1\Sigma^{-1} = 0$$

式 (5.13) 的 (2,2) 块为

$$V_2^*AA^*V_2 = 0 \Longleftrightarrow V_2^*A = 0$$

于是有 $V_2^*AU_2 = 0$ 且

$$V^*AU = \begin{bmatrix} \Sigma & 0_{r\times(n-r)} \\ 0_{(m-r)\times r} & 0_{(m-r)\times(n-r)} \end{bmatrix}$$ ■

【定理 5.2.5】 令 $A \in \mathcal{C}_r^{m\times n}$, $\sigma_1 \geqslant \sigma_2 \geqslant \cdots \geqslant \sigma_r > 0$ 是其奇异值, $\boldsymbol{x}_j$ $(j = 1, 2, \cdots, r, r+1, \cdots, n)$ 和 $\boldsymbol{y}_j$ $(j = 1, 2, \cdots, r, r+1, \cdots, m)$ 是酉矩阵 U 和 V 的列向量. 则

(1) $A\boldsymbol{x}_j = \sigma_j \boldsymbol{y}_j$, $A^*\boldsymbol{y}_j = \sigma_j \boldsymbol{x}_j$, $\forall j = 1, 2, \cdots, r$;

(2) 对任何 $\boldsymbol{x} \in \mathcal{C}^n$, $\boldsymbol{y} \in \mathcal{C}^m$, 有

$$A\boldsymbol{x} = \sum_{j=1}^{r} \sigma_j \boldsymbol{y}_j \langle \boldsymbol{x}_j\,,\, \boldsymbol{x}\rangle, \quad A^*\boldsymbol{y} = \sum_{j=1}^{r} \sigma_j \boldsymbol{x}_j \langle \boldsymbol{y}_j\,,\, \boldsymbol{y}\rangle$$

【例 5.2.1】 已知

$$A = \begin{bmatrix} 3 & 4 \\ 0 & 0 \\ 0 & 0 \end{bmatrix}$$

求 A 的奇异值分解.

解: 因为

$$AA^* = \begin{bmatrix} 25 & 0 & 0 \\ 0 & 0 & 0 \\ 0 & 0 & 0 \end{bmatrix}$$

AA^* 的特征值为 25, 0, 0, 故 A 的奇异值为 $\sigma = 5$. AA^* 的特征向量为 $[1\ \ 0\ \ 0]^{\mathrm{T}}$, $[0\ \ 1\ \ 0]^{\mathrm{T}}$, $[0\ \ 0\ \ 1]^{\mathrm{T}}$. 故

$$V = \begin{bmatrix} 1 & 0 & 0 \\ 0 & 1 & 0 \\ 0 & 0 & 1 \end{bmatrix}, \quad V_1 = \begin{bmatrix} 1 \\ 0 \\ 0 \end{bmatrix}, \quad V_2 = \begin{bmatrix} 0 & 0 \\ 1 & 0 \\ 0 & 1 \end{bmatrix}$$

$$U_1 = A^* V_1 \Sigma^{-*} = \begin{bmatrix} 3 & 0 & 0 \\ 4 & 0 & 0 \end{bmatrix} \begin{bmatrix} 1 \\ 0 \\ 0 \end{bmatrix} \Big/ 5 = \begin{bmatrix} \frac{3}{5} \\ \frac{4}{5} \end{bmatrix}$$

取

$$U_2 = \begin{bmatrix} \frac{4}{5} \\ -\frac{3}{5} \end{bmatrix}$$

则有

$$A = \begin{bmatrix} 1 & 0 & 0 \\ 0 & 1 & 0 \\ 0 & 0 & 1 \end{bmatrix} \begin{bmatrix} 5 & 0 \\ 0 & 0 \\ 0 & 0 \end{bmatrix} \begin{bmatrix} \frac{3}{5} & \frac{4}{5} \\ \frac{4}{5} & -\frac{3}{5} \end{bmatrix}$$

或者

$$A = V_r \Sigma U_r^* = \begin{bmatrix} 1 \\ 0 \\ 0 \end{bmatrix} 5 \begin{bmatrix} \frac{3}{5} & \frac{4}{5} \end{bmatrix}$$

△

5.3 线性映射与矩阵的满秩分解

设 $\boldsymbol{\alpha}_1, \boldsymbol{\alpha}_2, \cdots, \boldsymbol{\alpha}_n$ 和 $\boldsymbol{\beta}_1, \boldsymbol{\beta}_2, \cdots, \boldsymbol{\beta}_m$ 分别是 $\mathcal{U}$ 和 $\mathcal{V}$ 的基, $\mathscr{A} \in \mathcal{L}(\mathcal{U} \to \mathcal{V})$, $\operatorname{rank}\mathscr{A} = r$. $\mathscr{A}$ 的满秩分解即找到满同态的 $\mathscr{C} \in \mathcal{L}(\mathcal{U} \to \mathcal{R}(\mathscr{A}))$ 和单一同态的 $\mathscr{B} \in \mathcal{L}(\mathcal{R}(\mathscr{A}) \to \mathcal{V})$ 使得 $\mathscr{A} = \mathscr{B} \circ \mathscr{C}$. 令 $j_1 > j_2 > \cdots > j_r$ 为正整数, 使得

$$\mathscr{A}(\boldsymbol{\alpha}_{j_1}),\ \mathscr{A}(\boldsymbol{\alpha}_{j_2}),\ \cdots,\ \mathscr{A}(\boldsymbol{\alpha}_{j_r}) \tag{5.14}$$

是

$$\mathscr{A}(\boldsymbol{\alpha}_1),\ \mathscr{A}(\boldsymbol{\alpha}_2),\ \cdots,\ \mathscr{A}(\boldsymbol{\alpha}_n)$$

中前 r 个线性无关的向量, 则 $\mathscr{C}$ 可定义为

$$\mathscr{C}([\boldsymbol{\alpha}_1 \ \ \boldsymbol{\alpha}_2 \ \ \cdots \ \ \boldsymbol{\alpha}_n]) = [\mathscr{A}(\boldsymbol{\alpha}_{j_1}) \ \ \mathscr{A}(\boldsymbol{\alpha}_{j_2}) \ \ \cdots \ \ \mathscr{A}(\boldsymbol{\alpha}_{j_r})]C$$

其中, $C \in \mathcal{F}^{r\times n}$ 为满行秩矩阵. 因 $\mathscr{A}(\boldsymbol{\alpha}_{j_1}), \mathscr{A}(\boldsymbol{\alpha}_{j_2}), \cdots, \mathscr{A}(\boldsymbol{\alpha}_{j_r})$ 线性无关, 故这些向量可作为 $\mathcal{R}(\mathscr{A})$ 的一组基, $\mathscr{C}$ 是 $\mathcal{U}$ 到 $\mathcal{R}(\mathscr{A})$ 的满同态映射. 显然, C 的第 $j_1, j_2, \cdots, j_r$ 列构成 $r \times r$ 单位矩阵, 而 C 的第 j 列是 $\mathscr{A}(\boldsymbol{\alpha}_j)$ 在基向量 (5.14) 下的坐标. 进而令 $\mathscr{B}$ 为线性变换:

$$\mathscr{B}([\mathscr{A}(\boldsymbol{\alpha}_{j_1}) \ \ \mathscr{A}(\boldsymbol{\alpha}_{j_2}) \ \ \cdots \ \ \mathscr{A}(\boldsymbol{\alpha}_{j_r})]) = [\boldsymbol{\beta}_1 \ \ \boldsymbol{\beta}_2 \ \ \cdots \ \ \boldsymbol{\beta}_m]B$$

其中, $B \in \mathcal{F}^{m\times r}$ 的列向量是 $\mathcal{R}(\mathscr{A})$ 的基向量 (5.14) 的坐标. 因 $\mathscr{A}(\boldsymbol{\alpha}_{j_1}), \mathscr{A}(\boldsymbol{\alpha}_{j_2}), \cdots, \mathscr{A}(\boldsymbol{\alpha}_{j_r})$ 线性无关, B 的列向量线性无关, 从而 $\mathscr{B}$ 是 $\mathcal{R}(\mathscr{A})$ 到 $\mathcal{V}$ 的单一同态映射. 于是有

$$\begin{aligned}(\mathscr{B} \circ \mathscr{C})([\boldsymbol{\alpha}_1 \ \ \boldsymbol{\alpha}_2 \ \ \cdots \ \ \boldsymbol{\alpha}_n]) &= \mathscr{B}([\mathscr{A}(\boldsymbol{\alpha}_{j_1}) \ \ \mathscr{A}(\boldsymbol{\alpha}_{j_2}) \ \ \cdots \ \ \mathscr{A}(\boldsymbol{\alpha}_{j_r})]C) \\ &= [\boldsymbol{\beta}_1 \ \ \boldsymbol{\beta}_2 \ \ \cdots \ \ \boldsymbol{\beta}_m]BC\end{aligned}$$

从而 $\mathscr{A} = \mathscr{B} \circ \mathscr{C}$. 令 A 是 $\mathscr{A}$ 在给定基下的矩阵表示, 即

$$\mathscr{A}([\boldsymbol{\alpha}_1 \ \ \boldsymbol{\alpha}_2 \ \ \cdots \ \ \boldsymbol{\alpha}_n]) = [\boldsymbol{\beta}_1 \ \ \boldsymbol{\beta}_2 \ \ \cdots \ \ \boldsymbol{\beta}_m]A$$

则有 $A = BC$.

【定理 5.3.1】 令 $A \in \mathcal{C}_r^{m\times n}$, 则存在 $B \in \mathcal{C}_r^{m\times r}$ 和 $C \in \mathcal{C}_r^{r\times n}$ 使得 $A = BC$. 一个可能的分解是

$$B = P^{-1}\begin{bmatrix} I_r \\ 0 \end{bmatrix} \in \mathcal{C}_r^{m\times r}, \quad C = [I_r \ \ D]\,Q^{-1} \in \mathcal{C}_r^{r\times n}$$

其中, $P \in \mathcal{C}_m^{m\times m}$ 和 $Q \in \mathcal{C}_n^{n\times n}$ 为非奇异矩阵, 满足

$$PAQ = \begin{bmatrix} I_r & D \\ 0 & 0 \end{bmatrix}$$

证明: 先设 A 的前 r 列线性无关. 则存在 $P \in \mathcal{C}_m^{m\times m}$ 使得

$$PA = \begin{bmatrix} I_r & D \\ 0 & 0 \end{bmatrix}$$

于是有

$$A = P^{-1}\begin{bmatrix} I_r & D \\ 0 & 0 \end{bmatrix} = P^{-1}\begin{bmatrix} I_r \\ 0 \end{bmatrix}[I_r \quad D] = BC$$

其中

$$B = P^{-1}\begin{bmatrix} I_r \\ 0 \end{bmatrix} \in \mathcal{C}_r^{m\times r}, \quad C = [I_r \quad D] \in \mathcal{C}_r^{r\times n}$$

若 A 的前 r 列线性相关, 通过列置换可使前 r 列线性无关. 列置换等价于用置换矩阵 $Q \in \mathcal{C}_n^{n\times n}$ 右乘 A, 于是 AQ 的前 r 列线性无关. 将前述过程应用于 AQ. 于是存在 $P \in \mathcal{C}_m^{m\times m}$ 和 $Q \in \mathcal{C}_n^{n\times n}$ 使得

$$A = P^{-1}\begin{bmatrix} I_r & D \\ 0 & 0 \end{bmatrix}Q^{-1} = P^{-1}\begin{bmatrix} I_r \\ 0 \end{bmatrix}[I_r \quad D]\,Q^{-1} = BC$$

这就是所需的结果. ■

【例 5.3.1】 对

$$A = \begin{bmatrix} 1 & 2 & 3 & 4 & 5 & \cdots & n \\ 2 & 3 & 4 & 5 & 6 & \cdots & n+1 \\ 1 & 1 & 1 & 1 & 1 & \cdots & 1 \end{bmatrix}$$

进行满秩分解, 其中 $n \geqslant 2$ 为自然数.

解: 对 $k > 2$ 有

$$\begin{bmatrix} k \\ k+1 \\ 1 \end{bmatrix} = \begin{bmatrix} 2k-2-(k-2) \\ 3k-3-2(k-2) \\ k-1-(k-2) \end{bmatrix}$$

$$= \begin{bmatrix} 1 \\ 2 \\ 1 \end{bmatrix}[-(k-2)] + \begin{bmatrix} 2 \\ 3 \\ 1 \end{bmatrix}(k-1) = \begin{bmatrix} 1 & 2 \\ 2 & 3 \\ 1 & 1 \end{bmatrix}\begin{bmatrix} -(k-2) \\ k-1 \end{bmatrix}$$

由此可得

$$A=\underbrace{\begin{bmatrix}1&2\\2&3\\1&1\end{bmatrix}}_{=B}\underbrace{\begin{bmatrix}1&0&-1&-2&\cdots&-n+2\\0&1&2&3&\cdots&n-1\end{bmatrix}}_{=C}$$

△

用下面的示例给出矩阵满秩分解的一种算法.

【例 5.3.2】　对

$$A=\begin{bmatrix}1&2&1&1&4\\2&4&3&0&8\\3&6&4&1&12\end{bmatrix}$$

进行满秩分解.

解: 令

$$T_1=\begin{bmatrix}1&0&0\\-2&1&0\\-3&0&1\end{bmatrix},\quad T_2=\begin{bmatrix}1&-1&0\\0&1&0\\0&-1&1\end{bmatrix}$$

可得

$$T_2T_1A=\begin{bmatrix}1&2&0&3&4\\0&0&1&-2&0\\0&0&0&0&0\end{bmatrix}$$

于是, $\mathrm{rank}A=2$ 且 A 的第一列和第三列线性无关. 令

$$P=T_2T_1=\begin{bmatrix}3&-1&0\\-2&1&0\\-1&-1&1\end{bmatrix},\quad P^{-1}=\begin{bmatrix}1&1&0\\2&3&0\\3&4&1\end{bmatrix}$$

则 A 的一个满秩分解可以是

$$\begin{aligned}A&=P^{-1}PA\\&=\begin{bmatrix}1&1&0\\2&3&0\\3&4&1\end{bmatrix}\begin{bmatrix}1&2&0&3&4\\0&0&1&-2&0\\0&0&0&0&0\end{bmatrix}\\&=\underbrace{\begin{bmatrix}1&1\\2&3\\3&4\end{bmatrix}}_{B}\underbrace{\begin{bmatrix}1&2&0&3&4\\0&0&1&-2&0\end{bmatrix}}_{C}\end{aligned}$$

T_1 和 T_2 均为初等矩阵, 于是一个行、列均不满秩的矩阵可通过一系列的初等行变换和列变换分解为一个列满秩矩阵和一个行满秩矩阵的乘积. △

矩阵的满秩分解不是唯一的, 因为只要 Θ 非奇异, 任何形如

$$[\mathscr{A}(\boldsymbol{\alpha}_{j_1})\ \mathscr{A}(\boldsymbol{\alpha}_{j_2})\ \cdots\ \mathscr{A}(\boldsymbol{\alpha}_{j_r})]\Theta$$

的向量组都可以是 $\mathcal{R}(\mathscr{A})$ 的一组基. 要得到矩阵满秩分解的所有解, 需要定理 5.2.1 (1) 的矩阵形式.

推论 5.3.1 对任何 A 都有

$$\operatorname{rank}(AA^*) = \operatorname{rank}(A^*A) = \operatorname{rank} A$$

下述定理给出了矩阵满秩分解的所有解.

【定理 5.3.2】 $A = BC$ 和 $A = B_1C_1$ 都是 A 的满秩分解, 当且仅当存在 $\Theta \in \mathcal{C}_r^{r\times r}$ 使得

$$B = B_1\Theta, \quad C = \Theta^{-1}C_1$$

证明: 充分性显然, 只证必要性. 由 $BC = B_1C_1$ 可得

$$BCC^* = B_1C_1C^* \tag{5.15}$$

由推论 5.3.1 可知 $\operatorname{rank} C = \operatorname{rank}(CC^*) = r$, 于是 $CC^* \in \mathcal{C}_r^{r\times r}$. 由式 (5.15) 可得

$$B = B_1C_1C^*(CC^*)^{-1} = B_1\Theta_1 \tag{5.16}$$

其中

$$\Theta_1 = C_1C^*(CC^*)^{-1}$$

同理, 可得

$$C = (B^*B)^{-1}B^*B_1C_1 = \Theta_2C_1 \tag{5.17}$$

其中

$$\Theta_2 = (B^*B)^{-1}B^*B_1$$

将式 (5.16) 和式 (5.17) 代入 $BC = B_1C_1$ 可得

$$B_1C_1 = B_1\Theta_1\Theta_2C_1$$

因而有

$$B_1^*B_1C_1C_1^* = B_1^*B_1\Theta_1\Theta_2C_1C_1^*$$

其中, $B_1^*B_1$ 和 $C_1C_1^*$ 均为非奇异矩阵. 于是 $\Theta_1\Theta_2 = I$, $\Theta_2 = \Theta_1^{-1}$. ■

5.4 线性映射与矩阵的极分解

复数 z 的极坐标表达式为

$$z = \rho_z e^{i\theta_z} \tag{5.18}$$

其中, $\rho_z = |z|$ 是 z 的模 (即 z 到复平面原点的距离); θ_z 是 z 和正实轴的夹角. z 的这种表达式又称为 z 的极分解. 显然, 极分解是唯一的. 用 z 乘复数 $\alpha = \rho_\alpha e^{i\theta_\alpha}$, 可得 $z\alpha = \rho_z\rho_\alpha e^{i(\theta_z+\theta_\alpha)}$. 用 z 乘复数 α 显然是一个线性变换, αz 的表达式揭示, 该线性变换可分成两步完成: 第一步将 α 绕原点旋转一个角度 θ_z, 第二步将旋转后的向量缩放 ρ_z 倍. 任何一步都对应一个线性变换, 而原来的变换可分解为两个线性变换的复合变换且分解是可交换的. 若将 z 看作一个 1×1 矩阵, 则 ρ_z 为 1×1 正定矩阵, $e^{i\theta_z} = \cos\theta_z + i\sin\theta_z$ 为 1×1 酉矩阵, 因 $e^{i\theta_z}\left(e^{i\theta_z}\right)^* = e^{i\theta_z}e^{-i\theta_z} = 1$. 于是式 (5.18) 给出了 1×1 矩阵的极分解. 本节将证明, 当 $\mathcal{U}$ 和 $\mathcal{V}$ 同构时, 任何 $\mathscr{A} \in \mathcal{L}(\mathcal{U}\to\mathcal{V})$ 都可以做这样的分解. 为此需引入以下定义.

定义 5.4.1 自伴随变换 $\mathscr{H}$ 称为正定 (半正定), 若对任何 $0 \neq \boldsymbol{\alpha} \in \mathcal{V}$, 都有 $\langle\boldsymbol{\alpha}, \mathscr{H}(\boldsymbol{\alpha})\rangle > 0\ (\geqslant 0)$. 称 $\mathscr{U} \in \mathcal{L}(\mathcal{U}\to\mathcal{V})$ 为酉映射, 若 $\mathscr{U}^*\circ\mathscr{U} = \mathscr{E}$.

【定理 5.4.1】 $\mathcal{U}$ 和 $\mathcal{V}$ 均为 n 维线性空间, $\mathscr{A} \in \mathcal{L}(\mathcal{U}\to\mathcal{V})$ 且 $\operatorname{rank}\mathscr{A} = n$, 则存在酉映射 $\mathscr{U} \in \mathcal{L}(\mathcal{U}\to\mathcal{V})$, 正定自伴随变换 $\mathscr{H}_1 \in \mathcal{L}(\mathcal{U})$ 和 $\mathscr{H}_2 \in \mathcal{L}(\mathcal{V})$ 使得

$$\mathscr{A} = \mathscr{U}\circ\mathscr{H}_1 = \mathscr{H}_2\circ\mathscr{U} \tag{5.19}$$

其中

$$\mathscr{H}_1(\boldsymbol{\alpha}) = \sum_{j=1}^{n}\sigma_j\boldsymbol{u}_j\langle\boldsymbol{u}_j, \boldsymbol{\alpha}\rangle \tag{5.20}$$

$$\mathscr{H}_2(\boldsymbol{\beta}) = \sum_{j=1}^{n}\sigma_j\boldsymbol{v}_j\langle\boldsymbol{v}_j, \boldsymbol{\beta}\rangle \tag{5.21}$$

$$\mathscr{U}(\boldsymbol{\gamma}) = \sum_{j=1}^{n}\boldsymbol{v}_j\langle\boldsymbol{u}_j, \boldsymbol{\gamma}\rangle \tag{5.22}$$

$\boldsymbol{u}_j$ 和 $\boldsymbol{v}_j$ 分别是 $\mathscr{A}$ 和 $\mathscr{A}^*$ 的奇异值 σ_j 的 Schmidt 偶. 进而还有 $\mathscr{A}^*\circ\mathscr{A} = \mathscr{H}_1^2$, $\mathscr{A}\circ\mathscr{A}^* = \mathscr{H}_2^2$.

证明: 令 $\boldsymbol{u}_j$ 是 $\mathscr{A}^*\circ\mathscr{A}$ 的特征值 σ_j^2 的标准正交特征基向量, $\boldsymbol{v}_j$ 是 $\mathscr{A}\circ\mathscr{A}^*$ 的特征值 σ_j^2 的标准正交特征基向量, $j = 1, 2, \cdots, n$. 因 $\mathscr{A}^*\circ\mathscr{A}$ 为自伴随变换, 其谱分解为

$$(\mathscr{A}^*\circ\mathscr{A})(\boldsymbol{\alpha}) = \sum_{j=1}^{n}\sigma_j^2\boldsymbol{u}_j\langle\boldsymbol{u}_j, \boldsymbol{\alpha}\rangle$$

因 $\boldsymbol{u}_j$ $(j = 1, 2, \cdots, n)$ 是标准正交基, 根据内积的性质, $(\mathscr{A}^*\circ\mathscr{A})(\boldsymbol{\alpha})$ 可分解为

$$\begin{aligned}(\mathscr{A}^*\circ\mathscr{A})(\boldsymbol{\alpha}) &= \sum_{j=1}^{n}\sigma_j\boldsymbol{u}_j\sigma_j\langle\boldsymbol{u}_j, \boldsymbol{u}_j\rangle\langle\boldsymbol{u}_j, \boldsymbol{\alpha}\rangle \\ &= \sum_{j=1}^{n}\sigma_j\boldsymbol{u}_j\sum_{i=1}^{n}\sigma_i\langle\boldsymbol{u}_j, \boldsymbol{u}_i\rangle\langle\boldsymbol{u}_i, \boldsymbol{\alpha}\rangle\end{aligned}$$

$$
\begin{aligned}
&= \sum_{j=1}^{n} \sigma_j \boldsymbol{u}_j \left\langle \boldsymbol{u}_j\,,\, \sum_{i=1}^{n} \sigma_i \langle \boldsymbol{u}_i\,,\, \boldsymbol{\alpha} \rangle \boldsymbol{u}_i \right\rangle \\
&= \mathscr{H}_1 \left[\mathscr{H}_1(\boldsymbol{\alpha})\right] = (\mathscr{H}_1 \circ \mathscr{H}_1)(\boldsymbol{\alpha})
\end{aligned}
$$

其中, $\mathscr{H}_1$ 由式 (5.20) 定义. 因对任何 $\boldsymbol{\beta}, \boldsymbol{\alpha} \in \mathcal{U}$ 都有

$$
\begin{aligned}
\langle \boldsymbol{\beta}\,,\, \mathscr{H}_1(\boldsymbol{\alpha}) \rangle &= \left\langle \boldsymbol{\beta}\,,\, \sum_{j=1}^{n} \sigma_j \boldsymbol{u}_j \langle \boldsymbol{u}_j\,,\, \boldsymbol{\alpha} \rangle \right\rangle = \sum_{j=1}^{n} \sigma_j \langle \boldsymbol{u}_j\,,\, \boldsymbol{\alpha} \rangle \langle \boldsymbol{\beta}\,,\, \boldsymbol{u}_j \rangle \\
&= \sum_{j=1}^{n} \overline{\sigma_j \langle \boldsymbol{u}_j\,,\, \boldsymbol{\beta} \rangle} \langle \boldsymbol{u}_j\,,\, \boldsymbol{\alpha} \rangle = \left\langle \sum_{j=1}^{n} \sigma_j \boldsymbol{u}_j \langle \boldsymbol{u}_j\,,\, \boldsymbol{\beta} \rangle\,,\, \boldsymbol{\alpha} \right\rangle \qquad (5.23) \\
&= \langle \mathscr{H}_1(\boldsymbol{\beta})\,,\, \boldsymbol{\alpha} \rangle
\end{aligned}
$$

$\mathscr{H}_1 = \mathscr{H}_1^*$, $\mathscr{H}_1$ 为自伴随变换. 且有 $\mathscr{A}^* \circ \mathscr{A} = \mathscr{H}_1 \circ \mathscr{H}_1 = \mathscr{H}_1^* \circ \mathscr{H}_1$. 由式 (5.23) 可得

$$
\langle \boldsymbol{\alpha}\,,\, \mathscr{H}_1(\boldsymbol{\alpha}) \rangle = \sum_{j=1}^{n} \sigma_j \langle \boldsymbol{u}_j\,,\, \boldsymbol{\alpha} \rangle \langle \boldsymbol{\alpha}\,,\, \boldsymbol{u}_j \rangle = \sum_{j=1}^{n} \sigma_j \left| \langle \boldsymbol{u}_j\,,\, \boldsymbol{\alpha} \rangle \right|^2
$$

于是 $\mathscr{H}_1$ 为正定. 从而 $\mathscr{A}^* \circ \mathscr{A}$ 可唯一地分解为 $\mathscr{H}_1^* \circ \mathscr{H}_1$ 且 $\mathscr{H}_1$ 为正定变换.

现在考虑变换

$$
\hat{\mathscr{H}}_1(\boldsymbol{\alpha}) = \sum_{i=1}^{n} \sigma_i^{-1} \boldsymbol{u}_i \langle \boldsymbol{u}_i\,,\, \boldsymbol{\alpha} \rangle \tag{5.24}
$$

由式 (5.20) 和式 (5.24) 可知, 对任何 $\boldsymbol{\alpha} \in \mathcal{U}$ 都有

$$
\begin{aligned}
\left(\hat{\mathscr{H}}_1 \circ \mathscr{H}_1\right)(\boldsymbol{\alpha}) &= \sum_{i=1}^{n} \sigma_i^{-1} \boldsymbol{u}_i \langle \boldsymbol{u}_i\,,\, \mathscr{H}_1(\boldsymbol{\alpha}) \rangle \\
&= \sum_{i=1}^{n} \sigma_i^{-1} \boldsymbol{u}_i \left\langle \boldsymbol{u}_i, \sum_{j=1}^{n} \sigma_j \boldsymbol{u}_j \langle \boldsymbol{u}_j\,,\, \boldsymbol{\alpha} \rangle \right\rangle \\
&= \sum_{i=1}^{n} \sigma_i^{-1} \boldsymbol{u}_i \sum_{j=1}^{n} \sigma_j \langle \boldsymbol{u}_j\,,\, \boldsymbol{\alpha} \rangle \langle \boldsymbol{u}_i\,,\, \boldsymbol{u}_j \rangle \\
&= \sum_{i=1}^{n} \sigma_i^{-1} \boldsymbol{u}_i \sigma_i \langle \boldsymbol{u}_i\,,\, \boldsymbol{\alpha} \rangle = \sum_{i=1}^{n} \boldsymbol{u}_i \langle \boldsymbol{u}_i\,,\, \boldsymbol{\alpha} \rangle = \boldsymbol{\alpha}
\end{aligned}
$$

于是, $\hat{\mathscr{H}}_1 \circ \mathscr{H}_1 = \mathscr{E}$, $\hat{\mathscr{H}}_1 = \mathscr{H}_1^{-1}$. 考虑到式 (5.22), 对任何 $\boldsymbol{\gamma} \in \mathcal{U}$ 还有

$$
\begin{aligned}
\left(\mathscr{A} \circ \mathscr{H}_1^{-1}\right)(\boldsymbol{\gamma}) &= \sum_{j=1}^{n} \sigma_j \boldsymbol{v}_j \langle \boldsymbol{u}_j\,,\, \mathscr{H}_1^{-1}(\boldsymbol{\gamma}) \rangle \\
&= \sum_{j=1}^{n} \sigma_j \boldsymbol{v}_j \left\langle \boldsymbol{u}_j\,,\, \sum_{i=1}^{n} \sigma_i^{-1} \boldsymbol{u}_i \langle \boldsymbol{u}_i\,,\, \boldsymbol{\alpha} \rangle \right\rangle
\end{aligned}
$$

$$=\sum_{j=1}^{n}\sigma_j \boldsymbol{v}_j\sum_{i=1}^{n}\sigma_i^{-1}\langle \boldsymbol{u}_i\,,\boldsymbol{\gamma}\rangle\langle \boldsymbol{u}_j\,,\boldsymbol{u}_i\rangle$$

$$=\sum_{j=1}^{n}\boldsymbol{v}_j\langle \boldsymbol{u}_j\,,\boldsymbol{\gamma}\rangle=\mathscr{U}(\boldsymbol{\gamma})$$

由 $\boldsymbol{\gamma}\in\mathcal{U}$ 的任意性可知 $\mathscr{A}\circ\mathscr{H}_1^{-1}=\mathscr{U}$, 于是 $\mathscr{A}\circ\mathscr{H}_1^{-1}\circ\mathscr{H}_1=\mathscr{A}=\mathscr{U}\circ\mathscr{H}_1$. 考虑到 $\mathscr{A}^*\circ\mathscr{A}=\mathscr{H}_1^*\circ\mathscr{H}_1$ 可得

$$(\mathscr{H}_1^*)^{-1}\mathscr{A}^*\circ\mathscr{A}\circ\mathscr{H}_1^{-1}=\left(\mathscr{A}\circ\mathscr{H}_1^{-1}\right)^*\circ\left(\mathscr{A}\circ\mathscr{H}_1^{-1}\right)=\mathscr{U}^*\circ\mathscr{U}=\mathscr{E}$$

于是 $\mathscr{U}$ 为酉映射. 同理可证 $\mathscr{A}=\mathscr{H}_2\circ\mathscr{U}$. ■

式 (5.19) 称为 $\mathscr{A}$ 的极分解. 若 $\operatorname{rank}\mathscr{A}=r<n$, 只需将 $\mathscr{H}_1$ 和 $\mathscr{H}_2$ 替换为半正定变换即可. 对正规变换, $\mathscr{A}\circ\mathscr{A}^*=\mathscr{A}^*\circ\mathscr{A}$, Schmidt 偶满足 $\boldsymbol{u}_j=\boldsymbol{v}_j$ 且同时是 $\mathscr{A}\circ\mathscr{A}^*$ 和 $\mathscr{A}^*\circ\mathscr{A}$ 的特征向量. 此时极分解具有更为简洁优美的形式, 即 $\mathscr{A}=\mathscr{U}\circ\mathscr{H}=\mathscr{H}\circ\mathscr{U}$.

对 $n\times n$ 矩阵 A 应用奇异值分解可得类似的结果.

【定理 5.4.2】 设 $A\in\mathcal{C}_n^{n\times n}$, 则存在 $U\in\mathcal{U}^{n\times n}$ 和正定矩阵 H_1 和 H_2 使得

$$A=UH_1=H_2U \tag{5.25}$$

进而还有 $A^*A=H_1^2$, $AA^*=H_2^2$.

称式 (5.25) 为矩阵 A 的极分解.

【定理 5.4.3】 设 $A\in\mathcal{C}_r^{n\times n}$ 且 $r<n$, 则存在 $U\in\mathcal{U}^{n\times n}$ 和半正定矩阵 H_1 和 H_2 使得

$$A=UH_1=H_2U$$

进而还有 $A^*A=H_1^2$, $AA^*=H_2^2$.

正规矩阵 A 满足 $A^*A=AA^*$, 此时 $H_1=H_2$, 因此可得正规矩阵的另一种表达形式.

【定理 5.4.4】 $A\in\mathcal{C}^{n\times n}$ 为正规矩阵, 当且仅当存在酉矩阵 U 和 (半) 正定矩阵 H 使得 $A=HU=UH$.

5.5 习 题

5.1 求矩阵 A_i 的满秩分解, 其中

(1) $A_1=\begin{bmatrix}2&5&8&11&14\\2&4&6&8&10\\4&9&14&19&24\end{bmatrix}$;

(2) $A_2=\begin{bmatrix}1&1&1&1&0\\0&1&1&1&1\\2&3&4&5&6\end{bmatrix}$;

$$(3)\ A_3=\begin{bmatrix}8&11&-2&-9&-10\\0&0&8&8&10\\12&17&-2&-11&-12\end{bmatrix};$$

$$(4)\ A_4=\begin{bmatrix}-1&-1&-1&-1&-3&-1\\1&1&1&1&-1&-3\\3&3&3&3&1&-1\\3&3&3&3&1&-1\\3&3&3&3&1&-1\\3&3&3&3&1&-1\end{bmatrix}.$$

5.2 求矩阵

$$A=\begin{bmatrix}2&1&-2&3\\0&4&1&1\\2&5&-2&4\end{bmatrix}$$

的奇异值分解.

5.3 验证

$$A=\begin{bmatrix}1&1&1&1\\-1&1&1&1\\-1&-1&1&1\\-1&-1&-1&1\end{bmatrix}$$

为正规矩阵并求其谱分解.

5.4 验证

$$A=\begin{bmatrix}1&0&0&0\\-1&0&1&1\\0&0&-1&0\\1&1&1&0\end{bmatrix},\quad B=\begin{bmatrix}0&0&-1&0\\-1&1&-1&0\\-1&0&0&0\\-1&0&1&-1\end{bmatrix}$$

均为单纯矩阵并求其谱分解.

5.5 令 $\alpha(t)\in\mathcal{C}_{n-1}(t)$ 为例 1.1.3 中的折线函数, $\boldsymbol{\alpha}$ 是与 $\alpha(t)$ 对应的列向量, 参见例 1.2.5, $\mathscr{A}$ 为例 1.4.9 中定义的线性变换.

(1) 证明: 列向量空间中的内积 $\langle\boldsymbol{\alpha},\boldsymbol{\beta}\rangle=\sum_{k=0}^{n-1}\alpha(k)\beta(k)$ 也定义了线性空间 $\mathcal{C}_{n-1}(t)$ 中的一个内积;

(2) 证明: $\mathscr{A}$ 在 (1) 中定义的内积意义下为正规变换并对 $\mathscr{A}$ 进行谱分解;

(3) 求 $\mathscr{A}$ 的伴随变换 $\mathscr{A}^*$、奇异值、Schmidt 偶和奇异值分解.

5.6 应用 QR 和 UR 分解证明, 若 $D_{12}\in\mathcal{C}^{n\times n_1}$, $n>n_1$ 且 $\mathrm{rank}D_{12}=n_1$, $D_{21}\in\mathcal{C}^{m_1\times m}$, $m>m_1$ 且 $\mathrm{rank}D_{21}=m_1$, 则存在

$$R=\begin{bmatrix}R_{11}&R_{12}\\R_{21}&R_{22}\end{bmatrix}\in\mathcal{C}^{n\times m}$$

其中, $R_{11} \in \mathcal{C}^{(n-n_1)\times(m-m_1)}$, $R_{12} \in \mathcal{C}^{(n-n_1)\times m_1}$, $R_{21} \in \mathcal{C}^{n_1\times(m-m_1)}$, $R_{22} \in \mathcal{C}^{n_1\times m_1}$ 使得

$$\bar{\sigma}\left(D_{11}+D_{12}QD_{21}\right)=\bar{\sigma}\left(\begin{bmatrix} R_{11} & R_{12} \\ R_{21} & R_{22} \end{bmatrix}+\begin{bmatrix} 0 & 0 \\ 0 & \hat{Q} \end{bmatrix}\right)$$

5.7 应用正定矩阵的 Cholesky 分解证明, 存在 Q 使得

$$\bar{\sigma}\left(\begin{bmatrix} R_{11} & R_{12} \\ R_{21} & R_{22} \end{bmatrix}+\begin{bmatrix} 0 & 0 \\ 0 & Q \end{bmatrix}\right)<\gamma$$

当且仅当

$$\bar{\sigma}\left(\begin{bmatrix} R_{11} & R_{12} \end{bmatrix}\right)<\gamma, \quad \text{且} \ \bar{\sigma}\left(\begin{bmatrix} R_{11} \\ R_{21} \end{bmatrix}\right)<\gamma$$

5.8 令 $\boldsymbol{\alpha}_i\ (i=1,2,\cdots,n)$ 和 $\boldsymbol{\beta}_j\ (j=1,2,\cdots,m)$ 分别为酉空间 $\mathcal{U}$ 和 $\mathcal{V}$ 的标准正交基, $\mathscr{A} \in \mathcal{L}(\mathcal{U}\to\mathcal{V})$ 在这对基下的矩阵表示为 A.

(1) 设 $\mathscr{A}$ 为单一同态的. 寻找正定变换 $\mathscr{A}^*\circ\mathscr{A}$ 的 Cholesky 因子 $\mathscr{R} \in \mathcal{L}(\mathcal{U}\to\mathcal{R}(\mathscr{A}))$ 使得 $\mathscr{A}^*\circ\mathscr{A}=\mathscr{R}^*\circ\mathscr{R}$. 证明: 存在 $\mathscr{U} \in \mathcal{L}(\mathcal{R}(\mathscr{A})\to\mathcal{V})$ 满足 $\langle\mathscr{U}(\boldsymbol{\beta}),\mathscr{U}(\boldsymbol{\beta})\rangle=\langle\boldsymbol{\beta},\boldsymbol{\beta}\rangle$, $\forall\,\boldsymbol{\beta}\in\mathcal{V}$, 使得 $\mathscr{A}=\mathscr{U}\circ\mathscr{R}$.

(2) 设 $\mathscr{A}$ 为满同态的. 寻找正定变换 $\mathscr{A}\circ\mathscr{A}^*$ 的 Cholesky 因子 $\mathscr{R} \in \mathcal{L}(\mathcal{U}\to\mathcal{V})$ 使得 $\mathscr{A}\circ\mathscr{A}^*=\mathscr{R}\circ\mathscr{R}^*$. 证明: 存在 $\mathscr{U} \in \mathcal{L}(\mathcal{U}\to\mathcal{U})$, 满足 $\langle\mathscr{U}^*(\boldsymbol{\alpha}),\mathscr{U}^*(\boldsymbol{\alpha})\rangle=\langle\boldsymbol{\alpha},\boldsymbol{\alpha}\rangle$, $\forall\,\boldsymbol{\alpha}\in\mathcal{U}$, 使得 $\mathscr{A}=\mathscr{R}\circ\mathscr{U}$.

讨论 $\mathscr{A} \in \mathcal{L}(\mathcal{U}\to\mathcal{V})$ 既非单一同态又非满同态的一般情况.

第 6 章 范数及其应用

向量、矩阵和线性变换的范数是向量、矩阵和线性变换的数字特征. 范数对向量和矩阵序列、矩阵级数的收敛性问题的讨论起着根本的作用, 而矩阵级数是研究矩阵函数的基础.

6.1 向量范数

n 维列向量 $\boldsymbol{x}$ 的模 $\|\boldsymbol{x}\| \triangleq (\langle \boldsymbol{x}, \boldsymbol{x}\rangle)^{1/2} = \left(\sum_{i=1}^{n} |x_i|^2\right)^{1/2}$ 具有如下三个性质:

(1) $\|\boldsymbol{x}\| \geqslant 0$, $\|\boldsymbol{x}\| = 0$, 当且仅当 $\boldsymbol{x} = \boldsymbol{0}$;

(2) 对任意实数 k 都有 $\|k\boldsymbol{x}\| = |k| \cdot \|\boldsymbol{x}\|$;

(3) 对于任何向量 $\boldsymbol{x}$ 和 $\boldsymbol{y}$, 有三角不等式 $\|\boldsymbol{x}+\boldsymbol{y}\| \leqslant \|\boldsymbol{x}\| + \|\boldsymbol{y}\|$.

根据上述三个性质, 将列向量模的概念推广到一般的线性空间.

定义 6.1.1 设 $\mathcal{V}$ 是数域 $\mathcal{F}$ 上的线性空间, 用 $\|\boldsymbol{x}\|$ 表示按照某个法则确定的与向量 $\boldsymbol{x}$ 对应的实数 $\|\boldsymbol{x}\|$, 且满足

(1) 正定性: $\|\boldsymbol{x}\| \geqslant 0$, $\|\boldsymbol{x}\| = 0$, 当且仅当 $\boldsymbol{x} = \boldsymbol{0}$;

(2) 齐次性: 对任意数 $k \in \mathcal{F}$ 都有 $\|k\boldsymbol{x}\| = |k| \cdot \|\boldsymbol{x}\|$;

(3) 三角不等式: 对于 $\mathcal{V}$ 中任何向量 $\boldsymbol{x}$ 和 $\boldsymbol{y}$, 有三角不等式

$$\|\boldsymbol{x}+\boldsymbol{y}\| \leqslant \|\boldsymbol{x}\| + \|\boldsymbol{y}\|$$

则称实数 $\|\boldsymbol{x}\|$ 是向量 $\boldsymbol{x}$ 的范数.

由向量范数定义不难验证:

(1) $\|-\boldsymbol{x}\| = \|\boldsymbol{x}\|$;

(2) $\|\boldsymbol{x}-\boldsymbol{y}\| \geqslant |\|\boldsymbol{x}\| - \|\boldsymbol{y}\||$;

(3) $\|\boldsymbol{x}+\boldsymbol{y}\| \geqslant |\|\boldsymbol{x}\| - \|\boldsymbol{y}\||$.

$\mathcal{C}^n$ 和 $\mathcal{R}^n$ 中范数的讨论需要两个不等式.

(1) Hölder 不等式: 设 $p > 1$, $q = \dfrac{p}{p-1}$, 即 $p > 1$, $q > 1$, $\dfrac{1}{p} + \dfrac{1}{q} = 1$, 则

$$\sum_{k=1}^{n} a_k b_k \leqslant \left(\sum_{k=1}^{n} a_k^p\right)^{1/p} \left(\sum_{k=1}^{n} b_k^q\right)^{1/q}$$

其中, $a_k, b_k \geqslant 0$.

证明: 首先证明, 若 u, v 均非负, 则总有

$$uv \leqslant \frac{u^p}{p} + \frac{v^q}{q} \tag{6.1}$$

事实上, 若令

$$\varphi(v)=\frac{u^p}{p}+\frac{v^q}{q}-uv$$

则有

$$\varphi(0)=\frac{u^p}{p}+\frac{0^q}{q}-0u=\frac{u^p}{p}\geqslant 0$$

$$\lim_{v\to\infty}\varphi(v)\to\infty$$

由 $\varphi'(v)=v^{q-1}-u$ 得 $\varphi'\left(u^{\frac{1}{q-1}}\right)=0$. 容易验证, $v<u^{\frac{1}{q-1}}$ 时, $\varphi'(v)<0$; $v>u^{\frac{1}{q-1}}$ 时, $\varphi'(v)>0$, 所以, $\varphi\left(u^{\frac{1}{q-1}}\right)=0$ 是 $\varphi(v)$ 的最小值, 从而有

$$\varphi(v)=\frac{u^p}{p}+\frac{v^q}{q}-uv\geqslant\varphi\left(u^{\frac{1}{q-1}}\right)=\frac{u^p}{p}+\frac{u^{\frac{q}{q-1}}}{q}-uu^{\frac{1}{q-1}}$$
$$=\frac{u^p}{p}+\frac{1-q}{q}u^{\frac{q}{q-1}}=0$$

即式 (6.1). 将 $u=\dfrac{a_k}{\alpha}$, $v=\dfrac{b_k}{\beta}$, 其中

$$\alpha=\left(\sum_{k=1}^n a_k^p\right)^{1/p},\quad \beta=\left(\sum_{k=1}^n b_k^q\right)^{1/q}$$

代入式 (6.1), 得

$$a_kb_k\leqslant\alpha\beta\left(\frac{1}{p}\frac{a_k^p}{\alpha^p}+\frac{1}{q}\frac{b_k^q}{\beta^q}\right)$$

于是, 有

$$\sum_{k=1}^n a_kb_k\leqslant\alpha\beta\left(\frac{1}{p}\frac{\sum\limits_{k=1}^n a_k^p}{\alpha^p}+\frac{1}{q}\frac{\sum\limits_{k=1}^n b_k^q}{\beta^q}\right)=\alpha\beta\left(\frac{1}{p}+\frac{1}{q}\right)=\alpha\beta$$
$$=\left(\sum_{k=1}^n a_k^p\right)^{1/p}\left(\sum_{k=1}^n b_k^q\right)^{1/q}$$

特别地, 若 $p=q=2$, 则 Hölder 不等式便成为 Schwarz 不等式:

$$\sum_{k=1}^n a_kb_k\leqslant\left(\sum_{k=1}^n a_k^2\right)^{1/2}\left(\sum_{k=1}^n b_k^2\right)^{1/2}$$ ■

(2) Minkowski 不等式: 对任何 $p \geqslant 1$, 有

$$\left(\sum_{i=1}^{n}|a_i+b_i|^p\right)^{1/p} \leqslant \left(\sum_{i=1}^{n}|a_i|^p\right)^{1/p} + \left(\sum_{i=1}^{n}|b_i|^p\right)^{1/p} \tag{6.2}$$

证明: $p=1$ 时, 不等式显然成立, 所以只考虑 $p>1$. 以 $q=\dfrac{p}{p-1}$ 代入下面的恒等式:

$$\sum_{i=1}^{n}|a_i+b_i|^p = \sum_{i=1}^{n}|a_i+b_i|\cdot|a_i+b_i|^{p-1}$$

得

$$\begin{aligned}\sum_{i=1}^{n}|a_i+b_i|^p &= \sum_{i=1}^{n}|a_i+b_i|\cdot|a_i+b_i|^{p/q}\\ &\leqslant \sum_{i=1}^{n}|a_i|\cdot|a_i+b_i|^{p/q} + \sum_{i=1}^{n}|b_i|\cdot|a_i+b_i|^{p/q}\end{aligned}$$

由 Hölder 不等式得

$$\begin{aligned}\sum_{i=1}^{n}|a_i+b_i|^p &\leqslant \left(\sum_{i=1}^{n}|a_i|^p\right)^{1/p}\left(\sum_{i=1}^{n}|a_i+b_i|^p\right)^{1/q}\\ &\quad+\left(\sum_{i=1}^{n}|b_i|^p\right)^{1/p}\left(\sum_{i=1}^{n}|a_i+b_i|^p\right)^{1/q}\\ &=\left[\left(\sum_{i=1}^{n}|a_i|^p\right)^{1/p}+\left(\sum_{i=1}^{n}|b_i|^p\right)^{1/p}\right]\left(\sum_{i=1}^{n}|a_i+b_i|^p\right)^{1/q}\end{aligned}$$

不等式两端除以 $\left(\sum_{i=1}^{n}|a_i+b_i|^p\right)^{1/q}$, 由 $1-\dfrac{1}{q}=\dfrac{1}{p}$ 得

$$\left(\sum_{i=1}^{n}|a_i+b_i|^p\right)^{1/p} \leqslant \left(\sum_{i=1}^{n}|a_i|^p\right)^{1/p} + \left(\sum_{i=1}^{n}|b_i|^p\right)^{1/p} \qquad \blacksquare$$

由 Minkowski 不等式, 可以引入常用的 Hölder p-范数.

定义 6.1.2 设向量 $\boldsymbol{x}=[x_1\ \ x_2\ \ \cdots\ \ x_n]^{\mathrm{T}}\in\mathcal{C}^n$. 对任意数 $p\geqslant 1$, 称

$$\|\boldsymbol{x}\|_p=\left(\sum_{i=1}^{n}|x_i|^p\right)^{1/p} \tag{6.3}$$

为向量 $\boldsymbol{x}$ 的 p-范数.

易知, $\|\boldsymbol{x}\|_p$ 满足非负性、齐次性. Minkowski 不等式 (6.2) 就是

$$\|\boldsymbol{x}+\boldsymbol{y}\|_p \leqslant \|\boldsymbol{x}\|_p + \|\boldsymbol{y}\|_p$$

从而由式 (6.3) 所确定的量 $\|\boldsymbol{x}\|_p$ 对任何 $p \geqslant 1$ 都是向量范数, 称为向量 p-范数. 常用的 p-范数有下述三种.

(1) 1-范数: $\|\boldsymbol{x}\|_1 = \sum_{i=1}^n |x_i|$.

(2) 2-范数: $\|\boldsymbol{x}\|_2 = \left(\sum_{i=1}^n |x_i|^2\right)^{1/2} = (\boldsymbol{x}^*\boldsymbol{x})^{1/2}$ 也称为 Euclidean 范数.

(3) ∞-范数: $\|\boldsymbol{x}\|_\infty = \lim_{p\to\infty} \|\boldsymbol{x}\|_p$.

关于 $\|\boldsymbol{x}\|_\infty$ 有以下结果.

【定理 6.1.1】 $\|\boldsymbol{x}\|_\infty = \max_i |x_i|$.

证明: 令 $\alpha = \max_i |x_i|$, 则

$$\beta_i = \frac{|x_i|}{\alpha} \leqslant 1, \quad \forall i = 1, 2, \cdots, n$$

于是有

$$\|\boldsymbol{x}\|_p = \alpha \left(\sum_{i=1}^n \beta_i^p\right)^{1/p}$$

由于

$$1 \leqslant \left(\sum_{i=1}^n \beta_i^p\right)^{1/p} \leqslant n^{1/p}, \quad \forall n$$

$$\lim_{p\to\infty} n^{1/p} = 1$$

故 $\lim_{p\to\infty} \left(\sum_{i=1}^n \beta_i^p\right)^{1/p} = 1$. 因此, 有

$$\|\boldsymbol{x}\|_\infty = \lim_{p\to\infty} \|\boldsymbol{x}\|_p = \alpha = \max_i |x_i|$$ ■

在一个线性空间中可以引进各种范数. 按照不同法则确定的向量范数, 对同一个向量, 其大小一般不等. 例如, 对 $\mathcal{R}^n$ 中的向量 $\boldsymbol{x} = [1 \ \ 1 \ \ \cdots \ \ 1]^{\mathrm{T}}$, 有

$$\|\boldsymbol{x}\|_1 = n, \quad \|\boldsymbol{x}\|_2 = \sqrt{n}, \quad \|\boldsymbol{x}\|_\infty = 1$$

虽然一个向量不同的范数有不同的值, 但是这些范数之间有着重要的关系. 例如, 在考虑向量序列收敛性时, 它们就表现出明显的一致性. 这种性质称为范数的等价性.

【定理 6.1.2】 设 $\mathcal{V}$ 是 n 维线性空间, $\|\boldsymbol{x}\|_\alpha$ 和 $\|\boldsymbol{x}\|_\beta$ 为任意两种向量范数 (不限于 p-范数), 则总存在正数 c_1, c_2, 对 $\mathcal{V}$ 中所有向量 $\boldsymbol{x}$ 恒有 $c_1\|\boldsymbol{x}\|_\beta \leqslant \|\boldsymbol{x}\|_\alpha \leqslant c_2\|\boldsymbol{x}\|_\beta$.

函数空间 $\mathcal{C}^n[t_0, t_f]$ 上的范数对研究泛函的极值起着重要的作用. 为定义函数空间上的范数, 需要 Hölder 和 Minkowski 两个不等式.

引理 6.1.1 (Hölder 不等式) 设 $p>1,\ q>1$ 满足 $\frac{1}{p}+\frac{1}{q}=1\left(\text{即 } p>1,\ q=\frac{p}{p-1}\right)$, 则对所有区间 $[t_0\ ,\ t_f]$ 上绝对可积的函数 $f(t)$ 和 $g(t)$ 有

$$\int_{t_0}^{t_f}|f(t)g(t)|\mathrm{d}t\leqslant\left(\int_{t_0}^{t_f}|f(t)|^p\mathrm{d}t\right)^{1/p}\left(\int_{t_0}^{t_f}|g(t)|^q\mathrm{d}t\right)^{1/q}\tag{6.4}$$

证明: 不妨设

$$V_p(f)\triangleq\left(\int_{t_0}^{t_f}|f(t)|^p\mathrm{d}t\right)^{1/p}>0,\qquad V_q(g)\triangleq\left(\int_{t_0}^{t_f}|g(t)|^q\mathrm{d}t\right)^{1/q}>0$$

令 $\varphi(t)=f(t)/V_p(f)$, $\psi(t)=g(t)/V_q(g)$. 将 $u=|\varphi(t)|$, $v=|\psi(t)|$ 代入式 (6.1), 可得

$$|\varphi(t)\psi(t)|\leqslant\frac{|\varphi(t)|^p}{p}+\frac{|\psi(t)|^q}{q}$$

于是有

$$\begin{aligned}\int_{t_0}^{t_f}|\varphi(t)\psi(t)|\mathrm{d}t&\leqslant\int_{t_0}^{t_f}\frac{|\varphi(t)|^p}{p}\mathrm{d}t+\int_{t_0}^{t_f}\frac{|\psi(t)|^q}{q}\mathrm{d}t\\&=\int_{t_0}^{t_f}\frac{|f(t)|^p}{pV_p^p(f)}\mathrm{d}t+\int_{t_0}^{t_f}\frac{|g(t)|^q}{qV_q^q(g)}\mathrm{d}t\\&=\frac{V_p^p(f)}{pV_p^p(f)}+\frac{V_q^q(f)}{qV_q^q(g)}=\frac{1}{p}+\frac{1}{q}=1\\\Longleftrightarrow\int_{t_0}^{t_f}|f(t)g(t)|\mathrm{d}t&\leqslant\left(\int_{t_0}^{t_f}|f(t)|^p\mathrm{d}t\right)^{1/p}\left(\int_{t_0}^{t_f}|g(t)|^q\mathrm{d}t\right)^{1/q}\end{aligned}$$

■

当 $p=q=2$ 时, Hölder 不等式即为 Schwarz 不等式:

$$\int_{t_0}^{t_f}|f(t)g(t)|\mathrm{d}t\leqslant\left(\int_{t_0}^{t_f}|f(t)|^2\mathrm{d}t\right)^{1/2}\left(\int_{t_0}^{t_f}|g(t)|^2\mathrm{d}t\right)^{1/2}$$

引理 6.1.2 (Minkowski 不等式) 对任何 $p\geqslant 1$ 都有

$$\left(\int_{t_0}^{t_f}|f_1(t)+f_2(t)|^p\mathrm{d}t\right)^{1/p}\leqslant\left(\int_{t_0}^{t_f}|f_1(t)|^p\mathrm{d}t\right)^{1/p}+\left(\int_{t_0}^{t_f}|f_2(t)|^p\mathrm{d}t\right)^{1/p}\tag{6.5}$$

证明: $p=1$ 时, 由 $|f_1(t)+f_2(t)|\leqslant|f_1(t)|+|f_2(t)|$ 可知, 不等式 (6.5) 为显然. 因此, 仅考虑 $p>1$. 将 $q=\dfrac{p}{p-1}$ 代入下式:

$$\int_{t_0}^{t_f}|f_1(t)+f_2(t)|^p\mathrm{d}t=\int_{t_0}^{t_f}|f_1(t)+f_2(t)|\cdot|f_1(t)+f_2(t)|^{p-1}\mathrm{d}t$$

可得

$$\begin{aligned}\int_{t_0}^{t_f}|f_1(t)+f_2(t)|^p\mathrm{d}t &= \int_{t_0}^{t_f}|f_1(t)+f_2(t)|\cdot|f_1(t)+f_2(t)|^{p/q}\mathrm{d}t\\ &\leqslant \int_{t_0}^{t_f}|f_1(t)|\cdot|g(t)|\mathrm{d}t+\int_{t_0}^{t_f}|f_2(t)|\cdot|g(t)|\mathrm{d}t\end{aligned}$$

其中, $g(t)=|f_1(t)+f_2(t)|^{p/q}$. 由 Hölder 不等式 (6.4) 有

$$\begin{aligned}\int_{t_0}^{t_f}|f_1(t)+f_2(t)|^p\mathrm{d}t &\leqslant \left(\int_{t_0}^{t_f}|f_1(t)|^p\mathrm{d}t\right)^{1/p}\left(\int_{t_0}^{t_f}|f_1(t)+f_2(t)|^p\mathrm{d}t\right)^{1/q}\\ &\quad+\left(\int_{t_0}^{t_f}|f_2(t)|^p\mathrm{d}t\right)^{1/p}\left(\int_{t_0}^{t_f}|f_1(t)+f_2(t)|^p\mathrm{d}t\right)^{1/q}\\ &=\left[\left(\int_{t_0}^{t_f}|f_1(t)|^p\mathrm{d}t\right)^{1/p}+\left(\int_{t_0}^{t_f}|f_2(t)|^p\mathrm{d}t\right)^{1/p}\right]\\ &\quad\times\left(\int_{t_0}^{t_f}|f_1(t)+f_2(t)|^p\mathrm{d}t\right)^{1/q}\end{aligned}$$

将上式两边同除以 $\left(\int_{t_0}^{t_f}|f_1(t)+g_1(t)|^p\mathrm{d}t\right)^{1/q}$ 并注意 $1-\frac{1}{q}=\frac{1}{p}$, 又可得

$$\left(\int_{t_0}^{t_f}|f_1(t)+f_2(t)|^p\mathrm{d}t\right)^{1/p}\leqslant\left(\int_{t_0}^{t_f}|f_1(t)|^p\mathrm{d}t\right)^{1/p}+\left(\int_{t_0}^{t_f}|f_2(t)|^p\mathrm{d}t\right)^{1/p}\qquad\blacksquare$$

记 $\mathcal{L}_p^n[t_0\ ,\ t_f]$ 为所有在区间 $[t_0\ ,\ t_f]$ 上 p 方可积的函数向量 $\boldsymbol{x}(t)\ :\ \mathcal{R}\to\mathcal{R}^n$ 的集合, 即

$$\mathcal{L}_p^n[t_0\ ,\ t_f]=\left\{\boldsymbol{x}(t)=\begin{bmatrix}x_1(t)\\x_2(t)\\\vdots\\x_n(t)\end{bmatrix}\ :\ \|\boldsymbol{x}(t)\|_p\triangleq\left(\int_{t_0}^{t_f}\|\boldsymbol{x}(t)\|^p\mathrm{d}t\right)^{\frac{1}{p}}<\infty\right\}\tag{6.6}$$

其中, $p\geqslant 1$; $\|\boldsymbol{x}(t)\|$ 可以是 $\mathcal{R}^n$ 上任何向量范数, 则有以下结论.

引理 6.1.3 $\mathcal{L}_p^n[t_0,\ t_f]$ 是具范数 $\|\boldsymbol{x}(t)\|_p$ 的赋范空间.

证明: 只证式 (6.6) 定义的 $\|\boldsymbol{x}(t)\|_p$ 满足三角不等式即可. 注意到:

$$\begin{aligned}\|\boldsymbol{x}_1(t)+\boldsymbol{x}_2(t)\|_p^p &= \int_{t_0}^{t_f}\|\boldsymbol{x}_1(t)+\boldsymbol{x}_2(t)\|^p\mathrm{d}t\\ &\leqslant\int_{t_0}^{t_f}(\|\boldsymbol{x}_1(t)\|+\|\boldsymbol{x}_2(t)\|)\,\|\boldsymbol{x}_1(t)+\boldsymbol{x}_2(t)\|^{p-1}\mathrm{d}t\end{aligned}$$

$$
\begin{aligned}
&= \int_{t_0}^{t_f} \|\boldsymbol{x}_1(t)\| \cdot \|\boldsymbol{x}_1(t) + \boldsymbol{x}_2(t)\|^{p-1} \mathrm{d}t \\
&\quad + \int_{t_0}^{t_f} \|\boldsymbol{x}_2(t)\| \cdot \|\boldsymbol{x}_1(t) + \boldsymbol{x}_2(t)\|^{p-1} \mathrm{d}t \\
&= \int_{t_0}^{t_f} |f_1(t)g(t)| \mathrm{d}t + \int_{t_0}^{t_f} |f_2(t)g(t)| \mathrm{d}t
\end{aligned}
$$

其中, $f_1(t) = \|\boldsymbol{x}_1(t)\|$; $f_2(t) = \|\boldsymbol{x}_2(t)\|$; $g(t) = \|\boldsymbol{x}_1(t) + \boldsymbol{x}_2(t)\|^{p-1}$. 余下的与 Minkowski 不等式的证明一样. ■

为简便起见, 一般取 $\|\boldsymbol{x}(t)\|$ 为 $\mathcal{R}^n$ 上的 Hölder p-范数.

有了范数, 就可以定义两个函数向量 $\boldsymbol{x}_1(t)$ 和 $\boldsymbol{x}_0(t)$ 之间的距离:

$$
\rho\left(\boldsymbol{x}_1(t)\ ,\ \boldsymbol{x}_0(t)\right) \triangleq \|\boldsymbol{x}_1(t) - \boldsymbol{x}_0(t)\|_p \tag{6.7}
$$

6.2 矩阵与线性映射的范数

6.2.1 矩阵范数

向量范数的概念可以很容易地推广到 $\mathcal{C}^{m\times n}$ 上. 然而, 由于矩阵相乘的可能性, 必须考虑单个矩阵的范数和乘积矩阵范数之间的关系.

定义 6.2.1 令 $\|\cdot\|$ 是线性空间 $\mathcal{C}^{m\times n}$ 上的任何一个范数, 若 $\|\cdot\|$ 满足矩阵乘法相容性, 即若 A 与 B 可乘, 有

$$
\|AB\| \leqslant \|A\| \cdot \|B\|
$$

则称 $\|\cdot\|$ 是矩阵范数.

【例 6.2.1】 证明: 对于 $A \in \mathcal{C}^{m\times n}$, $\|A\| = \sum_{i=1}^m \sum_{j=1}^n |a_{ij}|$ 是矩阵范数.

解: 需要验证给出的公式满足矩阵范数的四个性质. 非负性与齐次性容易验证, 只证三角不等式和相容性. 先证三角不等式. 若设 $A = (a_{ij}) \in \mathcal{C}^{m\times n}$, $B = (b_{ij}) \in \mathcal{C}^{m\times n}$, 则

$$
\begin{aligned}
\|A + B\| &= \sum_{i=1}^m \sum_{j=1}^n |a_{ij} + b_{ij}| \\
&\leqslant \sum_{i=1}^m \sum_{j=1}^n |a_{ij}| + \sum_{i=1}^m \sum_{j=1}^n |b_{ij}| = \|A\| + \|B\|
\end{aligned}
$$

最后证 $\|A\|$ 对矩阵乘法的相容性. 若 $A = (a_{ij}) \in \mathcal{C}^{m\times p}$, $B = (b_{ij}) \in \mathcal{C}^{p\times n}$, 则由 $AB = (\sum_{k=1}^p a_{ik}b_{kj})$, $i = 1, 2, \cdots, m$, $j = 1, 2, \cdots, n$, 得

$$
\begin{aligned}
\|AB\| &= \sum_{i=1}^m \sum_{j=1}^n \left| \sum_{k=1}^p a_{ik}b_{kj} \right| \\
&\leqslant \sum_{i=1}^m \sum_{j=1}^n \sum_{k=1}^p |a_{ik}| \cdot |b_{kj}|
\end{aligned}
$$

$$\leqslant \sum_{i=1}^{m}\sum_{j=1}^{n}\left[\left(\sum_{k=1}^{p}|a_{ik}|\right)\cdot\left(\sum_{k=1}^{p}|b_{kj}|\right)\right]$$

$$=\left(\sum_{i=1}^{m}\sum_{k=1}^{p}|a_{ik}|\right)\cdot\left(\sum_{j=1}^{n}\sum_{k=1}^{p}|b_{kj}|\right)$$

$$=\|A\|\cdot\|B\|$$

因此, 所给计算公式确实是矩阵范数. 实际上, 这样定义的 $\|A\|$ 是向量 1-范数在矩阵中的推广. △

【例 6.2.2】(Frobenius 范数) 若 $A=(a_{ij})\in\mathcal{C}^{m\times n}$, 规定:

$$\|A\|_{\mathrm{F}}=\left(\sum_{i=1}^{m}\sum_{j=1}^{n}|a_{ij}|^2\right)^{1/2}$$

则 $\|A\|_{\mathrm{F}}$ 满足矩阵范数定义要求的四个性质. 称 $\|A\|_{\mathrm{F}}$ 为矩阵 A 的 Frobenius 范数.

解: 矩阵范数的非负性、齐次性易证. 所以只证三角不等式与相容性. 根据 Minkowski 不等式易得三角不等式. 设 $A=(a_{ij})\in\mathcal{C}^{m\times n}$、$B=(b_{ij})\in\mathcal{C}^{m\times n}$, 则

$$\|A+B\|_{\mathrm{F}}=\left(\sum_{i=1}^{m}\sum_{j=1}^{n}|a_{ij}+b_{ij}|^2\right)^{1/2}$$

$$\leqslant\left(\sum_{i=1}^{m}\sum_{j=1}^{n}|a_{ij}|^2\right)^{1/2}+\left(\sum_{i=1}^{m}\sum_{j=1}^{n}|b_{ij}|^2\right)^{1/2}$$

$$=\|A\|_{\mathrm{F}}+\|B\|_{\mathrm{F}}$$

为证相容性, 设 $A=(a_{ij})\in\mathcal{C}^{m\times l}$, $B=(b_{ij})\in\mathcal{C}^{l\times n}$, 则

$$\|AB\|_{\mathrm{F}}^2=\sum_{i=1}^{m}\sum_{j=1}^{n}\left|\sum_{k=1}^{l}a_{ik}b_{kj}\right|^2\leqslant\sum_{i=1}^{m}\sum_{j=1}^{n}\left(\sum_{k=1}^{l}|a_{ik}|\cdot|b_{kj}|\right)^2$$

由 Hölder 不等式得

$$\|AB\|_{\mathrm{F}}\leqslant\sum_{i=1}^{m}\sum_{j=1}^{n}\left[\left(\sum_{k=1}^{l}|a_{ik}|^2\right)\cdot\left(\sum_{k=1}^{l}|b_{kj}|^2\right)\right]$$

$$=\left(\sum_{i=1}^{m}\sum_{k=1}^{l}|a_{ik}|^2\right)\cdot\left(\sum_{j=1}^{n}\sum_{k=1}^{l}|b_{kj}|^2\right)$$

$$=\|A\|_{\mathrm{F}}^2\cdot\|B\|_{\mathrm{F}}^2$$

于是 $\|AB\|_{\mathrm{F}} \leqslant \|A\|_{\mathrm{F}}\|B\|_{\mathrm{F}}$. 显然, $\|A\|_{\mathrm{F}}$ 是向量 Euclidean 范数的推广. △

【定理 6.2.1】 Frobenius 范数具有如下性质.

(1) 若 $A = [\boldsymbol{\alpha}_1 \ \ \boldsymbol{\alpha}_2 \ \ \cdots \ \ \boldsymbol{\alpha}_n]$, 则

$$\|A\|_{\mathrm{F}}^2 = \sum_{i=1}^{n} \|\boldsymbol{\alpha}_i\|_2^2$$

(2) $\|A\|_{\mathrm{F}}^2 = \operatorname{trace}(A^*A) = \sum_{i=1}^{n} \lambda_i(A^*A)$, 其中 $\lambda_i(A^*A)$ 表示 n 阶方阵 A^*A 的第 i 个特征值. $\operatorname{trace}(A^*A)$ 是 A^*A 的迹.

(3) 对于任何 m 阶酉矩阵 U 与 n 阶酉矩阵 V 都有等式:

$$\|A\|_{\mathrm{F}} = \|UA\|_{\mathrm{F}} = \|A^*\|_{\mathrm{F}} = \|AV\|_{\mathrm{F}} = \|UAF\|_{\mathrm{F}}$$

证明: (1) 和 (2) 显然, 只证 (3). 若 $A = [\boldsymbol{\alpha}_1 \ \ \boldsymbol{\alpha}_2 \ \ \cdots \ \ \boldsymbol{\alpha}_n]$, 则 $UA = [U\boldsymbol{\alpha}_1 \ \ U\boldsymbol{\alpha}_2 \ \ \cdots \ \ U\boldsymbol{\alpha}_n]$, 故

$$\|UA\|_{\mathrm{F}}^2 = \sum_{i=1}^{n} \|U\boldsymbol{\alpha}_i\|_2^2 = \sum_{i=1}^{n} \|\boldsymbol{\alpha}_i\|_2^2 = \|A\|_{\mathrm{F}}^2$$

于是 $\|A\|_{\mathrm{F}} = \|UA\|_{\mathrm{F}}$. 又由 $\|A\|_{\mathrm{F}} = \|A^*\|_{\mathrm{F}}$ 易得其余几个等式. ■

一般情况下, 可以证明向量 Hölder p-范数 $\|\cdot\|_p$ 是矩阵范数, 当且仅当 $1 \leqslant p \leqslant 2$.

矩阵范数也有等价性定理.

【定理 6.2.2】 若 $\|A\|_\alpha$ 与 $\|A\|_\beta$ 是任意两种矩阵范数, 则总存在正数 c_1, c_2, 对于任意矩阵 A 恒有

$$c_1\|A\|_\beta \leqslant \|A\|_\alpha \leqslant c_2\|A\|_\beta$$

6.2.2 矩阵的诱导范数与线性映射的范数

$A \in \mathcal{C}^{m\times n}$ 可以定义 $\mathcal{C}^n \to \mathcal{C}^m$ 的一个线性映射 $\mathscr{A} : \mathscr{A}(\boldsymbol{x}) = A\boldsymbol{x}, \boldsymbol{x} \in \mathcal{C}^n$. 若已知矩阵范数 $\|\cdot\|$, 可将 $\boldsymbol{x}$ 看作 $n \times 1$ 矩阵, $A\boldsymbol{x}$ 看作 $m \times 1$ 矩阵, 因此根据矩阵范数的相容性应有

$$\|A\boldsymbol{x}\| \leqslant \|A\| \cdot \|\boldsymbol{x}\|$$

而另外, $\boldsymbol{x}$ 与 $A\boldsymbol{x}$ 终究是向量, 若取 $\|\boldsymbol{x}\|_v$ 与 $\|A\boldsymbol{x}\|_v$ 为向量范数, $\|A\|_M$ 为矩阵范数, 则不等式

$$\|A\boldsymbol{x}\|_v \leqslant \|A\|_M \cdot \|\boldsymbol{x}\|_v$$

是否仍能成立? 这就是向量范数与矩阵范数的相容性问题.

定义 6.2.2 设 $\|\boldsymbol{x}\|_v$ 是向量范数, $\|A\|_M$ 是矩阵范数, 若对于任何 $A \in \mathcal{C}^{m\times n}$ 与向量 $\boldsymbol{x} \in \mathcal{C}^n$ 都有

$$\|A\boldsymbol{x}\|_v \leqslant \|A\|_M\|\boldsymbol{x}\|_v$$

则称 $\|A\|_M$ 为与向量范数 $\|\boldsymbol{x}\|_v$ 相容的矩阵范数.

【例 6.2.3】 在例 6.2.2 的相容性证明中令 B 为 $n\times 1$ 矩阵 $\boldsymbol{x}$, 可证矩阵 Frobenius 范数与向量的 2-范数相容. △

下述定理说明, 给定矩阵范数, 可以构造向量范数使这两个范数是相容的.

【定理 6.2.3】 设 $\|A\|_M$ 是矩阵范数, 则存在向量范数 $\|\boldsymbol{x}\|_v$ 满足

$$\|A\boldsymbol{x}\|_v \leqslant \|A\|_M\|\boldsymbol{x}\|_v$$

证明: 任给非零向量 $\boldsymbol{\alpha}$, 定义向量范数 $\|\boldsymbol{x}\|_v=\|\boldsymbol{x}\boldsymbol{\alpha}^*\|_M$, 即矩阵 $\boldsymbol{x}\boldsymbol{\alpha}^*$ 的范数. 不难验证它满足向量范数的三个性质, 且

$$\|A\boldsymbol{x}\|_v=\|A\boldsymbol{x}\boldsymbol{\alpha}^*\|_M \leqslant \|A\|_M\|\boldsymbol{x}\boldsymbol{\alpha}^*\|_M=\|A\|_M\|\boldsymbol{x}\|_v$$ ■

【例 6.2.4】 已知矩阵范数:

$$\|A\|_M=\|A\|_{\mathrm{F}}=\left(\sum_{i=1}^{m}\sum_{j=1}^{n}|a_{ij}|^2\right)^{1/2}$$

求与之相容的一个向量范数.

解: 令 $A=[\boldsymbol{a}_1\ \boldsymbol{a}_2\ \cdots\ \boldsymbol{a}_n]$, 则有 $\|A\|_{\mathrm{F}}=\left(\sum_{j=1}^{n}\|\boldsymbol{a}_j\|_2^2\right)^{1/2}$. 取 $\boldsymbol{\alpha}=[\alpha_1\ \alpha_2\ \cdots\ \alpha_n]^{\mathrm{T}}$, 其中 $\sum_{i=1}^{n}|\alpha_i|^2=1$. 设 $\boldsymbol{x}=[x_1\ x_2\ \cdots\ x_m]^{\mathrm{T}}$, 则

$$\|A\boldsymbol{x}\|_v=\|A\boldsymbol{x}\boldsymbol{\alpha}^*\|_M \leqslant \|A\|_M\left(\sum_{i=1}^{n}\|\boldsymbol{x}\|_2^2|\alpha_i|^2\right)^{1/2}=\|A\|_M\|\boldsymbol{x}\|_2$$ △

矩阵范数 $\|A\|_M$ 与向量范数 $\|\boldsymbol{x}\|_v$ 相容意味着 $\|\boldsymbol{y}\|_v\leqslant\|A\|_M\|\boldsymbol{x}\|_v$, $\forall\ \boldsymbol{x}\in\mathcal{C}^n$. 于是可以将 $\|A\|_M$ 理解为线性映射 $\mathscr{A}:\mathcal{C}^n\to\mathcal{C}^m$ 的增益. 考虑阶次不小于 2 的单位矩阵 I_n. 显然 $\|I_n\|_{\mathrm{F}}=\sqrt{n}$. 然而, $\|I_n\boldsymbol{x}\|_2=\|\boldsymbol{x}\|_2<\sqrt{n}\|\boldsymbol{x}\|_2$, $\forall\boldsymbol{x}\in\mathcal{C}^n$. 这意味着, 尽管矩阵的 Frobenius 范数与列向量的 Euclidean 范数相容, 但这个范数可能只是线性映射 $\mathscr{A}$ 的增益的一个不可达上界. 为了精确刻画线性映射 $\mathscr{A}$ 的增益, 引入矩阵的诱导范数.

【定理 6.2.4】 设 $\|\boldsymbol{x}\|_\alpha$ 是向量范数, 则

$$\|A\|_{\mathrm{i}}=\max_{\boldsymbol{x}\neq\boldsymbol{0}}\frac{\|A\boldsymbol{x}\|_\alpha}{\|\boldsymbol{x}\|_\alpha}\tag{6.8}$$

满足矩阵范数定义, 且 $\|A\|_{\mathrm{i}}$ 是与向量范数 $\|\boldsymbol{x}\|_\alpha$ 相容的矩阵范数.

证明: 非负性、齐次性显然. 根据向量范数三角不等式可得

$$\begin{aligned}\|A+B\|_{\mathrm{i}}&=\max_{\boldsymbol{x}\neq\boldsymbol{0}}\frac{\|(A+B)\boldsymbol{x}\|_\alpha}{\|\boldsymbol{x}\|_\alpha}=\max_{\boldsymbol{x}\neq\boldsymbol{0}}\frac{\|A\boldsymbol{x}+B\boldsymbol{x}\|_\alpha}{\|\boldsymbol{x}\|_\alpha}\\&\leqslant\max_{\boldsymbol{x}\neq\boldsymbol{0}}\frac{\|A\boldsymbol{x}\|_\alpha+\|B\boldsymbol{x}\|_\alpha}{\|\boldsymbol{x}\|_\alpha}\end{aligned}$$

$$\leqslant \max_{\boldsymbol{x}\neq \mathbf{0}} \frac{\|A\boldsymbol{x}\|_\alpha}{\|\boldsymbol{x}\|_\alpha} + \max_{\boldsymbol{x}\neq \mathbf{0}} \frac{\|B\boldsymbol{x}\|_\alpha}{\|\boldsymbol{x}\|_\alpha} = \|A\|_{\rm i} + \|B\|_{\rm i}$$

现证矩阵范数的相容性. 设 $B \neq 0$, 则

$$\|AB\|_{\rm i} = \max_{\boldsymbol{x}\neq \mathbf{0}} \frac{\|AB\boldsymbol{x}\|_\alpha}{\|\boldsymbol{x}\|_\alpha} = \max_{\boldsymbol{x}\neq \mathbf{0}} \left(\frac{\|A(B\boldsymbol{x})\|_\alpha}{\|B\boldsymbol{x}\|_\alpha} \frac{\|B\boldsymbol{x}\|_\alpha}{\|\boldsymbol{x}\|_\alpha} \right)$$

$$\leqslant \max_{\boldsymbol{x}\neq \mathbf{0}} \frac{\|A(B\boldsymbol{x})\|_\alpha}{\|B\boldsymbol{x}\|_\alpha} \max_{\boldsymbol{x}\neq \mathbf{0}} \frac{\|B\boldsymbol{x}\|_\alpha}{\|\boldsymbol{x}\|_\alpha} = \|A\|_{\rm i} \cdot \|B\|_{\rm i}$$

因此, $\|A\|_{\rm i}$ 确实是矩阵范数. 最后证明 $\|A\|_{\rm i}$ 与 $\|\boldsymbol{x}\|_\alpha$ 相容. 由

$$\|A\|_{\rm i} = \max_{\boldsymbol{x}\neq \mathbf{0}} \frac{\|A\boldsymbol{x}\|_\alpha}{\|\boldsymbol{x}\|_\alpha}$$

对任何 $\boldsymbol{x} \in \mathcal{C}^n$ 都有

$$\frac{\|A\boldsymbol{x}\|_\alpha}{\|\boldsymbol{x}\|_\alpha} \leqslant \|A\|_{\rm i}$$

即

$$\|A\boldsymbol{x}\|_\alpha \leqslant \|A\|_{\rm i} \|\boldsymbol{x}\|_\alpha$$

这就是 $\|A\|_{\rm i}$ 与 $\|\boldsymbol{x}\|_\alpha$ 相容. ■

定义 6.2.3 由式 (6.8) 所定义的矩阵范数称为由向量范数 $\|\boldsymbol{x}\|_\alpha$ 所诱导的矩阵范数, 也称为矩阵 A 的算子范数.

由向量 p-范数 $\|\boldsymbol{x}\|_p$ 所诱导的矩阵范数称为矩阵 p-范数, 即

$$\|A\|_p = \max_{\boldsymbol{x}\neq \mathbf{0}} \frac{\|A\boldsymbol{x}\|_p}{\|\boldsymbol{x}\|_p}$$

常用的矩阵 p-范数为 $\|A\|_1$、$\|A\|_2$ 与 $\|A\|_\infty$. 关于这三个范数的计算有下面定理.

【定理 6.2.5】 设 $A = (a_{ij})_{m\times n}$, 则

(1) $\|A\|_1 = \max_j \left\{\sum_{i=1}^m |a_{ij}|\right\}$, $j = 1, 2, \cdots, n$. 称 $\|A\|_1$ 是最大列和范数.

(2) $\|A\|_2 = \max_j \left\{\lambda_j^{1/2}(A^*A)\right\}$, $\lambda_j^{1/2}(A^*A)$ 表示矩阵 A^*A 的第 j 个特征值的平方根. 称 $\|A\|_2$ 是谱范数. 显然有 $\|A\|_2 = \bar{\sigma}(A)$.

(3) $\|A\|_\infty = \max_i \left\{\sum_{j=1}^n |a_{ij}|\right\}$, $i = 1, 2, \cdots, m$. 称 $\|A\|_\infty$ 是最大行和范数.

证明:

(1) 令 $w = \max_j \left\{\sum_{i=1}^m |a_{ij}|\right\}$. 设 $A = [\boldsymbol{\alpha}_1 \ \ \boldsymbol{\alpha}_2 \ \ \cdots \ \ \boldsymbol{\alpha}_n]$, 则

$$w = \max_j \|\boldsymbol{\alpha}_j\|_1$$

且

$$\begin{aligned}\|A\boldsymbol{x}\|_1 &= \|x_1\boldsymbol{\alpha}_1 + x_2\boldsymbol{\alpha}_2 + \cdots + x_n\boldsymbol{\alpha}_n\|_1 \\ &\leqslant |x_1|\cdot\|\boldsymbol{\alpha}_1\|_1 + |x_2|\cdot\|\boldsymbol{\alpha}_2\|_1 + \cdots + |x_n|\cdot\|\boldsymbol{\alpha}_n\|_1 \\ &\leqslant (|x_1| + |x_2| + \cdots + |x_n|)\, w = \|\boldsymbol{x}\|_1 w\end{aligned}$$

故

$$\|A\|_1 = \max_{\boldsymbol{x}\neq\boldsymbol{0}} \frac{\|A\boldsymbol{x}\|_1}{\|\boldsymbol{x}\|_1} \leqslant w$$

另外, 设 $w = \sum_{i=1}^{m} |a_{ir}| = \|\boldsymbol{\alpha}_r\|_1$. 若取 $\boldsymbol{x}_r$ 为单位矩阵的第 r 个列向量, 即

$$\boldsymbol{x}_r = [\underbrace{0\ 0\ \cdots\ 0}_{r-1}\ 1\ \underbrace{0\ \cdots\ 0}_{n-r}]^{\mathrm{T}}$$

则 $\|\boldsymbol{x}_r\|_1 = 1$ 且 $A\boldsymbol{x}_r = \boldsymbol{\alpha}_r$. 于是有

$$\|A\|_1 \geqslant \|A\boldsymbol{x}_r\|_1 = \|\boldsymbol{\alpha}_r\|_1 = w$$

合并以上结果, 有 $\|A\|_1 = \max_j \{ \sum_{i=1}^{m} |a_{ij}|,\ \ j = 1, 2, \cdots n \}$.

(2) 当 $\boldsymbol{x} \neq \boldsymbol{0}$ 时, 有

$$\frac{\|A\boldsymbol{x}\|_2^2}{\|\boldsymbol{x}\|_2^2} = \frac{\boldsymbol{x}^* A^* A\boldsymbol{x}}{\boldsymbol{x}^*\boldsymbol{x}}$$

由于 A^*A 是 Hermitian 矩阵, 根据 Rayleigh 商可知:

$$\max_{\boldsymbol{x}\neq\boldsymbol{0}} \frac{\|A\boldsymbol{x}\|_2}{\|\boldsymbol{x}\|_2} = \max_j \left\{ \lambda_j^{1/2}(A^*A) \right\}$$

(3) 设 A 的行向量为 $\boldsymbol{\beta}_1^{\mathrm{T}}, \boldsymbol{\beta}_2^{\mathrm{T}}, \cdots, \boldsymbol{\beta}_m^{\mathrm{T}}$, 则

$$\begin{aligned}\|A\boldsymbol{x}\|_\infty &= \max_i \left\{ \left| \sum_{j=1}^{n} x_j a_{ij} \right|,\ \ i = 1, 2, \cdots, m \right\} \\ &\leqslant \max_i \left\{ \sum_{j=1}^{n} |x_j a_{ij}|,\ \ i = 1, 2, \cdots, m \right\} \\ &\leqslant \max_i \left\{ \max_j\{|x_j|\} \sum_{j=1}^{n} |a_{ij}|,\ \ i = 1, 2, \cdots, m \right\} \\ &= \max_j\{|x_j|\} \max_i \left\{ \sum_{j=1}^{n} |a_{ij}|,\ \ i = 1, 2, \cdots, m \right\} \\ &= \|\boldsymbol{x}\|_\infty \max_i \{ \|\boldsymbol{\beta}_i^{\mathrm{T}}\|_1,\ \ i = 1, 2, \cdots, m \}\end{aligned}$$

于是, 有

$$\frac{\|A\boldsymbol{x}\|_\infty}{\|\boldsymbol{x}\|_\infty} \leqslant \max_i \left\{ \|\boldsymbol{\beta}_i^{\mathrm{T}}\|_1, \quad i=1,2,\cdots,m \right\}$$

另外, 若令

$$\max_i \left\{ \|\boldsymbol{\beta}_i^{\mathrm{T}}\|_1, \quad i=1,2,\cdots,m \right\} = \|\boldsymbol{\beta}_t^{\mathrm{T}}\|_1$$

$$\operatorname{sign}(x) = \begin{cases} 1, & x=0 \\ \mathrm{e}^{-\mathrm{j}\theta}, & x=|x|\mathrm{e}^{\mathrm{j}\theta} \neq 0 \end{cases}$$

并取

$$\boldsymbol{x}_t = [\operatorname{sign}(a_{t1}) \ \ \operatorname{sign}(a_{t2}) \ \ \cdots \ \ \operatorname{sign}(a_{tn})]^{\mathrm{T}}$$

则 $\|\boldsymbol{x}_t\|_\infty = 1$. $A\boldsymbol{x}_t$ 的第 t 个元素为

$$\sum_{j=1}^{n} \operatorname{sign}(a_{tj}) a_{tj} = \sum_{j=1}^{n} |a_{tj}| = \|\boldsymbol{\beta}_t^{\mathrm{T}}\|_1$$

于是, 又有 $\|A\boldsymbol{x}_t\|_\infty = \|\boldsymbol{\beta}_t^{\mathrm{T}}\|_1 \|\boldsymbol{x}_t\|_\infty$. ■

定义 6.2.4 设 $A \in \mathcal{C}^{n\times n}$, A 的 n 个特征值为 $\lambda_1, \lambda_2, \cdots, \lambda_n$, 称 $\rho(A) = \max\{|\lambda_1|, |\lambda_2|, \cdots, |\lambda_n|\}$ 是 A 的谱半径.

由矩阵范数可得到矩阵谱半径的一个上界.

【定理 6.2.6】 $A \in \mathcal{C}^{n\times n}$, 则

$$\rho(A) \leqslant \|A\|$$

其中, $\|A\|$ 是 A 的任何一种范数.

证明: 设 λ 是 A 的任何一个特征值, 则存在非零向量 $\boldsymbol{x}$ 满足

$$A\boldsymbol{x} = \lambda \boldsymbol{x}$$

故

$$\|\lambda \boldsymbol{x}\| = |\lambda| \cdot \|\boldsymbol{x}\| = \|A\boldsymbol{x}\| \leqslant \|A\| \cdot \|\boldsymbol{x}\|$$

于是 $|\lambda| \leqslant \|A\|$. 由于 λ 是 A 的任何一个特征值, 故 $\rho(A) \leqslant \|A\|$. ■

【定理 6.2.7】 设 A 是正规矩阵, 则 $\rho(A) = \|A\|_2$.

证明: 因为

$$\|A\|_2^2 = \max_{\boldsymbol{x}\neq \boldsymbol{0}} \frac{\|A\boldsymbol{x}\|_2^2}{\|\boldsymbol{x}\|_2^2} = \max_{\boldsymbol{x}\neq \boldsymbol{0}} \frac{\boldsymbol{x}^* A^* A \boldsymbol{x}}{\boldsymbol{x}^* \boldsymbol{x}} = \rho(A^*A) = \rho^2(A)$$

故 $\rho(A) = \|A\|_2$. ■

将矩阵的算子范数推广到 $\mathscr{A} \in \mathcal{L}(\mathcal{U} \to \mathcal{V})$, 可定义线性映射 $\mathscr{A}$ 的范数.

定义 6.2.5 $\mathcal{U}$ 和 $\mathcal{V}$ 均为赋范空间, $\mathscr{A} \in \mathcal{L}(\mathcal{U} \to \mathcal{V})$ 的范数定义为

$$\|\mathscr{A}\| = \max_{\boldsymbol{x}\neq \boldsymbol{0}} \frac{\|\mathscr{A}(\boldsymbol{x})\|_{\mathcal{V}}}{\|\boldsymbol{x}\|_{\mathcal{U}}} \tag{6.9}$$

6.3 矩阵序列与极限

定义 6.3.1 给定矩阵序列 $\{A_k\}$, 其中 $A_k=\left(a_{ij}^{(k)}\right)\in C^{m\times n}$, 若 $m\times n$ 个数列 $\left\{a_{ij}^{(k)}\right\}(i=1,2,\cdots,m,\ j=1,2,\cdots,n)$ 都收敛, 便称矩阵序列 $\{A_k\}$ 收敛. 若 $\lim_{k\to\infty}a_{ij}^{(k)}=a_{ij}$, 则称 $A=(a_{ij})$ 为矩阵序列 $\{A_k\}$ 的极限.

若把向量看成矩阵的特例, 向量序列收敛的定义类似可得.

【定理 6.3.1】 矩阵序列 $\{A_k\}$ 收敛于 A 的充要条件是

$$\lim_{k\to\infty}\|A_k-A\|=0$$

其中, $\|\cdot\|$ 为任何一种矩阵范数.

证明: 取矩阵范数 $\|A\|=\sum_{i=1}^m\sum_{j=1}^n|a_{ij}|$.

必要性: 设 $\lim_{k\to\infty}A_k=A=(a_{ij})$. 由定义 6.3.1 可知, 对于每一个 ij 都有

$$\lim_{k\to\infty}\left|a_{ij}^{(k)}-a_{ij}\right|=0,\quad i=1,2,\cdots,m;j=1,2,\cdots,n$$

于是有

$$\lim_{k\to\infty}\sum_{i=1}^m\sum_{j=1}^n\left|a_{ij}^{(k)}-a_{ij}\right|=0$$

即

$$\lim_{k\to\infty}\|A_k-A\|=0$$

充分性: 设

$$\lim_{k\to\infty}\|A_k-A\|=\lim_{k\to\infty}\sum_{i=1}^m\sum_{j=1}^n\left|a_{ij}^{(k)}-a_{ij}\right|=0$$

因此, 对于每一个 ij 都有

$$\lim_{k\to\infty}\sum_{i=1}^m\sum_{j=1}^n\left|a_{ij}^{(k)}-a_{ij}\right|=0$$

即

$$\lim_{k\to\infty}\left|a_{ij}^{(k)}-a_{ij}\right|=0$$

于是, 有

$$\lim_{k\to\infty}A_k=A$$

现在已经证明了对于所设的范数定理成立. 现在设 $\|A\|_\alpha$ 是其他任何一种矩阵范数. 由范数等价性定理可知, 存在正数 c_1, c_2 满足

$$c_1\|A_k-A\|\leqslant\|A_k-A\|_\alpha\leqslant c_2\|A_k-A\|$$

当 $\lim_{k\to\infty}\|A_k-A\|=0$ 时便得 $\lim_{k\to\infty}\|A_k-A\|_\alpha=0$. 因此对任何一种范数定理都成立. ■

利用数列收敛的概念和性质容易验证:

(1) 一个收敛矩阵序列的极限是唯一的;

(2) 设 $\lim_{k\to\infty}A_k=A$, $\lim_{k\to\infty}B_k=B$, 则 $\lim_{k\to\infty}(\alpha A_k+\beta B_k)=\alpha A+\beta B$, $\forall\alpha,\ \beta\in\mathcal{C}$;

(3) 设 $\lim_{k\to\infty}A_k=A$, $\lim_{k\to\infty}B_k=B$, 其中 $A,\ B\in\mathcal{C}^{n\times n}$, 则 $\lim_{k\to\infty}A_kB_k=AB$;

(4) 设 $\lim_{k\to\infty}A_k=A$, 其中 $A\in\mathcal{C}^{n\times n}$, 则 $\forall P,\ Q\in\mathcal{C}^{n\times n}$ 都有 $\lim_{k\to\infty}PA_kQ=PAQ$;

(5) 设 $\lim_{k\to\infty}A_k=A$, A_k、A 均可逆, 则 $\{A_k^{-1}\}$ 也收敛, 且 $\lim_{k\to\infty}A_k^{-1}=A^{-1}$.

证明: 由矩阵范数的定义易证前 4 个性质, 所以只证 (5). 设 $\mathrm{adj}A_k$ 为 A_k 的伴随矩阵, 则

$$A_k^{-1}=\frac{\mathrm{adj}A_k}{\det A_k}$$

其中, $\mathrm{adj}A_k$ 中的元素是 A_k 中元素的代数余子式, 它是 A_k 的某个 $n-1$ 阶子矩阵的行列式. 因此

$$\lim_{k\to\infty}\mathrm{adj}A_k=\mathrm{adj}A,\quad \lim_{k\to\infty}\det A_k=\det A$$

于是有

$$\lim_{k\to\infty}A_k^{-1}=\lim_{k\to\infty}\frac{\mathrm{adj}A_k}{\det A_k}=\frac{\mathrm{adj}A}{\det A}=A^{-1}$$ ■

下面研究由 n 阶方阵 A 的幂组成的矩阵序列:

$$A^0,\ A,\ A^2,\ \cdots,\ A^k,\ \cdots$$

【定理 6.3.2】 若矩阵 A 的某一种范数 $\|A\|<1$, 则 $\lim_{k\to\infty}A_k=0$.

证明: 由矩阵范数的相容性 $\|A^k\|\leqslant\|A\|^k$ 即可证得. ■

【定理 6.3.3】 已知矩阵序列:

$$A^0,\ A,\ A^2,\ \cdots,\ A^k,\ \cdots$$

则 $\lim_{k\to\infty}A_k=0$ 的充要条件是 $\rho(A)<1$.

证明: 设 A 的 Jordan 标准形为

$$J=\mathrm{blockdiag}\{J_1\ ,\ J_2\ ,\ \cdots\ ,\ J_r\}$$

其中

$$J_i=\begin{bmatrix}\lambda_i & 1 & 0 & \cdots & 0\\ 0 & \lambda_i & 1 & \ddots & \vdots\\ \vdots & \ddots & \ddots & \ddots & 0\\ 0 & \cdots & 0 & \lambda_i & 1\\ 0 & \cdots & 0 & 0 & \lambda_i\end{bmatrix}\in\mathcal{C}^{d_i\times d_i},\quad i=1,2,\cdots,r$$

于是, 有

$$A^k = P\ \mathrm{blockdiag}\left\{J_1^k\ ,\ J_2^k\ ,\ \cdots\ ,\ J_r^k\right\}P^{-1}$$

显然, $\lim_{k\to\infty} A_k = 0$ 的充要条件是 $\lim_{k\to\infty} J_i^k = 0$. 又因

$$J_i^k = \begin{bmatrix} \lambda_i^k & c_k^1\lambda_i^{k-1} & c_k^2\lambda_i^{k-2} & \cdots & c_k^{d_i-1}\lambda_i^{k-d_i+1} \\ 0 & \lambda_i^k & c_k^1\lambda_i^{k-1} & \cdots & c_k^{d_i-2}\lambda_i^{k-d_i+2} \\ \vdots & \ddots & \ddots & \ddots & \vdots \\ 0 & \cdots & 0 & \lambda_i^k & c_k^1\lambda_i^{k-1} \\ 0 & \cdots & 0 & 0 & \lambda_i^k \end{bmatrix}$$

其中

$$c_k^l = \begin{cases} \dfrac{k(k-1)\cdots(k-l+1)}{l!}, & l \leqslant k \\ 0, & l > k \end{cases}$$

于是, $\lim_{k\to\infty} A_k = 0$ 的充要条件是 $\lim_{k\to\infty} \lambda_i^k = 0, \forall i$, 即 $|\lambda_i| < 1, \forall i$, 因此, $\lim_{k\to\infty} A_k = 0$ 的充要条件是 $\rho(A) < 1$. ■

6.4 矩阵幂级数

定义 6.4.1　设 $A_k = \left(a_{ij}^{(k)}\right) \in \mathcal{C}^{m\times n}$. 若 $m\times n$ 个常数项级数

$$\sum_{k=1}^{\infty} a_{ij}^{(k)},\quad i=1,2,\cdots,m;\ j=1,2,\cdots,n$$

都收敛, 便称矩阵级数

$$\sum_{k=1}^{\infty} A_k = A_1 + A_2 + \cdots + A_k + \cdots$$

收敛. 若 $m\times n$ 个常数项级数

$$\sum_{k=1}^{\infty} a_{ij}^{(k)},\quad i=1,2,\cdots,m;\ j=1,2,\cdots,n$$

都绝对收敛, 便称矩阵级数

$$\sum_{k=1}^{\infty} A_k = A_1 + A_2 + \cdots + A_k + \cdots$$

绝对收敛.

【定理 6.4.1】　设 $A_k = \left(a_{ij}^{(k)}\right) \in \mathcal{C}^{m\times n}$, 则矩阵级数 $\sum_{k=1}^{\infty} A_k$ 绝对收敛的充要条件是正项级数 $\sum_{k=1}^{\infty} \|A_k\|$ 收敛, 其中 $\|A\|$ 为任何一种矩阵范数.

证明: 先证充分性. 取矩阵范数 $\|A_k\| = \sum_{i=1}^{m}\sum_{j=1}^{n}\left|a_{ij}^{(k)}\right|$, 对于每一个 ij 都有

$$\|A_k\| \geqslant \left|a_{ij}^{(k)}\right|$$

因此, 若 $\sum_{k=1}^{\infty}\|A_k\|$ 收敛, 则对于每一个 ij, 常数项级数 $\sum_{k=1}^{\infty}\left|a_{ij}^{(k)}\right|$ 都收敛, 于是 $\sum_{k=1}^{\infty}A_k$ 绝对收敛.

再证必要性. 若矩阵级数 $\sum_{k=1}^{\infty}A_k$ 绝对收敛, 则对于每一个 ij 都有 $\sum_{k=1}^{\infty}\left|a_{ij}^{(k)}\right| < \infty$. 于是

$$\sum_{k=1}^{\infty}\|A_k\| = \sum_{k=1}^{\infty}\sum_{i=1}^{m}\sum_{j=1}^{n}\left|a_{ij}^{(k)}\right| = \sum_{i=1}^{m}\sum_{j=1}^{n}\sum_{k=1}^{\infty}\left|a_{ij}^{(k)}\right| < \infty$$

根据范数等价性定理可知结论对任何一种范数都正确. ■

下面将对矩阵幂级数进行深入讨论, 它是研究矩阵函数的重要工具.

定义 6.4.2 设 $A = (a_{ij}) \in \mathcal{C}^{n\times n}$, 称形如

$$\sum_{k=0}^{\infty}\gamma_k A^k = \gamma_0 I + \gamma_1 A + \gamma_2 A^2 + \cdots + \gamma_k A^k + \cdots$$

的矩阵级数为矩阵幂级数.

将定理 6.4.1 用于幂级数, 可得下述结果.

【定理 6.4.2】 若矩阵 A 的某一种范数 $\|A\|$ 在幂级数

$$\gamma_0 + \gamma_1 x + \gamma_2 x^2 + \cdots + \gamma_k x^k + \cdots$$

的收敛圆内, 则矩阵幂级数

$$\gamma_0 A^0 + \gamma_1 A + \gamma_2 A^2 + \cdots + \gamma_k A^k + \cdots$$

绝对收敛.

【例 6.4.1】 设

$$A = \begin{bmatrix} 0.2 & 0.5 & 0.1 \\ 0.1 & 0.5 & 0.3 \\ 0.2 & 0.4 & 0.2 \end{bmatrix}$$

则

$$I + A + A^2 + \cdots + A^k + \cdots$$

绝对收敛.

解: 因为级数

$$1 + x + x^2 + \cdots + x^k + \cdots$$

的收敛半径为 1, 而 $\|A\|_\infty = 0.9 < 1$, 故相应的矩阵幂级数绝对收敛. △

【定理 6.4.3】 设幂级数 $\sum_{k=0}^{\infty}\gamma_k x^k$ 的收敛半径为 R, A 为 n 阶方阵. 若 $\rho(A)<R$, 则矩阵幂级数 $\sum_{k=0}^{\infty}\gamma_k A^k$ 绝对收敛; 若 $\rho(A)>R$, 则 $\sum_{k=0}^{\infty}\gamma_k A^k$ 发散.

证明: 设 J 是 A 的 Jordan 标准形, 则为

$$A = PJP^{-1} = P\text{blockdiag}\{J_1\ ,\ J_2\ ,\ \cdots\ ,\ J_r\}\,P^{-1}$$

其中

$$J_i = \begin{bmatrix} \lambda_i & 1 & 0 & \cdots & 0 \\ 0 & \lambda_i & 1 & \ddots & \vdots \\ \vdots & \ddots & \ddots & \ddots & 0 \\ 0 & \cdots & 0 & \lambda_i & 1 \\ 0 & \cdots & 0 & 0 & \lambda_i \end{bmatrix} \in \mathcal{C}^{d_i\times d_i},\quad i=1,2,\cdots,r$$

于是

$$A^k = P\text{blockdiag}\{J_1^k\ ,\ J_2^k\ ,\ \cdots\ ,\ J_r^k\}\,P^{-1}$$

$$J_i^k = \begin{bmatrix} \lambda_i^k & c_k^1\lambda_i^{k-1} & c_k^2\lambda_i^{k-2} & \cdots & c_k^{d_i-1}\lambda_i^{k-d_i+1} \\ 0 & \lambda_i^k & c_k^1\lambda_i^{k-1} & \cdots & c_k^{d_i-2}\lambda_i^{k-d_i+2} \\ \vdots & \ddots & \ddots & \ddots & \vdots \\ 0 & \cdots & 0 & \lambda_i^k & c_k^1\lambda_i^{k-1} \\ 0 & \cdots & 0 & 0 & \lambda_i^k \end{bmatrix}$$

所以, 有

$$\begin{aligned}\sum_{k=0}^{\infty}\gamma_k A^k &= \sum_{k=0}^{\infty}\gamma_k (PJ^kP^{-1}) = P\left(\sum_{k=0}^{\infty}\gamma_k J^k\right)P^{-1} \\ &= P\text{blockdiag}\left\{\sum_{k=0}^{\infty}\gamma_k J_1^k,\ \sum_{k=0}^{\infty}\gamma_k J_2^k,\ \cdots,\ \sum_{k=0}^{\infty}\gamma_k J_r^k\right\}P^{-1}\end{aligned}$$

其中

$$\sum_{k=0}^{\infty}\gamma_k J_i^k = \begin{bmatrix} \sum\limits_{k=0}^{\infty}\gamma_k\lambda_i^k & \sum\limits_{k=0}^{\infty}\gamma_k c_k^1\lambda_i^{k-1} & \sum\limits_{k=0}^{\infty}\gamma_k c_k^2\lambda_i^{k-2} & \cdots & \sum\limits_{k=0}^{\infty}\gamma_k c_k^{d_i-1}\lambda_i^{k-d_i+1} \\ 0 & \sum\limits_{k=0}^{\infty}\gamma_k\lambda_i^k & \sum\limits_{k=0}^{\infty}\gamma_k c_k^1\lambda_i^{k-1} & \cdots & \sum\limits_{k=0}^{\infty}\gamma_k c_k^{d_i-2}\lambda_i^{k-d_i+2} \\ \vdots & \ddots & \ddots & \ddots & \vdots \\ 0 & \cdots & 0 & \sum\limits_{k=0}^{\infty}\gamma_k\lambda_i^k & \sum\limits_{k=0}^{\infty}\gamma_k c_k^1\lambda_i^{k-1} \\ 0 & \cdots & 0 & 0 & \sum\limits_{k=0}^{\infty}\gamma_k\lambda_i^k \end{bmatrix}$$

当 $\rho(A) < R$ 时, 幂级数

$$\sum_{k=0}^{\infty} \gamma_k \lambda_i^k, \quad \sum_{k=0}^{\infty} \gamma_k c_k^1 \lambda_i^{k-1}, \quad \sum_{k=0}^{\infty} \gamma_k c_k^2 \lambda_i^{k-2}, \quad \cdots, \quad \sum_{k=0}^{\infty} \gamma_k c_k^{d_i-1} \lambda_i^{k-d_i+1}$$

都绝对收敛, 故矩阵幂级数 $\sum_{k=0}^{\infty} \gamma_k A^k$ 绝对收敛. 当 $\rho(A) > R$ 时, 幂级数 $\sum_{k=0}^{\infty} \gamma_k \lambda_i^k$ 发散, 故 $\sum_{k=0}^{\infty} \gamma_k A^k$ 发散. ■

【定理 6.4.4】 矩阵幂级数

$$I + A + A^2 + \cdots + A^k + \cdots$$

绝对收敛的充要条件是 $\rho(A) < 1$, 且其和为 $(I - A)^{-1}$.

证明: 幂级数 $1 + x + x^2 + \cdots + x^k + \cdots$ 的收敛半径 $R = 1$, 故当 $\rho(A) < 1$ 时, $I + A + A^2 + \cdots + A^k + \cdots$ 绝对收敛. 反之, 若所给矩阵幂级数绝对收敛, 则

$$\|I\| + \|A\| + \|A^2\| + \cdots + \|A^k\| + \cdots$$

绝对收敛, 故 $\lim_{k\to\infty} \|A^k\| = 0$, $\lim_{k\to\infty} A^k = 0$, 从而 $\rho(A) < 1$.

现在来求其和. 因为

$$(I - A)(I + A + A^2 + \cdots + A^k + \cdots) = I$$

所以, 有

$$I + A + A^2 + \cdots + A^k + \cdots = (I - A)^{-1}$$ ■

6.5 习　题

6.1 设 $A = (a_{ij}) \in \mathcal{C}^{n\times n}$. 证明:

(1) $\|A\| = (\text{trace}(A^*A))^{1/2}$ 是矩阵范数;

(2) $\|A\| = n \max_{i,j} |a_{ij}|$ 是矩阵范数.

6.2 举例说明 $\mathcal{C}^{m\times n}$ 上的 ∞-范数 $\|A\|_\infty = \max_{i,j} \{|a_{ij}|\}$ 不是矩阵范数.

6.3 设 $\boldsymbol{x} \in \mathcal{C}^n$. 证明:

$$\frac{1}{n}\|\boldsymbol{x}\|_1 \leqslant \|\boldsymbol{x}\|_\infty \leqslant \|\boldsymbol{x}\|_2 \leqslant \|\boldsymbol{x}\|_1$$

6.4 设 $a_1, a_2, \cdots, a_n$ 为正实数, $\boldsymbol{x} = [x_1 \ \ x_2 \ \ \cdots \ \ x_n]^{\mathrm{T}} \in \mathcal{R}^n$, 证明 $\|\boldsymbol{x}\| = \left(\sum_{i=1}^n a_i x_i^2\right)^{1/2}$ 是向量范数. 进而证明, 若 $A \in \mathcal{C}^{n\times n}$ 是正定 Hermitian 矩阵, $\boldsymbol{x} \in \mathcal{C}^n$, 则 $\|\boldsymbol{x}\| = (\boldsymbol{x}^* A \boldsymbol{x})^{1/2}$ 是 $\boldsymbol{x}$ 的一个向量范数.

6.5 分析是否存在 A 和 $\boldsymbol{x}$ 使得 $\|A\boldsymbol{x}\|_2 = \|A\|_{\mathrm{F}}\|\boldsymbol{x}\|_2$.

6.6 $\boldsymbol{\alpha}=[\alpha_1\ \ \alpha_2\ \ \cdots\ \ \alpha_n]^{\mathrm{T}}\in\mathcal{R}^n$ 为给定列向量, 线性映射 $\mathscr{A}:\mathcal{R}^n\to\mathcal{R}$ 定义为 $y=\boldsymbol{\alpha}^{\mathrm{T}}\boldsymbol{x}$. 求 $\mathscr{A}$ 对 $\|\boldsymbol{x}\|_p$ 的范数:

$$\|\mathscr{A}\|=\max_{\boldsymbol{x}\neq\boldsymbol{0}}\frac{|y|}{\|\boldsymbol{x}\|_p}$$

并确定使上述比值取最大值的 $\boldsymbol{x}$.

6.7 举例说明, 一个收敛的二阶可逆的矩阵序列, 其极限矩阵未必可逆.

6.8 讨论矩阵幂级数

$$\sum_{k=1}^{\infty}\frac{1}{k^2}\begin{bmatrix}1 & 2\\ -1 & -1\end{bmatrix}^k$$

的收敛性.

6.9 计算矩阵幂级数:

$$\sum_{k=1}^{\infty}\frac{k^2}{10^k}\begin{bmatrix}1 & 4\\ 9 & 1\end{bmatrix}^k$$

6.10 设 $\|\cdot\|$ 是 $\mathcal{C}^{n\times n}$ 上的一个范数 (不一定是矩阵范数),

$$N(A)\triangleq\sup_{0\neq X\in\mathcal{C}^{n\times n}}\frac{\|AX\|}{\|X\|}$$

证明:

(1) $N(A)$ 是矩阵范数;

(2) $N(A)$ 是所有矩阵范数中最小的, 即对任何矩阵范数 $\|\cdot\|$ 和 $A\in\mathcal{C}^{n\times n}$, 都有 $N(A)\leqslant\|A\|$.

6.11 矩阵 A 的测度定义为

$$\mu(A)\triangleq\lim_{x\to 0^+}\frac{\|I+xA\|-1}{x}$$

其中, $\|\cdot\|$ 为任何一个矩阵诱导范数. 记 $\mu_p(A)$ 为由向量 p-范数导出的矩阵测度, 证明:

(1) $\mu_1(A)=\max_j\left\{\mathrm{Re}(a_{jj})+\sum_{i=1,i\neq j}^n|a_{ij}|\right\}$;

(2) $\mu_2(A)=\max_i\lambda_i\left(\dfrac{A+A^*}{2}\right)$, 这里 λ_i 是 Hermitian 矩阵按降序排列的第 i 个特征值;

(3) $\mu_\infty(A)=\max_i\left\{\mathrm{Re}(a_{ii})+\sum_{j=1,j\neq i}^n|a_{ij}|\right\}$.

6.12 (对可逆矩阵的摄动) 设 $A\in\mathcal{C}_n^{n\times n}$, $\varDelta\in\mathcal{C}^{n\times n}$ 为任何范数有界的非结构摄动.

(1) 证明 $A+\varDelta$ 可逆, 当且仅当对任何矩阵范数 $\|\cdot\|$ 都有 $\|\varDelta\|<\|A^{-1}\|^{-1}$;

(2) 现在令 $\|\cdot\|$ 为诱导 Euclidean 范数, 即最大奇异值 $\bar{\sigma}(\cdot)$. 证明: 存在 $\varDelta$ 满足 $\bar{\sigma}(\varDelta)=\underline{\sigma}(A)$ 使得 $I+\varDelta A^{-1}$ 为奇异矩阵. 从而 $A+\varDelta$ 可逆, 当且仅当 $\bar{\sigma}(\varDelta)<[\bar{\sigma}(A^{-1})]^{-1}=\underline{\sigma}(A)$, 这里 $\underline{\sigma}(\cdot)$ 是矩阵的最小奇异值;

(3) 证明: 当 Δ 限制在 $\mathcal{R}^{n\times n}$ 上时, $\bar{\sigma}(\Delta)<[\bar{\sigma}(A^{-1})]^{-1}=\underline{\sigma}(A)$ 只是 $A+\Delta$ 非奇异的充分条件.

6.13 证明: 若 $\|A\|<1$, 则 $I\pm A$ 都为非奇异, 且

$$\frac{1}{1+\|A\|}\leqslant\|(I\pm A)^{-1}\|\leqslant\frac{1}{1-\|A\|}$$

其中, $\|A\|$ 是矩阵 A 的任何算子范数.

6.14 $A\in\mathcal{C}^{m\times n}$. 证明下述提法等价:

(1) $\|A\boldsymbol{x}\|_2\leqslant\|\boldsymbol{x}\|_2, \forall\boldsymbol{x}\in\mathcal{C}^n$;

(2) A 的奇异值均不大于 1;

(3) A^* 的奇异值均不大于 1;

(4) $\|A^*\boldsymbol{y}\|_2\leqslant\|\boldsymbol{y}\|_2, \forall\boldsymbol{y}\in\mathcal{C}^m$;

(5) 任何子空间 $\mathcal{S}\subset\mathcal{C}^m$, 若 $\mathcal{R}(A)\subset\mathcal{S}$, 则 $P_{\mathcal{S}}-AA^*\geqslant 0$, 其中 $P_{\mathcal{S}}$ 是正交投影 $\mathscr{P}_{\mathcal{S}}$ 的矩阵表示.

6.15 最优模型匹配问题即寻找 $Q_{\rm opt}\in\mathcal{C}^{m_2\times p_2}$ 使得

$$Q_{\rm opt}=\arg\left\{\min_{Q}\|D_{11}-D_{12}QD_{21}\|\right\}$$

其中, $\|\cdot\|$ 为矩阵的最大奇异值; $D_{11}\in\mathcal{C}^{p_1\times m_1}$; $D_{12}\in\mathcal{C}^{p_1\times m_2}$; $D_{21}\in\mathcal{C}^{p_2\times m_1}$ 为已知给定矩阵. 证明:

(1) 若 D_{12} 满行秩, D_{21} 满列秩, 则存在 Q, 使得 $D_{11}-D_{12}QD_{21}=0$;

(2) 若 D_{12} 和 D_{21} 均满列秩且 $p_1>m_2$, 则存在次酉矩阵 $D_{12,\rm i}$ 满足 $D_{12,\rm i}^*D_{12,\rm i}=I_{m_2}$ 和 $\tilde{Q}=[\tilde{Q}_1\ \ \tilde{Q}_2]\cong Q$ 使得 $D_{11}-D_{12}QD_{21}=D_{11}-D_{12,\rm i}\tilde{Q}_1$, 从而有

$$\|D_{11}-D_{12}QD_{21}\|=\left\|\begin{bmatrix}D_\perp^*\\ D_{12,\rm i}^*\end{bmatrix}D_{11}-\begin{bmatrix}0\\ \tilde{Q}_1\end{bmatrix}\right\|$$

其中, $D_\perp\in\mathcal{C}^{p_1\times(p_1-m_2)}$ 使得 $[D_\perp\ \ D_{12,\rm i}]$ 是一个酉矩阵;

(3) 若 D_{12} 和 D_{21} 均满行秩且 $p_2<m_1$, 则存在次酉矩阵 $D_{21,\rm i}$ 满足 $D_{21,\rm i}D_{21,\rm i}^*=I_{p_2}$ 和 $\tilde{Q}=\begin{bmatrix}\tilde{Q}_1\\ \tilde{Q}_2\end{bmatrix}\cong Q$ 使得 $D_{11}-D_{12}QD_{21}=D_{11}-\tilde{Q}_1D_{21,\rm i}$, 从而有

$$\|D_{11}-D_{12}QD_{21}\|=\left\|D_{11}\begin{bmatrix}\tilde{D}_\perp^* & D_{21,\rm i}^*\end{bmatrix}-\begin{bmatrix}0 & \tilde{Q}_1\end{bmatrix}\right\|$$

其中, $\tilde{D}_\perp\in\mathcal{C}^{(m_1-p_2)\times m_1}$ 使得 $\begin{bmatrix}\tilde{D}_\perp^* & D_{21,\rm i}^*\end{bmatrix}$ 是一个酉矩阵;

(4) 若 D_{12} 满列秩且 $p_1>m_2$, D_{21} 满行秩且 $p_2<m_1$, 则存在次酉矩阵 $D_{12,\rm i}$ 满足 $D_{12,\rm i}^*D_{12,\rm i}=I_{m_2}$, 次酉矩阵 $D_{21,\rm i}$ 满足 $D_{21,\rm i}D_{21,\rm i}^*=I_{p_2}$ 和 $\tilde{Q}\cong Q$ 使得 $D_{11}-D_{12}QD_{21}=D_{11}-D_{12,\rm i}\tilde{Q}D_{21,\rm i}$, 从而有

$$\|D_{11}-D_{12}QD_{21}\| = \left\|\begin{bmatrix} D_{\perp}^* \\ D_{12,\mathrm{i}}^* \end{bmatrix} D_{11}\begin{bmatrix}\tilde{D}_{\perp}^* & D_{21,\mathrm{i}}^*\end{bmatrix} - \begin{bmatrix} 0 & 0 \\ 0 & \tilde{Q}\end{bmatrix}\right\| = \left\|\begin{bmatrix} D_{\perp}^* D_{11}\tilde{D}_{\perp}^* & D_{\perp}^* D_{11} D_{21,\mathrm{i}}^* \\ D_{12,\mathrm{i}}^* D_{11}\tilde{D}_{\perp}^* & D_{12,\mathrm{i}}^* D_{11} D_{21,\mathrm{i}}^* \end{bmatrix}\right\| \tag{6.10}$$

6.16　(次优矩阵扩张问题, Parrott 定理) 在式 (6.10) 中记

$$R = \begin{bmatrix} R_{11} & R_{12} \\ R_{21} & R_{22}\end{bmatrix} = \begin{bmatrix} D_{\perp}^* D_{11}\tilde{D}_{\perp}^* & D_{\perp}^* D_{11} D_{21,\mathrm{i}}^* \\ D_{12,\mathrm{i}}^* D_{11}\tilde{D}_{\perp}^* & D_{12,\mathrm{i}}^* D_{11} D_{21,\mathrm{i}}^* \end{bmatrix}$$

次优矩阵扩张问题即寻找 $\hat{Q}$, 使

$$\left\|\begin{bmatrix} R_{11} & R_{12} \\ R_{21} & R_{22}-\hat{Q}\end{bmatrix}\right\| < \gamma$$

若令

$$Q = \begin{bmatrix} 0 & 0 \\ 0 & \tilde{Q}\end{bmatrix} \tag{6.11}$$

则次优矩阵扩张问题等价于寻找具有式 (6.11) 结构的 Q 使得 $\|R-Q\|<\gamma$.

(1) 证明: 若

$$\|[R_{11} \quad R_{12}]\| < \gamma \quad 且 \quad \left\|\begin{bmatrix} R_{11} \\ R_{21}\end{bmatrix}\right\| < \gamma \tag{6.12}$$

则存在非奇异方阵 $R_{13}\in\mathcal{C}^{(p_1-m_2)\times(p_1-m_2)}$ 和 $R_{31}\in\mathcal{C}^{(m_1-p_2)\times(m_1-p_2)}$ 满足

$$R_{11}R_{11}^* + R_{12}R_{12}^* + R_{13}R_{13}^* = \gamma^2 I_{p_1-m_2}$$
$$R_{11}^*R_{11} + R_{21}^*R_{21} + R_{31}^*R_{31} = \gamma^2 I_{m_1-p_2}$$

(2) 求齐次方程

$$[R_{11} \quad R_{12} \quad R_{13} \quad 0]\begin{bmatrix} 0 \\ E_{42}^* \\ E_{43}^* \\ E_{44}^*\end{bmatrix} = 0$$

的一个标准正交解系和齐次方程

$$[R_{11}^* \quad R_{21}^* \quad R_{31}^* \quad 0]\begin{bmatrix} 0 \\ E_{24} \\ E_{34} \\ 0\end{bmatrix} = 0$$

的一个标准正交解系;

(3) 证明: 若 A, B, C 满足条件

① $A^*A + C^*C = \gamma^2 I$, $AA^* + BB^* = \gamma^2 I$;

② $\bar{\sigma}(A) < \gamma$;

③ B 和 C 非奇异; 则

$$\begin{bmatrix} A & B \\ C & X \end{bmatrix}^* \begin{bmatrix} A & B \\ C & X \end{bmatrix} = \gamma^2 I \iff X = -(C^*)^{-1}A^*B$$

(4) 定义增广矩阵为

$$R_{\mathrm{a}} \triangleq \begin{bmatrix} R_{11} & R_{12} & 0_{p_1-m_2} & 0 \\ R_{21} & R_{22} & 0 & 0_{m_2} \\ 0_{m_1-p_2} & 0 & 0 & 0 \\ 0 & 0_{p_2} & 0 & 0 \end{bmatrix} = \begin{bmatrix} R & 0_{p_1} \\ 0_{m_1} & 0 \end{bmatrix}$$

证明: 存在

$$Q_{\mathrm{a}} = \begin{bmatrix} Q_{\mathrm{a}11} & Q_{\mathrm{a}12} \\ Q_{\mathrm{a}21} & Q_{\mathrm{a}22} \end{bmatrix} \tag{6.13}$$

其中

$$Q_{\mathrm{a}11} = \begin{bmatrix} 0 & 0 \\ 0 & Q_{22} \end{bmatrix}, \quad Q_{\mathrm{a}12} = \begin{bmatrix} Q_{13} & 0 \\ Q_{23} & Q_{24} \end{bmatrix}$$
$$Q_{\mathrm{a}21} = \begin{bmatrix} Q_{31} & Q_{32} \\ 0 & Q_{42} \end{bmatrix}, \quad Q_{\mathrm{a}22} = \begin{bmatrix} Q_{33} & Q_{34} \\ Q_{43} & Q_{44} \end{bmatrix} \tag{6.14}$$

使误差系统

$$E_{\mathrm{a}} = R_{\mathrm{a}} - Q_{\mathrm{a}} = \begin{bmatrix} R_{11} & R_{12} & -Q_{13} & -Q_{14} \\ R_{21} & R_{22} - Q_{22} & -Q_{23} & -Q_{24} \\ -Q_{31} & -Q_{32} & -Q_{33} & -Q_{34} \\ -Q_{41} & -Q_{42} & -Q_{43} & -Q_{44} \end{bmatrix}$$

满足

$$E_{\mathrm{a}}^* E_{\mathrm{a}} = \gamma^2 I$$

且 E_{a} 的两个非对角线子矩阵 $Q_{\mathrm{a}21}$ 和 $Q_{\mathrm{a}12}$ 非奇异, 从而有

$$\left\| \begin{bmatrix} R_{11} & R_{12} \\ R_{21} & R_{22} - Q_{22} \end{bmatrix} \right\| < \gamma$$

于是, $Q_{\mathrm{a}11}$ 是矩阵扩张问题的一个解;

(5) Q_{a} 如式 (6.13) 所示, 其中 $Q_{\mathrm{a}ij}$ 如式 (6.14) 所示, 则 Q 具有式 (6.11) 的形式, 当且仅当

$$Q=\mathscr{F}_l(Q_{\mathrm{a}},\varPhi)\triangleq Q_{\mathrm{a}11}+Q_{\mathrm{a}12}\varPhi\left(I-Q_{\mathrm{a}22}\varPhi\right)^{-1}Q_{\mathrm{a}21}$$

其中

$$\varPhi=\begin{bmatrix}0 & 0\\ 0 & U\end{bmatrix}$$

(6) 证明: 若不等式 (6.12) 成立, 则次优矩阵扩张问题的通解为

$$Q=\begin{bmatrix}0 & 0\\ 0 & Q_{22}+Q_{24}UQ_{42}\end{bmatrix}$$

其中, U 为任意维数合适且满足 $\|U\|<1/\gamma$ 的矩阵,

$$\begin{aligned}
Q_{22}&=R_{22}+R_{21}R_{11}^*(\gamma^2I-R_{11}R_{11}^*)^{-1}R_{12}\\
Q_{24}&=[I+R_{21}(\gamma^2I-R_{11}^*R_{11}-R_{21}^*R_{21})^{-1}R_{21}^*]^{-1/2}\\
Q_{42}&=[I+R_{12}^*(\gamma^2I-R_{11}R_{11}^*-R_{12}R_{12}^*)^{-1}R_{12}]^{-1/2}
\end{aligned}$$

第 7 章 矩阵函数

本章介绍一类特殊的函数矩阵, 即用标量函数 $f(\lambda,t)$ 定义的方阵 A 的函数 $f(A,t)$. 7.1 节引入 $A\in\mathcal{C}^{n\times n}$ 的函数 $f(A)$ 的幂级数定义. 7.2 节通过 Jordan 标准形, 得到 $f(A)$ 的解析表示. 由 $f(A)$ 的解析表达式可知, $f(A)$ 由函数 $f(\lambda)$ 在 A 的谱上的值完全确定. 由此推断, 只要函数 $g(\lambda)$ 和 $f(\lambda)$ 在 A 的谱上的值相等, 就可用 $g(\lambda)$ 代替 $f(\lambda)$ 计算 $f(A)$. 7.3 节和 7.4 节在 A 的最小多项式 $m_A(\lambda)$ 的基础上将矩阵函数 $f(A)$ 表示为一个次数最低的矩阵多项式的形式, 得到 $f(A)$ 的一种解析计算方法. 7.5 节介绍状态方程的解, 由此在 7.6 节引出线性定常系统的稳定性. 7.7 节介绍线性时变一阶微分方程组.

7.1 齐次状态方程的解与矩阵幂级数

考虑最简单的一阶齐次线性常微分方程 $\dot{x}(t)=ax(t)$, 其初始状态为 $x(0)=x_0$. 显然可将 $x(t)$ 表示为 t 的 Taylor 级数:

$$x(t)=b_0+b_1t+b_2t^2+\cdots+b_kt^k+\cdots$$

于是有

$$\dot{x}(t)=b_1+2b_2t+\cdots+kb_kt^{k-1}+\cdots$$

令 $\dot{x}(t)$ 和 $ax(t)$ 相等, 可得

$$\begin{aligned}
b_1&=ab_0\\
2b_2&=ab_1 \iff b_2=\frac{1}{2}a^2b_0\\
3b_3&=ab_2 \iff b_3=\frac{1}{3!}a^3b_0\\
&\ \ \vdots \qquad\quad\ \ \vdots\\
kb_k&=ab_k \iff b_k=\frac{1}{k!}a^kb_0\\
&\ \ \vdots \qquad\quad\ \ \vdots
\end{aligned}$$

于是

$$x(t)=\underbrace{\left(1+at+\frac{1}{2!}a^2t^2+\frac{1}{3!}a^3t^3+\cdots+\frac{1}{k!}a^kt^k+\cdots\right)}_{=\mathrm{e}^{at}}b_0=\mathrm{e}^{at}b_0$$

由初始状态 $x(0)=x_0$, 可得 $b_0=x_0$, 从而齐次方程的解为 $x(t)=\mathrm{e}^{at}x(0)$. 若初始状态为 $x(t_0)=x_0$, 可将 $x(t)$ 展开为 $t-t_0$ 的幂级数, 得到 $x(t)=\mathrm{e}^{a(t-t_0)}x(t_0)$. 在状态向量

情况下, 有

$$\dot{\boldsymbol{x}}(t) = A\boldsymbol{x}(t), \quad \boldsymbol{x}(0) = \boldsymbol{x}_0 \tag{7.1}$$

将 $\boldsymbol{x}(t) = [x_1(t) \;\; x_2(t) \;\; \cdots \;\; x_n(t)]^{\mathrm{T}}$ 的每个元素表示为 t 的 Taylor 级数:

$$x_i(t) = b_{0,i} + b_{1,i}t + b_{2,i}t^2 + \cdots + b_{k,i}t^k + \cdots$$

可得

$$\boldsymbol{x}(t) = \begin{bmatrix} x_1(t) \\ x_2(t) \\ \vdots \\ x_n(t) \end{bmatrix} = \underbrace{\begin{bmatrix} b_{0,1} \\ b_{0,2} \\ \vdots \\ b_{0,n} \end{bmatrix}}_{\triangleq \boldsymbol{b}_0} + \underbrace{\begin{bmatrix} b_{1,1} \\ b_{1,2} \\ \vdots \\ b_{1,n} \end{bmatrix}}_{\triangleq \boldsymbol{b}_1} t + \underbrace{\begin{bmatrix} b_{2,1} \\ b_{2,2} \\ \vdots \\ b_{2,n} \end{bmatrix}}_{\triangleq \boldsymbol{b}_2} t^2 + \cdots + \underbrace{\begin{bmatrix} b_{k,1} \\ b_{k,2} \\ \vdots \\ b_{k,n} \end{bmatrix}}_{\triangleq \boldsymbol{b}_k} t^k + \cdots$$

于是

$$\dot{\boldsymbol{x}}(t) = \boldsymbol{b}_1 + 2\boldsymbol{b}_2 t + \cdots + k\boldsymbol{b}_k t^{k-1} + \cdots$$

令 $\dot{\boldsymbol{x}}(t)$ 和 $A\boldsymbol{x}(t)$ 相等, 可得

$$\begin{aligned}
\boldsymbol{b}_1 &= A\boldsymbol{b}_0 \\
2\boldsymbol{b}_2 &= A\boldsymbol{b}_1 \iff \boldsymbol{b}_2 = \frac{1}{2}A^2\boldsymbol{b}_0 \\
3\boldsymbol{b}_3 &= A\boldsymbol{b}_2 \iff \boldsymbol{b}_3 = \frac{1}{3!}A^3\boldsymbol{b}_0 \\
&\;\;\vdots \qquad\qquad \vdots \\
k\boldsymbol{b}_k &= A\boldsymbol{b}_k \iff \boldsymbol{b}_k = \frac{1}{k!}A^k\boldsymbol{b}_0 \\
&\;\;\vdots \qquad\qquad \vdots
\end{aligned}$$

于是

$$\boldsymbol{x}(t) = \underbrace{\left(I + At + \frac{1}{2!}A^2t^2 + \frac{1}{3!}A^3t^3 + \cdots + \frac{1}{k!}A^kt^k + \cdots\right)}_{\triangleq \mathrm{e}^{At}} \boldsymbol{b}_0 = \mathrm{e}^{At}\boldsymbol{b}_0$$

由初始状态 $\boldsymbol{x}(0) = \boldsymbol{x}_0$, 可得 $\boldsymbol{b}_0 = \boldsymbol{x}_0$. 从而齐次方程的解为 $\boldsymbol{x}(t) = \mathrm{e}^{At}\boldsymbol{x}(0)$. 若初始状态为 $\boldsymbol{x}(t_0) = \boldsymbol{x}_0$, 则 $\boldsymbol{x}(t) = \mathrm{e}^{A(t-t_0)}\boldsymbol{x}(t_0)$, 其中方阵 A 的指数函数为

$$\mathrm{e}^{At} = I + \frac{At}{1!} + \frac{(At)^2}{2!} + \frac{(At)^3}{3!} + \cdots + \frac{(At)^k}{k!} + \cdots$$

上述分析提示可以用标量函数 $f(\lambda)$ 定义方阵 A 的函数 $f(A)$.

定义 7.1.1 设函数 $f(\lambda)$ 的 Taylor 展开式为

$$f(\lambda)=\gamma_0+\gamma_1\lambda+\gamma_2\lambda^2+\cdots+\gamma_k\lambda^k+\cdots=\sum_{k=0}^{\infty}\gamma_k\lambda^k$$

则矩阵函数 $f(A)$ 定义为

$$f(A)=\gamma_0 I+\gamma_1 A+\gamma_2 A^2+\cdots+\gamma_k A^k+\cdots=\sum_{k=0}^{\infty}\gamma_k A^k \tag{7.2}$$

形式上, 式 (7.2) 是将矩阵 A 代入幂级数形成矩阵解析函数. 这样, $f(A)$ 是一个和 A 同维数的矩阵, 其元素 f_{kl} 是矩阵 A 的所有元素 a_{ij} 的函数, 这里 $k,l=1,2,\cdots,n$, $i,j=1,2,\cdots,n$. 根据定义 7.1.1 可以得到一系列矩阵函数的幂级数表达式. 例如, 由

$$\mathrm{e}^{\lambda}=1+\lambda+\frac{1}{2!}\lambda^2+\cdots+\frac{1}{n!}\lambda^n+\cdots,\quad |\lambda|<\infty$$

$$\sin\lambda=\lambda-\frac{1}{3!}\lambda^3+\frac{1}{5!}\lambda^5-\cdots+(-1)^n\frac{1}{(2n+1)!}\lambda^{2n+1}+\cdots,\quad |\lambda|<\infty$$

$$\cos\lambda=1-\frac{1}{2!}\lambda^2+\frac{1}{4!}\lambda^4-\cdots+(-1)^n\frac{1}{(2n)!}\lambda^{2n}+\cdots,\quad |\lambda|<\infty$$

$$(1+\lambda)^{-1}=1-\lambda+\lambda^2-\lambda^3+\cdots+(-1)^n\lambda^n+\cdots,\quad |\lambda|<1$$

$$\ln(1+\lambda)=1-\frac{1}{2}\lambda^2+\frac{1}{3}\lambda^3-\cdots+(-1)^{n+1}\frac{1}{n!}\lambda^n+\cdots,\quad |\lambda|<1$$

可以有

$$\mathrm{e}^{A}=I+A+\frac{1}{2!}A^2+\cdots+\frac{1}{n!}A^n+\cdots,\quad \rho(A)<\infty$$

$$\sin A=A-\frac{1}{3!}A^3+\frac{1}{5!}A^5-\cdots+(-1)^n\frac{1}{(2n+1)!}A^{2n+1}+\cdots,\quad \rho(A)<\infty$$

$$\cos A=I-\frac{1}{2!}A^2+\frac{1}{4!}A^4-\cdots+(-1)^n\frac{1}{(2n)!}A^{2n}+\cdots,\quad \rho(A)<\infty$$

$$(I+A)^{-1}=I-A+A^2-A^3+\cdots+(-1)^nA^n+\cdots,\quad \rho(A)<1$$

$$\ln(I+A)=I-\frac{1}{2}A^2+\frac{1}{3}A^3-\cdots+(-1)^{n+1}\frac{1}{n!}A^n+\cdots,\quad \rho(A)<1$$

7.2 矩阵函数的 Jordan 表达式

下面将讨论利用矩阵幂级数来定义矩阵函数的合理性以及可以这样做的条件. 定理 6.4.3 给出了矩阵幂级数 $\sum_{k=0}^{\infty}\gamma_k A^k$ 的收敛条件. 设 A 的 Jordan 标准形为式 (3.17)~式 (3.20), 则有

$$\begin{aligned}\sum_{k=0}^{\infty}\gamma_k A^k &= X\sum_{k=0}^{\infty}\gamma_k J^k X^{-1}\\ &= X\text{blockdiag}\left\{\sum_{k=0}^{\infty}\gamma_k J_1^k,\ \sum_{k=0}^{\infty}\gamma_k J_2^k,\ \cdots,\ \sum_{k=0}^{\infty}\gamma_k J_l^k\right\}X^{-1}\end{aligned}$$

由式 (7.2) 可知, $\sum_{k=0}^{\infty}\gamma_k J_i^k = f(J_i)$. 而

$$\sum_{k=0}^{\infty}\gamma_k J_i^k = \text{blockdiag}\left\{\sum_{k=0}^{\infty}\gamma_k J_{i1}^k,\ \sum_{k=0}^{\infty}\gamma_k J_{i2}^k,\ \cdots,\ \sum_{k=0}^{\infty}\gamma_k J^{is}\right\}$$

$$\sum_{k=0}^{\infty}\gamma_k J_{ij}^k = \begin{bmatrix} \sum_{k=0}^{\infty}\gamma_k\lambda_j^k & \sum_{k=0}^{\infty}\gamma_k c_k^1\lambda_j^{k-1} & \sum_{k=0}^{\infty}\gamma_k c_k^2\lambda_j^{k-2} & \cdots & \sum_{k=0}^{\infty}\gamma_k c_k^{n_{ij}-1}\lambda_j^{k-n_{ij}+1}\\ 0 & \sum_{k=0}^{\infty}\gamma_k\lambda_j^k & \sum_{k=0}^{\infty}\gamma_k c_k^1\lambda_j^{k-1} & \cdots & \sum_{k=0}^{\infty}\gamma_k c_k^{n_{ij}-2}\lambda_j^{k-n_{ij}+2}\\ \vdots & \ddots & \ddots & \ddots & \vdots\\ 0 & \cdots & 0 & \ddots & \sum_{k=0}^{\infty}\gamma_k c_k^1\lambda_j^{k-1}\\ 0 & \cdots & 0 & 0 & \sum_{k=0}^{\infty}\gamma_k\lambda_j^k \end{bmatrix} \tag{7.3}$$

其中

$$c_k^l = \begin{cases} \dfrac{k(k-1)\cdots(k-l+1)}{l!}, & l \leqslant k\\ 0, & l > k \end{cases}$$

若 A 的谱半径 $\rho(A)$ 满足 $\rho(A) < R$, 则下列等式

$$\sum_{k=0}^{\infty}\gamma_k\lambda_j^k = f(\lambda_j)$$

$$\sum_{k=0}^{\infty}\gamma_k c_k^1\lambda_j^{k-1} = f'(\lambda_j)$$

$$\sum_{k=0}^{\infty}\gamma_k c_k^2\lambda_j^{k-2} = \frac{1}{2!}f''(\lambda_j)$$

$$\vdots$$

$$\sum_{k=0}^{\infty}\gamma_k c_k^{n_{ij}-1}\lambda_j^{k-(n_{ij}-1)} = \frac{1}{(n_{ij}-1)!}f^{(n_{ij}-1)}(\lambda_j)$$

成立. 因此, 式 (7.3) 右端可写为

$$\begin{bmatrix} f(\lambda_j) & f'(\lambda_j) & \frac{1}{2!}f''(\lambda_j) & \cdots & \frac{1}{(n_{ij}-1)!}f^{(n_{ij}-1)}(\lambda_j) \\ 0 & f(\lambda_j) & f'(\lambda_j) & \cdots & \frac{1}{(n_{ij}-2)!}f^{(n_{ij}-2)}(\lambda_j) \\ \vdots & \ddots & \ddots & \ddots & \vdots \\ 0 & \cdots & 0 & f(\lambda_j) & f'(\lambda_j) \\ 0 & \cdots & \cdots & 0 & f(\lambda_j) \end{bmatrix}$$

由式 (7.2) 可知, 式 (7.3) 的左端等于 $f(J_{ij})$. 因此由式 (7.3) 可知, 若 $\rho(A)$ 小于 $f(\lambda)$ 的收敛半径 R, 则 $f(A)$ 收敛于

$$\begin{aligned} f(A) &= Xf(J)X^{-1} \\ f(J) &= \text{blockdiag}\{f(J_1), f(J_2), \cdots, f(J_l)\} \\ f(J_i) &= \text{blockdiag}\{f(J_{i1}), f(J_{i2}), \cdots, f(J_{is})\}, \quad i=1,2,\cdots,l \\ f(J_{ij}) &= \begin{bmatrix} f(\lambda_j) & f'(\lambda_j) & \frac{1}{2!}f''(\lambda_j) & \cdots & \frac{1}{(n_{ij}-1)!}f^{(n_{ij}-1)}(\lambda_j) \\ 0 & f(\lambda_j) & f'(\lambda_j) & \cdots & \frac{1}{(n_{ij}-2)!}f^{(n_{ij}-2)}(\lambda_j) \\ \vdots & \ddots & \ddots & \ddots & \vdots \\ 0 & \cdots & 0 & f(\lambda_j) & f'(\lambda_j) \\ 0 & \cdots & 0 & 0 & f(\lambda_j) \end{bmatrix} \end{aligned} \tag{7.4}$$

一般称式 (7.2) 为矩阵函数 $f(A)$ 的幂级数表示, 称式 (7.4) 为矩阵函数 $f(A)$ 的 Jordan 表示.

【定理 7.2.1】 设 $A \in \mathcal{C}^{n\times n}$, A 的谱半径为 $\rho(A)$, 若函数 $f(\lambda)$ 的幂级数表达式为

$$f(\lambda) = \sum_{k=0}^{\infty} c_k \lambda^k, \quad |\lambda| < R$$

则当 $\rho(A) < R$ 时, $f(A) = \sum_{k=0}^{\infty} c_k A^k$.

由 $f(A)$ 的 Jordan 表示可得到以下结果.

推论 7.2.1 若 A 的特征值为 $\lambda_1, \lambda_2, \cdots, \lambda_n$, 则 $f(A)$ 的特征值为 $f(\lambda_1), f(\lambda_2), \cdots, f(\lambda_n)$.

7.3 矩阵函数的多项式表示

矩阵函数 $f(A)$ 的 Jordan 表示需要求解 A 的 Jordan 标准形和相应的变换矩阵 X, 因此涉及一系列运算. 本节将给出 $f(A)$ 的多项式表示, 以简化计算. 由式 (7.4) 的最后一式可知, $\rho(A) < R$ 这个条件实际上并不重要. 如果就按式 (7.4) 定义矩阵函数 $f(A)$, 只要

$$f(\lambda_j), \ f'(\lambda_j), \ \cdots, \ f^{(n_{ij}-1)}(\lambda_j), \quad j=1,2,\cdots,s; \ i=1,2,\cdots,l$$

有确定的值即可. 由式 (3.18) 可知, 实际上只要 $n_{l1}+n_{l2}+\cdots+n_{ls}=n_l$ 个值

$$f(\lambda_j),\quad f'(\lambda_j),\quad \cdots,\quad f^{(n_{lj}-1)}(\lambda_j),\quad j=1,2,\cdots,s \tag{7.5}$$

是确定的就行, 其中 $n_{l1},n_{l2},\cdots,n_{ls}$ 由 A 的最小多项式

$$\psi_l(\lambda)=(\lambda-\lambda_1)^{n_{l1}}(\lambda-\lambda_2)^{n_{l2}}\cdots(\lambda-\lambda_s)^{n_{ls}} \tag{7.6}$$

给定. 由此给出下述定义.

定义 7.3.1 设 $A\in\mathcal{C}^{n\times n}$, λ_1, λ_2, $\cdots$, λ_s 为 A 的 s 个互异特征值, A 的最小多项式为

$$\psi_l(\lambda)=(\lambda-\lambda_1)^{n_{l1}}(\lambda-\lambda_2)^{n_{l2}}\cdots(\lambda-\lambda_s)^{n_{ls}}$$

其中, $\sum_{j=1}^{s}n_{lj}=n_l$, $n_l\leqslant n$. 称集合 $\{(\lambda_i,n_{lj}),\ j=1,2,\cdots,s\}$ 为 A 的谱并记为 $\mathcal{S}_A$. 若函数 $f(\lambda)$ 有足够多阶的导数, 则称下列 n_l 个值

$$f(\lambda_j),\quad f'(\lambda_j),\quad \cdots,\quad f^{(n_{lj}-1)}(\lambda_j),\quad j=1,2,\cdots,s$$

为函数 $f(\lambda)$ 在矩阵 A 的谱上的值并记为 $f(\mathcal{S}_A)$. 若这 n_l 个值都是确定的, 则称函数 $f(\lambda)$ 在 A 的谱上有定义.

例如:

$$f(\lambda)=\frac{1}{(\lambda-1)(\lambda-2)}$$

若

$$A=\begin{bmatrix}-1.5 & 0.5 & 0.5 & 0.5\\ 0 & -1 & 1 & 0\\ -0.5 & -0.5 & -2.5 & 0.5\\ 0 & 1 & 1 & -1\end{bmatrix},\quad B=\begin{bmatrix}1 & 1 & 0 & 0\\ -1.5 & -0.5 & 2.5 & 1.5\\ -0.5 & -0.5 & -2.5 & 0.5\\ 1 & 2 & 2 & 0\end{bmatrix}$$

A 与 B 的最小多项式分别为 $m_A(\lambda)=(\lambda+1)^2(\lambda+2)^2$ 和 $m_B(\lambda)=(\lambda-1)^2(\lambda+2)^2$. 因为 $f(-1)$、$f'(-1)$、$f(-2)$ 和 $f'(-2)$ 都有确定的值, $f(\lambda)$ 在 A 的谱上有定义, 从而 $f(A)$ 有定义. 而 $f(1)$ 无意义, 故 $f(\lambda)$ 在 B 的影谱上无定义.

进一步观察式 (7.4) 可以看到, $f(A)$ 实际上和 $f(\cdot)$ 的具体形式没有太大的关系. 两个完全不同的函数 $f_1(\cdot)$ 和 $f_2(\cdot)$, 只要 $f_1(\mathcal{S}_A)=f_2(\mathcal{S}_A)$, 则有 $f_1(A)=f_2(A)$, 即定理 7.3.1.

【定理 7.3.1】 设函数 $f_1(\lambda)$ 与 $f_2(\lambda)$ 在矩阵 A 的影谱上的值都有定义, 则 $f_1(A)=f_2(A)$ 的充要条件是 $f_1(\lambda)$ 与 $f_2(\lambda)$ 在 A 的影谱上的值全部相同.

因为多项式函数的简单性, 可以设想用矩阵的多项式函数 $\phi(A)$ 来等价地定义 $f(A)$.

定义 7.3.2 设函数 $f(\lambda)$ 在 A 的影谱上有定义, $\phi(\lambda)$ 为多项式. 若 $f(\mathcal{S}_A)=\phi(\mathcal{S}_A)$, 则称 $\phi(A)$ 为矩阵函数 $f(A)$ 的一个多项式表示.

借助最小多项式, 可以证明这样定义的矩阵函数的一意性.

引理 7.3.1 给定 $A\in\mathcal{C}^{n\times n}$ 和两个多项式 $\phi_1(\lambda)$ 和 $\phi_2(\lambda)$, 若有 $\phi_1(\mathcal{S}_A)=\phi_2(\mathcal{S}_A)$, 则有 $\phi_1(A)=\phi_2(A)$.

证明: 令 $\phi(\lambda)=\phi_1(\lambda)-\phi_2(\lambda)$. 则由 $\phi(\mathcal{S}_A)=\phi_1(\mathcal{S}_A)-\phi_2(\mathcal{S}_A)=0$, 可得

$$\phi(\lambda_j)=0,\quad \phi'(\lambda_j)=0,\quad \cdots,\quad \phi^{(n_{lj}-1)}(\lambda_j)=0,\quad j=1,2,\cdots,s$$

于是 $(\lambda-\lambda_j)^{n_{lj}}$ $(j=1,2,\cdots,s)$ 都是 $\phi(\lambda)$ 的因子. 因此 $\phi(\lambda)$ 是最小多项式 $\psi_l(\lambda)$ 的一个倍式, 从而 $\phi(A)=0$, 即 $\phi_1(A)=\phi_2(A)$. ■

由定义 7.3.2 和引理 7.3.1 可知, 矩阵函数 $f(A)$ 完全由满足条件 $f(\mathcal{S}_A)=\phi(\mathcal{S}_A)$ 的多项式 $\phi(\lambda)$ 确定. $f(\mathcal{S}_A)$ 中共有 n_l 个确定的值, 由 n_l 个值可唯一地确定一个 n_l-1 次多项式.

引理 7.3.2 设 $A\in\mathcal{C}^{n\times n}$ 的最小多项式为

$$\psi_l(\lambda)=(\lambda-\lambda_1)^{n_{l1}}(\lambda-\lambda_2)^{n_{l2}}\cdots(\lambda-\lambda_s)^{n_{ls}}$$

其中, $\lambda_j\neq\lambda_k$, $\forall j\neq k$; $\sum_{j=1}^{s}n_{lj}=n_l$, $n_l\leqslant n$. $f(\lambda)$ 在 A 的谱 $\mathcal{S}_A$ 上有定义, 则存在 n_l-1 次多项式 $r(\lambda)$, 满足 $r(\mathcal{S}_A)=f(\mathcal{S}_A)$, 从而 $r(A)=f(A)$.

证明: n_l-1 次多项式 $r(\lambda)$ 可表示为

$$r(\lambda)=r_0+r_1\lambda+\cdots+r_{n_l-1}\lambda^{n_l-1}$$

只要 n_l 个系数 $r_0, r_1, \cdots, r_{n_l-1}$ 确定了, $r(\lambda)$ 就完全确定了, 从而矩阵函数 $f(A)=r(A)$ 也完全确定了. 下面将证明, $r_0, r_1, \cdots, r_{n_l-1}$ 这 n_l 个系数完全由 $f(\lambda)$ 在 A 的影谱上的值所确定. 由 $f(\mathcal{S}_A)=r(\mathcal{S}_A)$, 可得

$$\begin{aligned}
r(\lambda_j)&=f(\lambda_j)\\
r'(\lambda_j)&=f'(\lambda_j)\\
r''(\lambda_j)&=f''(\lambda_j)\\
&\vdots\\
r^{(n_{lj}-1)}(\lambda_j)&=f^{(n_{lj}-1)}(\lambda_j)
\end{aligned}$$

其中, $j=1,2,\cdots,s$. 将 $r(\lambda)$ 代入上式左端, 得

$$\begin{aligned}
r_0+r_1\lambda_j+\cdots+r_{n_l-1}\lambda_j^{n_l-1}&=f(\lambda_j)\\
r_1+2r_2\lambda_j+\cdots+(n_l-1)r_{n_l-1}\lambda_j^{n_l-2}&=f'(\lambda_j)\\
2r_2+3\cdot 2\lambda_j+\cdots+(n_l-1)(n_l-2)r_{n_l-1}\lambda_j^{n_l-3}&=f''(\lambda_j)\\
&\vdots\\
(n_{lj}-1)!r_{n_{lj}-1}+\cdots+(n_l-1)(n_l-2)\cdots(n_l-n_{lj}+1)r_{n_l-1}\lambda_j^{n_l-n_{lj}}&=f^{(n_{lj}-1)}(\lambda_j)
\end{aligned}$$

记

$$V_j \triangleq \begin{bmatrix} 1 & \lambda_j & \lambda_j^2 & \cdots & \cdots & \cdots & \lambda_j^{n_l-1} \\ 0 & 1 & 2\lambda_j & \cdots & \cdots & \cdots & (n_l-1)\lambda_j^{n_l-2} \\ 0 & 0 & 2 & 6\lambda_j & \cdots & \cdots & (n_l-1)(n_l-2)\lambda_j^{n_l-3} \\ \vdots & \ddots & \ddots & \ddots & \ddots & \cdots & \vdots \\ 0 & \cdots & \cdots & 0 & (n_{lj}-1)! & \cdots & (n_l-1)(n_l-2)\cdots(n_l-n_{lj}+1)\lambda_j^{n_l-n_{lj}} \end{bmatrix}$$

则上述方程可写为

$$V_j \underbrace{\begin{bmatrix} r_0 \\ r_1 \\ r_2 \\ \vdots \\ r_{m-1} \end{bmatrix}}_{=\boldsymbol{r}} = \underbrace{\begin{bmatrix} f(\lambda_j) \\ f'(\lambda_j) \\ f''(\lambda_j) \\ \vdots \\ f^{(n_{lj}-1)}(\lambda_j) \end{bmatrix}}_{=\boldsymbol{f}_j}$$

这里 $j=1,2,\cdots,s$. 最后可得

$$\underbrace{\begin{bmatrix} V_1 \\ V_2 \\ \vdots \\ V_s \end{bmatrix}}_{\triangleq V} \begin{bmatrix} r_0 \\ r_1 \\ \vdots \\ r_{m-1} \end{bmatrix} = \begin{bmatrix} \boldsymbol{f}_1 \\ \boldsymbol{f}_2 \\ \vdots \\ \boldsymbol{f}_s \end{bmatrix}$$

V 是由 A 的影谱所确定的广义 Vandermonde 矩阵, 是非奇异矩阵. $\boldsymbol{f}_j\ (j=1,2,\cdots,s)$ 完全由 $f(\lambda)$ 在 A 的影谱上的值所确定. 只要 $f(\lambda)$ 在 A 的影谱上有确定的值, r_0, r_1, $\cdots$, r_{n_l-1} 就有唯一的解. 于是可得 n_l-1 次多项式 $r(\lambda)$ 满足 $r(\mathcal{S}_A)=f(\mathcal{S}_A)$, 从而 $r(A)=f(A)$. ■

研究矩阵函数 $f(A)$ 多项式表示的一个特例 $r(A)$ 是有意义的. 若 $f(\lambda)$ 是一个多项式, 则无论其次数有多高, $f(A)$ 的计算都是一个 n_l-1 次多项式计算问题. 这是因为 $f(\lambda)$ 可以表示为 $f(\lambda)=\psi_l(\lambda)q(\lambda)+r(\lambda)$, 其中 $\psi_l(\lambda)$ 是矩阵 A 的最小多项式, $\deg r(\lambda)<\deg\psi_l(\lambda)$. 故 $\psi_l(A)=0$, $f(A)=r(A)$.

【例 7.3.1】 已知

$$A=\begin{bmatrix} 3 & -2 & 3 \\ 2 & -2 & 6 \\ 1 & -2 & 5 \end{bmatrix}$$

求 $f(A)$ 的 Jordan 表示, 并计算 e^A 和 $\sin A$.

解: 令

$$X=\begin{bmatrix}1&1&1\\-1&2&0\\-1&1&0\end{bmatrix},\quad \text{则有 } X^{-1}=\begin{bmatrix}0&1&-2\\0&1&-1\\1&-2&3\end{bmatrix}$$

于是

$$X^{-1}AX=J=\begin{bmatrix}2&0&0\\0&2&1\\0&0&2\end{bmatrix}$$

由

$$f(J)=\begin{bmatrix}f(2)&0&0\\0&f(2)&f'(2)\\0&0&f(2)\end{bmatrix}$$

可得

$$\begin{aligned}f(A)&=X\begin{bmatrix}f(2)&0&0\\0&f(2)&f'(2)\\0&0&f(2)\end{bmatrix}X^{-1}\\&=\begin{bmatrix}f(2)+f'(2)&-2f'(2)&3f'(2)\\2f'(2)&f(2)-4f'(2)&6f'(2)\\f'(2)&-2f'(2)&f(2)+3f'(2)\end{bmatrix}\end{aligned}$$

当 $f(\lambda)=\mathrm{e}^{\lambda}$ 时, $f(2)=\mathrm{e}^2$, $f'(2)=\mathrm{e}^2$, 故

$$\mathrm{e}^A=\begin{bmatrix}2\mathrm{e}^2&-2\mathrm{e}^2&3\mathrm{e}^2\\2\mathrm{e}^2&-3\mathrm{e}^2&6\mathrm{e}^2\\\mathrm{e}^2&-2\mathrm{e}^2&4\mathrm{e}^2\end{bmatrix}$$

而当 $f(\lambda)=\sin\lambda$ 时, $f(2)=\sin 2$, $f'(2)=\cos 2$, 故

$$\sin A=\begin{bmatrix}\sin 2+\cos 2&-2\cos 2&3\cos 2\\2\cos 2&\sin 2-4\cos 2&6\cos 2\\\cos 2&-2\cos 2&\sin 2+3\cos 2\end{bmatrix}$$

△

在确定函数 $f(\lambda)$ 在影谱上的值时, 需计算 $f'(\lambda_j)$, $f''(\lambda_j)$, $\cdots$, $f^{(n_{lj}-1)}(\lambda_j)$, 这里的各阶导数是 $f(\lambda_j)$ 对 λ_j 的导数. 若函数 $f(\lambda)$ 带有参数 t, 求对 λ_j 的导数需处理好参数 t. 例如, 若 $f(\lambda)=\mathrm{e}^{\lambda t}$, 则 $f(\lambda_j)=\mathrm{e}^{\lambda_j t}$, $f'(\lambda_j)=t\mathrm{e}^{\lambda_j t}$, $f''(\lambda_i)=t^2\mathrm{e}^{\lambda_j t}$, $\cdots$, $f^{(n_{lj}-1)}(\lambda_j)=t^{(n_{lj}-1)}\mathrm{e}^{\lambda_j t}$. 若 $f(\lambda)=\sin\lambda t$, 则 $f(\lambda_j)=\sin\lambda_j t$, $f'(\lambda_j)=t\cos\lambda_j t$, $f''(\lambda_j)=-t^2\sin\lambda_j t$, $\cdots$, 故

$$
e^{\lambda_j t} = \begin{bmatrix} e^{\lambda_j t} & te^{\lambda_j t} & \dfrac{t^2}{2!}e^{\lambda_j t} & \cdots & \dfrac{t^{n_{lj}-1}}{(n_{lj}-1)!}e^{\lambda_j t} \\ 0 & e^{\lambda_j t} & te^{\lambda_j t} & \cdots & \dfrac{t^{n_{lj}-2}}{(n_{lj}-2)!}e^{\lambda_j t} \\ \vdots & \ddots & \ddots & \ddots & \vdots \\ 0 & \cdots & 0 & e^{\lambda_j t} & te^{\lambda_j t} \\ 0 & \cdots & 0 & 0 & e^{\lambda_j t} \end{bmatrix}
$$

【例 7.3.2】　已知

$$
A = \begin{bmatrix} 3 & -2 & 3 \\ 2 & -2 & 6 \\ 1 & -2 & 5 \end{bmatrix}
$$

求 $f(A)$ 的多项式表示, 并计算 e^A、$\sin A$ 和 e^{At}.

解: A 的最小多项式 $m_A(\lambda) = (\lambda - 2)^2$, 故

$$
r(\lambda) = a_0 + a_1\lambda
$$

于是有

$$
\begin{aligned} f(2) &= a_0 + 2a_1 \\ f'(2) &= a_1 \end{aligned}
$$

解上述方程可得

$$
a_0 = f(2) - 2f'(2), \quad a_1 = f'(2)
$$

故

$$
\begin{aligned} f(A) &= a_0 I + a_1 A \\ &= [f(2) - 2f'(2)]I + f'(2)A \\ &= \begin{bmatrix} f(2) + f'(2) & -2f'(2) & 3f'(2) \\ 2f'(2) & f(2) - 4f'(2) & 6f'(2) \\ f'(2) & -2f'(2) & f(2) + 3f'(2) \end{bmatrix} \end{aligned}
$$

当 $f(\lambda) = e^\lambda$ 时, $f(2) = e^2$, $f'(2) = e^2$, 故

$$
e^A = \begin{bmatrix} 2e^2 & -2e^2 & 3e^2 \\ 2e^2 & -3e^2 & 6e^2 \\ e^2 & -2e^2 & 4e^2 \end{bmatrix}
$$

当 $f(\lambda) = \sin\lambda$ 时, $f(2) = \sin 2$, $f'(2) = \cos 2$, 故

$$
\sin A = \begin{bmatrix} \sin 2 + \cos 2 & -2\cos 2 & 3\cos 2 \\ 2\cos 2 & \sin 2 - 4\cos 2 & 6\cos 2 \\ \cos 2 & -2\cos 2 & \sin 2 + 3\cos 2 \end{bmatrix}
$$

而当 $f(\lambda)=\mathrm{e}^{\lambda t}$ 时, $f(2)=\mathrm{e}^{2t}$, $f'(2)=t\mathrm{e}^{2t}$(e^{2t} 对 $\lambda=2$ 的导数), 故

$$\mathrm{e}^{At}=\begin{bmatrix} \mathrm{e}^{2t}+t\mathrm{e}^{2t} & -2t\mathrm{e}^{2t} & 3t\mathrm{e}^{2t} \\ 2t\mathrm{e}^{2t} & \mathrm{e}^{2t}-4t\mathrm{e}^{2t} & 6t\mathrm{e}^{2t} \\ t\mathrm{e}^{2t} & -2t\mathrm{e}^{2t} & \mathrm{e}^{2t}+3t\mathrm{e}^{2t} \end{bmatrix}$$

△

【例 7.3.3】 已知

$$A=\begin{bmatrix} 3 & -2 & 3 \\ 2 & -2 & 6 \\ 1 & -2 & 5 \end{bmatrix}$$

与

$$f(\lambda)=\lambda^5-2\lambda^4-4\lambda^3+2\lambda^2+3\lambda+1$$

求 $f(A)$.

解: 由例 7.3.2 可知

$$f(A)=\begin{bmatrix} f(2) & 0 & 0 \\ f'(2) & f(2)-f'(2) & f'(2) \\ f'(2) & -f'(2) & f(2)+f'(2) \end{bmatrix}$$

对于给定的 $f(\lambda)$, 有 $f(2)=-17$, $f'(2)=-21$, 故

$$f(A)=\begin{bmatrix} -38 & 42 & -63 \\ -42 & 67 & -126 \\ -21 & 42 & -80 \end{bmatrix}$$

△

7.4 矩阵函数的 Lagrange-Sylvester 内插公式

考虑函数:

$$\frac{r(\lambda)}{\psi_l(\lambda)}=\frac{r_0+r_1\lambda+\cdots+r_{n_l-1}\lambda^{n_l-1}}{(\lambda-\lambda_1)^{n_{l1}}(\lambda-\lambda_2)^{n_{l2}}\cdots(\lambda-\lambda_s)^{n_{ls}}}$$

用部分分式展开法可得

$$\begin{aligned}\frac{r(\lambda)}{\psi_l(\lambda)}=&\frac{c_{1,1}}{(\lambda-\lambda_1)^{n_{l1}}}+\frac{c_{1,2}}{(\lambda-\lambda_1)^{n_{l1}-1}}+\cdots+\frac{c_{1,n_{l1}}}{(\lambda-\lambda_1)}\\ &+\frac{c_{2,1}}{(\lambda-\lambda_2)^{n_{l2}}}+\frac{c_{2,2}}{(\lambda-\lambda_2)^{n_{l2}-1}}+\cdots+\frac{c_{2,n_{l2}}}{(\lambda-\lambda_2)}+\cdots\\ &+\frac{c_{s,1}}{(\lambda-\lambda_s)^{n_{ls}}}+\frac{c_{s,2}}{(\lambda-\lambda_s)^{n_{ls}-1}}+\cdots+\frac{c_{s,n_{ls}}}{(\lambda-\lambda_s)}\end{aligned}$$

上式两端同乘以 $\psi_l(\lambda)$ 可得

$$\begin{aligned}r(\lambda)=&\left(c_{1,1}+c_{1,2}(\lambda-\lambda_1)+\cdots+c_{1,n_{l1}}(\lambda-\lambda_1)^{n_{l1}-1}\right)\prod_{j=2}^{s}(\lambda-\lambda_j)^{n_{lj}}\\&+\left(c_{2,1}+c_{2,2}(\lambda-\lambda_2)+\cdots+c_{2,n_{l2}}(\lambda-\lambda_2)^{n_{l2}-1}\right)\prod_{j\neq 2}^{s}(\lambda-\lambda_j)^{n_{lj}}+\cdots\\&+\left(c_{s,1}+c_{s,2}(\lambda-\lambda_s)+\cdots+c_{s,n_{ls}}(\lambda-\lambda_s)^{n_{ls}-1}\right)\prod_{j=1}^{s-1}(\lambda-\lambda_j)^{n_{lj}}\end{aligned}$$

常数 c_{j,k_j} $(j=1,2,\cdots,s,\ k_j=1,2,\cdots,n_{lj})$ 可按下式计算:

$$c_{j,k_j}=\frac{1}{(k_j-1)!}\lim_{\lambda\to\lambda_j}\frac{d^{k_j-1}}{d\,\lambda^{k_j-1}}(\lambda-\lambda_j)^{n_{lj}}\frac{r(\lambda)}{\psi_l(\lambda)}\bigg|_{\lambda=\lambda_j}\tag{7.7}$$

其中, $r(\lambda_j)$, $r'(\lambda_j)$, $\cdots$, $r^{(n_{lj}-1)}$ 可由插值条件 $r(\mathcal{S}_A)=f(\mathcal{S}_A)$ 确定. 若 $n_{lj}=1$, $\forall j$, 则

$$r(\lambda)=c_1\prod_{k=2}^{s}(\lambda-\lambda_k)+c_2\prod_{k\neq 2}^{s}(\lambda-\lambda_k)+\cdots+c_s\prod_{k=1}^{s-1}(\lambda-\lambda_k)$$

其中

$$c_j=\lim_{\lambda\to\lambda_j}(\lambda-\lambda_j)\frac{r(\lambda)}{\psi_l(\lambda)}=\frac{r(\lambda_j)}{\prod\limits_{k\neq j}^{s}(\lambda_j-\lambda_k)}=\frac{f(\lambda_j)}{\prod\limits_{k\neq j}^{s}(\lambda_j-\lambda_k)}$$

此时, 有

$$r(A)=\sum_{j=1}^{s}f(\lambda_j)\frac{\prod\limits_{k\neq j}^{s}(A-\lambda_k I)}{\prod\limits_{k\neq j}^{s}(\lambda_j-\lambda_k)}$$

7.5 一阶线性定常非齐次微分方程组的解

一阶线性定常非齐次微分方程组即

$$\frac{\mathrm{d}\boldsymbol{x}(t)}{\mathrm{d}t}=\boldsymbol{A}\boldsymbol{x}(t)+\boldsymbol{B}\boldsymbol{u}(t),\quad \boldsymbol{x}(t_0)=[x_{10}\ \ x_{20}\ \ \cdots\ \ x_{n0}]^{\mathrm{T}}\tag{7.8}$$

自动控制理论中称式 (7.8) 为状态方程. 利用矩阵指数函数的性质不难证明下述定理.

【定理 7.5.1】 状态方程 (7.8) 的解为

$$\boldsymbol{x}(t)=\mathrm{e}^{A(t-t_0)}\boldsymbol{x}_0+\int_{t_0}^{t}\mathrm{e}^{A(t-\tau)}\boldsymbol{B}\boldsymbol{u}(\tau)\mathrm{d}\tau\tag{7.9}$$

【例 7.5.1】 已知微分方程:

$$\frac{\mathrm{d}x_1(t)}{\mathrm{d}t}=3x_1-2x_2+3x_3+1-t$$

$$\frac{\mathrm{d}x_2(t)}{\mathrm{d}t}=2x_1-2x_2+6x_3$$

$$\frac{\mathrm{d}x_3(t)}{\mathrm{d}t}=x_1-2x_2+5x_3+t$$

及初始条件:

$$x_1(t_0)=1,\quad x_2(t_0)=-1,\quad x_3(t_0)=-1$$

求方程的解.

解: 显然

$$A=\begin{bmatrix}3 & -2 & 3\\ 2 & -2 & 6\\ 1 & -2 & 5\end{bmatrix},\quad B=\begin{bmatrix}1 & -1\\ 0 & 0\\ 0 & 1\end{bmatrix},\quad \boldsymbol{u}(t)=\begin{bmatrix}1\\ t\end{bmatrix}$$

$$\boldsymbol{x}(t_0)=[1\quad -1\quad -1]^{\mathrm{T}}$$

则原方程组可以表示为

$$\frac{\mathrm{d}\boldsymbol{x}(t)}{\mathrm{d}t}=A\boldsymbol{x}(t)+B\boldsymbol{u}(t),\quad \boldsymbol{x}(t_0)=\boldsymbol{x}_0$$

参阅例 7.3.1 可知

$$\mathrm{e}^{A(t-t_0)}=\mathrm{e}^{2(t-t_0)}\begin{bmatrix}1+t-t_0 & -2(t-t_0) & 3(t-t_0)\\ 2(t-t_0) & 1-4(t-t_0) & 6(t-t_0)\\ t-t_0 & -2(t-t_0) & 1+3(t-t_0)\end{bmatrix}$$

于是, 有

$$\mathrm{e}^{A(t-t_0)}\boldsymbol{x}_0=\mathrm{e}^{2(t-t_0)}\begin{bmatrix}1\\ -1\\ -1\end{bmatrix}$$

$$\int_{t_0}^{t}\mathrm{e}^{A(t-\tau)}B\boldsymbol{u}(\tau)\mathrm{d}\tau=\int_{t_0}^{t}\mathrm{e}^{2(t-\tau)}\begin{bmatrix}1+(t-\tau)-\tau+2\tau(t-\tau)\\ 2(t-\tau)+4\tau(t-\tau)\\ t-\tau+\tau+2\tau(t-\tau)\end{bmatrix}\mathrm{d}\tau$$

$$=\mathrm{e}^{2(t-t_0)}\begin{bmatrix}t+tt_0-t_0^2-2t_0-\dfrac{1}{2}\\ 2t+2tt_0-2t_0^2-3t_0-\dfrac{3}{2}\\ t+tt_0-t_0^2-t_0-\dfrac{1}{2}\end{bmatrix}+\begin{bmatrix}t+\dfrac{1}{2}\\ t+\dfrac{3}{2}\\ \dfrac{1}{2}\end{bmatrix}$$

故由式 (7.9) 得

$$\boldsymbol{x}(t)=\begin{bmatrix} t+tt_0-t_0^2-2t_0+\dfrac{1}{2} \\ 2t+2tt_0-2t_0^2-3t_0-\dfrac{5}{2} \\ t+tt_0-t_0^2-t_0-\dfrac{3}{2} \end{bmatrix}+\begin{bmatrix} t+\dfrac{1}{2} \\ t+\dfrac{3}{2} \\ \dfrac{1}{2} \end{bmatrix}$$

△

7.6 线性定常连续时间系统的稳定性

考虑由齐次状态方程

$$\dot{\boldsymbol{x}}(t)=A\boldsymbol{x}(t),\quad \boldsymbol{x}(t_0)=\boldsymbol{x}_0 \tag{7.10}$$

描述的运动. 一般情况下, A 可以通过相似变换化为 Jordan 标准形, 即存在非奇异矩阵 P 使得 $P^{-1}AP=J$, 其中

$$J=\begin{bmatrix} J_{\mathrm{s}} & 0 & 0 \\ 0 & J_{\mathrm{c}} & 0 \\ 0 & 0 & J_{\mathrm{as}} \end{bmatrix}$$

J_{s} 所有的特征值均位于左半开平面, J_{c} 所有的特征值均位于虚轴上, J_{as} 所有的特征值均位于右半开平面. 设 $J_{\mathrm{s}}\in\mathcal{C}^{n_{\mathrm{s}}\times n_{\mathrm{s}}}$, $J_{\mathrm{c}}\in\mathcal{C}^{n_{\mathrm{c}}\times n_{\mathrm{c}}}$ 和 $J_{\mathrm{as}}\in\mathcal{C}^{n_{\mathrm{as}}\times n_{\mathrm{as}}}$. P 和 $Q=P^{-1}$ 可相应地分解为

$$P=[P_{\mathrm{s}}\ \ P_{\mathrm{c}}\ \ P_{\mathrm{as}}]=\begin{bmatrix} P_{\mathrm{s,s}} & P_{\mathrm{s,c}} & P_{\mathrm{s,as}} \\ P_{\mathrm{c,s}} & P_{\mathrm{c,c}} & P_{\mathrm{c,as}} \\ P_{\mathrm{as,s}} & P_{\mathrm{as,c}} & P_{\mathrm{as,as}} \end{bmatrix},\quad Q=\begin{bmatrix} Q_{\mathrm{s}} \\ Q_{\mathrm{c}} \\ Q_{\mathrm{as}} \end{bmatrix}=\begin{bmatrix} Q_{\mathrm{s,s}} & Q_{\mathrm{c,s}} & Q_{\mathrm{as,s}} \\ Q_{\mathrm{s,c}} & Q_{\mathrm{c,c}} & Q_{\mathrm{as,c}} \\ Q_{\mathrm{s,as}} & Q_{\mathrm{c,as}} & Q_{\mathrm{as,as}} \end{bmatrix}$$

则方程 (7.10) 的解可表示为

$$\boldsymbol{x}(t)=[P_{\mathrm{s}}\ \ P_{\mathrm{c}}\ \ P_{\mathrm{as}}]\begin{bmatrix} \mathrm{e}^{J_{\mathrm{s}}t} & 0 & 0 \\ 0 & \mathrm{e}^{J_{\mathrm{c}}t} & 0 \\ 0 & 0 & \mathrm{e}^{J_{\mathrm{as}}t} \end{bmatrix}\begin{bmatrix} Q_{\mathrm{s}} \\ Q_{\mathrm{c}} \\ Q_{\mathrm{as}} \end{bmatrix}\boldsymbol{x}_0$$

由 $P^{-1}P=QP=I$ 可得

$$Q_\beta P_\alpha=\begin{cases} I_{n_\alpha}, & \alpha=\beta \\ 0_{n_\beta\times n_\alpha}, & \beta\neq\alpha \end{cases}$$

其中, $\alpha=\mathrm{s},\mathrm{c},\mathrm{as}$, 若 $\boldsymbol{x}_0\in\operatorname{span}\{P_\alpha\}$, 则

$$\boldsymbol{x}(t)=P_\alpha \mathrm{e}^{J_\alpha(t-t_0)}Q_\alpha \boldsymbol{x}_0 \in \operatorname{span}\left\{P_\alpha \mathrm{e}^{J_\alpha(t-t_0)}\right\}$$

由 $\mathrm{e}^{J_\alpha t}$ 非奇异可知, $\operatorname{span}\{P_\alpha\}=\operatorname{span}\left\{P_\alpha \mathrm{e}^{J_\alpha(t-t_0)}\right\}$. 于是有

$$\mathcal{W}_{\mathrm{s}}=\operatorname{span}\left\{P_{\mathrm{s}}\mathrm{e}^{J_{\mathrm{s}}t}\right\},\quad \mathcal{W}_{\mathrm{c}}=\operatorname{span}\left\{P_{\mathrm{c}}\mathrm{e}^{J_{\mathrm{c}}t}\right\},\quad \mathcal{W}_{\mathrm{as}}=\operatorname{span}\left\{P_{\mathrm{as}}\mathrm{e}^{J_{\mathrm{as}}t}\right\}$$

均为不变子空间, 若 $\boldsymbol{x}(t_0)\in\mathcal{W}_{\mathrm{s}}$, 则对所有的 $t\geqslant t_0$ 都有 $\boldsymbol{x}(t)\in\mathcal{W}_{\mathrm{s}}$. 因 $\operatorname{rank}P=\operatorname{rank}P\mathrm{e}^{Jt}=n$,

$$\mathcal{R}^n=\mathcal{W}_{\mathrm{s}}\dot{+}\mathcal{W}_{\mathrm{c}}\dot{+}\mathcal{W}_{\mathrm{as}}$$

最后一式称为状态空间的模态分解. 显然有

$$\lim_{t\to\infty}\mathcal{W}_{\mathrm{s}}=\{\boldsymbol{0}\},\quad \lim_{t\to-\infty}\mathcal{W}_{\mathrm{as}}=\{\boldsymbol{0}\},\quad \lim_{|t|\to\infty}\mathcal{W}_{\mathrm{c}}\neq\{\boldsymbol{0}\}$$

因此分别称 $\mathcal{W}_{\mathrm{s}}$、$\mathcal{W}_{\mathrm{c}}$ 和 $\mathcal{W}_{\mathrm{as}}$ 为稳定子空间、反稳定子空间和中心子空间. 若 $\dim J_{\mathrm{as}}=\dim J_{\mathrm{c}}=0$, 即 A 所有的特征值都在左半开平面, 则对任何初始状态 $\boldsymbol{x}_0$ 都有 $\lim_{t\to\infty}\boldsymbol{x}(t)=\boldsymbol{0}$. 此时认为系统渐进稳定或内稳定. 称所有特征值均在左半开平面的矩阵为 Hurwitz 矩阵. 对于线性系统, 这样定义的稳定性有多重意义: 若 A 为 Hurwitz 矩阵, 则从状态空间中任一点出发的运动轨迹当 t 趋于无穷时均趋于状态空间的原点; 令从初始状态 $\boldsymbol{x}_0$ 出发的运动轨迹为 $\boldsymbol{x}_0(t)$, 从初始状态 $\boldsymbol{x}_1$ 出发的运动轨迹为 $\boldsymbol{x}_1(t)$, 即初始状态 $\boldsymbol{x}_0$ 受到扰动后到 $\boldsymbol{x}_1$, 则由 $\dot{\boldsymbol{x}}_0(t)=A\boldsymbol{x}_0(t)$, $\dot{\boldsymbol{x}}_1(t)=A\boldsymbol{x}_1(t)$ 可得 $\dot{\boldsymbol{x}}_\delta(t)=A\boldsymbol{x}_\delta(t)$, 其中 $\boldsymbol{x}_\delta(t)\triangleq\boldsymbol{x}_1(t)-\boldsymbol{x}_0(t)$, 于是标称运动 $\boldsymbol{x}_0(t)$ 的稳定性等价于状态空间原点的稳定性.

7.7 线性时变微分方程 $\dot{\boldsymbol{x}}(t)=A(t)\boldsymbol{x}(t)$

称形如

$$\frac{\mathrm{d}\boldsymbol{x}(t)}{\mathrm{d}t}=A(t)\boldsymbol{x}(t),\quad \boldsymbol{x}(t_0)=\boldsymbol{x}_0 \tag{7.11}$$

的方程为线性时变微分方程, 其中 $A(t)$ 是定义在 $[t_0\,,\,t_f]$ 上的分段连续 n 阶函数矩阵, $\boldsymbol{x}(t)$ 是 n 维未知函数向量, $\boldsymbol{x}(t_0)=\boldsymbol{x}_0$ 是初始状态. 设 $\boldsymbol{x}_i(t)$ 为初始状态 $\boldsymbol{x}(t_0)=\boldsymbol{x}_{i,0}$ 时微分方程 (7.11) 的解, $i=1,2,\cdots,n$, 则有

$$\begin{gathered}\frac{\mathrm{d}}{\mathrm{d}\,t}\left[\boldsymbol{x}_1(t)\ \ \boldsymbol{x}_2(t)\ \ \cdots\ \ \boldsymbol{x}_n(t)\right]=A(t)\underbrace{\left[\boldsymbol{x}_1(t)\ \ \boldsymbol{x}_2(t)\ \ \cdots\ \ \boldsymbol{x}_n(t)\right]}_{\triangleq X(t)},\\ \underbrace{\left[\boldsymbol{x}_1(t_0)\ \ \boldsymbol{x}_2(t_0)\ \ \cdots\ \ \boldsymbol{x}_n(t_0)\right]}_{=X(t_0)}=\underbrace{\left[\boldsymbol{x}_{1,0}\ \ \boldsymbol{x}_{2,0}\ \ \cdots\ \ \boldsymbol{x}_{n,0}\right]}_{\triangleq X_0}\end{gathered} \tag{7.12}$$

方程 (7.12) 是一个含有 n^2 个未知函数的常微分方程组, 由常微分方程理论可以证明矩阵微分方程 (7.12) 的解存在且唯一. 下面的定理说明线性时变微分方程 (7.11) 所有的解是一个 n 维线性空间.

【定理 7.7.1】 方程 (7.12) 的解 $X(t)$ 满足 Jaccobi(Liouville, Abel) 等式:

$$\det X(t) = \mathrm{e}^{\int_{t_0}^{t}(\mathrm{trace}A(t))\mathrm{d}t} \cdot \det X_0$$

证明: 设 $X(t) = (x_{ij}(t))_{n\times n}$, 用归纳法可以证明:

$$\frac{\mathrm{d}}{\mathrm{d}t}\det X(t) = \sum_{i=1}^{n}\det\begin{bmatrix} x_{11}(t) & x_{12}(t) & \cdots & x_{1n}(t) \\ x_{21}(t) & x_{22}(t) & \cdots & x_{2n}(t) \\ \vdots & \vdots & \ddots & \vdots \\ \dfrac{\mathrm{d}x_{i1}(t)}{\mathrm{d}t} & \dfrac{\mathrm{d}x_{i2}(t)}{\mathrm{d}t} & \cdots & \dfrac{\mathrm{d}x_{in}(t)}{\mathrm{d}t} \\ \vdots & \vdots & \ddots & \vdots \\ x_{n1}(t) & x_{n2}(t) & \cdots & x_{nn}(t) \end{bmatrix}$$

为方便起见, 记 $X_n(t)$ 为 n 阶矩阵 $X(t)$. 确实, 当 $n=2$ 时, 有

$$\det X_2(t) = \det\begin{bmatrix} x_{11}(t) & x_{12}(t) \\ x_{21}(t) & x_{22}(t) \end{bmatrix} = x_{11}(t)x_{22}(t) - x_{12}(t)x_{21}(t)$$

于是, 有

$$\begin{aligned}\frac{\mathrm{d}}{\mathrm{d}t}\det X_2(t) &= \dot{x}_{11}(t)x_{22}(t) + x_{11}(t)\dot{x}_{22}(t) - \dot{x}_{12}(t)x_{21}(t) - x_{12}(t)\dot{x}_{21}(t) \\ &= \dot{x}_{11}(t)x_{22}(t) - \dot{x}_{12}(t)x_{21}(t) + x_{11}(t)\dot{x}_{22}(t) - x_{12}(t)\dot{x}_{21}(t) \\ &= \det\begin{bmatrix} \dfrac{\mathrm{d}x_{11}(t)}{\mathrm{d}t} & \dfrac{\mathrm{d}x_{12}(t)}{\mathrm{d}t} \\ x_{21}(t) & x_{22}(t) \end{bmatrix} + \det\begin{bmatrix} x_{11}(t) & x_{12}(t) \\ \dfrac{\mathrm{d}x_{21}(t)}{\mathrm{d}t} & \dfrac{\mathrm{d}x_{22}(t)}{\mathrm{d}t} \end{bmatrix}\end{aligned}$$

设 $n=k-1$ 时成立, 则 $n=k$ 时, 有

$$X_k(t) = \begin{bmatrix} x_{11}(t) & x_{12}(t) & \cdots & x_{1,k-1}(t) & x_{1k}(t) \\ x_{21}(t) & x_{22}(t) & \cdots & x_{2,k-1}(t) & x_{2k}(t) \\ \vdots & \vdots & \ddots & \vdots & \vdots \\ x_{k-1,1}(t) & x_{k-1,2}(t) & \cdots & x_{k-1,k-1}(t) & x_{k-1,k}(t) \\ x_{k,1}(t) & x_{k,2}(t) & \cdots & x_{k,k-1}(t) & x_{k,k}(t) \end{bmatrix}$$

将 $\det X_k(t)$ 按最下面一行展开并进行微分, 得

$$\frac{\mathrm{d}}{\mathrm{d}l}\det X_k(t) = \sum_{j=1}^{k}(-1)^{k+j}\dot{x}_{k,j}(t)\det X_{k,j}(t) + \sum_{j=1}^{k}(-1)^{k+j}x_{k,j}(t)\frac{\mathrm{d}}{\mathrm{d}t}\det X_{k,j}(t) \qquad (7.13)$$

其中, $X_{k,j}(t)$ 是将矩阵 $X_k(t)$ 的第 k 行和第 j 列划去后得到的 $k-1$ 阶矩阵, 即

$$X_{k,j}(t)=\begin{bmatrix} x_{11}(t) & \cdots & x_{1,j-1}(t) & x_{1,j+1}(t) & \cdots & x_{1k}(t) \\ x_{21}(t) & \cdots & x_{2,j-1}(t) & x_{2,j+1}(t) & \cdots & x_{2k}(t) \\ \vdots & \ddots & \vdots & \vdots & \ddots & \vdots \\ x_{k-1,1}(t) & \cdots & x_{k-1,j-1}(t) & x_{k-1,j+1}(t) & \cdots & x_{k-1,k}(t) \end{bmatrix}$$

所以式 (7.13) 右边的第一项是矩阵

$$\begin{bmatrix} x_{11}(t) & x_{12}(t) & \cdots & x_{1,k-1}(t) & x_{1k}(t) \\ x_{21}(t) & x_{22}(t) & \cdots & x_{2,k-1}(t) & x_{2k}(t) \\ \vdots & \vdots & \ddots & \vdots & \vdots \\ x_{k-1,1}(t) & x_{k-1,2}(t) & \cdots & x_{k-1,k-1}(t) & x_{k-1,k}(t) \\ \dfrac{\mathrm{d}x_{k,1}(t)}{\mathrm{d}t} & \dfrac{\mathrm{d}x_{k,2}(t)}{\mathrm{d}t} & \cdots & \dfrac{\mathrm{d}x_{k,k-1}(t)}{\mathrm{d}t} & \dfrac{\mathrm{d}x_{k,k}(t)}{\mathrm{d}t} \end{bmatrix}$$

的行列式. 对右边的第二项应用归纳法假设可得

$$\frac{\mathrm{d}}{\mathrm{d}t}\det X_{k,j}(t)=\sum_{i=1}^{k-1}\det\underbrace{\begin{bmatrix} x_{11}(t) & \cdots & x_{1,j-1}(t) & x_{1,j+1}(t) & \cdots & x_{1k}(t) \\ \vdots & \ddots & \vdots & \vdots & \ddots & \vdots \\ x_{i-1,1}(t) & \cdots & x_{i-1,j-1}(t) & x_{i-1,j+1}(t) & \cdots & x_{i-1,k}(t) \\ \dfrac{\mathrm{d}x_{i1}(t)}{\mathrm{d}t} & \cdots & \dfrac{\mathrm{d}x_{i,j-1}(t)}{\mathrm{d}t} & \dfrac{\mathrm{d}x_{i,j+1}(t)}{\mathrm{d}t} & \cdots & \dfrac{\mathrm{d}x_{i,k}(t)}{\mathrm{d}t} \\ x_{i+1,1}(t) & \cdots & x_{i+1,j-1}(t) & x_{i+1,j+1}(t) & \cdots & x_{i+1,k}(t) \\ \vdots & \ddots & \vdots & \vdots & \ddots & \vdots \\ x_{k-1,1}(t) & \cdots & x_{k-1,j-1}(t) & x_{k-1,j+1}(t) & \cdots & x_{k-1,k}(t) \end{bmatrix}}_{\triangleq \mathrm{d}X_{k,i}(t)}$$

于是, 有

$$\begin{aligned} &\sum_{j=1}^{k}(-1)^{k+j}x_{k,j}(t)\frac{\mathrm{d}}{\mathrm{d}t}\det X_{k,j}(t) \\ =&\sum_{j=1}^{k}(-1)^{k+j}x_{k,j}(t)\sum_{i=1}^{k-1}\det[\mathrm{d}X_{k,i}(t)]=\sum_{i=1}^{k-1}\sum_{j=1}^{k}(-1)^{k+j}x_{k,j}(t)\det[\mathrm{d}X_{k,i}(t)] \\ =&\sum_{i=1}^{k-1}\det\begin{bmatrix} x_{11}(t) & x_{12}(t) & \cdots & x_{1,k-1}(t) & x_{1k}(t) \\ x_{21}(t) & x_{22}(t) & \cdots & x_{2,k-1}(t) & x_{2k}(t) \\ \vdots & \vdots & \ddots & \vdots & \vdots \\ \dfrac{\mathrm{d}x_{i1}(t)}{\mathrm{d}t} & \dfrac{\mathrm{d}x_{i2}(t)}{\mathrm{d}t} & \cdots & \dfrac{\mathrm{d}x_{i,k-1}(t)}{\mathrm{d}t} & \dfrac{\mathrm{d}x_{ik}(t)}{\mathrm{d}t} \\ \vdots & \vdots & \ddots & \vdots & \vdots \\ x_{k1}(t) & x_{k2}(t) & \cdots & x_{k,k-1}(t) & x_{kk}(t) \end{bmatrix} \end{aligned}$$

最终可得

$$\frac{\mathrm{d}}{\mathrm{d}t}\det X_k(t)=\sum_{i=1}^{k}\det\begin{bmatrix} x_{11}(t) & x_{12}(t) & \cdots & x_{1,k-1}(t) & x_{1k}(t)\\ x_{21}(t) & x_{22}(t) & \cdots & x_{2,k-1}(t) & x_{2k}(t)\\ \vdots & \vdots & \ddots & \vdots & \vdots\\ \dfrac{\mathrm{d}x_{i1}(t)}{\mathrm{d}t} & \dfrac{\mathrm{d}x_{i2}(t)}{\mathrm{d}t} & \cdots & \dfrac{\mathrm{d}x_{i,k-1}(t)}{\mathrm{d}t} & \dfrac{\mathrm{d}x_{ik}(t)}{\mathrm{d}t}\\ \vdots & \vdots & \ddots & \vdots & \vdots\\ x_{k1}(t) & x_{k2}(t) & \cdots & x_{k,k-1}(t) & x_{kk}(t)\end{bmatrix}$$

由式 (7.12) 可得

$$\left[\frac{\mathrm{d}x_{i1}(t)}{\mathrm{d}t}\ \ \frac{\mathrm{d}x_{i2}(t)}{\mathrm{d}t}\ \ \cdots\ \ \frac{\mathrm{d}x_{in}(t)}{\mathrm{d}t}\right]=[\,a_{i1}(t)\ \ a_{i2}(t)\ \ \cdots\ \ a_{in}(t)\,]\,X(t)$$

$$\begin{bmatrix} x_{11}(t) & x_{12}(t) & \cdots & x_{1n}(t)\\ x_{21}(t) & x_{22}(t) & \cdots & x_{2n}(t)\\ \vdots & \vdots & \ddots & \vdots\\ \dfrac{\mathrm{d}x_{i1}(t)}{\mathrm{d}t} & \dfrac{\mathrm{d}x_{i2}(t)}{\mathrm{d}t} & \cdots & \dfrac{\mathrm{d}x_{in}(t)}{\mathrm{d}t}\\ \vdots & \vdots & \ddots & \vdots\\ x_{n1}(t) & x_{n2}(t) & \cdots & x_{nn}(t)\end{bmatrix}=\begin{bmatrix} \boldsymbol{e}_1^{\mathrm{T}}\\ \vdots\\ \boldsymbol{e}_{i-1}^{\mathrm{T}}\\ \hat{\boldsymbol{a}}_i^{\mathrm{T}}(t)\\ \boldsymbol{e}_{i+1}^{\mathrm{T}}\\ \vdots\\ \boldsymbol{e}_n^{\mathrm{T}}\end{bmatrix}\begin{bmatrix} x_{11}(t) & x_{12}(t) & \cdots & x_{1n}(t)\\ \vdots & \vdots & \ddots & \vdots\\ x_{i-1,1}(t) & x_{i-1,2}(t) & \cdots & x_{i-1,n}(t)\\ x_{i1}(t) & x_{i2}(t) & \cdots & x_{in}(t)\\ x_{i+1,1}(t) & x_{i+1,2}(t) & \cdots & x_{i+1,n}(t)\\ \vdots & \vdots & \ddots & \vdots\\ x_{n1}(t) & x_{n2}(t) & \cdots & x_{nn}(t)\end{bmatrix}$$

其中, $\hat{\boldsymbol{a}}_i^{\mathrm{T}}(t)=[\,a_{i1}(t)\ \ a_{i2}(t)\ \ \cdots\ \ a_{in}(t)\,]$ 是 $A(t)$ 的第 i 行. 由行列式性质可得

$$\begin{aligned}&\det\begin{bmatrix} x_{11}(t) & x_{12}(t) & \cdots & x_{1n}(t)\\ x_{21}(t) & x_{22}(t) & \cdots & x_{2n}(t)\\ \vdots & \vdots & \ddots & \vdots\\ \dfrac{\mathrm{d}x_{i1}(t)}{\mathrm{d}t} & \dfrac{\mathrm{d}x_{i2}(t)}{\mathrm{d}t} & \cdots & \dfrac{\mathrm{d}x_{in}(t)}{\mathrm{d}t}\\ \vdots & \vdots & \ddots & \vdots\\ x_{n1}(t) & x_{n2}(t) & \cdots & x_{nn}(t)\end{bmatrix}\\ =&\det\begin{bmatrix} x_{11}(t) & x_{12}(t) & \cdots & x_{1n}(t)\\ x_{21}(t) & x_{22}(t) & \cdots & x_{2n}(t)\\ \vdots & \vdots & \ddots & \vdots\\ \displaystyle\sum_{j=1}^{n}a_{ij}(t)x_{j1} & \displaystyle\sum_{j=1}^{n}a_{ij}(t)x_{j2} & \cdots & \displaystyle\sum_{j=1}^{n}a_{ij}(t)x_{jn}\\ \vdots & \vdots & \ddots & \vdots\\ x_{n1}(t) & x_{n2}(t) & \cdots & x_{nn}(t)\end{bmatrix}\end{aligned}$$

$$=a_{ii}(t)\det\begin{bmatrix} x_{11}(t) & x_{12}(t) & \cdots & x_{1n}(t) \\ x_{21}(t) & x_{22}(t) & \cdots & x_{2n}(t) \\ \vdots & \vdots & \ddots & \vdots \\ x_{i1}(t) & x_{i2}(t) & \cdots & x_{in}(t) \\ \vdots & \vdots & \ddots & \vdots \\ x_{n1}(t) & x_{n2}(t) & \cdots & x_{nn}(t) \end{bmatrix} = a_{ii}(t)\det X(t)$$

于是, 有

$$\frac{\mathrm{d}}{\mathrm{d}t}\det X(t) = \sum_{i=1}^{n} a_{ii}(t)\det X(t)$$

$$= \det X(t)\sum_{i=1}^{n} a_{ii}(t) = \mathrm{trace}A(t)\det X(t)$$

把上式改写为

$$\frac{\mathrm{d}\det X(t)}{\det X(t)} = (\mathrm{trace}A(t))\,\mathrm{d}t$$

上式两端从 t_0 到 t 积分, 最后得

$$\int_{t_0}^{t}\frac{\mathrm{d}\det X(t)}{\det X(t)} = \int_{t_0}^{t}(\mathrm{trace}A(t))\,\mathrm{d}t$$

$$\Longleftrightarrow \ln\det X(t) - \ln\det X(t_0) = \int_{t_0}^{t}(\mathrm{trace}A(t))\,\mathrm{d}t$$

$$\Longleftrightarrow \det X(t) = \mathrm{e}^{\int_{t_0}^{t}(\mathrm{trace}A(t))\mathrm{d}t}\cdot\mathrm{e}^{\ln\det X(t_0)}$$

$$= \mathrm{e}^{\int_{t_0}^{t}(\mathrm{trace}A(t))\mathrm{d}t}\cdot\det X_0$$

这就是要证明的结果. ■

【定理 7.7.2】 设方程

$$\begin{cases} \dfrac{\mathrm{d}X(t)}{\mathrm{d}t} = A(t)X(t) \\ X(t_0) = X_{1,0} \end{cases}, \qquad \begin{cases} \dfrac{\mathrm{d}X(t)}{\mathrm{d}t} = A(t)X(t) \\ X(t_0) = X_{2,0} \end{cases}$$

的解分别为 $X_1(t)$ 和 $X_2(t)$, 则 $X_2(t) = X_1(t)T$, 其中 $T = X_{1,0}^{-1}X_{2,0}$.

证明: $X_i(t)$ 是 $\dfrac{\mathrm{d}X(t)}{\mathrm{d}t} = A(t)X(t)$, $X(t_0) = X_{i,0}$ 的解, 则有 $\dfrac{\mathrm{d}X_i(t)}{\mathrm{d}t} = A(t)X_i(t)$, $X_i(t_0) = X_{i,0}$.

令 $X_3(t) = X_1(t)X_{1,0}^{-1}X_{2,0} = X_1(t)T$, 则

$$\frac{\mathrm{d}X_3(t)}{\mathrm{d}t} = \frac{\mathrm{d}X_1(t)}{\mathrm{d}t}T = A(t)X_1(t)T = A(t)X_3(t)$$

且 $X_3(t_0)=X_1(t_0)T=X_{1,0}T=X_{2,0}$. 根据微分方程解的唯一性, 有 $X_3(t)=X_2(t)$, 于是 $X_2(t)=X_1(t)T$. ■

由定理 7.7.2 可知, 当已知一个初始条件的解矩阵以后, 其他任何初始条件的解矩阵都可得到. 由 Jaccobi 等式可知, 只要 $\det X(t_0)=\det X_0\neq 0$, 就有 $\det X(t)\neq 0$. 记 $X(t_0)=I_n$ 时的解矩阵为 $\varPhi(t)$, 则 $\det\varPhi(t)\neq 0$. 由例 1.1.8 可知, $\varPhi(t)$ 的 n 个列向量线性无关. 若微分方程 (7.11) 的初始条件 (初始状态) 为 $\boldsymbol{x}(t_0)$, 则有 $\boldsymbol{x}(t)=\varPhi(t)\boldsymbol{x}(t_0)$, 即微分方程 (7.11) 的任何解都可以表示为 $\varPhi(t)$ 的 n 个列向量的线性组合, 初始状态 $\boldsymbol{x}(t_0)$ 是线性组合的系数. 称 $\varPhi(t)$ 为系统 (7.11) 的状态转移矩阵. 对于线性定常系统 (7.1), $\varPhi(t)=\mathrm{e}^{At}$.

7.8 习 题

7.1 设 A 为 n 阶矩阵, $f(A)$ 有定义, 证明 $f(A^{\mathrm{T}})$ 有定义, 且 $f(A^{\mathrm{T}})=[f(A)]^{\mathrm{T}}$.

7.2 如果 A 为可逆矩阵, $f(A)$ 有定义, 那么 $f(A^{-1})$ 是否有定义? 试举例说明.

7.3 A 为可逆矩阵, $f(\lambda)=\lambda^{q/p}$, 证明 $f(A)$ 有定义且 $[f(A)]^p=A^q$.

7.4 证明

$$A=\begin{bmatrix}0&1&0&0\\0&0&1&0\\0&0&0&1\\-\lambda_0^4&4\lambda_0^3&-6\lambda_0^2&4\lambda_0\end{bmatrix}$$

的 Jordan 标准形为 $J(\lambda_0)$ 并确定 X 将 A 变换为 $J(\lambda_0)$. 计算 $J^2(\lambda_0)$, $J^3(\lambda_0)$, $J^4(\lambda_0)$ 以及 $J^k(\lambda_0)$, $k\geqslant 5$. 由 $J^k(\lambda_0)$ 和 X 确定 A^k.

7.5 求矩阵 A 的最小多项式并确定 $f(A_i)$, 已知

$$A_1=\begin{bmatrix}3&0&-4\\3&1&-6\\1&0&-1\end{bmatrix},\qquad A_2=\begin{bmatrix}0&-1&1\\1&3&-1\\1&3&0\end{bmatrix}$$

$$A_3=\begin{bmatrix}1&-1&0\\-1&0&-1\\2&3&3\end{bmatrix},\qquad A_4=\begin{bmatrix}1&0&2\\2&-1&2\\1&0&0\end{bmatrix}$$

7.6 已知

$$A=\begin{bmatrix}2&0&1\\-1&1&-1\\0&0&2\end{bmatrix}$$

求 $f(A)$ 的 Jordan 表达式并计算 e^A、e^{At} 和 $\arctan\dfrac{A}{4}$.

7.7 已知

$$A=\begin{bmatrix} 0 & 8 & -6 \\ -2 & 8 & -3 \\ 0 & 0 & 4 \end{bmatrix}$$

求 $f(A)$ 的多项式表达式并计算 e^{A}、e^{At} 和 $\sin A$.

7.8 证明: 若 A 是实反对称 (反 Hermitian) 矩阵, 则 e^{A} 为正交 (酉) 矩阵; 若 A 是 Hermitian 矩阵, 则 e^{iA} 是酉矩阵.

7.9 (矩阵指数与三角函数) 由 7.1节可知, 对于任何 n 阶方阵 A 都有

$$\mathrm{e}^{At}=\sum_{k=0}^{\infty}\frac{A^k t^k}{k!},\quad \sin At=\sum_{k=0}^{\infty}\frac{(-1)^k A^{2k+1}t^{2k+1}}{(2k+1)!},\quad \cos At=\sum_{k=0}^{\infty}\frac{(-1)^k A^{2k}t^{2k}}{(2k)!}$$

证明: 对任何 A、$B\in\mathcal{C}^{n\times n}$ 都有

(1) $\mathrm{e}^{A\lambda}\mathrm{e}^{A\mu}=\mathrm{e}^{A(\lambda+\mu)}$, $\forall\lambda$、$\mu\in\mathcal{C}$;

(2) $\mathrm{e}^{\mathrm{i}A}=\cos A+\mathrm{i}\sin A$, 这里 $\mathrm{i}=\sqrt{-1}$;

(3) 当 $AB=BA$ 时, 有 $\mathrm{e}^{A+B}=\mathrm{e}^{A}\mathrm{e}^{B}=\mathrm{e}^{B}\mathrm{e}^{A}$;

(4) 对于任何矩阵 A, e^{A} 总是可逆的, 且 $\left(\mathrm{e}^{A}\right)^{-1}=\mathrm{e}^{-A}$;

(5) $\dfrac{\mathrm{d}}{\mathrm{d}t}\mathrm{e}^{At}=A\mathrm{e}^{At}=\mathrm{e}^{At}A$;

(6) $\det\mathrm{e}^{A}=\mathrm{e}^{\mathrm{trace}A}$, 其中 $\mathrm{trace}A$ 是 A 的迹.

7.10 (矩阵三角函数) 由习题 7.9 中的 (2) 可知

$$\cos A=\frac{1}{2}\left(\mathrm{e}^{\mathrm{i}A}+\mathrm{e}^{-\mathrm{i}A}\right),\quad \sin A=\frac{1}{2\mathrm{i}}\left(\mathrm{e}^{\mathrm{i}A}-\mathrm{e}^{-\mathrm{i}A}\right)$$

设 $A, B\in\mathcal{C}^{n\times n}$, 则

(1) $\dfrac{\mathrm{d}\,(\sin At)}{\mathrm{d}t}=A\cos At=(\cos At)A$, $\dfrac{\mathrm{d}\,(\cos At)}{\mathrm{d}t}=-A\sin At=-(\sin At)A$;

(2) $\sin^2 A+\cos^2 A=I$, $\sin(-A)=-\sin A$, $\cos(-A)=\cos A$;

(3) 若 $AB=BA$, 则有

$$\sin(A+B)=\sin A\cos B+\cos A\sin B$$
$$\sin(A-B)=\sin A\cos B-\cos A\sin B$$
$$\cos(A+B)=\cos A\cos B-\sin A\sin B$$
$$\cos(A-B)=\cos A\cos B+\sin A\sin B$$

7.11 (实形式的矩阵函数)

(1) 设 $A=[X_j\quad \bar{X}_j]\mathrm{blockdiag}\left\{J(\lambda_j),\,J(\bar{\lambda}_j)\right\}[X_j\quad \bar{X}_j]^{-1}$, 其中

$$J(\lambda_j)=\begin{bmatrix} \lambda_j & 1 & 0 \\ 0 & \lambda_j & 1 \\ 0 & 0 & \lambda_j \end{bmatrix}$$

$\lambda_j = \sigma_j + \mathrm{i}\omega_j$ 且 $0 \neq \omega_j \in \mathcal{R}$, $\mathrm{i} = \sqrt{-1}$. 证明:

$$\mathrm{e}^{At} = [X_j \quad \bar{X}_j]U_j U_j^* \mathrm{blockdiag}\left\{ \mathrm{e}^{J(\lambda_j)t}, \mathrm{e}^{J(\bar{\lambda}_j)t} \right\} U_j \left([X_j \quad \bar{X}_j]U_j\right)^{-1}$$

其中

$$U_j^* \mathrm{blockdiag}\left\{ \mathrm{e}^{J(\lambda_j)t}, \mathrm{e}^{J(\bar{\lambda}_j)t} \right\} U_j$$

$$= \begin{bmatrix} \mathrm{e}^{\sigma_j t}\cos\omega_j t & \mathrm{e}^{\sigma_j t}\sin\omega_j t & t\mathrm{e}^{\sigma_j t}\cos\omega_j t & t\mathrm{e}^{\sigma_j t}\sin\omega_j t & \dfrac{t^2}{2}\mathrm{e}^{\sigma_j t}\cos\omega_j t & \dfrac{t^2}{2}\mathrm{e}^{\sigma_j t}\sin\omega_j t \\ -\mathrm{e}^{\sigma_j t}\sin\omega_j t & \mathrm{e}^{\sigma_j t}\cos\omega_j t & -t\mathrm{e}^{\sigma_j t}\sin\omega_j t & t\mathrm{e}^{\sigma_j t}\cos\omega_j t & -\dfrac{t^2}{2}\mathrm{e}^{\sigma_j t}\sin\omega_j t & \dfrac{t^2}{2}\mathrm{e}^{\sigma_j t}\cos\omega_j t \\ 0 & 0 & \mathrm{e}^{\sigma_j t}\cos\omega_j t & \mathrm{e}^{\sigma_j t}\sin\omega_j t & t\mathrm{e}^{\sigma_j t}\cos\omega_j t & t\mathrm{e}^{\sigma_j t}\sin\omega_j t \\ 0 & 0 & -\mathrm{e}^{\sigma_j t}\sin\omega_j t & \mathrm{e}^{\sigma_j t}\cos\omega_j t & -t\mathrm{e}^{\sigma_j t}\sin\omega_j t & t\mathrm{e}^{\sigma_j t}\cos\omega_j t \\ 0 & 0 & 0 & 0 & \mathrm{e}^{\sigma_j t}\cos\omega_j t & \mathrm{e}^{\sigma_j t}\sin\omega_j t \\ 0 & 0 & 0 & 0 & -\mathrm{e}^{\sigma_j t}\sin\omega_j t & \mathrm{e}^{\sigma_j t}\cos\omega_j t \end{bmatrix}$$

$$U_j = \frac{1}{\sqrt{2}} \begin{bmatrix} 1 & -\mathrm{i} & 0 & 0 & 0 & 0 \\ 0 & 0 & 1 & -\mathrm{i} & 0 & 0 \\ 0 & 0 & 0 & 0 & 1 & -\mathrm{i} \\ 1 & \mathrm{i} & 0 & 0 & 0 & 0 \\ 0 & 0 & 1 & \mathrm{i} & 0 & 0 \\ 0 & 0 & 0 & 0 & 1 & \mathrm{i} \end{bmatrix}$$

为酉矩阵且 $[X_j \quad \bar{X}_j]U_j$ 为实矩阵, 从而 e^{At} 是实矩阵;

(2) 将上述结果一般化, 证明对任何在实矩阵 $A \in \mathcal{R}^{n\times n}$ 的谱上有定义的函数 $f(\lambda)$, $f(At)$ 都是实矩阵.

第 8 章　线性映射与矩阵的三类广义逆

本章研究线性映射和矩阵的广义逆 $\mathscr{A}^-$ 和 A^-、自反广义逆 $\mathscr{A}_r^-$ 和 A_r^- 以及伪逆 $\mathscr{A}^\dagger$ 和 $A^\dagger$. 借助广义逆, 给出相容线性方程组的最小范数解和不相容线性方程组的近似解.

8.1　线性映射与矩阵的广义逆

8.1.1　线性映射的广义逆

设 $\mathcal{U}$ 和 $\mathcal{V}$ 分别为 n 维和 m 维线性空间,$\mathscr{A}\in\mathcal{L}(\mathcal{U}\to\mathcal{V})$ 且 $\dim\mathcal{R}(\mathscr{A})=r$. 显然有 $r\leqslant\min\{n,m\}$. 若 $\boldsymbol{\beta}\in\mathcal{R}(\mathscr{A})\subseteq\mathcal{V}$, 则存在 $\boldsymbol{\alpha}\in\mathcal{U}$ 使得 $\mathscr{A}(\boldsymbol{\alpha})=\boldsymbol{\beta}$. 若 $\mathscr{A}$ 可逆, 则 $\boldsymbol{\alpha}$ 可由 $\mathscr{A}^{-1}(\boldsymbol{\beta})$ 确定.

【定理 8.1.1】　设 $\mathscr{A}$ 可逆, 其奇异值分解为

$$\boldsymbol{\beta}=\mathscr{A}(\boldsymbol{\alpha})=\sum_{i=1}^{n}\sigma_i\boldsymbol{u}_i\langle\boldsymbol{u}_i\,,\,\boldsymbol{\alpha}\rangle$$

则有

$$\boldsymbol{\alpha}=\mathscr{A}^{-1}(\boldsymbol{\beta})=\sum_{i=1}^{n}\sigma_i^{-1}\boldsymbol{u}_i\langle\boldsymbol{v}_i\,,\,\boldsymbol{\beta}\rangle$$

证明: 由定理 5.4.1 可知 $\mathscr{A}=\mathscr{U}\circ\mathscr{H}_1$, 其中

$$\mathscr{H}_1(\boldsymbol{\alpha})=\sum_{j=1}^{n}\sigma_j\boldsymbol{u}_j\langle\boldsymbol{u}_j\,,\,\boldsymbol{\alpha}\rangle,\quad \mathscr{U}(\boldsymbol{\gamma})=\sum_{j=1}^{n}\boldsymbol{v}_j\langle\boldsymbol{u}_j\,,\,\boldsymbol{\gamma}\rangle$$

$\mathscr{U}$ 为酉映射, 由式 (5.24) 可得

$$\mathscr{H}_1^{-1}(\boldsymbol{\gamma})=\sum_{i=1}^{n}\sigma_i^{-1}\boldsymbol{u}_i\langle\boldsymbol{u}_i\,,\,\boldsymbol{\gamma}\rangle$$

因 $\mathscr{A}\circ\mathscr{H}_1^{-1}\circ\mathscr{U}^*=\mathscr{E}$, 故 $\mathscr{A}^{-1}=\mathscr{H}_1^{-1}\circ\mathscr{U}^*$. 先确定 $\mathscr{U}^*$. 由

$$\begin{aligned}\langle\boldsymbol{\beta}\,,\,\mathscr{U}(\boldsymbol{\gamma})\rangle&=\left\langle\boldsymbol{\beta}\,,\,\sum_{j=1}^{n}\boldsymbol{v}_j\langle\boldsymbol{u}_j\,,\,\boldsymbol{\gamma}\rangle\right\rangle=\sum_{j=1}^{n}\langle\boldsymbol{u}_j\,,\,\boldsymbol{\gamma}\rangle\langle\boldsymbol{\beta}\,,\,\boldsymbol{v}_j\rangle\\&=\sum_{j=1}^{n}\overline{\langle\boldsymbol{v}_j\,,\,\boldsymbol{\beta}\rangle}\langle\boldsymbol{u}_j\,,\,\boldsymbol{\gamma}\rangle=\left\langle\sum_{j=1}^{n}\boldsymbol{u}_j\langle\boldsymbol{v}_j\,,\,\boldsymbol{\beta}\rangle,\,\boldsymbol{\gamma}\right\rangle\end{aligned}$$

若定义

$$\mathscr{U}^*(\boldsymbol{\beta}) = \sum_{j=1}^{n} \boldsymbol{u}_j \langle \boldsymbol{v}_j\,,\, \boldsymbol{\beta}\rangle \tag{8.1}$$

则对所有 $\boldsymbol{\beta}, \boldsymbol{\gamma}$ 都有

$$\langle \boldsymbol{\beta}\,,\, \mathscr{U}(\boldsymbol{\gamma})\rangle = \langle \mathscr{U}^*(\boldsymbol{\beta})\,,\, \boldsymbol{\gamma}\rangle$$

上式说明,$\mathscr{U}$ 的伴随映射由式 (8.1) 确定. 确实, 对所有的 $\boldsymbol{\gamma}$ 都有

$$\begin{aligned}(\mathscr{U}^* \circ \mathscr{U})(\boldsymbol{\gamma}) &= \sum_{j=1}^{n} \boldsymbol{u}_j \left\langle \boldsymbol{v}_j\,,\, \sum_{i=1}^{n} \boldsymbol{v}_i \langle \boldsymbol{u}_i\,,\, \boldsymbol{\gamma}\rangle \right\rangle = \sum_{j=1}^{n} \boldsymbol{u}_j \sum_{i=1}^{n} \langle \boldsymbol{u}_i\,,\, \boldsymbol{\gamma}\rangle \langle \boldsymbol{v}_j\,,\, \boldsymbol{v}_i\rangle \\ &= \sum_{j=1}^{n} \boldsymbol{u}_j \langle \boldsymbol{u}_j\,,\, \boldsymbol{\gamma}\rangle = \boldsymbol{\gamma}\end{aligned}$$

于是,$\mathscr{U}^* \circ \mathscr{U} = \mathscr{E}$,

$$\begin{aligned}\underbrace{(\mathscr{H}_1^{-1} \circ \mathscr{U}^*)}_{=\mathscr{A}_1^{-1}}(\boldsymbol{\beta}) &= \sum_{i=1}^{n} \sigma_i^{-1} \boldsymbol{u}_i \left\langle \boldsymbol{u}_i\,,\, \sum_{j=1}^{n} \boldsymbol{u}_j \langle \boldsymbol{v}_j\,,\, \boldsymbol{\beta}\rangle \right\rangle \\ &= \sum_{i=1}^{n} \sigma_i^{-1} \boldsymbol{u}_i \sum_{j=1}^{n} \langle \boldsymbol{v}_j\,,\, \boldsymbol{\beta}\rangle \langle \boldsymbol{u}_i\,,\, \boldsymbol{u}_j\rangle \\ &= \sum_{i=1}^{n} \sigma_i^{-1} \boldsymbol{u}_i \langle \boldsymbol{v}_i\,,\, \boldsymbol{\beta}\rangle\end{aligned}$$

■

现在考虑 $\mathscr{A}$ 不可逆的情况. 此时, 若 $\boldsymbol{\beta} \in \mathcal{R}(\mathscr{A})$, 则存在 $\boldsymbol{\alpha} \in \mathcal{U}$ 使得 $\mathscr{A}(\boldsymbol{\alpha}) = \boldsymbol{\beta}$. 类似于 $\mathscr{A}$ 可逆的情况, 可寻找线性映射 $\mathscr{G} \in \mathcal{L}(\mathcal{V} \to \mathcal{U})$ 将 $\boldsymbol{\alpha}$ 表示为 $\boldsymbol{\alpha} = \mathscr{G}(\boldsymbol{\beta})$.

定义 8.1.1　$\mathscr{A} \in \mathcal{L}(\mathcal{U} \to \mathcal{V})$, $\boldsymbol{\alpha} \in \mathcal{U}$ 和 $\boldsymbol{\beta} \in \mathcal{V}$ 满足

$$\mathscr{A}(\boldsymbol{\alpha}) = \boldsymbol{\beta} \tag{8.2}$$

若对任何 $\boldsymbol{\beta} \in \mathcal{R}(\mathscr{A})$, 都存在 $\mathscr{A}^- \in \mathcal{L}(\mathcal{V} \to \mathcal{U})$ 使得 $\boldsymbol{\alpha} = \mathscr{A}^-(\boldsymbol{\beta})$ 满足 $\mathscr{A}(\boldsymbol{\alpha}) = (\mathscr{A} \circ \mathscr{A}^-)(\boldsymbol{\beta}) = \boldsymbol{\beta}$, 则称 $\mathscr{A}^-$ 为 $\mathscr{A}$ 的广义逆.

式 (8.2) 的解可能不唯一,$\mathscr{A}$ 的广义逆也不必唯一.

【定理 8.1.2】　$\mathscr{A} \in \mathcal{L}(\mathcal{U} \to \mathcal{V})$. $\mathscr{A}^-$ 是 $\mathscr{A}$ 的广义逆, 当且仅当

$$\mathscr{A} \circ \mathscr{A}^- \circ \mathscr{A} = \mathscr{A} \tag{8.3}$$

证明: 先证必要性. 若 $\mathscr{A}^-$ 存在, $\boldsymbol{\alpha} = \mathscr{A}^-(\boldsymbol{\beta})$ 满足 $\mathscr{A}(\boldsymbol{\alpha}) = \boldsymbol{\beta}$, 则有 $(\mathscr{A} \circ \mathscr{A}^-)(\boldsymbol{\beta}) = \boldsymbol{\beta}$. 令

$$[\boldsymbol{\beta}_1\ \ \boldsymbol{\beta}_2\ \ \cdots\ \ \boldsymbol{\beta}_n] = [\mathscr{A}(\boldsymbol{\alpha}_1)\ \ \mathscr{A}(\boldsymbol{\alpha}_2)\ \ \cdots\ \ \mathscr{A}(\boldsymbol{\alpha}_n)]$$

其中,$\boldsymbol{\alpha}_i(i=1,2,\cdots,n)$ 是 $\mathcal{U}$ 的一组基, 则 $\boldsymbol{\beta}_i=\mathscr{A}(\boldsymbol{\alpha}_i)\ (i=1,2,\cdots,n)$ 都属于 $\mathcal{R}(\mathscr{A})$ 且 $\mathscr{A}^-(\boldsymbol{\beta}_i)$ 满足 $(\mathscr{A}\circ\mathscr{A}^-)(\boldsymbol{\beta}_i)=\boldsymbol{\beta}_i$. 于是

$$
\begin{aligned}
&\left(\mathscr{A}\circ\mathscr{A}^-\circ\mathscr{A}\right)(\boldsymbol{\alpha}_i)=\mathscr{A}(\boldsymbol{\alpha}_i),\quad i=1,2,\cdots,n\\
\Longleftrightarrow\ &\left(\mathscr{A}\circ\mathscr{A}^-\circ\mathscr{A}\right)([\boldsymbol{\alpha}_1\ \ \boldsymbol{\alpha}_2\ \ \cdots\ \ \boldsymbol{\alpha}_n])=\mathscr{A}\left([\boldsymbol{\alpha}_1\ \ \boldsymbol{\alpha}_2\ \ \cdots\ \ \boldsymbol{\alpha}_n]\right)
\end{aligned}
$$

因 $\boldsymbol{\alpha}_i(i=1,2,\cdots,n)$ 是 $\mathcal{U}$ 的一组基, 最后一式成立, 仅当 $\mathscr{A}\circ\mathscr{A}^-\circ\mathscr{A}=\mathscr{A}$.

再证充分性. 令 $\boldsymbol{\alpha}\in\mathcal{U}$ 是 $\mathscr{A}(\boldsymbol{\alpha})=\boldsymbol{\beta}$ 的解. 由式 (8.3) 可得 $(\mathscr{A}\circ\mathscr{A}^-\circ\mathscr{A})(\boldsymbol{\alpha})=\mathscr{A}(\boldsymbol{\alpha})$, 即有 $(\mathscr{A}\circ\mathscr{A}^-)(\boldsymbol{\beta})=\boldsymbol{\beta}$, 这意味着 $\mathscr{A}^-(\boldsymbol{\beta})$ 是 $\mathscr{A}(\boldsymbol{\alpha})=\boldsymbol{\beta}$ 的一个解. ■

现在可以给出 $\mathscr{A}$ 的广义逆的解析表达式了.

【定理 8.1.3】 设 $\mathscr{A}\in\mathcal{L}(\mathcal{U}\to\mathcal{V})$, $\operatorname{rank}\mathscr{A}=r$, $\boldsymbol{u}_i(i=1,2,\cdots,n)$ 是自伴随变换 $\mathscr{A}^*\circ\mathscr{A}$ 的特征值 $\sigma_1^2\geqslant\sigma_2^2\geqslant\cdots\geqslant\sigma_r^2>0$, $\sigma_{r+1}^2=\sigma_{r+2}^2=\cdots=\sigma_n^2=0$ 的一组标准正交特征向量, 同时也是 $\mathcal{U}$ 的一组标准正交基,$\boldsymbol{v}_j(j=1,2,\cdots,m)$ 是自伴随变换 $\mathscr{A}\circ\mathscr{A}^*$ 的特征值 $\sigma_1^2\geqslant\sigma_2^2\geqslant\cdots\geqslant\sigma_r^2>0$, $\mu_{r+1}^2=\mu_{r+2}^2=\cdots=\mu_m^2=0$ 的一组标准正交特征向量, 同时也是 $\mathcal{V}$ 的一组标准正交基, $\mathscr{A}(\boldsymbol{\alpha})=\sum_{i=1}^r\sigma_i\boldsymbol{v}_i\langle\boldsymbol{u}_i\,,\,\boldsymbol{\alpha}\rangle$ 为 $\mathscr{A}$ 的奇异值分解, 则 $\mathscr{A}$ 的广义逆可表示为

$$
\mathscr{A}^-(\boldsymbol{v}_j)=\begin{cases}\sigma_j^{-1}\boldsymbol{u}_j+\displaystyle\sum_{i=r+1}^n x_{ij}\boldsymbol{u}_i\,, & j=1,2,\cdots,r\\ \displaystyle\sum_{i=1}^r y_{ij}\boldsymbol{u}_i+\sum_{i=r+1}^n z_{ij}\boldsymbol{u}_i\,, & j=r+1,r+2,\cdots,m\end{cases}\tag{8.4}
$$

其中,x_{ij}, $i=r+1,r+2,\cdots,n$, $j=1,2,\cdots,r$, y_{ij}, $i=1,2,\cdots,r$, $j=r+1,r+2,\cdots,m$, z_{ij}, $i=r+1,r+2,\cdots,n$, $j=r+1,r+2,\cdots,m$ 是 $\mathcal{F}$ 中的任意数.

证明: 因 $\boldsymbol{v}_j(j=1,2,\cdots,m)$ 是 $\mathcal{V}$ 的一组标准正交基,$\boldsymbol{\beta}\in\mathcal{V}$ 可表示为

$$
\boldsymbol{\beta}=\sum_{j=1}^r\boldsymbol{v}_j\langle\boldsymbol{v}_j\,,\,\boldsymbol{\beta}\rangle+\sum_{j=r+1}^m\boldsymbol{v}_j\langle\boldsymbol{v}_j\,,\,\boldsymbol{\beta}\rangle
$$

因 $\boldsymbol{u}_i(i=1,2,\cdots,n)$ 是 $\mathcal{U}$ 的一组标准正交基,$\mathscr{A}^-(\boldsymbol{\beta})\in\mathcal{U}$ 可表示为

$$
\begin{aligned}
\mathscr{A}^-(\boldsymbol{\beta})=&\sum_{i=1}^r\boldsymbol{u}_i\langle\boldsymbol{u}_i\,,\,\mathscr{A}^-(\boldsymbol{\beta})\rangle+\sum_{i=r+1}^n\boldsymbol{u}_i\langle\boldsymbol{u}_i\,,\,\mathscr{A}^-(\boldsymbol{\beta})\rangle\\
=&\sum_{i=1}^r\boldsymbol{u}_i\left\langle\boldsymbol{u}_i\,,\,\sum_{j=1}^r\mathscr{A}^-(\boldsymbol{v}_j)\langle\boldsymbol{v}_j\,,\,\boldsymbol{\beta}\rangle+\sum_{j=r+1}^m\mathscr{A}^-(\boldsymbol{v}_j)\langle\boldsymbol{v}_j\,,\,\boldsymbol{\beta}\rangle\right\rangle\\
&+\sum_{i=r+1}^n\boldsymbol{u}_i\left\langle\boldsymbol{u}_i\,,\,\sum_{j=1}^r\mathscr{A}^-(\boldsymbol{v}_j)\langle\boldsymbol{v}_j\,,\,\boldsymbol{\beta}\rangle+\sum_{j=r+1}^m\mathscr{A}^-(\boldsymbol{v}_j)\langle\boldsymbol{v}_j\,,\,\boldsymbol{\beta}\rangle\right\rangle
\end{aligned}\tag{8.5}
$$

$$
\left(\mathscr{A}\circ\mathscr{A}^-\right)(\boldsymbol{\beta})=\sum_{i=1}^r\mathscr{A}(\boldsymbol{u}_i)\left\langle\boldsymbol{u}_i\,,\,\sum_{j=1}^r\mathscr{A}^-(\boldsymbol{v}_j)\langle\boldsymbol{v}_j\,,\,\boldsymbol{\beta}\rangle+\sum_{j=r+1}^m\mathscr{A}^-(\boldsymbol{v}_j)\langle\boldsymbol{v}_j\,,\,\boldsymbol{\beta}\rangle\right\rangle
$$

$$+\sum_{i=r+1}^{n}\mathscr{A}(\boldsymbol{u}_i)\left\langle \boldsymbol{u}_i\,,\sum_{j=1}^{r}\mathscr{A}^{-}(\boldsymbol{v}_j)\langle \boldsymbol{v}_j\,,\boldsymbol{\beta}\rangle+\sum_{j=r+1}^{m}\mathscr{A}^{-}(\boldsymbol{v}_j)\langle \boldsymbol{v}_j\,,\boldsymbol{\beta}\rangle\right\rangle$$

考虑到

$$\mathscr{A}(\boldsymbol{u}_i)=\begin{cases}\sigma_i\boldsymbol{v}_i, & i=1,2,\cdots,r\\ \boldsymbol{0}, & i=r+1,r+2,\cdots,n\end{cases}$$

$$\left(\mathscr{A}\circ\mathscr{A}^{-}\right)(\boldsymbol{\beta})=\sum_{i=1}^{r}\sigma_i\boldsymbol{v}_i\left\langle \boldsymbol{u}_i,\sum_{j=1}^{r}\mathscr{A}^{-}(\boldsymbol{v}_j)\langle \boldsymbol{v}_j\,,\boldsymbol{\beta}\rangle+\sum_{j=r+1}^{m}\mathscr{A}^{-}(\boldsymbol{v}_j)\langle \boldsymbol{v}_j\,,\boldsymbol{\beta}\rangle\right\rangle \tag{8.6}$$

和式 (8.5) 中的第二项是 $\mathscr{A}^{-}(\boldsymbol{\beta})$ 在基向量 $\boldsymbol{u}_{r+1}, \boldsymbol{u}_{r+2}, \cdots, \boldsymbol{u}_n$ 下的坐标, 式 (8.6) 说明这一项对 $(\mathscr{A}\circ\mathscr{A}^{-})(\boldsymbol{\beta})$ 没有影响, 从而 $\langle \boldsymbol{u}_i\,,\mathscr{A}^{-}(\boldsymbol{\beta})\rangle(i=r+1,r+2,\cdots,n)$ 可任意.

令 $\boldsymbol{\beta}=\mathscr{A}(\boldsymbol{\alpha})$ 并考虑式 (8.6) 中 $\sum_{j=r+1}^{m}\mathscr{A}^{-}(\boldsymbol{v}_j)\langle \boldsymbol{v}_j\,,\boldsymbol{\beta}\rangle$ 这一项. 由

$$\begin{aligned}\sum_{j=r+1}^{m}\mathscr{A}^{-}(\boldsymbol{v}_j)\langle \boldsymbol{v}_j\,,\boldsymbol{\beta}\rangle&=\sum_{j=r+1}^{m}\mathscr{A}^{-}(\boldsymbol{v}_j)\left\langle \boldsymbol{v}_j\,,\sum_{i=1}^{r}\sigma_i\boldsymbol{v}_i\langle \boldsymbol{u}_i\,,\boldsymbol{\alpha}\rangle\right\rangle\\&=\sum_{j=r+1}^{m}\mathscr{A}^{-}(\boldsymbol{v}_j)\sum_{i=1}^{r}\sigma_i\langle \boldsymbol{v}_j\,,\boldsymbol{v}_i\rangle\langle \boldsymbol{u}_i\,,\boldsymbol{\alpha}\rangle=0\end{aligned}$$

可知向量 $\mathscr{A}^{-}(\boldsymbol{v}_j)(j=r+1,r+2,\cdots,m)$ 对 $(\mathscr{A}\circ\mathscr{A}^{-}\circ\mathscr{A})(\boldsymbol{\alpha})$ 没有影响, 从而可以是 $\mathcal{U}$ 中任意向量. 对 $j=1,2,\cdots,r$, 有

$$\langle \boldsymbol{v}_j\,,\mathscr{A}(\boldsymbol{\alpha})\rangle=\left\langle \boldsymbol{v}_j\,,\sum_{i=1}^{r}\sigma_i\boldsymbol{v}_i\langle \boldsymbol{u}_i\,,\boldsymbol{\alpha}\rangle\right\rangle=\sigma_j\langle \boldsymbol{u}_j\,,\boldsymbol{\alpha}\rangle$$

由此可得

$$\begin{aligned}\left(\mathscr{A}\circ\mathscr{A}^{-}\circ\mathscr{A}\right)(\boldsymbol{\alpha})&=\sum_{i=1}^{r}\sigma_i\boldsymbol{v}_i\left\langle \boldsymbol{u}_i\,,\sum_{j=1}^{r}\mathscr{A}^{-}(\boldsymbol{v}_j)\langle \boldsymbol{v}_j\,,\mathscr{A}(\boldsymbol{\alpha})\rangle\right\rangle\\&=\sum_{i=1}^{r}\sigma_i\boldsymbol{v}_i\left\langle \boldsymbol{u}_i\,,\sum_{j=1}^{r}\mathscr{A}^{-}(\boldsymbol{v}_j)\sigma_j\langle \boldsymbol{u}_j\,,\boldsymbol{\alpha}\rangle\right\rangle\end{aligned}$$

不失一般性, 可设对 $j=1,2,\cdots,r$, 有

$$\mathscr{A}^{-}(\boldsymbol{v}_j)=\sum_{k=1}^{r}x_{kj}\boldsymbol{u}_k+\sum_{k=r+1}^{n}x_{kj}\boldsymbol{u}_k$$

则对 $i=1,2,\cdots,r$, 有

$$\left\langle \boldsymbol{u}_i\,,\sum_{j=1}^{r}\mathscr{A}^{-}(\boldsymbol{v}_j)\sigma_j\langle \boldsymbol{u}_j\,,\boldsymbol{\alpha}\rangle\right\rangle=\left\langle \boldsymbol{u}_i\,,\sum_{j=1}^{r}\sigma_j\langle \boldsymbol{u}_j\,,\boldsymbol{\alpha}\rangle\sum_{k=1}^{n}x_{kj}\boldsymbol{u}_k\right\rangle$$

$$=\left\langle \boldsymbol{u}_i\,,\,\boldsymbol{u}_i\sum_{j=1}^{r}x_{ij}\sigma_j\langle \boldsymbol{u}_j\,,\,\boldsymbol{\alpha}\rangle\right\rangle$$

$$=\sum_{j=1}^{r}x_{ij}\sigma_j\langle \boldsymbol{u}_j\,,\,\boldsymbol{\alpha}\rangle$$

于是, 有

$$\left(\mathscr{A}\circ\mathscr{A}^-\circ\mathscr{A}\right)(\boldsymbol{\alpha})=\sum_{i=1}^{r}\sigma_i\boldsymbol{v}_i\sum_{j=1}^{r}x_{ij}\sigma_j\langle \boldsymbol{u}_j\,,\,\boldsymbol{\alpha}\rangle \tag{8.7}$$

$\mathscr{A}^-$ 是 $\mathscr{A}$ 的一个广义逆, 当且仅当 $\mathscr{A}\circ\mathscr{A}^-\circ\mathscr{A}=\mathscr{A}$, 由式 (8.7) 可知, 当且仅当对所有的 $\boldsymbol{\alpha}\in\mathcal{U}$ 都有

$$\left(\mathscr{A}\circ\mathscr{A}^-\circ\mathscr{A}\right)(\boldsymbol{\alpha})=\mathscr{A}(\boldsymbol{\alpha})$$

$$\Longleftrightarrow \sum_{i=1}^{r}\sigma_i\boldsymbol{v}_i\sum_{j=1}^{r}x_{ij}\sigma_j\langle \boldsymbol{u}_j\,,\,\boldsymbol{\alpha}\rangle=\sum_{i=1}^{r}\sigma_i\boldsymbol{v}_i\langle \boldsymbol{u}_i\,,\,\boldsymbol{\alpha}\rangle$$

$$\Longleftrightarrow \sum_{j=1}^{r}x_{ij}\sigma_j\langle \boldsymbol{u}_j\,,\,\boldsymbol{\alpha}\rangle=\langle \boldsymbol{u}_i\,,\,\boldsymbol{\alpha}\rangle,\quad i=1,2,\cdots,r$$

$$\Longleftrightarrow \begin{bmatrix} x_{11}\sigma_1 & x_{12}\sigma_2 & \cdots & x_{1r}\sigma_r\\ x_{21}\sigma_1 & x_{22}\sigma_2 & \cdots & x_{2r}\sigma_r\\ \vdots & \vdots & \ddots & \vdots\\ x_{r1}\sigma_1 & x_{r2}\sigma_2 & \cdots & x_{rr}\sigma_r \end{bmatrix}\begin{bmatrix}\langle \boldsymbol{u}_1\,,\,\boldsymbol{\alpha}\rangle\\ \langle \boldsymbol{u}_2\,,\,\boldsymbol{\alpha}\rangle\\ \vdots\\ \langle \boldsymbol{u}_r\,,\,\boldsymbol{\alpha}\rangle\end{bmatrix}=\begin{bmatrix}\langle \boldsymbol{u}_1\,,\,\boldsymbol{\alpha}\rangle\\ \langle \boldsymbol{u}_2\,,\,\boldsymbol{\alpha}\rangle\\ \vdots\\ \langle \boldsymbol{u}_r\,,\,\boldsymbol{\alpha}\rangle\end{bmatrix}$$

$$\Longleftrightarrow \begin{bmatrix} x_{11} & x_{12} & \cdots & x_{1r}\\ x_{21} & x_{22} & \cdots & x_{2r}\\ \vdots & \vdots & \ddots & \vdots\\ x_{r1} & x_{r2} & \cdots & x_{rr} \end{bmatrix}\begin{bmatrix} \sigma_1 & 0 & \cdots & 0\\ 0 & \sigma_2 & \cdots & 0\\ \vdots & \ddots & \ddots & \vdots\\ 0 & \cdots & 0 & \sigma_r \end{bmatrix}\begin{bmatrix}\langle \boldsymbol{u}_1\,,\,\boldsymbol{\alpha}\rangle\\ \langle \boldsymbol{u}_2\,,\,\boldsymbol{\alpha}\rangle\\ \vdots\\ \langle \boldsymbol{u}_r\,,\,\boldsymbol{\alpha}\rangle\end{bmatrix}=\begin{bmatrix}\langle \boldsymbol{u}_1\,,\,\boldsymbol{\alpha}\rangle\\ \langle \boldsymbol{u}_2\,,\,\boldsymbol{\alpha}\rangle\\ \vdots\\ \langle \boldsymbol{u}_r\,,\,\boldsymbol{\alpha}\rangle\end{bmatrix}$$

由 $\boldsymbol{\alpha}$ 的任意性可设 $\boldsymbol{\alpha}=\boldsymbol{u}_1,\,\boldsymbol{u}_2,\,\cdots,\,\boldsymbol{u}_r$, 则有

$$\begin{bmatrix} x_{11} & x_{12} & \cdots & x_{1r}\\ x_{21} & x_{22} & \cdots & x_{2r}\\ \vdots & \vdots & \ddots & \vdots\\ x_{r1} & x_{r2} & \cdots & x_{rr} \end{bmatrix}\begin{bmatrix} \sigma_1 & 0 & \cdots & 0\\ 0 & \sigma_2 & \cdots & 0\\ \vdots & \ddots & \ddots & \vdots\\ 0 & \cdots & 0 & \sigma_r \end{bmatrix}=I_r$$

$$\Longleftrightarrow \begin{bmatrix} x_{11} & x_{12} & \cdots & x_{1r}\\ x_{21} & x_{22} & \cdots & x_{2r}\\ \vdots & \vdots & \ddots & \vdots\\ x_{r1} & x_{r2} & \cdots & x_{rr} \end{bmatrix}=\begin{bmatrix} \sigma_1^{-1} & 0 & \cdots & 0\\ 0 & \sigma_2^{-1} & \cdots & 0\\ \vdots & \ddots & \ddots & \vdots\\ 0 & \cdots & 0 & \sigma_r^{-1} \end{bmatrix}$$

上式说明 $\mathscr{A}^-$ 是 $\mathscr{A}$ 的一个广义逆, 当且仅当它有式 (8.4) 的形式. ■

由式 (8.4) 可得 $\mathscr{A}^-(\boldsymbol{\beta})$ 的表达式为

$$\mathscr{A}^-(\boldsymbol{\beta})=\sum_{j=1}^{r}\langle \boldsymbol{v}_j\,,\,\boldsymbol{\beta}\rangle\left(\sigma_j^{-1}\boldsymbol{u}_j+\sum_{i=r+1}^{n}x_{ij}\boldsymbol{u}_i\right)+\sum_{j=r+1}^{m}\langle \boldsymbol{v}_j\,,\,\boldsymbol{\beta}\rangle\left(\sum_{i=1}^{r}y_{ij}\boldsymbol{u}_i+\sum_{i=r+1}^{n}z_{ij}\boldsymbol{u}_i\right) \tag{8.8}$$

记

$$D=\begin{bmatrix}\sigma_1 & 0 & \cdots & 0\\ 0 & \sigma_2 & \ddots & 0\\ \vdots & \ddots & \ddots & \vdots\\ 0 & \cdots & 0 & \sigma_r\end{bmatrix},\quad X=\begin{bmatrix}x_{r+1,1} & x_{r+1,2} & \cdots & x_{r+1,r}\\ x_{r+2,1} & x_{r+2,2} & \cdots & x_{r+2,r}\\ \vdots & \ddots & \ddots & \vdots\\ x_{n,1} & \cdots & x_{n,r-1} & x_{n,r}\end{bmatrix}$$

$$Y=\begin{bmatrix}y_{1,r+1} & y_{1,r+2} & \cdots & y_{1,m}\\ y_{2,r+1} & y_{2,r+2} & \cdots & y_{2,m}\\ \vdots & \ddots & \ddots & \vdots\\ y_{r,r+1} & \cdots & y_{r,m-1} & y_{r,m}\end{bmatrix},\quad Z=\begin{bmatrix}z_{r+1,r+1} & z_{r+1,r+2} & \cdots & z_{r+1,n}\\ z_{r+2,r+1} & z_{r+2,r+2} & \cdots & z_{r+2,n}\\ \vdots & \ddots & \ddots & \vdots\\ z_{n,r+1} & \cdots & z_{n,m-1} & z_{n,m}\end{bmatrix}$$

则式 (8.4) 可等价地表示为

$$\begin{aligned}&\mathscr{A}^-\left([\boldsymbol{v}_1\ \ \boldsymbol{v}_2\ \ \cdots\ \ \boldsymbol{v}_r\ \ \boldsymbol{v}_{r+1}\ \ \boldsymbol{v}_{r+2}\ \ \cdots\ \ \boldsymbol{v}_m]\right)\\ =&[\boldsymbol{u}_1\ \ \boldsymbol{u}_2\ \ \cdots\ \ \boldsymbol{u}_r\ \ \boldsymbol{u}_{r+1}\ \ \boldsymbol{u}_{r+2}\ \ \cdots\ \ \boldsymbol{u}_n]\begin{bmatrix}D & Y\\ X & Z\end{bmatrix}\end{aligned}$$

广义逆 $\mathscr{A}^-$ 具有以下性质.

【定理 8.1.4】 设 $\mathscr{A}\in\mathcal{L}(\mathcal{U}\to\mathcal{V})$, 其伴随映射为 $\mathscr{A}^*$, $\lambda\in\mathcal{F}$, 则有

(1) $(\mathscr{A}^*)^-=(\mathscr{A}^-)^*$;

(2) 若 $\mathscr{A}$ 可逆, 则 $\mathscr{A}^-=\mathscr{A}^{-1}$ 且唯一;

(3) 若 $\lambda\neq 0$, 则 $(\lambda\mathscr{A})^-=\dfrac{1}{\lambda}\mathscr{A}^-$, 若 $\lambda=0$, 则 $(\lambda\mathscr{A})^-\in\mathcal{L}(\mathcal{V}\to\mathcal{U})$ 为任意;

(4) 令 $\mathscr{S}\in\mathcal{L}(\mathcal{V})$, $\mathscr{T}\in\mathcal{L}(\mathcal{U})$ 可逆,$\mathscr{B}=\mathscr{S}\circ\mathscr{A}\circ\mathscr{T}$, 则

$$\mathscr{B}^-=\mathscr{T}^{-1}\circ\mathscr{A}^-\circ\mathscr{S}^{-1}$$

(5) $\mathscr{A}\circ\mathscr{A}^-$ 和 $\mathscr{A}^-\circ\mathscr{A}$ 均为投影变换且有

$$\operatorname{rank}\mathscr{A}=\operatorname{rank}(\mathscr{A}\circ\mathscr{A}^-)=\operatorname{rank}(\mathscr{A}^-\circ\mathscr{A})$$

(6) $\mathcal{R}(\mathscr{A}\circ\mathscr{A}^-)=\mathcal{R}(\mathscr{A})$, $\mathcal{N}(\mathscr{A}^-\circ\mathscr{A})=\mathcal{N}(\mathscr{A})$;

(7) 若 $\mathscr{A}\circ\mathscr{A}^-\circ\mathscr{A}=\mathscr{A}$, $(\mathscr{A}\circ\mathscr{A}^-)^*=\mathscr{A}\circ\mathscr{A}^-$, 则 $\mathscr{A}\circ\mathscr{A}^-$ 是 $\mathcal{V}$ 中的正交投影.

定义 8.1.2 $\mathscr{A}\in\mathcal{L}(\mathcal{U}\to\mathcal{V})$. 若存在 $\mathscr{A}_{\mathrm{L}}^{-1}\in\mathcal{L}(\mathcal{V}\to\mathcal{U})$ $(\mathscr{A}_{\mathrm{R}}^{-1}\in\mathcal{L}(\mathcal{V}\to\mathcal{U}))$ 使得

$$\mathscr{A}_{\mathrm{L}}^{-1}\circ\mathscr{A}=\mathscr{E}\ \ (\mathscr{A}\circ\mathscr{A}_{\mathrm{R}}^{-1}=\mathscr{E})$$

则称 $\mathscr{A}_{\mathrm{L}}^{-1}$ $(\mathscr{A}_{\mathrm{R}}^{-1})$ 为 $\mathscr{A}$ 的一个左 (右) 逆.

显然, 若 $\mathscr{A}$ 可逆, 则 $\mathscr{A}_{\mathrm{L}}^{-1}=\mathscr{A}_{\mathrm{R}}^{-1}=\mathscr{A}^{-1}$. 一般情况下有下述结果.

【定理 8.1.5】 $\mathscr{A}\in\mathcal{L}(\mathcal{U}\to\mathcal{V})$, 则

(1) $\mathscr{A}$ 为单一同态, 当且仅当 $\mathscr{A}^{-}\circ\mathscr{A}=\mathscr{E}$;

(2) $\mathscr{A}$ 为满同态, 当且仅当 $\mathscr{A}\circ\mathscr{A}^{-}=\mathscr{E}$.

证明: (1) 先证必要性. 设 $\mathscr{A}$ 为单一同态, 则 $\mathrm{rank}\mathscr{A}=\mathrm{rank}(\mathscr{A}^{-}\circ\mathscr{A})=n$, 于是 $\mathscr{A}^{-}\circ\mathscr{A}\in\mathcal{L}(\mathcal{U})$ 可逆且

$$\begin{aligned}\mathscr{E}&=(\mathscr{A}^{-}\circ\mathscr{A})\circ(\mathscr{A}^{-}\circ\mathscr{A})^{-1}\\&=(\mathscr{A}^{-}\circ\mathscr{A})\circ(\mathscr{A}^{-}\circ\mathscr{A})\circ(\mathscr{A}^{-}\circ\mathscr{A})^{-1}\circ(\mathscr{A}^{-}\circ\mathscr{A})^{-1}\\&=(\mathscr{A}^{-}\circ\mathscr{A})\circ(\mathscr{A}^{-}\circ\mathscr{A})^{-1}\circ(\mathscr{A}^{-}\circ\mathscr{A})^{-1}=(\mathscr{A}^{-}\circ\mathscr{A})^{-1}\end{aligned}$$

这等价于 $\mathscr{A}^{-}\circ\mathscr{A}=\mathscr{E}$.

再证充分性. 设 $\mathscr{A}^{-}\circ\mathscr{A}=\mathscr{E}$, 则有

$$\mathrm{rank}\mathscr{A}=\mathrm{rank}(\mathscr{A}^{-}\circ\mathscr{A})=\mathrm{rank}\mathscr{E}=n$$

(2) 可类似地证明. ■

8.1.2 矩阵的广义逆

设 $A\in\mathcal{C}^{m\times n}$, 则可定义 $\mathscr{A}\in\mathcal{L}(\mathcal{C}^{n}\to\mathcal{C}^{m})$ 为

$$\mathscr{A}\ :\ A\boldsymbol{x}=\boldsymbol{b}\tag{8.9}$$

显然, 对任何 $\boldsymbol{x}\in\mathcal{C}^{n}$ 满足式 (8.9) 的 $\boldsymbol{b}\in\mathcal{C}^{m}$ 都是唯一的. 反之, 对 $\boldsymbol{b}\in\mathcal{R}(A)$, 存在 $\boldsymbol{x}\in\mathcal{C}^{n}$ 和 $A^{-}\in\mathcal{C}^{n\times m}$ 将 $\boldsymbol{b}$ 表示为 $\boldsymbol{x}=A^{-}\boldsymbol{b}$ 使得 $A\boldsymbol{x}=AA^{-}\boldsymbol{b}=\boldsymbol{b}$. 如果对任何 $\boldsymbol{b}\in\mathcal{R}(A)$, 存在 A^{-} 使得 $A\boldsymbol{x}=AA^{-}\boldsymbol{b}=\boldsymbol{b}$ 成立, 则称 A^{-} 是 A 的一个广义逆. 因为方程 (8.9) 的解不必唯一, 故广义逆不必唯一. 作为线性变换的一个特例, 复合变换 $\mathscr{A}^{-}\circ\mathscr{A}$ 成为矩阵相乘, 8.1.1 节关于 $\mathscr{A}$ 的广义逆的结果可直接用于矩阵的广义逆.

【定理 8.1.6】 A^{-} 是 $A\in\mathcal{C}^{m\times n}$ 的一个广义逆, 当且仅当

$$AA^{-}A=A\tag{8.10}$$

证明: 先证必要性. 若 A^{-} 存在, 则 $\boldsymbol{x}=A^{-}\boldsymbol{b}$ 满足 $A\boldsymbol{x}=\boldsymbol{b}$, 即 $AA^{-}\boldsymbol{b}=\boldsymbol{b}$. 令 $A=[\boldsymbol{\alpha}_1\ \ \boldsymbol{\alpha}_2\ \ \cdots\ \ \boldsymbol{\alpha}_n]$, $\boldsymbol{b}=\boldsymbol{\alpha}_i$, $i=1,2,\cdots,n$, 则显然有 $\boldsymbol{b}\in\mathcal{R}(A)$ 且 $AA^{-}\boldsymbol{\alpha}_i=\boldsymbol{\alpha}_i$, $i=1,2,\cdots,n$. 于是 $AA^{-}A=A$.

再证充分性. 令 $\boldsymbol{x}\in\mathcal{C}^{n}$ 是 $A\boldsymbol{x}=\boldsymbol{b}$ 的一个解. 将式 (8.10) 两端用 $\boldsymbol{x}$ 右乘可得 $AA^{-}A\boldsymbol{x}=A\boldsymbol{x}$. 说明 $AA^{-}\boldsymbol{b}=\boldsymbol{b}$, 从而 $A^{-}\boldsymbol{b}$ 是 $A\boldsymbol{x}=\boldsymbol{b}$ 的一个解. ■

由定理 8.1.6 可得以下结果.

推论 8.1.1 设 A^{-} 是 A 的一个广义逆, 则有 $\mathrm{rank}A=\mathrm{rank}A^{-}A\leqslant\mathrm{rank}A^{-}$, 以及 $\mathrm{rank}A=\mathrm{rank}AA^{-}\leqslant\mathrm{rank}A^{-}$.

式 (8.10) 是描述广义逆 A^- 的一个广为人知的结果, 以至于在许多教科书里都把它作为广义逆的定义.

$A\in\mathcal{C}_r^{m\times n}$ 的广义逆可由其奇异值分解确定. 设 A 的奇异值分解为

$$A=V\begin{bmatrix} D_r & 0\\ 0 & 0\end{bmatrix}U^* \tag{8.11}$$

其中,$V\in\mathcal{U}^{m\times m}$; $U\in\mathcal{U}^{n\times n}$; $D_r=\mathrm{diag}\{\sigma_1,\sigma_2,\cdots,\sigma_r\}$ 且 $\sigma_1\geqslant\sigma_2\geqslant\cdots\geqslant\sigma_r>0$, 则有下述 A 的广义逆的解析表达式.

【定理 8.1.7】 $A\in\mathcal{C}_r^{m\times n}$ 的奇异值分解为式 (8.11), 则 A^- 是 A 的广义逆, 当且仅当

$$A^-=U\begin{bmatrix} D_r^{-1} & Y\\ X & Z\end{bmatrix}V^* \tag{8.12}$$

其中,$X\in\mathcal{C}^{(n-r)\times r}$, $Y\in\mathcal{C}^{r\times(m-r)}$, $Z\in\mathcal{C}^{(n-r)\times(m-r)}$ 为任意.

证明: 容易验证, 式 (8.12) 给出的 A^- 满足 $AA^-A=A$, 从而是 A 的一个广义逆. 另外, 设 A^- 是 A 的任何一个广义逆. 不失一般性, 令

$$V^*A^-U=\begin{bmatrix} W & Y\\ X & Z\end{bmatrix}\quad\Longleftrightarrow\quad A^-=V\begin{bmatrix} W & Y\\ X & Z\end{bmatrix}U^*$$

将 A^- 代入 $AA^-A=A$ 可得 $W=D_r^{-1}$. 于是任何广义逆都可表示为

$$A^-=V\begin{bmatrix} D_r^{-1} & Y\\ X & Z\end{bmatrix}U^*$$

■

下述定理给出了一个等价的更为高效的计算广义逆的方法.

【定理 8.1.8】 $A\in\mathcal{C}_r^{m\times n}$, $P\in\mathcal{C}_m^{m\times m}$ 以及 $Q\in\mathcal{C}_n^{n\times n}$ 满足

$$PAQ=\begin{bmatrix} I_r & 0\\ 0 & 0\end{bmatrix}$$

则 A^- 是 A 的一个广义逆, 当且仅当

$$A^-=Q\begin{bmatrix} I_r & Y\\ X & Z\end{bmatrix}P \tag{8.13}$$

其中,$X\in\mathcal{C}^{(n-r)\times r}$, $Y\in\mathcal{C}^{r\times(m-r)}$ 以及 $Z\in\mathcal{C}^{(n-r)\times(m-r)}$ 为任意.

【例 8.1.1】 计算

$$A=\begin{bmatrix} 2 & -7 & 11 & -6\\ -2 & 3 & 5 & -10\\ -4 & 9 & -2 & -8\end{bmatrix}$$

的形如式 (8.13) 的广义逆.

解: 首先定义矩阵

$$\left[\begin{array}{c|c} A & I_m \\ \hline I_n & 0 \end{array}\right]=\left[\begin{array}{cccc|ccc} 2 & -7 & 11 & -6 & 1 & 0 & 0 \\ -2 & 3 & 5 & -10 & 0 & 1 & 0 \\ -4 & 9 & -2 & -8 & 0 & 0 & 1 \\ \hline 1 & 0 & 0 & 0 & 0 & 0 & 0 \\ 0 & 1 & 0 & 0 & 0 & 0 & 0 \\ 0 & 0 & 1 & 0 & 0 & 0 & 0 \\ 0 & 0 & 0 & 1 & 0 & 0 & 0 \end{array}\right]$$

然后通过初等变换将其化为下述形式:

$$\left[\begin{array}{cccc|ccc} 1 & 0 & 0 & 0 & -2 & \frac{5}{2} & -\frac{5}{2} \\ 0 & 1 & 0 & 0 & -1 & 1 & -1 \\ 0 & 0 & 0 & 0 & -3 & 5 & -4 \\ \hline 1 & 1 & \frac{17}{2} & -\frac{5}{2} & 0 & 0 & 0 \\ 0 & 1 & 4 & 0 & 0 & 0 & 0 \\ 0 & 0 & 1 & 1 & 0 & 0 & 0 \\ 0 & 0 & 0 & 1 & 0 & 0 & 0 \end{array}\right]=\left[\begin{array}{c|c} \begin{bmatrix} I_r & 0 \\ 0 & 0 \end{bmatrix} & P \\ \hline Q & 0 \end{array}\right]$$

则右上角的 $m\times m$ 矩阵为 P, 左下角的 $n\times n$ 矩阵为 Q, $r=\mathrm{rank}A$. 对于本例,

$$P=\begin{bmatrix} -2 & \frac{5}{2} & -\frac{5}{2} \\ -1 & 1 & -1 \\ -3 & 5 & -4 \end{bmatrix},\quad Q=\begin{bmatrix} 1 & 1 & \frac{17}{2} & -\frac{5}{2} \\ 0 & 1 & 4 & 0 \\ 0 & 0 & 1 & 1 \\ 0 & 0 & 0 & 1 \end{bmatrix}$$

于是广义逆矩阵为

$$A^{-}=Q\begin{bmatrix} I_2 & Y \\ X & Z \end{bmatrix}P$$

其中,$X\in\mathcal{C}^{2\times 2}$, $Y\in\mathcal{C}^{2\times 1}$, $Z\in\mathcal{C}^{2\times 1}$ 为任意. △

下面给出广义逆矩阵 A^{-} 的另一种等价形式.

【定理 8.1.9】 *设 A^{-} 是 $A\in\mathcal{C}^{m\times n}$ 的任何一个广义逆,$V\in\mathcal{C}^{n\times m}$ 为任意, 则 X 是 A 的一个广义逆, 当且仅当*

$$X=A^{-}+V-A^{-}AVAA^{-} \tag{8.14}$$

证明: 先证明式 (8.14) 给出的 X 确实是 A 的一个广义逆. 将式 (8.14) 的两端左乘以 A 右乘以 A 并注意到 $AA^{-}A=A$ 可得

$$AXA=AA^{-}A+AVA-AA^{-}AVAA^{-}A$$

$$=AA^-A+AVA-AVA=A$$

再证 A 的任何广义逆都可以表示成式 (8.14) 的形式. 令 X 为 A 的任何一个广义逆, 则有

$$AXA=A,\ \ AA^-A=A\ \ \Longrightarrow\ \ 0=A(X-A^-)A$$

于是有

$$X=A^-+(X-A^-)-A^-A(X-A^-)AA^-$$

令 $V=X-A^-$ 并代入最后一式可得式 (8.14). ■

【定理 8.1.10】 设 A^- 是 $A\in\mathcal{C}^{m\times n}$ 的任何一个广义逆,V 和 W 为任意 $n\times m$ 矩阵, 则 X 是 A 的一个广义逆, 当且仅当

$$X=A^-+V(I_m-AA^-)+(I_n-A^-A)W \tag{8.15}$$

证明: 先证明式 (8.15) 给出的 X 确实是 A 的一个广义逆. 将式 (8.14) 的两端左乘以 A 右乘以 A 并注意到 $AA^-A=A$ 可得

$$\begin{aligned}AXA&=AA^-A+AV(I_m-AA^-)A+A(I_n-A^-A)WA\\&=A+AVA-AVAA^-A+AWA-AA^-AWA=A\end{aligned}$$

再证 A 的任何广义逆都可以表示成式 (8.15) 的形式. 令 X 为 A 的任何一个广义逆, 则有

$$\begin{aligned}X&=A^-+(X-A^-)\\&=A^-+(X-A^-)-(X-A^-)AA^-+XAA^--A^-AA^-\\&=A^-+(X-A^-)-(X-A^-)AA^-+XAA^--A^-AXAA^-\\&=A^-+(X-A^-)(I_m-AA^-)+(I_n-A^-A)XAA^-\end{aligned}$$

令 $V=X-A^-$, $W=XAA^-$ 并代入最后一式可得式 (8.15). ■

作为线性映射的一个特例, A 的广义逆具有下述性质.

【定理 8.1.11】 设 $A\in\mathcal{C}^{m\times n}$, $\lambda\in\mathcal{C}$, 则有

(1) $(A^{\mathrm T})^-=(A^-)^{\mathrm T}$, $(A^*)^-=(A^-)^*$;

(2) 若 $A\in\mathcal{C}_n^{n\times n}$, 则 $A^-=A^{-1}$ 且广义逆 A^- 唯一;

(3) 若 $\lambda\neq 0$, 则 $(\lambda A)^-=\dfrac{1}{\lambda}A^-$, 若 $\lambda=0$, 则 $(\lambda A)^-$ 可为任何 $n\times m$ 矩阵;

(4) 若 $S\in\mathcal{C}_m^{m\times m}$, $T\in\mathcal{C}_n^{n\times n}$, $B=SAT$, 则 $B^-=T^{-1}A^-S^{-1}$;

(5) AA^- 和 A^-A 均为幂等矩阵且有

$$\mathrm{rank}A=\mathrm{rank}AA^-=\mathrm{rank}A^-A$$

(6) $\mathcal{R}(AA^-)=\mathcal{R}(A)$, $\mathcal{N}(A^-A)=\mathcal{N}(A)$;

(7) 若 $(AA^-)^*=AA^-$, 则 AA^- 为 $\mathcal{C}^m$ 中的正交投影, 若 $(A^-A)^*=A^-A$, 则 A^-A 为 $\mathcal{C}^n$ 中的正交投影.

定义 8.1.3 设 $A \in \mathcal{C}^{m\times n}$. 若存在 $A_{\mathrm{L}}^{-1} \in \mathcal{C}^{n\times m}$ ($A_{\mathrm{R}}^{-1} \in \mathcal{C}^{n\times m}$) 使得

$$A_{\mathrm{L}}^{-1}A = I_n \quad (AA_{\mathrm{R}}^{-1} = I_m)$$

则称 A_{L}^{-1} (A_{R}^{-1}) 为 A 的一个左 (右) 逆.

若 $A \in \mathcal{C}_n^{n\times n}$, 则 $A_{\mathrm{L}}^{-1} = A_{\mathrm{R}}^{-1} = A^{-1}$. 一般情况下有下述结果.

【定理 8.1.12】 $A \in \mathcal{C}^{m\times n}$, 则

(1) $A \in \mathcal{C}_n^{m\times n}$ 当且仅当 $A^{-}A = I_n$;

(2) $A \in \mathcal{C}_m^{m\times n}$ 当且仅当 $AA^{-} = I_m$.

8.2 线性映射与矩阵的自反广义逆

8.2.1 线性映射的自反广义逆

定义 8.2.1 $\mathscr{A} \in \mathcal{L}(\mathcal{U} \to \mathcal{V})$, 称 $\mathscr{A}_r^{-} \in \mathcal{L}(\mathcal{V} \to \mathcal{U})$ 为 $\mathscr{A}$ 的自反广义逆, 若有

$$\mathscr{A} \circ \mathscr{A}_r^{-} \circ \mathscr{A} = \mathscr{A}\,, \quad \mathscr{A}_r^{-} \circ \mathscr{A} \circ \mathscr{A}_r^{-} = \mathscr{A}_r^{-}$$

由定义 8.2.1 可知,$\mathscr{A}_r^{-}$ 是 $\mathscr{A}$ 的一个自反广义逆, 则 $\mathscr{A}_r^{-}$ 和 $\mathscr{A}$ 互为对方的广义逆.

【定理 8.2.1】 设 $\mathscr{X}, \mathscr{Y} \in \mathcal{L}(\mathcal{V} \to \mathcal{U})$ 为 $\mathscr{A}$ 的任意两个广义逆, 则 $\mathscr{Z} = \mathscr{X} \circ \mathscr{A} \circ \mathscr{Y}$ 是 $\mathscr{A}$ 的一个自反广义逆.

证明:

$$\begin{aligned}\mathscr{A} \circ \mathscr{Z} \circ \mathscr{A} &= \mathscr{A} \circ \mathscr{X} \circ \mathscr{A} \circ \mathscr{Y} \circ \mathscr{A} = \mathscr{A} \circ \mathscr{Y} \circ \mathscr{A} = \mathscr{A} \\ \mathscr{Z} \circ \mathscr{A} \circ \mathscr{Z} &= \mathscr{X} \circ \mathscr{A} \circ \mathscr{Y} \circ \mathscr{A} \circ \mathscr{X} \circ \mathscr{A} \circ \mathscr{Y} \\ &= \mathscr{X} \circ \mathscr{A} \circ \mathscr{X} \circ \mathscr{A} \circ \mathscr{Y} = \mathscr{X} \circ \mathscr{A} \circ \mathscr{Y} = \mathscr{Z}\end{aligned}$$

■

【定理 8.2.2】 $\mathscr{A}^{-}$ 是 $\mathscr{A}$ 的一个广义逆, 则 $\mathscr{A}^{-}$ 是 $\mathscr{A}$ 的一个自反广义逆, 当且仅当 $\mathrm{rank}\mathscr{A} = \mathrm{rank}\mathscr{A}^{-}$.

证明: 先证充分性, 即若 $\mathrm{rank}\mathscr{A} = \mathrm{rank}\mathscr{A}^{-}$, 则 $\mathscr{A}^{-}$ 是 $\mathscr{A}$ 的一个自反广义逆. 由 $\mathscr{A} \circ \mathscr{A}^{-} \circ \mathscr{A} = \mathscr{A}$ 有

$$\mathrm{rank}(\mathscr{A} \circ \mathscr{A}^{-}) \geqslant \mathrm{rank}\mathscr{A} = \mathrm{rank}\mathscr{A}^{-}$$

而又有

$$\mathrm{rank}(\mathscr{A} \circ \mathscr{A}^{-}) \leqslant \mathrm{rank}\mathscr{A}^{-}$$

于是,$\mathrm{rank}(\mathscr{A} \circ \mathscr{A}^{-}) = \mathrm{rank}\mathscr{A}^{-}$ 且 $(\mathscr{A} \circ \mathscr{A}^{-})(\mathcal{X}) = 0$ 当且仅当 $\mathscr{A}^{-}(\mathcal{X}) = 0$. 因为 $\mathscr{A}^{-}$ 是 $\mathscr{A}$ 的一个广义逆, $(\mathscr{A} - \mathscr{A} \circ \mathscr{A}^{-} \circ \mathscr{A}) \circ \mathscr{A}^{-} = \mathscr{O}$, 即

$$\mathscr{A} \circ \mathscr{A}^{-} \circ (\mathscr{E} - \mathscr{A} \circ \mathscr{A}^{-}) = \mathscr{O} \quad \Longleftrightarrow \quad (\mathscr{A} \circ \mathscr{A}^{-})\left[(\mathscr{E} - \mathscr{A} \circ \mathscr{A}^{-})(\mathcal{V})\right] = 0$$

因 $(\mathscr{A} \circ \mathscr{A}^{-})(\mathcal{X}) = 0$ 当且仅当 $\mathscr{A}^{-}(\mathcal{X}) = 0$, 必有

$$\mathscr{A}^{-}\left[(\mathscr{E} - \mathscr{A} \circ \mathscr{A}^{-})(\mathcal{U})\right] = 0 \quad \Longleftrightarrow \quad \mathscr{A}^{-} \circ (\mathscr{E} - \mathscr{A} \circ \mathscr{A}^{-}) = \mathscr{O}$$

于是 $\mathscr{A}^- = \mathscr{A}^- \circ \mathscr{A} \circ \mathscr{A}^-$, 即 $\mathscr{A}^-$ 是 $\mathscr{A}$ 的一个自反广义逆.

再证必要性. 一方面, 由 $\mathscr{A} \circ \mathscr{A}^- \circ \mathscr{A} = \mathscr{A}$ 可知 $\operatorname{rank}\mathscr{A} \leqslant \operatorname{rank}\mathscr{A}^-$. 另一方面, 由 $\mathscr{A}^- = \mathscr{A}^- \circ \mathscr{A} \circ \mathscr{A}^-$ 可知 $\operatorname{rank}\mathscr{A}^- \leqslant \operatorname{rank}\mathscr{A}$. 于是 $\operatorname{rank}\mathscr{A} = \operatorname{rank}\mathscr{A}^-$. ■

下面给出 $\mathscr{A}^-$ 是自反广义逆的条件. 由式 (8.8) 可得

$$
\begin{aligned}
\left(\mathscr{A} \circ \mathscr{A}^-\right)(\boldsymbol{\beta}) &= \sum_{j=1}^{r} \langle \boldsymbol{v}_j\,, \boldsymbol{\beta} \rangle \left(\sigma_j^{-1} \mathscr{A}(\boldsymbol{u}_j) + \sum_{i=r+1}^{n} x_{ij} \mathscr{A}(\boldsymbol{u}_i) \right) \\
&\quad + \sum_{j=r+1}^{m} \langle \boldsymbol{v}_j\,, \boldsymbol{\beta} \rangle \left(\sum_{i=1}^{r} y_{ij} \mathscr{A}(\boldsymbol{u}_i) + \sum_{i=r+1}^{n} z_{ij} \mathscr{A}(\boldsymbol{u}_i) \right) \\
&= \sum_{j=1}^{r} \langle \boldsymbol{v}_j\,, \boldsymbol{\beta} \rangle \sigma_j^{-1} \sigma_j \boldsymbol{v}_j + \sum_{j=r+1}^{m} \langle \boldsymbol{v}_j\,, \boldsymbol{\beta} \rangle \sum_{i=1}^{r} y_{ij} \sigma_i \boldsymbol{v}_i
\end{aligned}
$$

$$
\begin{aligned}
\left(\mathscr{A}^- \circ \mathscr{A} \circ \mathscr{A}^-\right)(\boldsymbol{\beta}) &= \sum_{j=1}^{r} \langle \boldsymbol{v}_j\,, \boldsymbol{\beta} \rangle \mathscr{A}^-(\boldsymbol{v}_j) + \sum_{j=r+1}^{m} \langle \boldsymbol{v}_j\,, \boldsymbol{\beta} \rangle \sum_{i=1}^{r} y_{ij} \sigma_i \mathscr{A}^-(\boldsymbol{v}_i) \\
&= \sum_{j=1}^{r} \langle \boldsymbol{v}_j\,, \boldsymbol{\beta} \rangle \left(\sigma_j^{-1} \boldsymbol{u}_j + \sum_{i=r+1}^{n} x_{ij} \boldsymbol{u}_i \right) \\
&\quad + \sum_{j=r+1}^{m} \langle \boldsymbol{v}_j\,, \boldsymbol{\beta} \rangle \sum_{i=1}^{r} y_{ij} \sigma_i \left(\sigma_i^{-1} \boldsymbol{u}_i + \sum_{k=r+1}^{n} x_{kj} \boldsymbol{u}_k \right) \\
&= \sum_{j=1}^{r} \langle \boldsymbol{v}_j\,, \boldsymbol{\beta} \rangle \left(\sigma_j^{-1} \boldsymbol{u}_j + \sum_{i=r+1}^{n} x_{ij} \boldsymbol{u}_i \right) \\
&\quad + \sum_{j=r+1}^{m} \langle \boldsymbol{v}_j\,, \boldsymbol{\beta} \rangle \left(\sum_{i=1}^{r} y_{ij} \boldsymbol{u}_i + \sum_{i=1}^{r} y_{ij} \sigma_i \sum_{k=r+1}^{n} x_{kj} \boldsymbol{u}_k \right)
\end{aligned}
$$

与式 (8.8) 比较可知 $\left(\mathscr{A}^- \circ \mathscr{A} \circ \mathscr{A}^-\right)(\boldsymbol{\beta}) = \mathscr{A}^-(\boldsymbol{\beta})$ 当且仅当对所有的 $\boldsymbol{\beta} \in \mathcal{V}$ 都有

$$
\sum_{j=r+1}^{m} \langle \boldsymbol{v}_j\,, \boldsymbol{\beta} \rangle \sum_{i=1}^{r} y_{ij} \sigma_i \sum_{k=r+1}^{n} x_{kj} \boldsymbol{u}_k = \sum_{j=r+1}^{m} \langle \boldsymbol{v}_j\,, \boldsymbol{\beta} \rangle \sum_{i=r+1}^{n} z_{ij} \boldsymbol{u}_i
$$

由 $\boldsymbol{\beta}$ 的任意性可知, 最后一式成立, 当且仅当对所有的 $j = r+1, r+2, \cdots, m$ 都有

$$
\sum_{i=1}^{r} y_{ij} \sigma_i \sum_{k=r+1}^{n} x_{ki} \boldsymbol{u}_k = \sum_{k=r+1}^{n} \left(\sum_{i=1}^{r} y_{ij} \sigma_i x_{ki} \right) \boldsymbol{u}_k = \sum_{i=r+1}^{n} z_{ij} \boldsymbol{u}_i
$$

$$
\iff \quad \begin{bmatrix} \boldsymbol{u}_{r+1} & \boldsymbol{u}_{r+2} & \cdots & \boldsymbol{u}_n \end{bmatrix} \begin{bmatrix} x_{r+1,1}\sigma_1 & x_{r+1,2}\sigma_2 & \cdots & x_{r+1,r}\sigma_r \\ x_{r+2,1}\sigma_1 & x_{r+2,2}\sigma_2 & \cdots & x_{r+2,r}\sigma_r \\ \vdots & \ddots & \ddots & \vdots \\ x_{n,1}\sigma_1 & \cdots & x_{n,r-1}\sigma_{r-1} & x_{n,r}\sigma_r \end{bmatrix} \begin{bmatrix} y_{1j} \\ y_{2j} \\ \vdots \\ y_{rj} \end{bmatrix}
$$

$$[\boldsymbol{u}_{r+1}\ \ \boldsymbol{u}_{r+2}\ \ \cdots\ \ \boldsymbol{u}_n]\begin{bmatrix} z_{r+1,j} \\ z_{r+2,j} \\ \vdots \\ z_{n,j} \end{bmatrix}$$

因 $\boldsymbol{u}_{r+1}, \boldsymbol{u}_{r+2}, \cdots, \boldsymbol{u}_n$ 线性无关, 最后一式成立, 当且仅当 $XDY = Z$.

由定理 8.1.3显然有 $\text{rank}\mathscr{A} = \text{rank}\mathscr{A}^-$, 当且仅当

$$\begin{aligned}\text{rank}\begin{bmatrix} D & 0 \\ 0 & 0 \end{bmatrix} &= \text{rank}\begin{bmatrix} D^{-1} & Y \\ X & Z \end{bmatrix} = \text{rank}\left(\begin{bmatrix} I_r & 0 \\ -XD & I_{n-r} \end{bmatrix}\begin{bmatrix} D^{-1} & Y \\ X & Z \end{bmatrix}\right) \\ &= \text{rank}\begin{bmatrix} D & Y \\ 0 & Z-XDY \end{bmatrix} \\ &\iff Z - XDY = 0\end{aligned}$$

由 $\mathscr{A}$ 的满秩分解可得自反广义逆 A_r^- 的一种等价形式.

【定理 8.2.3】 设 $\mathscr{O} \neq \mathscr{A} \in \mathcal{L}(\mathcal{U} \to \mathcal{V})$, $\mathscr{A} = \mathscr{B} \circ \mathscr{C}$ 是 $\mathscr{A}$ 的一个满秩分解, 其中 $\mathscr{B} \in \mathcal{L}(\mathcal{U} \to \mathcal{R}(\mathscr{A}))$ 为单一同态, $\mathscr{C} \in \mathcal{L}(\mathcal{R}(\mathscr{A}) \to \mathcal{V})$ 为满同态, 则 $\mathscr{A}_r^-$ 是 $\mathscr{A}$ 的一个自反广义逆, 当且仅当 $\mathscr{A}_r^- = \mathscr{C}_{\mathrm{R}}^{-1} \circ \mathscr{B}_{\mathrm{L}}^{-1}$.

证明: 先证充分性. $\mathscr{A} = \mathscr{B} \circ \mathscr{C}$, $\mathscr{A}_r^- = \mathscr{C}_{\mathrm{R}}^{-1} \circ \mathscr{B}_{\mathrm{L}}^{-1}$, 则有

$$\mathscr{A} \circ \mathscr{A}_r^- \circ \mathscr{A} = \mathscr{B} \circ \mathscr{C} \circ \mathscr{C}_{\mathrm{R}}^{-1} \circ \mathscr{B}_{\mathrm{L}}^{-1} \circ \mathscr{B} \circ \mathscr{C} = \mathscr{B} \circ \mathscr{C} = \mathscr{A}$$

$$\mathscr{A}_r^- \circ \mathscr{A} \circ \mathscr{A}_r^- = \mathscr{C}_{\mathrm{R}}^{-1} \circ \mathscr{B}_{\mathrm{L}}^{-1} \circ \mathscr{B} \circ \mathscr{C} \circ \mathscr{C}_{\mathrm{R}}^{-1} \circ \mathscr{B}_{\mathrm{L}}^{-1} = \mathscr{C}_{\mathrm{R}}^{-1} \circ \mathscr{B}_{L}^{-1} = \mathscr{A}_r^-$$

于是 $\mathscr{A}_r^-$ 是 $\mathscr{A}$ 的一个自反广义逆.

再证必要性. 令 $\mathscr{A}_r^-$ 是 $\mathscr{A}$ 的一个自反广义逆, 则

$$\mathscr{A} \circ \mathscr{A}_r^- \circ \mathscr{A} = \mathscr{A} \iff \mathscr{B} \circ \mathscr{C} \circ \mathscr{A}_r^- \circ \mathscr{B} \circ \mathscr{C} = \mathscr{B} \circ \mathscr{C}$$

因 $\mathscr{B}$ 为单一同态, $\mathscr{C}$ 为满同态, 由定理 8.1.5存在 $\mathscr{B}_{\mathrm{L}}^{-1}$ 和 $\mathscr{C}_{\mathrm{R}}^{-1}$ 使得 $\mathscr{B}_{\mathrm{L}}^{-1} \circ \mathscr{B} = \mathscr{E}$, $\mathscr{C} \circ \mathscr{C}_{\mathrm{R}}^{-1} = \mathscr{E}$, 最后一式为

$$\mathscr{C} \circ \mathscr{A}_r^- \circ \mathscr{B} = \mathscr{E}$$

由定义 8.1.3可知, $\mathscr{A}_r^- \circ \mathscr{B}$ 是 $\mathscr{C}$ 的一个右逆, $\mathscr{C} \circ \mathscr{A}_r^-$ 是 $\mathscr{B}$ 的一个左逆, 即

$$\mathscr{A}_r^- \circ \mathscr{B} = \mathscr{C}_{\mathrm{R}}^{-1}, \quad \mathscr{C} \circ \mathscr{A}_r^- = \mathscr{B}_{\mathrm{L}}^{-1}$$

将最后两式代入 $\mathscr{A}_r^- = \mathscr{A}_r^- \circ \mathscr{B} \circ \mathscr{C} \circ \mathscr{A}_r^-$ 可得 $\mathscr{A}_r^- = \mathscr{C}_{\mathrm{R}}^{-1}\mathscr{B}_{\mathrm{L}}^{-1}$. ■

8.2.2 矩阵的自反广义逆

定义 8.2.2 $A \in \mathcal{C}^{m\times n}$, 称 $A_r^- \in \mathcal{C}^{n\times m}$ 为 A 的自反广义逆, 若

$$AA^-A = A, \quad A^-AA^- = A^-$$

与线性映射的自反广义逆类似, 有以下关于矩阵自反广义逆的结果.

【定理 8.2.4】 设 $X, Y \in \mathcal{C}^{n\times m}$ 是 $A \in \mathcal{C}^{m\times n}$ 的任何两个广义逆, 则 $Z = XAY$ 是 A 的一个自反广义逆.

【定理 8.2.5】 $A^- \in \mathcal{C}^{n\times m}$ 是 $A \in \mathcal{C}^{m\times n}$ 的一个广义逆, 则 A^- 是 A 的一个自反广义逆, 当且仅当 $\operatorname{rank}A = \operatorname{rank}A^-$.

【定理 8.2.6】 $A \in \mathcal{C}_r^{m\times n}$, $A \neq 0$, $A = BC$ 是 A 的一个满秩分解, 其中 $B \in \mathcal{C}_r^{m\times r}$, $C \in \mathcal{C}_r^{r\times n}$, 则 A_r^- 是 A 的一个自反广义逆, 当且仅当 $A_r^- = C_{\mathrm{R}}^{-1}B_{\mathrm{L}}^{-1}$.

8.3 线性映射与矩阵的伪逆

本节讲述线性映射和矩阵的伪逆. 作为自反广义逆的一个特例, 伪逆是唯一的.

定义 8.3.1 称 $\mathscr{A}^\dagger \in \mathcal{L}(\mathcal{V} \to \mathcal{U})$ 是 $\mathscr{A} \in \mathcal{L}(\mathcal{U} \to \mathcal{V})$ 的伪逆, 若二者满足

$$\begin{aligned} &\mathscr{A} \circ \mathscr{A}^\dagger \circ \mathscr{A} = \mathscr{A}, \qquad && \mathscr{A}^\dagger \circ \mathscr{A} \circ \mathscr{A}^\dagger = \mathscr{A}^\dagger \\ &(\mathscr{A} \circ \mathscr{A}^\dagger)^* = \mathscr{A} \circ \mathscr{A}^\dagger, \qquad && (\mathscr{A}^\dagger \circ \mathscr{A})^* = \mathscr{A}^\dagger \circ \mathscr{A} \end{aligned}$$

上式中的四个条件称为 Penrose-Moore 方程, 从而称 $\mathscr{A}^\dagger$ 为 $\mathscr{A}$ 的 Penrose-Moore 逆.

【定理 8.3.1】 线性映射 $\mathscr{A}$ 的伪逆 $\mathscr{A}^\dagger$ 是唯一的.

证明: 设 $\mathscr{X}$ 和 $\mathscr{Y}$ 是 $\mathscr{A}$ 的任意两个伪逆, 则有

$$\begin{aligned} \mathscr{X} &= \mathscr{X} \circ \mathscr{A} \circ \mathscr{X} = \mathscr{X} \circ \mathscr{A} \circ \mathscr{Y} \circ \mathscr{A} \circ \mathscr{X} = \mathscr{X} \circ (\mathscr{A} \circ \mathscr{Y})^* \circ (\mathscr{A} \circ \mathscr{X})^* \\ &= \mathscr{X} \circ (\mathscr{A} \circ \mathscr{X} \circ \mathscr{A} \circ \mathscr{Y})^* = \mathscr{X} \circ (\mathscr{A} \circ \mathscr{Y})^* = \mathscr{X} \circ \mathscr{A} \circ \mathscr{Y} \\ &= \mathscr{X} \circ \mathscr{A} \circ \mathscr{Y} \circ \mathscr{A} \circ \mathscr{Y} = (\mathscr{X} \circ \mathscr{A})^* \circ (\mathscr{Y} \circ \mathscr{A})^* \circ \mathscr{Y} \\ &= (\mathscr{Y} \circ \mathscr{A} \circ \mathscr{X} \circ \mathscr{A})^* \circ \mathscr{Y} = (\mathscr{Y} \circ \mathscr{A})^* \circ \mathscr{Y} = \mathscr{Y} \circ \mathscr{A} \circ \mathscr{Y} = \mathscr{Y} \end{aligned}$$ ■

由伪逆的唯一性可以期待,$X = 0$, $Y = 0$ 且 $Z = 0$ 的广义逆即 $\mathscr{A}$ 的伪逆, 如下述定理所述.

【定理 8.3.2】 $\mathscr{A}^\dagger$ 是 $\mathscr{A}$ 的伪逆, 当且仅当对所有的 $\boldsymbol{\beta} \in \mathcal{V}$ 都有

$$\mathscr{A}^\dagger(\boldsymbol{\beta}) = \sum_{i=1}^r \sigma_i^{-1} \boldsymbol{u}_i \langle \boldsymbol{v}_i\,, \boldsymbol{\beta}\rangle \tag{8.16}$$

证明: 先用 $\mathscr{A}^* \circ \mathscr{A}$ 的特征向量 $\boldsymbol{u}_j$ $(j = 1, 2, \cdots, n)$ 和 $\mathscr{A} \circ \mathscr{A}^*$ 的特征向量 $\boldsymbol{v}_i$ $(i = 1, 2, \cdots, m)$ 描述伴随映射 $\mathscr{A}^*$ 和 $\mathscr{A}^{\dagger *}$. 因对所有的 $\boldsymbol{\alpha} \in \mathcal{U}$, $\boldsymbol{\beta} \in \mathcal{V}$ 都有

$$\begin{aligned} \langle \boldsymbol{\beta}\,, \mathscr{A}(\boldsymbol{\alpha})\rangle &= \left\langle \boldsymbol{\beta}\,, \sum_{i=1}^r \sigma_i \boldsymbol{v}_i \langle \boldsymbol{u}_i\,, \boldsymbol{\alpha}\rangle \right\rangle = \sum_{i=1}^r \sigma_i \langle \boldsymbol{u}_i\,, \boldsymbol{\alpha}\rangle\langle \boldsymbol{\beta}\,, \boldsymbol{v}_i\rangle \\ &= \sum_{i=1}^r \overline{\sigma_i \langle \boldsymbol{v}_i\,, \boldsymbol{\beta}\rangle} \langle \boldsymbol{u}_i\,, \boldsymbol{\alpha}\rangle = \left\langle \sum_{i=1}^r \sigma_i \boldsymbol{u}_i \langle \boldsymbol{v}_i\,, \boldsymbol{\beta}\rangle\,, \boldsymbol{\alpha} \right\rangle \end{aligned}$$

可知

$$\mathscr{A}^*(\boldsymbol{\beta})=\sum_{i=1}^{r}\sigma_i\boldsymbol{u}_i\langle\boldsymbol{v}_i\,,\,\boldsymbol{\beta}\rangle$$

再考虑:

$$\begin{aligned}\langle\boldsymbol{\alpha}\,,\,\mathscr{A}^\dagger(\boldsymbol{\beta})\rangle&=\left\langle\boldsymbol{\alpha}\,,\,\sum_{j=1}^{r}\langle\boldsymbol{v}_j\,,\,\boldsymbol{\beta}\rangle\left(\sigma_j^{-1}\boldsymbol{u}_j+\sum_{i=r+1}^{n}x_{ij}\boldsymbol{u}_i\right)\right.\\&\quad\left.+\sum_{j=r+1}^{m}\langle\boldsymbol{v}_j\,,\,\boldsymbol{\beta}\rangle\left(\sum_{i=1}^{r}y_{ij}\boldsymbol{u}_i+\sum_{i=r+1}^{n}z_{ij}\boldsymbol{u}_i\right)\right\rangle\\&=\left\langle\boldsymbol{\alpha}\,,\,\sum_{j=1}^{r}\langle\boldsymbol{v}_j\,,\,\boldsymbol{\beta}\rangle\left(\sigma_j^{-1}\boldsymbol{u}_j+\sum_{i=r+1}^{n}x_{ij}\boldsymbol{u}_i\right)\right.\\&\quad\left.+\sum_{j=r+1}^{m}\langle\boldsymbol{v}_j\,,\,\boldsymbol{\beta}\rangle\left(\sum_{i=1}^{r}y_{ij}\boldsymbol{u}_i+\sum_{i=r+1}^{n}z_{ij}\boldsymbol{u}_i\right)\right\rangle\end{aligned}\tag{8.17}$$

容易验证:

$$\begin{aligned}\left\langle\boldsymbol{\alpha}\,,\,\sum_{j=1}^{r}\langle\boldsymbol{v}_j\,,\,\boldsymbol{\beta}\rangle\sigma_j^{-1}\boldsymbol{u}_j\right\rangle&=\sum_{j=1}^{r}\sigma_j^{-1}\langle\boldsymbol{v}_j\,,\,\boldsymbol{\beta}\rangle\langle\boldsymbol{\alpha}\,,\,\boldsymbol{u}_j\rangle\\&=\left\langle\sum_{j=1}^{r}\sigma_j^{-1}\langle\boldsymbol{u}_j\,,\,\boldsymbol{\alpha}\rangle\boldsymbol{v}_j\,,\,\boldsymbol{\beta}\right\rangle\end{aligned}$$

式 (8.17) 第一项中和式的第二部分可表示为

$$\begin{aligned}\left\langle\boldsymbol{\alpha}\,,\,\sum_{j=1}^{r}\langle\boldsymbol{v}_j\,,\,\boldsymbol{\beta}\rangle\sum_{i=r+1}^{n}x_{ij}\boldsymbol{u}_i\right\rangle&=\sum_{j=1}^{r}\langle\boldsymbol{v}_j\,,\,\boldsymbol{\beta}\rangle\sum_{i=r+1}^{n}x_{ij}\langle\boldsymbol{\alpha}\,,\,\boldsymbol{u}_i\rangle\\&=\sum_{j=1}^{r}\sum_{i=r+1}^{n}\langle\boldsymbol{v}_j\,,\,\boldsymbol{\beta}\rangle x_{ij}\langle\boldsymbol{\alpha}\,,\,\boldsymbol{u}_i\rangle\\&=\sum_{j=1}^{r}\left(\overline{\sum_{i=r+1}^{n}\bar{x}_{ij}\langle\boldsymbol{\alpha}\,,\,\boldsymbol{u}_i\rangle}\right)\langle\boldsymbol{v}_j\,,\,\boldsymbol{\beta}\rangle\end{aligned}$$

记 $k_j=\sum_{i=r+1}^{n}\bar{x}_{ij}\langle\boldsymbol{\alpha}\,,\,\boldsymbol{u}_i\rangle$, 则最后部分为 $\sum_{j=1}^{r}\bar{k}_j\langle\boldsymbol{v}_j\,,\,\boldsymbol{\beta}\rangle$ 且有

$$\begin{aligned}\left\langle\boldsymbol{\alpha}\,,\,\sum_{j=1}^{r}\langle\boldsymbol{v}_j\,,\,\boldsymbol{\beta}\rangle\sum_{i=r+1}^{n}x_{ij}\boldsymbol{u}_i\right\rangle&=\left\langle\sum_{j=1}^{r}\sum_{i=r+1}^{n}\bar{x}_{ij}\langle\boldsymbol{u}_i\,,\,\boldsymbol{\alpha}\rangle\boldsymbol{v}_j\,,\,\boldsymbol{\beta}\right\rangle\\&=\left\langle\sum_{i=r+1}^{n}\langle\boldsymbol{u}_i\,,\,\boldsymbol{\alpha}\rangle\sum_{j=1}^{r}\bar{x}_{ij}\boldsymbol{v}_j\,,\,\boldsymbol{\beta}\right\rangle\end{aligned}$$

类似地可得

$$\left\langle \boldsymbol{\alpha},\ \sum_{j=r+1}^{m}\langle \boldsymbol{v}_j\,,\boldsymbol{\beta}\rangle\sum_{i=1}^{r}y_{ij}\boldsymbol{u}_i\right\rangle=\left\langle \sum_{i=1}^{r}\langle \boldsymbol{u}_i\,,\boldsymbol{\alpha}\rangle\sum_{j=r+1}^{m}\bar{y}_{ij}\boldsymbol{v}_j\,,\boldsymbol{\beta}\right\rangle$$

$$\left\langle \boldsymbol{\alpha},\ \sum_{j=r+1}^{m}\langle \boldsymbol{v}_j\,,\boldsymbol{\beta}\rangle\sum_{i=r+1}^{n}z_{ij}\boldsymbol{u}_i\right\rangle=\left\langle \sum_{j=r+1}^{m}\boldsymbol{v}_j\sum_{i=r+1}^{n}\bar{z}_{ij}\langle \boldsymbol{u}_i\,,\boldsymbol{\alpha}\rangle\,,\boldsymbol{\beta}\right\rangle$$

以及

$$\begin{aligned}\langle \boldsymbol{\alpha}\,,\mathscr{A}^{\dagger}(\boldsymbol{\beta})\rangle&=\left\langle \sum_{j=1}^{r}\sigma_j^{-1}\langle \boldsymbol{u}_j\,,\boldsymbol{\alpha}\rangle\boldsymbol{v}_j+\sum_{i=1}^{r}\langle \boldsymbol{u}_i\,,\boldsymbol{\alpha}\rangle\sum_{j=r+1}^{m}\bar{y}_{ij}\boldsymbol{v}_j\,,\boldsymbol{\beta}\right\rangle\\&\quad+\left\langle \sum_{i=r+1}^{n}\langle \boldsymbol{u}_i\,,\boldsymbol{\alpha}\rangle\sum_{j=1}^{r}\bar{x}_{ij}\boldsymbol{v}_j+\sum_{j=r+1}^{m}\boldsymbol{v}_j\sum_{i=r+1}^{n}\bar{z}_{ij}\langle \boldsymbol{u}_i\,,\boldsymbol{\alpha}\rangle\,,\boldsymbol{\beta}\right\rangle\\&=\left\langle \sum_{i=1}^{r}\langle \boldsymbol{u}_i\,,\boldsymbol{\alpha}\rangle\left(\sigma_i^{-1}\boldsymbol{v}_i+\sum_{j=r+1}^{m}\bar{y}_{ij}\boldsymbol{v}_j\right)\,,\boldsymbol{\beta}\right\rangle\\&\quad+\left\langle \sum_{i=r+1}^{n}\langle \boldsymbol{u}_i\,,\boldsymbol{\alpha}\rangle\left(\sum_{j=1}^{r}\bar{x}_{ij}\boldsymbol{v}_j+\sum_{j=r+1}^{m}\bar{z}_{ij}\boldsymbol{v}_j\right)\,,\boldsymbol{\beta}\right\rangle\end{aligned}$$

最后一式对所有的 $(\boldsymbol{\alpha}\,,\boldsymbol{\beta})\in\mathcal{U}\times\mathcal{V}$ 都成立, 于是有

$$\begin{aligned}\mathscr{A}^{\dagger *}(\boldsymbol{\alpha})&=\sum_{i=1}^{r}\langle \boldsymbol{u}_i\,,\boldsymbol{\alpha}\rangle\left(\sigma_i^{-1}\boldsymbol{v}_i+\sum_{j=r+1}^{m}\bar{y}_{ij}\boldsymbol{v}_j\right)\\&\quad+\sum_{i=r+1}^{n}\langle \boldsymbol{u}_i\,,\boldsymbol{\alpha}\rangle\left(\sum_{j=1}^{r}\bar{x}_{ij}\boldsymbol{v}_j+\sum_{j=r+1}^{m}\bar{z}_{ij}\boldsymbol{v}_j\right)\end{aligned}\tag{8.18}$$

考虑线性变换 $\mathscr{A}\circ\mathscr{A}^{\dagger}\in\mathcal{L}(\mathcal{V})$ 及其伴随变换 $\left(\mathscr{A}\circ\mathscr{A}^{\dagger}\right)^{*}=\mathscr{A}^{\dagger *}\circ\mathscr{A}^{*}$. 由式 (8.8) 可得

$$\left(\mathscr{A}\circ\mathscr{A}^{\dagger}\right)(\boldsymbol{\beta})=\sum_{j=1}^{r}\langle \boldsymbol{v}_j\,,\boldsymbol{\beta}\rangle\boldsymbol{u}_j+\sum_{j=r+1}^{m}\langle \boldsymbol{v}_j\,,\boldsymbol{\beta}\rangle\sum_{i=1}^{r}y_{ij}\sigma_i\boldsymbol{v}_i\tag{8.19}$$

$$\left(\mathscr{A}^{\dagger *}\circ\mathscr{A}^{*}\right)(\boldsymbol{\beta})=\mathscr{A}^{\dagger *}\left(\sum_{i=1}^{r}\sigma_i\boldsymbol{u}_i\langle \boldsymbol{v}_i\,,\boldsymbol{\beta}\rangle\right)=\sum_{i=1}^{r}\sigma_i\mathscr{A}^{\dagger *}(\boldsymbol{u}_i)\langle \boldsymbol{v}_i\,,\boldsymbol{\beta}\rangle\tag{8.20}$$

由式 (8.18) 可得

$$\mathscr{A}^{\dagger *}(\boldsymbol{u}_i)=\sigma_i^{-1}\boldsymbol{v}_i+\sum_{j=r+1}^{m}\bar{y}_{ij}\boldsymbol{v}_j$$

其中,$i=1,2,\cdots,r$. 将最后一式代入式 (8.20) 可得

$$\left(\mathscr{A}^{\dagger *}\circ\mathscr{A}^{*}\right)(\boldsymbol{\beta})=\sum_{i=1}^{r}\boldsymbol{v}_i\langle \boldsymbol{v}_i\,,\boldsymbol{\beta}\rangle+\sum_{i=1}^{r}\langle \boldsymbol{v}_i\,,\boldsymbol{\beta}\rangle\sum_{j=r+1}^{m}\bar{y}_{ij}\sigma_i\boldsymbol{v}_j$$

令 $(\mathscr{A} \circ \mathscr{A}^\dagger)(\boldsymbol{\beta})$ 与 $(\mathscr{A}^{\dagger *} \circ \mathscr{A}^*)(\boldsymbol{\beta})$ 相等, 可得

$$\sum_{j=r+1}^{m} \langle \boldsymbol{v}_j\, , \boldsymbol{\beta}\rangle \sum_{i=1}^{r} y_{ij}\sigma_i \boldsymbol{v}_i = \sum_{i=1}^{r} \langle \boldsymbol{v}_i\, , \boldsymbol{\beta}\rangle \sum_{j=r+1}^{m} \bar{y}_{ij}\sigma_i \boldsymbol{v}_j \tag{8.21}$$

式 (8.21) 的左端可表示为

$$[\boldsymbol{v}_1 \ \ \boldsymbol{v}_2 \ \ \cdots \ \ \boldsymbol{v}_r] \begin{bmatrix} y_{1,r+1}\sigma_1 & y_{1,r+2}\sigma_1 & \cdots & y_{1,m}\sigma_1 \\ y_{2,r+1}\sigma_2 & y_{2,r+2}\sigma_2 & \cdots & y_{2,m}\sigma_2 \\ \vdots & \vdots & \ddots & \vdots \\ y_{r,r+1}\sigma_r & y_{r,r+2}\sigma_r & \cdots & y_{r,m}\sigma_r \end{bmatrix} \begin{bmatrix} \langle \boldsymbol{v}_{r+1}\, , \boldsymbol{\beta}\rangle \\ \langle \boldsymbol{v}_{r+2}\, , \boldsymbol{\beta}\rangle \\ \vdots \\ \langle \boldsymbol{v}_m\, , \boldsymbol{\beta}\rangle \end{bmatrix} \tag{8.22}$$

而其右端可表示为

$$[\boldsymbol{v}_{r+1} \ \ \boldsymbol{v}_{r+2} \ \ \cdots \ \ \boldsymbol{v}_m] \begin{bmatrix} \bar{y}_{1,r+1}\sigma_1 & \bar{y}_{2,r+1}\sigma_2 & \cdots & \bar{y}_{r,r+1}\sigma_r \\ \bar{y}_{1,r+2}\sigma_1 & \bar{y}_{2,r+2}\sigma_2 & \cdots & \bar{y}_{m,r+2}\sigma_r \\ \vdots & \vdots & \ddots & \vdots \\ \bar{y}_{r,m}\sigma_1 & \bar{y}_{2,m}\sigma_2 & \cdots & \bar{y}_{r,m}\sigma_r \end{bmatrix} \begin{bmatrix} \langle \boldsymbol{v}_1\, , \boldsymbol{\beta}\rangle \\ \langle \boldsymbol{v}_2\, , \boldsymbol{\beta}\rangle \\ \vdots \\ \langle \boldsymbol{v}_r\, , \boldsymbol{\beta}\rangle \end{bmatrix} \tag{8.23}$$

显然, 式 (8.22) 中的矩阵就是 DY, 而式 (8.23) 的矩阵就是 Y^*D. 令 $\boldsymbol{\beta} = \boldsymbol{v}_1, \boldsymbol{v}_2, \cdots, \boldsymbol{v}_r$, 或 $\boldsymbol{\beta} = \boldsymbol{v}_{r+1}, \boldsymbol{v}_{r+2}, \cdots, \boldsymbol{v}_m$, 可得 $Y = 0$. 类似地, 令 $(\mathscr{A}^\dagger \circ \mathscr{A})(\boldsymbol{\alpha})$ 与 $(\mathscr{A}^* \circ \mathscr{A}^{\dagger *})(\boldsymbol{\alpha})$ 相等可得 $X = 0$. 因 $\mathscr{A}^\dagger \circ \mathscr{A} \circ \mathscr{A}^\dagger = \mathscr{A}^\dagger$ 等价于 $Z = XDY$, $X = 0$ 和 $Y = 0$ 意味着 $Z = 0$. 考虑到 $X = 0$, $Y = 0$ 和 $Z = 0$, 式 (8.16) 可由式 (8.8) 得到. ■

因 $\mathscr{A}(\boldsymbol{\alpha}) = \sum_{i=1}^{r} \sigma_i \langle \boldsymbol{u}_i\, , \boldsymbol{\alpha}\rangle \boldsymbol{v}_i$, $\mathscr{A}$ 可看作 $\mathcal{U}_r = \operatorname{span}\{\boldsymbol{u}_1\, , \boldsymbol{u}_2\, , \cdots , \boldsymbol{u}_r\}$ 到 $\mathcal{V}_r = \operatorname{span}\{\boldsymbol{v}_1\, , \boldsymbol{v}_2\, , \cdots , \boldsymbol{v}_r\}$ 的线性映射. 定理 8.3.2说明,$\mathscr{A}$ 的伪逆实际上是线性映射 $\mathscr{A}|\mathcal{U}_r$ 的逆.

接下来讨论矩阵的 Penrose-Moore 逆.

定义 8.3.2 设 $A \in \mathcal{C}^{m\times n}$. 称 $A^\dagger \in \mathcal{C}^{n\times m}$ 为 A 的伪逆 (Penrose-Moore 逆), 若 A 和 $A^\dagger$ 满足 Penrose-Moore 方程:

$$\begin{aligned} AA^\dagger A &= A, & A^\dagger AA^\dagger &= A^\dagger \\ (AA^\dagger)^* &= AA^\dagger, & (A^\dagger A)^* &= A^\dagger A \end{aligned}$$

【定理 8.3.3】 设 $A \in \mathcal{C}^{m\times n}$, $A = BC$ 是 A 的一个满秩分解, 则 $A^\dagger = C^*(CC^*)^{-1}(B^*B)^{-1}B^*$.

由定理 8.3.3可知, 若 $A \in \mathcal{C}_r^{m\times r}$, 则 $A^\dagger = (A^*A)^{-1}A^*$; 若 $A \in \mathcal{C}_r^{r\times n}$, 则 $A^\dagger = A^*(AA^*)^{-1}$.

【定理 8.3.4】 设 $A \in \mathcal{C}^{m\times n}$, 则

(1) $(A^\dagger)^\dagger = A$;

(2) $(AA^*)^\dagger = (A^*)^\dagger A^\dagger = (A^\dagger)^* A^\dagger$, $(A^*A)^\dagger = A^\dagger (A^*)^\dagger = A^\dagger (A^\dagger)^*$;

(3) $A^\dagger = A^*(AA^*)^\dagger = (A^*A)^\dagger A^*$.

8.4 广义逆与线性方程组的解

8.4.1 相容非齐次方程的解

非齐次方程 $\boldsymbol{Ax}=\boldsymbol{b}$ 可解的充要条件是 $\operatorname{rank}([A \quad \boldsymbol{b}])=\operatorname{rank}A$, 这等价于 $\boldsymbol{b}$ 可表示为 A 的列向量的线性组合, 即 $\boldsymbol{b}\in\mathcal{R}(A)$. 一般情况下, 非齐次方程可解, 则其解不唯一. 下述定理给出了非齐次方程的通解.

【定理 8.4.1】 设 A^- 是 $A\in\mathcal{C}_r^{m\times n}$ 的一个广义逆,$\boldsymbol{b}\in\mathcal{R}(A)$. 则 $\boldsymbol{x}$ 满足 $A\boldsymbol{x}=\boldsymbol{b}$ 当且仅当

$$\boldsymbol{x}=A^-\boldsymbol{b}+(I_n-A^-A)\boldsymbol{z}$$

其中,$\boldsymbol{z}\in\mathcal{C}^n$ 为任意.

证明: 由定理 8.1.6可知, $A^-\boldsymbol{b}$ 是 $A\boldsymbol{x}=\boldsymbol{b}$ 的一个解. 于是只要证明 $A\boldsymbol{x}=\boldsymbol{0}$ 当且仅当 $\boldsymbol{x}=(I_n-A^-A)\boldsymbol{z}$, 或等价地 $\mathcal{N}(A)=\mathcal{R}(I_n-A^-A)$ 即可. 由推论 8.1.1有 $\operatorname{rank}A=\operatorname{rank}A^-A$, 于是 $\mathcal{N}(A)=\mathcal{N}(A^-A)$. 因 $(A^-A)(A^-A)=A^-A$, A^-A 为幂等矩阵,I_n-A^-A 亦然. 由定理 4.4.5(3) 可知 $\mathcal{N}(A)=\mathcal{R}(I_n-A^-A)$. ■

【例 8.4.1】 求方程

$$\begin{aligned}2x_1-4x_2+6x_3-3x_4+2x_5&=\frac{1}{3}\\-x_1+5x_2-6x_3-3x_5&=\frac{5}{3}\\2x_1-6x_2+8x_3-x_4+3x_5&=-\frac{2}{3}\\2x_1+4x_2-2x_3+4x_4-7x_5&=\frac{23}{3}\end{aligned}$$

的通解.

解: 方程可等价地表示为 $A\boldsymbol{x}=\boldsymbol{b}$, 其中

$$A=\begin{bmatrix}2&-4&6&-3&2\\-1&5&-6&0&-3\\2&-6&8&-1&3\\2&4&-2&4&-7\end{bmatrix},\quad \boldsymbol{b}=\begin{bmatrix}\frac{1}{3}\\\frac{5}{3}\\-\frac{2}{3}\\\frac{23}{3}\end{bmatrix}$$

容易验证 $\operatorname{rank}([A \quad \boldsymbol{b}])=\operatorname{rank}A$, 于是方程可解. 用例 8.1.1的方法可得

$$PAQ=\begin{bmatrix}1&0&0&0&0\\0&1&0&0&0\\0&0&1&0&0\\0&0&0&0&0\end{bmatrix}$$

其中

$$P=\begin{bmatrix}\frac{5}{18}&\frac{1}{9}&\frac{1}{18}&\frac{2}{9}\\\frac{7}{18}&-\frac{4}{9}&-\frac{13}{18}&\frac{1}{9}\\-\frac{1}{9}&-\frac{4}{9}&-\frac{2}{9}&\frac{1}{9}\\-\frac{5}{12}&\frac{5}{6}&\frac{11}{12}&-\frac{1}{12}\end{bmatrix},\quad Q=\begin{bmatrix}1&0&0&-1&\frac{7}{6}\\0&1&0&1&\frac{5}{6}\\0&0&0&1&0\\0&0&1&0&\frac{1}{3}\\0&0&0&0&1\end{bmatrix}$$

由定理 8.1.7可得 A 的一个广义逆 A^- 可以是

$$A^-=Q\begin{bmatrix}I_r&0\\0&0\end{bmatrix}P=\begin{bmatrix}\frac{5}{18}&\frac{1}{9}&\frac{1}{18}&\frac{2}{9}\\\frac{7}{18}&-\frac{4}{9}&-\frac{13}{18}&\frac{1}{9}\\0&0&0&0\\-\frac{1}{9}&-\frac{4}{9}&-\frac{2}{9}&\frac{1}{9}\\0&0&0&0\end{bmatrix}$$

$$A^-\boldsymbol{b}=\begin{bmatrix}\frac{35}{18}\\\frac{13}{18}\\0\\\frac{2}{9}\\0\end{bmatrix},\quad A^-A=\begin{bmatrix}1&0&1&0&-\frac{7}{6}\\0&1&-1&0&-\frac{5}{6}\\0&0&0&0&0\\0&0&0&1&-\frac{1}{3}\\0&0&0&0&0\end{bmatrix}$$

于是, 有

$$I_n - A^- A = \begin{bmatrix} 0 & 0 & -1 & 0 & \frac{7}{6} \\ 0 & 0 & 1 & 0 & \frac{5}{6} \\ 0 & 0 & 1 & 0 & 0 \\ 0 & 0 & 0 & 0 & \frac{1}{3} \\ 0 & 0 & 0 & 0 & 1 \end{bmatrix}$$

从而非齐次方程的通解为

$$\begin{bmatrix} \frac{35}{18} \\ \frac{13}{18} \\ 0 \\ \frac{2}{9} \\ 0 \end{bmatrix} + \begin{bmatrix} 0 & 0 & -1 & 0 & \frac{7}{6} \\ 0 & 0 & 1 & 0 & \frac{5}{6} \\ 0 & 0 & 1 & 0 & 0 \\ 0 & 0 & 0 & 0 & \frac{1}{3} \\ 0 & 0 & 0 & 0 & 1 \end{bmatrix} \begin{bmatrix} z_1 \\ z_2 \\ z_3 \\ z_4 \\ z_5 \end{bmatrix}$$

其中,z_1, z_2, z_3, z_4, z_5 为任意. △

8.4.2 相容非齐次方程的最小范数解

定义 8.4.1 称 $\boldsymbol{x}_0$ 为相容方程 $A\boldsymbol{x} = \boldsymbol{b}$ 的最小范数解, 若

$$\boldsymbol{x}_0 = \arg\min \{ \|\boldsymbol{x}\| \ : \ A\boldsymbol{x} = \boldsymbol{b}\}$$

这里 $\|\cdot\|$ 为任何向量范数.

最小范数解问题在控制理论, 特别是鲁棒控制中起着重要作用, 参见文献 [8]~ [13]. 最小 Euclidean 范数解具有下述优美的形式.

【定理 8.4.2】 令 A^- 是 $A \in \mathcal{C}^{m\times n}$ 的一个广义逆, 则对任何 $\boldsymbol{b} \in \mathcal{R}(A)$, $\boldsymbol{x} = A^-\boldsymbol{b}$ 是相容方程 $A\boldsymbol{x} = \boldsymbol{b}$ 的最小 Euclidean 范数解, 当且仅当 A^- 满足 $(A^-A)^* = A^-A$.

证明: 因 $\boldsymbol{b} \in \mathcal{R}(A)$, 存在 $\boldsymbol{y} \in \mathcal{C}^n$ 使得 $\boldsymbol{b} = A\boldsymbol{y}$, 于是 $A^-\boldsymbol{b} = A^-A\boldsymbol{y}$. 由定理 8.4.1可知, $\boldsymbol{x}$ 满足 $A\boldsymbol{x} = \boldsymbol{b}$ 当且仅当

$$\boldsymbol{x} = A^-\boldsymbol{b} + (I_n - A^-A)\boldsymbol{z} = A^-A\boldsymbol{y} + (I_n - A^-A)\boldsymbol{z}$$

其中,$\boldsymbol{z} \in \mathcal{C}^n$ 为任意. 由定理 4.4.5(5) 可知, $\mathcal{C}^n = \mathcal{R}(A^-A) \dot{+} \mathcal{R}(I_n - A^-A)$. 将 Gram-Schmidt 正交化过程应用于 $\mathcal{R}(A^-A)$ 和 $\mathcal{R}(I_n - A^-A)$ 的基向量组, 则有 $\mathcal{C}^n = \mathcal{R}(A^-A) \oplus \mathcal{R}(I_n -$

$A^-A)$, 于是由勾股定理可得

$$\|\boldsymbol{x}\|_2^2 = \|A^-A\boldsymbol{y}\|_2^2 + \|(I_n - A^-A)\boldsymbol{z}\|_2^2 \geqslant \|A^-A\boldsymbol{y}\|_2^2$$

显然, 若令 $\boldsymbol{z} = \boldsymbol{0}$ 则等号成立, 且 $\boldsymbol{x} = \boldsymbol{x}_0 = A^-A\boldsymbol{y}$ 是 $A\boldsymbol{x} = \boldsymbol{b}$ 的最小范数解.$\mathcal{C}^n = \mathcal{R}(A^-A) \oplus \mathcal{R}(I_n - A^-A)$ 等价于

$$\left(A^-A\right)^*(I_n - A^-A) = 0 \tag{8.24}$$

式 (8.24) 说明,$\mathcal{R}(A^-A)$ 和 $\mathcal{R}(I_n - A^-A)$ 的基向量组的正交化实际上可由广义逆 A^- 的解析表达式得到. 回顾式 (8.12) 可知, 若 A 有奇异值分解 $A = VDU^*$, 其中 $V \in \mathcal{U}^{m\times m}$, $U \in \mathcal{U}^{n\times n}$,

$$D = \begin{bmatrix} D_r & 0_{r\times(n-r)} \\ 0_{(m-r)\times r} & 0_{(m-r)\times(n-r)} \end{bmatrix}, \quad D_r = \text{diag}\{\sigma_1, \sigma_2, \cdots, \sigma_r\}$$

且 $\sigma_1 \geqslant \sigma_2 \geqslant \sigma_r > 0$, $r = \text{rank}A$, 则

$$A^- = U\begin{bmatrix} D_r^{-1} & Y \\ X & Z \end{bmatrix}V^*, \quad A^-A = U\begin{bmatrix} I_r & 0_{r\times(n-r)} \\ XD_r & 0_{n-r} \end{bmatrix}U^*$$

$$I_n - A^-A = U\begin{bmatrix} 0 & 0_{r\times(n-r)} \\ -XD_r & I_{n-r} \end{bmatrix}U^*$$

$$(A^-A)^*(I_n - A^-A) = U\begin{bmatrix} -D_rX^*XD_r & D_rX^* \\ 0_{(n-r)\times r} & 0_{n-r} \end{bmatrix}U^*$$

式 (8.24) 成立, 当且仅当 $X = 0$, 当且仅当 $A^-A = (A^-A)^*$. ■

8.5 不相容非齐次方程的最优近似解

若 $\text{rank}([A \quad \boldsymbol{b}]) \neq \text{rank}A$, 则 $\boldsymbol{b} \notin \mathcal{R}(A)$, $A\boldsymbol{x} = \boldsymbol{b}$ 为不相容方程, 从而无解. 这种情况下只能求近似解. 不相容非齐次方程的最优近似解是系统辨识的工具, 参见文献 [14]~ [16].

定义 8.5.1 设 $A \in \mathcal{C}^{m\times n}$, $\boldsymbol{b} \in \mathcal{C}^m$, $\boldsymbol{b} \notin \mathcal{R}(A)$, $\boldsymbol{x}_0 \in \mathcal{C}^n$, $\|\cdot\|$ 为任意向量范数. 若对所有 $\boldsymbol{x} \in \mathcal{C}^n$ 都有

$$\|A\boldsymbol{x}_0 - \boldsymbol{b}\| \leqslant \|A\boldsymbol{x} - \boldsymbol{b}\|$$

则称 $\boldsymbol{x}_0$ 为 $A\boldsymbol{x} = \boldsymbol{b}$ 的一个近似解. 若 $\boldsymbol{x}_{\min}$ 是 $A\boldsymbol{x} = \boldsymbol{b}$ 的一个近似解, 且对任何近似解 $\boldsymbol{x}_0$ 都有

$$\|\boldsymbol{x}_{\min}\| \leqslant \|\boldsymbol{x}_0\|$$

则称 $\boldsymbol{x}_{\min}$ 为 $A\boldsymbol{x} = \boldsymbol{b}$ 的最优近似解.

$\|\cdot\|$ 为 Euclidean 范数时的近似解 $\boldsymbol{x}_0$ 也称为 $A\boldsymbol{x} = \boldsymbol{b}$ 的最小二乘解. 在这个背景下, 称 $\boldsymbol{x}_{\min}$ 为最小二乘问题的最小范数解.

【定理 8.5.1】 设 $A\in\mathcal{C}^{m\times n}$, $B\in\mathcal{C}^{n\times m}$, 则对任何 $\boldsymbol{b}\in\mathcal{C}^m$, $\boldsymbol{x}=B\boldsymbol{b}$ 是 $A\boldsymbol{x}=\boldsymbol{b}$ 的最小二乘解, 当且仅当 $ABA=A$ 且 $(AB)^*=AB$.

证明: 任何 $\boldsymbol{b}\in\mathcal{C}^m$ 都可分解为 $\boldsymbol{b}=(I_m-AB)\boldsymbol{b}+AB\boldsymbol{b}$. 由定理 4.4.5(5) 可知, 若 B 满足 $ABA=A$, 则 $\mathcal{C}^m=\mathcal{R}(AB)\dot{+}\mathcal{R}(I_m-AB)$, 上述分解对任何 $\boldsymbol{b}\in\mathcal{C}^m$ 都是唯一的. 记 $\boldsymbol{b}_1=AB\boldsymbol{b}$, $\boldsymbol{b}_2=(I_m-AB)\boldsymbol{b}$, 则有 $\boldsymbol{b}=\boldsymbol{b}_1+\boldsymbol{b}_2$, 且 $\|A\boldsymbol{x}-\boldsymbol{b}\|_2=\|A\boldsymbol{x}-\boldsymbol{b}_1-\boldsymbol{b}_2\|_2$. 显然,$A\boldsymbol{x}-\boldsymbol{b}_1=A(\boldsymbol{x}-B\boldsymbol{b})\in\mathcal{R}(A)$. 由 $\mathcal{R}(AB)\subseteq\mathcal{R}(A)$, $\mathcal{C}^m=\mathcal{R}(AB)\dot{+}\mathcal{R}(I_m-AB)$ 必有 $\mathcal{C}^m=\mathcal{R}(A)\dot{+}\mathcal{R}(I_m-AB)$. 将 Gram-Schmidt 正交化过程应用于 $\mathcal{R}(A)$ 和 $\mathcal{R}(I_m-AB)$ 的基向量组, 则有 $\mathcal{C}^m=\mathcal{R}(A)\oplus\mathcal{R}(I_m-AB)$, 于是由勾股定理

$$\|A\boldsymbol{x}-\boldsymbol{b}\|_2^2=\|A\boldsymbol{x}-\boldsymbol{b}_1\|_2^2+\|\boldsymbol{b}_2\|_2^2\geqslant\|\boldsymbol{b}_2\|_2^2$$

等号成立, 当且仅当 $A\boldsymbol{x}-\boldsymbol{b}_1=A(\boldsymbol{x}-\boldsymbol{x}_0)=\boldsymbol{0}$, 其中 $\boldsymbol{x}_0=B\boldsymbol{b}$.$\mathcal{C}^m=\mathcal{R}(A)\oplus\mathcal{R}(I_m-AB)$ 当且仅当

$$A^*(I_m-AB)=A^*-A^*AB=0$$

其中, B 是 A 的广义逆. 由定理 8.4.2的证明可得

$$\begin{aligned}AB&=V\begin{bmatrix}I_r & D_rY\\ 0_{(m-r)\times r} & 0_{m-r}\end{bmatrix}V^*\\ I_m-AB&=V\begin{bmatrix}0_r & -D_rY\\ 0_{(m-r)\times r} & I_{m-r}\end{bmatrix}V^*\\ A^*(I_m-AB)&=U\begin{bmatrix}0_r & -D_rD_rY\\ 0_{(n-r)\times r} & 0_{(n-r)\times(m-r)}\end{bmatrix}V^*\end{aligned}$$

于是,$A^*(I_m-AB)=0$ 当且仅当 $Y=0$, 当且仅当 $(AB)^*=AB$. ■

接下来考虑最佳近似解, 即最小二乘问题的最小范数解.

【定理 8.5.2】 设 $A\in\mathcal{C}^{m\times n}$, $\boldsymbol{b}\in\mathcal{C}^m$, 则 $\boldsymbol{x}_{\min}=B\boldsymbol{b}$ 是最小二乘问题 $\min_{\boldsymbol{x}\in\mathcal{C}^n}\|A\boldsymbol{x}-\boldsymbol{b}\|_2$ 的最小范数解, 当且仅当 B 是 A 的伪逆 $A^\dagger$.

证明: 由

$$A=[V_1\ \ V_2]\begin{bmatrix}D_r & 0_{r\times(n-r)}\\ 0_{(m-r)\times r} & 0_{(m-r)\times(n-r)}\end{bmatrix}U^*$$

可知 $\mathcal{R}(A)=\mathcal{R}(V_1)$, $\boldsymbol{b}\notin\mathcal{R}(A)$, 当且仅当 $\boldsymbol{b}=V_1\boldsymbol{b}_1+V_2\boldsymbol{b}_2$, 其中 $\boldsymbol{b}_1$ 为任意,$\boldsymbol{b}_2\neq\boldsymbol{0}$. 由定理 8.5.1可知, $\boldsymbol{x}$ 是 $A\boldsymbol{x}=\boldsymbol{b}$ 的近似解, 当且仅当

$$\boldsymbol{x}=U\begin{bmatrix}D_r^{-1} & 0_{r\times(m-r)}\\ X & Y\end{bmatrix}\underbrace{\begin{bmatrix}V_1^*\\ V_2^*\end{bmatrix}}_{=V^*}\boldsymbol{b}=U\begin{bmatrix}D_r^{-1} & 0_{r\times(m-r)}\\ X & Y\end{bmatrix}\begin{bmatrix}\boldsymbol{b}_1\\ \boldsymbol{b}_2\end{bmatrix}$$

从而

$$\|\boldsymbol{x}\|_2^2=\left\|\begin{bmatrix}D_r^{-1} & 0_{r\times(m-r)}\\ X & Y\end{bmatrix}V^*\boldsymbol{b}\right\|_2^2=\|D_r^{-1}\boldsymbol{b}_1\|_2^2+\|X\boldsymbol{b}_1+Y\boldsymbol{b}_2\|_2^2\geqslant\|D_r^{-1}\boldsymbol{b}_1\|_2^2$$

等号成立, 当且仅当 $X\boldsymbol{b}_1+Y\boldsymbol{b}_2=\boldsymbol{0}$. $[X \quad Y]=0$ 时等号显然成立; 由 $\boldsymbol{b}_1$ 的任意性可得 $Y=0$, 而由 $Y=0$ 和 $\boldsymbol{b}_1$ 的任意性可得 $X=0$. 于是 $\boldsymbol{x}$ 是 $A\boldsymbol{x}=\boldsymbol{b}$ 的近似解, 当且仅当 $\boldsymbol{x}=B\boldsymbol{b}$, 其中

$$B=B_{\min}=U\begin{bmatrix} D_r^{-1} & 0_{r\times(m-r)} \\ 0_{(n-r)\times r} & 0_{(n-r)\times(m-r)} \end{bmatrix}V^*=A^\dagger$$

这就是所要的结果. ■

8.6 习　题

8.1 证明定理 8.1.4.

8.2 证明: 若 $\mathscr{A}\in\mathcal{L}(\mathcal{U}\to\mathcal{V})$ 是单一同态的, 则 $(\mathscr{A}^*\circ\mathscr{A})^{-1}\circ\mathscr{A}^*$ 是 $\mathscr{A}$ 的一个左逆; 若 $\mathscr{A}\in\mathcal{L}(\mathcal{U}\to\mathcal{V})$ 是满同态的, 则 $\mathscr{A}^*\circ(\mathscr{A}\circ\mathscr{A}^*)^{-1}$ 是 $\mathscr{A}$ 的一个右逆.

8.3 证明: 若 $\mathscr{A}$ 为单一同态的, 则其广义逆 (即左逆) 为

$$\mathscr{A}^-(\boldsymbol{\beta})=\sum_{j=1}^r\langle\boldsymbol{u}_j\,,\,\boldsymbol{\beta}\rangle\sigma_j^{-1}\boldsymbol{v}_j+\sum_{j=r+1}^m\langle\boldsymbol{u}_j\,,\,\boldsymbol{\beta}\rangle\sum_{i=1}^r y_{ij}\boldsymbol{v}_i$$

若 $\mathscr{A}$ 为满同态的, 则其广义逆 (即右逆) 为

$$\mathscr{A}^-(\boldsymbol{\beta})=\sum_{j=1}^r\langle\boldsymbol{u}_j\,,\,\boldsymbol{\beta}\rangle\left(\sigma_j^{-1}\boldsymbol{v}_j+\sum_{i=r+1}^n x_{ij}\boldsymbol{v}_i\right)$$

8.4 已知

$$A=\begin{bmatrix} 2+2\mathrm{i} & 3+3\mathrm{i} & 5+\mathrm{i} \\ -2 & -3 & -5 \\ 2 & 3 & 2 \end{bmatrix}$$

计算形如式 (8.12) 的所有广义逆 A^-.

8.5 计算以下矩阵的伪逆:

$$A_1=\begin{bmatrix} 1 & 1 & 0 & 2 & 0 \\ 1 & 0 & 2 & 0 & 1 \\ 1 & -1 & 2 & -1 & 1 \end{bmatrix},\quad A_2=\begin{bmatrix} 0 & 2 & -2 & 4 \\ 2 & -1 & 2 & 0 \\ 2 & -2 & 3 & -2 \end{bmatrix}$$

8.6 $\mathscr{A}\in\mathcal{L}(\mathcal{U}\to\mathcal{V})$, $\mathscr{P}\in\mathcal{L}(\mathcal{U})$ 和 $\mathscr{Q}\in\mathcal{L}(\mathcal{V})$ 为酉变换. 证明:

$$(\mathscr{P}\circ\mathscr{A}\circ\mathscr{Q})^\dagger=\mathscr{Q}^*\circ\mathscr{A}^\dagger\circ\mathscr{P}^*$$

8.7 $\mathscr{A}\in\mathcal{L}(\mathcal{U}\to\mathcal{V})$, 其伴随变换为 $\mathscr{A}^*$. 建立与定理 8.3.4相似的结果并证明:

(1) $(\mathscr{A}^*\circ\mathscr{A})^\dagger=\mathscr{A}^\dagger\circ(\mathscr{A}^*)^\dagger$, $(\mathscr{A}\circ\mathscr{A}^*)^\dagger=(\mathscr{A}^*)^\dagger\circ\mathscr{A}^\dagger$;

(2) $(\mathscr{A}^*\circ\mathscr{A})^\dagger=\mathscr{A}^\dagger\circ(\mathscr{A}\circ\mathscr{A}^*)\circ\mathscr{A}=\mathscr{A}^*\circ(\mathscr{A}\circ\mathscr{A}^*)+(\mathscr{A}^*)^\dagger$;

(3) $\mathscr{A}\circ\mathscr{A}^\dagger=(\mathscr{A}\circ\mathscr{A}^*)\circ(\mathscr{A}\circ\mathscr{A}^*)^\dagger=(\mathscr{A}\circ\mathscr{A}^*)^\dagger\circ(\mathscr{A}\circ\mathscr{A}^*)$;

(4) $\mathscr{A}^\dagger\circ\mathscr{A}=(\mathscr{A}^*\circ\mathscr{A})\circ(\mathscr{A}^*\circ\mathscr{A})^\dagger=(\mathscr{A}^*\circ\mathscr{A})^\dagger\circ(\mathscr{A}^*\circ\mathscr{A})$.

8.8　证明定理 8.3.3并验证该定理给出的伪逆的一意性.

8.9　证明定理 8.3.4.

8.10　证明: 若 $A \in \mathcal{C}_r^{m\times n}$ 的奇异值分解为 VDU^*, 则 $A^\dagger = U\Lambda^\dagger U^* A^*$, 其中 $U \in \mathcal{U}^{n\times n}$, $V \in \mathcal{U}^{m\times m}$, $\Lambda = D^*D = \operatorname{diag}\{\lambda_1, \lambda_2, \cdots, \lambda_n\}$ 且有

$$\lambda_1 \geqslant \lambda_2 \geqslant \cdots \geqslant \lambda_r > 0,\ \lambda_{r+1} = \lambda_{r+2} = \cdots = \lambda_n = 0$$

若将 U 分解为 $U = [U_1 \ \ U_2]$, 其中 $U_1 \in \mathcal{V}_r^{n\times r}$, $U_2 \in \mathcal{V}_{n-r}^{n\times(n-r)}$, 并记 $\Lambda_r = \operatorname{diag}\{\lambda_1, \lambda_2, \cdots, \lambda_r\}$, 其中 $\lambda_1, \lambda_2, \cdots, \lambda_r > 0$, 则有 $A^\dagger = U_1\Lambda_r^{-1}U_1^*A^*$. 求

$$A = \begin{bmatrix} 1 & 0 & 1 \\ -1 & 0 & 1 \end{bmatrix}$$

的伪逆 $A^\dagger$.

第 9 章 矩阵方程及其应用

本章讨论含有未知矩阵的方程. 首先引入矩阵的 Kronecker 积, 讨论其基本性质并将其用于线性矩阵方程的求解. 然后介绍矩阵指数函数在线性系统的稳定性、可控性和可观测性、无穷维线性空间上的 Laurent 算子和 Hankel 算子及其 Schmidt 分解中的应用. 最后讨论代数 Riccati 方程的镇定解.

9.1 Kronecker 积的定义与性质

在矩阵代数中曾定义过两个矩阵 A 和 B 的乘积 AB. 这样定义的乘法要求 A 的列数必须等于 B 的行数. 下面引入一种新的矩阵乘法运算. 它对矩阵的行数和列数没有任何要求. 考虑式 (2.1) 中的 $A_1\lambda$, 即标量 λ 和矩阵 $A = A_1$ 的积. 令

$$A = \begin{bmatrix} a_{11} & a_{12} & \cdots & a_{1n} \\ a_{21} & a_{22} & \cdots & a_{2n} \\ \vdots & \vdots & \ddots & \vdots \\ a_{m1} & a_{m2} & \cdots & a_{mn} \end{bmatrix}$$

则

$$A\lambda = \begin{bmatrix} a_{11}\lambda & a_{12}\lambda & \cdots & a_{1n}\lambda \\ a_{21}\lambda & a_{22}\lambda & \cdots & a_{2n}\lambda \\ \vdots & \vdots & \ddots & \vdots \\ a_{m1}\lambda & a_{m2}\lambda & \cdots & a_{mn}\lambda \end{bmatrix}$$

注意到 $a_{ij} \in \mathcal{F}$, 若 λ 是数域 $\mathcal{F}$ 上的线性空间 $\mathcal{V}$ 的元素, 将 $a_{ij}\lambda$ 理解为 $a_{ij} \in \mathcal{F}$ 和 $\lambda \in \mathcal{V}$ 的数乘, 则 $A\lambda$ 是 $\mathcal{V}$ 中元素的矩阵. 特别地, 令 $\mathcal{V} = \mathcal{C}^{p\times q}$ 以及 $B \in \mathcal{V}$, 则

$$A\lambda|_{\lambda=B} = \begin{bmatrix} a_{11}B & a_{12}B & \cdots & a_{1n}B \\ a_{21}B & a_{22}B & \cdots & a_{2n}B \\ \vdots & \vdots & \ddots & \vdots \\ a_{m1}B & a_{m2}B & \cdots & a_{mn}B \end{bmatrix} \tag{9.1}$$

是元素为 $\mathcal{C}^{p\times q}$ 矩阵的矩阵.

定义 9.1.1 设 $A = (a_{ij})_{m\times n}$, $B = (b_{lk})_{p\times q}$, 则称由式 (9.1) 所确定的 $(mp)\times(nq)$ 矩阵为 A 与 B 的 Kronecker 积或称为 A 与 B 的直积, 记作 $A \otimes B$.

【例 9.1.1】 设 $\boldsymbol{x}=[x_1\ \ x_2\ \ x_3]^{\mathrm{T}}$, $\boldsymbol{y}=[y_1\ \ y_2]^{\mathrm{T}}$, 则

$$\boldsymbol{x}\otimes\boldsymbol{y}=[x_1y_1\ \ x_1y_2\ \ x_2y_1\ \ x_2y_2\ \ x_3y_1\ \ x_3y_2]^{\mathrm{T}}$$

$$\boldsymbol{y}\otimes\boldsymbol{x}=[y_1x_1\ \ y_1x_2\ \ y_1x_3\ \ y_2x_1\ \ y_2x_2\ \ y_2x_3]^{\mathrm{T}}$$ △

显然,Kronecker 积不满足交换律.

若 A、B 均为对角矩阵:

$$A=\begin{bmatrix} a_1 & 0 & \cdots & 0 \\ 0 & a_2 & \ddots & \vdots \\ \vdots & \ddots & \ddots & 0 \\ 0 & \cdots & 0 & a_m \end{bmatrix},\quad B=\begin{bmatrix} b_1 & 0 & \cdots & 0 \\ 0 & b_2 & \ddots & \vdots \\ \vdots & \ddots & \ddots & 0 \\ 0 & \cdots & 0 & b_n \end{bmatrix}$$

则因 a_iB 为对角矩阵,

$$A\otimes B=\begin{bmatrix} a_1B & 0 & \cdots & 0 \\ 0 & a_2B & \ddots & \vdots \\ \vdots & \ddots & \ddots & 0 \\ 0 & \cdots & 0 & a_mB \end{bmatrix}$$

$A\otimes B$ 也是对角矩阵. 特别地, 若 $A=I_m$、$B=I_n$ 都是单位矩阵, 则 $I_m\otimes I_n=I_n\otimes I_m=I_{mn}$. 不难验证, 若 A、B 均是上 (下) 三角矩阵, 则 $A\otimes B$ 也是上 (下) 三角矩阵.

下述定理是 Kronecker 积的一个重要性质, 它在 Kronecker 积的研究中起着基础作用.

【定理 9.1.1】 设 $A=(a_{ij})_{m\times n}$, $B=(b_{ij})_{l\times r}$, $C=(c_{ij})_{n\times p}$, $D=(d_{ij})_{r\times s}$, 则

$$(A\otimes B)(C\otimes D)=(AC)\otimes(BD)$$

证明: 由 $A\otimes B=(a_{ij}B)_{i=1,2,\cdots,m,j=1,2,\cdots,n}$, $C\otimes D=(c_{ij}D)_{i=1,2,\cdots,n,j=1,2,\cdots,p}$, 可知 $(A\otimes B)(C\otimes D)$ 的 (i,j) 块为

$$\sum_{k=1}^{n}a_{ik}Bc_{kj}D=\left(\sum_{k=1}^{n}a_{ik}c_{kj}\right)BD$$ ■

该结果可推广至下述一般形式:

$$(A_1\otimes B_1)(A_2\otimes B_2)\cdots(A_p\otimes B_p)=(A_1A_2\cdots A_p)\otimes(B_1B_2\cdots B_p)$$

推论 9.1.1 若 $A=(a_{ij})_{m\times m}$, $B=(b_{ij})_{n\times n}$, 则 $A\otimes B=(A\otimes I_n)(I_m\otimes B)=(I_m\otimes B)(A\otimes I_n)$.

【定理 9.1.2】 设 $A=(a_{ij})_{m\times m}$, $B=(b_{ij})_{n\times n}$, 则

$$(A\otimes B)^{\mathrm{T}}=A^{\mathrm{T}}\otimes B^{\mathrm{T}}$$
$$(A\otimes B)^{*}=A^{*}\otimes B^{*}$$

推论 9.1.2 若 A、B 为对称矩阵, 则 $A\otimes B$ 也为对称矩阵. A、B 为 Hermitian 矩阵, 则 $A\otimes B$ 也为 Hermitian 矩阵. 若 A、B 为酉矩阵, 则 $A\otimes B$ 也为酉矩阵.

【定理 9.1.3】 设 A 与 B 分别为 m 阶与 n 阶可逆矩阵, 则 $A\otimes B$ 也为可逆矩阵, 且 $(A\otimes B)^{-1}=A^{-1}\otimes B^{-1}$.

证明: 由定理 9.1.1有

$$(A\otimes B)(A^{-1}\otimes B^{-1})=(AA^{-1})\otimes(BB^{-1})=I_m\otimes I_n=I_{mn}$$

故 $(A\otimes B)^{-1}=A^{-1}\otimes B^{-1}$.

【定理 9.1.4】 设 $A=(a_{ij})_{m\times m}$, $B=(b_{ij})_{n\times n}$, 则 $\mathrm{trace}(A\otimes B)=\mathrm{trace}A\cdot\mathrm{trace}B$.

证明: 由

$$A\otimes B=\begin{bmatrix} a_{11}B & a_{12}B & \cdots & a_{1m}B\\ a_{21}B & a_{22}B & \cdots & a_{2m}B\\ \vdots & \vdots & \ddots & \vdots\\ a_{m1}B & a_{m2}B & \cdots & a_{mm}B\end{bmatrix}$$

可得 $\mathrm{trace}(A\otimes B)=a_{11}\mathrm{trace}B+a_{22}\mathrm{trace}B+\cdots+a_{mm}\mathrm{trace}B=\mathrm{trace}A\cdot\mathrm{trace}B$. ■

【定理 9.1.5】 设 $A=(a_{ij})_{m\times n}$, $B=(b_{ij})_{p\times q}$, 则 $\mathrm{rank}(A\otimes B)=\mathrm{rank}A\cdot\mathrm{rank}B$.

证明: 设 $\mathrm{rank}A=r_A$, $\mathrm{rank}B=r_B$, 则存在非奇异矩阵 $M\in\mathcal{C}_m^{m\times m}$, $N\in\mathcal{C}_n^{n\times n}$, $P\in\mathcal{C}_p^{p\times p}$, $Q\in\mathcal{C}_q^{q\times q}$, 使得

$$MAN=A_1=\begin{bmatrix} I_{r_A} & 0\\ 0 & 0\end{bmatrix},\quad PBQ=B_1=\begin{bmatrix} I_{r_B} & 0\\ 0 & 0\end{bmatrix}$$

由上式可得 $A=M^{-1}A_1N^{-1}$, $B=P^{-1}B_1Q^{-1}$. 于是, 由定理 9.1.1有

$$A\otimes B=(M^{-1}A_1N^{-1})\otimes(P^{-1}B_1Q^{-1})=(M^{-1}\otimes P^{-1})(A_1\otimes B_1)(N^{-1}\otimes Q^{-1})$$

由定理 9.1.3可知,$M^{-1}\otimes P^{-1}$ 和 $N^{-1}\otimes Q^{-1}$ 均为非奇异矩阵, 故 $\mathrm{rank}(A\otimes B)=\mathrm{rank}(A_1\otimes B_1)$. 而 $A_1\otimes B_1$ 的秩为 $r_A\cdot r_B=\mathrm{rank}A\cdot\mathrm{rank}B$, 于是 $\mathrm{rank}(A\otimes B)=\mathrm{rank}A\cdot\mathrm{rank}B$. ■

【定理 9.1.6】 设 $\boldsymbol{x}_1,\boldsymbol{x}_2,\cdots,\boldsymbol{x}_n$ 是 n 个线性无关的 m 维列向量,$\boldsymbol{y}_1,\boldsymbol{y}_2,\cdots,\boldsymbol{y}_q$ 是 q 个线性无关的 p 维列向量, 则 nq 个 mp 维列向量

$$\boldsymbol{x}_i\otimes\boldsymbol{y}_j,\quad i=1,2,\cdots,n,\ \ j=1,2,\cdots,q \tag{9.2}$$

线性无关. 反之, 若向量组 (9.2) 线性无关, 则 $\boldsymbol{x}_1,\boldsymbol{x}_2,\cdots,\boldsymbol{x}_n$ 和 $\boldsymbol{y}_1,\boldsymbol{y}_2,\cdots,\boldsymbol{y}_q$ 均是线性无关的向量组.

证明: 设

$$\boldsymbol{x}_j = [a_{1j}\ \ a_{2j}\ \ \cdots\ \ a_{mj}]^{\mathrm{T}},\quad \boldsymbol{y}_i = [b_{1i}\ \ b_{2i}\ \ \cdots\ \ b_{pi}]^{\mathrm{T}}$$

令

$$\begin{aligned} A &= [\boldsymbol{x}_1\ \ \boldsymbol{x}_2\ \ \cdots\ \ \boldsymbol{x}_n] = (a_{ij})_{m\times n} \\ B &= [\boldsymbol{y}_1\ \ \boldsymbol{y}_2\ \ \cdots\ \ \boldsymbol{y}_q] = (b_{ij})_{p\times q} \end{aligned}$$

则显然有 $\mathrm{rank}A = n$, $\mathrm{rank}B = q$. 因为

$$\begin{aligned} A\otimes B = [&\boldsymbol{x}_1\otimes\boldsymbol{y}_1\ \ \boldsymbol{x}_1\otimes\boldsymbol{y}_2\ \ \cdots\ \ \boldsymbol{x}_1\otimes\boldsymbol{y}_q\ \ \boldsymbol{x}_2\otimes\boldsymbol{y}_1\ \ \boldsymbol{x}_2\otimes\boldsymbol{y}_2\ \ \cdots\ \ \boldsymbol{x}_2\otimes\boldsymbol{y}_q\ \ \cdots \\ &\boldsymbol{x}_n\otimes\boldsymbol{y}_1\ \ \boldsymbol{x}_n\otimes\boldsymbol{y}_2\ \ \cdots\ \ \boldsymbol{x}_n\otimes\boldsymbol{y}_q] \end{aligned}$$

所以 $\mathrm{rank}(A\otimes B) = \mathrm{rank}A\cdot\mathrm{rank}B = nq$. 由于 $A\otimes B$ 是 $mp\times nq$ 矩阵, 因此 $A\otimes B$ 是列满秩矩阵, 即 $A\otimes B$ 的列向量组 $\boldsymbol{x}_i\otimes\boldsymbol{y}_j(i=1,2,\cdots,n,\ j=1,2,\cdots,q)$ 是线性无关的.

反之, 若列向量组 $\boldsymbol{x}_i\otimes\boldsymbol{y}_j(i=1,2,\cdots,n,\ j=1,2,\cdots,q)$ 是线性无关的, 则 $A\otimes B$ 是列满秩的, 故

$$nq = \mathrm{rank}(A\otimes B) = \mathrm{rank}A\cdot\mathrm{rank}B \tag{9.3}$$

下面证明 $\mathrm{rank}A = n$, $\mathrm{rank}B = q$. 由式 (9.3) 可知, 如果 $\mathrm{rank}A < n$, 则必有 $\mathrm{rank}B > q$, 而这是不可能的, 故有 $\mathrm{rank}A = n$. 同理, 有 $\mathrm{rank}B = q$. 这表明矩阵 A 和 B 都是列满秩的, 故 $\boldsymbol{x}_1, \boldsymbol{x}_2, \cdots, \boldsymbol{x}_n$ 和 $\boldsymbol{y}_1, \boldsymbol{y}_2, \cdots, \boldsymbol{y}_q$ 均是线性无关的向量组. ■

【定理 9.1.7】 设 A 为 m 阶矩阵,B 为 p 阶矩阵, 则

$$\det(A\otimes B) = (\det A)^p(\det B)^m$$

证明: 设 A 与 B 的 Jordan 标准形分别为 J_1 和 J_2, 于是存在非奇异矩阵 $P\in {}_{m}^{m\times m}$, $Q\in {}_{p}^{p\times p}$, 满足

$$PAP^{-1} = J_1,\quad QBQ^{-1} = J_2$$

根据定理 9.1.1与定理 9.1.3, 有

$$\begin{aligned} A\otimes B &= (P^{-1}J_1P)\otimes(Q^{-1}J_2Q) = (P\otimes Q)(J_1\otimes J_2)(P^{-1}\otimes Q^{-1}) \\ &= (P\otimes Q)(J_1\otimes J_2)(P\otimes Q)^{-1} \end{aligned}$$

于是,$\det(A\otimes B) = \det(J_1\otimes J_2)$. 因为 Jordan 标准形 J_1 和 J_2 都是上三角矩阵, 其主对角线上元素分别是 A 和 B 的特征值, 故有

$$\begin{aligned} \det(J_1\otimes J_2) &= \prod_{j=1}^{p}(\lambda_1\mu_j)\prod_{j=1}^{p}(\lambda_2\mu_j)\cdots\prod_{j=1}^{p}(\lambda_m\mu_j) \\ &= (\lambda_1\lambda_2\cdots\lambda_m)^p\left(\prod_{j=1}^{p}(\mu_j)\right)^m = (\det A)^p(\det B)^m \end{aligned}$$

其中,λ_i 是 A 的特征值; μ_j 是 B 的特征值. ■

【定理 9.1.8】 设 A 为 m 阶矩阵,B 为 n 阶矩阵, 则存在 $m\cdot n$ 阶置换矩阵 (有限个初等矩阵的乘积)P, 使得 $P^{\mathrm{T}}(A\otimes B)P=B\otimes A$.

证明: 容易验证, 对矩阵 $A\otimes I_n$ 进行一系列合同变换可以变成 $I_n\otimes A$, 故存在一个 $m\cdot n$ 阶置换矩阵 P, 使得

$$P^{\mathrm{T}}(A\otimes I_n)P=I_n\otimes A$$

不难验证, 对于这个 $m\cdot n$ 阶置换矩阵 P 有 $P^{\mathrm{T}}(I_m\otimes B)P=B\otimes I_m$. 由于置换矩阵 P 是正交矩阵, 故 $PP^{\mathrm{T}}=I$, 因此有

$$\begin{aligned}P^{\mathrm{T}}(A\otimes B)P&=P^{\mathrm{T}}(A\otimes I_n)(I_m\otimes B)P=P^{\mathrm{T}}(A\otimes I_n)PP^{\mathrm{T}}(I_m\otimes B)P\\&=(I_n\otimes A)(B\otimes I_m)=B\otimes A\end{aligned}$$ ■

注 9.1.1 对矩阵的 i 行和相应的 i 列进行相同的初等变换是一种合同变换. 不难验证: 若对矩阵 A 做一个合同变换,P 是该初等变换所对应的初等矩阵, 对 A 做合同变换以后所得矩阵为 B, 则 $P^{\mathrm{T}}AP=B$.

用 Kronecker 积也可以有幂的概念, 即

$$A^{[k]}=\underbrace{A\otimes A\otimes\cdots\otimes A}_{k\text{个}}$$

关于 Kronecker 积的幂有下述定理.

【定理 9.1.9】 设 $A\in\mathcal{C}^{m\times n}$, $B\in\mathcal{C}^{n\times m}$, 则 $(AB)^{[k]}=A^{[k]}B^{[k]}$.

证明: 用归纳法. 当 $k=1$ 时, 显然成立. 设 $k-1$ 时定理成立, 则由定理 9.1.1 可得

$$\begin{aligned}(AB)^{[k]}&=(AB)\otimes(AB)^{[k-1]}=(AB)\otimes(A^{[k-1]}B^{[k-1]})\\&=(A\otimes A^{[k-1]})(B\otimes B^{[k-1]})=A^{[k]}B^{[k]}\end{aligned}$$ ■

9.2 Kronecker 积的特征值

本节讨论方阵 $A\in\mathcal{C}^{m\times m}$ 和 $B\in\mathcal{C}^{n\times n}$ 的特征值与 $A\otimes B\in\mathcal{C}^{(mn)\times(mn)}$ 的特征值间的关系. 考虑由变量 x 和 y 组成的复系数二元多项式:

$$f(x,y)=\sum_{i,j=0}^{l}c_{ij}x^iy^j$$

对于 $A\in{}^{m\times m}$, $B\in{}^{n\times n}$, 定义 $m\times n$ 矩阵:

$$f(A;B)=\sum_{i,j=0}^{l}c_{ij}A^i\otimes B^j$$

例如, 设 $f(x,y)=2x+xy^3=2x^1y^0+x^1y^3$, 则 $f(A;B)=2A\otimes I_n+A\otimes B^3$. 特别地, 若 $f(x,y)=xy$, 则 $f(A;B)=A\otimes B$; 若 $f(x,y)=x+y$, 则 $f(A;B)=A\otimes I_n+I_m\otimes B$.

后者也称为矩阵 A 和 B 的 Kronecker 和. 由 $I_m\lambda-(-A)|_{\lambda=B}=I_m\lambda-(-A)\lambda^0|_{\lambda=B}=I_m\otimes B+A\otimes I_n$ 和式 (9.1) 可知, A 和 B 的 Kronecker 和也可认为是由 $-A$ 的特征矩阵 $\lambda I_m-(-A)$ 和 B 生成的.

定理 9.2.1给出了 A、B 的特征值和 $f(A;B)$ 的特征值间的关系.

【定理 9.2.1】 设 $\lambda_r(A)$ 和 $\boldsymbol{x}_r(r=1,2,\cdots,m)$ 是 m 阶矩阵 A 的特征值和相应的特征向量, $\mu_s(B)$ 和 $\boldsymbol{y}_s(s=1,2,\cdots,n)$ 是 n 阶矩阵 B 的特征值和相应的特征向量, 则 $m\cdot n$ 个数 $f(\lambda_r,\mu_s)$ $(r=1,2,\cdots,m,\ s=1,2,\cdots,n)$ 是 $f(A;B)$ 的特征值,$\boldsymbol{x}_r\otimes\boldsymbol{y}_s$ 是对应于特征值 $f(\lambda_r,\mu_s)$ 的特征向量.

证明: 由

$$A\boldsymbol{x}_r=\lambda_r\boldsymbol{x}_r,\quad B\boldsymbol{y}_s=\mu_s\boldsymbol{y}_s$$

有

$$A^i\boldsymbol{x}_r=\lambda_r^i\boldsymbol{x}_r,\quad B^j\boldsymbol{y}_s=\mu_s^j\boldsymbol{y}_s$$

于是, 有

$$\begin{aligned}f(A;B)(\boldsymbol{x}_r\otimes\boldsymbol{y}_s)&=\left(\sum_{i,j=0}^{l}c_{ij}A^i\otimes B^j\right)(\boldsymbol{x}_r\otimes\boldsymbol{y}_s)=\sum_{i,j=0}^{l}c_{ij}(A^i\otimes B^j)(\boldsymbol{x}_r\otimes\boldsymbol{y}_s)\\&=\sum_{i,j=0}^{l}c_{ij}(A^i\boldsymbol{x}_r)\otimes(B^j\boldsymbol{y}_s)=\sum_{i,j=0}^{l}c_{ij}(\lambda_r^i\boldsymbol{x}_r)\otimes(\mu_s^j\boldsymbol{y}_s)\\&=\sum_{i,j=0}^{l}c_{ij}\lambda_r^i\mu_s^j(\boldsymbol{x}_r\otimes\boldsymbol{y}_s)=f(\lambda_r,\mu_s)(\boldsymbol{x}_r\otimes\boldsymbol{y}_s)\end{aligned}$$ ■

推论 9.2.1 $A\otimes B$ 的特征值是 mn 个值 $\lambda_r\mu_s(r=1,2,\cdots,m,\ s=1,2,\cdots,n)$ 对应的特征向量是 $\boldsymbol{x}_r\otimes\boldsymbol{y}_s$, $r=1,2,\cdots,m$, $s=1,2,\cdots,n$.

推论 9.2.2 $A\otimes I_n+I_m\otimes B$ 的特征值是 $\lambda_r+\mu_s$, $r=1,2,\cdots,m$, $s=1,2,\cdots,n$, 其对应的特征向量是 $\boldsymbol{x}_r\otimes\boldsymbol{y}_s$, $r=1,2,\cdots,m$, $s=1,2,\cdots,n$.

9.3 线性矩阵方程

9.3.1 矩阵的列展开与行展开

线性矩阵方程可以通过矩阵的列展开化为一个等价的线性方程组. 为此引入矩阵的列展开与行展开.

定义 9.3.1 设 $A=(a_{ij})_{m\times n}$. 将 A 的各行依次横排得到的 mn 维行向量, 称为矩阵 A 的行展开, 记为 $rs(A)$, 即

$$rs(A)=[a_{11}\ \ a_{12}\ \ \cdots\ \ a_{1n}\ \ a_{21}\ \ a_{22}\ \ \cdots\ \ a_{2n}\ \ \cdots\ \ a_{m1}\ \ a_{m2}\ \ \cdots\ \ a_{mn}]$$

将 A 的各列依次纵排得到的 mn 维列向量, 称为矩阵 A 的列展开, 记为 $cs(A)$, 即

$$cs(A)=[a_{11}\ \ a_{21}\ \ \cdots\ \ a_{m1}\ \ a_{12}\ \ a_{22}\ \ \cdots\ \ a_{m2}\ \ \cdots\ \ a_{1n}\ \ a_{2n}\ \ \cdots\ \ a_{mn}]^{\mathrm{T}}$$

根据上述定义不难得到:

$$\begin{aligned} rs(A^{\mathrm{T}}) &= (cs(A))^{\mathrm{T}}, \quad rs(A+B) = rs(A)+rs(B) \\ cs(A^{\mathrm{T}}) &= (rs(A))^{\mathrm{T}}, \quad cs(A+B) = cs(A)+cs(B) \end{aligned} \tag{9.4}$$

【定理 9.3.1】 设 $A=(a_{ij})_{m\times n}$, $X=(x_{ij})_{n\times p}$, $B=(b_{ij})_{p\times q}$, 则

$$rs(AXB)=rs(X)(A^{\mathrm{T}}\otimes B), \quad cs(AXB)=(B^{\mathrm{T}}\otimes A)cs(X)$$

证明: 记 A 的第 i 行向量为 $\boldsymbol{\alpha}_i^{\mathrm{T}}$, X 的第 i 列向量为 $\tilde{\boldsymbol{x}}_i$, X 的第 i 行向量为 $\boldsymbol{x}_i^{\mathrm{T}}$, B 的第 i 列向量为 $\boldsymbol{\beta}_i$, 则

$$\begin{aligned}
rs(AXB) &= rs\left(\begin{bmatrix} a_{11} & a_{12} & \cdots & a_{1n} \\ a_{21} & a_{22} & \cdots & a_{2n} \\ \vdots & \vdots & \ddots & \vdots \\ a_{m1} & a_{m2} & \cdots & a_{mn} \end{bmatrix}\begin{bmatrix} \boldsymbol{x}_1^{\mathrm{T}}B \\ \boldsymbol{x}_2^{\mathrm{T}}B \\ \vdots \\ \boldsymbol{x}_n^{\mathrm{T}}B \end{bmatrix}\right) \\
&= rs\left(\begin{bmatrix} \sum_{i=1}^{n} a_{1i}\boldsymbol{x}_i^{\mathrm{T}}B \\ \sum_{i=1}^{n} a_{2i}\boldsymbol{x}_i^{\mathrm{T}}B \\ \vdots \\ \sum_{i=1}^{n} a_{mi}\boldsymbol{x}_i^{\mathrm{T}}B \end{bmatrix}\right) \\
&= \begin{bmatrix} \sum_{i=1}^{n} a_{1i}\boldsymbol{x}_i^{\mathrm{T}}B & \sum_{i=1}^{n} a_{2i}\boldsymbol{x}_i^{\mathrm{T}}B & \cdots & \sum_{i=1}^{n} a_{mi}\boldsymbol{x}_i^{\mathrm{T}}B \end{bmatrix} \\
&= \begin{bmatrix} \boldsymbol{x}_1^{\mathrm{T}} & \boldsymbol{x}_2^{\mathrm{T}} & \cdots & \boldsymbol{x}_n^{\mathrm{T}} \end{bmatrix}\begin{bmatrix} a_{11}B & a_{21}B & \cdots & a_{m1}B \\ a_{12}B & a_{22}B & \cdots & a_{m2}B \\ \vdots & \vdots & \ddots & \vdots \\ a_{1n}B & a_{2n}B & \cdots & a_{mn}B \end{bmatrix} \\
&= rs(X)(A^{\mathrm{T}}\otimes B)
\end{aligned}$$

同理可证:

$$\begin{aligned}
cs(AXB) &= cs\left(\begin{bmatrix} \sum_{i=1}^{p} b_{i1}A\tilde{\boldsymbol{x}}_i & \sum_{i=1}^{p} b_{i2}A\tilde{\boldsymbol{x}}_i & \cdots & \sum_{i=1}^{p} b_{iq}A\tilde{\boldsymbol{x}}_i \end{bmatrix}\right) \\
&= \begin{bmatrix} b_{11}A & b_{21}A & \cdots & b_{p1}A \\ b_{12}A & b_{22}A & \cdots & b_{p2}A \\ \vdots & \vdots & \ddots & \vdots \\ b_{1q}A & b_{2q}A & \cdots & b_{pq}A \end{bmatrix}\begin{bmatrix} \tilde{\boldsymbol{x}}_1 \\ \tilde{\boldsymbol{x}}_2 \\ \vdots \\ \tilde{\boldsymbol{x}}_p \end{bmatrix}
\end{aligned}$$

$$=(B^{\mathrm{T}}\otimes A)cs(X)$$ ■

9.3.2　线性矩阵代数方程

本节讨论形如:

$$A_1XB_1+A_2XB_2+\cdots+A_pXB_p=C \tag{9.5}$$

的线性矩阵代数方程, 其中 $A_i\in\mathcal{C}^{m\times m}$, $B_j\in\mathcal{C}^{n\times n}$ 和 $C\in\mathcal{C}^{m\times n}$ 为已知矩阵,$X\in\mathcal{C}^{m\times n}$ 为待定未知矩阵. 令 $\boldsymbol{x}=cs(X)$, 则利用定理 9.3.1, 可将方程 (9.5) 化为一个等价的 mn 元一次方程组.

【定理 9.3.2】　矩阵 X 是方程 (9.5) 的解的充要条件是 $\boldsymbol{x}=cs(X)$ 是方程

$$G\boldsymbol{x}=\boldsymbol{c} \tag{9.6}$$

的解, 其中 $\boldsymbol{c}=cs(C)$, $G=\sum\limits_{j=1}^{p}(B_j^{\mathrm{T}}\otimes A_j)$.

证明: 应用定理 9.3.1对方程 (9.5) 实施列展开并注意式 (9.4), 有

$$\begin{aligned}cs(C)&=cs\left(\sum_{j=1}^{p}A_jXB_j\right)=\sum_{j=1}^{p}cs\left(A_jXB_j\right)\\&=\sum_{j=1}^{p}(B_j^{\mathrm{T}}\otimes A_j)cs(X)\end{aligned}$$

即 $G\boldsymbol{x}=\boldsymbol{c}$. 故方程 (9.5) 的解与方程 (9.6) 的解相同. ■

推论 9.3.1　方程 (9.5) 有解的充要条件是 $\mathrm{rank}[G\quad \boldsymbol{c}]=\mathrm{rank}G$.

推论 9.3.2　方程 (9.5) 有唯一解的充要条件是 G 为非奇异的.

下面讨论方程 (9.5) 的一个特例, 即 Sylvester 方程:

$$AX+XB=C \tag{9.7}$$

其对应于 $p=2$, $A_1=A$, $B_1=I_n$, $A_2=I_m$, $B_2=B$.

【定理 9.3.3】　方程 (9.7) 有唯一解的充要条件是 A 和 $-B$ 没有相同的特征值.

证明: 与方程 (9.7) 对应的线性方程组为

$$cs(C)=cs(AX+XB)=(I_n\otimes A+B^{\mathrm{T}}\otimes I_m)cs(X)$$

由推论 9.3.2可知, 方程 (9.7) 有唯一解的充要条件是矩阵 $I_n\otimes A+B^{\mathrm{T}}\otimes I_m$ 非奇异, 即矩阵 $I_n\otimes A+B^{\mathrm{T}}\otimes I_m$ 没有零特征值. 由推论 9.2.2可知, 矩阵 $I_n\otimes A+B^{\mathrm{T}}\otimes I_m$ 的特征值是 $\lambda_i(A)+\mu_j(B)$. 于是方程 (9.7) 有唯一解的充要条件是 $\lambda_i(A)+\mu_j(B)\neq 0$, 即 A 与 $-B$ 没有相同的特征值. ■

某些特殊情况下可以得到方程 (9.7) 的解的解析表达式.

【定理 9.3.4】 若矩阵 $A\in\mathcal{C}^{m\times m}$, $B\in\mathcal{C}^{n\times n}$ 的所有特征值具有负实部, 则方程 (9.7) 有唯一解 X, 且可以表示为

$$X=-\int_0^{\infty}\mathrm{e}^{At}C\mathrm{e}^{Bt}\mathrm{d}\,t \tag{9.8}$$

证明: 因为 A、B 的特征值都有负实部, 所以 A 与 $-B$ 没有相同的特征值, 根据定理 9.3.3, 方程有唯一解. 定义:

$$Z(t)=\mathrm{e}^{At}C\mathrm{e}^{Bt} \tag{9.9}$$

由矩阵指数函数的性质可得

$$\frac{\mathrm{d}Z(t)}{\mathrm{d}t}=AZ(t)+Z(t)B,\quad Z(0)=C \tag{9.10}$$

若写出矩阵函数 (9.9) 的 Jordan 表达式, 因 A 和 B 的所有特征值均具有负的实部, 故可以证明:

$$Z(\infty)=\lim_{t\to\infty}\mathrm{e}^{At}C\mathrm{e}^{Bt}=0 \tag{9.11}$$

将方程 (9.10) 两端对 t 从 0 到 ∞ 积分, 得

$$Z(\infty)-Z(0)=\int_0^{\infty}(AZ+ZB)\mathrm{d}t$$

把式 (9.11) 与式 (9.10) 的初始条件代入上式, 得

$$\begin{aligned}-C&=A\int_0^{\infty}Z\mathrm{d}t+\int_0^{\infty}Z\mathrm{d}tB\\&=A\left(\int_0^{\infty}\mathrm{e}^{At}C\mathrm{e}^{Bt}\mathrm{d}t\right)+\left(\int_0^{\infty}\mathrm{e}^{At}C\mathrm{e}^{Bt}\mathrm{d}t\right)B\end{aligned}$$

这说明式 (9.8) 是方程 (9.7) 的解. ■

线性矩阵方程 (9.5) 的另一个特例是

$$AXB-X=C \tag{9.12}$$

这对应于 $p=2$, $A_1=A$, $B_1=B$, $A_2=-I_m$, $B_2=I_n$.

【定理 9.3.5】 设 $A\in\mathcal{C}^{m\times m}$, $B\in\mathcal{C}^{n\times n}$, $C\in\mathcal{C}^{m\times n}$, 则矩阵代数方程 (9.12) 有唯一解的充要条件是 $\lambda_i(A)\mu_j(B)\neq 1$, $i=1,2,\cdots,m$, $j=1,2,\cdots,n$, $\lambda_i(A)$ 与 $\mu_j(B)$ 分别为 A 与 B 的特征值.

证明: 把方程 (9.12) 两端按列展开有

$$cs(C)=cs(AXB-I_mXI_n)=(B^{\mathrm{T}}\otimes A-I_n\otimes I_m)cs(X)$$

于是, 方程 (9.12) 有唯一解的充要条件是矩阵 $(B^{\mathrm{T}}\otimes A-I_n\otimes I_m)$ 无零特征值. 由推论 9.2.1和推论 9.2.2得 $\lambda_i(A)\mu_j(B)-1\neq 0$. ■

9.4 矩阵指数应用一: 稳定性理论

Lyapunov 关于运动稳定性的理论研究参见文献 [17]. 下述关于线性定常连续时间系统的稳定性定理的证明参见文献 [18] 和文献 [3].

【定理 9.4.1】 线性定常连续时间系统 (7.8) 的状态空间的原点大范围渐进稳定, 当且仅当对任意的正定矩阵 W 线性矩阵方程

$$A^*P + PA = -W \tag{9.13}$$

的解 P 均为正定矩阵.

证明: 先证必要性. 因 A 稳定, 故对所有的 $i, j = 1, 2, \cdots, n$ 都有 $\lambda_i(A) + \lambda_j(A) \neq 0$, Sylvester 方程 (9.13) 对任意给定的 W 都有唯一的解 P, 参见定理 9.3.3. 定义:

$$P = \int_0^\infty \mathrm{e}^{A^*t} W \mathrm{e}^{At} \mathrm{d}t \tag{9.14}$$

则有

$$\begin{aligned} A^*P + PA &= \int_0^\infty \left(A^* \mathrm{e}^{A^*t} W \mathrm{e}^{At} + \mathrm{e}^{A^*t} W \mathrm{e}^{At} A \right) \mathrm{d}t \\ &= \int_0^\infty \mathrm{d}\mathrm{e}^{A^*t} W \mathrm{e}^{At} = \mathrm{e}^{A^*t} W \mathrm{e}^{At} \Big|_0^\infty = -W \end{aligned}$$

最后一式由 A 稳定, 从而得到 $\lim_{t\to\infty} \mathrm{e}^{At} = 0. P = \int_0^\infty \mathrm{d}\mathrm{e}^{A^*t} W \mathrm{e}^{At}$ 满足式 (9.13) 并是其唯一的解. 令 $\boldsymbol{x}$ 为任意非零列向量. 由式 (9.14) 可得

$$\boldsymbol{x}^* P \boldsymbol{x} = \boldsymbol{x}^* \left(\int_0^\infty \mathrm{e}^{A^*t} W \mathrm{e}^{At} \mathrm{d}t \right) \boldsymbol{x} = \int_0^\infty \boldsymbol{x}^* \mathrm{e}^{A^*t} W \mathrm{e}^{At} \boldsymbol{x} \mathrm{d}t$$

因 W 正定且 e^{At} 对任何 t 均非奇异, 被积函数 $\boldsymbol{x}^* \mathrm{e}^{A^*t} W \mathrm{e}^{At} \boldsymbol{x}$ 对任何 t 均正定, 从而积分正定. 因此任意非零列向量 $\boldsymbol{x}$ 都有 $\boldsymbol{x}^* P \boldsymbol{x} > 0$. 从而 A 稳定, 对任意 $W > 0$ 必有 $P > 0$.

再证充分性. 设对任意 $W > 0$ 都有 $P > 0$. 令 $\boldsymbol{x}_i$ 为 A 的特征值 λ_i 的特征向量, 则有

$$A\boldsymbol{x}_i = \boldsymbol{x}_i \lambda_i, \quad \boldsymbol{x}_i^* A^* = \bar{\lambda}_i \boldsymbol{x}_i^*$$

由式 (9.13) 和最后一式可得

$$\begin{aligned} -\boldsymbol{x}_i^* W \boldsymbol{x}_i &= \boldsymbol{x}_i^* (A^*P + PA) \boldsymbol{x}_i = \bar{\lambda}_i \boldsymbol{x}_i^* P \boldsymbol{x}_i + \lambda_i \boldsymbol{x}_i^* P \boldsymbol{x}_i \\ &= \left(\bar{\lambda}_i + \lambda_i \right) \boldsymbol{x}_i^* P \boldsymbol{x}_i = (2\mathrm{Re}\lambda_i) \boldsymbol{x}_i^* P \boldsymbol{x}_i \end{aligned}$$

因 $\boldsymbol{x}_i^* W \boldsymbol{x}_i > 0$, $\boldsymbol{x}_i^* P \boldsymbol{x}_i > 0$, 必有对所有 $i = 1, 2, \cdots, n$, $\mathrm{Re}\lambda_i(A) < 0$. ■

显然,Sylvester 方程 (9.7) 中若 $B = A$, $A \to A^*$, 从而 $C = -W$ 为 Hermitian 矩阵, 式 (9.7) 即为式 (9.13), 称为连续时间系统的 Lyapunov 方程.

线性定常离散时间系统的状态方程为

$$\boldsymbol{x}(k+1) = A\boldsymbol{x}(k), \quad \boldsymbol{x}(0) = \boldsymbol{x}_0 \tag{9.15}$$

其中,$k = 0,1,2,\cdots$. 状态方程 (9.15) 的解显然是 $\boldsymbol{x}(k) = A^k\boldsymbol{x}(0)$. 因 $\lambda_i(A^k) = \lambda_i^k(A)$, $\lim_{k\to\infty}\boldsymbol{x}(k) = \boldsymbol{0}$, $\forall\boldsymbol{x}_0$, 当且仅当 $|\lambda_i(A)| < 1$, $\forall i$. 由此引入线性离散时间系统的稳定性定义.

定义 9.4.1 若 $|\lambda_i(A)| < 1$, $\forall i$, 称线性定常离散时间系统 (9.15) 稳定.

【定理 9.4.2】 线性定常离散时间系统 (9.15) 的状态空间的原点大范围渐进稳定, 当且仅当对任意的正定矩阵 W 线性矩阵方程

$$A^*XA - X = -W \tag{9.16}$$

的解 X 均为正定矩阵.

证明: 先证必要性. 因 A 稳定, 故对所有的 $i,j = 1,2,\cdots,n$ 都有 $\lambda_i(A)\lambda_j(A) \neq 1$. 由定理 9.3.5 可知, 线性矩阵方程 (9.16) 对任意给定的 W 都有唯一的解 X. 定义:

$$X = \sum_{k=0}^{\infty}(A^*)^k WA^k \tag{9.17}$$

则由 A 稳定, 从而 $\lim_{k\to\infty}A^k = 0$ 可得

$$A^*XA - X = \sum_{k=1}^{\infty}(A^*)^k WA^k - \sum_{k=0}^{\infty}(A^*)^k WA^k = -W$$

从而,$X = \sum_{k=0}^{\infty}(A^*)^k WA^k$ 满足式 (9.16) 并是其唯一解. 令 $\boldsymbol{x}$ 为任意非零列向量. 由式 (9.17) 可得

$$\boldsymbol{x}^*X\boldsymbol{x} = \boldsymbol{x}^*\left(\sum_{k=0}^{\infty}(A^*)^k WA^k\right)\boldsymbol{x} \geqslant \boldsymbol{x}^*W\boldsymbol{x} > 0, \quad \forall\boldsymbol{x} \neq \boldsymbol{0}$$

从而 A 稳定, 则对任意 $W > 0$ 必有 $X > 0$.

再证充分性. 设对任意 $W > 0$ 都有 $X > 0$. 令 $\boldsymbol{x}_i$ 为 A 的特征值 λ_i 的特征向量, 则有

$$A\boldsymbol{x}_i = \boldsymbol{x}_i\lambda_i, \quad \boldsymbol{x}_i^*A^* = \bar{\lambda}_i\boldsymbol{x}_i^*$$

由式 (9.16) 和上式可得

$$-\boldsymbol{x}_i^*W\boldsymbol{x}_i = \boldsymbol{x}_i^*(A^*XA - X)\boldsymbol{x}_i = \left(\bar{\lambda}_i\lambda_i - 1\right)\boldsymbol{x}_i^*X\boldsymbol{x}_i$$

因 $\boldsymbol{x}_i^*W\boldsymbol{x}_i > 0$, $\boldsymbol{x}_i^*X\boldsymbol{x}_i > 0$, 故必有 $\bar{\lambda}_i(A)\lambda_i(A) - 1 = |\lambda_i(A)|^2 - 1 < 0$, $\forall i$. ■

显然, 式 (9.12) 中, 若 $B = A$, $A \to A^*$, 从而 $C = -W$ 为 Hermitian 矩阵, 式 (9.7) 即为式 (9.16), 称为线性离散时间系统的 Lyapunov 方程.

9.5 矩阵理论的应用: 可控性与可观测性

9.5.1 状态可控性及其判据

Kalman 引入了可控性和可观测性两个基本概念[19], 并对状态空间按可控-不可控、可观测-不可观测进行了分解 (定理 9.5.1 (c) 和定理 9.5.2 (c)) [20]. 可控性和可观测性判据可参见许多控制理论基础教科书, 如文献 [21]~ [26]. 考虑由状态空间表达式

$$\dot{\boldsymbol{x}}(t)=A\boldsymbol{x}(t)+\boldsymbol{B}\boldsymbol{u}(t) \tag{9.18}$$

$$\boldsymbol{y}(t)=\boldsymbol{C}\boldsymbol{x}(t)+\boldsymbol{D}\boldsymbol{u}(t) \tag{9.19}$$

描述的线性定常连续时间系统, 其中 $\boldsymbol{x}(t)\in\mathcal{R}^n$ 为状态向量; $\boldsymbol{u}(t)\in\mathcal{R}^m$ 为控制输入; $\boldsymbol{y}(t)\in\mathcal{R}^r$ 为系统的输出.

定义 9.5.1 设由状态方程 (9.18) 描述的线性定常连续时间系统的初始状态 $\boldsymbol{x}(t_0)=\boldsymbol{x}_0$. 若对任何 $t_1>t_0$ 都可以构造区间 $[t_0,t_1]$ 上有界的 $\boldsymbol{u}(t)$ 使得 $\boldsymbol{x}(t_1)=\boldsymbol{0}$, 则称 $\boldsymbol{x}_0$ 是可控的. 如果状态空间 $\mathcal{R}^n$ 中所有的状态 $\boldsymbol{x}$ 都是可控的, 则称系统 (9.18) 完全可控.

显然, 可控性完全由 (A,B) 决定, 因此也称 $(A\ ,\ B)$ 完全可控.

【例 9.5.1】 为理解状态可控性的物理意义, 考虑图 9.1所示的 RC 电路.

因两个并联 RC 支路完全一样, 控制输入 $u_i(t)$ 对 $u_{C,1}(t)$ 和 $u_{C,2}(t)$ 的作用完全一样. 因此存在 $u_i(t)$ 将 $u_{C,1}(t)$ 和 $u_{C,2}(t)$ 从初始状态 $u_{C,1}(t_0)$ 和 $u_{C,2}(t_0)$ 在给定的时间 $[t_0\ ,\ t_1]$ 内带回到状态空间的原点当且仅当 $u_{C,1}(t_0)=u_{C,2}(t_0)$. 显然,$u_{C,1}(t_0)=u_{C,2}(t_0)$ 只是 $u_{C,1}$-$u_{C,2}$ 平面的一个子空间, 从而 RC 电路不可控. △

讨论可控性的参考文献很多. 下述定理取自文献 [22]. 它给出了可控性的基本判据、系统可控情况下如何构造将系统的状态带回原点且耗能最小的控制输入以及系统不可控情况下状态空间的分解. 不失一般性, 设 $t_0=0$.

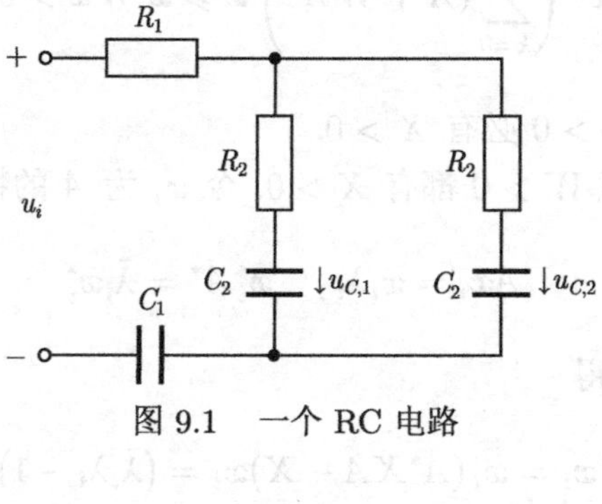

图 9.1 一个 RC 电路

【定理 9.5.1】 设 $\dim A=n$, 则以下陈述等价:

(1) $(A\ ,\ B)$ 可控;

(2) $\operatorname{rank}[\lambda I-A\quad B]=n,\ \forall\lambda\in\mathcal{C}$;

(3) 对任何非奇异矩阵 T, 不等式

$$(TAT^{-1}\ ,\ TB) \neq \left(\begin{bmatrix} A_{11} & A_{12} \\ 0 & A_{22} \end{bmatrix} , \begin{bmatrix} B_1 \\ 0 \end{bmatrix} \right)$$

都成立;

(4) 可控性矩阵

$$Q_c = \begin{bmatrix} B & AB & A^2B & \cdots & A^{n-1}B \end{bmatrix}$$

的行向量线性无关, 即 $\text{rank}Q_c = n$;

(5) 若 $\boldsymbol{w}^{\mathrm{T}}(sI - A)^{-1}B = \mathbf{0}^{\mathrm{T}}$, $\forall s \in \mathcal{C}$, 则 $\boldsymbol{w} = \mathbf{0}$;

(6) 若对任意的 $t_1 > 0$, $\boldsymbol{w}^{\mathrm{T}}\mathrm{e}^{At}B = \mathbf{0}^{\mathrm{T}}$, $\forall t \in [0\ ,\ t_1)$, 则 $\boldsymbol{w} = \mathbf{0}$.

(1) $\iff$ (2) 称为 Popov-Belevitch-Hautus 判据,(1) $\iff$ (4) 称为代数判据. 下面将循路线

$$(1) \Longrightarrow (2) \Longrightarrow (3) \Longrightarrow (4) \Longrightarrow (5) \Longrightarrow (6) \Longrightarrow (1)$$

证明该定理.

证明: (1) $\Longrightarrow$ (2). 假设 (2) 不成立, 则存在 $\lambda \in \mathcal{C}$ 使得 $[\lambda I - A \quad B]$ 的行向量线性相关, 于是存在 $\boldsymbol{w}^* \neq \mathbf{0}^*$ 使得

$$\boldsymbol{w}^*[\lambda I - A \quad B] = \mathbf{0}^* \quad \iff \quad \boldsymbol{w}^*A = \lambda\boldsymbol{w}^* \text{ 且 } \boldsymbol{w}^*B = 0$$

将状态方程 (9.18) 两端左乘 $\boldsymbol{w}^*$ 可得

$$\boldsymbol{w}^*\dot{\boldsymbol{x}} = \lambda\boldsymbol{w}^*\boldsymbol{x}$$

记 $\xi = \boldsymbol{w}^*\boldsymbol{x}$, 则 $\dot{\xi} = \boldsymbol{w}^*\dot{\boldsymbol{x}}$, 于是有

$$\dot{\xi}(t) = \lambda\xi(t)$$

上述方程的解为 $\xi(t) = \mathrm{e}^{\lambda t}\xi(0)$, 其中 $\xi(0) = \boldsymbol{w}^*\boldsymbol{x}(0)$. 因 $\boldsymbol{w} \neq \mathbf{0}$, $\dim(\text{Ker}\boldsymbol{w}^*) = n - 1$, 存在 $\boldsymbol{x}(0) \neq 0$ 使得 $\boldsymbol{w}^*\boldsymbol{x}(0) \neq 0$. 显然对初始状态 $\boldsymbol{x}(0)$, $\xi(t) = \mathrm{e}^{\lambda t}\boldsymbol{w}^*\boldsymbol{x}(0) \neq 0$, $\forall t > 0$. 于是 $\boldsymbol{x}(t) \neq \mathbf{0}$ ($\forall t > 0$) 和 $\boldsymbol{u}(t)$, 从而系统不可控.

(2) $\Longrightarrow$ (3). 设存在非奇异矩阵 T 使得

$$(TAT^{-1}\ ,\ TB) = \left(\begin{bmatrix} A_{11} & A_{12} \\ 0 & A_{22} \end{bmatrix} , \begin{bmatrix} B_1 \\ 0 \end{bmatrix} \right)$$

令 λ 是 A_{22} 的一个特征值, 其右特征向量为 $\boldsymbol{w}_2^*$, 即有 $\boldsymbol{w}_2^*A_{22} = \lambda\boldsymbol{w}_2^*$. 因 T 非奇异, 故 $[\mathbf{0}^* \quad \boldsymbol{w}_2^*]T \neq \mathbf{0}^*$. 然而, 有

$$[\mathbf{0}^* \quad \boldsymbol{w}_2^*]T[\lambda I - A \quad B] = [\mathbf{0}^* \quad \boldsymbol{w}_2^*]T[\lambda I - A \quad B]\begin{bmatrix} T^{-1} & 0 \\ 0 & I \end{bmatrix}\begin{bmatrix} T & 0 \\ 0 & I \end{bmatrix}$$

$$
\begin{aligned}
&= [\mathbf{0}^* \quad \boldsymbol{w}_2^*][\lambda I - TAT^{-1} \quad TB]\begin{bmatrix} T & 0 \\ 0 & I \end{bmatrix} \\
&= [\mathbf{0}^* \quad \boldsymbol{w}_2^*]\begin{bmatrix} \lambda I - A_{11} & -A_{12} & B_1 \\ 0 & \lambda I - A_{22} & 0 \end{bmatrix}\begin{bmatrix} T & 0 \\ 0 & I \end{bmatrix} = \mathbf{0}^*
\end{aligned}
$$

这意味着对 A_{22} 的任何一个特征值 λ 都有 $\operatorname{rank}[\lambda I - A \quad B] < n$.(2) $\Longrightarrow$ (3).

(3) $\Longrightarrow$ (4). 设 $\operatorname{rank}Q_{\mathrm{c}} < n$, 则存在非零列向量 $\boldsymbol{w}$ 使得

$$
\boldsymbol{w}^* Q_{\mathrm{c}} = \mathbf{0}^* \quad \Longleftrightarrow \quad \boldsymbol{w}^* A^i B = \mathbf{0}^{\mathrm{T}},\ i = 0, 1, 2, \cdots, n-1
$$

$$
\Longleftrightarrow \begin{bmatrix} \boldsymbol{w}^{\mathrm{T}} \\ \boldsymbol{w}^{\mathrm{T}} A \\ \vdots \\ \boldsymbol{w}^{\mathrm{T}} A^{n-1} \end{bmatrix} B = 0
$$

最后一式说明,$\boldsymbol{w}^*$, $\boldsymbol{w}^* A$, $\cdots$, $\boldsymbol{w}^* A^{n-1}$ 线性相关. 然而, 因 $\boldsymbol{w} \neq \mathbf{0}$, 故存在最大的正数 k $(1 \leqslant k \leqslant n-1)$, 使得 $\boldsymbol{w}^*$, $\boldsymbol{w}^* A$, $\cdots$, $\boldsymbol{w}^* A^{k-1}$ 线性无关.k 最大意味着 $\boldsymbol{w}^{\mathrm{T}}$, $\boldsymbol{w}^* A$, $\cdots$, $\boldsymbol{w}^* A^{k-1}$ 和 $\boldsymbol{w}^* A^k$ 线性相关. 用这 k 个线性无关的列向量定义 $k \times n$ 矩阵:

$$
T_2 = \begin{bmatrix} \boldsymbol{w}^{\mathrm{T}} \\ \boldsymbol{w}^{\mathrm{T}} A \\ \vdots \\ \boldsymbol{w}^{\mathrm{T}} A^{k-1} \end{bmatrix}
$$

因为 $k < n$ 且 $\operatorname{rank}T_2 = k$, 所以齐次方程 $T_2 \boldsymbol{v} = \mathbf{0}$ 有 $n-k$ 个线性无关的解 $\boldsymbol{w}_1$, $\boldsymbol{w}_2$, $\cdots$, $\boldsymbol{w}_{n-k}$. 定义:

$$
T_1 = \begin{bmatrix} \boldsymbol{w}_1 \\ \boldsymbol{w}_2 \\ \vdots \\ \boldsymbol{w}_{n-k} \end{bmatrix}
$$

以及

$$
T \triangleq \begin{bmatrix} T_1 \\ T_2 \end{bmatrix}
$$

则 T 是非奇异方阵. 考虑线性变换 (TAT^{-1}, TB). 令

$$
TAT^{-1} = \begin{bmatrix} A_{11} & A_{12} \\ A_{21} & A_{22} \end{bmatrix} \quad \Longleftrightarrow \quad \begin{bmatrix} T_1 \\ T_2 \end{bmatrix} A = \begin{bmatrix} A_{11} & A_{12} \\ A_{21} & A_{22} \end{bmatrix}\begin{bmatrix} T_1 \\ T_2 \end{bmatrix}
$$

两边的第二行块为

$$
T_2 A = A_{21} T_1 + A_{22} T_2
$$

因

$$T_2A = \begin{bmatrix} \boldsymbol{w}^{\mathrm{T}}A \\ \boldsymbol{w}^{\mathrm{T}}A^2 \\ \vdots \\ \boldsymbol{w}^{\mathrm{T}}A^k \end{bmatrix}$$

其所有行向量均可表示为 T_2 的行向量的线性组合, 从而 $A_{21} = 0$. 因 $T_2B = 0$, 故有

$$TB = \begin{bmatrix} T_1 \\ T_2 \end{bmatrix} B = \begin{bmatrix} B_1 \\ 0 \end{bmatrix}$$

上述分析表明, 若 $\mathrm{rank}Q_{\mathrm{c}} < n$, 则不等式 (3) 不成立.

(4) $\Longrightarrow$ (5). 设存在 $\boldsymbol{w}$ 使得对所有的 $s \in \mathcal{C}$ 都有 $\boldsymbol{w}^{\mathrm{T}}(sI - A)^{-1}B = \boldsymbol{0}^{\mathrm{T}}$. 由 $(sI - A)^{-1}$ 的 Laurent 级数展开可得

$$\boldsymbol{w}^{\mathrm{T}}Bs^{-1} + \boldsymbol{w}^{\mathrm{T}}ABs^{-2} + \boldsymbol{w}^{\mathrm{T}}A^2Bs^{-3} + \cdots + \boldsymbol{w}^{\mathrm{T}}A^kBs^{-(k+1)} + \cdots = 0, \quad \forall\, s$$

由 Cayley-Hamilton 定理可知, 上式成立, 则对所有的 $k = 0, 1, 2, \cdots, n-1$ 都有 $\boldsymbol{w}^{\mathrm{T}}A^kB = 0$. 于是存在 $\boldsymbol{w}$ 使得 $\boldsymbol{w}^{\mathrm{T}}[B\ AB\ \cdots\ A^{n-1}B] = \boldsymbol{0}^{\mathrm{T}}$.

(5) $\Longrightarrow$ (6). 设存在 $\boldsymbol{w}$ 使得对所有的 $t \in [0\ ,\ t_1)$ 都有 $\boldsymbol{w}^{\mathrm{T}}\mathrm{e}^{At}B = \boldsymbol{0}^{\mathrm{T}}$. 则有

$$\frac{\mathrm{d}^k}{\mathrm{d}\,t^k}\boldsymbol{w}^{\mathrm{T}}\mathrm{e}^{At}B = \boldsymbol{w}^{\mathrm{T}}\mathrm{e}^{At}A^kB = \boldsymbol{0}^{\mathrm{T}}, \quad k = 0, 1, 2, \cdots, t \in [0\ ,\ t_1)$$

令 $t = 0$ 可得 $\boldsymbol{w}^{\mathrm{T}}A^kB = \boldsymbol{0}^{\mathrm{T}}$, 这里 $k = 0, 1, 2, \cdots$. 这意味着对所有的 $s \in \mathcal{C}$ 都有 $\boldsymbol{w}^{\mathrm{T}}(sI - A)^{-1}B = \boldsymbol{0}^{\mathrm{T}}$.

(6) $\Longrightarrow$ (1). 显然只需证明 (6) 成立, 则存在 $\boldsymbol{u}(t)$ 将系统的状态 $\boldsymbol{x}(t)$ 由任意初始状态 $\boldsymbol{x}(0) = \boldsymbol{x}_0$ 在任意给定的时刻 $t_1 > 0$ 转移到状态空间的原点 $\boldsymbol{0}$. 定义矩阵:

$$G_{\mathrm{c}}(t_0, t_1) \triangleq \int_{t_0}^{t_1} \mathrm{e}^{At}BB^{\mathrm{T}}\mathrm{e}^{A^{\mathrm{T}}t}\,\mathrm{d}t$$

其中,$t_1 > t_0$. 设存在 $\boldsymbol{w}$ 使得 $G_{\mathrm{c}}(t_0, t_1)\boldsymbol{w} = \boldsymbol{0}$, 则有

$$\begin{aligned} \boldsymbol{w}^{\mathrm{T}}G_{\mathrm{c}}(t_0, t_1)\boldsymbol{w} &= \int_{t_0}^{t_1} \boldsymbol{w}^{\mathrm{T}}\mathrm{e}^{At}BB^{\mathrm{T}}\mathrm{e}^{A^{\mathrm{T}}t}\boldsymbol{w}\,\mathrm{d}t = 0 \\ &\Longleftrightarrow \int_{t_0}^{t_1} \left\|\boldsymbol{w}^{\mathrm{T}}\mathrm{e}^{At}B\right\|_2^2\,\mathrm{d}t = 0 \\ &\Longleftrightarrow \boldsymbol{w}^{\mathrm{T}}\mathrm{e}^{At}B = \boldsymbol{0}^{\mathrm{T}}, \quad \forall\, t \in [t_0\ ,\ t_1] \end{aligned}$$

由假设 (6) 可知,$\boldsymbol{w} = \boldsymbol{0}$. 于是矩阵 $G_{\mathrm{c}}(t_0, t_1)$ 对任何 $t_1 > t_0$ 均非奇异. 用 $G_{\mathrm{c}}(t_0, t_1)$ 定义

$$\boldsymbol{u}(t) = -B^{\mathrm{T}}\mathrm{e}^{A^{\mathrm{T}}(t_1 - t)}G_{\mathrm{c}}^{-1}(0, t_1)\mathrm{e}^{At_1}\boldsymbol{x}(0)$$

则有

$$\boldsymbol{u}(t_1-t)=-B^{\mathrm{T}}\mathrm{e}^{A^{\mathrm{T}}(t_1-t_1+t)}G_{\mathrm{c}}^{-1}(0,t_1)\mathrm{e}^{At_1}\boldsymbol{x}(0)=-B^{\mathrm{T}}\mathrm{e}^{A^{\mathrm{T}}t}G_{\mathrm{c}}^{-1}(0,t_1)\mathrm{e}^{At_1}\boldsymbol{x}(0)$$

于是, 有

$$\begin{aligned}\boldsymbol{x}(t_1)&=\mathrm{e}^{At_1}\boldsymbol{x}(0)+\int_0^{t_1}\mathrm{e}^{A(t_1-\tau)}B\boldsymbol{u}(\tau)\,\mathrm{d}\tau\\&=\mathrm{e}^{At_1}\boldsymbol{x}(0)+\int_0^{t_1}\mathrm{e}^{At}B\boldsymbol{u}(t_1-t)\,\mathrm{d}t\\&=\mathrm{e}^{At_1}\boldsymbol{x}(0)-\left(\int_0^{t_1}\mathrm{e}^{At}BB^{\mathrm{T}}\mathrm{e}^{A^{\mathrm{T}}t}\,\mathrm{d}t\right)G_{\mathrm{c}}^{-1}(0,t_1)\mathrm{e}^{At_1}\boldsymbol{x}(0)\\&=\mathrm{e}^{At_1}\boldsymbol{x}(0)-\mathrm{e}^{At_1}\boldsymbol{x}(0)=\boldsymbol{0}\end{aligned}$$

最后一式说明 $\boldsymbol{u}(t)$ 可将系统的状态由 $\boldsymbol{x}(0)$ 转移到状态空间的原点. 由 $\boldsymbol{x}(0)$ 的任意性可知, 系统完全状态可控. ■

9.5.2　状态可观测性及其判据

定义 9.5.2　考虑自治系统:

$$\begin{aligned}\dot{\boldsymbol{x}}&=A\boldsymbol{x}\\\boldsymbol{y}&=C\boldsymbol{x}\end{aligned}\tag{9.20}$$

若非零初始状态 $\boldsymbol{x}(t_0)=\boldsymbol{x}_0$ 对应的输出 $\boldsymbol{y}(t)$ 在时间区间 $[t_0,t_a]$ 内恒等于 $\boldsymbol{0}$, 则称 $\boldsymbol{x}_0$ 在 $[t_0,t_a]$ 内不可观测. 若对任何时间区间 $[t_0,t_a]$ 都没有不可观测的状态, 则称系统是完全状态可观测的.

与状态可观测性紧密相关的是状态可重构性.

定义 9.5.3　令 $y(t)$ 为与非零初始状态 $\boldsymbol{x}(t_0)$ 对应的输出. 若对任何时间区间 $[t_0\ ,\ t_a]$, 非零初始状态 $\boldsymbol{x}(t_0)$ 均可由 $y(t)$, $(t\in[t_0\ ,\ t_a])$, 唯一确定, 则称 $\boldsymbol{x}(t_0)$ 是可重构的. 若所有状态都是可重构的, 则称系统是完全状态可重构的.

【例 9.5.2】　考虑图 9.2所示的弹簧质量阻尼系统. 以中间质量块 M 的位移 $x(t)$ 为系统的输出. 由对称性可知, 位移 $x_1(t)$ 和 $x_2(t)$ 对 M 的作用是一样的. 因此对初始状态 $x_1(0)=-x_2(0)$, $x_1(0)\neq0$, $\dot{x}_1(0)=-\dot{x}_2(0)$, $\dot{x}_1(0)\neq0$, $x(t)\equiv0$. 于是系统不是完全状态可观测的.

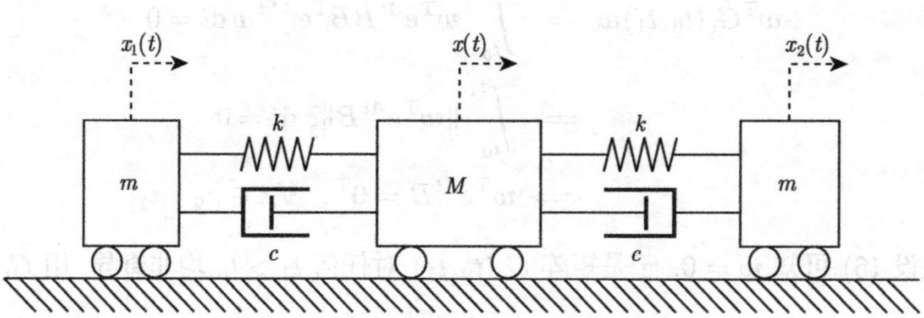

图 9.2　一个不可观测的弹簧质量阻尼系统

为简便起见, 令 $t_0 = 0$.

【定理 9.5.2】 考虑系统 (9.20). 设 $\dim A = n$, 则以下陈述等价:

(1) $(C\ ,\ A)$ 可观测;

(2) $\operatorname{rank}\begin{bmatrix}\lambda I - A \\ C\end{bmatrix} = n,\ \forall\lambda \in \mathcal{C}$;

(3) 对任何非奇异矩阵 T, 不等式

$$\begin{bmatrix} T^{-1}AT \\ CT \end{bmatrix} \neq \begin{bmatrix} \begin{bmatrix} A_{11} & 0 \\ A_{21} & A_{22} \end{bmatrix} \\ \begin{bmatrix} C_1 & 0 \end{bmatrix} \end{bmatrix}$$

均成立;

(4) 可观测性矩阵

$$Q_{\mathrm{o}} = \begin{bmatrix} C \\ CA \\ \vdots \\ CA^{n-1} \end{bmatrix}$$

有线性无关的列向量;

(5) 若 $C(sI - A)^{-1}\boldsymbol{v} = \mathbf{0},\ \forall s \in \mathcal{C}$, 则 $\boldsymbol{v} = \mathbf{0}$;

(6) 若对任意的 $t_1 > 0$ 都有 $C\mathrm{e}^{At}\boldsymbol{v} = \mathbf{0},\ \forall t \in [0\ ,\ t_1)$, 则 $\boldsymbol{v} = \mathbf{0}$.

9.5.3 空间分解定理的应用: 可控性与可观测性的本质

关于可控性和可观测性本质的讨论见文献 [1]. 因可控性和可观测性可通过对偶系统进行相似的研究, 故在此仅讨论可控性. 由定理 9.5.1可知, (A, B) 可控, 当且仅当可控性矩阵

$$Q_{\mathrm{c}} = [B\ \ AB\ \ A^2B\ \ \cdots\ \ A^{n-1}B]$$

中有 n 个线性无关的列向量, 其中 $A \in \mathcal{R}^{n\times n}$, $B \in \mathcal{R}^{n\times m}$, 从而 $\boldsymbol{u}(t)$ 是 m 维函数向量. 记

$$B = [\boldsymbol{b}_1\ \ \boldsymbol{b}_2\ \ \cdots\ \ \boldsymbol{b}_m]$$

则 Q_{c} 中的列向量为

$$[\boldsymbol{b}_1\ \ A\boldsymbol{b}_1\ \ \cdots\ \ A^{n-1}\boldsymbol{b}_1\ \vdots\ \boldsymbol{b}_2\ \ A\boldsymbol{b}_2\ \ \cdots\ \ A^{n-1}\boldsymbol{b}_2\ \vdots\ \cdots\ \vdots\ \boldsymbol{b}_m\ \ A\boldsymbol{b}_m\ \ \cdots\ \ A^{n-1}\boldsymbol{b}_m] \tag{9.21}$$

若 $\lambda I_n - A$ 有 l 个非常数不变因子:

$$\psi_1(\lambda),\ \ \psi_2(\lambda),\ \ \cdots,\ \ \psi_l(\lambda)$$

其中,$\deg\psi_i(\lambda) = n_i$, $n_1 + n_2 + \cdots + n_l = n$, 则状态空间可分解为 l 个循环不变子空间的直和, 即

$$\mathcal{V} = \mathcal{S}_{\boldsymbol{A}}(\boldsymbol{\beta}_1)\dot{+}\mathcal{S}_{\boldsymbol{A}}(\boldsymbol{\beta}_2)\dot{+}\cdots\dot{+}\mathcal{S}_{\boldsymbol{A}}(\boldsymbol{\beta}_l)$$

其中, 循环不变子空间 $\mathcal{S}_{\boldsymbol{A}}(\boldsymbol{\beta}_i)$ 的基为

$$\boldsymbol{\beta}_i\ ,\ \ A\boldsymbol{\beta}_i\ ,\ \ \cdots\ ,\ \ A^{n_i-1}\boldsymbol{\beta}_i \tag{9.22}$$

A 在 $\mathcal{S}_{\boldsymbol{A}}(\boldsymbol{\beta}_i)$ 的最小多项式为 $\psi_i(\lambda)$. 比较式 (9.21) 和式 (9.22) 可知,Q_{c} 中可以有 n 个线性无关的列向量, 当且仅当 $m \geqslant l$, 即输入矩阵的列数不少于系统矩阵 A 的循环指数 (非常数不变因子的个数)l. 为保证系统的简洁性, 取 $m = l$. 空间分解定理指出, 任取 l 个线性无关的列向量:

$$\boldsymbol{b}_1\ ,\ \boldsymbol{b}_2\ ,\ \cdots\ ,\ \boldsymbol{b}_l \tag{9.23}$$

向量:

$$\boldsymbol{b}_1,\ A\boldsymbol{b}_1,\ \cdots,\ A^{n_1-1}\boldsymbol{b}_1,\ \boldsymbol{b}_2,\ A\boldsymbol{b}_2,\ \cdots,\ A^{n_2-1}\boldsymbol{b}_2,\ \cdots,\ \boldsymbol{b}_l,\ A\boldsymbol{b}_l,\ \cdots,\ A^{n_l-1}\boldsymbol{b}_l$$

线性无关的概率为 1. 因此, 在 A 的循环指数 l 已知的情况下, 任取 l 个线性无关的列向量 (式 (9.23)) 构成输入矩阵 B, 则 (A, B) 完全可控的概率为 1. 注意, 为使系统完全状态可控, 函数向量

$$\boldsymbol{u}(t) = [u_1(t)\ \ u_2(t)\ \ \cdots\ \ u_l(t)]^{\mathrm{T}}$$

的分量 $u_i(t)$ 必须在任何时间区间 $[t_0\ ,\ t_1]$ 上都是线性无关的. 否则存在不全为零的常数 $c_1, c_2, \cdots, c_l$ 使得

$$c_1u_1(t) + c_2u_2(t) + \cdots + c_lu_l(t) \equiv 0,\quad \forall t \in [t_0\ ,\ t_1]$$

设 $c_k \neq 0$, 则

$$\begin{aligned} u_k(t) &= -\frac{1}{c_k}[c_1u_1(t) + c_2u_2(t) + \cdots + c_{k-1}u_{k-1}(t) + c_{k+1}u_{k+1}(t) + \cdots + c_lu_l(t)] \\ &= \boldsymbol{c}_k^{\mathrm{T}}\boldsymbol{u}_k(t) \end{aligned}$$

其中

$$\begin{aligned} \boldsymbol{c}_k^{\mathrm{T}} &= \left[-\frac{c_1}{c_k}\ \ -\frac{c_2}{c_k}\ \ \cdots\ \ -\frac{c_{k-1}}{c_k}\ \ -\frac{c_{k+1}}{c_k}\ \cdots\ \ -\frac{c_l}{c_k}\right] \\ \boldsymbol{u}_k(t) &= [u_1(t)\ \ u_2(t)\ \ \cdots\ \ u_{k-1}(t)\ \ u_{k+1}(t)\ \ \cdots\ \ u_l(t)]^{\mathrm{T}} \end{aligned}$$

于是, 有

$$\boldsymbol{u}(t) = \begin{bmatrix} u_1(t) \\ u_2(t) \\ \vdots \\ u_{k-1}(t) \\ u_k(t) \\ u_{k+1}(t) \\ \vdots \\ u_l(t) \end{bmatrix} = \underbrace{\begin{bmatrix} \boldsymbol{\epsilon}_1^{\mathrm{T}} \\ \boldsymbol{\epsilon}_2^{\mathrm{T}} \\ \vdots \\ \boldsymbol{\epsilon}_{k-1}^{\mathrm{T}} \\ \boldsymbol{c}_k^{\mathrm{T}} \\ \boldsymbol{\epsilon}_{k+1}^{\mathrm{T}} \\ \vdots \\ \boldsymbol{\epsilon}_l^{\mathrm{T}} \end{bmatrix}}_{U_k} \begin{bmatrix} u_1(t) \\ u_2(t) \\ \vdots \\ u_{k-1}(t) \\ u_{k+1}(t) \\ \vdots \\ u_l(t) \end{bmatrix}$$

显然,U_k 是 $l\times(l-1)$ 矩阵. 将 $\boldsymbol{u}(t)$ 代入状态方程, 可得

$$\dot{\boldsymbol{x}}=A\boldsymbol{x}+BU_k\boldsymbol{u}_k$$

由于 BU_k 中至多有 $l-1$ 个线性无关的列向量, 而 A 的循环指数为 l, 所以 (A,BU_k) 不可能完全可控.

9.5.4 状态反馈、极点配置与镇定问题

在状态方程 (9.18) 中, 若控制输入

$$\boldsymbol{u}=R\boldsymbol{v}-F\boldsymbol{x} \tag{9.24}$$

则称 $\boldsymbol{u}(t)$ 为状态反馈. 通常令外部输入 $\boldsymbol{v}$ 和 $\boldsymbol{u}$ 有相同的维数, 并取 R 为非奇异方阵.$F\in\mathcal{R}^{m\times n}$ 为状态反馈增益矩阵. 将式 (9.24) 代入状态方程 (9.18) 可得

$$\dot{\boldsymbol{x}}=(A-BF)\boldsymbol{x}+BR\boldsymbol{v}$$

称系统内稳定, 若 $A-BF$ 的所有特征值都位于 $\mathcal{C}_-$. 极点配置问题即设计 F 使得 $A-BF$ 的特征值为任意给定的 n 个值 $\lambda_1,\lambda_2,\cdots,\lambda_n$, 其中若 λ_i 为复数, 则必有 $\lambda_{i+1}=\bar{\lambda}_i$.

【定理 9.5.3】 极点配置问题可解当且仅当 (A,B) 完全可控.

证明: 由定理 9.5.1(a) $\Longleftrightarrow$ (c), 若 (A,B) 不完全可控, 则存在非奇异矩阵 T, 使得

$$T^{-1}AT=\begin{bmatrix}A_{11}&A_{12}\\0&A_{22}\end{bmatrix},\quad T^{-1}B=\begin{bmatrix}B_1\\\boldsymbol{0}\end{bmatrix}$$

令 $\boldsymbol{x}=T\hat{\boldsymbol{x}}$, 则有 $\boldsymbol{u}=\boldsymbol{v}-F\boldsymbol{x}=\boldsymbol{v}-FT\hat{\boldsymbol{x}}$,

$$T^{-1}AT-T^{-1}B\underbrace{FT}_{\triangleq\hat{F}}=T^{-1}(A-BF)T$$

$$=\begin{bmatrix}A_{11}&A_{12}\\0&A_{22}\end{bmatrix}-\begin{bmatrix}B_1\\0\end{bmatrix}\begin{bmatrix}\hat{F}_1&\hat{F}_2\end{bmatrix}=\begin{bmatrix}A_{11}-B_1\hat{F}_1&A_{12}-B_1\hat{F}_2\\0&A_{22}\end{bmatrix}$$

最后一式说明不可控子系统 $\dot{\hat{\boldsymbol{x}}}_2=A_{22}\hat{\boldsymbol{x}}_2$ 的极点与 F 无关, 从而极点配置问题无解.

要证充分性, 只要能构造出满足要求的状态反馈增益矩阵 F 即可. 以下只考虑单输入单输出系统. 此时 F 为行向量 $\boldsymbol{f}^{\mathrm{T}}$, R 为非零常数. 设 $(A,\boldsymbol{b})$ 可控, 由习题 3.11, 取 $T_{\mathrm{c},2}=Q_{\mathrm{c}}S\left[f^{(n)}\right]$, 可得

$$A_{\mathrm{c},2}=T_{\mathrm{c},2}^{-1}AT_{\mathrm{c},2}=\begin{bmatrix}0&1&0&\cdots&0\\0&0&1&\ddots&\vdots\\\vdots&\ddots&\ddots&\ddots&0\\0&\cdots&0&0&1\\-a_0&-a_1&\cdots&-a_{n-2}&-a_{n-1}\end{bmatrix},\quad \boldsymbol{b}_{\mathrm{c},2}=T_{\mathrm{c},2}^{-1}\boldsymbol{b}=\begin{bmatrix}0\\0\\\vdots\\0\\1\end{bmatrix}$$

$$A-\boldsymbol{b}\boldsymbol{f}^{\mathrm{T}}=T_{\mathrm{c},2}\left[T_{\mathrm{c},2}^{-1}AT_{\mathrm{c},2}-T_{\mathrm{c},2}^{-1}\boldsymbol{b}\boldsymbol{f}^{\mathrm{T}}T_{\mathrm{c},2}\right]T_{\mathrm{c},2}^{-1}=T_{\mathrm{c},2}\left[A_{\mathrm{c},2}-\boldsymbol{b}_{\mathrm{c},2}\boldsymbol{f}_{\mathrm{c},2}^{\mathrm{T}}\right]T_{\mathrm{c},2}^{-1}$$

其中,$\boldsymbol{f}_{\mathrm{c},2}^{\mathrm{T}}=\boldsymbol{f}^{\mathrm{T}}T_{\mathrm{c},2}=\begin{bmatrix}\tilde{f}_0 & \tilde{f}_1 & \cdots & \tilde{f}_{n-1}\end{bmatrix}$. 显然有

$$A_{\mathrm{c},2}-\boldsymbol{b}_{\mathrm{c},2}\boldsymbol{f}_{\mathrm{c},2}^{\mathrm{T}}=\begin{bmatrix}0 & 1 & 0 & \cdots & 0\\ 0 & 0 & 1 & \ddots & \vdots\\ \vdots & \ddots & \ddots & \ddots & 0\\ 0 & \cdots & 0 & 0 & 1\\ -(a_0+\tilde{f}_0) & -(a_1+\tilde{f}_1) & \cdots & -(a_{n-2}+\tilde{f}_{n-2}) & -(a_{n-1}+\tilde{f}_{n-1})\end{bmatrix}$$

于是, 有

$$f_{\mathrm{cl}}(s)=\det\left(sI-A+\boldsymbol{b}\boldsymbol{f}^{\mathrm{T}}\right)=s^n+(a_{n-1}+\tilde{f}_{n-1})s^{n-1}+\cdots+(a_1+\tilde{f}_1)s+(a_0+\tilde{f}_0).$$

希望特征多项式为

$$\alpha(s)=\prod_{i=1}^{n}(s-\lambda_i)=s^n+\alpha_{n-1}s^n+\cdots+\alpha_1 s+\alpha_0$$

记 $\boldsymbol{\alpha}=[\alpha_0\ \ \alpha_1\ \ \cdots\ \ \alpha_{n-2}\ \ \alpha_{n-1}]^{\mathrm{T}}$ 并令 $\boldsymbol{\alpha}=\boldsymbol{a}+\boldsymbol{f}_{\mathrm{c},2}$, 可得 $\boldsymbol{f}_{\mathrm{c},2}=\boldsymbol{\alpha}-\boldsymbol{a}$. 由 $\boldsymbol{f}_{\mathrm{c},2}^{\mathrm{T}}=\boldsymbol{f}^{\mathrm{T}}T_{\mathrm{c},2}$ 可解得

$$\boldsymbol{f}^{\mathrm{T}}=[0\ \ 0\ \ \cdots\ \ 0\ \ 1]Q_{\mathrm{c}}^{-1}\alpha(A) \tag{9.25}$$

式 (9.25) 即解极点配置问题的 Ackermann 公式, 参见文献 [22]~ [24]. ■

镇定问题即设计 F 使得 $A-BF$ Hurwitz 稳定. 由定理 9.5.3 及其证明可得镇定问题可解的条件.

【定理 9.5.4】 *存在状态反馈控制律 (9.24) 使得闭环系统稳定当且仅当不可控子系统 $\dot{\hat{\boldsymbol{x}}}_2=A_{22}\hat{\boldsymbol{x}}_2$ 稳定.*

若 A_{22} 稳定, 则称 (A, B) 可镇定. 由 PBH 判据可知,(A, B) 可镇定, 当且仅当

$$\operatorname{rank}[\lambda I_n-A\quad B]=\dim(A),\quad \forall\lambda\in\bar{\mathcal{C}}_+$$

即所有不可控模态 (A_{22} 的特征值) 都是稳定的.

记 $\nu(A)$, $\delta(A)$ 和 $\pi(A)$ 分别为 A 以代数重数记数的在 $\mathcal{C}_-$, jω 轴和 $\mathcal{C}_+$ 中特征值的个数,

$$\operatorname{In}(A)\triangleq\{\nu(A),\delta(A),\pi(A)\}$$

则定理 9.4.1有下述一般的形式.

【定理 9.5.5】 *设 (A, B) 完全可控,P 满足 Lyapunov 方程:*

$$AP+PA^*+BB^*=0$$

则 $\delta(A)=\delta(P)=0$, $\operatorname{In}(A)=\operatorname{In}(-P)$.

9.5.5 状态观测器及输出注入反馈

状态反馈要求所有的状态变量都可得到. 这是一个很高的要求. 为解决这个问题, 可设计被控对象

$$\Sigma: \quad \begin{cases} \dot{\boldsymbol{x}} = A\boldsymbol{x} + B\boldsymbol{u} \\ \boldsymbol{y} = C\boldsymbol{x} + D\boldsymbol{u} \end{cases}$$

的一个复制, 即

$$\Sigma^*: \quad \begin{cases} \dot{\boldsymbol{x}}^* = A\boldsymbol{x}^* + B\boldsymbol{u} \\ \boldsymbol{y}^* = C\boldsymbol{x}^* + D\boldsymbol{u} \end{cases}$$

然后用复制系统的状态 $\boldsymbol{x}^*$ 代替被控对象的状态 $\boldsymbol{x}$ 进行状态反馈, 即

$$\boldsymbol{u} = R\boldsymbol{v} - F\boldsymbol{x}^*$$

整个系统的状态方程为

$$\begin{bmatrix} \dot{\boldsymbol{x}} \\ \dot{\boldsymbol{x}}^* \end{bmatrix} = \begin{bmatrix} A & -BF \\ 0 & A-BF \end{bmatrix} \begin{bmatrix} \boldsymbol{x} \\ \boldsymbol{x}^* \end{bmatrix} + \begin{bmatrix} B \\ B \end{bmatrix} R\boldsymbol{v}$$

在状态空间中做线性变换:

$$\begin{bmatrix} \boldsymbol{x} \\ \boldsymbol{e} \end{bmatrix} = \begin{bmatrix} I & 0 \\ I & -I \end{bmatrix} \begin{bmatrix} \boldsymbol{x} \\ \boldsymbol{x}^* \end{bmatrix} = \begin{bmatrix} \boldsymbol{x} \\ \boldsymbol{x} - \boldsymbol{x}^* \end{bmatrix}$$

则得到状态方程:

$$\begin{bmatrix} \dot{\boldsymbol{x}} \\ \dot{\boldsymbol{e}} \end{bmatrix} = \begin{bmatrix} A-BF & BF \\ 0 & A \end{bmatrix} \begin{bmatrix} \boldsymbol{x} \\ \boldsymbol{e} \end{bmatrix} + \begin{bmatrix} B \\ 0 \end{bmatrix} R\boldsymbol{v}$$

显然, 误差系统 $\dot{\boldsymbol{e}} = A\boldsymbol{e}$ 完全不可控, 而闭环系统的极点为 $A - BF$ 的特征值. 若 (A, B) 可控, 可设计 F 将闭环系统的极点配置在希望的位置.

然而, 若 A 不稳定, 只要初始误差 $\boldsymbol{e}(0) \neq \boldsymbol{0}$, 误差 $\boldsymbol{e}(t)$ 随 t 的增加将趋于 ∞, 总系统不稳定. 即使 A 稳定, 误差 $\boldsymbol{e}(t)$ 也无法控制. 因此, 用被控对象的输出和复制系统的输出之间的误差 $\boldsymbol{y} - \boldsymbol{y}^*$ 对 $\boldsymbol{e}$ 进行控制, 即

$$\dot{\boldsymbol{x}}^* = A\boldsymbol{x}^* + B\boldsymbol{u} + H(\boldsymbol{y} - \boldsymbol{y}^*)$$

基于状态观测器的状态反馈控制系统如图 9.3所示.

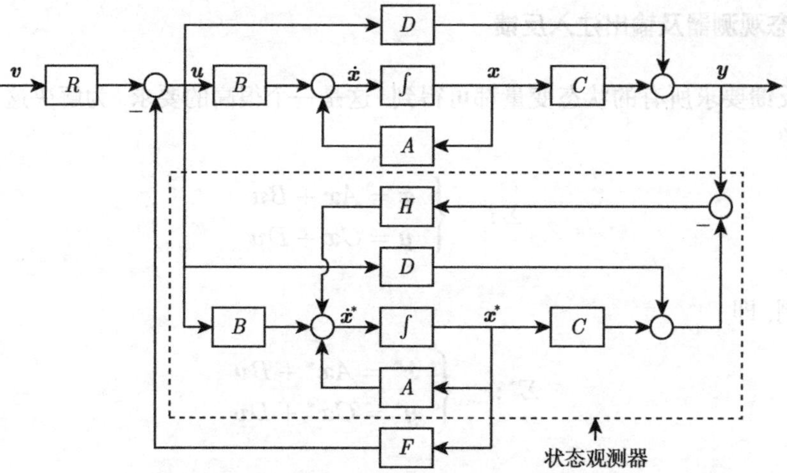

图 9.3　基于状态观测器的状态反馈控制系统

加了校正项 $H(\boldsymbol{y}-\boldsymbol{y}^*)$ 后, 总系统的状态空间表达式为

$$\begin{bmatrix}\dot{\boldsymbol{x}}\\ \dot{\boldsymbol{x}}^*\end{bmatrix}=\begin{bmatrix}A & -BF\\ HC & A-BF-HC\end{bmatrix}\begin{bmatrix}\boldsymbol{x}\\ \boldsymbol{x}^*\end{bmatrix}+\begin{bmatrix}B\\ B\end{bmatrix}R\boldsymbol{v}$$

$$\boldsymbol{y}=[C\quad -DF]\begin{bmatrix}\boldsymbol{x}\\ \boldsymbol{x}^*\end{bmatrix}+DR\boldsymbol{v}$$

令

$$\begin{bmatrix}\boldsymbol{x}\\ \boldsymbol{e}\end{bmatrix}=\begin{bmatrix}\boldsymbol{x}\\ \boldsymbol{x}-\boldsymbol{x}^*\end{bmatrix}$$

可将其变换为

$$\begin{bmatrix}\dot{\boldsymbol{x}}\\ \dot{\boldsymbol{e}}\end{bmatrix}=\begin{bmatrix}A-BF & BF\\ 0 & A-HC\end{bmatrix}\begin{bmatrix}\boldsymbol{x}\\ \boldsymbol{e}\end{bmatrix}+\begin{bmatrix}B\\ 0\end{bmatrix}R\boldsymbol{v}$$

$$\boldsymbol{y}=[C-DF\quad DF]\begin{bmatrix}\boldsymbol{x}\\ \boldsymbol{e}\end{bmatrix}+DR\boldsymbol{v}$$

误差子系统 $\dot{\boldsymbol{e}}=(A-HC)\boldsymbol{e}$ 仍然完全不可控. 若能通过 H 配置 $A-HC$ 的特征值, 则可独立于外部输入 $\boldsymbol{v}$ 对误差进行控制, 这正是希望系统具有的优良品质.

如图 9.3所示, 称带校正项 $HC(\boldsymbol{x}-\boldsymbol{x}^*)$ 的复制系统 Σ^* 为 Luenberger 状态观测器[27,28], 称 $A-BF$ 的特征值为闭环系统的极点,$A-HC$ 的特征值为状态观测器的极点. 由总系统的 A-矩阵的结构可知, 闭环系统的极点可通过状态反馈增益矩阵 F 进行配置, 而观测器的极点可通过 H 进行配置, 二者互不相干. 这就是分离性原理.

将状态观测器分离出来可得图 9.4所示的反馈控制系统. 称这种既非输出反馈又非状态反馈的控制方式为输出注入反馈, 称 H 为输出注入矩阵.

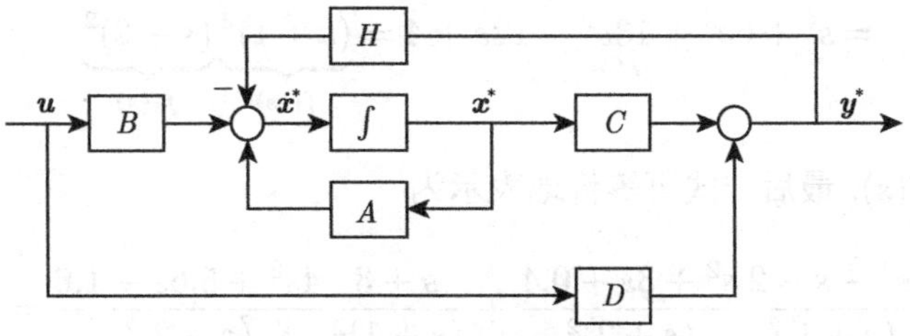

图 9.4 输出注入反馈控制系统

显然, 有

$$\dot{\boldsymbol{x}}^* = (A - HC)\boldsymbol{x}^* + B\boldsymbol{u}$$
$$\boldsymbol{y}^* = C\boldsymbol{x}^*$$

而 $(A-HC)$ 的特征值正是状态观测器的极点. 于是观测器的极点配置问题即选择 H 使得观测器的极点位于希望的位置 $\mu_i,\ i=1,2,\cdots,n$.

【定理 9.5.6】 观测器极点配置问题可解, 当且仅当 (C, A) 完全可观测.

解观测器极点配置问题的 Ackermann 公式见习题 9.7.

若 (C, A) 不可观测, 仍希望设计稳定的观测器, 由定理 9.5.2(c) 可知,(C, A) 不可观测的模态 (A_{22} 的特征值) 必须稳定. 此时称 (C, A) 为可检测. 由 PBH 判据可知,(C, A) 可检测, 当且仅当

$$\operatorname{rank}\begin{bmatrix}\lambda I_n - A \\ C\end{bmatrix} = \dim A, \quad \forall\, \lambda \in \bar{\mathcal{C}}_+$$

9.5.6 传递函数矩阵在 $\mathcal{RH}_\infty$ 中的互质分解

记 $\mathcal{RH}_\infty^{p\times m}$ 为所有稳定的 $p\times m$ 传递函数矩阵的集合. 传递函数矩阵 $G(s)$ 在 $\mathcal{RH}_\infty$ 上的互质分解对刻画所有镇定控制器起着基本的作用. 如图 9.5 所示, 其中 $P(s)\in\mathcal{R}^{p\times m}(s)$ 是给定被控对象的传递函数矩阵,$C(s)\in\mathcal{R}^{p\times m}(s)$ 是要设计的控制器的传递函数矩阵, 在这个框架下的镇定问题即设计 $C(s)$ 使得闭环系统稳定.

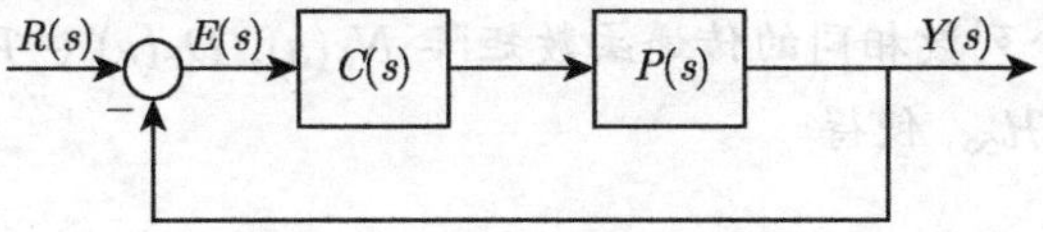

图 9.5 一个反馈控制系统

Francis[29] 将镇定问题化为寻找 Bezout 方程通解的代数问题, 并给出了镇定器的 Youla 参数化公式[30,31] 的简洁形式. 先考虑一个简单的例子.

【例 9.5.3】 在图 9.5中, 令

$$P(s) = \frac{s+3}{s^2-s-2}, \quad C(s) = \frac{4s^2+5.6s+1.6}{s^2+3s+0.4}$$

则闭环特征多项式为

$$f_{\rm cl}(s) = (s^2-s-2)(s^2+3s+0.4) + (s+3)(4s^2+5.6s+1.6)$$

$$= s^4+6s^3+13s^2+12s+4=\underbrace{(s+1)^2}_{f_1(s)}\underbrace{(s+2)^2}_{f_2(s)}$$

于是,$C(s)$ 镇定 $P(s)$. 最后一式可等价地表示为

$$\frac{s^2-s-2}{(s+1)^2}\frac{s^2+3s+0.4}{(s+2)^2}+\frac{s+3}{(s+1)^2}\frac{4s^2+5.6s+1.6}{(s+2)^2}=1$$

相应地,$P(s)$ 和 $C(s)$ 可分别表示为

$$P(s)=\frac{\dfrac{s+3}{(s+1)^2}}{\dfrac{s^2-s-2}{(s+1)^2}}\triangleq\frac{N(s)}{D(s)},\qquad C(s)=\frac{\dfrac{s^2+3s+0.4}{(s+2)^2}}{\dfrac{4s^2+5.6s+1.6}{(s+2)^2}}\triangleq\frac{N_c(s)}{D_c(s)}$$

于是, 单输入单输出系统的镇定问题可描述为下述代数问题: 给定两个稳定的传递函数 $D(s)$ 和 $N(s)$, 寻找两个稳定的传递函数 $D_c(s)$、$N_c(s)$ 使得 Bezout 方程

$$D(s)D_c(s)+N(s)N_c(s)=1 \tag{9.26}$$

成立. △

定理B.3.6将两个多项式 $a_1(\lambda)$ 和 $a_2(\lambda)$ 的互质等价为存在另两个多项式 $b_1(\lambda)$ 和 $b_2(\lambda)$ 使得 Diophant 方程 $a_1(\lambda)b_1(\lambda)+a_2(\lambda)b_2(\lambda)=1$ 成立. 多项式集合 $\mathcal{R}[\lambda]$ 与稳定的传递函数集合 $\mathcal{RH}_\infty$ 有一些相同的代数性质, 例如, 加法和乘法运算在集合上是封闭的. 于是可将单输入-单输出系统 $P(s)$ 镇定问题的可解性描述为: 存在 $\mathcal{RH}_\infty$ 中两个互质传递函数 $D(s)$ 和 $N(s)$ 使得 $P(s)=\dfrac{N(s)}{D(s)}$. 可解性条件成立时, 镇定器 $C(s)$ 的设计等价于寻找两个稳定的传递函数 $D_c(s)$ 和 $N_c(s)$ 使得 Bezout 方程 (9.26) 成立, 然后令 $C(s)=\dfrac{N_c(s)}{D_c(s)}$. 显然, 式 (9.26) 也说明 $D_c(s)$ 和 $N_c(s)$ 互质. 下面将上述结果推广到多输入–多输出系统.

定义 9.5.4　*两个列数相同的传递函数矩阵 $N_r(s), D_r(s)\in\mathcal{RH}_\infty$ 称为右互质, 如果存在 $X_r(s), Y_r(s)\in\mathcal{RH}_\infty$, 使得*

$$X_r(s)N_r(s)+Y_r(s)D_r(s)=I \tag{9.27}$$

两个行数相同的传递函数矩阵 $N_l(s), D_l(s)\in\mathcal{RH}_\infty$ 称为左互质, 如果存在 $X_l(s), Y_l(s)\in\mathcal{RH}_\infty$, 使得

$$N_l(s)X_l(s)+D_l(s)Y_l(s)=I \tag{9.28}$$

式 (9.27) 和式 (9.28) 都称为 Bezout 方程.

有了传递函数矩阵互质的概念, 就可以定义传递函数矩阵的互质分解了.

定义 9.5.5　*如果 $G(s)=N_r(s)D_r^{-1}(s)$ 且 $N_r(s)$ 和 $D_r(s)$ 右互质, 则称 $N_r(s)D_r^{-1}(s)$ 是 $G(s)$ 的一个右互质分解. 如果 $G(s)=D_l^{-1}(s)N_l(s)$ 且 $N_l(s)$ 和 $D_l(s)$ 左互质, 则称 $D_l(s)^{-1}N_l(s)$ 是 $G(s)$ 的一个左互质分解.*

下述引理描述了传递函数矩阵互质分解的唯一性.

引理 9.5.1 设 $N_1(s)D_1^{-1}(s) = N_2(s)D_2^{-1}(s)$ 都是右互质分解, 则有

$$\begin{bmatrix} N_2(s) \\ D_2(s) \end{bmatrix} = \begin{bmatrix} N_1(s) \\ D_1(s) \end{bmatrix} W(s) \tag{9.29}$$

这里 $W(s)$ 和 $W^{-1}(s)$ 均属于 $\mathcal{RH}_\infty$, 即 $W(s)$ 为 $\mathcal{RH}_\infty$ 单位模矩阵. 同理, 若 $\tilde{D}_1^{-1}(s)\tilde{N}_1(s) = \tilde{D}_2^{-1}\tilde{N}_2(s)$ 都是左互质分解, 则有

$$[\tilde{N}_2(s) \ \ \tilde{D}_2(s)] = \tilde{W}(s)[\tilde{N}_1(s) \ \ \tilde{D}_1(s)] \tag{9.30}$$

这里 $\tilde{W}(s)$ 为 $\mathcal{RH}_\infty$ 单位模矩阵.

证明: 令 $W(s) = D_1^{-1}(s)D_2(s)$, 则有 $D_2(s) = D_1(s)W$. 由 $N_1(s)D_1^{-1}(s) = N_2(s)D_2^{-1}(s)$, 可得 $N_2(s) = N_1(s)W(s)$. 于是式 (9.29) 成立. 令 $X_2(s)N_2(s)+Y_2(s)D_2(s) = I$, 由式 (9.29) 得 $[X_2(s)N_1(s) + Y_2(s)D_1(s)]\,W(s) = I$, 于是 $W^{-1}(s) = X_2(s)N_1(s)+Y_2(s)D_1(s) \in \mathcal{RH}_\infty$. 类似地, 由 $X_1(s)N_1(s) + Y_1(s)D_1(s) = I$ 可得 $W(s) = X_1(s)N_2(s) + Y_1(s)D_2(s) \in \mathcal{RH}_\infty$. 类似地可以证明式 (9.30). ■

这类似于将真分数 $\dfrac{3}{5}$ 等价地表示为 $\dfrac{-3}{-5}$. 因 -1 和 $(-1)^{-1}$ 都属于整数环 $\mathcal{Z}$, 两种表示实际上是一回事. 将例 9.5.3的结果推广到 $P(s) \in \mathcal{R}^{p\times m}(s)$, 多输入-多输出系统的镇定问题等价于: 确定四个稳定的传递函数矩阵使得

$$P(s) = D_l^{-1}(s)N_l(s) = N_r(s)D_r^{-1}(s)$$

并找到四个维数合适的稳定的传递函数矩阵 $Y_l(s)$, $X_l(s)$, $Y_r(s)$ 和 $X_r(s)$ 满足

$$\underbrace{\begin{bmatrix} Y_r(s) & X_r(s) \\ -N_l(s) & D_l(s) \end{bmatrix}}_{\triangleq H_l(s)} \underbrace{\begin{bmatrix} D_r(s) & -X_l(s) \\ N_r(s) & Y_l(s) \end{bmatrix}}_{\triangleq H_r(s)} = \begin{bmatrix} I_m & 0 \\ 0 & I_p \end{bmatrix} \tag{9.31}$$

则一个镇定控制器 $C(s)$ 可以是 $C(s) = X_l(s)Y_l^{-1}(s) = Y_r^{-1}(s)X_r(s)$, 而所有镇定 $P(s)$ 的控制器的集合可由双 Bezout 方程 (9.31) 的通解确定, 参考习题 2.10. 为简便起见, 将式 (9.18) 和式 (9.19) 等价地表示为

$$\begin{bmatrix} \dot{\boldsymbol{x}}(t) \\ \boldsymbol{y}(t) \end{bmatrix} = \left[\begin{array}{c|c} A & B \\ \hline C & D \end{array}\right] \begin{bmatrix} \boldsymbol{x}(t) \\ \boldsymbol{u}(t) \end{bmatrix} \tag{9.32}$$

$P(s) = C(sI - A)^{-1}B + D \in \mathcal{R}^{p\times m}(s)$ 记为

$$P(s) \overset{\text{SSR}}{=\!=\!=} \left[\begin{array}{c|c} A & B \\ \hline C & D \end{array}\right] \tag{9.33}$$

Doyle 给出了双 Bezout 方程 (9.31) 的一个特解[32], 即稳定的传递函数矩阵 $D_l(s)$, $N_l(s)$, $D_r(s)$, $N_r(s)$, $X_l(s)$, $Y_l(s)$, $X_r(s)$ 和 $Y_r(s)$ 的状态空间表达式.

引理 9.5.2　设 $P(s)$ 的一个状态空间表达式为式 (9.33), 其中 (A, B) 可镇定,(C, A) 可检测, 则 Bezout 方程式 (9.31) 的一个解为

$$H_l(s) \overset{\text{SSR}}{=\!=\!=} \left[\begin{array}{c|cc} A_H & B_H & H \\ \hline F & I_m & 0 \\ -C & -D & I_p \end{array}\right]$$

$$H_r(s) \overset{\text{SSR}}{=\!=\!=} \left[\begin{array}{c|cc} A_F & B & H \\ \hline -F & I_m & 0 \\ C_F & D & I_p \end{array}\right]$$

其中, 状态反馈增益矩阵 F 使得 $A_F = A - BF$Hurwitz 稳定, 输出注入矩阵 H 使得 $A_H = A - HC$Hurwitz 稳定, $B_H = B - HD$, $C_F = C - DF$.

证明: (A, B) 可镇定,(C, A) 可检测, 则可用带状态观测器的状态反馈镇定 $P(s)$. 闭环系统的结构如图 9.3所示. 控制器的状态空间表达式为

$$\begin{aligned} \dot{\boldsymbol{x}}^* &= A\boldsymbol{x}^* + B\boldsymbol{u} + H\boldsymbol{\xi} \\ \boldsymbol{u} &= -F\boldsymbol{x}^* \\ \boldsymbol{\xi} &= \boldsymbol{y} - (C\boldsymbol{x}^* + D\boldsymbol{u}) \end{aligned} \tag{9.34}$$

将式 (9.34) 的最后一式代入第一式可得

$$\begin{aligned} \dot{\boldsymbol{x}}_{\rm c} &= \tilde{A}\boldsymbol{x}_{\rm c} + H\boldsymbol{y} \\ \boldsymbol{u} &= -F\boldsymbol{x}_{\rm c} \end{aligned} \tag{9.35}$$

其中,$\tilde{A} = A - HC - BF + HDF$. 由式 (9.35) 可将总系统划分为如图 9.6所示的两部分: 虚线以上为被控对象 $P(s)$, 虚线以下为控制器 $C(s)$.

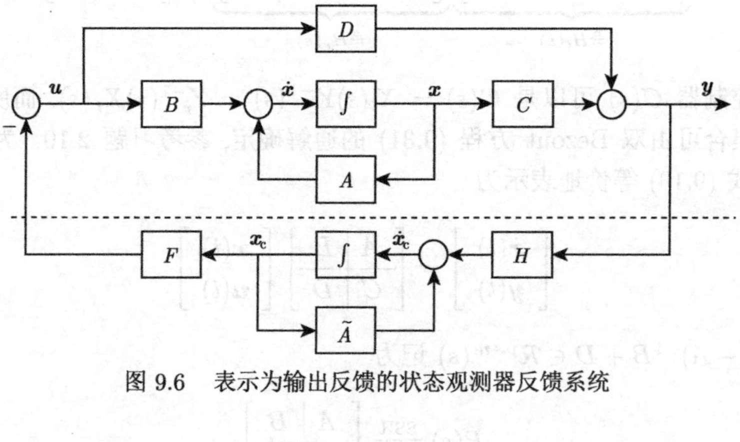

图 9.6　表示为输出反馈的状态观测器反馈系统

容易证明:

$$\left[\begin{array}{c|c} A & B \\ \hline C & D \end{array}\right] = \left[\begin{array}{c|c} A_F + BF & B \\ \hline C_F + DF & D \end{array}\right] = \left[\begin{array}{c|c} A_F & B \\ \hline C_F & D \end{array}\right] \begin{bmatrix} I_n & 0 \\ -F & I_m \end{bmatrix}^{-1}$$

$$=\left[\begin{array}{c|c} A_H+HC & B_H+HD \\ \hline C & D \end{array}\right]=\left[\begin{array}{cc} I_n & -H \\ 0 & I_p \end{array}\right]^{-1}\left[\begin{array}{c|c} A_H & B_H \\ \hline C & D \end{array}\right]$$

由习题 9.5可得 $P(s)=N_r(s)D_r^{-1}(s)=D_l^{-1}(s)N_l(s)$, 其中

$$\left[\begin{array}{c} D_r(s) \\ N_r(s) \end{array}\right] \overset{\text{SSR}}{=\!=\!=} \left[\begin{array}{c|c} A_F & B \\ \hline -F & I_m \\ C_F & D \end{array}\right]$$

$$[D_l(s) \;\; N_l(s)] \overset{\text{SSR}}{=\!=\!=} \left[\begin{array}{c|cc} A_H & -H & B_H \\ \hline C & I_p & D \end{array}\right] \overset{\text{SSR}}{=\!=\!=} \left[\begin{array}{c|cc} A_H & H & -B_H \\ \hline -C & I_p & D \end{array}\right]$$

类似地, 有

$$\left[\begin{array}{c|c} \tilde{A} & H \\ \hline F & 0 \end{array}\right]=\left[\begin{array}{c|c} A-HC-BF+HDF & H \\ \hline F & 0 \end{array}\right]$$

$$=\left[\begin{array}{c|c} A_F-HC_F & H \\ \hline F & 0 \end{array}\right]=\left[\begin{array}{c|c} A_F & H \\ \hline F & 0 \end{array}\right]\left[\begin{array}{cc} I_n & 0 \\ C_F & I_p \end{array}\right]^{-1}$$

$$=\left[\begin{array}{c|c} A_H-B_HF & H \\ \hline F & 0 \end{array}\right]=\left[\begin{array}{cc} I_n & B_H \\ 0 & I_m \end{array}\right]^{-1}\left[\begin{array}{c|c} A_H & H \\ \hline F & 0 \end{array}\right]$$

由习题 9.5又可得 $C(s)=Y_r^{-1}(s)X_r(s)=X_l(s)Y_l^{-1}(s)$, 其中

$$[Y_r(s) \;\; X_r(s)] \overset{\text{SSR}}{=\!=\!=} \left[\begin{array}{c|cc} A_H & B_H & H \\ \hline F & I_m & 0 \end{array}\right], \quad \left[\begin{array}{c} Y_l(s) \\ X_l(s) \end{array}\right] \overset{\text{SSR}}{=\!=\!=} \left[\begin{array}{c|c} A_F & H \\ \hline C_F & I_p \\ F & 0 \end{array}\right]$$

于是, 有

$$H_l(s)=\left[\begin{array}{cc} Y_r(s) & X_r(s) \\ -N_l(s) & D_l(s) \end{array}\right] \overset{\text{SSR}}{=\!=\!=} \left[\begin{array}{c|cc} A_H & B_H & H \\ \hline F & I_m & 0 \\ -C & -D & I_p \end{array}\right]$$

$$H_r(s)=\left[\begin{array}{cc} D_r(s) & -X_l(s) \\ N_r(s) & Y_l(s) \end{array}\right] \overset{\text{SSR}}{=\!=\!=} \left[\begin{array}{c|cc} A_F & B & H \\ \hline -F & I_m & 0 \\ C_F & D & I_p \end{array}\right]$$

以及

$$H_l(s)H_r(s) \overset{\text{SSR}}{=\!=\!=} \left[\begin{array}{cc|cc} A-BF & 0 & B & H \\ -BF+HC & A-HC & B & H \\ \hline -F & F & I_m & 0 \\ C & -C & 0 & I_p \end{array}\right] \tag{9.36}$$

引入线性变换 $T=\begin{bmatrix} I_n & 0 \\ -I_n & I_n \end{bmatrix}$ 可得

$$H_l(s)H_r(s) \overset{\text{SSR}}{=\!=\!=} \left[\begin{array}{cc|cc} A-BF & 0 & B & H \\ 0 & A-HC & 0 & 0 \\ \hline 0 & F & I_m & 0 \\ 0 & -C & 0 & I_p \end{array}\right]$$

代入式 (9.33) 计算可得 $H_l(s)H_r(s)=I_{m+p}$. ■

9.5.7 可控性、可观测性的度量与平衡实现

本节将引入可控性、可观测性的度量, 在此基础上讨论平衡实现[33]. 回顾例 4.4.2, $\mathcal{L}_2^n(-\infty,\infty)$ 是所有总能量有限的信号的集合. 在式 (7.7) 中, 设 $\boldsymbol{x}(-\infty)=\boldsymbol{0}$, 则有

$$\boldsymbol{y}(t)=C\boldsymbol{x}(t)+D\boldsymbol{u}(t) \tag{9.37}$$

$$=\int_{-\infty}^{t} C\mathrm{e}^{A(t-\tau)}B\boldsymbol{u}(\tau)\mathrm{d}\tau+D\boldsymbol{u}(t) \tag{9.38}$$

$$\triangleq(\mathscr{L}_{\boldsymbol{G}}\boldsymbol{u})(t)=\int_{-\infty}^{\infty}\boldsymbol{G}_t(t-\tau)\boldsymbol{u}(\tau)\,\mathrm{d}\tau$$

其中,$\boldsymbol{G}_t$ 是

$$\boldsymbol{G}=G(s)=C(sI-A)^{-1}+D \tag{9.39}$$

的 Laplace 逆变换.$\mathscr{L}_{\boldsymbol{G}}$ 的范数定义为

$$\|\mathscr{L}_{\boldsymbol{G}}\|=\sup_{\boldsymbol{u}(t)\in\mathcal{L}_2^m(-\infty,\infty)}\frac{\|\boldsymbol{y}(t)\|_2}{\|\boldsymbol{u}(t)\|_2}=\sup_{\boldsymbol{u}(t)\in\mathcal{L}_2^m(-\infty,\infty)}\frac{\|(\mathscr{L}_{\boldsymbol{G}}\boldsymbol{u})(t)\|_2}{\|\boldsymbol{u}(t)\|_2}$$

由 Fourier 变换理论中的 Parseval 恒等式可以证明[29]:

$$\|\mathscr{L}_{\boldsymbol{G}}\|=\|\boldsymbol{G}\|_\infty\triangleq\operatorname*{ess\,sup}_{\omega}\bar{\sigma}[G(\mathrm{j}\omega)]$$

其中,$\bar{\sigma}[G(\mathrm{j}\omega)]$ 是 $G(\mathrm{j}\omega)$ 的最大奇异值. 若 A 所有的特征值均具有负的实部, 则 $\|\boldsymbol{G}\|_\infty<\infty$. 式 (9.38) 定义了一个 $\mathcal{L}_2^m(-\infty,\infty)$ 到 $\mathcal{L}_2^r(-\infty,\infty)$ 的线性映射 $\mathscr{L}_{\boldsymbol{G}}$(卷积映射, Laurent 算子).

有了上述准备就可以讨论稳定系统的状态向量的可控性、可观测性的度量了. 由于 $\mathcal{L}_2(-\infty,\infty)=\mathcal{L}_2(-\infty,0)\bigoplus\mathcal{L}_2[0,\infty)$, 可定义投影变换:

$$\mathscr{P}_+:\ \mathcal{L}_2(-\infty,\infty)\longmapsto\mathcal{L}_2[0,\infty)$$
$$\mathscr{P}_-:\ \mathcal{L}_2(-\infty,\infty)\longmapsto\mathcal{L}_2(-\infty,0)$$

定义 9.5.6 称 (A,B,C) 为传递函数矩阵 $G(s)$ 的一个最小实现是指有 $G(s)=C(sI-A)^{-1}B+D$ 且 (A,B) 可控, (C,A) 可观测.

【定理 9.5.7】 令 (A, B, C) 是稳定的传递函数矩阵 G 的一个最小实现, 其状态向量为 $\boldsymbol{x}(t) \in \mathcal{R}^n$, $\boldsymbol{x}(0) = \boldsymbol{x}_0$. 设 $\boldsymbol{u}(t) \in \mathcal{L}_2(-\infty, 0)$.

(1) 记 $(\mathscr{P}_+\boldsymbol{y})(t)$ 为 $t > 0$ 时系统的输出, 则 $\|(\mathscr{P}_+\boldsymbol{y})(t)\|_2^2 = \boldsymbol{x}_0^* Q \boldsymbol{x}_0$, 其中

$$Q = \int_0^\infty \mathrm{e}^{A^*t} C^* C \mathrm{e}^{At}\, \mathrm{d}t$$

是 (A, C) 的可观测性度量矩阵, 满足 Lyapunov 方程:

$$A^*Q + QA + C^*C = 0 \tag{9.40}$$

(2) 记将系统的状态由 $\boldsymbol{x}(-\infty) = \mathbf{0}$ 转移至 $\boldsymbol{x}(0) = \boldsymbol{x}_0$, 且能量最小的反因果输入信号为 $\boldsymbol{u}_{\text{opt}}(t)$, 则 $\|\boldsymbol{u}_{\text{opt}}(t)\|_2^2 = \boldsymbol{x}_0^* P^{-1} \boldsymbol{x}_0$, 其中

$$P = \int_0^\infty \mathrm{e}^{At} B B^* \mathrm{e}^{A^*t}\, \mathrm{d}t$$

是 (A, B) 的可控性度量矩阵, 满足 Lyapunov 方程:

$$AP + PA^* + BB^* = 0 \tag{9.41}$$

证明: (1) 由于 $\boldsymbol{u}(t) = 0$, $\forall t > 0$, 系统的输出为

$$\boldsymbol{y}(t) = C\mathrm{e}^{At}\boldsymbol{x}_0, \quad t > 0$$

由 $\boldsymbol{y}(t)$ 可算得

$$\begin{aligned}\|\boldsymbol{y}(t)\|_2^2 &= \int_0^\infty \boldsymbol{y}^*(t)\boldsymbol{y}(t)\,\mathrm{d}t \\ &= \boldsymbol{x}_0^* \left(\int_0^\infty \mathrm{e}^{A^*t} C^* C \mathrm{e}^{At} \mathrm{d}t \right) \boldsymbol{x}_0 = \boldsymbol{x}_0^* Q \boldsymbol{x}_0\end{aligned}$$

由 A 稳定可得

$$\begin{aligned}A^*Q + QA &= A^* \int_0^\infty \mathrm{e}^{A^*t} C^* C \mathrm{e}^{At}\, \mathrm{d}t + \int_0^\infty \mathrm{e}^{A^*t} C^* C \mathrm{e}^{At}\, \mathrm{d}t\, A \\ &= \int_0^\infty \left(A^* \mathrm{e}^{A^*t} C^* C \mathrm{e}^{At} + \mathrm{e}^{A^*t} C^* C \mathrm{e}^{At} A \right) \mathrm{d}t \\ &= \int_0^\infty \frac{\mathrm{d}}{\mathrm{d}t} \mathrm{e}^{A^*t} C^* C \mathrm{e}^{At}\, \mathrm{d}t = \mathrm{e}^{A^*t} C^* C \mathrm{e}^{At} \Big|_0^\infty = -C^*C\end{aligned}$$

即 Q 满足式 (9.40).

(2) 先求将系统的状态由 $\boldsymbol{x}(-\infty) = \mathbf{0}$ 转移至 $\boldsymbol{x}(0) = \boldsymbol{x}_0$, 且能量最小的反因果输入信号 $\boldsymbol{u}(t)$. 这个问题等价于在限制条件

$$\dot{\boldsymbol{x}} = A\boldsymbol{x} + B\boldsymbol{u}, \quad \boldsymbol{x}(-\infty) = \mathbf{0}, \quad \boldsymbol{x}(0) = \boldsymbol{x}_0$$

下解优化问题:

$$\boldsymbol{u}_{\rm opt}(t)=\arg\left\{\min_{\boldsymbol{u}(t)\in\mathcal{L}_2(-\infty,0)}\int_{-\infty}^{0}\boldsymbol{u}^*(t)\boldsymbol{u}(t)\,{\rm d}\,t\right\}\tag{9.42}$$

做变量置换: $\tau=-t$, $\boldsymbol{v}(\tau)=\boldsymbol{u}(-t)$, $\boldsymbol{p}(\tau)=\boldsymbol{x}(-t)$, 则上述问题等价于求解优化问题:

$$\boldsymbol{v}_{\rm opt}(\tau)=\arg\left\{\min_{\boldsymbol{v}(\tau)\in\mathcal{L}_2(0,\infty)}\int_{0}^{\infty}\boldsymbol{v}^*(\tau)\boldsymbol{v}(\tau)\,{\rm d}\tau\right\}\tag{9.43}$$

$$\text{s.t.}\begin{cases}\dot{\boldsymbol{p}}(\tau)=-A\boldsymbol{p}(\tau)-B\boldsymbol{v}(\tau)\\ \boldsymbol{p}(0)=\boldsymbol{x}_0,\ \ \boldsymbol{p}(\infty)=\boldsymbol{0}\end{cases}$$

这是取状态 $\boldsymbol{p}(\tau)$ 的加权矩阵为 0, 输入 $\boldsymbol{v}(\tau)$ 的加权矩阵为 I 的 LQ 问题. 应用 LQ 理论, 可得 $\boldsymbol{v}_{\rm opt}(\tau)=B^*X\boldsymbol{p}(\tau)$, 其中 X 是代数 Riccati 方程 (ARE)

$$-XA-A^*X-XBB^*X=0\tag{9.44}$$

的镇定解, 即 $-(A+BB^*X)$Hurwitz 稳定.

类似于 Q, 可以证明 P 满足 Lyapunov 方程 (9.41). 由于 (A,B) 可控,(A,B) 的可控性度量矩阵 P, 即 Lyapunov 方程 (9.40) 的解可逆. 于是有

$$-P^{-1}A-A^*P^{-1}-P^{-1}BB^*P^{-1}=0$$

且 $-(A+BB^*P^{-1})=PA^*P^{-1}$ 稳定. 这意味着 $X=P^{-1}$ 是式 (9.44) 的解. 从而问题式 (9.42) 的解是

$$\boldsymbol{u}_{\rm opt}(t)=B^*P^{-1}\boldsymbol{x}(t)$$

将 $\boldsymbol{u}_{\rm opt}(t)$ 代入状态方程, 可得

$$\begin{aligned}\dot{\boldsymbol{x}}(t)&=(A+BB^*P^{-1})\boldsymbol{x}(t)=-PA^*P^{-1}\boldsymbol{x}(t)\\ \boldsymbol{x}(t)&={\rm e}^{-PA^*P^{-1}t}\boldsymbol{x}(0)=P{\rm e}^{-A^*t}P^{-1}\boldsymbol{x}(0)\end{aligned}$$

于是, 有

$$\begin{aligned}\boldsymbol{u}_{\rm opt}(t)&=B^*P^{-1}\boldsymbol{x}(t)=B^*{\rm e}^{-A^*t}P^{-1}\boldsymbol{x}_0\\ \min\|\boldsymbol{u}(t)\|_2^2&=\|\boldsymbol{u}_{\rm opt}(t)\|_2^2=\boldsymbol{x}_0^*P^{-1}\boldsymbol{x}_0\end{aligned}$$

■

本节以后所有讨论均设 A 稳定. 若 $(A\ ,C)$ 不可观测, 由定理 9.5.2(b) 可知, 存在 $\boldsymbol{w}\neq\boldsymbol{0}$, 使得

$$\begin{bmatrix}\lambda I-A\\ C\end{bmatrix}\boldsymbol{w}=\boldsymbol{0}$$

若取 $\boldsymbol{x}_0=\boldsymbol{w}$, 则由式 (9.40) 可得

$$\begin{aligned}&\boldsymbol{x}_0^*A^*Q\boldsymbol{x}_0+\boldsymbol{x}_0^*QA\boldsymbol{x}_0+\|C\boldsymbol{x}_0\|_2^2=0\\ \iff\ &(\overline{\lambda}+\lambda)\boldsymbol{x}_0^*Q\boldsymbol{x}_0=0\\ \iff\ &\boldsymbol{x}_0^*Q\boldsymbol{x}_0=0\end{aligned}$$

上述分析表明, 如果 $\boldsymbol{x}_0$ 属于 $(A\ ,C)$ 的不可观测子空间, 则由 $\boldsymbol{x}_0$ 决定的零输入响应 $\boldsymbol{y}(t)=\mathbf{0}\Longleftrightarrow\|\boldsymbol{y}(t)\|_2^2=0$. 如果 $(A\ ,C)$ 完全可观测, 则对任何 $\boldsymbol{x}_0\neq\mathbf{0}$, $\|\boldsymbol{y}(t)\|_2^2=\boldsymbol{x}_0^*Q\boldsymbol{x}_0\neq 0$. 但对不同的 $\boldsymbol{x}_0$, 即使它们的范数相同, 相应的 $\|\boldsymbol{y}(t)\|_2$ 可能不同. 如果对于 $\|\boldsymbol{x}_0'\|_2=\|\boldsymbol{x}_0''\|_2=1$, 有 $\|\boldsymbol{y}'(t)\|_2>\|\boldsymbol{y}''(t)\|_2$, 自然可以认为 $\boldsymbol{x}_0'$ 比 $\boldsymbol{x}_0''$ 的可观测性强. 基于前述讨论并注意到 $\left\|\dfrac{\boldsymbol{x}(t_0)}{\|\boldsymbol{x}(t_0)\|_2}\right\|_2=1, \forall\ \boldsymbol{x}(t_0)\neq\mathbf{0}$, 可以用 Rayleigh 商

$$\frac{\boldsymbol{x}^*(t_0)Q\boldsymbol{x}(t_0)}{\boldsymbol{x}^*(t_0)\boldsymbol{x}(t_0)}$$

作为非零初始状态 $\boldsymbol{x}(t_0)$ 的可观测性度量.

若 (A,B) 不可控, 则存在 $\boldsymbol{v}\neq\mathbf{0}$, 使得

$$\boldsymbol{v}^*[\lambda I-A\ \ B]=\mathbf{0}^{\mathrm{T}}$$

若取 $\boldsymbol{x}_0=\boldsymbol{v}$, 则 $\boldsymbol{x}_0$ 不可控. 类似地可以证明 $\boldsymbol{x}_0^*P\boldsymbol{x}_0=0$. 换句话说, 若要求 $\boldsymbol{x}(0)=\boldsymbol{x}_0$, 则需要反因果输入信号 $\boldsymbol{u}(t)$ 的能量无限. 对于可控对 (A,B) 来说, 如果 $\boldsymbol{x}_0^*P\boldsymbol{x}_0$ 很小, 则可认为 $\boldsymbol{x}_0$ 的可控性差. 类似地, 可以用 Rayleigh 商

$$\frac{\boldsymbol{x}^*(t_0)P\boldsymbol{x}(t_0)}{\boldsymbol{x}^*(t_0)\boldsymbol{x}(t_0)}$$

作为非零初始状态 $\boldsymbol{x}(t_0)$ 的可控性度量.

对一般的状态空间表达式 $(A\,,B\,,C)$, 其每个状态向量 $\boldsymbol{x}_0$ 的可控性与可观测性度量是不一样的. 于是可以考虑, 是否存在这么一种实现 $(A_{\text{bal}}\,,B_{\text{bal}}\,,C_{\text{bal}})$, 其状态空间中任何向量 $\boldsymbol{x}_0$ 的可观测性和可控性的度量都是一样的. 称这种实现为平衡实现, 参见文献 [33] 和文献 [34]. 应用定理 4.7.13 可得以下结果.

【定理 9.5.8】 对于给定的、稳定的传递函数矩阵 $\boldsymbol{G}$, 存在最小实现 $(A_{\text{balrel}}\,,B_{\text{balrel}}\,,C_{\text{balrel}})$ 和正定对角矩阵:

$$\Sigma=\begin{bmatrix}\sigma_1 I_{r_1} & 0 & \cdots & 0\\ 0 & \sigma_2 I_{r_2} & \ddots & \vdots\\ \vdots & \ddots & \ddots & 0\\ 0 & \cdots & \cdots & \sigma_s I_{r_s}\end{bmatrix}$$

满足 Lyapunov 方程

$$\begin{aligned}A_{\text{balrel}}\Sigma+\Sigma A_{\text{balrel}}^*+B_{\text{balrel}}B_{\text{balrel}}^*=0\\ A_{\text{balrel}}^*\Sigma+\Sigma A_{\text{balrel}}+C_{\text{balrel}}^*C_{\text{balrel}}=0\end{aligned}\tag{9.45}$$

这里,$\sigma_1>\sigma_2>\cdots>\sigma_s>0$, $r_1+r_2+\cdots r_s=n$.

证明: 设 (A,B,C) 是 $\boldsymbol{G}$ 的任何一个最小实现, 其相应的可控性度量矩阵为 P, 可观测性度量矩阵为 Q, 则有

$$\begin{aligned} AP+PA^*+BB^*=0 \\ A^*Q+QA+C^*C=0 \end{aligned} \tag{9.46}$$

在状态空间中做非奇异线性变换 $\boldsymbol{x}(t)=T\hat{\boldsymbol{x}}(t)$, 则 $(\hat{A},\hat{B},\hat{C})=(T^{-1}AT,T^{-1}B,CT)$. 式 (9.46) 为

$$\begin{aligned} (T^{-1}AT)\left[T^{-1}P(T^{-1})^*\right]+\left[T^{-1}P(T^{-1})^*\right](T^{-1}AT)^*+(T^{-1}B)(T^{-1}B)^* &=0 \\ (T^{-1}AT)^*(T^*QT)+(T^*QT)(T^{-1}AT)+(CT)^*(CT) &=0 \end{aligned}$$

即 $\hat{P}=T^{-1}P(T^{-1})^*$, $\hat{Q}=T^*QT$. 在定理 4.7.13 中视 B 为 P、A 为 Q, 若取 $T=\varSigma^{-1/2}U^*R^*$ ($\iff$ $(T^*)^{-1}=\varSigma^{1/2}U^*R^{-1}$), 其中 $P=RR^*$ 是 P 的一个分解 (即 $T_1=R$, R 可取为 Cholesky 因子),$R^*QR=U\varSigma^2U^*$ 是矩阵 R^*QR 的一个奇异值分解, 则有

$$\begin{aligned} (T^{-1})^*PT^{-1}&=\varSigma^{1/2}U^*R^{-1}RR^*R^{-*}U\varSigma^{1/2}=\varSigma \\ TQT^*&=\varSigma^{-1/2}U^*R^*R^{-*}U\varSigma^2U^*R^{-1}RU\varSigma^{-1/2}=\varSigma \end{aligned}$$ ■

称 σ_1, σ_2, $\cdots$, σ_n 为 $G(s)(\mathscr{L}_{\boldsymbol{G}})$ 的 Hankel 奇异值. 平衡实现有三个含义, 依次为稳定性、最小性和每个状态向量可控性和可观测性度量的平衡性.

9.6 矩阵指数应用二: Hankel 算子及其 Schmidt 分解

9.6.1 Hankel 算子

Hankel 算子及其 Schmidt 分解见文献 [33] 和文献 [34]. 对于 $\boldsymbol{G}$, 时域中的 Hankel 算子定义为

$$\mathscr{H}_{\boldsymbol{G}}:\mathcal{L}_2^m(-\infty,0)\longmapsto\mathcal{L}_2^r[0,\infty),(\mathscr{H}_{\boldsymbol{G}}\boldsymbol{u})(t)=\mathscr{P}_+(\mathscr{L}_{\boldsymbol{G}}\boldsymbol{u})(t)$$

考虑到式 (9.38), 有

$$(\mathscr{H}_{\boldsymbol{G}}\boldsymbol{u})(t)=\begin{cases}0, & t<0\\ \int_{-\infty}^{\infty}\boldsymbol{G}_t(t-\tau)\boldsymbol{u}(\tau)\,\mathrm{d}\tau, & t\geqslant 0\end{cases}$$

在时域中,$\mathscr{H}_{\boldsymbol{G}}$ 将一个反因果输入信号 $\boldsymbol{u}(t)$ 映射为一因果输出信号 $\boldsymbol{y}(t)$.

设式 (9.39) 是 $\boldsymbol{G}$ 的一个最小实现. 则对于 $\boldsymbol{u}(t)\in\mathcal{L}_2(-\infty,0)$, 有

$$\boldsymbol{y}(t)=(\mathscr{H}_{\boldsymbol{G}}\boldsymbol{u})(t)=\int_{-\infty}^{0}C\mathrm{e}^{A(t-\tau)}B\boldsymbol{u}(\tau)\,\mathrm{d}\tau,\quad t>0$$

显然,D-矩阵对 $\boldsymbol{y}(t)$, 从而对 $\mathscr{H}_{\boldsymbol{G}}$ 没有影响. 下面研究 $\mathscr{H}_{\boldsymbol{G}}$ 的伴随算子. 由定义可知, $\mathcal{L}_2^r[0,\infty)$ 到 $\mathcal{L}_2^m(-\infty,0)$ 的一个映射 $\mathscr{H}_{\boldsymbol{G}_*}$ 是 $\mathscr{H}_{\boldsymbol{G}}$ 的伴随算子, 当且仅当对任意的 $\boldsymbol{u}(t)\in\mathcal{L}_2^m(-\infty,0)$ 和 $\boldsymbol{y}(t)\in\mathcal{L}_2^r[0,\infty)$ 都有

$$\langle\mathscr{H}_{\boldsymbol{G}}\boldsymbol{u},\boldsymbol{y}\rangle=\langle\boldsymbol{u},\mathscr{H}_{\boldsymbol{G}_*}\boldsymbol{y}\rangle$$

引理 9.6.1给出了 $\mathscr{H}_{G_*}$ 的表达式.

引理 9.6.1 对于 $\boldsymbol{y}(t) \in \mathcal{L}_2^r[0,\infty)$, 有

$$(\mathscr{H}_{G_*}\boldsymbol{y})(t) = \int_0^\infty B^* \mathrm{e}^{-A^*(\tau - t)} C^* \boldsymbol{y}(\tau)\,\mathrm{d}\tau, \quad t < 0$$

证明留给读者. ■

若定义 $\boldsymbol{G}$ 的伴随系统 $\boldsymbol{G}_*$ 为 $\boldsymbol{G}_* = -G^*(-\bar{s})$, 则

$$\boldsymbol{G}_* = -\left[C(-\bar{s}I - A)^{-1}B + D\right]^* = B^*\left[sI - (-A^*)\right]^{-1} C^* + D^*$$

为反稳定系统. 由 Fourier 变换理论中的 Parseval 恒等式可以证明, 反稳定系统可以在频域中解释为一个稳定但反因果系统, 即若 $\boldsymbol{G}_*$ 的输入 $\boldsymbol{y}(t) \in \mathcal{L}_2(-\infty,\infty)$, 则其输出 $\boldsymbol{u}(t) \in \mathcal{L}_2(-\infty,\infty)$. $\boldsymbol{G}_*$ 对 $\boldsymbol{y}(t) \in \mathcal{L}_2[0,\infty)$ 的响应为

$$\begin{aligned}\boldsymbol{u}(t) &= \int_0^\infty \left[B^* \mathrm{e}^{-A^*(t-\tau)} C^* + D^*\delta(t-\tau)\right] \boldsymbol{y}(\tau)\,\mathrm{d}\tau \\ &= \int_0^\infty B^* \mathrm{e}^{-A^*(t-\tau)} C^* \boldsymbol{y}(\tau)\,\mathrm{d}\tau + D^*\boldsymbol{y}(t)\end{aligned}$$

因 $\boldsymbol{y}(t) \in \mathcal{L}_2[0,\infty)$, $\mathscr{P}_-\boldsymbol{u}(t) = \mathscr{P}_-\boldsymbol{v}(t) = (\mathscr{H}_{G_*}\boldsymbol{y})(t)$, 即 Hankel 算子 $\mathscr{H}_G$ 的伴随算子 $\mathscr{H}_{G_*}$ 是 $\boldsymbol{G}$ 的伴随系统 $\boldsymbol{G}_*$ 对因果平方可积输入的响应的反因果分量.

定义 9.6.1 $\boldsymbol{G}_*$ 称为 $\boldsymbol{G}$ 的平行共轭转置 (para-complex conjugate transpose). 若 $\boldsymbol{G}_* = \boldsymbol{G}$, 则称 $\boldsymbol{G}$ 为平行 Hermitian 矩阵 (para-Hermitian).

9.6.2 Hankel 范数的计算

$\boldsymbol{G}$ 的 Hankel 范数 $\|\boldsymbol{G}\|_H$ 即由 $\boldsymbol{G}$ 定义的 Hankel 算子的诱导范数, 即

$$\|\boldsymbol{G}\|_H = \|\mathscr{H}_G\| = \sup_{\boldsymbol{u}(t)\in\mathcal{L}_2^m(-\infty,0)} \frac{\|(\mathscr{H}_G\boldsymbol{u})(t)\|_2}{\|\boldsymbol{u}(t)\|_2} \tag{9.47}$$

关于 $\|\boldsymbol{G}\|_H$ 的计算有下述结果.

【定理 9.6.1】 令 (A, B, C) 是稳定的传递函数矩阵 $\boldsymbol{G}$ 的一个最小实现,P 和 Q 分别是其可控性和可观测性度量矩阵, 则 $\|\mathscr{H}_G\| = \sqrt{\lambda_{\max}(PQ)}$, 这里 $\lambda_{\max}(\cdot)$ 是矩阵的最大特征值.

证明: 直接按式 (9.47) 计算 $\|\mathscr{H}_G\|$ 并不容易. 为此, 从 Hankel 算子的物理意义出发, 分三步进行计算.

第一步 设 $\boldsymbol{u}(t) \in \mathcal{L}_2(-\infty,0)$, 计算 $\boldsymbol{y}(t) = (\mathscr{H}_G\boldsymbol{u})(t)$ 及 $\|\boldsymbol{y}(t)\|_2$. 因为仅考虑 $\boldsymbol{u}(t)$ 的作用, 可设 $\boldsymbol{x}(-\infty) = \boldsymbol{0}$. 在反因果输入 $\boldsymbol{u}(t)$ 的作用下,$\boldsymbol{x}(0) = \boldsymbol{x}_0$. 由定理 9.5.7的第一部分可知,$\|\boldsymbol{y}(t)\|_2^2 = \boldsymbol{x}_0^* Q \boldsymbol{x}_0$.

第二步 求将系统的状态由 $\boldsymbol{x}(-\infty) = \boldsymbol{0}$ 转移至 $\boldsymbol{x}(0) = \boldsymbol{x}_0$, 所需的最小能量. 由定理 9.5.7的第二部分可知:

$$\boldsymbol{u}_{\mathrm{opt}}(t) = B^* P^{-1}\boldsymbol{x}(t) = B^* \mathrm{e}^{-A^* t} P^{-1}\boldsymbol{x}_0$$

$$\min \|\boldsymbol{u}(t)\|_2^2 = \|\boldsymbol{u}_{\rm opt}(t)\|_2^2 = \boldsymbol{x}_0^* P^{-1} \boldsymbol{x}_0$$

第三步 求 $\|\mathscr{H}_{\boldsymbol{G}}\|$. 由 $\boldsymbol{x}_0$ 的任意性可得

$$\|\mathscr{H}_{\boldsymbol{G}}\|^2 = \sup_{\boldsymbol{x}_0 \neq \boldsymbol{0}} \frac{\boldsymbol{x}_0^* Q \boldsymbol{x}_0}{\boldsymbol{x}_0^* P^{-1} \boldsymbol{x}_0} = \lambda_{\max}(PQ)$$

这就是所需的结果. ■

自伴随算子 $\mathscr{H}_{\boldsymbol{G}_*}\mathscr{H}_{\boldsymbol{G}}$ 是 $\mathcal{L}_2(-\infty,0)$ 到 $\mathcal{L}_2(-\infty,0)$ 的一个映射. 于是可以定义其特征值和特征向量.

定义 9.6.2 *若存在非零向量 $\boldsymbol{u}_i(t) \in \mathcal{L}_2(-\infty,0)$ 和实数 λ_i 使*

$$(\mathscr{H}_{\boldsymbol{G}_*}\mathscr{H}_{\boldsymbol{G}}\boldsymbol{u}_i)(t) = \lambda_i \boldsymbol{u}_i(t)$$

成立, 则称 λ_i 是变换 $\mathscr{H}_{\boldsymbol{G}_*}\mathscr{H}_{\boldsymbol{G}}$ 的一个特征值, $\boldsymbol{u}_i(t)$ 是 (属于 λ_i 的) 特征向量.

下面将求出 $\mathscr{H}_{\boldsymbol{G}_*}\mathscr{H}_{\boldsymbol{G}}$ 的所有非零特征值及其特征向量.

给定常向量 $\boldsymbol{x}_0$. 定义 $\boldsymbol{u}(t) = B^* \mathrm{e}^{-A^* t} P^{-1} \boldsymbol{x}_0$, $t < 0$, 则定理 9.6.1证明的第二步说明, $\boldsymbol{u}(t) \in \mathcal{L}_2(-\infty,0)$, 且当 $\boldsymbol{G}$ 的输入为 $\boldsymbol{u}(t)$ 时,$\boldsymbol{x}(0) = \boldsymbol{x}_0$. 由于 $t > 0$ 时 $\boldsymbol{u}(t) \equiv \boldsymbol{0}$, 所以

$$\boldsymbol{y}(t) = (\mathscr{H}_{\boldsymbol{G}}\boldsymbol{u})(t) = C\,\mathrm{e}^{At}\,\boldsymbol{x}_0, \quad t > 0 \tag{9.48}$$

为确定 $\mathscr{H}_{\boldsymbol{G}_*}\mathscr{H}_{\boldsymbol{G}}$ 的特征值和特征向量. 令 $\boldsymbol{y}(t) = C\,\mathrm{e}^{At}\,\boldsymbol{x}_0$ 为共轭变换 $\mathscr{H}_{\boldsymbol{G}_*}$ 的输入, 则

$$\begin{aligned}(\mathscr{H}_{\boldsymbol{G}_*}\boldsymbol{y})(t) &= \int_0^{\infty} B^* \mathrm{e}^{-A^*(t-\tau)} C^* C \mathrm{e}^{A\tau} \boldsymbol{x}_0 \,\mathrm{d}\tau, \quad t<0 \\ &= B^* \mathrm{e}^{-A^* t} Q \boldsymbol{x}_0, \quad t<0\end{aligned} \tag{9.49}$$

由式 (9.48) 和式 (9.49) 可得

$$(\mathscr{H}_{\boldsymbol{G}_*}\mathscr{H}_{\boldsymbol{G}}\boldsymbol{u})(t) = B^* \mathrm{e}^{-A^* t} P^{-1}\, PQ \boldsymbol{x}_0$$

令

$$\begin{aligned} & (\mathscr{H}_{\boldsymbol{G}_*}\mathscr{H}_{\boldsymbol{G}}\boldsymbol{u})(t) = \lambda \boldsymbol{u}(t), \quad \forall t<0 \\ \Longleftrightarrow \quad & B^* \mathrm{e}^{-A^* t} Q \boldsymbol{x}_0 = \lambda B^* \mathrm{e}^{-A^* t} P^{-1} \boldsymbol{x}_0, \quad \forall t<0 \\ \Longleftrightarrow \quad & B^* \mathrm{e}^{-A^* t} P^{-1} \left[(\lambda I - PQ)\boldsymbol{x}_0\right] = \boldsymbol{0}, \quad \forall t<0 \end{aligned}$$

由于 $(A,\, B)$ 完全可控, 上式又等价于 $(\lambda I - PQ)\boldsymbol{x}_0 = \boldsymbol{0}$, 即 $\boldsymbol{x}_0$ 是 PQ 的右特征向量. 于是, $\boldsymbol{u}(t)$ 是 $\mathscr{H}_{\boldsymbol{G}_*}\mathscr{H}_{\boldsymbol{G}}$ 的特征向量, 当且仅当 $PQ\boldsymbol{x}_0 = \sigma_i^2 \boldsymbol{x}_0$, 即 $\boldsymbol{x}_0$ 是矩阵 PQ 的右特征向量. 于是 $\mathscr{H}_{\boldsymbol{G}_*}\mathscr{H}_{\boldsymbol{G}}$ 的 n 个特征向量为 $\boldsymbol{u}_i(t) = B^* \mathrm{e}^{-A^* t} P^{-1} \boldsymbol{x}_i$, 其中 $\boldsymbol{x}_i$ 是矩阵 PQ 的右特征向量. $\|\mathscr{H}_{\boldsymbol{G}_*}\mathscr{H}_{\boldsymbol{G}}\|$ 是 $\mathscr{H}_{\boldsymbol{G}_*}\mathscr{H}_{\boldsymbol{G}}$ 的最大特征值.

9.6.3 Hankel 算子的 Schmidt 分解

考虑 Hankel 算子 $\mathscr{H}_G$ 及其伴随算子 $\mathscr{H}_{G_*}$. 下面将对 $\mathscr{H}_G$ 做定理 5.2.3 给出的分解. 用 PQ 的右特征向量 $\boldsymbol{x}_i$, 定义

$$\begin{aligned} \boldsymbol{u}_i(t) &= \sigma_i^{-2} B^* \mathrm{e}^{-A^* t} Q \boldsymbol{x}_i\,, \qquad & t<0 \\ \boldsymbol{y}_i(t) &= \sigma_i^{-1} C \mathrm{e}^{At} \boldsymbol{x}_i\,, \qquad & t>0 \end{aligned} \tag{9.50}$$

$i=1,2,\cdots,n$. 下面的分析说明, 可取 $\boldsymbol{x}_i$ 满足 $Q\boldsymbol{x}_i = \sigma_i^2 P^{-1}\boldsymbol{x}_i$, $\boldsymbol{x}_i^* Q \boldsymbol{x}_i = \sigma_i^2$, 使

$$\langle \boldsymbol{u}_j\,, \boldsymbol{u}_i \rangle = \begin{cases} 1, & i=j \\ 0, & i \neq j \end{cases}$$

上式说明 $\boldsymbol{u}_i(t)(i=1,2,\cdots,n)$ 是标准正交向量组. 同理可证 $\boldsymbol{y}_i(t)(i=1,2,\cdots,n)$ 也是标准正交向量组.

取 $\boldsymbol{x}_i = T^{-1}\boldsymbol{e}_i\sqrt{\sigma_i} = RU\varSigma^{-1/2}\boldsymbol{e}_i\sqrt{\sigma_i}$, 则有

$$\begin{aligned} Q\boldsymbol{x}_i &= \left(R^{-*}U\varSigma^2U^*R^{-1}\right)\left(RU\varSigma^{-1/2}\boldsymbol{e}_i\sqrt{\sigma_i}\right) \\ &= R^{-*}U\varSigma^2\varSigma^{-1/2}\boldsymbol{e}_i\sqrt{\sigma_i} = \sigma_i^2 R^{-*}U\varSigma^{-1/2}\boldsymbol{e}_i\sqrt{\sigma_i} \\ &= \sigma_i^2 (R\,R^*)^{-1}(RU\varSigma^{-1/2}\boldsymbol{e}_i\sqrt{\sigma_i}) = \sigma_i^2 P^{-1}\boldsymbol{x}_i \end{aligned}$$

以及

$$\begin{aligned} \boldsymbol{x}_i^* Q \boldsymbol{x}_i &= \sigma_i^2 \sqrt{\sigma_i}\boldsymbol{e}_i^*\varSigma^{-1/2}U^*R^*R^{-1}U\varSigma^{-1/2}\boldsymbol{e}_i\sqrt{\sigma_i} \\ &= \sigma_i^2\sqrt{\sigma_i}\boldsymbol{e}_i^*\varSigma^{-1}\boldsymbol{e}_i\sqrt{\sigma_i} = \sigma_i^2 \end{aligned}$$

由以上两个式子, 可得

$$\begin{aligned} \langle \boldsymbol{u}_j\,, \boldsymbol{u}_i \rangle &= \int_{-\infty}^0 \boldsymbol{u}_j^*(t)\boldsymbol{u}_i(t)\,\mathrm{d}t = \sigma_j^{-2}\sigma_i^{-2}\boldsymbol{x}_j^* Q\left(\int_{-\infty}^0 \mathrm{e}^{-At}BB^*\mathrm{e}^{-A^*t}\,\mathrm{d}t\right)Q\boldsymbol{x}_i \\ &= \sigma_j^{-2}\sigma_i^{-2}\boldsymbol{x}_j^* Q\left(\int_0^\infty \mathrm{e}^{At}BB^*\mathrm{e}^{A^*t}\,\mathrm{d}t\right)Q\boldsymbol{x}_i = \sigma_j^{-2}\sigma_i^{-2}\boldsymbol{x}_j^* QPQ\boldsymbol{x}_i \\ &= \sigma_j^{-2}\boldsymbol{x}_j^* Q\boldsymbol{x}_i = \sigma_j^{2}\cdot\sqrt{\sigma_i\sigma_j}\boldsymbol{e}_j^*\varSigma^{-1/2}U^*R^*R^{-*}U\varSigma^2U^*R^{-1}RU\varSigma^{-1/2}\boldsymbol{e}_i \\ &= \sigma_j^{-2}\sqrt{\sigma_i\sigma_j}\boldsymbol{e}_j^*\varSigma^{-1/2}\varSigma^2\varSigma^{-1/2}\boldsymbol{e}_i \\ &= \sigma_j^{-2}\sqrt{\sigma_i\sigma_j}\boldsymbol{e}_j^*\varSigma\boldsymbol{e}_i = \begin{cases} 1, & i=j \\ 0, & i\neq j \end{cases} \end{aligned}$$

同理可证 $\boldsymbol{y}_i(t)(i=1,2,\cdots,n)$, 也是标准正交向量组, 即

$$\langle \boldsymbol{y}_j\,, \boldsymbol{y}_i \rangle = \sigma_j^{-1}\sigma_i^{-1}\boldsymbol{x}_j^* Q\boldsymbol{x}_i = \begin{cases} 1, & i=j \\ 0, & i\neq j \end{cases}$$

【定理 9.6.2】 对于式 (9.50) 中定义的 $\boldsymbol{u}_i(t)$ 和 $\boldsymbol{y}_i(t)$, 有

(1) $\boldsymbol{u}_i(t)$ 和 $\boldsymbol{y}_i(t)$ 是 $\mathscr{H}_G$ 的 Schmidt 偶, 即

$$(\mathscr{H}_G\boldsymbol{u}_i)(t)=\sigma_i\boldsymbol{y}_i(t)$$
$$(\mathscr{H}_{G_*}\boldsymbol{y}_i)(t)=\sigma_i\boldsymbol{u}_i(t)$$

(2) 对任意的 $\boldsymbol{u}(t)\in\mathcal{L}_2(-\infty,0)$ 都有

$$(\mathscr{H}_G\boldsymbol{u})(t)=\sum_{i=1}^{n}\sigma_i\langle\boldsymbol{u}\,,\boldsymbol{u}_i\rangle\boldsymbol{y}_i \tag{9.51}$$

式 (9.51) 称为 $(\mathscr{H}_G\boldsymbol{u})(t)$ 的 Schmidt 分解. 将式 (9.51) 与定理 5.2.3 相比较, 可见 Hankel 算子的 Schmidt 分解是有限维线性空间 $\mathcal{V}$ 和 $\mathcal{U}$ 上线性映射 $\mathscr{A}$ 的奇异值分解在无穷维线性空间 $\mathcal{L}_2(-\infty,0)$ 和 $\mathcal{L}_2[0,\infty)$ 上的推广.

证明: (1) $\boldsymbol{u}_i(t)$ 可等价地写为

$$\boldsymbol{u}_i(t)=\sigma_i^{-2}B^*\mathrm{e}^{-A^*t}P^{-1}PQ\boldsymbol{x}_i=B^*\mathrm{e}^{-A^*t}P^{-1}\boldsymbol{x}_i$$

由定理 9.6.1证明的第二步可知,$\boldsymbol{x}(0)=\boldsymbol{x}_i$. 于是, 有

$$(\mathscr{H}_G\boldsymbol{u}_i)(t)=C\mathrm{e}^{At}\boldsymbol{x}_i=\sigma_i\boldsymbol{y}_i(t)$$

由引理 9.6.1可得

$$\begin{aligned}(\mathscr{H}_{G_*}\boldsymbol{y}_i)(t)&=\int_{\infty}^{0}-B^*\mathrm{e}^{-A^*(t-\tau)}C^*\boldsymbol{y}_i(\tau)\,\mathrm{d}\tau\\&=\sigma_i^{-1}B^*\mathrm{e}^{-A^*t}\left(\int_0^{\infty}\mathrm{e}^{A\tau}C^*C\mathrm{e}^{A\tau}\,\mathrm{d}\tau\right)\boldsymbol{x}_i\\&=\sigma_i^{-1}B^*\mathrm{e}^{-A^*t}Q\boldsymbol{x}_i=\sigma_i\boldsymbol{u}_i(t)\end{aligned}$$

(2) 令 $\boldsymbol{u}(t)\in\mathcal{L}_2(-\infty,0)$. $(\mathscr{H}_G\boldsymbol{u})(t)$ 仅取决于 $\boldsymbol{x}_0$, 即在 $\boldsymbol{u}(t)$ 的作用下 $t=0$ 时系统的状态 $\boldsymbol{x}(0)$. 由于 $\boldsymbol{x}_i$ 是 n 维实空间的一组基, 任何 $\boldsymbol{x}_0$ 都可表示为 $\boldsymbol{x}_0=\alpha_1\boldsymbol{x}_1+\alpha_2\boldsymbol{x}_2+\cdots+\alpha_n\boldsymbol{x}_n$. 相应地, 由 $\mathscr{H}_G$ 的线性, 可得

$$(\mathscr{H}_G\boldsymbol{u})(t)=\sum_{i=1}^{n}\alpha_i(\mathscr{H}_G\boldsymbol{u}_i)(t)=\sum_{i=1}^{n}\alpha_i\sigma_i\boldsymbol{y}_i(t)$$

现在来确定常数 α_i. 一方面, 有

$$\begin{aligned}\langle\boldsymbol{u}_j\,,\mathscr{H}_{G_*}\mathscr{H}_G\boldsymbol{u}\rangle&=\left\langle\boldsymbol{u}_j\,,\mathscr{H}_{G_*}\sum_{i=1}^{n}\alpha_i\sigma_i\boldsymbol{y}_i\right\rangle=\langle\boldsymbol{u}_j\,,\sum_{i=1}^{n}\alpha_i\sigma_i^2\boldsymbol{u}_i\rangle\\&=\sum_{i=1}^{n}\alpha_i\sigma_i^2\langle\boldsymbol{u}_j\,,\boldsymbol{u}_i\rangle=\alpha_j\sigma_j^2\end{aligned} \tag{9.52}$$

另一方面, 有

$$\begin{aligned}\langle \boldsymbol{u}_j\,,\,\mathscr{H}_{G_*}\mathscr{H}_G\boldsymbol{u}\rangle&=\langle \mathscr{H}_{G_*}\mathscr{H}_G\boldsymbol{u}\,,\,\boldsymbol{u}_j\rangle=\langle \boldsymbol{u}\,,\,\mathscr{H}_{G_*}\mathscr{H}_G\boldsymbol{u}_j\rangle\\&=\langle \boldsymbol{u}\,,\,\sigma_j^2\boldsymbol{u}_j\rangle=\sigma_j^2\langle \boldsymbol{u}\,,\,\boldsymbol{u}_j\rangle\end{aligned}\tag{9.53}$$

比较式 (9.52) 和式 (9.53) 可得 $\alpha_j=\langle \boldsymbol{u}\,,\,\boldsymbol{u}_j\rangle$. 于是, 有

$$(\mathscr{H}_G\boldsymbol{u})(t)=\sum_{i=1}^{n}\sigma_i\langle \boldsymbol{u}\,,\boldsymbol{u}_i\rangle\boldsymbol{y}_i(t)$$ ■

注 9.6.1 若定义内积映射为

$$\boldsymbol{u}_i^{<>}:\quad \mathcal{L}_2(-\infty,\infty)\to\mathcal{R},\quad \boldsymbol{u}_i^{<>}\boldsymbol{u}=\langle \boldsymbol{u}\,,\,\boldsymbol{u}_i\rangle$$

则 $\mathscr{H}_G$ 可分解为 $\mathscr{H}_G=\sum_{i=1}^{n}\sigma_i\boldsymbol{y}_i(t)\boldsymbol{u}_i^{<>}$.

类似于有限维线性空间上的线性映射, 也可以讨论 Hankel 算子的秩. 当 $\deg\boldsymbol{G}=n$ 时,Schmidt 分解表明,Schmidt 向量 $\boldsymbol{y}_i(t)(i=1,2,\cdots,n)$ 可以表示任何 $\boldsymbol{u}(t)\in\mathcal{L}_2(-\infty,0)$ 的象 $(\mathscr{H}_G\boldsymbol{u})(t)$. 这说明 $\mathscr{H}_G$ 的秩等于 $\boldsymbol{G}$ 的 McMillan 阶.

9.7 连续时间代数 Riccati 方程的解

代数 Riccati 方程 (algebraic Riccati equation, ARE) 的镇定解在控制理论中起着非常重要的作用, 例如, 状态向量 $\boldsymbol{x}_0$ 的可控性度量的计算需要 ARE(9.44) 的镇定解.ARE 的镇定解也为一类最优控制问题的解铺平了道路 [29,32,34−41]. 连续时间 ARE 的一般形式为

$$A^*X+XA+XWX+Q=0\tag{9.54}$$

其中,A, W 和 $Q\in\mathcal{R}^{n\times n}$; $W=W^*$; $Q=Q^*$ 为给定; X 为待求. 显然, 式 (9.54) 右端的 0 为 n 阶零矩阵. 为简便起见, 在阶数和维数为显然的情况下将略去零矩阵和零列向量的下标. 式 (9.54) 中所有矩阵为标量时, 即为一元二次方程 $wx^2+2ax+q=0$, 提示 ARE 的解不唯一. 而大家感兴趣的只是 ARE 的一个特殊解, 即镇定解. 这个问题的详细说明见控制问题 (9.43).

定义 9.7.1 *称满足 ARE(9.54) 且使得 $A+WX$ 所有的特征值都在左半开平面 $\mathcal{C}_-$ 的半正定 X 为 ARE(9.54) 的镇定解.*

ARE(9.54) 的镇定解在很多文献中都有论述, 如文献 [29]、[41] 和 [42]. 可镇定性和可检测性对寻找镇定解起着基础性作用.

用 ARE(9.54) 的系数矩阵定义 Hamilton 矩阵:

$$H=\begin{bmatrix}A & W\\ -Q & -A^*\end{bmatrix}$$

下面将会看到,ARE 的解及其性质完全由 H 的特征值和特征空间所决定. 首先介绍以下结果.

引理 9.7.1　Hamilton 矩阵 H 的特征值关于虚轴是对称分布的.

证明: λ_i 是 H 的一个特征值, 当且仅当存在非零向量 $\boldsymbol{v}$ 满足

$$(\lambda_i I - H)\boldsymbol{v} = \boldsymbol{0} \quad \Longleftrightarrow \quad \boldsymbol{v}^*(-\bar{\lambda}_i I - (-H)^*) = \boldsymbol{0}^*$$

上式说明,λ_i 是 H 的一个特征值, 当且仅当 $-\bar{\lambda}_i$ 是 $-H^*$ 的一个特征值. 如图 9.7所示, H 与 $-H^*$ 的特征值的分布关于虚轴是对称的. 于是, 只要证明 H 与 $-H^*$ 相似即可.

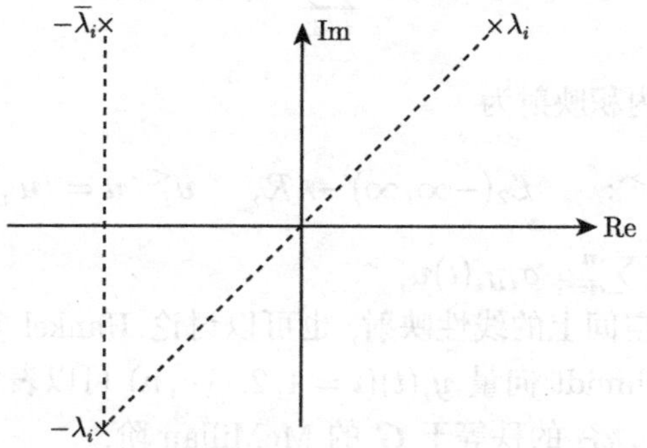

图 9.7　H 和 $-H^*$ 的特征值之间的关系

定义:

$$J \triangleq \begin{bmatrix} 0 & -I \\ I & 0 \end{bmatrix}, \quad 则 \quad J^{-1} = \begin{bmatrix} 0 & I \\ -I & 0 \end{bmatrix}$$

容易验证:

$$JHJ^{-1} = -\begin{bmatrix} A^* & -Q \\ W & -A \end{bmatrix} = -H^*$$

■

由引理 9.7.1可知, 若 Hamilton 矩阵 H 在虚轴上没有特征值, 则必有 n 个特征值在 $\mathcal{C}_-$ 中, 另外 n 个特征值在 $\mathcal{C}_+$ 中. 记 $\mathcal{X}_-(H)$ 为 H 在 $\mathcal{C}_-$ 中的 n 个特征值的特征子空间. 因特征子空间是不变子空间, 故存在 $(2n) \times n$ 矩阵

$$\begin{bmatrix} X_{11} \\ X_{21} \end{bmatrix}$$

和 $\varLambda \in \mathcal{C}^{n\times n}$ 使得 $\mathcal{X}_-(H) = \mathrm{Im}\begin{bmatrix} X_{11}^{\mathrm{T}} & X_{21}^{\mathrm{T}} \end{bmatrix}^{\mathrm{T}}$, 且

$$\begin{bmatrix} A & W \\ -Q & -A^* \end{bmatrix} \begin{bmatrix} X_{11} \\ X_{21} \end{bmatrix} = \begin{bmatrix} X_{11} \\ X_{21} \end{bmatrix} \varLambda \tag{9.55}$$

显然,$\varLambda \in \mathcal{C}^{n\times n}$ 的特征值就是 H 在 $\mathcal{C}_-$ 中的 n 个特征值. 称 $\varLambda$ 是线性变换 $\mathscr{H}$: $\boldsymbol{y} = H\boldsymbol{x}$ 限制在子空间 $\mathcal{X}_-(H)$ 上的表达. 为讨论问题方便起见, 引入 dom(Ric).

定义 9.7.2 记 dom(Ric) 为满足以下两个条件的 Hamilton 矩阵 H 的集合:

(1) H 在虚轴上没有特征值;

(2) X_{11} 非奇异.

【定理 9.7.1】 H 是与 ARE(9.54) 对应的 Hamilton 矩阵. 若 $H \in \mathrm{dom(Ric)}$, 则镇定解 $X = X_{21}X_{11}^{-1}$ 且 X 为实对称矩阵.

证明: 分四步完成.

第一步 证明 $X = X_{21}X_{11}^{-1}$ 是 ARE 的镇定解. 由定义 9.7.2可知, H 在虚轴上没有特征值, 且 X_{11} 可逆, 式 (9.55) 可等价地写为

$$\begin{bmatrix} A & W \\ -Q & -A^* \end{bmatrix} \begin{bmatrix} I \\ X \end{bmatrix} = \begin{bmatrix} I \\ X \end{bmatrix} X_{11} \Lambda X_{11}^{-1} \tag{9.56}$$

将式 (9.56) 两端左乘 $[X \quad -I]$, 可得 $XA + A^*X + XWX + Q = 0$. 于是 X 是 ARE(9.54) 的一个解. 式 (9.56) 的第一个行块为

$$A + WX = X_{11}\Lambda X_{11}^{-1}$$

于是,$\lambda_i(A+WX) = \lambda_i(\Lambda) \in \mathcal{C}_-$, X 是镇定解.

第二步 证明 ARE(9.54) 所有的解都可以表示为 $X = X_2X_1^{-1}$, 其中 $\begin{bmatrix} X_1^{\mathrm{T}} & X_2^{\mathrm{T}} \end{bmatrix}^{\mathrm{T}}$ 的列向量是 H 的一个 n 维不变子空间的一组基. 令 X 是 ARE(9.54) 的任一解. 定义 $\Lambda = A + WX$, 用 X 左乘, 得

$$X\Lambda = XA + XWX = -A^*X - Q$$

将 $A + WX = \Lambda$ 和 $-Q - A^*X = X\Lambda$ 写在一起, 又有

$$\begin{bmatrix} A & W \\ -Q & -A^* \end{bmatrix} \begin{bmatrix} I \\ X \end{bmatrix} = \begin{bmatrix} I \\ X \end{bmatrix} \Lambda$$

最后一式说明,$\begin{bmatrix} I & X^{\mathrm{T}} \end{bmatrix}^{\mathrm{T}}$ 的列向量张成 H 的一个 n 维不变子空间 $\mathcal{V}$. 令 X_1 为任一 $n \times n$ 非奇异矩阵, 则最后一式等价于

$$\begin{bmatrix} A & W \\ -Q & -A^* \end{bmatrix} \begin{bmatrix} I \\ X \end{bmatrix} X_1 = \begin{bmatrix} I \\ X \end{bmatrix} X_1X_1^{-1}\Lambda X_1$$

于是,$\begin{bmatrix} I & X^{\mathrm{T}} \end{bmatrix}^{\mathrm{T}} X_1 \triangleq \begin{bmatrix} X_1^{\mathrm{T}} & X_2^{\mathrm{T}} \end{bmatrix}^{\mathrm{T}}$ 也是 $\mathcal{V}$ 的一组基.

第三步 证明若 $\mathcal{V}$ 是 H 的一个 n 维不变子空间,$\begin{bmatrix} X_1^{\mathrm{T}} & X_2^{\mathrm{T}} \end{bmatrix}^{\mathrm{T}} \in \mathcal{C}^{2n\times n}$ 的列向量是 $\mathcal{V}$ 的一组基, 即存在 $n \times n$ 矩阵 Φ 使得

$$\mathcal{V} = \mathrm{Im}\begin{bmatrix} X_1 \\ X_2 \end{bmatrix}, \quad H\begin{bmatrix} X_1 \\ X_2 \end{bmatrix} = \begin{bmatrix} X_1 \\ X_2 \end{bmatrix} \Phi$$

且 $\lambda_r(\Phi)+\bar{\lambda}_s(\Phi)\neq 0$, 则 $X_1^*X_2$ 为 Hermitian 矩阵. 进而, 若 X_1 非奇异, 则 $X=X_2X_1^{-1}$ 为 Hermitian 矩阵. 令 $\mathcal{V}$ 为 H 的一个 n 不变子空间, 则存在 $\Phi\in\mathcal{C}^{n\times n}$ 满足

$$H\begin{bmatrix} X_1 \\ X_2 \end{bmatrix}=\begin{bmatrix} X_1 \\ X_2 \end{bmatrix}\Phi$$

将上式左乘 $[X_1^* \quad X_2^*]\,J$, 可得

$$\begin{bmatrix} X_1 \\ X_2 \end{bmatrix}^* JH\begin{bmatrix} X_1 \\ X_2 \end{bmatrix}=\begin{bmatrix} X_1 \\ X_2 \end{bmatrix}^* J\begin{bmatrix} X_1 \\ X_2 \end{bmatrix}\Phi$$

因 $JH=\begin{bmatrix} Q & A^* \\ A & W \end{bmatrix}$ 为 Hermitian 矩阵, 上式左端为 Hermitian 矩阵, 从而右端也必须为 Hermitian 矩阵, 即

$$(X_2^*X_1-X_1^*X_2)\Phi=[(X_2^*X_1-X_1^*X_2)\Phi]^*=\Phi^*(X_1^*X_2-X_2^*X_1) \tag{9.57}$$

记 $Y=X_2^*X_1-X_1^*X_2$, 则 $Y^*=-Y$, 式 (9.57) 即 Lyapunov 方程:

$$Y\Phi+\Phi^*Y=0 \tag{9.58}$$

由推论 9.3.1, 式 (9.58) 可写为

$$\left(\Phi^{\mathrm{T}}\otimes I+I\otimes\Phi^*\right)cs(Y)=cs(0) \tag{9.59}$$

由定理 9.2.1可知:

$$\lambda_k\left(\Phi^{\mathrm{T}}\otimes I+I\otimes\Phi^*\right)=\lambda_r(\Phi^{\mathrm{T}})+\lambda_s(\Phi^*)=\lambda_r(\Phi)+\bar{\lambda}_s(\Phi)$$

因 $\lambda_r(\Phi)+\bar{\lambda}_s(\Phi)\neq 0$, 式 (9.59) 即式 (9.58) 有唯一的解 $Y=X_1^*X_2-X_2^*X_1=0$, 即 $X_1^*X_2=X_2^*X_1$. 若 X_1 非奇异, 则有 $X=X_2X_1^{-1}=(X_1^*)^{-1}X_2^*=\left(X_2X_1^{-1}\right)^*=X^*$. 现在令 $\Phi=\Lambda$, 则 Λ 的特征值均位于 $\mathcal{C}_-$, 从而 $\lambda_r(\Lambda)+\bar{\lambda}_s(\Lambda)\neq 0$, ARE 的解 $X=X_{21}X_{11}^{-1}$ 为 Hermitian 矩阵, 若 X_{11} 可逆.

第四步 证明若 $\mathcal{V}$ 是 H 的一个 n 维不变子空间, $\left[X_1^{\mathrm{T}} \quad X_2^{\mathrm{T}}\right]^{\mathrm{T}}$ 的列向量是 $\mathcal{V}$ 的一组基, 则 $X=X_2X_1^{-1}$ 为实矩阵, 当且仅当 $\mathcal{V}$ 是共轭对称的, 即若向量 $\boldsymbol{v}_i\in\mathcal{V}$, 则其共轭向量 $\bar{\boldsymbol{v}}_i\in\mathcal{V}$. 确实, 若 $\mathcal{V}$ 共轭对称, $\left[X_1^{\mathrm{T}} \quad X_2^{\mathrm{T}}\right]^{\mathrm{T}}$ 是 $\mathcal{V}$ 的一组基, 则 $\left[\bar{X}_1^{\mathrm{T}} \quad \bar{X}_2^{\mathrm{T}}\right]^{\mathrm{T}}$ 也是 $\mathcal{V}$ 的一组基. 于是存在非奇异矩阵 P, 使得

$$\begin{bmatrix} \bar{X}_1 \\ \bar{X}_2 \end{bmatrix}=\begin{bmatrix} X_1 \\ X_2 \end{bmatrix}P \quad\Longrightarrow\quad \bar{X}=\bar{X}_2\bar{X}_1^{-1}=X_2P(X_1P)^{-1}=X$$

反之, 若 $\bar{X}=\overline{X_2X_1^{-1}}=\bar{X}_2\bar{X}_1^{-1}=X=X_2X_1^{-1}$, 则 $\left[\bar{X}_1^{\mathrm{T}} \quad \bar{X}_2^{\mathrm{T}}\right]^{\mathrm{T}}$ 也是 $\mathcal{V}$ 的一组基. 从而 $\mathcal{V}$ 是共轭的. ■

【定理 9.7.2】 设 H 在 $\mathrm{j}\omega$ 轴上没有特征值且 $W \geqslant 0$ 或 $W \leqslant 0$, 则 $H \in \mathrm{dom(Ric)}$, 当且仅当 $(A\ ,\ W)$ 可镇定.

证明: 先证必要性, 若 $H \in \mathrm{dom(Ric)}$, 则 $(A\ ,\ W)$ 可镇定.$H \in \mathrm{dom(Ric)}$, 则存在 $X \in \mathcal{R}^{n\times n}$ 使得 $A+WX$ 稳定.X 可看作状态反馈增益矩阵. 于是 $(A\ ,\ W)$ 可镇定为显然.

再证充分性, 若 $(A\ ,\ W)$ 可镇定, 则 X_{11} 非奇异. 记

$$\mathrm{Ker}X_{11} = \{\boldsymbol{v}\ :\ X_{11}\boldsymbol{v} = \boldsymbol{0}\}$$

若 $\mathrm{Ker}X_{11} = \{\boldsymbol{0}\}$, 则 X_{11} 非奇异. 先证明 $\mathrm{Ker}X_{11}$ 是 Λ 不变的, 即若 $X_{11}\boldsymbol{v} = \boldsymbol{0}$, 则 $X_{11}(\Lambda\boldsymbol{v}) = \boldsymbol{0}$, 这里 Λ 是 H 限制在子空间 $\mathcal{X}_-(H) = \mathrm{Im}\begin{bmatrix} X_{11}^{\mathrm{T}} & X_{21}^{\mathrm{T}} \end{bmatrix}^{\mathrm{T}}$ 上的表达, 满足式 (9.55). 因 $\lambda_i(\Lambda) \in \mathcal{C}_-$, $\forall i$, Λ 非奇异. $\boldsymbol{v} \in \mathrm{Ker}X_{11}$, 则 $X_{11}\boldsymbol{v} = \boldsymbol{0}$. 式 (9.55) 的第一个行块为

$$AX_{11} + WX_{21} = X_{11}\Lambda \tag{9.60}$$

用 $\boldsymbol{v}^*X_{21}^*$ 左乘式 (9.60) 两端, 用 $\boldsymbol{v}$ 右乘式 (9.60) 两端, 并注意 $X_{21}^*X_{11} = X_{11}^*X_{21}$, 可得

$$\begin{aligned} &\boldsymbol{v}^*X_{21}^*AX_{11}\boldsymbol{v} + \boldsymbol{v}^*X_{21}^*WX_{21}\boldsymbol{v} = \boldsymbol{v}^*X_{21}^*X_{11}\Lambda\boldsymbol{v} \\ \Longrightarrow\quad &\boldsymbol{v}^*X_{21}^*WX_{21}\boldsymbol{v} = 0 \end{aligned}$$

因 $W \geqslant 0$ 或 $W \leqslant 0$, 故 $WX_{21}\boldsymbol{v} = \boldsymbol{0}$. 用 $\boldsymbol{v}$ 右乘式 (9.60) 两端可得

$$AX_{11}\boldsymbol{v} + WX_{21}\boldsymbol{v} = X_{11}\Lambda\boldsymbol{v} = \boldsymbol{0}$$

最后一式说明, 若 $\boldsymbol{v} \in \mathrm{Ker}X_{11}$, 则 $\Lambda\boldsymbol{v} \in \mathrm{Ker}X_{11}$.

接下来用反证法证明 $\mathrm{Ker}X_{11} = \{\boldsymbol{0}\}$. 设 $\mathrm{Ker}X_{11} \neq \{\boldsymbol{0}\}$, 则 $\dim\mathrm{Ker}X_{11} = l \geqslant 1$, 存在线性无关的列向量 $\boldsymbol{x}_i$, $i = 1, 2, \cdots, l$, 使得 $\mathrm{Ker}X_{11} = \mathrm{span}\{\boldsymbol{x}_1, \boldsymbol{x}_2, \cdots, \boldsymbol{x}_l\}$. 因 Λ 的任何 l 维不变子空间都是由 l 个特征向量和广义特征向量张成的, 所以 $\boldsymbol{x}_i$ 中至少有一个可以是特征向量. 从而存在 $\lambda = \lambda_i(\Lambda)$ 和 $\boldsymbol{v} \neq \boldsymbol{0}$, 满足 $X_{11}\boldsymbol{v} = \boldsymbol{0}$ 且

$$\Lambda\boldsymbol{v} = \lambda\boldsymbol{v} \tag{9.61}$$

式 (9.55) 的第二个行块为

$$-QX_{11} - A^*X_{21} = X_{21}\Lambda$$

用 $\boldsymbol{v}$ 右乘上式两端并注意到式 (9.61), 可得

$$-A^*X_{21}\boldsymbol{v} = \lambda X_{21}\boldsymbol{v} \iff (-\lambda I - A^*)X_{21}\boldsymbol{v} = \boldsymbol{0}$$

由 $WX_{21}\boldsymbol{v} = \boldsymbol{0}$, 进而可得

$$\boldsymbol{v}^*X_{21}^*[-\bar{\lambda}I - A\ \ W] = \boldsymbol{0}^{\mathrm{T}}$$

显然,$-\bar{\lambda}\in \mathcal{C}_{+}$. 因 (A, W) 可镇定, 故由 PBH 判据可得 $X_{21}\boldsymbol{v}=\boldsymbol{0}$. 把这个等式和 $X_{11}\boldsymbol{v}=\boldsymbol{0}$ 写在一起, 最终可得

$$\begin{bmatrix} X_{11} \\ X_{21} \end{bmatrix}\boldsymbol{v}=\boldsymbol{0}$$

若 $\boldsymbol{v}\neq\boldsymbol{0}$, 则最后一式说明 $\begin{bmatrix} X_{11}^{\mathrm{T}} & X_{21}^{\mathrm{T}} \end{bmatrix}^{\mathrm{T}}$ 的 n 个列向量线性相关, 这与这些列向量生成一个 n 维不变子空间的假设矛盾. 所以 $\boldsymbol{v}=\boldsymbol{0}$. ■

下面的结果说明, 特殊情况下可以很容易地判断 H 是否属于 dom(Ric).

【定理 9.7.3】 设

$$H=\begin{bmatrix} A & -BB^* \\ -C^*C & -A^* \end{bmatrix}$$

(1) $H\in \mathrm{dom(Ric)}$ 当且仅当 (A,B) 可镇定且 (C,A) 在 jω 轴上没有不可观测的模态;

(2) 若 $H\in \mathrm{dom(Ric)}$, 则 ARE 的镇定解 $X=\mathrm{Ric}(H)$ 为半正定矩阵.X 为正定矩阵, 当且仅当 (C,A) 没有稳定的不可观测的模态.

证明: 因 $W=-BB^*$, 故 $A+WX=A-BB^*X$ 稳定, 当且仅当 (A,B) 可镇定. 另外, 若 H 在 jω 轴上没有特征值, 则由定理 9.7.2可知,(A,BB^*) 可镇定也是 $H\in \mathrm{dom(Ric)}$ 的充分条件. 容易验证,(A,BB^*) 可镇定当且仅当 (A,B) 可镇定. 因此, 要证明定理的第一部分, 只要证明 (A,B) 可镇定, 则 H 在 jω 轴上没有特征值, 当且仅当 (C,A) 在 jω 轴上没有不可观测的模态即可. 设

$$\begin{bmatrix} A & -BB^* \\ -C^*C & -A^* \end{bmatrix}\begin{bmatrix} \boldsymbol{v}_1 \\ \boldsymbol{v}_2 \end{bmatrix}=\begin{bmatrix} \boldsymbol{v}_1 \\ \boldsymbol{v}_2 \end{bmatrix}(\mathrm{j}\omega) \iff \begin{cases} A\boldsymbol{v}_1-BB^*\boldsymbol{v}_2=\mathrm{j}\omega\boldsymbol{v}_1 \\ -C^*C\boldsymbol{v}_1-A^*\boldsymbol{v}_2=\mathrm{j}\omega\boldsymbol{v}_2 \end{cases}$$

最后一式可等价地写为

$$\begin{aligned} [A-\mathrm{j}\omega I]\boldsymbol{v}_1&=BB^*\boldsymbol{v}_2 \\ -[A^*+\mathrm{j}\omega I]\boldsymbol{v}_2&=C^*C\boldsymbol{v}_1 \end{aligned} \tag{9.62}$$

于是, 有

$$\begin{aligned} \boldsymbol{v}_2^*[A-\mathrm{j}\omega I]\boldsymbol{v}_1&=\boldsymbol{v}_2^*BB^*\boldsymbol{v}_2=\|B^*\boldsymbol{v}_2\|_2^2 \\ -\boldsymbol{v}_1^*[A^*+\mathrm{j}\omega I]\boldsymbol{v}_2&=\boldsymbol{v}_1^*C^*C\boldsymbol{v}_1=\|C\boldsymbol{v}_1\|_2^2 \end{aligned} \tag{9.63}$$

$\boldsymbol{v}_2^*[A-\mathrm{j}\omega I]\boldsymbol{v}_1$ 可以是内积 $\langle\boldsymbol{v}_2,(A-\mathrm{j}\omega I)\boldsymbol{v}_1\rangle$. 于是 $\langle\boldsymbol{v}_2,(A-\mathrm{j}\omega I)\boldsymbol{v}_1\rangle=\|B^*\boldsymbol{v}_2\|_2^2\geqslant 0$. 由内积的性质又有

$$\begin{aligned} \|B^*\boldsymbol{v}_2\|_2^2&=\langle\boldsymbol{v}_2,(A-\mathrm{j}\omega I)\boldsymbol{v}_1\rangle=\overline{\langle\boldsymbol{v}_2,(A-\mathrm{j}\omega I)\boldsymbol{v}_1\rangle} \\ &=\boldsymbol{v}_1^*(A^*+\mathrm{j}\omega I)\boldsymbol{v}_2=-\|C\boldsymbol{v}_1\|_2^2 \end{aligned}$$

上式成立, 当且仅当

$$C\boldsymbol{v}_1=\boldsymbol{0}, \quad B^*\boldsymbol{v}_2=\boldsymbol{0}$$

将上式和式 (9.62) 写在一起, 可得

$$\begin{cases} \boldsymbol{v}_2^*[A-\mathrm{j}\omega I\ B]=\boldsymbol{0}^{\mathrm{T}} \\ \begin{bmatrix} A-\mathrm{j}\omega I \\ C \end{bmatrix}\boldsymbol{v}_1=\boldsymbol{0} \end{cases}$$

因 (A,B) 可镇定, 故 $\boldsymbol{v}_2=\boldsymbol{0}$. 从而任何 $\mathrm{j}\omega$ 都不是 H 的特征值, 当且仅当 (C,A) 在 $\mathrm{j}\omega$ 轴上没有不可观测的模态.

现在来确立定理的第二部分. 令 $H\in\mathrm{dom(Ric)}$, $X=\mathrm{Ric}(H)$, 需证明 $X\geqslant 0$.X 满足

$$\begin{aligned} & XA+A^*X-XBB^*X+C^*C=0 \\ \Longleftrightarrow\quad & X(A-BB^*X)+(A-BB^*X)^*X+XBB^*X+C^*C=0 \end{aligned} \tag{9.64}$$

显然, 有 $XBB^*X+C^*C\geqslant 0$. 因 $A-BB^*X$ 稳定, 故积分

$$\int_0^{\infty}\mathrm{e}^{(A-BB^*X)^*t}(XBB^*X+C^*C)\,\mathrm{e}^{(A-BB^*X)t}\,\mathrm{d}t \tag{9.65}$$

存在并且是半正定矩阵. 接下来证明上述积分满足 ARE(9.64). $(A-BB^*X)^*\cdot$式(9.65) + 式(9.65) $\cdot\,(A-BB^*X)$ 可得

$$\begin{aligned} & \int_0^{\infty}\Big[(A-BB^*X)^*\mathrm{e}^{(A-BB^*X)^*t}(XBB^*X+C^*C)\,\mathrm{e}^{(A-BB^*X)t} \\ & +\mathrm{e}^{(A-BB^*X)^*t}(XBB^*X+C^*C)\,\mathrm{e}^{(A-BB^*X)t}(A-BB^*X)\Big]\,\mathrm{d}t \\ = & \int_0^{\infty}\frac{\mathrm{d}}{\mathrm{d}t}\mathrm{e}^{(A-BB^*X)^*t}(XBB^*X+C^*C)\,\mathrm{e}^{(A-BB^*X)t} \\ = & -(XBB^*X+C^*C) \end{aligned}$$

于是, 有

$$X=\int_0^{\infty}\mathrm{e}^{(A-BB^*X)^*t}(XBB^*X+C^*C)\,\mathrm{e}^{(A-BB^*X)t}\mathrm{d}t\geqslant 0$$

满足 $XA+A^*X-XBB^*X+CC^*=0$.

最后证明 $X>0$ 当且仅当 (C,A) 没有稳定的不可观测模态, 即

$$\mathrm{rank}\begin{bmatrix} \lambda I-A \\ C \end{bmatrix}=n,\quad \forall\,\lambda,\quad \text{s.t. } \mathrm{Re}\lambda<0 \quad\Longleftrightarrow\quad X>0$$

先证充分性: 若 (C,A) 没有稳定的不可观测模态, 则 $X>0$. 用反证法. 设 X 奇异, 则 $\exists\boldsymbol{v}\neq\boldsymbol{0}$ 使得 $X\boldsymbol{v}=\boldsymbol{0}$. $\boldsymbol{v}^*(9.64)\boldsymbol{v}$ 可得 $\boldsymbol{v}^*C^*C\boldsymbol{v}=0$. 于是 $C\boldsymbol{v}=\boldsymbol{0}$. 用 $\boldsymbol{v}$ 右乘式 (9.64) 两端得

$$X(A-BB^*X)\boldsymbol{v}=XA\boldsymbol{v}=\boldsymbol{0}$$

上式说明 Ker$X$ 是 A 不变的. 于是存在 λ 满足

$$\lambda \boldsymbol{v} = A\boldsymbol{v} = (A - BB^*X)\boldsymbol{v}$$

因 $A - BB^*X$ 稳定, 故 Re$\lambda < 0$. 于是存在 λ, Re$\lambda < 0$ 使得

$$\begin{bmatrix} \lambda I - A \\ C \end{bmatrix} \boldsymbol{v} = \boldsymbol{0}$$

这与 (C, A) 在左半开平面没有不可观测的模态这一假设矛盾. 于是若 (C, A) 在左半开平面没有不可观测的模态, 则 X 非奇异.

接下来证明必要性, 即 $X > 0$, 则 (C, A) 在左半开平面没有不可观测的模态, 这等价于

$$X > 0 \quad \Longrightarrow \quad \text{rank} \begin{bmatrix} \lambda I - A \\ C \end{bmatrix} = n, \quad \forall\, \lambda, \text{ s.t. Re}\lambda < 0$$

$$\Longleftrightarrow \quad X\text{非正定} \quad \Longleftarrow \quad \exists \lambda,\ \text{Re}\lambda \leqslant 0, \text{ s.t. rank} \begin{bmatrix} \lambda I - A \\ C \end{bmatrix} < n$$

$$\text{rank} \begin{bmatrix} \lambda I - A \\ C \end{bmatrix} < n \quad \Longleftrightarrow \quad \exists \boldsymbol{v} \neq \boldsymbol{0}, \text{ s.t.} \begin{bmatrix} \lambda I - A \\ C \end{bmatrix} \boldsymbol{v} = \boldsymbol{0}$$

$\boldsymbol{v}^*$ 式 (9.64)$\boldsymbol{v}$ 可得

$$\begin{aligned} &\boldsymbol{v}^* X A \boldsymbol{v} + \boldsymbol{v}^* A^* X \boldsymbol{v} - \boldsymbol{v}^* X B B^* X \boldsymbol{v} = 0 \\ \Longleftrightarrow \quad & \underbrace{(\lambda + \bar{\lambda})}_{=2\text{Re}\lambda<0} \boldsymbol{v}^* X \boldsymbol{v} = \|B^* X \boldsymbol{v}\|_2^2 \end{aligned}$$

因 $\|B^* X \boldsymbol{v}\|_2^2 \geqslant 0$, 2Re$\lambda \boldsymbol{v}^* X \boldsymbol{v} \geqslant 0$, 则必有 $\boldsymbol{v}^* X \boldsymbol{v} \leqslant 0$. ■

9.8　离散时间代数 Riccati 方程的解

线性定常离散时间系统

$$\begin{aligned} \boldsymbol{x}(k+1) &= A\boldsymbol{x}(k) + B\boldsymbol{u}(k), \qquad \boldsymbol{x}(0) = \boldsymbol{x}_0 \\ \boldsymbol{y}(k) &= C\boldsymbol{x}(k) + D\boldsymbol{u}(k) \end{aligned} \tag{9.66}$$

的线性二次型调节器 (linear quadratic regulator, LQR) 问题就是设计控制输入 $\boldsymbol{u}(k)$ $(k = 0, 1, 2, \cdots)$ 使得准则函数

$$J(\boldsymbol{x}(0), \boldsymbol{u}(k)) = \frac{1}{2} \sum_{k=0}^{\infty} \left[\boldsymbol{x}^{\mathrm{T}}(k) Q \boldsymbol{x}(k) + \boldsymbol{u}^{\mathrm{T}}(k) R \boldsymbol{u}(k) \right] \tag{9.67}$$

取最小值, 其中 Q 至少是半正定的,R 是正定的.LQR 问题的解是

$$\boldsymbol{u}(k) = \left(I + R^{-1} B^* X B \right)^{-1} R^{-1} B^* X A \boldsymbol{x}(k)$$

其中,X 是离散时间代数 Riccati 方程 (discrete-time algebraic Riccati equation, DARE)

$$A^*X(I+BR^{-1}B^*X)^{-1}A-X+Q=0 \tag{9.68}$$

的解. 将 $\boldsymbol{u}(k)$ 代入式 (9.66), 可得

$$\begin{aligned}\boldsymbol{x}(k+1)&=A\boldsymbol{x}(k)-B\left(I+R^{-1}B^*XB\right)^{-1}R^{-1}B^*XA\boldsymbol{x}(k)\\&=\left[I-BR^{-1}B^*X\left(I+BR^{-1}B^*X\right)^{-1}\right]A\boldsymbol{x}(k)=\underbrace{\left(I+BR^{-1}B^*X\right)^{-1}A}_{\triangleq A_{\mathrm{cl}}}\boldsymbol{x}(k)\end{aligned} \tag{9.69}$$

记 $W=BR^{-1}B^*$, 则 DARE(9.68) 可归入一般形式:

$$A^*X(I+WX)^{-1}A-X+Q=0 \tag{9.70}$$

而闭环系统的 A 矩阵为 $A_{\mathrm{cl}}=(I+WX)^{-1}A$. 由式 (9.67) 可知,$J(\boldsymbol{x}(0),\boldsymbol{u}(k))$ 存在, 从而最优控制问题有意义, 必有 A_{cl} 所有的特征值都在单位圆内. 于是引入 DARE 的镇定解.

定义 9.8.1 称满足 DARE(9.70) 且使得 $(I+WX)^{-1}A$ 所有的特征值都在单位圆内的 X 为 DARE(9.70) 的镇定解.

DARE 的镇定解在很多文献中都有论述, 如文献 [43]. 用 DARE(9.70) 的系数矩阵定义矩阵偶:

$$(U,L)\triangleq\left(\begin{bmatrix}I&W\\0&A^*\end{bmatrix},\begin{bmatrix}A&0\\-Q&I\end{bmatrix}\right) \tag{9.71}$$

定义 9.8.2 称 (U,L) 为辛矩阵偶 (symplectic matrix-pair), 若 $UJU^*=LJL^*$.

引理 9.8.1 式 (9.71) 定义的 (U,L) 是一个辛矩阵偶.

对于矩阵偶 (U,L), 可以定义广义特征值和特征向量.

定义 9.8.3 若存在非零向量 $\boldsymbol{v}$ 满足 $\lambda U\boldsymbol{v}=L\boldsymbol{v}$, 则称 λ 为 (U,L) 的一个广义特征值,$\boldsymbol{v}$ 为 λ 的右广义特征向量. 类似地可以定义左广义特征向量.

关于辛矩阵偶 (U,L) 有以下结果.

引理 9.8.2 若 λ 是 (U,L) 的一个广义特征值, 其左广义特征向量为 $\boldsymbol{v}^*$, 则 $(\lambda^*)^{-1}$ 也是 (U,L) 的一个广义特征值, 其右广义特征向量为 $JL^*\boldsymbol{v}$.

证明: 由假设可知,λ, (U,L) 和 $\boldsymbol{v}^*$ 满足

$$\lambda\boldsymbol{v}^*U=\boldsymbol{v}^*L \quad\Longleftrightarrow\quad U^*\boldsymbol{v}\lambda^*=L^*\boldsymbol{v}$$

用 UJ 左乘最后一式两端, 得

$$UJU^*\boldsymbol{v}\lambda^*=UJL^*\boldsymbol{v}$$

由 $UJU^*=LJL^*$, 又有

$$\begin{aligned}LJL^*\boldsymbol{v}\lambda^*&=UJL^*\boldsymbol{v}\\\Longleftrightarrow\quad L\hat{\boldsymbol{v}}\lambda^*&=U\hat{\boldsymbol{v}}\end{aligned}$$

$$\iff \quad U\hat{\boldsymbol{v}}(\lambda^*)^{-1} = L\hat{\boldsymbol{v}}$$

其中,$\hat{\boldsymbol{v}} = JL^*\boldsymbol{v}$. 这就是要证明的结果. ■

引理 9.8.2说明辛矩阵偶 (U, L) 的广义特征值的分布关于单位圆周 $|z| = 1$ 在某种意义下是对称的. 于是, 若 (U, L) 在单位圆周上没有广义特征值, 则其必有 n 个广义特征值在单位圆内,n 个广义特征值在单位圆外. 记

$$\begin{bmatrix} X_{11} \\ X_{21} \end{bmatrix}$$

为由 (U, L) 在单位圆内的 n 个广义特征值的右广义特征向量构成的 $(2n)\times n$ 矩阵, 则有

$$U\begin{bmatrix} X_{11} \\ X_{21} \end{bmatrix}\Lambda = L\begin{bmatrix} X_{11} \\ X_{21} \end{bmatrix}$$

其中,Λ 所有的特征值都在单位圆内. 若 X_{11} 非奇异, 则可定义 $X = X_{21}X_{11}^{-1}$, 并可验证:

$$U\begin{bmatrix} I \\ X \end{bmatrix}X_{11}\Lambda = L\begin{bmatrix} I \\ X \end{bmatrix}X_{11}$$

$$\iff \quad U\begin{bmatrix} I \\ X \end{bmatrix}X_{11}\Lambda X_{11}^{-1} = L\begin{bmatrix} I \\ X \end{bmatrix} \tag{9.72}$$

若 $(I+WX)^{-1}$ 存在, 用 $[A^*X(I+WX)^{-1} - I]$ 左乘式 (9.72) 两端, 左端可得

$$[A^*X(I+WX)^{-1} - I]\begin{bmatrix} I & W \\ 0 & A^* \end{bmatrix}\begin{bmatrix} I \\ X \end{bmatrix}X_1\Lambda X_{11}^{-1}$$
$$= \left(A^*X(I+WX)^{-1}(I+WX) - A^*X\right)X_{11}\Lambda X_{11}^{-1} = 0$$

而右端为

$$[A^*X(I+WX)^{-1} - I]\begin{bmatrix} A & 0 \\ -Q & I \end{bmatrix}\begin{bmatrix} I \\ X \end{bmatrix} = A^*X(I+WX)^{-1}A + Q - X$$

于是,X 满足

$$A^*X(I+WX)^{-1}A - X + Q = 0$$

从而是 DARE(9.70) 的解. 式 (9.72) 的第一个行块为

$$A = (I+WX)X_{11}\Lambda X_{11}^{-1} \quad \iff \quad (I+WX)^{-1}A = X_{11}\Lambda X_{11}^{-1}$$

于是,$(I+WX)^{-1}A$ 是 DARE(9.70) 的镇定解.

上述分析表明, 用辛矩阵偶 (U, L) 的广义特征向量可以构造 DARE(9.70) 的解. 下面将证明,DARE(9.70) 的任何解都可由 (U, L) 的一个 n 维广义特征子空间的一组基构成.

令 X 是 DARE(9.70) 的一个解,$(I+WX)^{-1}A \triangleq \varLambda$, 这等价于

$$A=(I+WX)\varLambda \quad \Longleftrightarrow \quad [A\ \ 0]\begin{bmatrix} I \\ X \end{bmatrix}=[I\ \ W]\begin{bmatrix} I \\ X \end{bmatrix}\varLambda \tag{9.73}$$

因为 X 是 DARE 的解, 所以它必须满足

$$A^*X\underbrace{(I+WX)^{-1}A}_{=\varLambda}=-Q+X$$

$$\Longleftrightarrow \quad [-Q\ \ I]\begin{bmatrix} I \\ X \end{bmatrix}=[0\ \ A^*]\begin{bmatrix} I \\ X \end{bmatrix}\varLambda \tag{9.74}$$

将式 (9.73) 和式 (9.74) 写在一起可得

$$\begin{bmatrix} I & W \\ 0 & A^* \end{bmatrix}\begin{bmatrix} I \\ X \end{bmatrix}\varLambda=\begin{bmatrix} A & 0 \\ -Q & I \end{bmatrix}\begin{bmatrix} I \\ X \end{bmatrix}$$

最后一式说明 $\begin{bmatrix} I & X^{\mathrm{T}} \end{bmatrix}^{\mathrm{T}}$ 的列向量是矩阵偶 (U, L) 的一个 n 维广义特征子空间的一组基. 因此, 解 DARE(9.70) 等价于寻找矩阵偶 (U, L) 的一个 n 维广义特征子空间. 上述分析表明,DARE(9.70) 有镇定解, 当且仅当:

(1) 辛矩阵偶 (U, L) 在单位圆周上没有广义特征值;

(2) $\mathcal{X}_S(U, L)=\mathrm{Im}\begin{bmatrix} X_{11} \\ X_{21} \end{bmatrix}$ 和 $\mathrm{Im}\begin{bmatrix} 0 \\ I \end{bmatrix}$ 互为补空间.

记 dom(Ric) 为所有满足上述两条件的辛矩阵偶 (U, L) 的集合, 则 $\mathrm{dom(Ric)} \mapsto X$ 就是从辛矩阵偶 $(U, L) \in \mathcal{C}^{(2n)\times(2n)} \times \mathcal{C}^{(2n)\times(2n)}$ 到镇定解 $X \in \mathcal{C}^{n\times n}$ 的一个映射. 而要确定 DARE(9.70) 是否有镇定解, 只要确定 (U, L) 是否属于 dom(Ric) 即可. 类似于连续时间系统, 可有下述结论.

【定理9.8.1】 设 (U, L) 在单位圆周上没有广义特征值,A 非奇异且 $W \geqslant 0$ 或 $W \leqslant 0$. 则 $(U, L) \in \mathrm{dom(Ric)}$, 当且仅当 (A, W) 可镇定.

证明: 先证必要性, 即 $(U, L) \in$dom(Ric), 则 (A, W) 可镇定. 若 $(U, L) \in$dom(Ric), 则存在 $X \in \mathcal{R}^{n\times n}$ 使得 $(I+WX)^{-1}A=A-WX(I+WX)^{-1}A$ Schur 稳定. $X(I+WX)^{-1}A$ 可视为状态反馈增益矩阵. 于是 $(I+WX)^{-1}A$ 稳定, 必有 (A, W) 可镇定.

再证充分性, 即若 (A, W) 可镇定, 则 X_{11} 非奇异, 于是存在 $X=X_{21}X_{11}^{-1}$ 满足 DARE(9.70) 且使得 $(I+WX)^{-1}A$ Schur 稳定. 记 X_{11} 的零空间为

$$\mathrm{Ker}X_{11}=\{\boldsymbol{v} : X_{11}\boldsymbol{v}=\boldsymbol{0}\}$$

若能证明 $\mathrm{Ker}X_{11}=\{\boldsymbol{0}\}$, 则 X_{11} 非奇异.

先证明, 若 $X_{11}, X_{21} \in \mathcal{C}^{n\times n}$ 满足

$$\begin{bmatrix} I & W \\ 0 & A^* \end{bmatrix}\begin{bmatrix} X_{11} \\ X_{21} \end{bmatrix}\varLambda=\begin{bmatrix} A & 0 \\ -Q & I \end{bmatrix}\begin{bmatrix} X_{11} \\ X_{21} \end{bmatrix} \tag{9.75}$$

其中,$\lambda_j(\Lambda)\bar{\lambda}_l(\Lambda) \neq 1, \forall\, j, l = 1, 2, \cdots, n$, 则有 $X_{21}^*X_{11} = X_{11}^*X_{21}$. 确实, 式 (9.75) 等价于

$$(X_{11} + WX_{21})\Lambda = AX_{11} \tag{9.76}$$

$$\Lambda^*X_{21}\Lambda = -QX_{11} + X_{21} \tag{9.77}$$

而式 (9.76) 等价于

$$\Lambda^*(X_{11}^* + X_{21}^*W^*) = X_{11}^*A^* \tag{9.78}$$

用 $X_{21}\Lambda$ 右乘式 (9.78) 两端并注意式 (9.77) 可得

$$\begin{aligned} &\Lambda^*(X_{11}^* + X_{21}^*W^*)X_{21}\Lambda = X_{11}^*A^*X_{21}\Lambda = X_{11}^*(-QX_{11} + X_{21}) \\ \iff\quad &\Lambda^*X_{11}^*X_{21}\Lambda - X_{11}^*X_{21} = -(X_{11}^*QX_{11} + \Lambda^*X_{21}^*WX_{21}\Lambda) \end{aligned} \tag{9.79}$$

式 (9.79) 的右端为 Hermitian 矩阵, 左端必然也为 Hermitian 矩阵. 于是有

$$\begin{aligned} &\Lambda^*X_{11}^*X_{21}\Lambda - X_{11}^*X_{21} = (\Lambda^*X_{11}^*X_{21}\Lambda - X_{11}^*X_{21})^* = \Lambda^*X_{21}^*X_{11}\Lambda - X_{21}^*X_{11} \\ \Longrightarrow\; &\Lambda^*(X_{11}^*X_{21} - X_{21}^*X_{11})\Lambda - (X_{11}^*X_{21} - X_{21}^*X_{11}) = 0 \end{aligned} \tag{9.80}$$

式 (9.80) 是式 (9.16) 中 $A = \Lambda$, $C = 0$ 以及 $X = X_{11}^*X_{21} - X_{21}^*X_{11}$ 的一个特例. 因 $\lambda_j(\Lambda)\bar{\lambda}_k(\Lambda) \neq 1$, 故它有唯一的解 $X = X_{11}^*X_{21} - X_{21}^*X_{11} = 0$. 接下来证明 0 不是 (U, L) 的广义特征值, 从而 Λ 非奇异, 且 $\mathrm{Ker}X_{11}$ 是 Λ 的逆不变子空间, 即若 $X_{11}(\Lambda\boldsymbol{v}) = \boldsymbol{0}$, 则 $X_{11}\boldsymbol{v} = \boldsymbol{0}$, 这里 Λ 是 (U, L) 限制在子空间 $\mathcal{X}_S(U, L)$ 上的表达. 确实, 若设 0 是 (U, L) 的一个广义特征值, 则存在非零向量 $\boldsymbol{v}$ 使得

$$U\boldsymbol{v}\cdot 0 = \boldsymbol{0} = L\boldsymbol{v} \quad\iff\quad \begin{bmatrix} A & 0 \\ -Q & I \end{bmatrix}\begin{bmatrix} \boldsymbol{v}_1 \\ \boldsymbol{v}_2 \end{bmatrix} = \boldsymbol{0} \tag{9.81}$$

式 (9.81) 说明,L 至少有一个特征值在原点, 这与 A 非奇异的假设矛盾, 从而 (U, L) 非奇异. 设 $\Lambda\boldsymbol{v} \in \mathrm{Ker}X_{11}$, 则有 $X_{11}(\Lambda\boldsymbol{v}) = \boldsymbol{0}$. 式 (9.75) 的第一个行块是

$$X_{11}\Lambda + WX_{21}\Lambda = AX_{11} \tag{9.82}$$

用 $\boldsymbol{v}^*\Lambda^*X_{21}^*$ 左乘式 (9.82) 的两端, 用 $\boldsymbol{v}$ 右乘式 (9.82) 的两端, 并注意到 Λ 所有的特征值都在单位圆内从而 $X_{21}^*X_{11} = X_{11}^*X_{21}$, 可得

$$\begin{aligned} &\boldsymbol{v}^*\Lambda^*X_{21}^*X_{11}\Lambda\boldsymbol{v} + \boldsymbol{v}^*\Lambda^*X_{21}^*WX_{21}\Lambda\boldsymbol{v} = \boldsymbol{v}^*\Lambda^*X_{21}^*AX_{11}\boldsymbol{v} = 0 \\ \Longrightarrow\quad &\boldsymbol{v}^*\Lambda^*X_{21}^*WX_{21}\Lambda\boldsymbol{v} = 0 \end{aligned}$$

因 $W \geqslant 0$ 或 $W \leqslant 0$, 故 $WX_{21}\Lambda\boldsymbol{v} = \boldsymbol{0}$. 用 $\boldsymbol{v}$ 右乘式 (9.82) 又可得

$$\underbrace{X_{11}\Lambda\boldsymbol{v}}_{=\boldsymbol{0}} + \underbrace{WX_{21}\Lambda\boldsymbol{v}}_{=\boldsymbol{0}} = AX_{11}\boldsymbol{v} = \boldsymbol{0} \tag{9.83}$$

因 A 非奇异, 式 (9.83) 说明, 若 $\Lambda\boldsymbol{v} \in \mathrm{Ker}X_{11}$, 则 $X_{11}\boldsymbol{v} = \mathbf{0}$. 令 $\Lambda\boldsymbol{v} = \boldsymbol{x}$, 则有 $\boldsymbol{x} \in \mathrm{Ker}X_{11}, \Longrightarrow \Lambda^{-1}\boldsymbol{x} \in \mathrm{Ker}X_{11}$.

最后用反证法证明 $\mathrm{Ker}X_{11} = \{\mathbf{0}\}$. 设 $\mathrm{Ker}X_{11} \neq \{\mathbf{0}\}$, 则 $\dim \mathrm{Ker}X_{11} = l \geqslant 1$, 存在线性无关的列向量 $\boldsymbol{x}_i$, $i = 1, 2, \cdots, l$, 使得 $\mathrm{Ker}X_{11} = \mathrm{span}\{\boldsymbol{x}_1, \boldsymbol{x}_2, \cdots, \boldsymbol{x}_l\}$. 显然有 $X_{11}\boldsymbol{x}_i = \mathbf{0}$, $\forall i$. 因为 Λ^{-1} 的任何一个 l 维不变子空间都可以由其 l 个特征向量和广义特征向量张成, $\boldsymbol{x}_i$ 中至少有一个是 Λ^{-1} 的特征向量. 于是存在 $\lambda = \lambda_i(\Lambda)$ 和 $\boldsymbol{x}_i \neq \mathbf{0}$, 满足 $X_{11}\boldsymbol{x}_i = \mathbf{0}$ 以及

$$\Lambda^{-1}\boldsymbol{x}_i = \lambda^{-1}\boldsymbol{x}_i \tag{9.84}$$

式 (9.75) 的第二个行块是

$$A^*X_{21}\Lambda = -QX_{11} + X_{21} \quad \Longleftrightarrow \quad A^*X_{21} = -QX_{11}\Lambda^{-1} + X_{21}\Lambda^{-1} \tag{9.85}$$

用 $\boldsymbol{x}_i$ 右乘式 (9.85) 的两端并注意到式 (9.84) 可得

$$A^*X_{21}\boldsymbol{x}_i = -QX_{11}\boldsymbol{x}_i\lambda^{-1} + X_{21}\boldsymbol{x}_i\lambda^{-1} = X_{21}\boldsymbol{x}_i\lambda^{-1} \quad \Longleftrightarrow \quad \left(\lambda^{-1}I - A^*\right)X_{21}\boldsymbol{x}_i = \mathbf{0}$$

将最后一式和 $WX_{21}\boldsymbol{x}_i = \mathbf{0}$ 写在一起, 可得

$$\boldsymbol{x}_i^*X_{21}^*[\bar{\lambda}^{-1}I - A \quad W] = \mathbf{0}^{\mathrm{T}}$$

显然,$\bar{\lambda}^{-1}$ 在单位圆外. 因 (A, W) 可镇定, 故由 PBH 判据必有 $X_{21}\boldsymbol{x}_i = \mathbf{0}$. 注意到 $X_{11}\boldsymbol{x}_i = \mathbf{0}$, 最终可得

$$\begin{bmatrix} X_{11} \\ X_{21} \end{bmatrix} \boldsymbol{x}_i = \mathbf{0}$$

若 $\boldsymbol{x}_i \neq \mathbf{0}$, 则最后一式说明 $\begin{bmatrix} X_{11}^{\mathrm{T}} & X_{21}^{\mathrm{T}} \end{bmatrix}^{\mathrm{T}}$ 的 n 个列向量线性相关, 这与 $\begin{bmatrix} X_{11}^{\mathrm{T}} & X_{21}^{\mathrm{T}} \end{bmatrix}^{\mathrm{T}}$ 的 n 个列向量是一个 n 维不变子空间的一组基的假设矛盾. 从而 $\boldsymbol{x}_i = \mathbf{0}$. ■

【定理 9.8.2】 设

$$(U, L) = \left(\begin{bmatrix} I & BB^* \\ 0 & A^* \end{bmatrix}, \begin{bmatrix} A & 0 \\ -C^*C & I \end{bmatrix} \right)$$

其中,A 非奇异, 则 $(U, L) \in \mathrm{dom(Ric)}$ 当且仅当 (A, B) 可镇定且 (C, A) 在 $\mathrm{j}\omega$ 轴上没有不可观测的模态.

证明: 闭环系统的 A 矩阵为 $A_{\mathrm{cl}} = (I + BB^*X)^{-1}A = A - BB^*X(I + BB^*X)^{-1}A$, 将 $-B^*X(I + BB^*X)^{-1}A$ 视为状态反馈增益矩阵 K, 则 $A_{\mathrm{cl}} = A + BK$. 显然存在 K 使得 $A + BK$ 稳定, 当且仅当 (A, B) 可镇定. 另外, 若 (U, L) 在单位圆周上没有广义特征值, 由定理 9.8.1可知, (A, BB^*) 可镇定也是 $(U, L) \in \mathrm{dom(Ric)}$ 的充分条件. 可以很容易地验证,(A, BB^*) 可镇定当且仅当 (A, B) 可镇定. 从而, 只需证明 (A, B) 可镇定时,(U, L) 在单位圆周上没有广义特征值, 当且仅当 (C, A) 在单位圆周上没有不可观测的模态即可. 设存在 $\mathrm{e}^{\mathrm{j}\theta}$ 和非零列向量 $\boldsymbol{v}$ 使得 $U\boldsymbol{v}\mathrm{e}^{\mathrm{j}\theta} = L\boldsymbol{v}$, $\Longleftrightarrow$

$$\mathrm{e}^{\mathrm{j}\theta} \begin{bmatrix} I & BB^* \\ 0 & A^* \end{bmatrix} \begin{bmatrix} \boldsymbol{v}_1 \\ \boldsymbol{v}_2 \end{bmatrix} = \begin{bmatrix} A & 0 \\ -C^*C & I \end{bmatrix} \begin{bmatrix} \boldsymbol{v}_1 \\ \boldsymbol{v}_2 \end{bmatrix}$$

$$\Longleftrightarrow \quad \begin{cases} \mathrm{e}^{\mathrm{j}\theta}(\boldsymbol{v}_1 + BB^*\boldsymbol{v}_2) = A\boldsymbol{v}_1 \\ \mathrm{e}^{\mathrm{j}\theta}A^*\boldsymbol{v}_2 = -C^*C\boldsymbol{v}_1 + \boldsymbol{v}_2 \end{cases}$$

最后一式等价于

$$\begin{aligned} \left(\mathrm{e}^{\mathrm{j}\theta}I - A\right)\boldsymbol{v}_1 &= -\mathrm{e}^{\mathrm{j}\theta}BB^*\boldsymbol{v}_2 \\ \left(\mathrm{e}^{-\mathrm{j}\theta}I - A^*\right)\boldsymbol{v}_2 &= \mathrm{e}^{-\mathrm{j}\theta}C^*C\boldsymbol{v}_1 \end{aligned} \tag{9.86}$$

于是, 有

$$\begin{aligned} \left(\boldsymbol{v}_2\mathrm{e}^{\mathrm{j}\theta}\right)^*\left(\mathrm{e}^{\mathrm{j}\theta}I - A\right)\boldsymbol{v}_1 &= -\boldsymbol{v}_2^*BB^*\boldsymbol{v}_2 = -\|B^*\boldsymbol{v}_2\|_2^2 \\ \left(\boldsymbol{v}_1\mathrm{e}^{-\mathrm{j}\theta}\right)^*\left(\mathrm{e}^{-\mathrm{j}\theta}I - A^*\right)\boldsymbol{v}_2 &= \boldsymbol{v}_1^*C^*C\boldsymbol{v}_1 = \|C\boldsymbol{v}_1\|_2^2 \end{aligned}$$

即内积 $\langle \boldsymbol{v}_2\mathrm{e}^{\mathrm{j}\theta}, \left(\mathrm{e}^{\mathrm{j}\theta}I - A\right)\boldsymbol{v}_1\rangle = -\|B^*\boldsymbol{v}_2\|_2^2$ 是实数. 于是又有

$$\begin{aligned} -\|B^*\boldsymbol{v}_2\|_2^2 &= \langle \boldsymbol{v}_2\mathrm{e}^{\mathrm{j}\theta}, \left(\mathrm{e}^{\mathrm{j}\theta}I - A\right)\boldsymbol{v}_1\rangle = \overline{\langle \boldsymbol{v}_2\mathrm{e}^{\mathrm{j}\theta}, \left(\mathrm{e}^{\mathrm{j}\theta}I - A\right)\boldsymbol{v}_1\rangle} \\ &= \left(\boldsymbol{v}_1\mathrm{e}^{-\mathrm{j}\theta}\right)^*\left(\mathrm{e}^{-\mathrm{j}\theta}I - A^*\right)\boldsymbol{v}_2 = \|C\boldsymbol{v}_1\|_2^2 \end{aligned}$$

最后一式成立, 当且仅当

$$C\boldsymbol{v}_1 = \mathbf{0}, \quad B^*\boldsymbol{v}_2 = \mathbf{0}$$

上式和式 (9.86) 可等价地表示为

$$\begin{cases} \boldsymbol{v}_2^*\left[\mathrm{e}^{\mathrm{j}\theta}I - A \quad B\right] = \mathbf{0}^{\mathrm{T}} \\ \begin{bmatrix} \mathrm{e}^{\mathrm{j}\theta}I - A \\ C \end{bmatrix}\boldsymbol{v}_1 = \mathbf{0} \end{cases}$$

因 (A, B) 可镇定, 故 $\boldsymbol{v}_2 = \mathbf{0}$. 从而 $\mathrm{e}^{\mathrm{j}\theta}$ 是 (U, L) 的一个广义特征值, 当且仅当它是 (C, A) 的一个不可观测的模态. ■

9.9 习 题

ARE 的镇定解在现代控制理论中起着重要的作用. 稳定的传递函数矩阵的 inner-outer 分解以及谱分解, 都可以归结为寻找 ARE 的镇定解.

9.1 求微分方程组

$$\begin{aligned} \frac{\mathrm{d}x_1(t)}{\mathrm{d}t} &= 2x_1 - 3x_3 - 3 + t \\ \frac{\mathrm{d}x_2(t)}{\mathrm{d}t} &= -x_1 + x_2 + 3x_3 + 3 + t \\ \frac{\mathrm{d}x_3(t)}{\mathrm{d}t} &= 2x_3 - 3 \end{aligned}$$

在初始条件 $x_1(t_0) = 0, x_2(t_0) = 0, x_3(t_0) = 1$ 下的解.

9.2 求微分方程组

$$\frac{\mathrm{d}\boldsymbol{x}(t)}{\mathrm{d}t}=\begin{bmatrix}0&8&-6\\-2&8&-3\\0&0&4\end{bmatrix}\boldsymbol{x}(t)+\begin{bmatrix}1&0\\-1&1\\0&1\end{bmatrix}\begin{bmatrix}1\\t\end{bmatrix}$$

在初始条件 $\boldsymbol{x}(t_0)=[3\ \ 2\ \ 0]^{\mathrm{T}}$ 下的解 $\boldsymbol{x}(t)$.

9.3 求微分方程组

$$\frac{\mathrm{d}\boldsymbol{x}(t)}{\mathrm{d}t}=\begin{bmatrix}0&-1&1\\1&3&-1\\1&3&0\end{bmatrix}\boldsymbol{x}(t)+\begin{bmatrix}1&-2\\0&2\\0&-1\end{bmatrix}\begin{bmatrix}1\\t\end{bmatrix}$$

在初始条件 $\boldsymbol{x}(0)=[0\ \ 1\ \ 0]^{\mathrm{T}}$ 下的解 $\boldsymbol{x}(t)$.

9.4 证明: 若 $G(s)=C(sI-A)B+D$ 且 D 可逆, 则

$$G^{-1}(s)\stackrel{\mathrm{SSR}}{=\!=\!=}\left[\begin{array}{c|c}A-BD^{-1}C&BD^{-1}\\\hline -D^{-1}C&D^{-1}\end{array}\right]$$

9.5 证明: 若

$$\begin{bmatrix}G_1(s)\\G_2(s)\end{bmatrix}\stackrel{\mathrm{SSR}}{=\!=\!=}\left[\begin{array}{c|c}A&B\\\hline C_1&D_1\\C_2&D_2\end{array}\right]$$

其中,D_1 可逆, 则

$$G_2(s)G_1^{-1}(s)\stackrel{\mathrm{SSR}}{=\!=\!=}\left[\begin{array}{c|c}A-BD_1^{-1}C_1&BD_1^{-1}\\\hline C_2-D_2D_1^{-1}C_1&D_2D_1^{-1}\end{array}\right]=\left[\begin{array}{c|c}A&B\\\hline C_2&D_2\end{array}\right]\left[\begin{array}{cc}I&0\\C_1&D_1\end{array}\right]^{-1}$$

若

$$[G_1(s)\ \ G_2(s)]=\left[\begin{array}{c|cc}A&B_1&B_2\\\hline C&D_1&D_2\end{array}\right]$$

其中,D_1 可逆, 则

$$G_1^{-1}(s)G_2(s)\stackrel{\mathrm{SSR}}{=\!=\!=}\left[\begin{array}{c|c}A-B_1D_1^{-1}C&B_2-B_1D_1^{-1}D_2\\\hline D_1^{-1}C&D_1^{-1}D_2\end{array}\right]=\left[\begin{array}{cc}I&B_1\\0&D_1\end{array}\right]^{-1}\left[\begin{array}{c|c}A&B_2\\\hline C&D_2\end{array}\right]$$

9.6 证明: 若 $(Y_l(s)\,,\,X_l(s))$, $(Y_r(s)\,,\,X_r(s))$ 和 $(\hat{Y}_l(s)\,,\,\hat{X}_l(s))$, $(\hat{Y}_r(s)\,,\,\hat{X}_r(s))$ 为 Bezout 方程 (9.31) 的任意两组解, 则

$$\hat{Y}_l(s)=Y_l(s)+Q(s)N_r(s),\quad \hat{X}_l(s)=X_l(s)-Q(s)D_r(s)$$
$$\hat{Y}_r(s)=Y_r(s)+N_l(s)Q(s),\quad \hat{X}_r(s)=X_r(s)-D_l(s)Q(s)$$

其中,$Q(s)$ 为任意维数合适且稳定的传递函数矩阵.

9.7 证明: 在状态反馈中, 若 $m=1$, $(A, \boldsymbol{b})$ 可控, 则 $\boldsymbol{f}$ 可由 Ackermann 公式 (9.25) 确定, 其中 $\alpha(s)=\prod_{i=1}^{n}(s-\lambda_i)$ 为希望特征多项式,Q_{c} 是 $(A, \boldsymbol{b})$ 的可控性矩阵; 在输出注入中, 若 $p=1$, (C, A) 可观测, 则 $\boldsymbol{h}$ 可由 Ackermann 公式

$$\boldsymbol{h}=\beta(A)Q_{\mathrm{o}}^{-1}\boldsymbol{e}_n$$

确定, 其中 $\beta(s)=\prod_{i=1}^{n}(s-\mu_i)$ $(\mu_1, \mu_2, \cdots, \mu_n)$ 是给定的观测器极点,Q_{o} 是 (C, A) 的可观测性矩阵.

9.8 设

$$G(s) \overset{\text{SSR}}{=\!=} \left[\begin{array}{c|c} \begin{bmatrix} -1 & 1 \\ 0 & -1 \end{bmatrix} & \begin{bmatrix} 0 \\ 1 \end{bmatrix} \\ \hline \begin{bmatrix} 1 & 0 \end{bmatrix} & 0 \end{array}\right]$$

计算 $G(s)$ 的 Hankel 奇异值、Schmidt 偶和 Hankel 算子 $\varGamma_{\boldsymbol{G}}$ 的 Schmidt 分解.

9.9 线性系统的状态空间表达式为

$$\begin{aligned}\dot{\boldsymbol{x}}(t)&=A\boldsymbol{x}(t)+\boldsymbol{b}u(t)\\ \boldsymbol{y}(t)&=\boldsymbol{c}^{\mathrm{T}}\boldsymbol{x}(t)+du(t)\end{aligned}$$

其中,A 为 $n\times n$ 非奇异矩阵. 已知存在状态反馈 $u(t)=r(t)-\boldsymbol{f}_0^{\mathrm{T}}\boldsymbol{x}(t)$ 将闭环系统的极点都配置在 0.

(1) 证明: $(A, \boldsymbol{b})$ 完全可控;

(2) 写出 $A-\boldsymbol{b}\boldsymbol{f}_0^{\mathrm{T}}$ 的 Jordan 标准形;

(3) 用计算状态反馈增益矩阵的 Ackermann 公式证明 $A-\boldsymbol{b}\boldsymbol{f}_0^{\mathrm{T}}$ 唯一的特征向量可以是 $A^{-1}\boldsymbol{b}$;

(4) 证明: 对 $m=2,3,\cdots,n$, $A^{-m}\boldsymbol{b}$ 满足递推式

$$(A-\boldsymbol{b}\boldsymbol{f}_0^{\mathrm{T}})A^{-m}\boldsymbol{b}=0A^{-m}\boldsymbol{b}+A^{-m+1}\boldsymbol{b}$$

从而是 $A-\boldsymbol{b}\boldsymbol{f}_0^{\mathrm{T}}$ 的广义特征向量. 令

$$X=\begin{bmatrix}A^{-1}\boldsymbol{b} & A^{-2}\boldsymbol{b} & \cdots & A^{-n}\boldsymbol{b}\end{bmatrix}$$

则 $X^{-1}(A-\boldsymbol{b}\boldsymbol{f}_0^{\mathrm{T}})X$ 为 Jordan 标准形.

(5) 给出 $(\boldsymbol{c}^{\mathrm{T}}, A)$ 的对应结果.

9.10 证明定理 9.5.5.

9.11 称一个 $(2n)\times(2n)$ 矩阵 M 为辛矩阵, 若 $J^{-1}M^*J=M^{-1}$. 辛矩阵偶 (U, L) 非奇异, 若 U 和 L 均为非奇异. 证明: 若 (U, L) 为非奇异辛矩阵偶, 则 $U^{-1}L$ 和 $L^{-1}U$ 均为辛矩阵, 并用式 (9.71) 中的辛矩阵偶进行验证.

9.12 次酉矩阵的概念可以推广到传递函数矩阵 $\boldsymbol{G}$. 称 $\boldsymbol{G}$ 为全通的, 若 $\boldsymbol{G}_*\boldsymbol{G}=\sigma^2 I$. 因 $G^{\mathrm{T}}(-\mathrm{j}\omega)=G^*(\mathrm{j}\omega)$, $\boldsymbol{G}$ 为全通传递函数矩阵, 则 $\sigma^{-1}\boldsymbol{G}$ 的列向量在整个 $\mathrm{j}\omega$ 轴上都是一组标准正交向量. 若 $\boldsymbol{G}$ 稳定, 则称 $\boldsymbol{G}$ 为 inner. 令 $G(s)=C(sI-A)^{-1}B+D$ 是 $\boldsymbol{G}$ 的一个最小实现. 证明: $\boldsymbol{G}$ 为 inner 当且仅当

(1) $B^*X + D^*C = 0$;

(2) $D^*D = \sigma^2 I$.

其中,$X = \int_0^\infty \mathrm{e}^{A^*t}C^*C\mathrm{e}^{At}\,\mathrm{d}t$ 是 (C, A) 的可观测性度量矩阵. 类似地, 称 $\boldsymbol{G}$ 为全通的, 若 $\boldsymbol{G}\boldsymbol{G}_* = \sigma^2 I$. 由 $G^{\mathrm{T}}(-\mathrm{j}\omega) = G^*(\mathrm{j}\omega)$, 可知 $\sigma^{-1}\boldsymbol{G}$ 的行向量在整个 $\mathrm{j}\omega$ 轴上都是一组标准正交向量. 若 $\boldsymbol{G}$ 稳定, 则称 $\boldsymbol{G}$ 为 co-inner. 令 $G(s) = C(sI - A)^{-1}B + D$ 是 $\boldsymbol{G}$ 的一个最小实现. 证明: $\boldsymbol{G}$ 为 co-inner 当且仅当

(1) $CY + DB^* = 0$;

(2) $DD^* = \sigma^2 I$.

其中,$Y = \int_0^\infty \mathrm{e}^{At}BB^*\mathrm{e}^{A^*t}\,\mathrm{d}t$ 是 (A, B) 的可控性度量矩阵.

9.13　将平衡实现 (9.45) 的可控、可观测性度量矩阵 $\varSigma$ 进行分块:

$$\varSigma = \begin{bmatrix} \varSigma_1 & 0 \\ 0 & \varSigma_2 \end{bmatrix}$$

其中

$$\varSigma_1 = \begin{bmatrix} \sigma_1 I_{r_1} & 0 & \cdots & 0 \\ 0 & \sigma_2 I_{r_2} & \ddots & \vdots \\ \vdots & \ddots & \ddots & 0 \\ 0 & \cdots & 0 & \sigma_l I_{r_l} \end{bmatrix}, \quad \varSigma_2 = \begin{bmatrix} \sigma_{l+1} I_{r_{l+1}} & 0 & \cdots & 0 \\ 0 & \sigma_{l+2} I_{r_{l+2}} & \ddots & \vdots \\ \vdots & \ddots & \ddots & 0 \\ 0 & \cdots & 0 & \sigma_s I_{r_s} \end{bmatrix}$$

相应地, 将 $(A_{\mathrm{balrel}}, B_{\mathrm{balrel}}, C_{\mathrm{balrel}})$ 进行分块, 即

$$A_{\mathrm{balrel}} = \begin{bmatrix} A_{11} & A_{12} \\ A_{21} & A_{22} \end{bmatrix}, \quad B_{\mathrm{balrel}} = \begin{bmatrix} B_1 \\ B_2 \end{bmatrix}, \quad C_{\mathrm{balrel}} = [C_1 \;\; C_2]$$

其中, $\dim A_{11} = \dim \varSigma_1 = \Sigma_{i=1}^{l} r_i$. 称 (A_{11}, B_1, C_1) 是 $(A_{\mathrm{balrel}}, B_{\mathrm{balrel}}, C_{\mathrm{balrel}})$ 的一个平衡截断. 证明: (A_{11}, B_1, C_1) 也是平衡实现.

9.14　证明引理 9.6.1.

9.15　列向量线性无关的常矩阵的 UR 分解可以推广到稳定的传递函数矩阵 $\boldsymbol{G}$. 称一个方的稳定的传递函数矩阵 $\boldsymbol{G}_{\mathrm{o}}$ 为 outer, 若其逆矩阵也稳定. 令 $\boldsymbol{G} \in (\mathcal{RH}_\infty)^{p\times m}$. 若存在 inner 传递函数矩阵 $\boldsymbol{G}_{\mathrm{i}}$ 和 outer 传递函数矩阵 $\boldsymbol{G}_{\mathrm{o}}$, 使得 $\boldsymbol{G} = \boldsymbol{G}_{\mathrm{i}}\boldsymbol{G}_{\mathrm{o}}$, 则称 $\boldsymbol{G} = \boldsymbol{G}_{\mathrm{i}}\boldsymbol{G}_{\mathrm{o}}$ 为 $\boldsymbol{G}$ 的一个 inner-outer 分解. 设 $\boldsymbol{G} = C(sI - A)^{-1}B + D$ 且

$$\begin{bmatrix} A - \mathrm{j}\omega I & B \\ C & D \end{bmatrix}$$

对所有的 ω 满列秩. 令 $R = D^*D > 0$, $D_\perp$ 为 $DR^{-1/2}$ 的正交补,

$$\begin{bmatrix} \boldsymbol{G}_{\mathrm{o}}^{-1} \\ \boldsymbol{G}_{\mathrm{i}} \end{bmatrix} \overset{\mathrm{SSR}}{=\!=} \left[\begin{array}{c|c} A + BF & BR^{-1/2} \\ \hline F & R^{-1/2} \\ C + DF & DR^{-1/2} \end{array}\right],$$

其中,$F=-R^{-1}(B^*X+D^*C)$, X 是 ARE

$$\left(A-BR^{-1}D^*C\right)^*X+X\left(A-BR^{-1}D^*C\right)-XBR^{-1}B^*X+C^*D_\perp D_\perp^*C=0$$

的镇定解, 则 $\boldsymbol{G}=\boldsymbol{G}_{\mathrm{i}}\boldsymbol{G}_{\mathrm{o}}$ 是 $\boldsymbol{G}$ 的一个 inner-outer 分解. 类似地, 令 $\boldsymbol{G}\in\mathcal{RH}_\infty^{p\times m}$. 若存在 co-inner 传递函数矩阵 $\boldsymbol{G}_{\mathrm{ci}}$ 和 co-outer 传递函数矩阵 $\boldsymbol{G}_{\mathrm{co}}$, 使得 $\boldsymbol{G}=\boldsymbol{G}_{\mathrm{co}}\boldsymbol{G}_{\mathrm{ci}}$, 则称 $\boldsymbol{G}=\boldsymbol{G}_{\mathrm{co}}\boldsymbol{G}_{\mathrm{ci}}$ 为 $\boldsymbol{G}$ 的一个 co-inner-outer 分解. 设 $\boldsymbol{G}=C(sI-A)^{-1}B+D$ 是 $\boldsymbol{G}$ 的一个最小实现, 且

$$\begin{bmatrix} A-\mathrm{j}\omega I & B \\ C & D \end{bmatrix}$$

对所有的 ω 满行秩. 令 $\tilde{R}=DD^*>0$, $\tilde{D}_\perp^{-1}$ 为 $\tilde{R}^{-1/2}D$ 的正交补,

$$\begin{bmatrix} \boldsymbol{G}_{\mathrm{co}}^{-1} & \boldsymbol{G}_{\mathrm{ci}} \end{bmatrix} \overset{\mathrm{SSR}}{=\!=\!=} \left[\begin{array}{c|cc} A+HC & H & B+HD \\ \hline \tilde{R}^{-1/2}C & \tilde{R}^{-1/2} & \tilde{R}^{-1/2}D \end{array}\right]$$

其中

$$\begin{aligned} \tilde{R}&=DD^*>0 \\ H&=-(YC^*+BD^*)\tilde{R}^{-1} \end{aligned}$$

Y 是 ARE

$$\left(A-BD^*\tilde{R}^{-1}C\right)Y+Y\left(A-BD^*\tilde{R}^{-1}C\right)^*-YC^*\tilde{R}^{-1}CY+B\tilde{D}_\perp^*\tilde{D}_\perp B^*=0$$

的镇定解, 则 $\boldsymbol{G}=\boldsymbol{G}_{\mathrm{co}}\boldsymbol{G}_{\mathrm{ci}}$ 是 $\boldsymbol{G}$ 的一个 co-inner-outer 分解.

9.16　(1) 令

$$A=\begin{bmatrix} A_{11} & 0 \\ 0 & A_{22} \end{bmatrix},\quad B=\begin{bmatrix} B_1 \\ B_2 \end{bmatrix},\quad C=[C_1\ \ C_2]$$

其中, $A_{ii}\in\mathcal{R}^{n_i\times n_i}$, $B_i\in\mathcal{R}^{n_i\times m}$, $C_i\in\mathcal{R}^{p\times n_i}$, $i=1,2$, $-A_{11}$ 和 A_{22} 所有的特征值都在左半开平面. 证明: 若 (A_{11}, B_1, C_1) 是最小实现, 则存在 $F=[F_1\ \ 0]$ 和 $H=\begin{bmatrix} H_1 \\ 0 \end{bmatrix}$ 使得

$$\boldsymbol{D}_l \overset{\mathrm{SSR}}{=\!=\!=} \left[\begin{array}{c|c} A+HC & H \\ \hline C & I \end{array}\right],\quad \boldsymbol{D}_r \overset{\mathrm{SSR}}{=\!=\!=} \left[\begin{array}{c|c} A+BF & B \\ \hline F & I \end{array}\right]$$

稳定且满足 $\boldsymbol{D}_l\boldsymbol{D}_{l*}=I$, $\boldsymbol{D}_{r*}\boldsymbol{D}_r=I$, 其中

$$F_1=-B_1^*X,\quad X=\mathrm{Ric}(H_r),\quad H_r=\begin{bmatrix} A_{11} & -B_1B_1^* \\ 0 & -A_{11}^* \end{bmatrix}$$

$$H_1=-YC_1^*,\quad Y=\mathrm{Ric}(H_l),\quad H_l=\begin{bmatrix} A_{11}^* & -C_1^*C_1 \\ 0 & -A_{11} \end{bmatrix}$$

(2) 证明:

$$\mathcal{X}_-(H_r) = \mathrm{Im}\begin{bmatrix} X_1 \\ I \end{bmatrix}, \qquad X_1 > 0 \text{ 满足 } (-A_{11})X_1 + X_1(-A_{11}^*) + B_1B_1^* = 0$$

$$\mathcal{X}_-(H_l) = \mathrm{Im}\begin{bmatrix} Y_1 \\ I \end{bmatrix}, \qquad Y_1 > 0 \text{ 满足 } Y_1(-A_{11}) + (-A_{11}^*)Y_1 + C_1^*C_1 = 0$$

并求镇定解 X 和 Y;

(3) 令

$$A = \left[\begin{array}{cc|c} 1 & 1 & 0 \\ 0 & 1 & 0 \\ \hline 0 & 0 & -1 \end{array}\right], \quad B = \left[\begin{array}{cc} 1 & 0 \\ 0 & 1 \\ \hline 0 & 1 \end{array}\right], \quad C = \left[\begin{array}{cc|c} 0 & 1 & 0 \\ 1 & 0 & 0 \\ 0 & 0 & 1 \end{array}\right]$$

用前面的结果计算 H 和 F 使得

$$\boldsymbol{D}_l \overset{\mathrm{SSR}}{=\!=\!=} \left[\begin{array}{c|c} A+HC & H \\ \hline C & I \end{array}\right], \quad \boldsymbol{D}_r \overset{\mathrm{SSR}}{=\!=\!=} \left[\begin{array}{c|c} A+BF & B \\ \hline F & I \end{array}\right]$$

稳定并满足 $\boldsymbol{D}_l\boldsymbol{D}_{l*} = I$, $\boldsymbol{D}_{r*}\boldsymbol{D}_r = I$.

9.17 按矩阵的加法和数乘, $\mathcal{RH}_\infty^{p\times m}$ 构成一个无穷维线性空间并可引入范数. 传递函数矩阵 $G(s)$ 的 $\mathcal{H}_\infty$ 范数定义为

$$\|\boldsymbol{G}\|_\infty \triangleq \max_\omega \bar{\sigma}\left[G(\mathrm{j}\omega)\right]$$

显然, 若 $\|\boldsymbol{G}\|_\infty < \gamma$, 则

$$G^*(\mathrm{j}\omega)G(\mathrm{j}\omega) < \gamma^2 I$$

称一个 outer 传递函数矩阵 $\boldsymbol{G}_s$ 为 $\boldsymbol{G}$ 的一个谱因子, 若 $\boldsymbol{G} = \boldsymbol{G}_{s*}\boldsymbol{G}_s$. 称等式的右端为 $\boldsymbol{G}$ 的谱分解. 令 $\boldsymbol{G} \in \mathcal{RH}_\infty^{p\times m}$, $\|\boldsymbol{G}\|_\infty < \gamma$. 证明: 存在谱因子 $\boldsymbol{M} \in \mathcal{RH}_\infty^{m\times m}$ 使得 $\boldsymbol{M}_*\boldsymbol{M} = \gamma^2 I_m - \boldsymbol{G}_*\boldsymbol{G}$, $\boldsymbol{M}$ 的一个状态空间表达式可以是

$$\boldsymbol{M} \overset{\mathrm{SSR}}{=\!=\!=} \left[\begin{array}{c|c} A & B \\ \hline R^{1/2}K_C & R^{1/2} \end{array}\right]$$

其中

$$R = \gamma^2 I_m - D^*D > 0, \quad K_C = -R^{-1}(B^*X + D^*C), \quad X = \mathrm{Ric}(H)$$

$$\begin{aligned} H &= \begin{bmatrix} A & 0 \\ -C^*C & -A^* \end{bmatrix} - \begin{bmatrix} -B \\ C^*D \end{bmatrix} R^{-1}\left[D^*C \quad B^*\right] \\ &= \begin{bmatrix} A + BR^{-1}D^*C & BR^{-1}B^* \\ -C^*(I + DR^{-1}D^*)C & -(A + BR^{-1}D^*C)^* \end{bmatrix} \end{aligned}$$

9.18　注意到 DARE(9.70) 的一些等价形式有助于对其求解. 证明:

(1) X 满足 DARE(9.70), 当且仅当

$$A^*XA - X - A^*XW(I + XW)^{-1}XA + Q = 0 \tag{9.87}$$

X 是 DARE(9.70) 的镇定解, 当且仅当 X 是 DARE(9.87) 的镇定解, 即 $A - W(I + XW)^{-1}XA$ 所有的特征值都在单位圆内;

(2) 在 DARE(9.87) 中令 $W = BR^{-1}B^*$, 则 X 满足 DARE(9.87), 当且仅当

$$A^*XA - X - (B^*XA)^*(R + B^*XB)^{-1}(B^*XA) + Q = 0 \tag{9.88}$$

X 是 DARE(9.87) 的镇定解, 当且仅当 X 是 DARE(9.88) 的镇定解, 即 $A - B(R + B^*XB)^{-1}(B^*XA)$ 所有的特征值都在单位圆内;

(3) 在 DARE(9.88) 中令 $A = G - BR^{-1}M$, $\tilde{Q} = Q + M^*R^{-1}$, 则 X 满足 DARE(9.88), 当且仅当

$$G^*XG - X - (B^*XG + M)^*(R + B^*XB)^{-1}(B^*XG + M) + \tilde{Q} = 0 \tag{9.89}$$

X 是 DARE(9.88) 的镇定解, 当且仅当 X 是 DARE(9.89) 的镇定解, 即

$$G - B(R + B^*XB)^{-1}(B^*XG + M)$$

所有的特征值都在单位圆内.

符 号 表

$\in$	属于
$\subset$	子集
$\cap$	交集
$\triangleq$	定义为
$\blacksquare$	证毕
$\triangle$	举例结束
$\dot{+}$	直和
$\oplus$	正交和
$\sim$	相似于
$\cong$	等价于
$\mathcal{Z}$, $\mathcal{Z}_{0,+}$, $\mathcal{Z}_+$	整数、非负整数和正整数的集合
$\mathcal{F}$, $\mathcal{L}$, $\mathcal{R}$, $\mathcal{C}$	域, 有理数域, 实数域, 复数域
$\bar{\alpha}$	$\alpha \in \mathcal{C}$ 的共轭复数
$\mathrm{Re}(\alpha)$, $\mathrm{Im}(\alpha)$	$\alpha \in \mathcal{C}$ 的实部和虚部
$\mathcal{C}_-$	复平面的左半开平面
$\mathcal{C}_+$, $(\bar{\mathcal{C}}_+)$	复平面的左半开 (闭) 平面
$\mathcal{F}[\lambda]$	系数在 $\mathcal{F}$ 中的多项式集合
$a(\lambda) \| b(\lambda)$	$a(\lambda)$、$b(\lambda) \in \mathcal{F}[\lambda]$, 且 $a(\lambda)$ 可整除 $b(\lambda)$
$\mathcal{F}_n[\lambda]$	系数在 $\mathcal{F}$ 中、次数不超过 n 的多项式集合
$\mathcal{F}^n$	元素在 $\mathcal{F}$ 中的 n 维列向量集合
$\mathcal{F}^{m\times n}$	元素在 $\mathcal{F}$ 中的 $m \times n$ 矩阵集合
$\mathcal{F}^{m\times n}[\lambda]$	元素在 $\mathcal{F}[\lambda]$ 中的 $m \times n$ 矩阵集合
$\mathcal{R}(s)$	实有理函数集合
$\mathcal{R}^{m\times n}(s)$	元素在 $\mathcal{R}(s)$ 中的 $m \times n$ 矩阵集合
$\boldsymbol{G}$	$G(s) \in \mathcal{R}^{p\times m}(s)$ 的简写
$\boldsymbol{G}_*$	$G^{\mathrm{T}}(-s)$ 的简写
$\mathcal{U}$, $\mathcal{V}$, $\mathcal{W}$	线性空间
$\mathscr{A}, \mathscr{B}, \mathscr{C}, \cdots$	线性映射
$\mathscr{E}$	恒等变换
$\mathscr{O}$	零映射
$\mathscr{A}^*$	$\mathscr{A}$ 的伴随映射
$\mathscr{A} \circ \mathscr{B}$	线性映射 $\mathscr{A}$ 和 $\mathscr{B}$ 的复合映射
$\mathcal{L}(\mathcal{U} \to \mathcal{V})$	线性空间 $\mathcal{U}$ 到线性空间 $\mathcal{V}$ 上所有线性映射的集合

$A, B, C, \cdots$	矩阵
I_n	$n\times n$ 单位矩阵
$0_{m\times n}$	$m\times n$ 零矩阵
$\boldsymbol{\alpha}, \boldsymbol{\beta}, \boldsymbol{\gamma}, \cdots$	线性空间中的向量或列向量
$\boldsymbol{e}_{n,i}$	$n\times n$ 单位矩阵的第 i 列
$\mathcal{U}^{n\times n}$	$n\times n$ 酉矩阵的集合
$\mathrm{diag}\{a_1, a_2, \cdots, a_n\}$	对角线上元素为 a_i 的 $n\times n$ 对角矩阵
$\boldsymbol{\alpha}^{\mathrm{T}}, \boldsymbol{\alpha}^*$	列向量的转置和共轭转置
A^{T}, A^*	矩阵 A 的转置和共轭转置
$A^{-1}, A^-, A^\dagger$	矩阵 A 的逆, 广义逆和伪逆
$\det A$	矩阵 A 的行列式
$\mathrm{trace}A$	矩阵 A 的迹
$\lambda_i(\cdot)$	n 维线性空间 $\mathcal{V}$ 上的线性变换 $\mathscr{A}$ 或 $A\in\mathcal{F}^{n\times n}$ 的特征值
$\sigma_i(\cdot)$	$\mathscr{A}\in\mathcal{L}(\mathcal{V}\to\mathcal{U})$ 或 $A\in\mathcal{F}^{m\times n}$ 的奇异值
$\langle\boldsymbol{\alpha}, \boldsymbol{\beta}\rangle$	$(\boldsymbol{\alpha}, \boldsymbol{\beta})\in\mathcal{V}\times\mathcal{V}$ 的内积
$\Vert\boldsymbol{\alpha}\Vert$	$\boldsymbol{\alpha}\in\mathcal{V}$ 的范数
$\mathcal{R}(\mathscr{A})$	线性映射 $\mathscr{A}$ 的值域
$\mathcal{R}(A)$	矩阵 A 的值域, 即列向量的生成空间
$\mathrm{Ker}(\cdot), \mathcal{N}(\cdot)$	线性映射或矩阵的核或零空间
$\mathcal{L}_2^m(-\infty, \infty)$	平方可积的 m 维函数列向量的集合
$\mathcal{L}_2^m(-\infty, 0)$	$\mathcal{L}_2^m(-\infty, \infty)$ 中所有 $t\geqslant 0$ 时为零的元素的子集
$\mathcal{L}_2^m[0, \infty)$	$\mathcal{L}_2^m(-\infty, \infty)$ 中所有 $t<0$ 时为零的元素的子集
$\mathcal{RH}_\infty^{p\times m}(s)$	$\mathcal{R}^{p\times m}(s)$ 中所有元素在 $\bar{\mathcal{C}}_+$ 中解析的子集
$G(s) \overset{\mathrm{SSR}}{=\!=\!=} \left[\begin{array}{c\|c} A & B \\ \hline C & D \end{array}\right]$	$G(s)=C(sI_n-A)^{-1}B+D\in\mathcal{R}^{p\times m}(s)$ 的简写

附录 A　基本代数系统

A.1　抽象代数的基本概念

定义 A.1.1　$\mathcal{U}, \mathcal{V}$ 和 $\mathcal{W}$ 为非空集合. 设对于集合 $\mathcal{U}$ 中的任何元素 α 和 $\mathcal{V}$ 中的任何元素 β 按某种法则 $\star$ 可以与集合 $\mathcal{W}$ 中的唯一元素 γ 对应, 即 $\gamma = \alpha \star \beta, \forall (\alpha, \beta) \in \mathcal{U} \times \mathcal{V}$, 则称这个对应为 $\mathcal{U} \times \mathcal{V}$ 到 $\mathcal{W}$ 的一个代数运算. 若 $\mathcal{U} = \mathcal{V} = \mathcal{W}$, 则称运算 "$\star$" 在 $\mathcal{U}$ 上是封闭的.

【例 A.1.1】　令 $\mathcal{U} = \mathcal{C}^{n\times m}$, $\mathcal{V} = \mathcal{C}^{m\times p}$, $\mathcal{W} = \mathcal{C}^{n\times p}$. 则矩阵乘 "$\cdot$" 是 $\mathcal{U} \times \mathcal{V}$ 到 $\mathcal{W}$ 的一个代数运算. △

注意 $\mathcal{U}$ 和 $\mathcal{V}$ 的直接积为

$$\mathcal{U} \times \mathcal{V} = \{ (\alpha, \beta) \mid \alpha \in \mathcal{U},\ \beta \in \mathcal{V} \}$$

$\mathcal{U} \times \mathcal{V}$ 中的元素是形如 (α, β) 的一个有序对, 其中 $\alpha \in \mathcal{U}$, $\beta \in \mathcal{V}$. 由例 A.1.1可以看到,(α, β) 的排序非常关键. 就此例而言,$\alpha \cdot \beta$ 是一个可执行的运算, 而 $\beta \cdot \alpha$ 没有意义, 除非 $p = n$. 再者, 即使 $p = n$, $\alpha \cdot \beta \neq \beta \cdot \alpha$.

定义 A.1.2　设运算 "$\star$" 在 $\mathcal{U}$ 上封闭. 若对任意的 $\alpha, \beta \in \mathcal{U}$ 成立

$$\alpha \star \beta = \beta \star \alpha$$

则称运算 $\star$ 在 $\mathcal{U}$ 上是可交换的 (commutative). 若对任何 $\alpha, \beta, \gamma \in \mathcal{U}$ 成立

$$\alpha \star (\beta \star \gamma) = (\alpha \star \beta) \star \gamma$$

则称运算 $\star$ 在 $\mathcal{U}$ 上是可结合的 (associative).

定义 A.1.3　定义了满足某些法则的代数运算的集合称为代数系统.

以下研究群、环、域三种基本代数系统.

A.2　群

定义 A.2.1　设 $\mathcal{G}$ 是一个非空集合. 在 $\mathcal{G}$ 上定义了运算 $\star$, 对于 $\mathcal{G}$ 中任意两个元素 α 与 β, 在 $\mathcal{G}$ 中有唯一的元素 γ 与之对应, 使 $\gamma = \alpha \star \beta$, 即运算 $\star$ 在 $\mathcal{G}$ 上是封闭的, 且 $\star$ 满足以下三条法则:

(1) 结合律 $\alpha \star (\beta \star \gamma) = (\alpha \star \beta) \star \gamma, \forall \alpha, \beta, \gamma \in \mathcal{G}$;

(2) 在 $\mathcal{G}$ 中有一元素 ε, 对于 $\mathcal{G}$ 中任一元素 α 都有

$$\alpha \star \varepsilon = \varepsilon \star \alpha = \alpha$$

即在 $\mathcal{G}$ 中存在单位元或零元;

(3) 对 $\mathcal{G}$ 中任一元素 α 都有 $\mathcal{G}$ 中的元素 β 使得 $\alpha\star\beta=\beta\star\alpha=\varepsilon$, 即 $\mathcal{G}$ 中任一元素都存在逆元或负元, 则称 $\mathcal{G}$ 为一个群.

若在 $\mathcal{G}$ 中运算 $\star$ 是可交换的, 则称 $\mathcal{G}$ 为 Abelian 群. 特别地, 若 $\star$ 是"加法", 则称 $\mathcal{G}$ 为加法群.

【定理 A.2.1】 群 $\mathcal{G}$ 中的单位元或零元唯一; 群 $\mathcal{G}$ 中任何元的逆元或负元唯一.

证明: 设 $\varepsilon, \varepsilon' \in \mathcal{G}$ 满足

$$\alpha\star\varepsilon=\varepsilon\star\alpha=\alpha, \quad \alpha\star\varepsilon'=\varepsilon'\star\alpha=\alpha, \quad \forall\, \alpha\in\mathcal{G}$$

在上式中令 $\alpha=\varepsilon'$, 有

$$\varepsilon'\star\varepsilon=\varepsilon'=\varepsilon$$

即单位元或零元唯一. 又设 α 是 $\mathcal{G}$ 中任何一元,β, $\beta'\in\mathcal{G}$ 满足

$$\alpha\star\beta=\beta\star\alpha=\varepsilon, \quad \alpha\star\beta'=\beta'\star\alpha=\varepsilon$$

由上式可得

$$\beta'\star(\alpha\star\beta)=(\beta'\star\alpha)\star\beta=\beta=\beta'\star\varepsilon=\beta'$$

即逆元或负元唯一. ■

A.2.1 多项式群

定义 A.2.2 $\mathcal{F}$ 为所有实数或复数的集合,λ 是一个符号 (或未定元 (indeterminate)), $n\in\mathcal{Z}_{0,+}$, $a_i\in\mathcal{F}$, $i=1,2,\cdots,n$. 表达式

$$a(\lambda)=a_n\lambda^n+a_{n-1}\lambda^{n-1}+\cdots+a_1\lambda+a_0, \quad a_i\in\mathcal{F}, \quad i=1,2,\cdots,n \tag{A.1}$$

称为系数在 $\mathcal{F}$ 中的多项式, 或数域 $\mathcal{F}$ 上的多项式, 其全体记为 $\mathcal{F}[\lambda]$.

定义 A.2.3 数域 $\mathcal{F}[\lambda]$ 上的两个多项式:

$$\begin{aligned}a(\lambda)&=a_n\lambda^n+a_{n-1}\lambda^{n-1}+\cdots+a_1\lambda+a_0\\ b(\lambda)&=b_m\lambda^m+b_{m-1}\lambda^{m-1}+\cdots+b_1\lambda+b_0\end{aligned}$$

相等, 当且仅当:

(1) $m=n$,

(2) $a_i=b_i$, $i=1,2,\cdots,n$

记作 $a(\lambda)=b(\lambda)$. 所有系数为 0 的多项式称为零多项式, 记作 0.

若 $a(\lambda)=a_n\lambda^n+a_{n-1}\lambda^{n-1}+\cdots+a_1\lambda+a_0$ 且 $a_n\neq0$, 则称 $a(\lambda)$ 为 n 次多项式, 称 n 为 $a(\lambda)$ 的次数, 记作 $\deg a(\lambda)=n$; 称 $a_n\lambda^n$ 为 $a(\lambda)$ 的首项,a_n 为首项系数. 称首项系数为 1 的多项式为首一多项式.

由上述定义可知, 若 $a_n = a_{n-1} = \cdots = a_2 = a_1 = 0$, $a_0 \neq 0$, 则 $\deg a(\lambda) = 0$. 于是, 非零常数为 0 次多项式. 由此可知, 零多项式没有次数. 为了方便, 也记零多项式的次数为 $-\infty$. 数域 $\mathcal{F}$ 上次数不超过 n 的多项式全体记为 $\mathcal{F}_n[\lambda]$.

令

$$\begin{aligned} a(\lambda) &= a_n\lambda^n + a_{n-1}\lambda^{n-1} + \cdots + a_1\lambda + a_0 \\ b(\lambda) &= b_m\lambda^m + b_{m-1}\lambda^{m-1} + \cdots + b_1\lambda + b_0 \end{aligned}$$

均属于 $\mathcal{F}[\lambda]$. 不失一般性, 可设 $n \geqslant m$. $n > m$ 时 $b(\lambda)$ 可表示为

$$b(\lambda) = b_n\lambda^n + \cdots + b_{m+1}\lambda^{m+1} + b_m\lambda^m + b_{m-1}\lambda^{m-1} + \cdots + b_1\lambda + b_0$$

其中,$b_n = b_{n-1} = \cdots = b_{m+1} = 0$. 由此定义两个多项式的和.

定义 A.2.4 两个多项式 $a(\lambda)$, $b(\lambda)$ 的和记作 $(a+b)(\lambda)$, 定义为

$$\begin{aligned} (a+b)(\lambda) &= a(\lambda) + b(\lambda) \\ &= (a_n + b_n)\lambda^n + (a_{n-1} + b_{n-1})\lambda^{n-1} + \cdots + (a_1 + b_1)\lambda + (a_0 + b_0) \end{aligned}$$

由上述定义可知, $\mathcal{F}[\lambda]$ 为加法群, 其 0 元素为零多项式 0, $a(\lambda) = a_n\lambda^n + a_{n-1}\lambda^{n-1} + \cdots + a_1\lambda + a_0$ 的负元素为 $-a_n\lambda^n - a_{n-1}\lambda^{n-1} - \cdots - a_1\lambda - a_0 = -a(\lambda)$.

A.2.2 二进制加法群

M 序列因其良好的统计特性被应用于系统辨识, 它可由多级移位寄存器产生. 考虑图 A.1所示的 4 级移位寄存器. 由图 A.1 可得

$$x_i = x_{i-1} \oplus x_{i-4}$$

其中,$\oplus$ 表示二进制加法 (模 2 相加). 上式称为该移位寄存器的线性回归 (linear recurrence) 方程. 图中移位寄存器下方的两条线, 一条给各级移位寄存器赋初值, 另一条给各级移位寄存器发送同步移位脉冲. 移位寄存器收到移位脉冲时, 将其输入端的状态转移到输出端. 设 $i = 0$ 时的初始状态为 $x_{-1} = 0$, $x_{-2} = 0$, $x_{-3} = 0$, $x_{-4} = 0$, 则 $x_0 = x_{-1} \oplus x_{-4} = 0$. 于是 $i = 1$ 时的状态仍为 0. 由此可得 $i \geqslant 1$ 时的状态总是 0. 又设 $i = 0$ 时的初始状态为 $x_{-1} = 0$, $x_{-2} = 0$, $x_{-3} = 0$, $x_{-4} = 1$. 在移位脉冲的作用下, 移位寄存器每一级的状态如表 A.1所示.

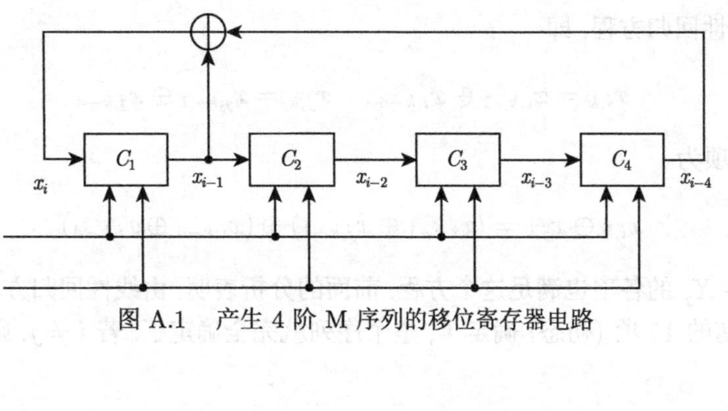

图 A.1 产生 4 阶 M 序列的移位寄存器电路

从表 A.1 中可以看到, 当 $i=15$ 时, 移位寄存器各级的状态与 $i=0$ 时的状态一致. 从而, 在移位脉冲的作用下, 移位寄存器每一级的状态都将以 $p=2^4-1$ 拍为周期进行循环. 这是因为 4 级移位寄存器共有 15 个非零状态, 对应于 $1\sim15$ 的二进制表示. 这 15 个非零的二进制数出现的顺序由移位寄存器的结构决定. 改变初始状态, 则移位寄存器的状态从这个初态按原来的顺序进行循环. 这样可以得到 16 个不同的输出序列 $X_k, k=0,1,2,\cdots,15$, 其中 X_0 为全 0 输出序列. 记 $\mathcal{X}=\{X_0, X_1, X_2, \cdots, X_{15}\}$, 其中

$$X_0=\{0, 0, 0, \cdots, 0, \cdots\}$$
$$X_i=\{x_{i,0}, x_{i,1}, x_{i,2}, \cdots, x_{i,k}, \cdots\}, \quad i\neq 0$$

表 A.1 一个 4 级移位寄存器各级的状态

i	$x_i=x_{i-1}\oplus x_{i-4}$	x_{i-1}	x_{i-2}	x_{i-3}	x_{i-4}
0	1	0	0	0	1
1	1	1	0	0	0
2	1	1	1	0	0
3	1	1	1	1	0
4	0	1	1	1	1
5	1	0	1	1	1
6	0	1	0	1	1
7	1	0	1	0	1
8	1	1	0	1	0
9	0	1	1	0	1
10	0	0	1	1	0
11	1	0	0	1	1
12	0	1	0	0	1
13	0	0	1	0	0
14	0	0	0	1	0
15	1	0	0	0	1

若定义 $\mathcal{X}$ 中两元 X_i 和 X_j 的加法为其对应元素的模二加法, 即

$$X_i+X_j=\{x_{i,0}\oplus x_{j,0}, x_{i,1}\oplus x_{j,1}, x_{i,2}\oplus x_{j,2}, \cdots, x_{i,k}\oplus x_{j,k}, \cdots\}$$

则有 $\mathcal{X}$ 是一个 Abelian 加法群.

证明: 只要证明 $\mathcal{X}$ 具有 Abelian 群的四个性质即可.

(1) $\mathcal{X}$ 关于加法是封闭的. 由于 $\mathcal{X}$ 的各元素 (X_0 除外) 之间是移位关系,$X_i, X_j\in\mathcal{X}$ 满足同一个线性回归方程, 即

$$x_{i,k}=x_{i,k-1}\oplus x_{i,k-4}, \quad x_{j,k}=x_{j,k-1}\oplus x_{j,k-4}$$

X_i+X_j 的各项为

$$x_{i,k}\oplus x_{j,k}=(x_{i,k-1}\oplus x_{j,k-1})\oplus(x_{i,k-4}\oplus x_{i,k-4})$$

于是,X_i+X_j 的各项也满足这个方程. 前面的分析表明, 由线性回归方程描述的二元序列, 只要它最初的 15 项 (初态) 确定了, 整个序列就完全确定了. 若 $i\neq j$, 则 $x_{i,k}$ 和 $x_{j,k}$ 之

间是移位关系,

$$\{x_{i,0}, x_{i,1}, \cdots, x_{i,14}\} \neq \{x_{j,0}, x_{j,1}, \cdots, x_{j,14}\}$$

$$\Longrightarrow \{x_{i,0}, x_{i,1}, \cdots, x_{i,14}\} + \{x_{j,0}, x_{j,1}, \cdots, x_{j,14}\}$$

$$= \{x_{i,0} \oplus x_{j,0}, x_{i,1} \oplus x_{j,1}, \cdots, x_{i,14} \oplus x_{j,14}\} \neq \{0, 0, \cdots, 0\}$$

这相当于这个 p 级移位寄存器的两个不同非零初态的模 2 和. 从而序列 $X_i + X_j$ 的最初 15 项不全为 "0". 显然,$\mathcal{X}$ 中某个元素 (序列) 的最初 15 项就是 $X_i + X_j$ 的最初 15 项. 从而 $X_i + X_j \in \mathcal{X}$. 若 $i = j$, 则 $X_i + X_j = X_0 \in \mathcal{X}$.

(2) 加法满足结合律为显然, 证明略.

(3) $\mathcal{X}$ 中存在零元. 由 $x_i \oplus 0 = x_i$, 有 $X_k + X_0 = X_k$, $\forall X_k \in \mathcal{X}$. 于是 X_0 是 $\mathcal{X}$ 中的零元.

(4) $\mathcal{X}$ 中每个元都有其反元. 由 $x_i \oplus x_i = 0$, 有 $X_k + X_k = X_0$, $\forall X_k \in \mathcal{X}$. 于是 X_k 的反元是其自身. ■

A.3 环

定义 A.3.1 设 $\mathcal{R}$ 是一个非空集合. 在 $\mathcal{R}$ 上定义了加法 "+" 和乘法 "·" 两个二元运算. 若满足以下三条法则:

(1) $\mathcal{R}$ 是一个加法群;

(2) 乘法满足结合律, 即 $\alpha \cdot (\beta \cdot \gamma) = (\alpha \cdot \beta) \cdot \gamma$, $\forall \alpha, \beta, \gamma \in \mathcal{R}$;

(3) 加法和乘法满足左、右分配律, 即对 $\mathcal{R}$ 中任何 α, β, γ 都有

$$\alpha \cdot (\beta + \gamma) = \alpha \cdot \beta + \alpha \cdot \gamma, \quad (\beta + \gamma) \cdot \alpha = \beta \cdot \alpha + \gamma \cdot \alpha$$

则称 $\mathcal{R}$ 为一个环.

若在 $\mathcal{R}$ 中乘法是可交换的, 即 $\alpha \cdot \beta = \beta \cdot \alpha$, $\forall \alpha, \beta \in \mathcal{R}$, 则称 $\mathcal{R}$ 为交换环. 环 $\mathcal{R}$ 中的非零元 α 称为左 (右) 零因子, 若存在非零元 $\beta \in \mathcal{R}$, 使 $\alpha \cdot \beta = 0$ ($\beta \cdot \alpha = 0$), 又称 α 为左 (右) 化零元. 同时为左、右零因子的元称为零因子. 没有零因子的可交换环称为整环 (integral domain). 若环 $\mathcal{R}$ 中有元素 $\varepsilon_{\mathrm{L}}(\varepsilon_{\mathrm{R}})$ 使 $\varepsilon_{\mathrm{L}} \cdot \alpha = \alpha (\alpha \cdot \varepsilon_{\mathrm{R}} = \alpha)$, $\forall \alpha \in \mathcal{R}$, 则称 $\varepsilon_{\mathrm{L}}(\varepsilon_{\mathrm{R}})$ 为 $\mathcal{R}$ 的左 (右) 单位元. 若 ε 同时为左、右单位元, 则称为 $\mathcal{R}$ 的单位元. 对于 $\alpha \in \mathcal{R}$, 若存在 α^{-1} 使得 $\alpha \cdot \alpha^{-1} = \alpha^{-1} \cdot \alpha = \varepsilon$, 则称 α^{-1} 为 α 的逆元.

【定理 A.3.1】 若环中有单位元, 则单位元唯一; 若 $\alpha \in \mathcal{R}$ 存在逆元 α^{-1} 使 $\alpha \cdot \alpha^{-1}$ 为单位元, 则 α^{-1} 唯一.

证明: 设 ε 和 ε' 均为单位元, 则有

$$\varepsilon \cdot \alpha = \alpha \cdot \varepsilon = \alpha, \quad \varepsilon' \cdot \alpha = \alpha \cdot \varepsilon' = \alpha, \quad \forall \alpha \in \mathcal{R}$$

在上式中令 $\alpha = \varepsilon'$, 则有

$$\varepsilon \cdot \varepsilon' = \varepsilon' = \varepsilon' \cdot \varepsilon = \varepsilon$$

即单位元唯一; 设 α^{-1}, $\hat{\alpha}^{-1}$ 均满足

$$\alpha\cdot\alpha^{-1}=\alpha^{-1}\cdot\alpha=\varepsilon,\quad \alpha\cdot\hat{\alpha}^{-1}=\hat{\alpha}^{-1}\cdot\alpha=\varepsilon$$

将上式第一式两端左乘 $\hat{\alpha}^{-1}$ 并考虑到第二式得

$$\hat{\alpha}^{-1}\cdot\alpha\cdot\alpha^{-1}=\varepsilon\cdot\alpha^{-1}=\hat{\alpha}^{-1}=\alpha^{-1}$$

■

整数环 $\mathcal{Z}$ 中的可逆元为 -1 和 1. 因 $|-1|=|1|=1$, 故将可逆的概念一般化, 可得以下结论.

定义 A.3.2 称环 $\mathcal{R}$ 中的可逆元为单位模 (unimodular).

A.3.1 多项式环

多项式 $a(\lambda)$ 中的 λ^i 可以理解为

$$\lambda^i=\underbrace{\lambda\circ\lambda\circ\cdots\circ\lambda\circ\lambda}_{i\text{ 次}}=\underbrace{\lambda\circ\lambda\circ\cdots\circ\lambda\circ\lambda}_{(i-1)\text{ 次}}\circ\lambda=\lambda^{i-1}\circ\lambda \tag{A.2}$$

其中,$\circ$ 是某种意义下的乘法. 于是可以定义两个多项式 $a(\lambda)$ 和 $b(\lambda)$ 的乘法.

定义 A.3.3

$$a(\lambda)=a_n\lambda^n+a_{n-1}\lambda^{n-1}+\cdots+a_1\lambda+a_0$$
$$b(\lambda)=b_m\lambda^m+b_{m-1}\lambda^{m-1}+\cdots+b_1\lambda+b_0$$

的乘积记作 $(a\circ b)(\lambda)$, 定义为

$$\begin{aligned}(a\circ b)(\lambda)\triangleq&(a_n\lambda^n+a_{n-1}\lambda^{n-1}+\cdots+a_1\lambda+a_0)\\&\circ(b_m\lambda^m+b_{m-1}\lambda^{m-1}+\cdots+b_1\lambda+b_0)\\=&a(\lambda)\circ(b_m\lambda^m)+a(\lambda)\circ(b_{m-1}\lambda^{m-1})+\cdots\\&+a(\lambda)\circ(b_1\lambda)+a(\lambda)\circ(b_0)\\=&\sum_{i=0}^{n}a_ib_m(\lambda^i\circ\lambda^m)+\sum_{i=0}^{n}a_ib_{m-1}(\lambda^i\circ\lambda^{m-1})+\cdots\\&+\sum_{i=0}^{n}a_ib_1(\lambda^i\circ\lambda)+\sum_{i=0}^{n}a_ib_0\lambda^i\end{aligned}$$

考虑到式 (A.2), $\lambda^i\circ\lambda^j=\lambda^{i+j}$, $\lambda^0=1$, 则在 $a(\lambda)$ 的原始定义中, 单项式 1, λ, λ^2, $\cdots$, λ^n 可以由公式 $\lambda^i=\lambda^{i-1}\circ\lambda$ 和初值 $\lambda^0=1$ 递推生成. 由此可得

$$\begin{aligned}(a\circ b)(\lambda)=&(a_nb_m)\lambda^{n+m}+(a_nb_{m-1}+a_{n-1}b_m)\lambda^{n+m-1}+\cdots\\&+\left(\sum_{i-0}^{k}a_ib_{k-i}\right)\lambda^k+\cdots+(a_1b_0+a_0b_1)\lambda+a_0b_0\end{aligned} \tag{A.3}$$

$$= \quad c_{m+n}\lambda^{m+n} + c_{m+n-1}\lambda^{m+n-1} + \cdots + c_1\lambda + c_0$$

其中,$c_k = \sum_{i=0}^{k} a_i b_{k-i}$ $(k = 1, 2, \cdots, m+n)$ 是 $\{a_i, i = 0, 1, 2, \cdots, n\}$ 和 $\{b_j, j = 0, 1, 2, \cdots, m\}$ 的卷积和, 若令 $a_i = 0, \forall i > n$, 以及 $b_j = 0, \forall j > m$.

定义了多项式的加法和乘法,$\mathcal{F}[\lambda]$ 满足交换环的所有条件, 其单位元为 1. 因对任何 $\alpha \neq 0$, $\alpha a(\lambda)$ 和 $a(\lambda)$ 具有相同的根, 故 $\alpha a(\lambda)$ 和 $a(\lambda)$ 可以认为是 $\mathcal{F}[\lambda]$ 中的同一个元素. 在这个意义下, 任何一个非零常数都是 $\mathcal{F}[\lambda]$ 中的单位元.

A.4 域

定义 A.4.1 一个具有单位元和非零元的交换环 $\mathcal{R}$, 若每个非零元都有其逆元, 则称 $\mathcal{R}$ 为一个域, 记为 $\mathcal{F}$.

读者可自行验证所有有理数的集合 $\mathcal{L}$、所有实数的集合 $\mathcal{R}$、所有复数的集合 $\mathcal{C}$ 以及所有有理函数的集合

$$\mathcal{R}(s) \triangleq \left\{ G(s) \mid G(s) = \frac{n(s)}{d(s)},\ n(s),\ d(s) \in \mathcal{R}[s] \right\}$$

均为域.

关于代数系统的讨论可参见许多线性代数的参考书, 如文献 [1]、[7] 和 [44].

附录B 多 项 式

本章引入多项式代数、多项式的 Euclidean 除法和多项式理想等概念, 多项式集合的最小公倍式和最大公因子将被分别表示为该集合元素生成的和理想和交理想的生成元, 在此基础上讨论多项式的互质分解.

B.1 线性代数

称 $\mathcal{F}[\lambda]$ 为形式多项式是因为 λ 只是一个未定元. 下面将考虑 λ 是集合 $\mathcal{V}$ 中的元以更好地理解表达式 (A.1) 的意义. 在表达式 $\mathcal{F}[\lambda]$ 中有三种运算: λ^i, $+$ 和 $a_i\lambda^i$. 运算 $+$ 要有意义, 则对任何 $\lambda \in \mathcal{V}$, λ^i 和 $a_i\lambda^i$ 也都应属于 $\mathcal{V}$. 而子表达式 $a_{i+1}\lambda^{i+1} + a_i\lambda^i + a_{i-1}\lambda^{i-1}$ 有意义, 则要求若 $a_i\lambda^i$ 和 $a_{i+1}\lambda^{i+1} \in \mathcal{V}$, $a_{i+1}\lambda^{i+1} + a_i\lambda^i$ 也必须属于 $\mathcal{V}$. 如果将 λ^i 理解为式 (A.2), 其中 $\circ$ 表示某种意义的乘法, 则二元运算 $\circ$ 和 $+$ 在集合 $\mathcal{V}$ 上必须是封闭的. 因为 $a_i \in \mathcal{F}$, $a_i\lambda^i$ 可以理解为数域 $\mathcal{F}$ 中的数与 $\mathcal{V}$ 中元的数乘.a_0 可以看作 $a_0 \cdot 1$, 而 $1 = \lambda^0$ 是这个集合中的单位元. 考虑到多项式的乘积, 还应有 $(a_i\lambda^i)\circ(a_j\lambda^j) = a_ia_j\lambda^i \circ \lambda^j$. 由此引入下述定义.

定义 B.1.1 $\mathcal{F}$ 为一域. 若

(1) $\mathcal{V}$ 是数域 $\mathcal{F}$ 上的一个线性空间;

(2) 在 $\mathcal{V}$ 中定义了乘法 $\circ$, 使对任何 $\boldsymbol{\alpha}, \boldsymbol{\beta} \in \mathcal{V}$, 都有唯一的 $\boldsymbol{\gamma} \in \mathcal{V}$ 满足 $\boldsymbol{\gamma} = \boldsymbol{\alpha} \circ \boldsymbol{\beta}$, 且有

① 乘法在加法上满足分配律:

$$\begin{aligned}
\boldsymbol{\alpha} \circ (\boldsymbol{\beta} + \boldsymbol{\gamma}) &= \boldsymbol{\alpha} \circ \boldsymbol{\beta} + \boldsymbol{\alpha} \circ \boldsymbol{\gamma}, \qquad \forall \boldsymbol{\alpha}, \boldsymbol{\beta}, \boldsymbol{\gamma} \in \mathcal{V} \\
(\boldsymbol{\beta} + \boldsymbol{\gamma}) \circ \boldsymbol{\alpha} &= \boldsymbol{\beta} \circ \boldsymbol{\alpha} + \boldsymbol{\gamma} \circ \boldsymbol{\alpha}, \qquad \forall \boldsymbol{\alpha}, \boldsymbol{\beta}, \boldsymbol{\gamma} \in \mathcal{V}
\end{aligned}$$

② 乘法与数乘间有:

$$(a\boldsymbol{\alpha}) \circ (b\boldsymbol{\beta}) = \boldsymbol{\alpha} \circ (ab\boldsymbol{\beta}) = (ab\boldsymbol{\alpha}) \circ \boldsymbol{\beta} = ab(\boldsymbol{\alpha} \circ \boldsymbol{\beta}), \ \forall\, \boldsymbol{\alpha}, \boldsymbol{\beta} \in \mathcal{V}, \ \ a, b \in \mathcal{F}$$

③ 乘法自身满足结合律:

$$\boldsymbol{\alpha} \circ (\boldsymbol{\beta} \circ \boldsymbol{\gamma}) = (\boldsymbol{\alpha} \circ \boldsymbol{\beta}) \circ \boldsymbol{\gamma}$$

则称 $\mathcal{V}$ 为域 $\mathcal{F}$ 上的一个线性代数. 若除上述之外还有 $\epsilon \in \mathcal{V}$ 使

$$\epsilon \circ \boldsymbol{\alpha} = \boldsymbol{\alpha} \circ \epsilon = \boldsymbol{\alpha}, \quad \forall \boldsymbol{\alpha} \in \mathcal{V}$$

则称 ϵ 为 $\mathcal{V}$ 中的单位元, 称 $\mathcal{V}$ 为具有单位元 ϵ 的数域 $\mathcal{F}$ 上的线性代数. 若在 $\mathcal{V}$ 中乘法可交换, 即

$$\boldsymbol{\alpha} \circ \boldsymbol{\beta} = \boldsymbol{\beta} \circ \boldsymbol{\alpha}, \ \forall \boldsymbol{\alpha}, \ \boldsymbol{\beta} \in \mathcal{V}$$

则称 $\mathcal{V}$ 为可交换代数.

按上述定义, 如果不定元 λ 所在的集合 $\mathcal{V}$ 是线性代数且规定 λ^0 为单位元, 则 $\mathcal{F}[\lambda]$ 中三种运算都能进行. 此时, 对任何 $\lambda \in \mathcal{V}$, $f(\lambda)$ 唯一地对应 $\mathcal{V}$ 中的一元, 即 $f(\lambda)$ 是线性代数 $\mathcal{V}$ 到其本身的一个映射.

【例 B.1.1】 $\mathcal{R}^{n\times n}$ 和 $\mathcal{C}^{n\times n}$ 分别是数域 $\mathcal{R}$ 和 $\mathcal{C}$ 上的具有单位元 I_n 的不可交换线性代数.$\mathcal{R}^{n\times n}$ 和 $\mathcal{C}^{n\times n}$ 的子空间

$$\mathcal{T}_U = \left\{ A \mid A = \begin{bmatrix} a_{11} & a_{12} & \cdots & a_{1n} \\ 0 & a_{22} & \ddots & \vdots \\ \vdots & \ddots & \ddots & \vdots \\ 0 & \cdots & 0 & a_{nn} \end{bmatrix} \right\}$$

和

$$\mathcal{T}_L = \left\{ A \mid A = \begin{bmatrix} a_{11} & 0 & \cdots & 0 \\ a_{21} & a_{22} & \ddots & \vdots \\ \vdots & \ddots & \ddots & \vdots \\ a_{n1} & \cdots & a_{n,n-1} & a_{nn} \end{bmatrix} \right\}$$

分别是其不可交换子代数. △

【例 B.1.2】 令 $\circ$ 和 $+$ 分别是通常的矩阵乘法和加法, 则所有 $n \times n$ 复矩阵的集合 $\mathcal{C}^{n\times n}$ 是复数域上具有单位元 I_n 的线性代数. 对任何 $A \in \mathcal{C}^{n\times n}$ 和 $a(\lambda) = \sum_{i=0}^{n} a_i\lambda^i \in \mathcal{C}[\lambda]$, 有 $a(A) = \sum_{i=0}^{n} a_iA^i \in \mathcal{C}^{n\times n}$. 特别地, 将 $\mathcal{C}$ 当作 1×1 矩阵, 则 $\mathcal{C}$ 是其本身上的可交换代数. 此时数乘和乘法是一回事. 对任何 $\alpha \in \mathcal{C}$, 有 $a(\alpha) \in \mathcal{C}$. 于是, 若 $\mathcal{V} = \mathcal{C}$, 则 $a(\lambda)$ 是 $\mathcal{C}$ 上的函数. △

【例 B.1.3】 令 $\mathcal{V}$ 是数域 $\mathcal{F}$ 上的线性空间, 记 $\mathcal{L}(\mathcal{V} \to \mathcal{V})$ 为 $\mathcal{L}(\mathcal{V})$, 则对所有的 $\mathscr{A} \in \mathcal{L}(\mathcal{V})$ 和 $\boldsymbol{\alpha} \in \mathcal{V}$, $\boldsymbol{\alpha}$ 和 $\mathscr{A}(\boldsymbol{\alpha})$ 均属于 $\mathcal{V}$, 因此称线性映射 $\mathscr{A}$ 是线性空间 $\mathcal{V}$ 上的线性变换. 对任何 $\mathscr{A}, \mathscr{B} \in \mathcal{L}(\mathcal{V})$, 其和变换 $(\mathscr{A} + \mathscr{B})$ 定义为

$$(\mathscr{A} + \mathscr{B})(\boldsymbol{\alpha}) \triangleq \mathscr{A}(\boldsymbol{\alpha}) + \mathscr{B}(\boldsymbol{\alpha}), \quad \forall\, \boldsymbol{\alpha} \in \mathcal{V}$$

$a \in \mathcal{F}$ 和 $\mathscr{A} \in \mathcal{L}(\mathcal{V})$ 的数乘变换 $a \cdot \mathscr{A}$ 定义为

$$(a \cdot \mathscr{A})(\boldsymbol{\alpha}) \triangleq a \cdot \mathscr{A}(\boldsymbol{\alpha}), \quad \forall\, \boldsymbol{\alpha} \in \mathcal{V}$$

$\mathscr{A}, \mathscr{B} \in \mathcal{L}(\mathcal{V})$ 的乘积变换 $\mathscr{A} \circ \mathscr{B}$ 定义为 $\mathscr{A}$ 和 $\mathscr{B}$ 的复合变换, 即

$$(\mathscr{A} \circ \mathscr{B})(\boldsymbol{\alpha}) \triangleq \mathscr{A}\left[\mathscr{B}(\boldsymbol{\alpha})\right], \quad \forall\, \boldsymbol{\alpha} \in \mathcal{V}$$

基于以上定义的运算,$\mathcal{L}(\mathcal{V})$ 是数域 $\mathcal{F}$ 上以恒等变换 $\mathscr{E}$ 为单位元的不可交换线性代数. 为简便起见, 将 $a \cdot \mathscr{A}$ 简记为 $a\mathscr{A}$.

$$\mathscr{A}^k \in \mathcal{L}(\mathcal{V}), \quad \mathscr{A}^k(\boldsymbol{\alpha}) = \underbrace{\mathscr{A}(\mathscr{A}(\cdots\mathscr{A}(}_{k\text{ 次}}\boldsymbol{\alpha})\cdots))$$

并规定对任何 $\mathscr{A} \in \mathcal{L}(\mathcal{V})$, $\mathscr{A}^0$ 为恒等映射 $\mathscr{E}$. 按以上的标记, 对任何 $\varphi(\lambda) = a_0 + a_1\lambda + \cdots + a_{m-1}\lambda^{m-1} + a_m\lambda^m \in \mathcal{F}_m[\lambda]$,

$$\varphi(\mathscr{A}) = a_0\mathscr{E} + a_1\mathscr{A} + \cdots + a_{m-1}\mathscr{A}^{m-1} + a_m\mathscr{A}^m$$

属于 $\mathcal{L}(\mathcal{V})$. △

类似于线性空间的同构, 可以定义线性代数的同构.

定义 B.1.2　$\mathcal{V}$ 和 $\mathcal{W}$ 是数域 $\mathcal{F}$ 上的两个线性代数. 若

(1) 存在线性空间之间的同构映射 $\mathscr{I}: \mathcal{V} \to \mathcal{W}$;

(2) 这一映射下有

$$\mathscr{I}(\boldsymbol{\alpha} \circ \boldsymbol{\beta}) = \mathscr{I}(\boldsymbol{\alpha}) \circ \mathscr{I}(\boldsymbol{\beta}),\quad \forall \boldsymbol{\alpha},\ \boldsymbol{\beta} \in \mathcal{V}$$

则称 $\mathcal{V}$ 和 $\mathcal{W}$ 是同构的.

【例 B.1.4】　(例 1.4.10 续) 设

$$\boldsymbol{\alpha} = [\alpha_0\ \ \alpha_1\ \ \cdots\ \ \alpha_n\ \ 0\ \ 0\ \ \cdots]^{\mathrm{T}} \in \mathcal{F}^{n,\infty}$$
$$\boldsymbol{\beta} = [\beta_0\ \ \beta_1\ \ \cdots\ \ \beta_m\ \ 0\ \ 0\ \ \cdots]^{\mathrm{T}} \in \mathcal{F}^{m,\infty}$$

定义 $\boldsymbol{\alpha}$ 和 $\boldsymbol{\beta}$ 的乘积 $\boldsymbol{\alpha} \circ \boldsymbol{\beta}$ 为 $\boldsymbol{\gamma} = \boldsymbol{\alpha} \circ \boldsymbol{\beta} = [\gamma_0\ \ \gamma_1\ \ \cdots\ \ \gamma_k\ \ \cdots\ ]^{\mathrm{T}}$, 其中 $\boldsymbol{\gamma}$ 的元素 γ_k 为卷积和:

$$\gamma_k = \alpha_0\beta_k + \alpha_1\beta_{k-1} + \cdots + \alpha_{k-1}\beta_1 + \alpha_k\beta_0 = \sum_{i=0}^{k} \alpha_i\beta_{k-i},\quad k = 0, 1, 2, \cdots$$

由 $\alpha_i = 0, \forall i > n$, $\beta_j = 0, \forall j > m$, 易证 $\forall k > m + n$,

$$\gamma_k = \sum_{i=0}^{k} \alpha_i\beta_{k-i} = \alpha_0\beta_k + \cdots + \alpha_{k-m-1}\beta_{m+1} + \alpha_{k-m}\beta_m + \cdots + \alpha_k\beta_0 = 0$$

于是 $\boldsymbol{\gamma} = [\gamma_0\ \ \gamma_1\ \ \cdots\ \ \gamma_{m+n}\ \ 0\ \ 0\ \ \cdots]^{\mathrm{T}} \in \mathcal{C}^{m+n,\infty}$. 显然, 这样定义的乘法 $\circ$ 和通常的向量加法满足:

(1) 交换律和结合律, 即

$$\boldsymbol{\alpha} \circ \boldsymbol{\beta} = \boldsymbol{\beta} \circ \boldsymbol{\alpha},\quad \boldsymbol{\alpha} \circ (\boldsymbol{\beta} \circ \boldsymbol{\gamma}) = (\boldsymbol{\alpha} \circ \boldsymbol{\beta}) \circ \boldsymbol{\gamma},\quad \forall \boldsymbol{\alpha}, \boldsymbol{\beta}, \boldsymbol{\gamma} \in \mathcal{C}^{n,\infty}$$

(2) 分配律, 即

$$\boldsymbol{\alpha} \circ (\boldsymbol{\beta} + \boldsymbol{\gamma}) = (\boldsymbol{\beta} + \boldsymbol{\gamma}) \circ \boldsymbol{\alpha} = \boldsymbol{\alpha} \circ \boldsymbol{\beta} + \boldsymbol{\alpha} \circ \boldsymbol{\gamma},\quad \forall \boldsymbol{\alpha}, \boldsymbol{\beta}, \boldsymbol{\gamma} \in \mathcal{C}^{n,\infty}$$

乘法与数乘间有

$$(a\boldsymbol{\alpha}) \circ (b\boldsymbol{\beta}) = \boldsymbol{\alpha} \circ (ab\boldsymbol{\beta}) = (ab\boldsymbol{\alpha}) \circ \boldsymbol{\beta} = ab(\boldsymbol{\alpha} \circ \boldsymbol{\beta}),\ \forall\, \boldsymbol{\alpha}, \boldsymbol{\beta} \in \mathcal{C}^{n,\infty},\ \ a \in \mathcal{F}$$

而 $\boldsymbol{\epsilon} = [1\ \ 0\ \ 0\ \ \cdots\ \ ]^{\mathrm{T}} \in \mathcal{F}^{\infty}$ 是 $\mathcal{C}^{\infty}$ 中的单位元. 于是,$\mathcal{F}^{\infty}$ 在上述乘法和通常的向量加法定义下是数域 $\mathcal{F}$ 上具有单位元 $\boldsymbol{\epsilon}$ 的可交换线性代数. 按定义 A.3.3的乘法运算,$\mathcal{F}[\lambda]$ 与 $\mathcal{F}^{\infty}$ 是数域 $\mathcal{F}$ 上的两个同构线性代数. △

B.2 多项式环与 Euclidean 除法

数域 $\mathcal{F}$ 上的多项式 $\mathcal{F}[\lambda]$ 有下述基本性质.

【定理 B.2.1】 设 $a(\lambda), b(\lambda) \in \mathcal{F}[\lambda]$. 若 $a(\lambda) \neq 0, b(\lambda) \neq 0$, 则

(1) $a(\lambda)b(\lambda) \neq 0$;

(2) 约定零多项式的次数为 $-\infty$, 则有 $\deg a(\lambda)b(\lambda) = \deg a(\lambda) + \deg b(\lambda)$;

(3) $a(\lambda), b(\lambda)$ 均为首一多项式, 则 $a(\lambda)b(\lambda)$ 也为首一多项式;

(4) $\deg a(\lambda)b(\lambda) = 0$ 当且仅当 $\deg a(\lambda) = \deg b(\lambda) = 0$;

(5) $\deg[a(\lambda) + b(\lambda)] \leqslant \max\{\deg a(\lambda), \deg b(\lambda)\}$.

由定理 B.2.1, 有以下结论.

推论 B.2.1 $\mathcal{F}[\lambda]$ 是一个整环, 从而对任何 $a(\lambda), b(\lambda), c(\lambda) \in \mathcal{F}[\lambda]$, 若 $a(\lambda) \neq 0$, 则 $a(\lambda)b(\lambda) = a(\lambda)c(\lambda)$ 当且仅当 $b(\lambda) = c(\lambda)$.

非整环的一个例子是 $\mathcal{C}^{n\times n}$ 中所有对角线矩阵构成的可交换环.

在整数环 $\mathcal{Z}$ 中, 若 $\alpha, \beta \in \mathcal{Z}$ 且 $\beta \neq 0$, 则存在 $\kappa, \rho \in \mathcal{Z}$ 使

$$\alpha = \beta\kappa + \rho$$

其中, 或有 $\rho = 0$, 或有 $0 < |\rho| < |\beta|$. 通常分别称 κ 和 ρ 为 β 除 α 的商和余数. 对整数环 $\mathcal{Z}$ 中任何 $\beta \neq 0$, 还有 $|\alpha| \leqslant |\alpha\beta|$.

下面将这些概念推广到一般的整环.

定义 B.2.1 $\mathcal{V}$ 是一个整环. 若有映射 $\nu: \mathcal{V} \to \mathcal{Z}_{0,+}$ 具有以下性质:

(1) $\boldsymbol{a}, \boldsymbol{b} \in \mathcal{V}, \boldsymbol{b} \neq 0$, 有 $\boldsymbol{q}, \boldsymbol{r} \in \mathcal{V}$ 使

$$\boldsymbol{a} = \boldsymbol{b} \circ \boldsymbol{q} + \boldsymbol{r} \tag{B.1}$$

其中, 或有 $\boldsymbol{r} = \boldsymbol{0}$, 或有 $\nu(\boldsymbol{r}) < \nu(\boldsymbol{b})$;

(2) 对所有的 $\boldsymbol{a}, \boldsymbol{b} \in \mathcal{V}, \boldsymbol{a} \neq \boldsymbol{0}, \boldsymbol{b} \neq \boldsymbol{0}$ 都有

$$\nu(\boldsymbol{a}) \leqslant \nu(\boldsymbol{a} \circ \boldsymbol{b}) \tag{B.2}$$

则称 $\mathcal{V}$ 为 Euclidean 整环, 称 ν 为 Euclidean 函数, 式 (B.1) 为 Euclidean 除法,q 为商,r 为余.

最为熟知的 Euclidean 整环是整数环 $\mathcal{Z}$.

【例 B.2.1】 证明 $\mathcal{Z}$ 是一个 Euclidean 整环, 其 Euclidean 函数为 $\nu(\alpha) = |\alpha|$, 且 $\forall\beta \neq 0$, 存在 (q, r) 使得 $\alpha = \beta q + r$, 其中 $r = 0$ 或 $\nu(r) \leqslant \dfrac{\nu(\beta)}{2}$.

证明: 只证第二部分. 显然对任意给定的整数 α, β, 其中 $\beta \neq 0$, 如果只要求余数的绝对值小于除数的绝对值, 则有两对不同的 (q_1, r_1) 和 (q_2, r_2) 满足条件 $\alpha = \beta q + r$, 即

$$\alpha = \beta q_1 + r_1, \quad \alpha = \beta q_2 + r_2 \implies (q_1 - q_2)\beta = r_2 - r_1$$

$$\iff \nu(q_1 - q_2)\nu(\beta) = \nu(r_2 - r_1) \leqslant \nu(r_2) + \nu(r_1)$$

若 $|q_1-q_2|\geqslant 2$, 则有 $|r_1|+|r_2|\geqslant 2|\beta|$. 若 $|r_1|<|\beta|, |r_2|<|\beta|$, 则 $|r_1|+|r_2|<2|\beta|$. 所以不等式 $|r_1|+|r_2|\geqslant 2|\beta|$ 成立, 要么 $\nu(r_1)\geqslant\nu(\beta)$, 要么 $\nu(r_2)\geqslant\nu(\beta)$, 要么 $\nu(r_1)\geqslant\nu(\beta)$ 和 $\nu(r_2)\geqslant\nu(\beta)$ 同时成立, 这就与 $\nu(r_1)<\nu(\beta)$ 和 $\nu(r_2)<\nu(\beta)$ 矛盾. 因此有 $|q_1-q_2|<2$, $\Longleftrightarrow$ $|q_1-q_2|=0$, 或 $|q_1-q_2|=1$. 若 $|q_1-q_2|=0$, 则有 $q_1=q_2, r_1=r_2$, 与假设矛盾, 因此 $|q_1-q_2|=1$. 于是有 $r_1-r_2=\pm\beta$. 因 $\nu(r_1)<\nu(\beta)$, 且 $\nu(r_2)<\nu(\beta)$, $|r_1-r_2|=|\beta|$ 当且仅当 $|r_1-r_2|=|r_1|+|r_2|=|\beta|$. 若 $|r_1|>\dfrac{|\beta|}{2}$ 且 $|r_2|>\dfrac{|\beta|}{2}$, 则 $|r_1|+|r_2|>|\beta|$, 等式 $r_1-r_2=\pm\beta$ 不可能成立. 所以, 要么 $|r_1|\leqslant\dfrac{|\beta|}{2}$, 要么 $|r_2|\leqslant\dfrac{|\beta|}{2}$, 要么 $|r_1|=\dfrac{|\beta|}{2}$ 且 $|r_2|=\dfrac{|\beta|}{2}$. △

下面来证明 $\mathcal{F}[\lambda]$ 是一个 Euclidean 整环.

【定理 B.2.2】 在 $\mathcal{F}[\lambda]$ 中定义映射

$$\nu:\ \mathcal{F}[\lambda]\to\mathcal{Z}_{0,+},\ \ \nu[a(\lambda)]=\deg a(\lambda)$$

则对任何 $a(\lambda), b(\lambda)\in\mathcal{F}[\lambda]$, 且 $b(\lambda)\neq 0$, 有唯一的 $q(\lambda), r(\lambda)\in\mathcal{F}[\lambda]$ 使

$$a(\lambda)=b(\lambda)q(\lambda)+r(\lambda) \tag{B.3}$$

其中

$$r(\lambda)=0,\ \ \text{或}\ \nu[r(\lambda)]<\nu[b(\lambda)] \tag{B.4}$$

即 $\mathcal{F}[\lambda]$ 是 Euclidean 整环.

证明: 若 $a(\lambda)=0$ 或 $\deg a(\lambda)<\deg b(\lambda)$, 则 $q(\lambda)=0, r(\lambda)=a(\lambda)$ 就已满足要求. 以下设 $a(\lambda)\neq 0$ 且 $\deg a(\lambda)\geqslant\deg b(\lambda)$. 令

$$a(\lambda)=a_n\lambda^n+\sum_{i=0}^{n-1}a_i\lambda^i,\ \ a_n\neq 0$$

$$b(\lambda)=b_m\lambda^m+\sum_{j=0}^{m-1}b_j\lambda^j,\ \ b_m\neq 0$$

且 $\deg a(\lambda)-\deg b(\lambda)=n-m\geqslant 0$. 若 $n-m=0$, 令 $q(\lambda)=\dfrac{a_n}{b_n}$ 可得 $a(\lambda)-b(\lambda)q(\lambda)=r(\lambda)$, 其中

$$r(\lambda)=\left(a_{n-1}-\frac{b_{n-1}}{b_n}a_n\right)\lambda^{n-1}+\left(a_{n-2}-\frac{b_{n-2}}{b_n}a_n\right)\lambda^{n-2}+\cdots+\left(a_1-\frac{b_1}{b_n}a_n\right)\lambda+\left(a_0-\frac{b_0}{b_n}a_n\right)$$

显然, 若 $a(\lambda)\neq\dfrac{a_n}{b_n}b(\lambda)$, 则有 $\deg r(\lambda)\leqslant n-1<\deg b(\lambda)$, 若 $a(\lambda)=\dfrac{a_n}{b_n}b(\lambda)$, 则有 $r(\lambda)=0$. $n-m=0$ 时, 式 (B.3) 和式 (B.4) 已证. 以下令 $n-m\geqslant 1$, 有

$$q(\lambda)=q_{n-m}\lambda^{n-m}+q_{n-m-1}\lambda^{n-m-1}+\cdots+q_1\lambda+q_0$$

由式 (A.3) 可得

$$\begin{aligned} b(\lambda)q(\lambda) = &(b_m q_{n-m})\lambda^n + (b_m q_{n-m-1} + b_{m-1}q_{n-m})\lambda^{n-1} + \cdots \\ &+ \left(\sum_{i=0}^{k} b_{m-i}q_{n-m-(k-i)}\right)\lambda^{n-k} + \cdots + \left(\sum_{i=0}^{n-m} b_{m-i}q_i\right)\lambda^m \\ &+ \left(\sum_{i=0}^{n-m+1} b_{m-i}q_{i-1}\right)\lambda^{m-1} + \cdots + (b_1q_0 + b_0q_1)\lambda + b_0q_0 \end{aligned}$$

其中,$b_i = 0, \forall i > m$ 或 $i < 0$; $q_j = 0, \forall j > n-m$ 或 $j < 0$. 令

$$\begin{aligned} a_n &= b_m q_{n-m} \\ a_{n-1} &= b_m q_{n-m-1} + b_{m-1}q_{n-m} \\ a_{n-2} &= b_m q_{n-m-2} + b_{m-1}q_{n-m-1} + b_{m-2}q_{n-m} \\ &\vdots \\ a_{n-k} &= b_m q_{n-m-k} + b_{m-1}q_{n-m-(k-1)} + \cdots + b_{m-k}q_{n-m} \\ &\vdots \\ a_{n-(n-m)} = a_m &= b_m q_0 + b_{m-1}q_1 + \cdots + b_{m-(n-m)}q_{n-m} \end{aligned} \tag{B.5}$$

可得

$$\begin{aligned} q_{n-m} &= \frac{a_n}{b_m} \\ q_{n-m-1} &= \frac{a_{n-1} - b_{m-1}q_{n-m}}{b_m} \\ q_{n-m-2} &= \frac{a_{n-2} - b_{m-1}q_{n-m-1} - b_{m-2}q_{n-m}}{b_m} \\ &\vdots \\ q_{n-m-k} &= \frac{a_{n-k} - b_{m-1}q_{n-m-(k-1)} - \cdots - b_{m-k}q_{n-m}}{b_m} \\ &\vdots \\ q_0 &= \frac{a_m - b_{m-1}q_1 - \cdots - b_{m-(n-m)}q_{n-m}}{b_m} \end{aligned}$$

因 $b_m \neq 0$, 故 $q(\lambda)$ 的系数可从上到下依次计算得到,$\deg r(\lambda) = \deg[a(\lambda) - b(\lambda)q(\lambda)] < m$ 或 $r(\lambda) = 0$. 于是式 (B.3) 和式 (B.4) 成立. 为证明 $q(\lambda)$ 和 $r(\lambda)$ 的唯一性, 注意式 (B.5)

可写为如下的形式:

$$\begin{bmatrix} b_m & 0 & \cdots & 0 \\ b_{m-1} & b_m & \ddots & \vdots \\ \vdots & \ddots & \ddots & \mathbf{0} \\ b_{m-(n-m)} & \cdots & b_{m-1} & b_m \end{bmatrix} \begin{bmatrix} q_{n-m} \\ q_{n-m-1} \\ \vdots \\ q_0 \end{bmatrix} = \begin{bmatrix} a_n \\ a_{n-1} \\ \vdots \\ a_{n-(n-m)} \end{bmatrix}$$

因为 $b_m \neq 0$, 所以方程左边的 $(n-m+1)\times(n-m+1)$ 下三角矩阵非奇异, 从而 $q(\lambda)$ 的系数唯一, 余式 $r(\lambda)=a(\lambda)-b(\lambda)q(\lambda)$ 也唯一. ■

定义 B.2.2 称满足式 (B.4) 的式 (B.3) 是 $a(\lambda)$ 和 $b(\lambda)$ 的法式, 分别称 $q(\lambda)$ 和 $r(\lambda)$ 为 $b(\lambda)$ 除 $a(\lambda)$ 的商和余式. 若在式 (B.3) 中 $r(\lambda)=0$, 则称 $b(\lambda)$ 可整除 $a(\lambda)$, 或 $b(\lambda)$ 是 $a(\lambda)$ 的因子, 记为 $b(\lambda)|a(\lambda)$.

B.3 多项式理想

用多项式理想可以将多项式的互质、最大公因子和最小公倍式等问题描述为代数问题, 并可将这些概念推广到多项式矩阵和稳定的传递函数矩阵的集合. 后者对线性定常系统的镇定问题起着基础性的作用, 参见 9.5.6节. 先看一个例子.

【例 B.3.1】 考虑整数环 $\mathcal{Z}$ 的两个子集:

$$\mathcal{I}_3=\{\,L|L=3M,\ M\in\mathcal{Z}\,\},\quad \mathcal{I}_5=\{\,N|N=5P,\ P\in\mathcal{Z}\,\}$$

显然,$\mathcal{I}_3$ 是 3 所有的倍数,$\mathcal{I}_5$ 是 5 所有的倍数. 因为任何一个整数的倍数的倍数仍是该整数的倍数, 有 $LX\in\mathcal{I}_3, \forall X\in\mathcal{Z}$, $L\in\mathcal{I}_3$, $NY\in\mathcal{I}_5,\forall Y\in\mathcal{Z}$, $N\in\mathcal{I}_5$.3 和 5 是互质的, 即二者最大公因数是 1, 这可以等价地描述为 $3\cdot(-3)+5\cdot 2=1$. 而表达式 $4X+6Y$ 中, 无论 X 和 Y 在 $\mathcal{Z}$ 中如何取值, 其结果都是 2 的倍数, 而 2 是 4 和 6 的最大公因数. 这样, 两数互质可等价地描述为存在另两个整数, 使得两两乘积之和为 1.-3 和 5 是方程 $3X+5Y=1$ 的一个特解, 而 $5N$ 和 $-3N$ 是齐次方程 $3X+5Y=0$ 的通解, 由线性方程组解的理论可知,$X=-3+5N$ 和 $Y=2-3N$ 是 $3X+5Y=1$ 的通解. △

下面将把这些概念和结果推广到多项式环.

定义 B.3.1 $\mathcal{I}$ 是 $\mathcal{F}[\lambda]$ 的一个子空间. 若 $\forall a(\lambda)\in\mathcal{F}[\lambda]$, $b(\lambda)\in\mathcal{I}$ 都有 $a(\lambda)b(\lambda)\in\mathcal{I}$, 则称 $\mathcal{I}$ 为 $\mathcal{F}[\lambda]$ 的一个理想 (ideal).

由定义可知, $\mathcal{I}$ 是多项式理想, 当且仅当其任何一元的任何一个倍式均属于 $\mathcal{I}$. 由此引入下述例子.

【例 B.3.2】 设 $d(\lambda)\in\mathcal{C}[\lambda]$, 则

$$\mathcal{I}_d=\{\,x(\lambda)\mid x(\lambda)=d(\lambda)c(\lambda),\quad c(\lambda)\in\mathcal{C}[\lambda]\,\}$$

是 $\mathcal{C}[\lambda]$ 的一个理想. 此时称 $\mathcal{I}_d$ 是 $d(\lambda)$ 生成的主理想 (principal ideal), 称 $d(\lambda)$ 为 $\mathcal{I}_d$ 的生成元. △

在 $\mathcal{F}[\lambda]$ 中,$\mathcal{I}=\{0\}\in\mathcal{F}[\lambda]$ 显然是 $\mathcal{F}[\lambda]$ 的一个理想, 称为零理想. $\mathcal{F}[\lambda]$ 本身也是 $\mathcal{F}[\lambda]$ 的一个理想, 称为 $\mathcal{F}[\lambda]$ 的单位理想. 若 $0\neq\alpha\in\mathcal{F}$, 则 α 生成的主理想是 $\mathcal{F}[\lambda]$. 反之, 若 $a(\lambda)\in\mathcal{F}[\lambda]$ 生成的主理想是 $\mathcal{F}[\lambda]$ 本身, 则由于 $1\in\mathcal{F}[\lambda]$, 存在 $b(\lambda)\in\mathcal{F}[\lambda]$ 使 $a(\lambda)b(\lambda)=1$, 从而 $a(\lambda)$ 是非零常数 $\alpha\in\mathcal{F}$.

【定理 B.3.1】 $\mathcal{I},\mathcal{J}\subset\mathcal{F}[\lambda]$ 是两个理想, 则 $\mathcal{I}$ 和 $\mathcal{J}$ 的和 $\mathcal{I}+\mathcal{J}$ 与交 $\mathcal{I}\cap\mathcal{J}$ 也是 $\mathcal{F}[\lambda]$ 的理想.

证明: 设 $a(\lambda)\in\mathcal{I}+\mathcal{J}$, $b(\lambda)\in\mathcal{F}[\lambda]$, 证明 $a(\lambda)b(\lambda)\in\mathcal{I}+\mathcal{J}$. 显然 $a(\lambda)$ 可分解为 $a(\lambda)=a_1(\lambda)+a_2(\lambda)$, 其中 $a_1(\lambda)\in\mathcal{I}$, $a_2(\lambda)\in\mathcal{J}$. 由此 $b(\lambda)a(\lambda)=b(\lambda)a_1(\lambda)+b(\lambda)a_2(\lambda)\in\mathcal{I}+\mathcal{J}$, 即 $\mathcal{I}+\mathcal{J}$ 是 $\mathcal{F}[\lambda]$ 的一个理想.

又设 $a(\lambda)\in\mathcal{I}\cap\mathcal{J}$, 则 $a(\lambda)\in\mathcal{I}$. 于是对任何 $b(\lambda)\in\mathcal{F}[\lambda]$ 都有 $a(\lambda)b(\lambda)\in\mathcal{I}$. 同理有 $a(\lambda)b(\lambda)\in\mathcal{J}$. 于是 $a(\lambda)b(\lambda)\in\mathcal{I}\cap\mathcal{J}$, 从而 $\mathcal{I}\cap\mathcal{J}$ 也为理想. ■

定义 B.3.2 若 $a_1(\lambda), a_2(\lambda), \cdots, a_r(\lambda)\in\mathcal{F}[\lambda]$, $\mathcal{I}_i$ 是由 $a_i(\lambda)$ 生成的主理想,$i=1,2,\cdots,r$, 则称

$$\mathcal{I}=\mathcal{I}_1+\mathcal{I}_2+\cdots+\mathcal{I}_r$$

为由 $a_1(\lambda), a_2(\lambda), \cdots, a_r(\lambda)$ 生成的理想.

由定义可知, 由 $a_1(\lambda), a_2(\lambda), \cdots, a_r(\lambda)$ 生成的理想即 $a_1(\lambda), a_2(\lambda), \cdots, a_r(\lambda)$ 所有可能的倍式之和的集合.

【例 B.3.3】 若 $\mathcal{I}_1$ 是由 $a_1(\lambda)=\lambda^2+1$ 生成的主理想, $\mathcal{I}_2$ 是由 $a_2(\lambda)=\lambda+2$ 生成的主理想, 则

$$\mathcal{I}_1+\mathcal{I}_2=\left\{a(\lambda)\mid a(\lambda)=(\lambda^2+1)b_1(\lambda)+(\lambda+2)b_2(\lambda), b_1(\lambda),\ b_2(\lambda)\in\mathcal{C}[\lambda]\right\}$$

在上式中取

$$b_1(\lambda)=\frac{1}{5},\quad b_2(\lambda)=\frac{-\lambda+2}{5}$$

可得

$$a(\lambda)=\frac{(\lambda^2+1)\cdot1+(\lambda+2)\cdot(-\lambda+2)}{5}=1\in\mathcal{I}_1+\mathcal{I}_2$$

由定义可知, 对任何 $c(\lambda)\in\mathcal{C}[\lambda]$, 都有 $1\cdot c(\lambda)=c(\lambda)\in\mathcal{I}_1+\mathcal{I}_2$. 于是 $\mathcal{I}_1+\mathcal{I}_2=\mathcal{C}[\lambda]$. △

【例 B.3.4】 在 $\mathcal{R}[\lambda]$ 中,$\mathcal{I}_1$ 是由 $\lambda^2-2\lambda+1$ 生成的主理想, $\mathcal{I}_2$ 是由 λ^2-1 生成的主理想,$\mathcal{J}$ 是由 $\lambda-1$ 生成的主理想. 设 $a(\lambda)\in\mathcal{I}_1+\mathcal{I}_2$, 则存在 $b(\lambda), c(\lambda)\in\mathcal{R}[\lambda]$ 使

$$a(\lambda)=b(\lambda)(\lambda^2-2\lambda+1)+c(\lambda)(\lambda^2-1)=(\lambda-1)[b(\lambda)(\lambda-1)+c(\lambda)(\lambda+1)]$$

于是 $a(\lambda)\in\mathcal{J}$, $\forall a(\lambda)\in\mathcal{I}_1+\mathcal{I}_2$, 由此 $\mathcal{I}_1+\mathcal{I}_2\subset\mathcal{J}$. 另外, 若在上式中取

$$b(\lambda)=-\frac{1}{2},\quad c(\lambda)=\frac{1}{2}$$

则可得 $a(\lambda)=\lambda-1$. 于是 $(\lambda-1)\in\mathcal{I}_1+\mathcal{I}_2$. 由此 $\mathcal{J}\subset\mathcal{I}_1+\mathcal{I}_2$. 综上所述, 有 $\mathcal{J}=\mathcal{I}_1+\mathcal{I}_2$. △

由定理 B.2.2可得以下结论.

【定理 B.3.2】 $\mathcal{I}\subset\mathcal{F}[\lambda]$ 是一非零理想, 则存在唯一的首一多项式 $d(\lambda)$ 成为 $\mathcal{I}$ 的生成元.$d(\lambda)$ 是 $\mathcal{I}$ 中次数达到最小的首一多项式.

定理 B.3.2的一般形式如下.

【定理 B.3.3】 $\mathcal{V}$ 是域 $\mathcal{F}$ 上的线性代数. 若有映射 $\nu:\mathcal{V}\to\mathcal{Z}_{0,+}$ 使 $\mathcal{V}$ 成为一 Euclidean 整环, 则 $\mathcal{V}$ 的任何理想都是主理想.

【例 B.3.5】 设 $\mathcal{R}(s)$ 是所有实有理函数构成的域, $\mathcal{RH}$ 是 $\mathcal{R}(s)$ 中所有稳定的有理函数的集合, 即

$$\mathcal{RH}=\left\{\begin{array}{l}G(s)\mid G(s)=\dfrac{n(s)}{d(s)},\ n(s),\ d(s)\in\mathcal{R}[s],\\ \deg n(s)\leqslant\deg d(s),\ d(s)\neq 0,\ \forall s\in\bar{\mathcal{C}}_+\end{array}\right\}$$

其中,$\bar{\mathcal{C}}_+\triangleq\left\{s\mid \mathrm{Re}s\geqslant 0,\ \text{或}s=\infty\right\}$ 是右半闭复平面. 显然 $\mathcal{RH}$ 是一个线性代数. 对任何 $G(s)=\dfrac{n(s)}{d(s)}\in\mathcal{RH}$, 记 n_- 为 $n(s)$ 在左半开平面内的根的个数. 定义

$$\nu:\ \mathcal{RH}\to\mathcal{Z}_{0,+},\ \ \nu[G(s)]=\deg d(s)-n_-$$

则可以证明,$\mathcal{RH}$ 是一个主理想整环. 设

$$A(s)=\frac{1}{s+1},\quad B(s)=\frac{s-\alpha}{s+\beta},\quad \alpha\geqslant 0,\quad \beta>0$$

显然, 有 $\nu[A(s)]=1, \nu[B(s)]=1$. 取

$$Q(s)=\frac{s+\beta}{s+1}\cdot\frac{-1}{\alpha+1},\quad R(s)=\frac{1}{\alpha+1}$$

则有

$$B(s)Q(s)+R(s)=\frac{s-\alpha}{s+\beta}\cdot\frac{s+\beta}{s+1}\cdot\frac{-1}{\alpha+1}+\frac{1}{\alpha+1}=\frac{1}{s+1}=A(s)$$

且有 $\nu[Q(s)]=0, \nu[R(s)]=0<\nu[B(s)]$. △

【定理 B.3.4】 设 $d_i(\lambda)\in\mathcal{F}[\lambda],\ i=1,2,\cdots,r,\ \mathcal{I}_r$ 是由 $d_1(\lambda), d_2(\lambda),\cdots, d_r(\lambda)$ 生成的理想,$d(\lambda)$ 是 $\mathcal{I}_r$ 的生成元, 则

(1) $d(\lambda)|d_i(\lambda),\ \forall i=1,2,\cdots,r$;

(2) 任何 $\gamma(\lambda)|d_i(\lambda),\ \forall i=1,2,\cdots,r$, 都有 $\gamma(\lambda)|d(\lambda)$.

证明: (1) 对任何 $f_1(\lambda), f_2(\lambda),\cdots, f_r(\lambda)\in\mathcal{F}[\lambda]$, 都有 $\sum_{i=1}^r d_i(\lambda)f_i(\lambda)\in\mathcal{I}_r$. 因 $d(\lambda)$ 是 $\mathcal{I}_r$ 的生成元, 故存在 $g(\lambda)\in\mathcal{F}[\lambda]$ 使

$$d_1(\lambda)f_1(\lambda)+d_2(\lambda)f_2(\lambda)+\cdots+d_r(\lambda)f_r(\lambda)=d(\lambda)g(\lambda)$$

特别地, 当 $f_1(\lambda)=1,\ f_2(\lambda)=\cdots=f_r(\lambda)=0$ 时, 存在 $g_1(\lambda)\in\mathcal{F}[\lambda]$ 使上式成立, 即 $d_1(\lambda)=d(\lambda)g_1(\lambda)$, 也就是 $d(\lambda)|d_1(\lambda)$. 同理可证 $d(\lambda)|d_i(\lambda),\ \forall i=2,3,\cdots,r$.

(2) 由于 $\gamma(\lambda)|d_i(\lambda)$, 所以存在 $\eta_i(\lambda)\in\mathcal{F}[\lambda]$ 使 $d_i(\lambda)=\gamma(\lambda)\eta_i(\lambda)$. 另外,$d(\lambda)\in\mathcal{I}_r$, 存在 $\xi_i(\lambda)\in\mathcal{F}[\lambda]$, $i=1,2,\cdots,r$, 使

$$d(\lambda)=\sum_{i=1}^{r}d_i(\lambda)\xi_i(\lambda)=\sum_{i=1}^{r}\gamma(\lambda)\eta_i(\lambda)\xi_i(\lambda)=\gamma(\lambda)\sum_{i=1}^{r}\eta_i(\lambda)\xi_i(\lambda)$$

从而 $\gamma(\lambda)|d(\lambda)$. ■

【定理 B.3.5】 设 $a_i(\lambda)\in\mathcal{F}[\lambda]$, $i=1,2,\cdots,r$, $\mathcal{I}_i\subset\mathcal{F}[\lambda]$ 是由 $a_i(\lambda)$ 生成的理想,$\mathcal{I}=\mathcal{I}_1\cap\mathcal{I}_2\cap\cdots\cap\mathcal{I}_r$, $a(\lambda)$ 是 $\mathcal{I}$ 的生成元, 则

(1) $a_i(\lambda)|a(\lambda)$, $i=1,2,\cdots,r$;

(2) 任何 $b(\lambda)$, 若 $a_i(\lambda)|b(\lambda)$, $i=1,2,\cdots,r$, 都有 $a(\lambda)|b(\lambda)$.

证明: (1) 由于 $a(\lambda)\in\mathcal{I}$, $a(\lambda)\in\mathcal{I}_i$, $i=1,2,\cdots,r$, 因此存在 $\delta_i(\lambda)\in\mathcal{F}[\lambda](i=1,2,\cdots,r)$ 使 $a(\lambda)=a_i(\lambda)\delta_i(\lambda)$, 即 (1).

(2) 若 $a_i(\lambda)|b(\lambda)$, $i=1,2,\cdots,r$, 则存在 $\delta_i(\lambda)\in\mathcal{F}[\lambda]$ 使 $b(\lambda)=a_i(\lambda)\delta_i(\lambda)\in\mathcal{I}_i$, $\forall i$, 于是 $b(\lambda)\in\mathcal{I}$, $a(\lambda)|b(\lambda)$. ■

$\mathcal{I}_1\cap\mathcal{I}_2\cap\cdots\cap\mathcal{I}_r$ 是 $a_i(\lambda)$ $(i=1,2,\cdots,r)$ 的所有公倍式的集合.

定义 B.3.3 给定 $a_i(\lambda)\in\mathcal{F}[\lambda]$, $i=1,2,\cdots,r$, $\mathcal{I}_i$ 是由 $a_i(\lambda)$ 生成的主理想, 则称

$$\mathcal{I}=\mathcal{I}_1+\mathcal{I}_2+\cdots+\mathcal{I}_r$$

的生成元 $d(\lambda)$ 是 $a_1(\lambda)$, $a_2(\lambda)$, $\cdots$, $a_r(\lambda)$ 的最大公因子, 记为

$$d(\lambda)=\text{g.c.d}\{a_1(\lambda)\,,\,a_2(\lambda)\,,\,\cdots\,,a_r(\lambda)\}$$

若 $\text{g.c.d}\{a_1(\lambda)\,,\,a_2(\lambda)\,,\,\cdots\,,a_r(\lambda)\}=1$, 则称 $a_1(\lambda)$, $a_2(\lambda)$, $\cdots$, $a_r(\lambda)$ 为互质.

若 $a(\lambda)$ 是

$$\mathcal{I}=\mathcal{I}_1\cap\mathcal{I}_2\cap\cdots\cap\mathcal{I}_r$$

的生成元, 则称 $a(\lambda)$ 为 $a_1(\lambda)$, $a_2(\lambda)$, $\cdots$, $a_r(\lambda)$ 的最小公倍式, 记为

$$a(\lambda)=\text{l.c.m}\{a_1(\lambda)\,,\,a_2(\lambda)\,,\,\cdots\,,a_r(\lambda)\}$$

【定理 B.3.6】 以下表述等价:

(1) $a_1(\lambda), a_2(\lambda),\cdots, a_r(\lambda)\in\mathcal{F}[\lambda]$ 是互质的;

(2) 由 $a_1(\lambda), a_2(\lambda),\cdots, a_r(\lambda)$ 生成的理想是 $\mathcal{F}[\lambda]$;

(3) 存在 $b_1(\lambda), b_2(\lambda),\cdots, b_r(\lambda)\in\mathcal{F}[\lambda]$ 使

$$a_1(\lambda)b_1(\lambda)+a_2(\lambda)b_2(\lambda)+\cdots+a_r(\lambda)b_r(\lambda)=1 \tag{B.6}$$

证明: 由定义 B.3.3可知, (1) $\Longleftrightarrow$ (2)、(2)$\Longrightarrow$(3) 为显然.

(3)$\Longrightarrow$(2) 记 $\mathcal{I}=\mathcal{I}_1+\mathcal{I}_2+\cdots+\mathcal{I}_r$, 即 $\mathcal{I}$ 是由 $a_1(\lambda)$, $a_2(\lambda)$, $\cdots$, $a_r(\lambda)$ 生成的理想, 则由式 (B.6) 可知 $1\in\mathcal{I}$. 由于 $\deg 1=0$, 由定理 B.3.2可知 $\mathcal{I}$ 的生成元是 1, 于是 $\mathcal{I}=\mathcal{F}[\lambda]$. ■

【例 B.3.6】 在 $\mathcal{C}[\lambda]$ 中设

$$d_1(\lambda)=(\lambda+1)(\lambda+2)^2,\quad d_2(\lambda)=(\lambda+2)^2(\lambda-3),\quad d_3(\lambda)=\lambda-3$$

由 $d_1(\lambda), d_2(\lambda), d_3(\lambda)$ 生成的理想为 $\mathcal{I}$, 则

$$\begin{aligned}d(\lambda)&=\frac{1}{100}d_1(\lambda)-\frac{1}{100}d_2(\lambda)-\frac{\lambda+7}{25}d_3(\lambda)\\&=\frac{1}{100}\underbrace{[d_1(\lambda)-d_2(\lambda)]}_{=4(\lambda+2)^2}-\frac{1}{100}\underbrace{4(\lambda+7)d_3(\lambda)}_{=4(\lambda^2+4\lambda-21)}\\&=\frac{1}{100}\left[4\lambda^2+16\lambda+16-4\lambda^2-16\lambda+84\right]=1\in\mathcal{I}\end{aligned}$$

从而 $\mathcal{I}=\mathcal{F}[\lambda]$. △

B.4　多项式的因式分解

一般可将 $a(\lambda)\in\mathcal{F}[\lambda]$ 分解成一些既约因式的积. 由此, 引入下述定义.

定义 B.4.1 *若存在 $a_i(\lambda)\in\mathcal{F}[\lambda]$, $\deg a_i(\lambda)\geqslant 1$, $i=1,2,\cdots,l$, 使 $a(\lambda)=a_1(\lambda)a_2(\lambda)\cdots a_l(\lambda)$, 则称多项式 $a(\lambda)\in\mathcal{F}[\lambda]$ 为可约的, 否则称 $a(\lambda)$ 是既约的. 称非常数既约多项式 $a(\lambda)\in\mathcal{F}[\lambda]$ 为 $\mathcal{F}$ 上的质多项式. 若 $a(\lambda)=a_1(\lambda)a_2(\lambda)\cdots a_l(\lambda)$, 其中 $a_i(\lambda)$ 均为质多项式, 则称 $a_i(\lambda)$ 为 $a(\lambda)$ 的一个质因式.*

下面的两个例子说明, $a(\lambda)$ 是否为质多项式, 取决于在哪种具体的域 $\mathcal{F}$ 上讨论问题.

【例 B.4.1】 以 $\mathcal{L}$ 表示有理数域, 则 $a(\lambda)=\lambda^2-3\in\mathcal{L}[\lambda]$. 显然有 $a(\lambda)=(\lambda-\sqrt{3})(\lambda+\sqrt{3})$. 下面用反证法证明 $\sqrt{3}$ 不是有理数. 设存在互质整数 M, N 使

$$\sqrt{3}=\frac{M}{N}$$

则有

$$3=\frac{M^2}{N^2}\quad\Longleftrightarrow\quad M^2=3N^2$$

若 $3N^2$ 为偶数,M^2 为偶数,$M=2M_1$ 也为偶数. 而 $3N^2$ 为偶数, 因 3 为奇数,N^2 也为偶数,$N=2N_1$ 也为偶数. 于是 M 与 N 不是互质数. 这与假设矛盾. 若 $3N^2$ 为奇数,M^2 为奇数,$M=2M_1+1$ 也为奇数. 而 $3N^2$ 为奇数, 因 3 为奇数,N^2 也必为奇数,$N=2N_1+1$ 也为奇数. 于是有

$$\begin{aligned}3=\frac{(2M_1+1)^2}{(2N_1+1)^2}&=\frac{4M_1^2+4M_1+1}{4N_1^2+4N_1+1}\\\Longleftrightarrow 12N_1^2+12N_1+3&=4M_1^2+4M_1+1\\\Longleftrightarrow 2(3N_1^2+3N_1)+1&=2(M_1^2+M_1)\end{aligned}$$

最后一式的左端为奇数, 而右端为偶数, 所以该式不可能成立. 上述分析说明 $\sqrt{3}$ 不是有理数. 因 $\mathcal{L}$ 是一个域, 而 2 次多项式 $a(\lambda)=\lambda^2-3$ 在 $\mathcal{L}$ 上不能分解成两个 1 次多项式的乘积, 从而在有理数域上是既约的. 然而,$\lambda^2-3=(\lambda-\sqrt{3})(\lambda+\sqrt{3})$, 因此,$a(\lambda)$ 在实数域上是可约的. △

【例 B.4.2】 $b(\lambda)=\lambda^2+1$ 在实数域 $\mathcal{R}$ 上是既约的, 这是因为若设 $b(\lambda)=(\alpha_1\lambda+\beta_1)(\alpha_2\lambda+\beta_2)$, 则可导致 $\left(\dfrac{\beta_2}{\alpha_2}\right)^2=-1$, 而在实数域上这是不可能的. 但若认为 $b(\lambda)\in\mathcal{C}[\lambda]$, 则

$$b(\lambda)=(\lambda+\mathrm{i})(\lambda-\mathrm{i}),\quad \mathrm{i}=\sqrt{-1}$$

因此,λ^2+1 在实数域 $\mathcal{R}$ 上是既约的, 而在复数域 $\mathcal{C}$ 上是可约的. △

用数学归纳法可以很容易地证明.

【定理 B.4.1】 $a(\lambda)\in\mathcal{F}[\lambda]$ 且为首一多项式, 则 $a(\lambda)$ 可展成首一质多项式的幂积:

$$a(\lambda)=[b_1(\lambda)]^{n_1}[b_2(\lambda)]^{n_2}\cdots[b_s(\lambda)]^{n_s} \tag{B.7}$$

其中,$b_i(\lambda)\in\mathcal{F}[\lambda]$ 是首一质多项式,$n_i>0$ 为自然数,$i=1,2,\cdots,s$, 且 $b_i(\lambda)\neq b_j(\lambda)$, $\forall i\neq j$. 若不考虑这些质因子的顺序, 则展开式是唯一的.

定义 B.4.2 若任何 $a(\lambda)\in\mathcal{F}[\lambda]$, $\deg a(\lambda)\geqslant 1$, 至少有一个一次质多项式因子, 则称 $\mathcal{F}$ 为代数闭域.

【定理 B.4.2】 以下表述等价:

(1) $\mathcal{F}$ 是代数闭域;

(2) $a(\lambda)$ 可展开成一次多项式之积, 因而, 若 $\deg a(\lambda)=n$, 则 $a(\lambda)$ 在域 $\mathcal{F}$ 有 n 个根;

(3) $\mathcal{F}[\lambda]$ 中任一首一质多项式具有形式 $\lambda-\alpha$, 其中 $\alpha\in\mathcal{F}$;

(4) 对任一首一多项式 $a(\lambda)\in\mathcal{F}[\lambda]$, 存在 $\lambda_1,\lambda_2,\cdots,\lambda_s\in\mathcal{F}$ 和自然数 $n_1,n_2,\cdots,n_s$ 使 (λ) 唯一地展开为

$$\begin{aligned}a(\lambda)&=(\lambda-\lambda_1)^{n_1}(\lambda-\lambda_2)^{n_2}\cdots(\lambda-\lambda_s)^{n_s}\\ n_1+n_2&+\cdots+n_s=\deg a(\lambda)\end{aligned} \tag{B.8}$$

【定理 B.4.3】 (代数基本定理) 复数域 $\mathcal{C}$ 是代数闭域.

以前的例子表明实数域 $\mathcal{R}$ 不是代数闭域. 考虑 $\mathcal{R}[\lambda]$ 中的首一多项式:

$$a(\lambda)=\lambda^n+a_{n-1}\lambda^{n-1}+\cdots+a_1\lambda+a_0$$

其中,$a_i\in\mathcal{R}$, $i=1,2,\cdots,n-1$. 显然有

$$\overline{a(\lambda)}=a(\bar{\lambda}),\quad \forall\lambda\in\mathcal{C}$$

由此可知, 若 $\lambda_0\in\mathcal{C}$ 是 $a(\lambda)$ 的根, 则其复共轭 $\bar{\lambda}_0$ 也是 $a(\lambda)$ 的根, 即实系数多项式的根在复平面上的分布关于实轴是对称的.

B.5 多项式的根与系数的关系

【定理 B.5.1】(Viéte 定理) 记 $\lambda_i\ (i=1,2,\cdots,n)$ 为多项式 $\lambda^n+\alpha_{n-1}\lambda^{n-1}+\cdots+\alpha_1\lambda+\alpha_0$ 的根, 则有

$$
\begin{aligned}
\alpha_{n-1}&=(-1)\sum_{i=1}^{n}\lambda_i\\
\alpha_{n-2}&=(-1)^2\sum_{\substack{i_1=1\\ i_1<i_2}}^{n-1}\lambda_{i_1}\lambda_{i_2}\\
&\ \ \vdots\\
\alpha_{n-k}&=(-1)^k\sum_{\substack{i_1=1\\ i_1<i_2<\cdots<i_k}}^{n-k+1}\lambda_{i_1}\lambda_{i_2}\cdots\lambda_{i_k}\\
&\ \ \vdots\\
\alpha_{n-(n-1)}=\alpha_1&=(-1)^{n-1}\sum_{\substack{i_1=1\\ i_1<i_2<\cdots<i_{n-1}}}^{2}\lambda_{i_1}\lambda_{i_2}\cdots\lambda_{i_{n-1}}\\
\alpha_{n-n}=\alpha_0&=(-1)^n\prod_{i=1}^{n}\lambda_i
\end{aligned}
$$

α_{n-k} 可以看做是 $\lambda_1,\lambda_2,\cdots,\lambda_n$ 的一个 n 元多项式. 因该多项式每一项的次数都是 k, 称之为 k 次齐式. 关于多项式代数更详细的讨论参见文献 [1].

附录 C　一些结果的证明

C.1　引理 2.2.1 和引理 2.2.2 的证明

C.1.1　引理 2.2.1 的证明

根据 $A(\lambda)$ 中不能被 $a_{11}(\lambda)$ 整除的元素所在的位置, 分三种情况讨论.

(1) 若在 $A(\lambda)$ 的第一列中有一个元素 $a_{i1}(\lambda)$ 不能被 $a_{11}(\lambda)$ 整除.

$$\begin{bmatrix} a_{11}(\lambda) & \cdots & a_{1j}(\lambda) & \cdots & a_{1n}(\lambda) \\ \vdots & \ddots & \vdots & \ddots & \vdots \\ a_{i1}(\lambda) & \cdots & a_{ij}(\lambda) & \cdots & a_{in}(\lambda) \\ \vdots & \ddots & \vdots & \ddots & \vdots \\ a_{m1}(\lambda) & \cdots & a_{mj}(\lambda) & \cdots & a_{mn}(\lambda) \end{bmatrix}$$

即有 $a_{i1}(\lambda) = a_{11}(\lambda)g(\lambda) + r(\lambda)$, 其中余式 $r(\lambda) \neq 0$, 且次数比 $a_{11}(\lambda)$ 的次数低.

对 $A(\lambda)$ 进行两次初等行变换. 首先第一行乘以 $-g(\lambda)$ 加到第 i 行, 位于第 i 行第一列的元素成为 $r(\lambda)$.

$$\begin{bmatrix} 1 & & & & \\ & I_{i-2} & & & \\ -g(\lambda) & & 1 & & \\ & & & I_{n-i-1} & \\ & & & & 1 \end{bmatrix} \begin{bmatrix} a_{11}(\lambda) & \cdots & a_{1j}(\lambda) & \cdots & a_{1n}(\lambda) \\ \vdots & \ddots & \vdots & \ddots & \vdots \\ a_{i1}(\lambda) & \cdots & a_{ij}(\lambda) & \cdots & a_{in}(\lambda) \\ \vdots & \ddots & \vdots & \ddots & \vdots \\ a_{m1}(\lambda) & \cdots & a_{mj}(\lambda) & \cdots & a_{mn}(\lambda) \end{bmatrix}$$

然后把第一行和第 i 行互换得到新的多项式矩阵 $B(\lambda)$, 其左上角元素为 $r(\lambda)$. $B(\lambda)$ 即引理 2.2.1 所需的矩阵.

(2) 在 $A(\lambda)$ 的第一行中有一个元素 $a_{1i}(\lambda)$ 不能被 $a_{11}(\lambda)$ 整除. 这种情况的证明与情况 (1) 类似, 只需进行相应的初等列变换即可.

(3) $A(\lambda)$ 的第一行与第一列中的元素都可以被 $a_{11}(\lambda)$ 整除, 但 $A(\lambda)$ 中有一个元素 $a_{ij}(\lambda)$ $(i > 1, j > 1)$ 不能被 $a_{11}(\lambda)$ 整除.

$$\begin{bmatrix} a_{11}(\lambda) & \cdots & a_{1j}(\lambda) & \cdots & a_{1n}(\lambda) \\ \vdots & \ddots & \vdots & \ddots & \vdots \\ a_{i1}(\lambda) & \cdots & a_{ij}(\lambda) & \cdots & a_{in}(\lambda) \\ \vdots & \ddots & \vdots & \ddots & \vdots \\ a_{m1}(\lambda) & \cdots & a_{mj}(\lambda) & \cdots & a_{mn}(\lambda) \end{bmatrix}$$

设 $a_{i1}(\lambda)=a_{11}(\lambda)\varphi(\lambda)$, 对 $A(\lambda)$ 进行两次初等行变换, 首先第一行乘以 $-\varphi(\lambda)$ 加到第 i 行,

$$\begin{bmatrix} 1 & & & & \\ & I_{i-2} & & & \\ -\varphi(\lambda) & & 1 & & \\ & & & I_{n-i-1} & \\ & & & & 1 \end{bmatrix}\begin{bmatrix} a_{11}(\lambda) & \dots & a_{1j}(\lambda) & \dots & a_{1n}(\lambda) \\ \vdots & \ddots & \vdots & \ddots & \vdots \\ a_{i1}(\lambda) & \dots & a_{ij}(\lambda) & \dots & a_{in}(\lambda) \\ \vdots & \ddots & \vdots & \ddots & \vdots \\ a_{m1}(\lambda) & \dots & a_{mj}(\lambda) & \dots & a_{mn}(\lambda) \end{bmatrix}$$

位于第 i 行第一列的元素变为 0, 第 i 行第 j 列的元素变为

$$a_{ij}(\lambda)-a_{1j}(\lambda)\varphi(\lambda)$$

其次把第 i 行的元素加到第一行, 第一行第一列的元素仍为 $a_{11}(\lambda)$, 第一行第 j 列的元素变为

$$a_{1j}(\lambda)+a_{ij}(\lambda)-a_{1j}(\lambda)\varphi(\lambda)=a_{ij}(\lambda)+(1-\varphi(\lambda))a_{1j}(\lambda)$$

它不能被 $a_{11}(\lambda)$ 所整除, 这就化为已经讨论了的情况 (2).

C.1.2　引理 2.2.2 的证明

只要证明，多项式矩阵经过一次初等变换，秩与行列式因子是不变的即可. 设多项式矩阵 $A(\lambda)$ 经过一次初等行变换变成 $B(\lambda)$, $D_k(\lambda)$ 与 $\tilde{D}_k(\lambda)$ 分别是 $A(\lambda)$ 与 $B(\lambda)$ 的 k 阶行列式因子. 只需证明 $D_k(\lambda)=\tilde{D}_k(\lambda)$. 对应三种初等变换，下面分三种情况讨论.

第一种情况: $B(\lambda)$ 是由置换 $A(\lambda)$ 的某两行或两列而得到的. 由行列式运算法则可知，这时 $B(\lambda)$ 的 k 阶子式或者等于 $A(\lambda)$ 的某个 k 阶子式，或者与 $A(\lambda)$ 的某个 k 阶子式相差一个符号. 于是，$D_k(\lambda)$ 是 $A(\lambda)$ 所有 k 阶子式的最大公因式，同时也是 $B(\lambda)$ 所有 k 阶子式的最大公因式，从而 $D_k(\lambda)=\tilde{D}_k(\lambda)$.

第二种情况: $B(\lambda)$ 是由 $A(\lambda)$ 的某一行或某一列乘以非零常数 γ 而得到的. 由行列式运算法则可知，这时 $B(\lambda)$ 的 k 阶子式或者等于 $A(\lambda)$ 的某个 k 阶子式，或者等于 $A(\lambda)$ 的某个 k 阶子式的 γ 倍. 于是，$D_k(\lambda)$ 是 $A(\lambda)$ 所有 k 阶子式的最大公因式，同时也是 $B(\lambda)$ 所有 k 阶子式的最大公因式，因此 $D_k(\lambda)=\tilde{D}_k(\lambda)$.

第三种情况: $B(\lambda)$ 是由 $A(\lambda)$ 的第 j 行 (列) 的 $\varphi(\lambda)$ 倍加到 $A(\lambda)$ 的第 i 行 (列) 上得到的. 这里 $\varphi(\lambda)$ 为 λ 的某个多项式. 下面分三种情况进行讨论.

(1) $B(\lambda)$ 中不包含 i 行的那些 k 阶子式都等于 $A(\lambda)$ 中对应的 k 阶子式;

(2) $B(\lambda)$ 中那些包含 i 行与 j 行的 k 阶子式为从 $k\times n$ 矩阵

$$\left.\begin{bmatrix} a_{i1}+\varphi(\lambda)a_{j1} & a_{i2}+\varphi(\lambda)a_{j2} & \dots & a_{in}+\varphi(\lambda)a_{jn} \\ a_{l1} & a_{l2} & \dots & a_{ln} \\ \vdots & \vdots & \ddots & \vdots \\ a_{j1} & a_{j2} & \dots & a_{jn} \end{bmatrix}\right\}\text{共 } k \text{ 行}$$

中任选 k 列组成的 $k\times k$ 矩阵

$$\underbrace{\begin{bmatrix} a_{i\,q_1}+\varphi(\lambda)a_{j\,q_1} & a_{i\,q_2}+\varphi(\lambda)a_{j\,q_2} & \cdots & a_{i\,q_k}+\varphi(\lambda)a_{j\,q_k} \\ a_{l\,q_1} & a_{l\,q_2} & \cdots & a_{l\,q_k} \\ \vdots & \vdots & \ddots & \vdots \\ a_{j\,q_1} & a_{j\,q_2} & \cdots & a_{j\,q_k} \end{bmatrix}}_{\text{共 } k \text{ 列}}$$

的行列式. 由矩阵行列式的运算法则可知

$$\begin{aligned} &\det\begin{bmatrix} a_{i\,q_1}+\varphi(\lambda)a_{j\,q_1} & a_{i\,q_2}+\varphi(\lambda)a_{j\,q_2} & \cdots & a_{i\,q_k}+\varphi(\lambda)a_{j\,q_k} \\ a_{l\,q_1} & a_{l\,q_2} & \cdots & a_{l\,q_k} \\ \vdots & \vdots & \ddots & \vdots \\ a_{j\,q_1} & a_{j\,q_2} & \cdots & a_{j\,q_k} \end{bmatrix} \\ =\ &\det\begin{bmatrix} a_{i\,q_1} & a_{i\,q_2} & \cdots & a_{i\,q_k} \\ a_{l\,q_1} & a_{l\,q_2} & \cdots & a_{l\,q_k} \\ \vdots & \vdots & \ddots & \vdots \\ a_{j\,q_1} & a_{j\,q_2} & \cdots & a_{j\,q_k} \end{bmatrix} + \varphi(\lambda)\det\begin{bmatrix} a_{j\,q_1} & a_{j\,q_2} & \cdots & a_{j\,q_k} \\ a_{l\,q_1} & a_{l\,q_2} & \cdots & a_{l\,q_k} \\ \vdots & \vdots & \ddots & \vdots \\ a_{j\,q_1} & a_{j\,q_2} & \cdots & a_{j\,q_k} \end{bmatrix} \end{aligned}$$

后一个行列式因有相同的两行而等于零. 于是，$B(\lambda)$ 的这一类 k 阶子式都等于 $A(\lambda)$ 中对应的 k 阶子式.

(3)$B(\lambda)$ 中那些包含 i 行但不包含 j 行的 k 阶子式为从 $k\times n$ 矩阵

$$\left.\begin{bmatrix} a_{i\,1}+\varphi(\lambda)a_{j\,1} & a_{i\,2}+\varphi(\lambda)a_{j\,2} & \cdots & a_{i\,n}+\varphi(\lambda)a_{j\,n} \\ a_{l_1\,1} & a_{l_1\,2} & \cdots & a_{l_1\,n} \\ \vdots & \vdots & \ddots & \vdots \\ a_{l_{k-1}\,1} & a_{l_{k-1}\,2} & \cdots & a_{l_{k-1}\,n} \end{bmatrix}\right\}\text{共 } k \text{ 行}$$

中任选 k 列组成的 $k\times k$ 矩阵

$$\underbrace{\begin{bmatrix} a_{i\,q_1}+\varphi(\lambda)a_{j\,q_1} & a_{i\,q_2}+\varphi(\lambda)a_{j\,q_2} & \cdots & a_{i\,q_k}+\varphi(\lambda)a_{j\,q_k} \\ a_{l_1\,q_1} & a_{l_1\,q_2} & \cdots & a_{l_1\,q_k} \\ \vdots & \vdots & \ddots & \vdots \\ a_{l_{k-1}\,q_1} & a_{l_{k-1}\,q_2} & \cdots & a_{l_{k-1}\,q_k} \end{bmatrix}}_{\text{共 } k \text{ 列}}$$

的行列式. 由矩阵行列式的运算法则可知

$$\det\begin{bmatrix} a_{i\,q_1}+\varphi(\lambda)a_{j\,q_1} & a_{i\,q_2}+\varphi(\lambda)a_{j\,q_2} & \cdots & a_{i\,q_k}+\varphi(\lambda)a_{j\,q_k} \\ a_{l_1\,q_1} & a_{l_1\,q_2} & \cdots & a_{l_1\,q_k} \\ \vdots & \vdots & \ddots & \vdots \\ a_{l_{k-1}\,q_1} & a_{l_{k-1}\,q_2} & \cdots & a_{l_{k-1}\,q_k} \end{bmatrix}$$

$$= \det\begin{bmatrix} a_{i\,q_1} & a_{i\,q_2} & \cdots & a_{i\,q_k} \\ a_{l_1\,q_1} & a_{l_1\,q_2} & \cdots & a_{l_1\,q_k} \\ \vdots & \vdots & \ddots & \vdots \\ a_{l_{k-1}\,q_1} & a_{l_{k-1}\,q_2} & \cdots & a_{l_{k-1}\,q_k} \end{bmatrix} + \varphi(\lambda)\det\begin{bmatrix} a_{j\,q_1} & a_{j\,q_2} & \cdots & a_{j\,q_k} \\ a_{l_1\,q_1} & a_{l_1\,q_2} & \cdots & a_{l_1\,q_k} \\ \vdots & \vdots & \ddots & \vdots \\ a_{l_{k-1}\,q_1} & a_{l_{k-1}\,q_2} & \cdots & a_{l_{k-1}\,q_k} \end{bmatrix}$$

所以这一类的子式可按 i 行分成两部分之和，一部分恰等于 $A(\lambda)$ 的一个 k 阶子式，另一部分是 $A(\lambda)$ 的另一个 k 阶子式的 $\pm\varphi(\lambda)$ 倍，也就是 $A(\lambda)$ 的两个 k 阶子式的组合. 因此，$D_k(\lambda)$ 是 $B(\lambda)$ 的 k 阶子式的公因式，从而 $D_k(\lambda)|\tilde{D}_k(\lambda)$.

类似地，可以讨论列变换. 总之，如果 $A(\lambda)$ 经过一次初等变换变成 $B(\lambda)$, 那么 $D_k(\lambda)|\tilde{D}_k(\lambda)$. 又由初等变换的可逆性，$A(\lambda)$ 也可以经过一次初等变换变成 $B(\lambda)$. 同理应有 $\tilde{D}_k(\lambda)|D_k(\lambda)$. 于是 $\tilde{D}_k(\lambda)=D_k(\lambda)$.

当 $A(\lambda)$ 的全部 k 阶子式为零时, $B(\lambda)$ 的全部 k 阶子式也就等于零; 反之亦然. 因此, $A(\lambda)$ 与 $B(\lambda)$ 既有相同的各阶行列式因子，又有相同的秩.

C.2 确定过渡矩阵 X

本节分两步确定过渡矩阵 X 将 A 化为 Jordan 标准形. 第一步构造 $X\in\mathcal{C}^{n\times n}$ 满足方程 $AX=XJ$，其中 J 为 Jordan 标准形; 第二步证明 X 为非奇异，于是有 $X^{-1}AX=J$.

第一步 构造 X 满足 $AX=XJ$

对应于不变因子 $\psi_i(\lambda)$, $i=1,2,\cdots,l$, 将 X 划分为

$$X=[\,X_1\ \ X_2\ \ \cdots\ \ X_l\,]$$

则有

$$\begin{aligned} A[\,X_1\ \ X_2\ \ \cdots\ \ X_l\,] &= [\,X_1\ \ X_2\ \ \cdots\ \ X_l\,]\,J \\ \Longleftrightarrow AX_i &= X_iJ_i,\quad i=1,2,\cdots,l \end{aligned}$$

将 $\psi_i(\lambda)$ 展成初等因子之积，为

$$\psi_i(\lambda)=(\lambda-\lambda_1)^{n_{i1}}(\lambda-\lambda_2)^{n_{i2}}\cdots(\lambda-\lambda_s)^{n_{is}}$$

其中，$\lambda_1\neq\lambda_2\neq\cdots\neq\lambda_s$, $n_i=\sum_{j=1}^{s}n_{ij}$, 并相应地将 X_i 进一步划分为

$$X_i=[X_{i1}\ \ X_{i2}\ \ \cdots\ \ X_{is}],\quad X_{ij}\in\mathcal{C}^{n\times n_{ij}},\ \ j=1,2,\cdots,s$$

则有

$$J_i = \text{blockdiag}\{ J_{i1}\ ,\ J_{i2}\ ,\ \cdots\ ,\ J_{is} \}$$

其中，$J_{ij} \in \mathcal{C}^{n_{ij}\times n_{ij}}$ 为 Jordan 块 (3.20). 显然有

$$AX_i = X_i J_i \quad \Longleftrightarrow \quad AX_{ij} = X_{ij} J_{ij}\ ,\quad j = 1,2,\cdots,s$$

J_{ij} 可表示为 $J_{ij} = \lambda_j I_{n_{ij}} + H_{n_{ij}}$, 其中

$$H_{n_{ij}} = \begin{bmatrix} 0 & 1 & 0 & \cdots & 0 \\ 0 & 0 & 1 & \ddots & \vdots \\ \vdots & \ddots & \ddots & \ddots & 0 \\ 0 & \cdots & 0 & 0 & 1 \\ 0 & \cdots & \cdots & 0 & 0 \end{bmatrix} = \begin{bmatrix} \boldsymbol{\epsilon}_2^{\mathrm{T}} \\ \boldsymbol{\epsilon}_3^{\mathrm{T}} \\ \vdots \\ \boldsymbol{\epsilon}_{n_{ij}} \\ \mathbf{0}^{\mathrm{T}} \end{bmatrix} = [\mathbf{0}\ \ \boldsymbol{\epsilon}_1\ \ \boldsymbol{\epsilon}_2\ \ \cdots\ \ \boldsymbol{\epsilon}_{n_{ij}-1}]$$

满足

$$\begin{aligned} H_{n_{ij}}^2 = H_{n_{ij}} H_{n_{ij}} &= [H_{n_{ij}}\mathbf{0}\ \ H_{n_{ij}}\boldsymbol{\epsilon}_1\ \ H_{n_{ij}}\boldsymbol{\epsilon}_2\ \ \cdots\ \ H_{n_{ij}}\boldsymbol{\epsilon}_{n_{ij}-1}] \\ &= [\mathbf{0}\ \ \mathbf{0}\ \ \boldsymbol{\epsilon}_1\ \ \boldsymbol{\epsilon}_2\ \ \cdots\ \ \boldsymbol{\epsilon}_{n_{ij}-2}] \\ &\ \ \vdots \\ H_{n_{ij}}^{n_{ij}-1} &= [\mathbf{0}\ \ \mathbf{0}\ \ \cdots\ \ \mathbf{0}\ \ \boldsymbol{\epsilon}_1] \\ H_{n_{ij}}^{n_{ij}} &= [\mathbf{0}\ \ \mathbf{0}\ \ \cdots\ \ \mathbf{0}] \end{aligned} \tag{C.1}$$

即 $H_{n_{ij}}$ 为零幂矩阵. 容易证明，任何向量 $\boldsymbol{x} = [x_1\ \ x_2\ \ \cdots\ \ x_{n_{ij}}]^{\mathrm{T}} \in \mathcal{C}^{n_{ij}}$ 都有

$$\begin{cases} H_{n_{ij}}\boldsymbol{x} = [x_2\ \ \cdots\ \ x_{n_{ij}}\ \ 0]^{\mathrm{T}} \\ \boldsymbol{x}^{\mathrm{T}} H_{n_{ij}} = [0\ \ x_1\ \ \cdots\ \ x_{n_{ij}-1}] \end{cases} \tag{C.2}$$

由 $AX_{ij} = X_{ij}J_{ij} = X_{ij}\left(\lambda_j I_{n_{ij}} + H_{n_{ij}}\right)$ 可得

$$\left(A - \lambda_j I_{n_{ij}}\right) X_{ij} = X_{ij} H_{n_{ij}} \tag{C.3}$$

于是有

$$\begin{aligned} \left(A - \lambda_j I_{n_{ij}}\right)^2 X_{ij} &= \left(A - \lambda_j I_{n_{ij}}\right) X_{ij} H_{n_{ij}} = X_{ij} H_{n_{ij}}^2 \\ &\ \ \vdots \\ \left(A - \lambda_j I_{n_{ij}}\right)^m X_{ij} &= \left(A - \lambda_j I_{n_{ij}}\right) X_{ij} H_{n_{ij}} = X_{ij} H_{n_{ij}}^m \end{aligned} \tag{C.4}$$

对于 $n_{ij} > 0$, 将 X_{ij} 写为列向量的形式 $X_{ij} = \left[\boldsymbol{x}_{ij,1}\ \ \boldsymbol{x}_{ij,2}\ \ \cdots\ \ \boldsymbol{x}_{ij,n_{ij}}\ \right]$ 有

$$A\left[\boldsymbol{x}_{ij,1}\ \ \boldsymbol{x}_{ij,2}\ \ \cdots\ \ \boldsymbol{x}_{ij,n_{ij}}\ \right] = \left[\boldsymbol{x}_{ij,1}\ \ \boldsymbol{x}_{ij,2}\ \ \cdots\ \ \boldsymbol{x}_{ij,n_{ij}}\ \right] J_{ij} \tag{C.5}$$

$$\Longleftrightarrow\ (A - \lambda_j I)\left[\boldsymbol{x}_{ij,1}\ \ \boldsymbol{x}_{ij,2}\ \ \cdots\ \ \boldsymbol{x}_{ij,n_{ij}}\ \right] = \left[\boldsymbol{x}_{ij,1}\ \ \boldsymbol{x}_{ij,2}\ \ \cdots\ \ \boldsymbol{x}_{ij,n_{ij}}\ \right] H_{n_{ij}} \tag{C.6}$$

比较上述两个等价式子两端的列向量，得

$$\begin{array}{lll} \text{(C.5) 两端的列向量:} & & \text{(C.6) 两端的列向量:} \\ A\boldsymbol{x}_{ij,1} = \boldsymbol{x}_{ij,1}\lambda_j & \Longleftrightarrow & (A-\lambda_j I_n)\boldsymbol{x}_{ij,1} = \boldsymbol{0} \\ A\boldsymbol{x}_{ij,2} = \boldsymbol{x}_{ij,1} + \boldsymbol{x}_{ij,2}\lambda_j & \Longleftrightarrow & (A-\lambda_j I_n)\boldsymbol{x}_{ij,2} = \boldsymbol{x}_{ij,1} \\ & \vdots & \\ A\boldsymbol{x}_{ij,n_{ij}-1} = \boldsymbol{x}_{ij,n_{ij}-2} + \boldsymbol{x}_{ij,n_{ij}-1}\lambda_j & \Longleftrightarrow & (A-\lambda_j I_n)\boldsymbol{x}_{ij,n_{ij}-1} = \boldsymbol{x}_{ij,n_{ij}-2} \\ A\boldsymbol{x}_{ij,n_{ij}} = \boldsymbol{x}_{ij,n_{ij}-1} + \boldsymbol{x}_{ij,n_{ij}}\lambda_j & \Longleftrightarrow & (A-\lambda_j I_n)\boldsymbol{x}_{ij,n_{ij}} = \boldsymbol{x}_{ij,n_{ij}-1} \end{array} \tag{C.7}$$

由

$$\lambda I_n - A \cong \mathrm{diag}\{\, I_{n-l}\,,\, \psi_1(\lambda)\,,\, \psi_2(\lambda)\,,\, \cdots\,,\psi_l(\lambda)\,\} \tag{C.8}$$

存在单位模矩阵 $P(\lambda)$ 和 $Q(\lambda)$ 使得

$$\begin{aligned} & \lambda I_n - A = P(\lambda)\mathrm{diag}\{\, I_{n-l}\,,\, \psi_1(\lambda)\,,\, \psi_2(\lambda)\,,\, \cdots\,,\psi_l(\lambda)\,\}\, Q(\lambda) \\ \Longrightarrow\quad & \det(\lambda I_n - A) = \det\mathrm{diag}\{\, I_{n-l}\,,\, \psi_1(\lambda)\,,\, \psi_2(\lambda)\,,\, \cdots\,,\psi_l(\lambda)\,\} \\ & = (\lambda-\lambda_1)^{n_{11}+n_{21}+\cdots+n_{l1}}(\lambda-\lambda_2)^{n_{12}+n_{22}+\cdots+n_{l2}}\cdots(\lambda-\lambda_s)^{n_{1s}+n_{2s}+\cdots+n_{ls}} \end{aligned}$$

于是 λ_j 的代数重复度为 $\hat{n}_j = n_{1j}+n_{2j}+\cdots+n_{lj}$. 再观察式 (C.7). 对于每个固定的 j, 若 $n_{ij}\geqslant 1$, 则式 (C.7) 的第一个方程给出了 λ_j 的一个特征向量; 若 $n_{ij}=0$, 则式 (C.7) 不出现. 于是，λ_j 的特征向量的个数等于 $n_{1j}, n_{2j}, \cdots, n_{lj}$ 中正整数的个数，即 $\lambda I_n - A$ 的形如 $(\lambda-\lambda_j)^{k_j}$ 的初等因子的个数. 这些特征向量是线性无关的. 这是因为由式 (C.8) 可知

$$\begin{aligned} \mathrm{rank}(\lambda_j I_n - A) &= \mathrm{rank}(\mathrm{diag}\{\, I_{n-l}\,,\, \psi_1(\lambda_j)\,,\, \psi_2(\lambda_j)\,,\, \cdots\,,\psi_l(\lambda_j)\,\}) \\ &= n - \text{形如}(\lambda-\lambda_j)^{k_j}\text{的初等因子的个数} \end{aligned}$$

于是齐次方程 $(\lambda_j I_n - A)\boldsymbol{x} = \boldsymbol{0}$ 线性无关的解的个数等于 $n-\mathrm{rank}(\lambda_j I_n - A)$, 也等于 $\lambda I_n - A$ 的形如 $(\lambda-\lambda_j)^{k_j}$ 的初等因子的个数. 由此可以确定 A 的每一个特征值 λ_j 的代数重复度 $\hat{n}_j$ 与几何重复度 q_j 之间的关系.

【定理 C.2.1】 矩阵 A 的任一特征值 λ_j 的几何重复度 q_j 不大于它的代数重复度 $\hat{n}_j$.

证明: 设 λ_j 的几何重复度为 q_j. 由 n_{ij} 随 i 的不减性，有

$$n_{1j} = n_{2j} = \cdots = n_{l-q_j,j} = 0,\quad 1 \leqslant n_{l-q_j+1,j} \leqslant n_{l-q_j+2,j} \leqslant \cdots \leqslant n_{l-q_j+q_j,j}$$

于是有

$$\hat{n}_j = \sum_{i=1}^{l} n_{ij} = n_{l-q_j+1,j} + n_{l-q_j+2,j} + \cdots + n_{l-q_j+q_j,j} \geqslant q_j \qquad ■$$

由此可得下述结果.

推论 C.2.1　A 的非常数不变因子的个数 $l = \max_j\{q_j\}$, $j=1,2,\cdots,s$.

接下来讨论方程 (C.7) 的可解性. 由式 (C.3)、式 (C.4) 和式 (C.7) 又可推出:

$$\begin{aligned}
&(A-\lambda_j I_n)^0 \boldsymbol{x}_{ij,1}=\boldsymbol{x}_{ij,1}\neq \mathbf{0}\,, && (A-\lambda_j I_n)\boldsymbol{x}_{ij,1}=\mathbf{0}\\
&(A-\lambda_j I_n)^k \boldsymbol{x}_{ij,2}\neq \mathbf{0},\quad k=0,1\,, && (A-\lambda_j I_n)^2\boldsymbol{x}_{ij,2}=\mathbf{0}\\
&\qquad\qquad\vdots\\
&(A-\lambda_j I_n)^k \boldsymbol{x}_{ij,n_{ij}-1}\neq \mathbf{0},\quad k=0,1,\cdots,n_{ij}-2\,, && (A-\lambda_j I_n)^{n_{ij}-1}\boldsymbol{x}_{ij,n_{ij}-1}=\mathbf{0}\\
&(A-\lambda_j I_n)^k \boldsymbol{x}_{ij,n_{ij}}\neq \mathbf{0},\quad k=0,1,\cdots,n_{ij}-1\,, && (A-\lambda_j I_n)^{n_{ij}}\boldsymbol{x}_{ij,n_{ij}}=\mathbf{0}
\end{aligned} \tag{C.9}$$

由式 (C.1) 可知，对 $k=1,2,\cdots,n_{ij}$ 有 $\mathrm{rank}H_{n_{ij}}^k=\mathrm{rank}H_{n_{ij}}^{k-1}-1$. 因此，$n_{ij}>1$ 时，齐次方程 $(A-\lambda_j I_n)^2\boldsymbol{x}=\mathbf{0}$ 比 $(A-\lambda_j I_n)\boldsymbol{x}=\mathbf{0}$ 多一个线性无关的解. 式 (C.9) 第一式的非 $\mathbf{0}$ 解记作 $\boldsymbol{x}_{ij,1}$，而 $\boldsymbol{x}_{ij,2}$ 不满足第一式，从而 $(A-\lambda_j I_n)\boldsymbol{x}_{ij,2}=\hat{\boldsymbol{x}}\neq\mathbf{0}$. 因 $(A-\lambda_j I_n)^2\boldsymbol{x}_{ij,2}=(A-\lambda_j I_n)\hat{\boldsymbol{x}}=\mathbf{0}$,

$$\hat{\boldsymbol{x}}\in \mathrm{Ker}(A-\lambda_j I_n)=\mathrm{span}\{\,\boldsymbol{x}_{ij,1}\ ,\ i=l-q_j+1,l-q_j+2,\cdots,l\,\}$$

$\boldsymbol{x}_{ij,1}$ 的选择应使得 $\hat{\boldsymbol{x}}=(A-\lambda_j I_n)\boldsymbol{x}_{ij,2}=\boldsymbol{x}_{ij,1}$. 若 $n_{ij}=2$, 则计算过程到此结束. 若 $n_{ij}>2$, 则齐次方程 $(A-\lambda_j I_n)^3\boldsymbol{x}=\mathbf{0}$ 比 $(A-\lambda_j I_n)^2\boldsymbol{x}=\mathbf{0}$ 多一个线性无关的解. 其中，$\boldsymbol{x}_{ij,1}$ 和 $\boldsymbol{x}_{ij,2}$ 分别满足式 (C.9) 的第一式和第二式，而第三个列向量 $\boldsymbol{x}_{ij,3}$ 不满足第二式，从而 $(A-\lambda_j I_n)\boldsymbol{x}_{ij,3}=\check{\boldsymbol{x}}\neq\mathbf{0}$, 且 $(A-\lambda_j I_n)^2\boldsymbol{x}_{ij,3}=(A-\lambda_j I_n)\check{\boldsymbol{x}}\neq\mathbf{0}$, 然而有 $(A-\lambda_j I_n)^3\boldsymbol{x}_{ij,3}=(A-\lambda_j I_n)^2\check{\boldsymbol{x}}=\mathbf{0}$. 于是有

$$\check{\boldsymbol{x}}\in \mathrm{span}\{\,\boldsymbol{x}_{ij,2}\ ,\ i=l-q_j+1,l-q_j+2,\cdots,l\,\}$$

$\boldsymbol{x}_{ij,2}$ 的选择应使得 $\check{\boldsymbol{x}}=(A-\lambda_j I_n)\boldsymbol{x}_{ij,3}=\boldsymbol{x}_{ij,2}$. 重复上述步骤，可确定式 (C.9) 所有的解.

【例 C.2.1】 求

$$A=\begin{bmatrix} 1 & 1 & 1 & 1 & 1\\ 1 & 3 & 1 & -1 & -1\\ 0 & 0 & 2 & 2 & 0\\ -1 & -1 & -1 & 1 & 1\\ -1 & 1 & 1 & 1 & 3\end{bmatrix}$$

解: A 的特征值和 Jordan 链的特征多项式 $f_A(\lambda)=(\lambda-2)^5$，于是 A 只有一个特征值 $X_1=2$ 可以很容易地确定:

$$\mathrm{rank}(A-2I_5)=\mathrm{rank}\begin{bmatrix} -1 & 1 & 1 & 1 & 1\\ 1 & 1 & 1 & -1 & -1\\ 0 & 0 & 0 & 2 & 0\\ -1 & -1 & -1 & -1 & 1\\ -1 & 1 & 1 & 1 & 1\end{bmatrix}=3$$

A 的两个特征向量为

$$\boldsymbol{x}_{11,1}=k_{1,1}\boldsymbol{v}_1+k_{1,2}\boldsymbol{v}_2\,,\qquad \boldsymbol{x}_{21,1}=k_{2,1}\boldsymbol{v}_1+k_{2,2}\boldsymbol{v}_2$$

其中

$$\boldsymbol{v}_1=[1\ \ 0\ \ 0\ \ 0\ \ 1]^{\mathrm{T}},\quad \boldsymbol{v}_2=[0\ \ 1\ \ -1\ \ 0\ \ 0]^{\mathrm{T}}$$

因

$$\operatorname{rank}[A-2I_5\ \ \boldsymbol{v}_1]=\operatorname{rank}\begin{bmatrix}-1&1&1&1&1&1\\1&1&1&-1&-1&0\\0&0&0&2&0&0\\-1&-1&-1&-1&1&0\\-1&1&1&1&1&1\end{bmatrix}=3$$

$$\operatorname{rank}[2I_5-A\ \ \boldsymbol{v}_2]=\operatorname{rank}\begin{bmatrix}-1&1&1&1&1&0\\1&1&1&-1&-1&1\\0&0&0&2&0&-1\\-1&-1&-1&-1&1&0\\-1&1&1&1&1&0\end{bmatrix}=3$$

故非齐次方程 $(A-2I_5)\boldsymbol{v}_{12}=\boldsymbol{v}_1$ 和 $(A-2I_5)\boldsymbol{v}_{22}=\boldsymbol{v}_2$ 可解. 解这两个方程可得

$$\boldsymbol{v}_{12}=\begin{bmatrix}0&0&\frac{1}{2}&0&\frac{1}{2}\end{bmatrix}^{\mathrm{T}},\quad \boldsymbol{v}_{22}=\begin{bmatrix}0&0&\frac{1}{2}&-\frac{1}{2}&0\end{bmatrix}^{\mathrm{T}}$$

因

$$\operatorname{rank}[2I_5-A\ \ \boldsymbol{v}_{12}]=\operatorname{rank}\begin{bmatrix}-1&1&1&1&1&0\\1&1&1&-1&-1&0\\0&0&0&2&0&\frac{1}{2}\\-1&-1&-1&-1&1&0\\-1&1&1&1&1&\frac{1}{2}\end{bmatrix}=4$$

$$\operatorname{rank}[2I_5-A\ \ \boldsymbol{v}_{22}]=\operatorname{rank}\begin{bmatrix}-1&1&1&1&1&0\\1&1&1&-1&-1&0\\0&0&0&2&0&\frac{1}{2}\\-1&-1&-1&-1&1&-\frac{1}{2}\\-1&1&1&1&1&0\end{bmatrix}=3$$

故非齐次方程 $(A-2I_5)\boldsymbol{v}_{13}=\boldsymbol{v}_{12}$ 无解，而 $(A-2I_5)\boldsymbol{v}_{23}=\boldsymbol{v}_{22}$ 可解。解这个方程可得

$$\boldsymbol{v}_{23}=\begin{bmatrix}\frac{1}{4}&0&0&\frac{1}{4}&0\end{bmatrix}^{\mathrm{T}}$$

显然，有 $\operatorname{rank}[A-2I_5\ \ \boldsymbol{v}_{23}]=4$, 从而 $(A-2I_5)\boldsymbol{v}=\boldsymbol{v}_{23}$ 无解. 于是 A 有两个非常数不变因子 $\varphi_1(\lambda)=(\lambda-5)^2$ 和 $\varphi_2(\lambda)=(\lambda-5)^3$，对应的 Jordan 链为

$$\boldsymbol{v}_{11,1}=\begin{bmatrix}1\\0\\0\\0\\1\end{bmatrix},\quad \boldsymbol{v}_{11,2}=\begin{bmatrix}0\\0\\\frac{1}{2}\\0\\\frac{1}{2}\end{bmatrix},\quad \boldsymbol{v}_{21,1}=\begin{bmatrix}0\\1\\-1\\0\\0\end{bmatrix},\quad \boldsymbol{v}_{21,2}=\begin{bmatrix}0\\0\\\frac{1}{2}\\-\frac{1}{2}\\0\end{bmatrix},\quad \boldsymbol{v}_{21,3}=\begin{bmatrix}\frac{1}{4}\\0\\0\\\frac{1}{4}\\0\end{bmatrix}$$

然而，若令 $\boldsymbol{v}_{11,1}=\boldsymbol{v}_1$,

$$\boldsymbol{v}_{21,1}=\boldsymbol{v}_1+\boldsymbol{v}_2=[1\ \ 1\ \ -1\ \ 0\ \ 1]^{\mathrm{T}}$$

则有 $(A-2I_5)\boldsymbol{v}_{21,1}=\mathbf{0}$, 且对于

$$\boldsymbol{v}_{21,2}=\boldsymbol{v}_{12}+\boldsymbol{v}_{22}=\begin{bmatrix}0 & 0 & 1 & -\frac{1}{2} & \frac{1}{2}\end{bmatrix}^{\mathrm{T}}$$

有 $(A-2I_5)\boldsymbol{v}_{21,2}=\boldsymbol{v}_{21,1}$, 以及

$$\operatorname{rank}[A-2I_5\ \ \boldsymbol{v}_{21,2}]=\operatorname{rank}\begin{bmatrix}-1 & 1 & 1 & 1 & 1 & 0\\ 1 & 1 & 1 & -1 & -1 & 0\\ 0 & 0 & 0 & 2 & 0 & 1\\ -1 & -1 & -1 & -1 & 1 & -\frac{1}{2}\\ -1 & 1 & 1 & 1 & 1 & \frac{1}{2}\end{bmatrix}=4$$

因为非齐次方程 $(A-2I_5)\boldsymbol{v}=\boldsymbol{v}_{21,1}$ 所有的解都可表示为 $\boldsymbol{v}=\boldsymbol{v}_{21,2}+k_1\boldsymbol{v}_1+k_2\boldsymbol{v}_2$ 且

$$\begin{aligned}\operatorname{rank}[A-2I_5\ \ \boldsymbol{v}_{21,2}+k_1\boldsymbol{v}_1+k_2\boldsymbol{v}_2] &= \operatorname{rank}[A-2I_5\ \ \boldsymbol{v}_{21,2}\ \ \boldsymbol{v}_1\ \ \boldsymbol{v}_2]\begin{bmatrix}I_5 & \mathbf{0}\\ \mathbf{0}^{\mathrm{T}} & 1\\ \mathbf{0}^{\mathrm{T}} & k_1\\ \mathbf{0}^{\mathrm{T}} & k_2\end{bmatrix}\\ &= \operatorname{rank}[A-2I_5\ \ \boldsymbol{v}_{21,2}\ \ \boldsymbol{v}_1\ \ \boldsymbol{v}_2]\\ &\geqslant \operatorname{rank}[A-2I_5\ \ \boldsymbol{v}_{21,2}]=4\end{aligned}$$

如果这样取第二个特征向量 $\boldsymbol{v}_{21,1}$, 则方程 $(A-2I_5)\boldsymbol{v}_{21,3}=\boldsymbol{v}_{21,2}$ 对任何的 k_1 和 k_2 都无解. △

由式 (C.9) 定义广义特征向量及其秩.

定义 C.2.1　$A \in \mathcal{C}^{n\times n}$, λ_j 是 A 的一个特征值. 若 $\boldsymbol{x} \in \mathcal{C}^n$ 满足

$$\begin{cases} (A-\lambda_j I_n)^{k-1}\boldsymbol{x} \neq \boldsymbol{0} \\ (A-\lambda_j I_n)^k \boldsymbol{x} = \boldsymbol{0} \end{cases}$$

则称为 A 关于 λ_j 的秩为 k 的广义特征向量. 广义特征向量也称为根向量.

由定义 C.2.1和式 (C.9) 可知，λ_j 有 $\hat{n}_j$ 个广义特征向量 $\boldsymbol{x}_{ij,1}$, $\boldsymbol{x}_{ij,2}$, $\cdots$, $\boldsymbol{x}_{ij,n_{ij}}$, $i = l-q_j+1, l-q_j+2, \cdots, l$, 其中 q_j 是 λ_j 的几何重复度，即 n_{1j}, n_{2j}, $\cdots$, n_{lj} 中正数的个数，$\hat{n}_j = n_{1j}+n_{2j}+\cdots+n_{q_j j}$ 为 λ_j 的代数重复度，$\boldsymbol{x}_{ij,k}$ 的秩为 k. 再考虑式 (C.7)，显然 $\boldsymbol{x}_{ij,1} \in \mathcal{N}(A-\lambda_j I_n)$. 由 $\boldsymbol{x}_{ij,1}$ 和 $(A-\lambda_j I_n)\boldsymbol{x}_{ij,2} = \boldsymbol{x}_{ij,1}$, $(A-\lambda_j I_n)\boldsymbol{x}_{ij,3} = \boldsymbol{x}_{ij,2}$, $\cdots$, $(A-\lambda_j I_n)\boldsymbol{x}_{ij,n_{ij}} = \boldsymbol{x}_{ij,n_{ij}-1}$ 可知向量链可由特征向量 $\boldsymbol{x}_{ij,1}$ 递推地产生，且 $\boldsymbol{x}_{ij,1}$, $\boldsymbol{x}_{ij,2}$, $\cdots$, $\boldsymbol{x}_{ij,n_{ij}-1}$ 均属于 $A-\lambda_j I_n$ 的列空间 $\mathcal{R}(A-\lambda_j I_n)$. 然而，$\boldsymbol{x}_{ij,n_{ij}} \notin \mathcal{R}(A-\lambda_j I_n)$, 否则将有 $\boldsymbol{x}_{ij,n_{ij}+1}$ 使 $(A-\lambda_j I_n)\boldsymbol{x}_{ij,n_{ij}+1} = \boldsymbol{x}_{ij,n_{ij}}$. 由此定义 Jordan 链及其链长.

定义 C.2.2　$A \in \mathcal{C}^{n\times n}$, λ_j 是 A 的一个特征值，向量组 $[\boldsymbol{x}_1\ \ \boldsymbol{x}_2\ \ \cdots\ \ \boldsymbol{x}_l]$ 满足

$$\begin{cases} (A-\lambda_j I_n)\boldsymbol{x}_{i+1} = \boldsymbol{x}_i, & i = 1,2,\cdots,l-1 \\ \boldsymbol{x}_1 \in \mathcal{N}(A-\lambda_j I_n), & \boldsymbol{x}_l \notin \mathcal{R}(A-\lambda_j I_n) \end{cases}$$

则称 $[\boldsymbol{x}_1\ \ \boldsymbol{x}_2\ \ \cdots\ \ \boldsymbol{x}_l]$ 构成 A 关于特征值 λ_j 的一个 Jordan 链，链长为 l, 称 $\boldsymbol{x}_1$ 为该链的链头向量.

显然，链头向量即 λ_j 的特征向量. λ_j 有 q_j 个 Jordan 链，链长分别为 n_{ij}. 由此可容易地得到定理 C.2.2.

【定理 C.2.2】　$A \in \mathcal{C}^{n\times n}$, λ_1, λ_2, $\cdots$, λ_s 是 A 的互不相同的特征值. $\lambda I_n - A$ 有 q_j 个形如 $(\lambda-\lambda_j)$ 的幂的初等因子，其次数分别为

$$0 < n_{l-q_j+1,j} \leqslant n_{l-q_j+2,j} \leqslant \cdots \leqslant n_{lj}$$

则 A 关于 λ_j 的 Jordan 链有 q_j 个，其链长依次为 $n_{l-q_j+1,j}$, $n_{l-q_j+2,j}$, $\cdots$, n_{lj}.

上述分析表明，存在矩阵 $X \in \mathcal{C}^{n\times n}$ 满足 $AX = XJ$, 其中 J 为 Jordan 标准形.

第二步　证明 X 非奇异

【定理 C.2.3】　设 $\boldsymbol{x}_{ij,1}$, $\boldsymbol{x}_{ij,2}$, $\cdots$, $\boldsymbol{x}_{ij,n_{ij}}$ 是 A 关于特征值 λ_j 的一个 Jordan 链，则 $\boldsymbol{x}_{ij,1}, \boldsymbol{x}_{ij,2}, \cdots, \boldsymbol{x}_{ij,n_{ij}}$ 线性无关.

证明: 设存在常数 $k_{ij,l}(l = 1,2,\cdots,n_{ij})$ 使得

$$k_{ij,1}\boldsymbol{x}_{ij,1} + k_{ij,2}\boldsymbol{x}_{ij,2} + \cdots + k_{ij,n_{ij}-1}\boldsymbol{x}_{ij,n_{ij}-1} + k_{ij,n_{ij}}\boldsymbol{x}_{ij,n_{ij}} = \boldsymbol{0}$$

用 $(A-\lambda_j I_n)$ 左乘上式两端并考虑到式 (C.7) 得

$$k_{ij,1}\boldsymbol{0} + k_{ij,2}\boldsymbol{x}_{ij,1} + \cdots + k_{ij,n_{ij}-1}\boldsymbol{x}_{ij,n_{ij}-2} + k_{ij,n_{ij}}\boldsymbol{x}_{ij,n_{ij}-1} = \boldsymbol{0}$$

重复上述过程，最终可得

$$k_{ij,1}\boldsymbol{0} + k_{ij,2}\boldsymbol{0} + \cdots + k_{ij,n_{ij}-2}\boldsymbol{0} + k_{ij,n_{ij}-1}\boldsymbol{x}_{ij,1} + k_{ij,n_{ij}}\boldsymbol{x}_{ij,2} = \boldsymbol{0}$$

$$k_{ij,1}\boldsymbol{0} + k_{ij,2}\boldsymbol{0} + \cdots + k_{ij,n_{ij}-1}\boldsymbol{0} + k_{ij,n_{ij}}\boldsymbol{x}_{ij,1} = \boldsymbol{0}$$

因 $\boldsymbol{x}_{ij,1} \neq \mathbf{0}$, 由最后一式可得 $k_{ij,n_{ij}} = 0$. 将 $k_{ij,n_{ij}} = 0$ 代入倒数第二式, 又可得 $k_{ij,n_{ij}-1} = 0$. 重复上述过程，最终可得 $k_{ij,1} = k_{ij,2} = \cdots = k_{ij,n_{ij}-1} = k_{ij,n_{ij}} = 0$. 于是 $\boldsymbol{x}_{ij,1}, \boldsymbol{x}_{ij,2}, \cdots, \boldsymbol{x}_{ij,n_{ij}}$ 线性无关. ■

【定理 C.2.4】 设 $X_{ij} = [\boldsymbol{x}_{ij,1}\ \ \boldsymbol{x}_{ij,2}\ \ \cdots\ \ \boldsymbol{x}_{ij,n_{ij}}]$ 和 $X_{kj} = [\boldsymbol{x}_{kj,1}\ \ \boldsymbol{x}_{kj,2}\ \ \cdots\ \ \boldsymbol{x}_{kj,n_{kj}}]$ 是 A 关于特征值 λ_j 的两个 Jordan 链，$\boldsymbol{x}_{ij,1}, \boldsymbol{x}_{kj,1}$ 是两个链的链头，则

$$[X_{ij}\ \ X_{kj}] = [\boldsymbol{x}_{ij,1}\ \ \boldsymbol{x}_{ij,2}\ \ \cdots\ \ \boldsymbol{x}_{ij,n_{ij}}\ \ \boldsymbol{x}_{kj,1}\ \ \boldsymbol{x}_{kj,2}\ \ \cdots\ \ \boldsymbol{x}_{kj,n_{kj}}]$$

的列向量线性无关，当且仅当两个链头向量 $\boldsymbol{x}_{ij,1}$ 和 $\boldsymbol{x}_{kj,1}$ 线性无关.

由定理 C.2.4可知，λ_j 的每个 Jordan 链组成线性无关组. 推论 C.2.2将定理 C.2.4的结果推广到 A 有多个形如 $(\lambda-\lambda_j)^{n_{ij}}$ 的初等因子的情形.

推论 C.2.2 设 λ_j 的几何重复度为 q_j, $X_{ij} = [\boldsymbol{x}_{ij,1}\ \ \boldsymbol{x}_{ij,2}\ \ \cdots\ \ \boldsymbol{x}_{ij,n_{ij}}]$, $i = l-q_j+1, l-q_j+2, \cdots, l$, 是 A 关于特征值 λ_j 的 q_j 个 Jordan 链，$\boldsymbol{x}_{ij,1}$ 是 X_{ij} 的链头向量，则 $[X_{1j}\ \ X_{2j}\ \ \cdots\ \ X_{kj}\ ]$ 的列向量线性无关，当且仅当链头向量 $[\boldsymbol{x}_{1j,1}\ \ \boldsymbol{x}_{2j,1}\ \ \cdots\ \ \boldsymbol{x}_{kj,1}]$ 线性无关.

【定理 C.2.5】 设 λ_j 和 λ_k 是 $A \in \mathcal{C}^{n\times n}$ 的两个不同特征值，$\lambda_j \neq \lambda_k$, $X_i = [\boldsymbol{x}_{i1}\ \ \boldsymbol{x}_{i2}\ \ \cdots\ \ \boldsymbol{x}_{in_i}]$, 是 A 关于特征值 λ_i 的一个 Jordan 链，$i = j, k$. 则 $[X_j\ \ X_k]$ 是线性无关组.

【定理 C.2.6】 设 $\lambda_1, \lambda_2, \cdots, \lambda_m$ 是 $A \in \mathcal{C}^{n\times n}$ 的特征值 (不一定相异), $X_i = [\boldsymbol{x}_{i1}\ \ \boldsymbol{x}_{i2}\cdots\ \ \boldsymbol{x}_{in_i}]$, 是 A 关于特征值 λ_i 的一个 Jordan 链，$i = 1, 2, \cdots, m$. 则 $[X_1\ \ X_2\ \ \cdots\ \ X_m]$ 是线性无关组当且仅当 $[\boldsymbol{x}_{11}\ \ \boldsymbol{x}_{21}\cdots\ \ \boldsymbol{x}_{m1}]$ 线性无关组，其中 $\boldsymbol{x}_{i1}$ 是 X_i 的链头向量.

综合上述结果可知，若 $AX = XJ$, 其中 J 是 Jordan 标准形，则 X 是非奇异矩阵. 于是有 $X^{-1}AX = J$, 从而任何 $A \in \mathcal{C}^{n\times n}$ 均可通过相似变换化为 Jordan 标准形. 式 (C.7) 给出了求解 X 矩阵的列向量的算法.

参 考 文 献

[1] 黄琳. 系统与控制理论中的线性代数 [M]. 北京: 科学出版社，1984.

[2] 韩京清，何关钰，许可康. 线性系统理论代数基础 [M]. 沈阳: 辽宁科学技术出版社，1985.

[3] LANCASTER P, TISMENETSKY M. The theory of matrices: with applications[M]. New York: Academic Press, 1985.

[4] GANTMACHER F R. The theory of matrices[M]. Providence: AMS Chelsea Publishing, 1998.

[5] 史荣昌，魏丰. 矩阵分析 [M]. 2 版. 北京: 北京理工大学出版社，2005.

[6] BERNSTEIN D S. Matrix mathematics: theory, facts, and formulas[M]. 2nd ed.Princeton: Princeton University Press, 2009.

[7] CROWN G D, FENRICK M H, VALENZA R J. Abstract algebra[M]. New York: Marcel Dekker Inc., 1986.

[8] QIU L, DAVISON E J. A simple procedure for the exact stability robustness computation of polynomials with affine coefficient perturbations[J]. Systems & control letters, 1989, 13(5): 413-420.

[9] CHEN J, FAN M F H, NETT C N. Structured singular values and stability analysis of uncertain polynomials, part 2: a missing link[J]. Systems & control letters, 1994, 23(2): 97-109.

[10] QIU L, BERNHARDSSON B, RANTZER A, et al. A formula for computation of the real stability radius[J]. Automatica, 1995, 31(6): 879-890.

[11] WU Q H. Computation of stability radius of a hurwitz polynomial with diamond-like uncertainties[J]. Systems & control letters, 1998, 35(1): 45-60.

[12] WU Q H. On the stability radius of control systems with interval plants and first order controllers[J]. International journal of robust and nonlinear control, 2000, 10(10): 763-777.

[13] WU Q H. Robust stability analysis of control systems with interval plants[J]. International journal of control, 2001, 74(9): 921-937.

[14] LJUNG L. Consistency of the least-squares identification method[J]. IEEE transactions on automatic control, 1976, 21(5): 779-781.

[15] 方崇智，萧德云. 过程辨识 [M]. 北京: 清华大学出版社，1988.

[16] LJUNG L. System identification: theory for the user[M]. 2nd ed.Beijing: Tsinghua University Press, 2002.

[17] LYAPUNOV A M. Problème gèneral de la stabilitè du mouvement[M]. Princeton: Princeton University Press, 1948.

[18] SALLE J L, LEFSCHETZ S. Stability by Liapunov's direct method[M]. New York: Academic Press, 1961.

[19] KALMAN R E. On the general theory of control systems[J]. International Congress of the IFAC, Moscow, 1960: 481-492.

[20] KALMAN R E. Canonical structure of linear dynamical systems[J]. Proceedings of the National Academy of Sciences of the United States of America, 1962, 48: 596-600.

[21] KAILATH T. Linear systems[M]. Upper Saddle River: Printice Hall, 1980.

[22] ANTSAKLIS P J, ANTHONY N. Linear systems[M]. New York: The McGraw-Hill Companies, 1997.

[23] OGATA K. Mordern control engineering[M]. 4th ed.Upper Saddle River: Prentice Hall, 2002.

[24] 多尔夫 R C, 毕晓普 R H. 现代控制系统 (英文版)[M]. 10 版. 北京: 科学出版社, 2005.

[25] 吴麒. 自动控制原理 [M]. 北京: 清华大学出版社，2006.

[26] 胡寿松. 自动控制原理 [M]. 5 版. 北京: 科学出版社，2007.

[27] LUENBERGER D G. Observing the state of a linear system[J]. IEEE transactions on military electronics, 1964, 8(2): 74-80.

[28] LUENBERGER D G. An introduction to observers[J]. IEEE transactions on automatic control, 1971, 16(6): 596-602.

[29] FRANCIS B A. A course in H_∞ control[M]. Toronto: Springer Verlag, 1987.

[30] YOULA D, BONGIORNO J, JABR H. Modern Wiener-Hopf design of optimal controllers, part I: the single-input case[J]. IEEE transactions on automatic control, 1976, 21(1): 3-13.

[31] YOULA D, JABR H, BONGIORNO J. Modern Wiener-Hopf design of optimal controllers, part II: the multivariable case[J]. IEEE transactions on automatic control, 1976, 21(3): 319-338.

[32] DOYLE J C. Lecture notes in advances in multivariable control[M]. Minneapolis: ONR/Honeywell Workshop, 1984.

[33] GLOVER K. All optimal Hankel-norm approximations of linear multivariable systems and their L_∞-error bounds[J]. International journal of control, 1984, 39(6): 1115-1193.

[34] GREEN M, LIMEBEER D J N. Linear robust control[M]. Upper Saddle River: Prentice Hall, 1995.

[35] KALMAN R E. When is a linear control system optimal[J]. Journal of basic engineering, 1964, 86(1): 51-60.

[36] ANDERSON B D O, MOORE J B. Linear optimal control[M]. Upper Saddel River: Prentice Hall, 1971.

[37] ZAMES G. Feedback and optimal sensitivity: model reference transformations, multiplicative seminorms, and approximate inverses[J]. IEEE transactions on automatic control, 1981, 26(2): 301-320.

[38] ZAMES G, FRANCIS B. Feedback, minimax sensitivity, and optimal robustness[J]. IEEE transactions on automatic control, 1983, 28(5): 585-601.

[39] DOYLE J C, GLOVER K, KHARGONEKAR P P, et al. State-space solutions to standard H_2 and H_∞ control problems[J]. IEEE transactions on automatic control, 1989, 34(8): 831-847.

[40] KALMAN R E. Contribution to the theory of optimal control[J]. Boletín de la sociedad matemática mexicana, 1960, 5(63): 102-119.

[41] ZHOU K, DOYLE J C, GLOVER K. Robust and optimal control[M]. Upper Saddle River: Prentice Hall, 1995.

[42] 黄琳. 稳定性与鲁棒性的理论基础 [M]. 北京: 科学出版社, 2003.

[43] GU D W, TSAI M C, O'YOUNG S D, et al. State-space formulae for discrete-time H_∞ optimization[J]. International journal of control, 1989, 49(5): 1683-1723.

[44] ARTIN M. Algebra[M]. Beijing: China Machine Press, 2004.